Karl H. Hille und Alois Krischke
Das Antennen-Lexikon

Weitere Fachbücher von

aus der Reihe
funk-technik-berater:

FTB 1: Funk & Computer
FTB 2: Oldie-KW-Empfänger
FTB 3: DX-World-Guide

Karl H. Hille · Alois Krischke

Das Antennen-Lexikon

Zeichnungen von Karl H. Hille und
Dipl. akad. Malerin Heidi Hille

Verlag für Technik und Handwerk GmbH

CIP-Kurztitelaufnahme der Deutschen Bibliothek

Hille, Karl H.:
Das Antennen-Lexikon / Karl H. Hille; Alois Krischke.
Zeichn. von Karl H. Hille u. Heidi Hille. – Baden-Baden:
Verlag für Technik und Handwerk, 1988
(Funk-Technik-Berater; Bd. 4)
ISBN 3-88180-304-1
NE: Krischke, Alois; HST; GT

Zum Titelbild:

Log.-period. Breitbandantenne HL 023 A1 (80 – 1300 MHz, 6,5 dBi) für Aufgaben der Funkerfassung und Feldstärkemeßtechnik. Die Polarisationsebene ist beliebig einstellbar, das Strahlungsdiagramm ist nahezu frequenzunabhängig, mit Dreibein-Stativ ist die Antenne auch für mobilen Einsatz geeignet.
(Werkbild: Rohde & Schwarz)

ISBN 3-88180-304-1

Postfach 11 28, 7570 Baden-Baden

Titelfoto mit freundlicher Genehmigung der Firma Rohde & Schwarz
Satz und Druck: Offsetdruckerei Peter Naber GmbH, 7571 Hügelsheim

Inhalt

Karl H. Hille, DL1VU, geboren 1922 in Berlin. Seit 1938 Funkamateur, Abitur 1940. Von 1941 an im Funkwesen der Wehrmacht, Ausbildung zum Funktechniker, Einsatz in der Nachrichtenübermittlung, Funkbeobachtung, Funkpeilung, Frequenzberatung und im Gerätewesen, Entwickler einer Ferntastung von Telegrafie-Sendern mittels Trägerfrequenzübertragung.
Nach 1945 an der Reorganisation des Amateurfunks in Deutschland beteiligt, Gründungsmitglied des Bayerischen Amateur-Radio-Clubs, eines Vorläufers des Deutschen Amateur-Radio-Clubs (DARC). Studium der Pädagogik, Lehrtätigkeit später vorwiegend in den naturwissenschaftlich-mathematischen Fächern an Hauptschulen, Fachoberschulen und im Telekolleg.
Seit 1941 theoretische und praktische Arbeiten an Antennen, Veröffentlichungen. 1965 mit der Goldenen Ehrennadel des DARC ausgezeichnet. 1974 Erteilung eines Britischen Patents für die optimierte T-Antenne. Mehrere Reisen in den Pazifik zur Förderung des Amateurfunks und zum Studium von Funk und Antennen.

Dipl.-Ing. Alois Krischke, geboren 1936 in Klagenfurt, studierte Nachrichtentechnik an der Technischen Hochschule in Wien. Seit 1968 bei Rohde & Schwarz in München tätig. Zuerst in der Antennenentwicklung, danach im System- und Produktvertrieb, jetzt bei der Systemprojektierung im Bereich Funkerfassung und Funkortung, dabei auch zuständig für Elektromagnetische Verträglichkeit. Er hat sich schon während des Studiums auf Antennen spezialisiert. So besitzt er neben einer umfangreichen Bibliothek von Antennenliteratur eine beachtliche Datensammlung von professionellen Antennen und eine bedeutende private Sammlung von Antennenpatenten, die zurückreicht auf die ersten Patente von Marconi (England 1896), Braun (Deutschland 1898) und Fessenden (USA 1899).
Funkamateur seit 1956 als OE 8 AK, seit 1968 als DJ Ø TR. Mitglied des Arbeitskreises Funkentstörung im Distrikt Bayern-Süd des DARC.

Vorwort

Antennen umfassen ein großes Wissensgebiet mit einer kaum zu überblickenden Fülle an Literatur. Allein in den Patenten sind mehr als tausend verschiedene Formen bekannt.

Wenn auch das Gebiet der Antennentechnik nicht als abgeschlossen gelten kann, macht sich doch das Fehlen eines zusammenfassenden Nachschlagewerkes bemerkbar. Im Gegensatz zu einem „Antennenkochbuch" soll das vorliegende „Antennenlexikon" diese Funktion übernehmen.

Das Buch ist aus langjährigen Erfahrungen bei der Anwendung von Antennen entstanden. Die Arbeit zweier Autoren aus verschiedenen Lagern soll den Anwendern klare Begriffe und solide Erklärungen zur Hand geben.

Der Blick auch dem Gebiet der Antennen ist in alphabetischer Reihenfolge geordnet, um rasch nachschlagen zu können. Der Inhalt umfaßt rund 1300 Begriffe und über 400 Abbildungen. Für jeden Ausdruck ist das fachliteraturgerechte englische Synonym aufgeführt. Die Mathematik wird weitgehend vermieden und praxisgerecht durch Tabellen und Diagramme ersetzt. Die Definitionen sind nach dem neuesten Stand der Erkenntnisse und Normungen dargestellt.

Auch heute nicht mehr gebräuchliche Antennenbegriffe sind aufgeführt, soweit diesen ein logischer, praktikabler Gedanke zugrunde liegt. Die Angabe von Literaturstellen, Patenten und die Liste der Dissertationen hält wichtige Daten fest und dient der weiteren Information und Vertiefung. Die Jahreszahlen geben dabei das Datum der Erstveröffentlichung an, bei den Patenten ist es das Anmeldedatum (Priorität).

Die Autoren nehmen ergänzende Hinweise und Anregungen gerne entgegen.

München 1988

Karl H. Hille und Alois Krischke

Hinweise für die Benutzung

Schriftarten, Zeichen

Stichwörter sind fett gedruckt: **Gewinn, Impedanz.**
Unterstichwörter sind halbfett gedruckt: **Freiraumgewinn**
Abschnittsüberschriften und wichtige Stellen werden durch *Kursive* hervorgehoben.

Reihenfolge im Alphabet

Die Umlaute ä, ö, ü werden wie ae, oe, ue behandelt, ebenso sch, st, sp usw.
Wörter, die man bei C vermißt, suche man bei K, Tsch oder Z, bei Dsch unter Tsch, bei J unter I oder Dsch; ebenso im umgekehrten Fall.

In diesem Buch werden etwa bestehende Patente, Gebrauchsmuster oder Warenzeichen nicht immer erwähnt. Fehlt ein Hinweis darauf, so heißt das nicht, daß Ware oder Warenname frei sind.
Für Unfälle, Schäden, Beeinträchtigungen und Haftungen aller Art beim Arbeiten mit Antennen können weder Verlag noch Autor haftbar gemacht werden.

A

Abschlußwiderstand (engl.: dummy load)

Ein ohmscher Widerstand, der an eine HF-Leitung so angepaßt ist, daß keine Energie reflektiert wird. Der Reflexionsfaktor wird also Null. Es wird dabei vorausgesetzt, daß der Abschlußwiderstand ein reiner Wirkwiderstand ist, dem Wellenwiderstand der Leitung gleich ist und die gesamte Energie aufnehmen kann, ohne sich übermäßig zu erhitzen. Fast immer vorhandene induktive Reaktanzen können durch Parallelschaltung von 10 bis 50 pF im Frequenzbereich 0,5 bis 30 MHz kompensiert werden. Kleine Abschlußwiderstände können im Ölbad etwa die dreifache Leistung wie in Luft aufnehmen. Als Öl darf nur PCB-freies Öl verwendet werden. Größere Abschlußwiderstände werden durch Ventilatoren luftgekühlt, und über etwa 5 kW sind wassergekühlte gebräuchlich. Meist werden sie als Dummyload bezeichnet und dienen der Leistungsmessung und Stummabstimmung eines Senders.
Bei Antennen, die theoretisch als Leitungen erklärt werden können, wird als Abschlußwiderstand ein Schluckwiderstand (s. d.) verwendet.

Abschlußwiderstand. P ≦ 1000 W (kurzzeitig, mit Ölfüllung

Absenkungswinkel (engl.: tilt angle)

Sehr hoch angebrachte Fernseh-Sendeantennen würden bei exakt horizontal liegendem Hauptmaximum (s. d.) ihr Versorgungsgebiet überstrahlen. Deswegen wird ihr Hauptmaximum um den Absenkungswinkel unter die Horizontale ausgerichtet, um bessere Versorgung zu erreichen.
Die Annahme, daß in der Höhe von etwa 1 bis 5 λ angebrachte Antennen durch Absenkung des Hauptmaximums (etwa durch Neigung der Antenne nach unten) bessere Flachstrahlung erzielen könnten, ist wegen der Reflexion am Erdboden ein Trugschluß.

Absorber (engl.: absorber)

Ein Wirkwiderstand, in dem HF-Energie absorbiert wird.
1. Schluckwiderstand (s. d.) oder Schluckleitung (s. d.) einer abgeschlossenen Langdrahtantenne (s. d.) auf LW und KW.
2. Abschlußwiderstand (s. d.), Kunstantenne, bis über 1 GHz.
3. Ein Massewiderstand in Folien, Keil- oder Scheibenform innerhalb eines Hohlleiters zur Absorption von HF-Energie. Auch Formen aus Ferritkörnern, Sandkörnern und Gemischen daraus sind bekannt, für Mikrowellen.

Absorption (engl.: absorption)

Die Absorption einer elektromagnetischen Welle ist die Schwächung der Amplitude beim Durchgang der Welle durch ein verlustbehaftetes Medium. Bei der Ausbreitung einer Bodenwelle entlang der Erdoberfläche wird ein Teil der Welle in den oberen Schichten der Erde absorbiert.

Absorptionsfläche (engl.: absorption area)

Die Absorptionsfläche ist die Apertur (s. d.) einer Empfangsantenne. Bei großen Empfangsantennen wie Dipolwänden u. dgl. ist die Absorptionsfläche etwa der geometrischen Fläche gleich. Parabolantennen kommen höchstens auf 65 % der geometrischen Fläche.

Absorptionswiderstand
(engl.: absorption resistor, dummy load)

(Siehe: Abschlußwiderstand, Schluckwiderstand, Schluckleitung).

Abspannung (engl.: stay wire)

Eine Halterung des Mastes durch stehendes Gut (s. d.). Meist wird in drei Himmelsrichtungen, die um 120° versetzt sind, abgespannt, bei höheren Masten dienen mehrere Sätze zu je drei Seilen zur Abspannung. Große Abspannseile heißen Pardunen (s. d.).

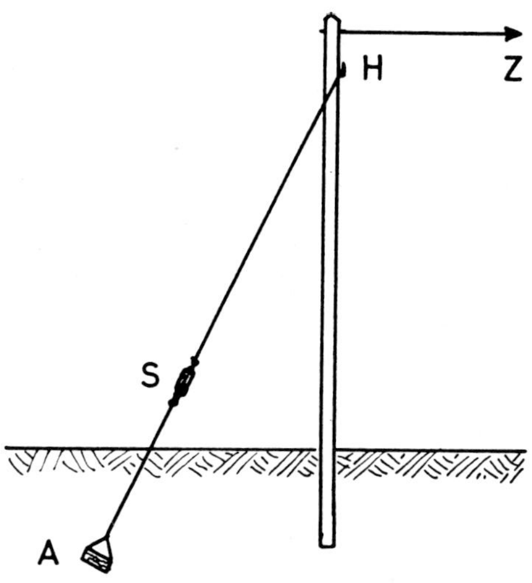

Abspannung eines Mastes mit Abspannseil und Anker (s. d.). A: Anker; Z: Zugkraft; S: Spannschloß zum Einstellen des Zuges im Seil; H: Haken

Abstandsbedingungen

Die Elemente einer Gruppenantenne (s. d.) können horizontal wie vertikal in bestimmten Abständen voneinander angeordnet werden. Gewöhnlich macht man die gegenseitigen Abstände der Elementmitten $\lambda/2$ groß. Je mehr aber die Zahl der Elemente steigt, umso größer wird der günstige Abstand und nähert sich asymptotisch 1λ für maximalen Gewinn. Da außer hohem Gewinn auch minimale Nebenkeulen angestrebt werden, ist die rechnerische Ermittlung der besten Abstandsbedingungen eine verwickelte, schwierige Aufgabe.

Abstimmung (engl.: tuning)

Das Herbeiführen der Resonanz (s. d.) durch Ändern oder Zuschalten von Induktivität oder Kapazität.
1. Bei einer belasteten Antenne (s. d.) das entsprechende Ändern der belastenden Schaltelemente.
2. Bei einer kompensierten Antenne (s. d.) das entsprechende Ändern der kompensierenden Schaltelemente.
3. Bei einer Linearantenne (s. d.) das Ändern der Länge.
4. Bei einer Speiseleitung (s. d.) das Ändern der Länge, um das Stehwellenverhältnis (s. d.) zu einem Minimum zu optimieren. Koaxialkabel werden zu diesem Zweck erst zu lang bemessen und dann in Stücken $<\lambda/100$ gekürzt (engl.: pruning).

Abstrahlwinkel

Der Winkel, unter dem eine Antenne zum Ziel (dem Aufpunkt) strahlt. Dieser ist im kartesischen Koordinatensystem (s. d.) definiert und wird in der horizontalen x-y-Ebene als Azimut Φ und von der vertikalen

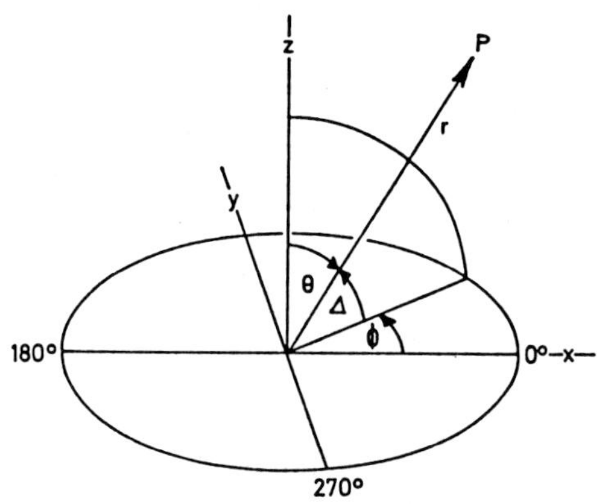

Abstrahlwinkel. In das kartesische Koordinatensystem eingetragene Kugelkoordinaten des Aufpunkts P:
Θ = Neigungswinkel
Δ = Erhebungswinkel
Φ = Azimut
r = Radius bzw. Abstand Antenne – Ziel

z-Achse her als Neigungswinkel Θ bezeichnet. Der diesen auf 90° ergänzende Erhebungswinkel ist das Komplement zu Θ und wird als Elevation Δ bezeichnet.

Abtastbereich (engl.: scan sector)

(Siehe: Abtastung). Der Winkelbereich, in dem die Antenne den Raum nach Zielen abtastet.

Abtastung (engl.: scanning)

Der scharfe Richtstrahl einer Antenne (z. B. Bleistiftkeule, s. d.) wird so gesteuert, daß er immer die gleiche Bewegung nach einer festgelegten Regel durchführt und dabei die Umgebung der Antenne nach Zielen abtastet. Es gibt verschiedene Möglichkeiten der Bewegung: Kreisabtastung nach dem Azimut, Kegelabtastung, beginnend mit dem Horizont und immer steileren Kegeln bis zum Zenit sowie Abtastung nach einer vorgegebenen Winkelmatrix.

Abtastung, elektronische
(engl.: electronic scanning, inertialess scanning)

Die Steuerung der Antennenhauptkeule durch elektronische oder elektrische Mittel ohne bewegliche Teile. Zum Beispiel durch elektronisch gesteuerte Phasenschieber für die Elemente einer Gruppenantenne zu erreichen. (Siehe: Keulenschwenkung)

Achsenverhältnis (engl.: axial ratio)

(Siehe: Elliptizität).

Achtdrahtleitung

Eine erdsymmetrische Speiseleitung aus zwei sich durchdringenden Vierdrahtleitungen mit gemeinsamer Achse. Je nach dem Drehungswinkel γ läßt sich der Wellenwiderstand kontinuierlich ändern. Da γ zwischen $>0°$ bis $<45°$ geändert werden kann, liegt bei technisch ausführbaren Leitungen Z_n zwischen 100 und 300 Ω.

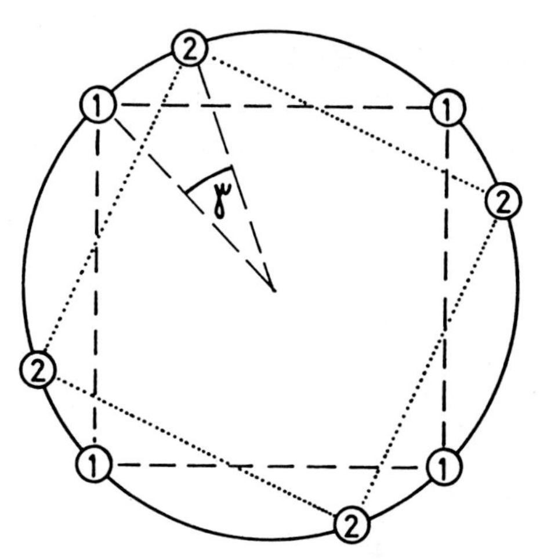

Achtdrahtleitung mit veränderlichem Wellenwiderstand (Querschnitt). Die Vierdrahtleitung 1 dient als Hin-, die Vierdrahtleitung 2 als Rückleitung.

Achteckantenne (engl.: octogon antenna)

Selten angewandte, horizontal polarisierte Linearantenne in Form eines viergeteilten Ringes. Sie dient im KW- und UKW-Bereich als Rundstahlantenne (s. d.) und ist durch Ausführung als Reuse recht breitbandig.

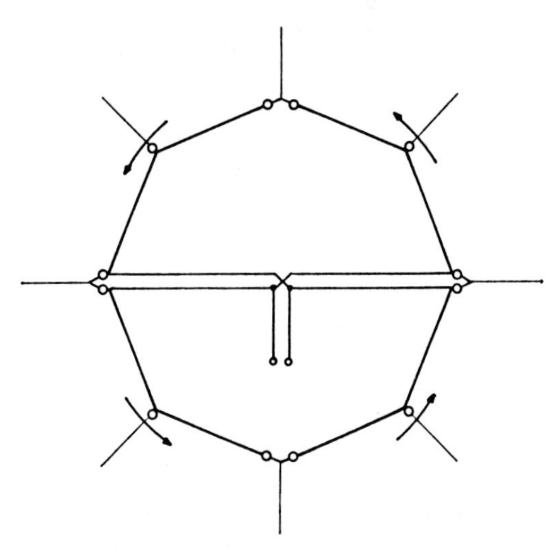

Die *Achteckantenne* besteht eigentlich aus zwei doppelt geknickten Dipolen. Die Strompfeile zeigen die umlaufende Stromrichtung. Mindesthöhe der horizontal liegenden Antenne über Boden λ/4.

Achterdiagramm

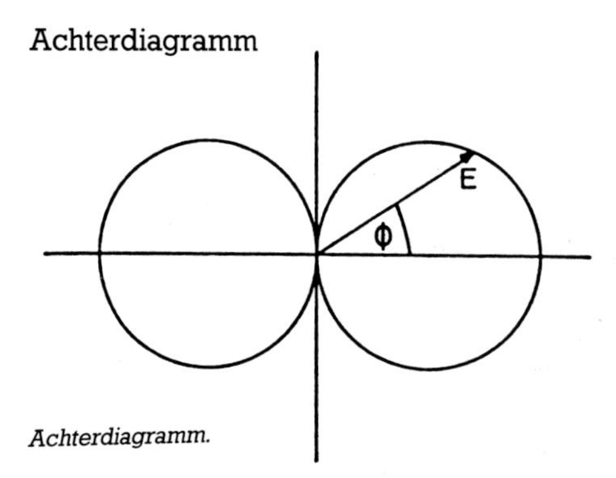

Achterdiagramm.

Achterdiagramm

Das Richtdiagramm eines elektrischen Dipols, das dem Diagramm eines kurzen Dipols entspricht, oder das Richtdiagramm eines magnetischen Dipols, das dem Diagramm eines kleinen Rahmens entspricht. Es hat die Form eines Doppelkreises bzw. einer Acht. Mit Hilfe der scharfen Nullstellen kann man eine Nullstellenpeilung (s. d.) durchführen. Die mathematische Funktion des horizontalen Diagramms ist

$E = K \cdot \cos \Phi$.

E = Feldstärke in V/m; K = konstanter Faktor; Φ = Azimut, beginnend quer zur Dipolachse bzw. längs zur Rahmenfläche.

Achterfeldantenne

Eine Gruppenantenne aus acht Halbwellendipolen, die vor Reflektordipolen oder einer durchgehenden Reflektorwand angebracht sind. Infolge dicker Dipole und Breitbandspeisung ist die Achterfeldantenne in einem breiten Frequenzband gut angepaßt. Verwendung als Fernseh-Sendeantenne, aber auch für UKW-Richtfunk.

Adcockantenne (engl.: Adcock antenna)

Richtantenne, die meist zu Peilzwecken verwendet wird, besonders auf Kurzwelle. Zwei vertikale Dipole oder bei längeren Wellen Monopole, die einen Abstand von einer halben Wellenlänge oder weniger haben und gegenphasig (Siehe: Phase) dem Empfänger zugeführt werden. Damit entsteht ein Achterdiagramm (s. d.), dessen Flächen die Mittelpunkte beider Antennen umschließen. Gepeilt wird mit dem

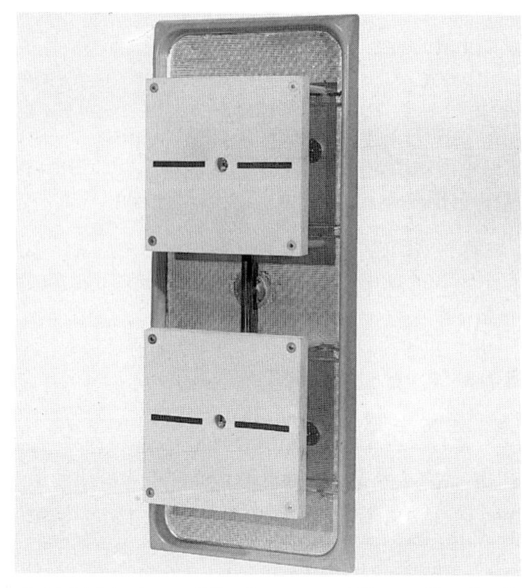

Achterfeldantenne. **Die oberen zwei Ganzwellendipole und die unteren zwei sind zum Wärmeschutz in Styropor gebettet. Der Radom ist entfernt (470 bis 860 MHz). (Werkbild Rohde & Schwarz)**

Minimum des Richtdiagramms, das rechtwinklig zur Verbindungslinie der beiden Antennen liegt.

Es gibt H-Adcock- und U-Adcock-Antennen. Der H-Adcock besteht aus Dipolen, der U-Adcock aus Monopolen. (Siehe: H-Adcock-Antenne, U-Adcock-Antenne).

(F. Adcock – 1918 – brit. Patent)

Adcockantenne zur Kurzwellenpeilung aus 8 Dipolen. **Die Empfangsspannung wird von der Mitte der Dipole mit Koaxialleitungen abgenommen und zu einem Goniometer (s. d.) in die Peilhütte geführt.**

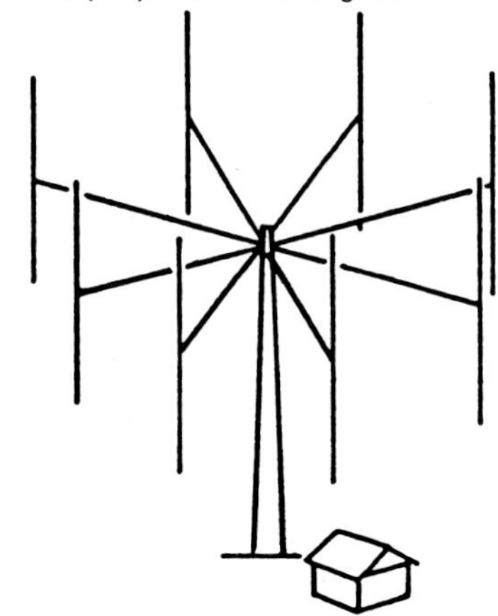

Adcock-Peiler
(engl.: Adcock direction finder)

Der Adcock-Peiler arbeitet mit einer Adcock-Antenne (s. d.), deren Empfangsspannungen zu einem Goniometer geleitet werden. Die drehbare Suchspule des Goniometers einer Fest-Adcockantenne tastet das elektromagnetische Feld des Goniometers ab und gestattet so Maximum- und Nullpeilung (s. d.). Die Dreh-Adcock-Antenne peilt durch Drehung zweier vertikaler Adcock-Dipole (selten: -Monopole), die um eine vertikale Achse gedreht werden. Da die koaxialen Zuleitungen keine Empfangsspannung aufnehmen, spricht der Adcock-Peiler nur auf die vertikal polarisierte Komponente der Welle an und vermeidet so den Fehler des Nachteffekts (s. d.), der bei Rahmenpeilern auftritt.

Admittanz (engl.: admittance)

Der komplexe Leitwert (= Scheinleitwert), der sich aus Wirkleitwert G und Blindleitwert B vektoriell zusammensetzt:

$$Y = G + jB \qquad [\text{Siemens} = S]$$
$$|Y| = \sqrt{G^2 + B^2} \qquad [S]$$
$$G \triangleq 1/R \qquad [S]$$
$$B \triangleq 1/X \qquad [S]$$

Alexanderson-Antenne
(engl.: Alexanderson antenna)

Eine Antenne mit Mehrfacherdung, für Längstwellen eingeführt und heute sogar im KW-Bereich nutzbringend angewendet. Mehrere Vertikalantennen werden in Obenspeisung (s. d.) erregt. Jede Einzelantenne hat ihr eigenes Erdnetz und ihr eigenes Abstimmglied. Durch die strahlungsarme, horizontale Oberleitung werden alle Vertikalstrahler nahezu phasengleich gespeist. Dadurch werden die Erdverlustwiderstände parallelgeschaltet und die Verluste verkleinert. Die Alexanderson-Antenne kann auch in Dreieck-, Quadrat- und Sechseckform axialsymmetrisch aufgebaut werden. Sie wirkt dann wie ein belasteter

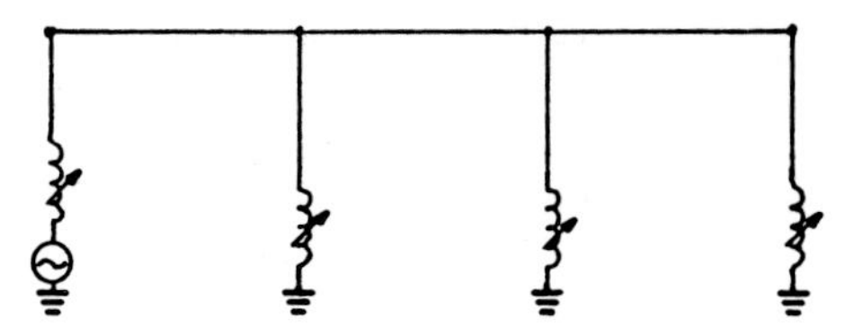

Alexanderson-Antenne. Das Prinzip der Mehrfacherdung verringert die Verluste beträchtlich. Durch die Abstimmung mittels der Variometer fließt ein maximaler Strom im Parallelkreis Dachkapazität – Niederführung – Spule.

Faltmonopol (s. d.). Durch Phasenschiebung lassen sich sogar Richteffekte erzielen.
Wenn n die Anzahl der einzelnen Alexanderson-Strahler ist, so wird der Gesamtverlustwiderstand näherungsweise proportional $1/n^2$.
(E. F. W. Alexanderson – 1916/17 – US Patent)

Alford-Ringantenne
(engl.: Alford loop antenna)

Ein quadratischer Ringstrahler (s. d.) aus vier Antennenelementen. Die Ströme auf den äußeren Elementen sind in Amplitude und Phase nahezu gleich und erzeugen im Sendefalle ein Rundstrahldiagramm horizontaler Polarisation von guter Gleichmäßigkeit. Diese Antenne wird meist im Bereich der Flugsicherung verwendet.
(A. Alford – 1939 – US Patent)

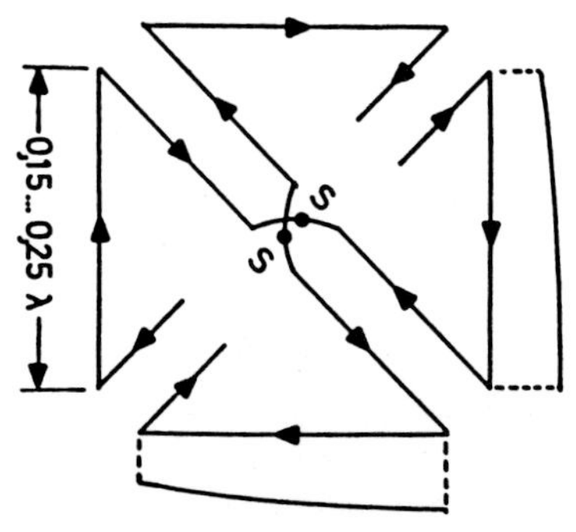

Alford-Ringantenne. S-S Speisepunkte. Die Länge eines Elements kann 0,15 bis 0,25 λ betragen. Die Strompfeile zeigen den Stromverlauf. Rechts ist die ziemlich gleichförmige Stromverteilung angedeutet.

Allbandanpaßgerät
(engl.: multiband tuner)

Ein Anpaßgerät für alle Bänder des Amateurfunkdienstes. (Siehe: Anpaßgerät).

Allbandantenne
(engl.: multiband antenna)

Eine Antenne, die ohne Veränderung ihrer Länge oder mechanischen Anordnung für viele KW-Amateurbänder brauchbar ist, meistens für 3,5/7/14/21/28 MHz, aber auch für 10/18/24 MHz. Eine treffendere Bezeichnung ist Mehrbandantenne (s.d.) oder Multibandantenne. Sie wird fast immer für 3,5 MHz bemessen und auf den höheren Bändern in Oberwellen erregt. Echte Allbandantennen sind aperiodische Antennen, wie die logperiodischen Antennen (s.d.) und die Rhombusantenne (s.d.). Preiswert und wirkungsvoll sind ein Halbwellendipol für 3,5 MHz von 2 mal 21,5 m Länge, der mit einer offenen Zweidrahtspeiseleitung über ein Anpaßgerät gespeist wird, und am Ende gespeiste Langdrahtantennen, wie die Fuchsantenne (s.d.); aber auch die symmetrische G5RV-Antenne (s.d.). Weitverbreitet, aber nicht auf allen Bändern verwendbar, sind die W3DZZ-Antenne (s.d.), die FD4-Antenne (s.d.) und die FD3-Antenne (s.d.).

Allband-Dipol (engl.: multiband dipole)

Ein Mehrband-Dipol aus mehreren parallelgeschalteten Einzeldipolen, der mit 75 Ω-Bandleitung oder 75 Ω-Koaxialkabel und 1:1-Balun gespeist wird. Die Längen der Einzeldipole berechnen sich aus: $l = 143/f_{MHz}$ [m].

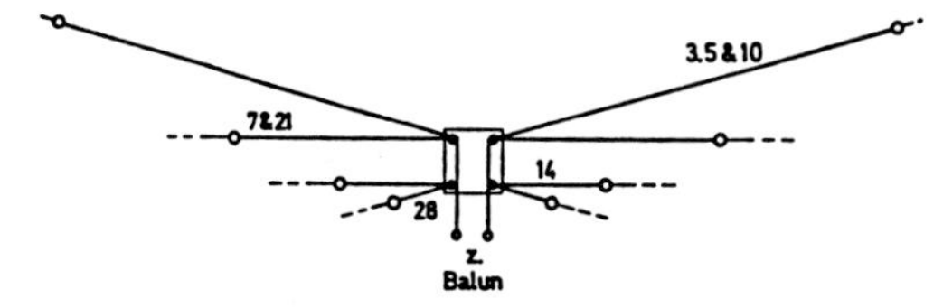

Allband-Dipol. Wird zweckmäßig zwischen zwei Holzmasten ausgespannt. Das Anschlußbrettchen ist zur Klarheit übertrieben groß gezeichnet.

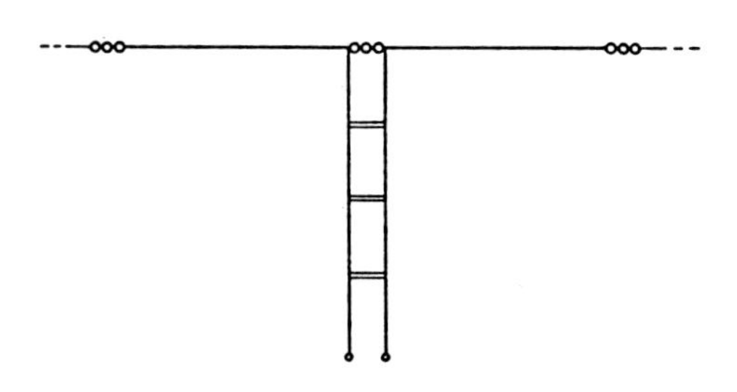

Allband-Doublet-Antenne. Bei niedrigster Betriebsfrequenz f = 3,5 MHz ist der gesamte Strahler 41,5 m lang. Die offene Zweidrahtspeiseleitung ist beliebig lang und hat zweckmäßig $Z_n = 450\,\Omega$.

Allband-Doublet-Antenne
(Doublet = alte Bezeichnung für Dipol)
(engl.: omniband doublet antenna)

Ein symmetrischer, zentralgespeister Dipol, der über eine offene Zweidrahtspeiseleitung erregt wird, oft auch als Doppelzepp bezeichnet. Wenn die Gesamtlänge dieses Dipols einer Halbwelle der tiefsten Betriebsfrequenz entspricht, kann die Allband-Doublet auf allen höheren Frequenzen als wirkungsvolle Sendeantenne eingesetzt werden. Voraussetzung ist ein stationsseitiges, symmetrisches Anpaßgerät (s.d.). Hat die Allband-Doublet-Antenne eine Dipollänge von 41,5 m, so kann sie auf allen Frequenzen von 3,5 bis 29,7 MHz (und darüber) verwendet werden, ist aber auch noch auf 1,8 MHz eine sehr brauchbare Antenne.

Allband-Trap-Antenne
(engl.: multiband trap antenna)

Eine Antenne, die nach dem Sperrkreisprinzip arbeitet. Man unterscheidet dabei Antennen, die je Band einen Sperrkreis besitzen und den Spezialfall der W3DZZ-Antenne (s.d.), bei der durch die besondere Wahl des L/C-Verhältnisses ein Sperrkreis für mehrere Frequenzen wirksam ist.

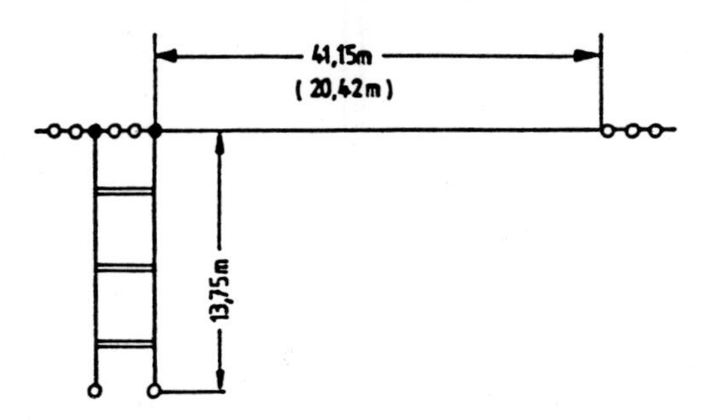

Allband-Zeppelin-Antenne. Die kurze Ausführung mit 20,42 m Länge gestattet nur Betrieb ab 7 MHz. Feederimpedanz ≈ 450 Ω.

Allband-Zeppelin-Antenne

(engl.: multiband Zeppelin antenna)

Eine Zeppelin-Antenne (s. d.), deren Abmessungen einen Betrieb auf 3,5/7/14/21/28 MHz gestatten.

Allband-Zeppelin-Antenne nach DL7AB

Eine Zeppelin-Antenne nach Dr. Günter Bäz, DL7AB, die bei einer Gesamtlänge von 40 m in 2 m Abstand vom gespeisten Ende eine Induktivität von etwa 0,8 μH eingeschleift hat, um am gespeisten Ende auf den Frequenzen 3,5/7/14/21/28 MHz jeweils einen Spannungsbauch zu erzielen. Diese Anordnung hat am Speisepunkt auf den genannten Frequenzen bzw. Bändern nur geringe Blindanteile.

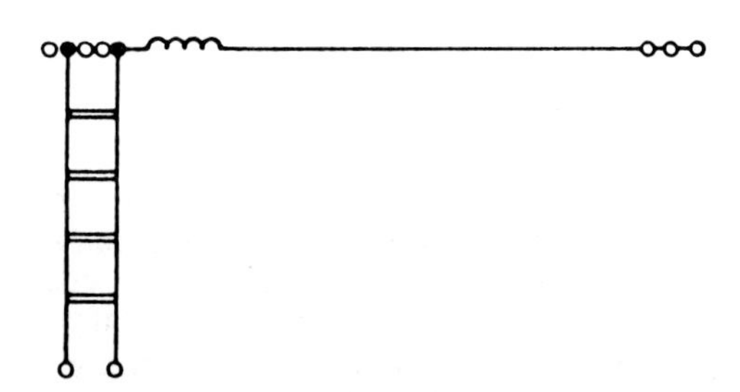

Allband-Zeppelin-Antenne nach DL7AB. Die Speiseleitung kann beliebig lang sein. Die Wirksamkeit auf den Frequenzen 10,1/18,1/24,9 MHz ist nicht erprobt.

Allband-Z-Tuner

(engl.: omniband Z-tuner)

Ein Anpaßgerät für symmetrische Speiseleitungen, das jedoch besser durch ein Doppel-L-Glied und Balun ersetzt wird.

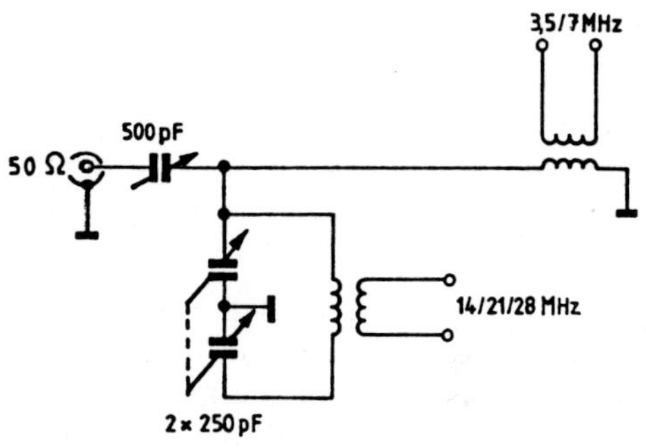

Allband-Z-Tuner. Der Plattenabstand der Drehkondensatoren richtet sich nach der Betriebsspannung und somit nach der Leistung.

750 V_{eff}	0,75 mm	etwa 100 W
1500 V_{eff}	1,5 mm	etwa 250 W
2500 V_{eff}	2,5 mm	etwa 500 W
4000 V_{eff}	4,5 mm	etwa 1000 W
7500 V_{eff}	10,0 mm	etwa 2000 W

Allbereichantenne

Empfangsantenne mit großer Bandbreite, die auf allen Bereichen befriedigend wirksam ist. Sie wird besonders im Rundfunkempfang verwendet, wo Kraftfahrzeug- und tragbare Empfänger LW, MW, KW und UKW aufnehmen sollen.

Allwellenantenne

(Siehe: Allbereichantenne)

AMA = Amateur-magnetische Antenne

Eine abgestimmte Rahmenantenne, die von einem Kreisring aus dickem Aluminiumrohr gebildet wird. Der oben offene Ring wird mit einem spannungsfesten Drehkondensator abgestimmt. Die Einspeisung erfolgt über eine magnetisch koppelnde Schleife aus Koaxialkabel. Die AMA hat die torusförmige Richtcharakteristik einer Rahmenantenne (s. d.).

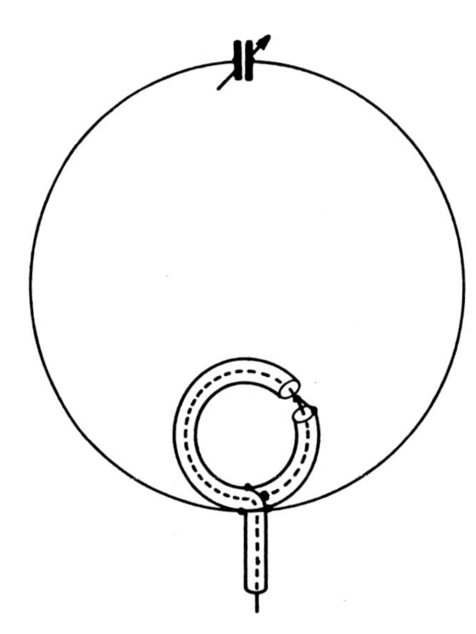

AMA. Der fernbediente Drehkondensator stimmt den Ring auf Resonanz ab. Die Speisung mit 50 Ω-Koaxialkabel erfolgt induktiv über die Schleife, deren rechter Teil kurzgeschlossen ist. Frequenzbereich je nach Ringumfang von 3 bis 30 MHz.

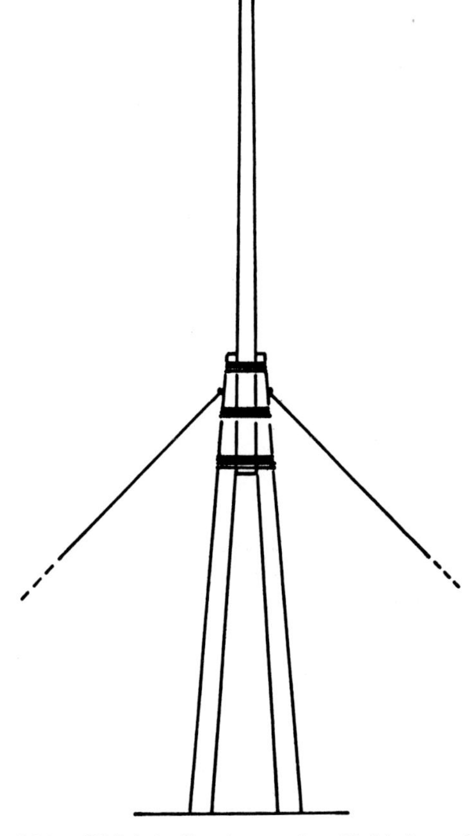

A-Mast. Wichtig ist die witterungsfeste Verbindung mit der Erde, z.B. durch angelaschte Stahlschienen, die in einem Betonfundament verankert sind.

Die der AMA ähnliche Senderahmenantenne CHA 101 (2,9 bis 9,5 MHz). Abstimmung und kapazitive Ankopplung sind fernbedienbar im Anschlußkasten. Leistungsaufnahme $P_{t0} = 1$ kW, s < 2 an 50 Ω.
(Werkbild Siemens AG)

A-Mast (engl.: A pole)

Ein Holzmast größerer Höhe (bis etwa 40 m) in Form eines A aus drei Einzelmasten zusammengefügt.

Angelrutenbeam
(engl.: fishing-rod beam antenna)

Ein Drehrichtstrahler nach dem Prinzip der Yagi-Uda-Antenne, dessen Elemente aus drahtumwundenen Angelruten aus GFK (=Glasfaser-Kunststoff) bestehen. Durch diese Helixelemente in Normalmodeerregung (Siehe: Helixantenne) wird diese Antenne recht klein im Verhältnis zur Wellenlänge. (Siehe auch: Minibeam).

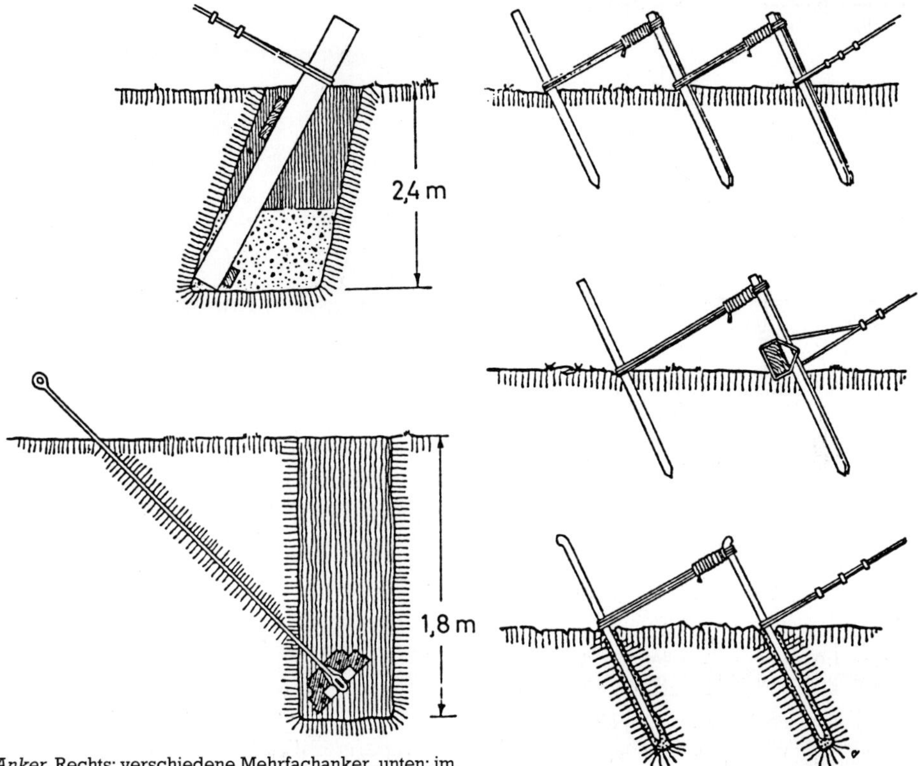

Anker. Rechts: verschiedene Mehrfachanker, unten: im Fels.
Links: oben: Betonsäule oder Stahlschiene mit Querbohlen, unten: vergrabener Beton- oder Stahlanker

Anker (engl.: guy anchor)

Antennenmasten werden mit Seil oder Draht am Anker gegen Seitwärtsbewegung verspannt bzw. verankert. Der Anker muß dem Zug des Abspannseiles, dem Zug von Drahtantennen und dem Winddruck standhalten. Am haltbarsten sind mit Stahl bewehrte Betonanker.

Anpaßgerät (engl.: matchbox, tuner)

Ein Gerät aus konzentrierten Schaltelementen (L und C) für die Anpassung (s. d.) des Wellenwiderstandes der Speiseleitung an das Gerät (Sender oder Empfänger) oder an den Antenneneingang.

In der UKW-Technik bildet man Anpaßglieder aus Leitungsstücken, oft aus λ/4-Leitungen.

1. Anpaßgeräte: Gerät – Leitung

Da dieser Übergang meist schon einigermaßen angepaßt ist, genügen hier Geräte mit geringen Impedanz-Übersetzungsverhältnissen und mäßiger Blindwiderstandskompensation.

Anpaßgerät. T-Glieder: Links: T-Glied als Tiefpaß;
Mitte: T-Glied als Hochpaß; nicht empfehlenswert
Rechts: Transmatch, ein Hochpaß mit geringer Oberwellendämpfung, aber feinfühliger Einstellmöglichkeit.

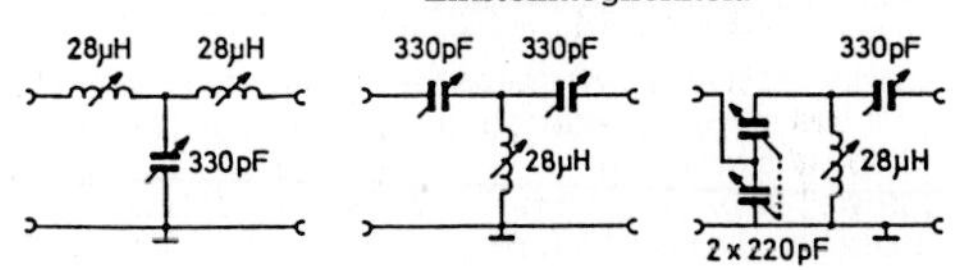

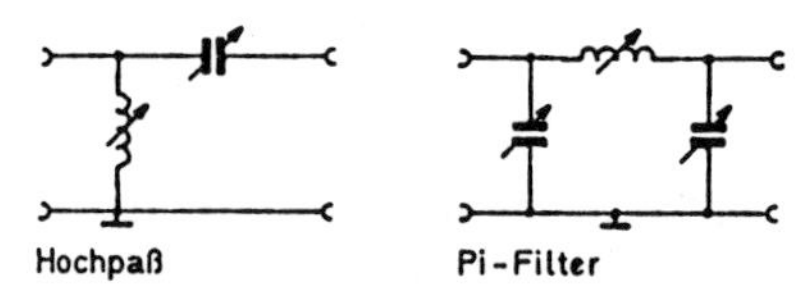

Anpaßgerät. Das als Hochpaß geschaltete L-Glied gestattet Anpassungen wie der Tiefpaß, doch ist die Oberwellendämpfung unzureichend. Das Pi-Filter hat eine Kapazität mehr als das L-Glied und wirkt als Tiefpaß.

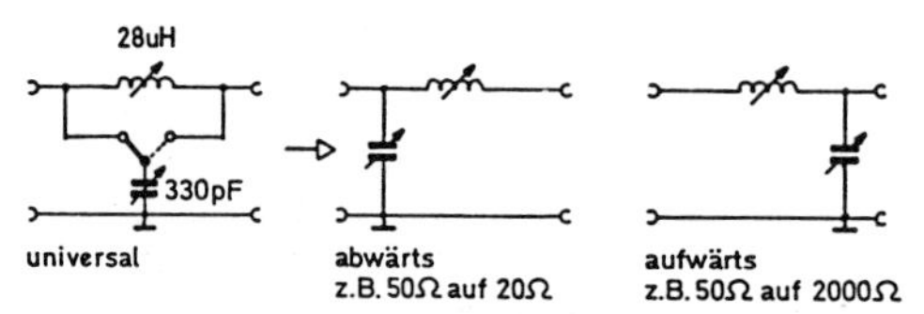

Anpaßgerät. Das universale L-Glied läßt sich durch einen Schalter zur Abwärts- und Aufwärtstransformation schalten.

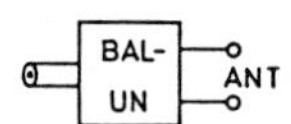

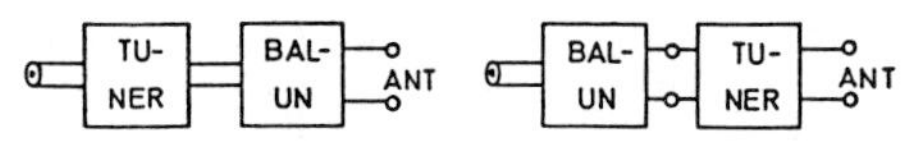

Anpaßgerät. Blockschaltbilder von Anpaßgeräten, die von 50 Ω Koaxialkabel auf symmetrische Leitungen oder Antennen gehen.

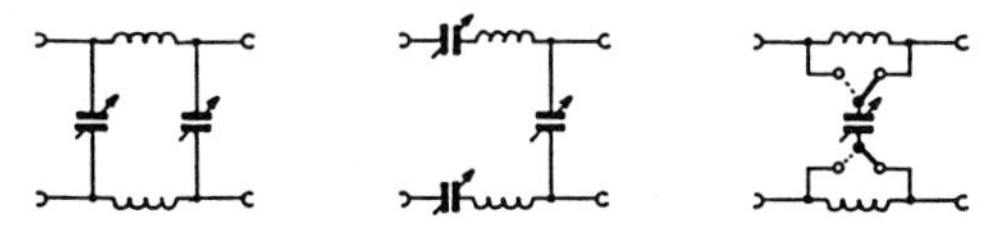

Anpaßgerät. Anpaßgeräte mit symmetrischen Ein- und Ausgängen.
Links: Doppel-Pi-Filter,
Mitte: Universeller Tuner
Rechts: symmetrisches, universales L-Glied
C etwa 330 pF, L_{max} etwa 28 μH (Rollspule) für 3,5 bis 30 MHz.

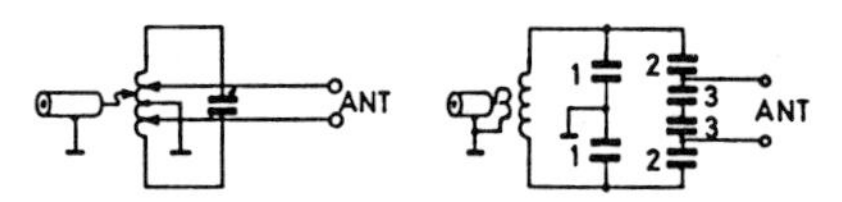

Anpaßgerät. Anpaßgeräte, die von 50 Ω-Koaxialkabel auf symmetrische Leitungen oder Antennen gehen, ohne einen Balun zu benutzen. Links: angezapfter Parallelschwingkreis. Rechts: kapazitiv geteilter Parallelschwingkreis mit 3 symmetrischen Drehkondensatoren (Split-Stator) 1-1 Abstimmung, 2-2 Spannungsteilung, 3-3 Spannungsteilung
C etwa 330 pF, L_{max} etwa 28 μH Steckspule oder geschaltet für 3,5 bis 30 MHz.

Kurzwellen-Antennen-Koppler. Hinten: Zweidrahtspeiseleitung. (Werkbild-Annecke)

Ein T-Glied mit zwei Längsinduktivitäten wirkt gleichzeitig als Tiefpaß und dämpft Oberwellen stark zurück, während das T-Glied mit zwei Kapazitäten im Längszweig als Hochpaß wirkt und Oberwellen nicht dämpft. Nur um die kostspieligen Rollspulen zu sparen, wird das Tiefpaß-T-Glied seltener verwendet. Das Transmatch-Gerät wird durch Weglassen der unteren Kapazität zu einem T-Hochpaß.

2. Anpaßgerät: Leitung-Antenne, asymmetrisch

Unter Umständen müssen hohe Impedanzunterschiede bewältigt werden, wozu am besten ein L-Glied geeignet ist. Ist die Kapazität umschaltbar, so kann das L-Glied Impedanzen aufwärts wie abwärts transfor-

Anpaßgerät vom Koaxialkabel auf symmetrische Leitung. Links: Abstimm- und Spannungsteilerkapazität, Rechts: Serien-C im Koax-Eingang, Mitte: Schaltspulen (Werkbild Annecke)

mieren und zusätzlich Blindwiderstände kompensieren, ist also universell verwendbar.
Wegen der günstigen Oberwellendämpfung sind Tiefpaßglieder vorzuziehen. Auch Pi-Filter sind zu gebrauchen, haben aber ein Schaltelement mehr als ein L-Glied (Siehe: Collins-Filter).

3. Anpaßgerät: Leitung asymmetrisch, Antenne symmetrisch
Die vom einseitig geerdeten Koaxialkabel kommende Energie kann mit einem Balun (s. d.) gegen Erde symmetriert werden, muß aber oft noch in der Impedanz transformiert werden. Es gibt folgende Möglichkeiten: Balun allein, Tuner asymmetrisch und Balun, Balun und Tuner symmetrisch. Da Baluns in den Übersetzungen der Impedanz 1:1, 1:2, 1:4, 1:6 und 1:12 handelsüblich sind, läßt sich fast jede Antenne bei Verwendung eines asymmetrischen Tuners auf der Kabelseite anpassen. Es gibt aber auch Anpaßgeräte, die ohne Balun auskommen. Dies sind Parallelschwingkreise, die wegen ihrer hohen Kreisströme entsprechende Verluste aufweisen. Entweder mit Spulenanzapfungen oder mit einer Abstimmkapazität und einer Spannungsteilerkapazität.

4. Anpaßgerät: Leitung und Antenne symmetrisch
Diese können als Doppel-L-Glied oder als Doppel-Pi-Filter ausgebildet werden. Anpaßgeräte sind auch Abstimmgeräte, mit denen Blindwiderstände weggestimmt werden können. Die Schaltung ist dann resonant oder abgestimmt (Siehe: Abstimmung).

Anpassung (engl.: matching)

Die Anpassung verfolgt allgemein den Zweck, möglichst viel Energie vom Generator zum Verbraucher zu bringen. Die größtmögliche Wirkleistung wird dann übertragen, wenn die Impedanzen gleich groß sind und die fast immer vorhandenen Blindwiderstände des Generators und des Verbrauchers gegenseitig kompensiert sind, d. h., wenn deren Phasenwinkel entgegengesetzte Vorzeichen haben. Dann wird das Stehwellenverhältnis (s. d.) auf der Leitung 1:1. Bei der Anpassung von Senderendstufen auf die Antenne erfolgen zwei Vorgänge: die Anpassung der Endstufe an die Speiseleitung und die Anpassung der Speiseleitung an den Antenneneingang.
Allgemein ist die Anpassung der Endstufe an die Speiseleitung durch die Gerätekonstruktion festgelegt; doch ist bei der oft unvollkommenen Anpassung der Antenne an die Speiseleitung deren Eingangsimpedanz nicht rein ohmisch , sondern reaktiv: kapazitiv oder induktiv. Um der Endstufe die meist auf 50 Ohm bemessene Verbraucherimpedanz zu bieten, kann ein Anpaßgerät (s. d.) eingeschleift werden.
Die Anpassung der Speiseleitung (meist Koaxialkabel) an den Antenneneingang und umgekehrt muß immer dann durch eine Anpaßschaltung oder ein Anpaßgerät erfolgen, wenn die Impedanzen unterschiedlich sind, oder Reaktanzen ausgestimmt werden müssen.
Bei sorgfältiger Planung genügt ein Anpaßgerät zwischen Antenneneingang und Speiseleitung. Es ist eine weitverbreitete Fehlmeinung, daß mit einem sendeseitigen Anpaßgerät die „Antenne abgestimmt" wird; ein hohes Stehwellenverhältnis auf der Leitung wird dadurch *nicht* verkleinert. Dem Sender wird nur die maximale Leistung entnommen, mit dem Erfolg, daß Transistorendstufen nicht heruntergeregelt werden.

Anpassungseinrichtung
(engl.: matching unit)

Soviel wie Anpaßgerät (s. d.).

Anpassungsfaktor

Der Kehrwert (Reziprokwert) des Stehwellenverhältnisses (s. d.).

$$m = \frac{1}{s} = \frac{1-r}{1+r}$$

s = Stehwellenverhältnis; r = Betrag des Reflexionsfaktors
Der Anpassungsfaktor nimmt Werte zwischen 0 und 1 an. Bei Anpassung ist m = 1, bei Leerlauf bzw. Kurzschluß ist m = 0. Der Ausdruck ist veraltet. Heute wird die Anpassung mit dem Stehwellenverhältnis (Welligkeit), dem Reflexionsfaktor oder der Rücklaufdämpfung angegeben.

Anpassungsmeßgerät
(engl.: VSWR meter)

Ein Gerät zur Messung der Anpassung. (Siehe: Stehwellenmeßgerät).

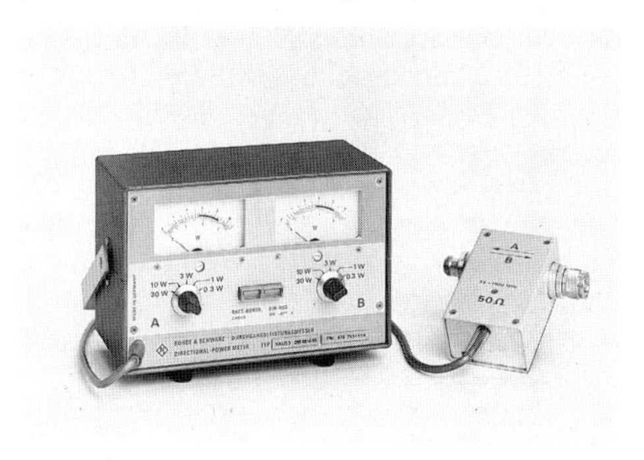

Anpassungsmeßgerät. **Der Durchgangsleistungsmesser mißt die vorlaufende und die rücklaufende Leistung. Durch Leistungsvergleich wird das Stehwellenverhältnis bestimmt. Links Meßgerät, rechts Meßkopf. (Werkbild Rohde & Schwarz)**

Anpassungsstub, behelfsmäßiger
(engl.: temporary matching stub)

Eine meist $\lambda/4$ lange Anpaßleitung aus Bandkabel (s. d.). Der Kurzschluß am Ende der Leitung wird durch eine Rasierklinge hergestellt, die in die Isolation einschneidet, bis die richtige Stelle durch Messung gefunden ist. Dann wird dort eine Drahtbrücke eingelötet.

Antennascope (engl.: antennascope)

Von Bill Scherer, W2AEF, angegebene HF-Meßbrücke, mit welcher der Wirkwiderstand einer Antenne bestimmt werden kann.
(Lit.: W. Scherer, CQ 9/1950).

Antenne (engl.: antenna, aerial)

Ursprünglich wurden nur die langen, dünnen Fühler der Insekten mit dem lateinischen Wort antennae bezeichnet. Erst mit dem Beginn der Funktechnik heißen die Luftdrähte Antennen. Heute werden aber auch komplizierte Formen wie Aperturantennen, Parabolspiegel und Schlitzantennen als Antennen bezeichnet. Physikalisch ist die Antenne ein Wandler, der die leitungsgebundene Hochfrequenzenergie in elektromagnetische Strahlungsenergie wandelt, die in den Raum abstrahlt. Beim Empfang ist dieser Vorgang umgekehrt. Allgemein ist die Antenne der Teil des Sende- oder Empfangssystems, der elektromagnetische Wellen ausstrahlt oder aufnimmt.

Antenne, abgestimmte
(engl.: tuned antenna)

Eine Antenne, deren Blindwiderstand (s. d.) an den Eingangsklemmen Null ist oder durch Abstimm-Mittel (L bzw. C) kompensiert worden ist.
(Siehe: Abstimmung, Kompensation).

Antenne, aktive

Eine Empfangsantenne mit wenigstens einem integrierten, aktiven Bauelement (Halbleiter, Röhre) als wirksamem Teil. Es gibt aktive Rundempfangsantennen mit Monopol- oder Dipoleigenschaften und Richtantennen. Bei den Richtantennen verwendet man Gruppenantennen, bei denen jedes Einzelelement eine aktive Antenne ist. Diese Gruppen haben Empfangseigenschaften, die mit Passivantennen nicht zu erreichen sind.
Vorteile von aktiven Antennen: Reduzierung der Abmessungen, erweiterter Frequenzbereich, geringe Verkopplung mit benachbarten Antennen.
Die Antennenelektronik ist meist als Gegentaktschaltung mit hochlinearen, rauscharmen Leistungstransistoren aufgebaut.

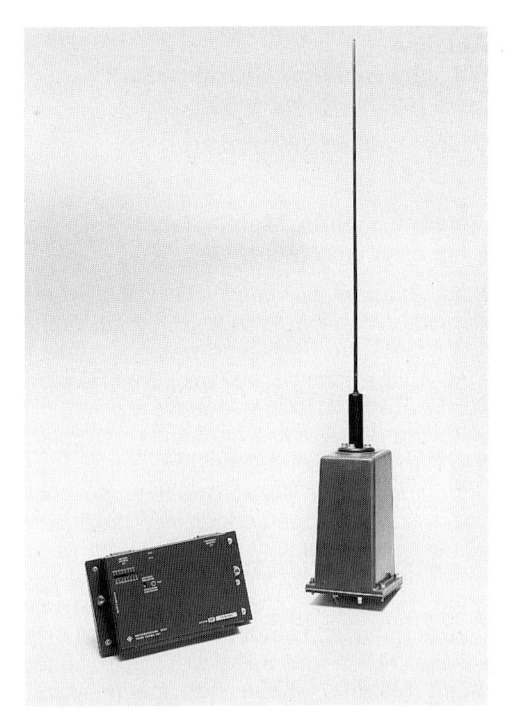

Antenne, aktive. Links: Abstimmsteuerung mit Vertikal-Antenne AK 001. Empfangsbereich 10 KHz bis 30 MHz. Die Antenne hat Bandpaßcharakter, schützt den Empfänger vor Übersteuerung und verträgt Störfeldstärken bis 200 V/m ohne den Empfang zu beeinträchtigen. 125 dB Abstand des Mischproduktes bei Intermodulation.
Rechts: Aktiver Empfangsdipol HE 202; 200 bis 1000 MHz. Interceptpunkt 3. Ordnung ≧ 30 dBm.
(Werkbilder Rohde & Schwarz)

Dadurch erhält man kleines Eigenrauschen, geringstmögliche lineare Verzerrungen und optimale Dynamik.
Der passive Antennenteil ist meist galvanisch geerdet als Schutz gegen Überspannungen durch statische Aufladungen.

Antenne, allseitige
(engl.: omnidirectional antenna)

Soviel wie Rundstrahlantenne (s. d.).

Antenne, aperiodische
(engl.: aperiodic antenna)

Eine Antenne, die über einen ausgedehnten Frequenzbereich keine wesentlichen Schwankungen ihres Verhaltens zeigt. Weder die Eingangsimpedanz noch das Richtdiagramm sollten sich entscheidend verändern. Mit Rhombusantennen (s. d.) können diese Bedingungen in einem Frequenzbereich von 1:2 bis 1:3 (eine Oktave und mehr), mit logarithmisch-periodischen Antennen (s. d.) in einem Frequenzbereich von 1:10 und mit der TFD-Antenne (1:5) verwirklicht werden. Als Empfangsantennen lassen sich kleine Monopole und Dipole sowie kleine Rahmenantennen als aperiodische Antennen verwenden, mit einem fest eingebauten Verstärker als aktive Antennen (s. d.).

Antenne, belastete
(engl.: loaded antenna)

Jede einfache Antenne, wie z. B. ein Dipol (s. d.) oder ein Monopol (s. d.) kann durch Hinzufügen von Spulen, Kondensatoren, Schwingkreisen oder Widerständen an beliebiger Stelle belastet werden. Durch die Belastung ändern sich die Antenneneigenschaften (Eingangsimpedanz, Stromverteilung, Bandbreite und Wirkungsgrad; Siehe jeweils dort).
(Siehe auch: Belastung, Fußpunktspule, Zentralspule, Endkapazität).

Antenne, dielektrische
(engl.: dielectric antenna)

(Siehe: Stielstrahler, dielektrischer; Rohrstrahler, dielektrischer).

Antenne, doppeltgespeiste

(Siehe: Doppelspeisung).

Antenne, drehbare (engl.: rotary antenna)

(Siehe: Drehrichtstrahler).

Antenne, gestreckte
(engl.: linear antenna)

Eine Antenne in linearer, geometrischer Ausdehnung, insbesondere der Dipol (s. d.) und der Monopol (s. d.).

Antenne, gezonte (engl.: zoned antenna)

Eine Linsen- oder Reflektorantenne mit verschiedenen Zonen oder Stufen (Siehe: Fresnel-Linsen-Antenne).

Antenne, kompensierte
(engl.: compensated antenna)

Eine Antenne, deren Blindwiderstand in einem größeren Frequenzbereich durch Kompensation (s. d.) auf Null gebracht worden ist. Mithin ist die Antenne breitbandig resonant, da nur noch der Wirkwiderstand an den Klemmen steht. Man kann diese Antenne auch als breitbandig abgestimmte Antenne bezeichnen.

Antenne, künstliche (engl.: dummy load)

Ein ohmscher Widerstand, der zu Meßzwecken als Antennenersatz an den Senderausgang geschaltet wird. In primitivster Form eine Glühbirne.
(Siehe: Abschlußwiderstand).

Antenne, kurze (engl.: short antenna)

1. Eine Dipolantenne, die geometrisch oder elektrisch kürzer als $\lambda/2$ ist.
2. Eine Monopolantenne, die geometrisch oder elektrisch kürzer als $\lambda/4$ ist.

Antenne, mehrfach abgestimmte
(engl.: multiple tuned antenna)

(Siehe: Alexanderson-Antenne).

Antenne
mit schwenkbarer Charakteristik
(engl.: steerable antenna)

(Siehe: Keulenschwenkung).

Antenne, mobile; Mobilantenne
(engl.: mobile antenna)

Eine Antenne für Land-, See-, Luft- und Raumfahrzeuge, vorwiegend jedoch Kraftfahrzeuge. Zu Empfangszwecken genügt eine Allbereichantenne (s. d.), zum Senden auf VHF und UHF werden Vertikalantennen (s. d.), meist $\lambda/4$-Strahler verwendet. Bei Kurzwellensendeantennen treten Probleme auf, weil Horizontalantennen nicht verwendet werden können, die maximale Höhe von Vertikalantennen auf 4 m über der Straßendecke begrenzt ist und die Erdung durch den Fahrzeugkörper sehr unvollkommen ist. Durch Federfüße und elastische Ruten aus Glasfaser oder ähnlichem Material lassen sich mechanische Schwierigkeiten beseitigen. Die meist nur 2,5 m hohen Antennenruten sind für KW zu kurz und müssen mit Verlängerungsspulen belastet werden (Siehe: Antennen, belastete). Die Spule kann als Fußpunktspule (s. d.), als Zentralspule (s. d.) oder oben eingeschleift werden. Ist die Spule nicht äußerst verlustarm, so geht ein sehr erheblicher Teil der Sendeenergie in ihr verloren. Für die Anpassung des Fußpunktes müssen verlustarme Anpaßglieder eingesetzt werden, die gegebenenfalls vom Fahrzeuginneren aus fernbedient werden.

Antennenankopplung bei Rundfunkempfang

Während beim UKW-Empfang die Antennenenergie über ein 75 Ω-Kabel oder eine 240 Ω-Bandleitung dem Empfänger angepaßt zugeführt wird, ist bei KW, MW und LW nur eine Spannungskopplung üblich. Die häufig induktive Kopplung genügt für KW und MW. Bei LW, wo die Antenne viel zu kurz im Verhältnis zur Wellenlänge ist, wird daher mit hoher Induktivität der Antennenspule lose an den Eingangskreis angekoppelt.

Antennenbündelung

Diese beschreibt die räumliche Form der Hauptkeule (s. d.) durch die Halbwertsbreiten (s. d.) in der E- und H-Ebene. (Siehe auch: Bleistiftkeulen-Antenne, Richtfaktor).

Antennendiagramm
(engl.: antenna pattern)

(Siehe: Richtdiagramm).

Antenneneffekt
(engl.: antenna effect)

1. Unerwünschte Erscheinung bei Peilantennen (s. d.), die durch unvollkommene Abschirmung einen Teil der elektrischen Komponente des elektromagnetischen Feldes aufnehmen, obwohl sie nur die magnetische Komponente aufnehmen sollten (oder umgekehrt). Durch den Antenneneffekt wird die Peilung erschwert und ungenau.
2. Zweidrahtspeiseleitungen, deren Ströme sich nicht exakt kompensieren, und Koaxialleitungen, auf denen Mantelwellen fließen, führen ebenfalls zu einem Antenneneffekt, wodurch diese Speiseleitungen zum Strahler werden. Damit wird das erwünschte Richtdiagramm beeinträchtigt. Es können dadurch störende Beeinflussungen auftreten.

Antennenelement
(engl.: element)

(Siehe: Element, gespeistes; Parasitärstrahler).

Antennenfaktor
(engl.: antenna factor)

(Siehe: K-Faktor).

Antennenfilter
(engl.: antenna low-pass filter)

Ein Tiefpaßfilter aus Längsinduktivitäten und Querkapazitäten in erdsymmetrischer oder erdunsymmetrischer Form für Band- oder Koaxialkabel zur Dämpfung unerwünschter Oberwellen. Im UKW-Bereich aus koaxialen Kreisen aufgebaut, Oberwellendämpfung (bis 60 ... 80 dB).

Antennengewinn
(engl.: antenna gain)

(Siehe: Gewinn).

Antennengruppe, Gruppenantenne
(engl.: antenna array)

Eine Antenne, die aus einer Anzahl gleichgestalteter Strahler besteht, die regelmäßig angeordnet sind und gespeist werden, um ein erwünschtes Richtdiagramm zu erzeugen, gleicherweise für Sendung und Empfang. Einfachste Antennengruppen bestehen aus zwei Dipolen, die als Querstrahler (s. d.) oder Längsstrahler (s. d.) gespeist werden. Die Wahl der Strahlerelemente ist nicht eingeschränkt. Es können Monopole, Dipole, V-Dipole, Rhomben, Parabolstrahler u.v.m. eingesetzt werden. Auch die Anordnung der Elemente kann von strengen geometrischen Figuren wie Linie, Zeile, Quadrat, Rechteck, Dreieck, Kreis bis zu fast willkürlich „zufällig" gestreuten Figuren gehen.

Antennengruppen-System, aktives
(engl.: active array antenna system)

Eine Gruppenantenne, in der alle oder wenigstens einige der Elemente mit einem eigenen Sender oder einem eigenen Empfänger ausgestattet sind. Bei einem vereinfachten Empfangssystem mündet jedes Element in seinen eigenen Vorverstärker. Mit aktiven Antennengruppen-Systemen lassen sich Richtempfangsanordnungen vom Langwellen- bis zum UHF-Bereich verwirklichen. Oft folgt auf den Vorverstärker unmittelbar eine Mischstufe, so daß nur noch die niedrigere Zwischenfrequenz zum entfernten Hauptempfänger geleitet werden muß. Systeme dieser Art sind wirkungsvoll, kompliziert und teuer.

Antennenkuppel (engl.: radom)

Soviel wie Radom (s. d.).

Antennenlitze, Antennenseil
(engl.: antenna litz wire)

Im Gegensatz zum zylindrischen Antennendraht ist die Litze knickfrei auszuspannen, mechanisch höher belastbar und flexibel. Nach dem Material unterscheidet man Kupfer-, Bronze-, Aluminium-, Stahlkupfer- und gemischte Litzen, meist Aluminium mit Stahlkern.
Antennenseile werden in den Querschnitten 1,5/2,5/4/6/10/16 mm^2 erzeugt. Ihr Aufbau besteht bei einfachen Seilen aus 7/12/19 Einzeldrähten oder 7 mal 7/7 mal 12/7 mal 19 verseilten Drahtgruppen (Einzeldrähte etwa 0,1 bis 0,6 mm Durchmesser).

Antennennachbildung

Die elektrische Nachbildung einer Antenne durch Blind- und Wirkwiderstände, die für den speisenden Generator die gleichen Eigenschaften hat wie die tatsächliche Antenne, aber nicht strahlt. Eine kurze Monopolantenne z. B. läßt sich durch die Reihenschaltung von L, C, R nachbilden. Da sich jede Parallelschaltung von L, C und R in eine Serienschaltung umrechnen läßt, kann man mit entsprechend bemessenen Reihen- oder Parallelschaltungen jeden Antenneneingangswiderstand nachbilden.
(Siehe auch: Ersatzschaltung, Abschlußwiderstand).

Antennenmodellmessung
(engl.: model antenna testing technique)

Zur bequemen Messung von LW-, MW- und KW-Antennen werden diese in einem festen Maßstab verkleinert (oft 1:10...1:50) und auf höherer Frequenz betrieben. Sind *alle* geometrischen Abmessungen 1:n verkleinert, so wird das Modell mit der Frequenz $n \cdot f$ betrieben. Damit können in guter Näherung die Richtcharakteristik und die Speiseimpedanz gemessen und auf die Antenne in ursprünglicher Größe übertragen werden.

Antennenoptimierung

Die Verbesserung bestimmter Eigenschaften einer Antenne, wie z. B. Speisewiderstand, Richtwirkung, Gewinn, Bandbreite durch schrittweise Änderungen des Antennenaufbaus. Dies kann rein rechnerisch durch Optimierungsrechnung im Computer oder experimentell im Meßfeld geschehen. Beide Verfahren erfordern großen Arbeits- und Zeitaufwand.

Antennen, platzsparende

Die örtlichen Verhältnisse erlauben häufig nicht das Spannen von Halbwellendipolen. Man kann dann z. B. die äußeren Enden abknicken (bis zu 90° und mehr) und kommt zu einer Dipollänge von $\lambda/3$.
Knickt man die Enden um 180°, führt sie zurück und verbindet sie, so erhält man einen Faltdipol von $\lambda/4$ Länge, der z. B. für 3,5 MHz nur 21,5 m lang ist und trotz seiner hohen Eingangsimpedanz noch befriedigend arbeitet (Speisung über $\lambda/4$-Anpaßleitung).
Auch ein offener Faltdipol mit parallelem Innenleiter als Dreifach-Flachreuse (Gesamtlänge 21,5 m für 3,5/7 MHz) erbringt durchaus brauchbare Ergebnisse.

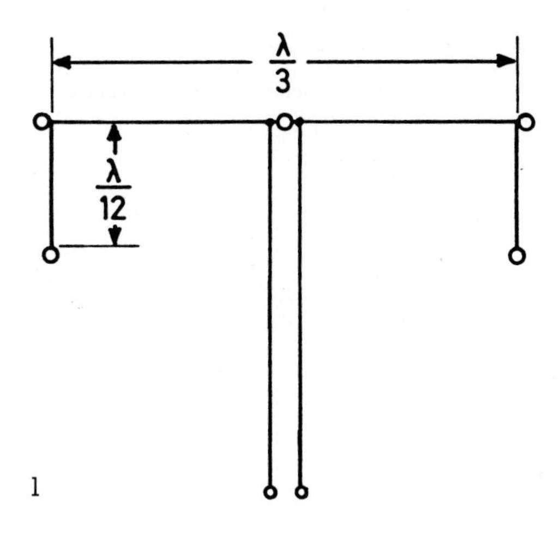

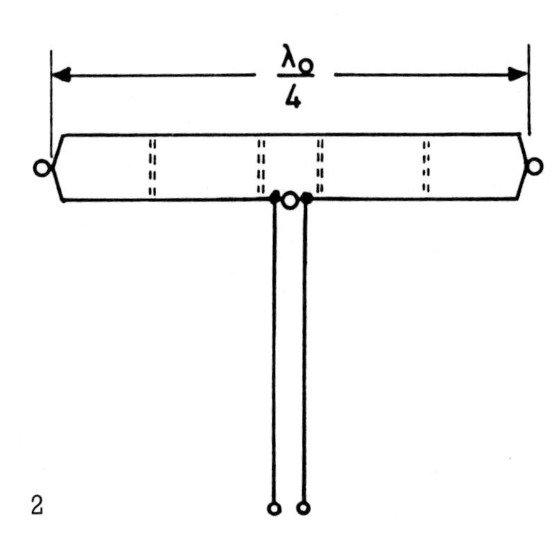

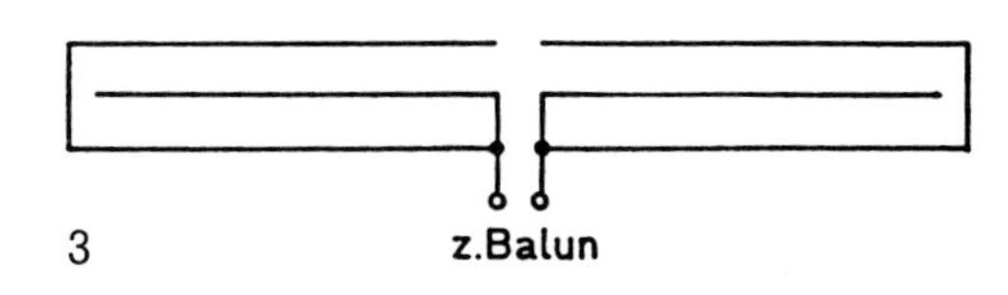

Platzsparende Antennen.
1: An den Enden abgeknickter Dipol mit Gesamtlänge λ/3.
2: Faltdipol, der auf der niedrigsten Betriebsfrequenz eine Viertelwellenlänge lang ist.
Die Spreizer sind 15 cm lang
Die Speiseleitungen haben $Z_n = 450\ \Omega$.
3: Offener Faltdipol mit Innenleiter als Flachreuse.

Antennenrauschen
(engl.: antenna noise)

Antennen nehmen neben dem Nutzsignal auch Rauschsignale auf. Diese sind: kosmisches (galaktisches) Rauschen, Bodenrauschen, Industrierauschen (man made noise), atmosphärisches Rauschen und das thermische Rauschen der Verlustwiderstände im Antennenkreis.
Die von einer Antenne erbrachte Rauschleistung hängt von ihrer Antennenrauschtemperatur (s. d.) T_A ab und ist gleich kBT_A. B ist die Empfängerbandbreite in Hz und k die Boltzmannkonstante mit $1{,}38 \cdot 10^{-23}$ J/Kelvin.
T_A kann durch einen Vergleich mit einer Standard-Rauschquelle, deren Rauschtemperatur bekannt ist, bestimmt werden.

Antennenrotor (engl.: antenna rotator)

Der Rotor dreht eine Richtantenne (s. d.). Die Rotor-Einheit ist in einem wetterfesten Gehäuse aus Leichtmetall untergebracht. Stromversorgung und Anzeige der Antennenrichtung erfolgen durch ein stationsseitiges Steuergerät, das über eine mehrpolige Leitung mit dem Rotor verbunden ist. Die Umlaufzeit liegt bei etwa 60 Sekunden für eine Umdrehung. Eine Bremse sorgt dafür, daß der Rotor in der gewünschten Stellung sofort stehen bleibt, auch bei abgeschaltetem Steuergerät. Es gibt auch Rotoren mit zusätzlicher Verstellung der vertikalen Neigung. Damit kann die Antenne in Azimut und Elevation nachgeführt werden (Siehe: AZ-EL-Montage).
Außer den elektrischen Daten sind folgende mechanische Daten wichtig:

- Tragfähigkeit in kg
- zulässiges Biegemoment in Nm
- maximales Drehmoment in Nm
- maximales Bremsmoment in Nm

Anmerkung: $1\ \text{kp} \approx 10\ \text{N}$ (Newton);
$1\ \text{N} = 1\ \text{mkg/s}^2$; $1000\ \text{N} = 1\ \text{kN}$ (kiloNewton)

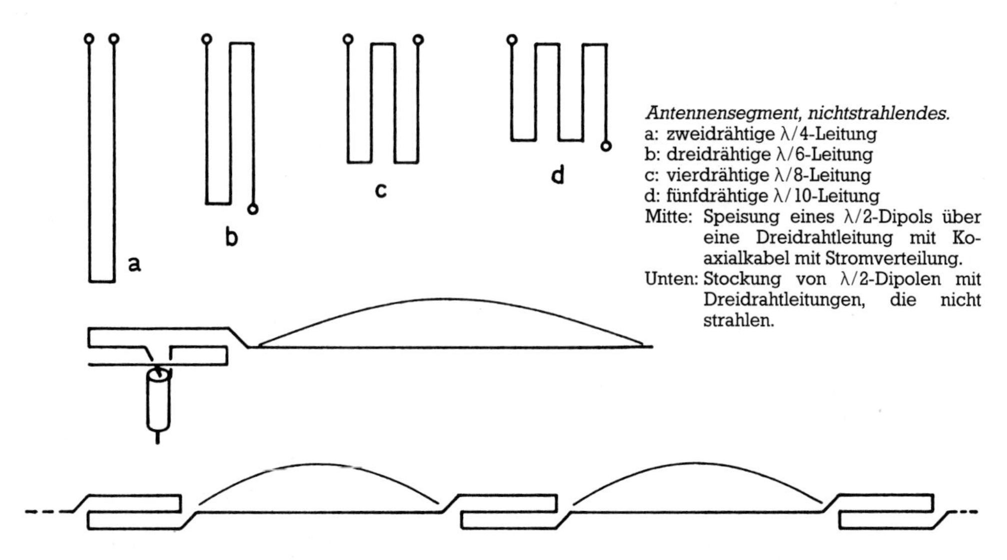

Antennensegment, nichtstrahlendes.
a: zweidrähtige λ/4-Leitung
b: dreidrähtige λ/6-Leitung
c: vierdrähtige λ/8-Leitung
d: fünfdrähtige λ/10-Leitung
Mitte: Speisung eines λ/2-Dipols über eine Dreidrahtleitung mit Koaxialkabel mit Stromverteilung.
Unten: Stockung von λ/2-Dipolen mit Dreidrahtleitungen, die nicht strahlen.

Antennensegment, nichtstrahlendes

Zur phasenrichtigen Erregung einer kollinearen Dipollinie braucht man nichtstrahlende Antennensegmente. Diese können sein:

1. λ/4-Umwegleitungen
2. λ/6-Umwegleitungen nach Hille und Jäger
3. λ/10-Umwegleitungen nach Hille und Jäger

Bei 1. ist für die Umwegleitung eine eigene Halterung notwendig, während solche von 2. und 3. in den Antennenverlauf einbezogen sind.

Antennenspeisung
(engl.: feed of an antenna)

1. Allgemein ist Antennenspeisung die Versorgung einer Sendeantenne mit HF-Energie durch Speiseleitungen (s. d.) oder andere Arten der Erregung (s. d.).
2. Bei Antennengruppen entspricht die Antennenspeisung dem aktiven Teil der Antenne. (Siehe: Speisekoeffizient).
3. Die Speisung einer Aperturantenne erfolgt durch den Primärstrahler, z. B. eine Backfireantenne, die einen Parabolreflektor speist. (Siehe: Primärstrahler, Backfireantenne, Parabolspiegel)

Antennenstab (engl.: ferrite rod)

Ein Ferritkern oder seltener ein Carbonyleisenkern in Form eines Rohres, eines Zylinders oder rechteckigen Stabes von 20 bis 100 mm² Querschnitt und bis zu 250 mm Länge, der in einer Ferritantenne (s. d.) das elektromagnetische Empfangsfeld in sich konzentriert.

Antennenstatistik

Nach 1977 von W4MB, in den USA durchgeführten Untersuchungen verwenden von 500 Amateurfunkstationen auf 21 MHz:

50 % Yagi-Uda-Antennen, meist 3-Elementer
20 % Groundplanes, meist Allband- bzw. Mehrband-GPs
15 % 3-Element-Quads, bzw. Delta-Loops
12 % Dipole und Inverted Vee-Antennen
2 % Langdrähte

Nach einer 1980 von VK30M veröffentlichten Untersuchung verwendeten von 147 Amateurfunkstationen, die über den langen Weg DX-Verbindungen tätigten:

56 horizontale Richtantennen
36 vertikale Antennen
0 vertikale Richtantennen

Antennentemperatur
(engl.: antenna temperature)

Auch Antennenrauschtemperatur genannt, ist die Temperatur eines Widerstandes in Kelvin (früher ° K), der gleich dem Realteil der Eingangsimpedanz (s. d.) der Antenne ist, und der die gleiche Rauschleistung erbringt, wie die betrachtete Empfangsantenne. Die Antennenrauschtemperatur berücksichtigt also die durch Ohmsche Verluste verursachten und die von außen empfangenen Rauschleistungsanteile. Die Antennenrauschtemperatur hängt von Frequenz und Elevation ab. Typische Werte von T_A liegen zwischen 100 und 1000 K. Die von außen empfangenen Rauschtemperaturen sind z. B. Weltraum 4 K, Mond 16 K, Erde 300 K, Sonne 6000 K.

Antennenübertrager
(engl.: antenna transformer)

Ein Übertrager zur Übertragung der Empfangsenergie auf den Empfänger.
(Siehe auch: Balun).

Antennenverstärker

1. Für Rundfunkempfang wird die in das Kabelnetz der Gemeinschaftsantenne eingespeiste Spannung durch den Antennenverstärker so weit angehoben, daß rückwirkungs- und störungsfreier Empfang möglich ist. Heute manchmal noch angewandte Breitbandverstärker sind gegenüber Signalen anderer Funkdienste nicht einstrahlungsfest und sollten gegen selektive Schmalbandverstärker ausgetauscht werden.
2. Um den Kabelverlust einer UKW-Rundfunk oder -Fernsehantenne auszugleichen, werden Antennenverstärker am antennenseitigen Kabelende eingesetzt.
3. Im UKW-Sprechfunk wird zur Verbesserung des Signal-/Stör-Verhältnisses am Antennenende ein Antennenverstärker eingeschleift und beim Senden durch Relais o. ä. überbrückt.

Antennenverteiler

Auf kommerziellen Empfangsstellen werden mehrere Empfänger über einen Antennenverteiler mit Empfangssignalen versorgt. Dabei dürfen die Empfänger sich gegenseitig nicht beeinflussen. Der Antennenverteiler muß großsignalfest, rauscharm, entkoppelt und rückwirkungsfrei sein.

Antennenwand

Eine Strahlerwand, die fast immer aus horizontalen Halbwellendipolen gebildet wird. (Siehe: Tannenbaumantenne).

Antennenweiche

Eine Filteranordnung ohne Fehlanpassung, ohne Energieverlust und ohne Rückwirkung, die es gestattet, mehrere Sender oder mehrere Empfänger gleichzeitig an der selben Antenne zu betreiben. Bei UKW werden dazu Sperrtöpfe, bei KW Antennenweichen aus Leitungsabschnitten verwendet.

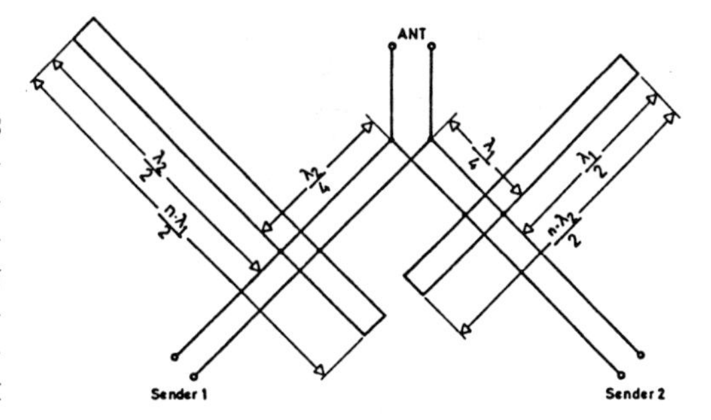

Antennenweiche für KW aus Leitungsabschnitten.
Die Energie von Sender 1 speist von links, findet im Abschnitt n . $\lambda_1/2$ eine unendlich große Impedanz, durchläuft Abschnitt $\lambda_2/4$ ohne Hinderung und speist die Antenne.
Nach rechts kann die Energie von Sender 1 nicht eindringen, weil der Abschnitt $\lambda_1/4$ unendlich große Impedanz hat. Der Abschnitt $\lambda_1/2$ transformiert nämlich sein kurzgeschlossenes Ende an das Ende des Abschnittes $\lambda_1/4$.
Die Wirkung für Sender 2 ist genau so. Damit können 2 Sender ohne merkbare gegenseitige Beeinflussung eine Antenne speisen. Die Betriebsfrequenzen können bei sorgfältiger Einstellung sich bis auf 5% nahe kommen, z.B. 3500 kHz und 3675 kHz.

Antennenwiderstand
(engl.: antenna resistance)

Der reelle Anteil der Eingangsimpedanz einer Antenne (Ohmscher Widerstand) im Gegensatz zum imaginären Anteil (Blindwiderstand, kapazitiv oder induktiv). Reeller und imaginärer Anteil ergeben zusammen (vektoriell addiert) die Impedanz an den Eingangsklemmen der Antenne.

Antenne, obengespeiste
(engl.: top fed antenna)

(Siehe: Obenspeisung).

Antenne, parallelgespeiste
(engl.: shunt-fed antenna)

(Siehe: Delta-Anpassung, Gamma-Anpassung, Omega-Anpassung, T-Anpassung).

Antenne, planare
(engl.: planar array, flat plate)

Eine in einer Ebene angeordnete große Zahl von Strahlern, meist Microstrip-Antennen (s. d.), die alle gleichphasig gespeist werden. Durch ein Speisenetzwerk ist eine gleichmäßige Ausnützung der Apertur (s. d.) sichergestellt. Es sind z. B. 200 Einzelantennen auf 40 cm mal 40 cm für 12 GHz als Satellitenempfangsantenne auf einer flachen Platte angebracht. Auf einer zweiten, ähnlichen Platte ist das aufwendige Netzwerk zur Speisung. Die Antennenplatte kann aufgeteilt werden in eine Hälfte linkszirkular polarisiert, die andere Hälfte rechtszirkular polarisiert.
Anwendung: Satellitenempfangsantenne für Hochleistungssatelliten.

Antenne, schwundmindernde
(engl.: antifading antenna)

(Siehe: Antifading-Antenne).

Antenne, unabgestimmte

1. Eine Antenne, die außerhalb ihrer Resonanzfrequenzen betrieben wird.
2. Eine aperiodische Antenne wie z. B. eine Rhombusantenne (s. d.) oder eine TFD-Antenne (s. d.).

Antenne, unsichtbare
(engl.: invisible antenna)

Eine Drahtantenne aus sehr dünnem Draht mit Nylonfäden als Isolatoren, die kaum zu sehen ist. Meist ein endgespeister Draht von beliebiger Länge (Siehe: Zufallsdraht).

Antenne, verschachtelte
(engl.: interlaced antenna)

Wenigstens zwei Antennen für verschiedene Zwecke oder verschiedene Betriebsfrequenzen, die sich zur Raumersparnis gegenseitig durchdringen, z. B. UKW-Rundfunk und Fernsehen. Bekannt sind auch verschachtelte Yagi-Uda-Antennen (s. d.), die für mehrere Frequenzbereiche einzusetzen sind.

Antifading-Antenne

Eine Sendeantenne für MW zur Verminderung des Schwundes, der durch die Überlagerung von Boden- und Raumwelle entsteht. Dies wird durch Steigerung der Flachstrahlung zur Stärkung der Bodenwelle und Unterdrückung der Steilstrahlung zur Schwächung der Raumwelle angestrebt. Technische Möglichkeiten sind dazu:
1. Vertikalantennen mit einer Höhe von $\lambda/2$ und mehr, wobei ein Optimum bei 0,53 bis 0,57 λ Höhe auftritt. Die Antenne ist dazu zweckmäßig sehr dünn auszuführen, da Maste großen Querschnitts die Steilstrahlung begünstigen.
2. Vertikale Höhendipole, mit einem Strombauch in etwa 0,3 λ Höhe über Erde und zwei Ästen zu je rund 0,1 λ, die im Strombauch eingespeist werden.

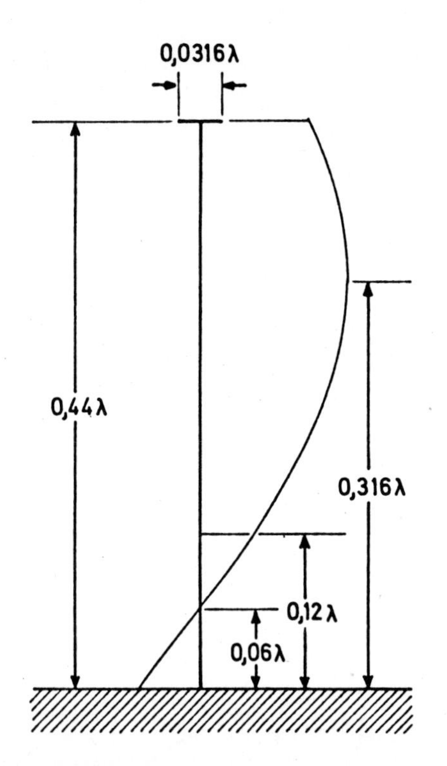

Antifading-Antenne. Vom Boden her spannungsgespeister Höhendipol. Die Strahlung um den Stromknoten in 0,06 λ Höhe von 0 bis 0,12 λ hebt sich weitgehend auf, so daß nur der Höhendipol um das 0,316 λ hohe Strommaximum strahlt. Die Endkapazität ist ein Ring mit radialen Speichen.

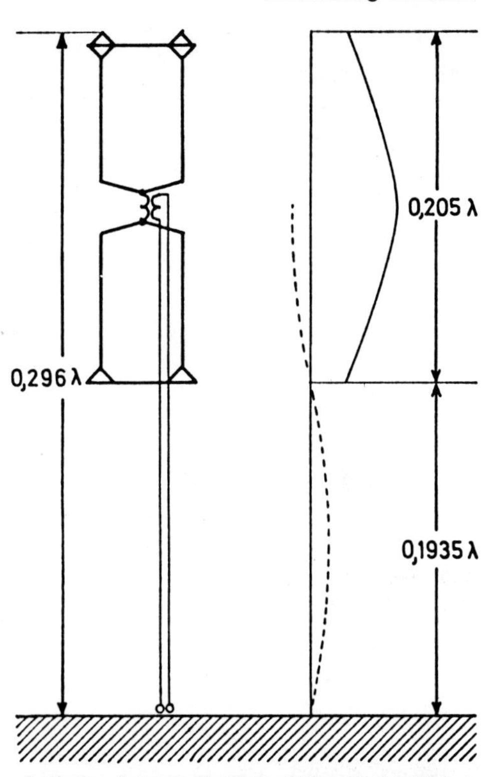

Antifading-Antenne. Vertikaler Höhendipol 0,205 λ, in der Mitte stromgespeist über eine Zweidrahtleitung. Rechts: Stromverteilung auf Dipol und nichtstrahlender Speiseleitung (gestrichelt). Dieser Höhendipol war an einem 160 m hohen Holzturm angebracht (Reichssender München 1935). Die eigenartige Form ergibt sich aus der Abwicklung der oktaederförmigen Endkapazitäten. Ein Erdsystem war nicht notwendig.

3. Vertikale Höhendipole mit Strombauch in etwa 0,3 λ Höhe und rund 0,45 λ Gesamthöhe, die vom Boden her spannungsgespeist werden.

4. Unterteilte Vertikalmaste mit ausgeklügelten Stromverteilungen und Obenspeisung (s. d.).

Schwundmindernde Antennen haben auch für KW Bedeutung, da die Wirkungsweise dort gleich bleibt und ausgeprägte Flachstrahlung für Weitverbindungen erwünscht ist.

▶

Antifading-Antenne. Kollinearer Ganzwellendipol in Art eines verlängerten Doppelzepps (s. d.) mit unterschiedlich starken Strombäuchen in Obenspeisung.

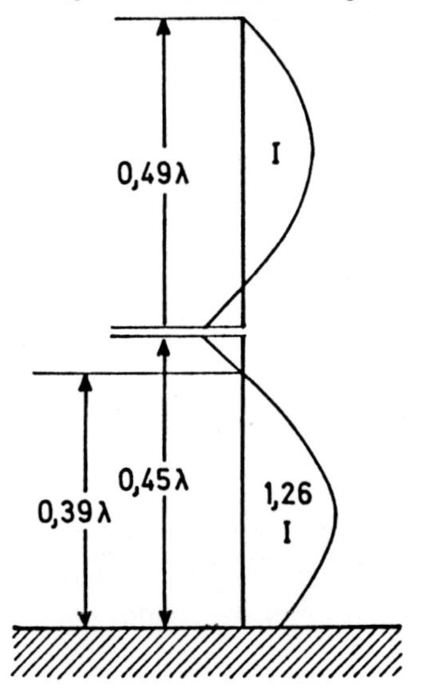

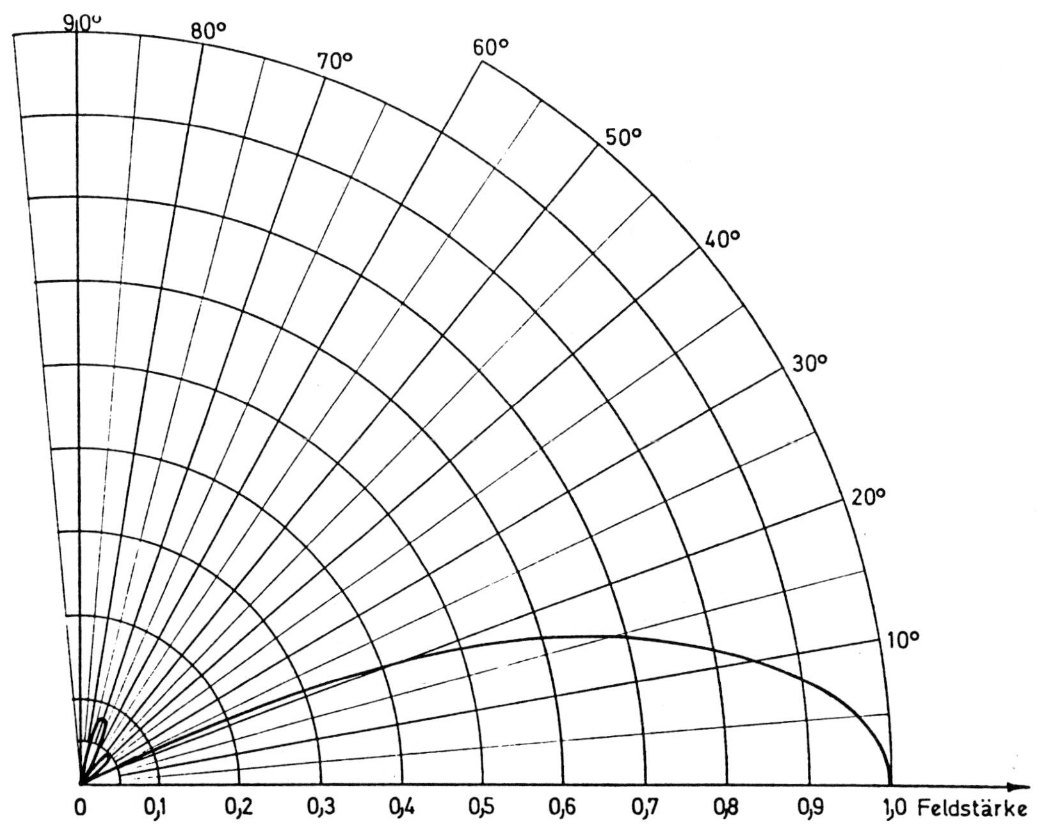

Das im Polarkoordinaten dargestellte Feldstärkediagramm zeigt die hervorragend gebündelte Flachstrahlung mit 95% Energieanteil unter 15° Erhebungswinkel und zwei winzigen Nebenkeulen.

Anti-QRN-Antenne

(engl.: anti static antenna)

Um atmosphärische und industrielle Störungen zu unterdrücken, die überwiegend vertikal polarisiert sind, wird ein niedriger, breiter Fächerdipol eingesetzt. Über einen Balun 6:1 wird ein 50 Ω-Koaxialkabel angeschlossen und zum Empfänger geführt.

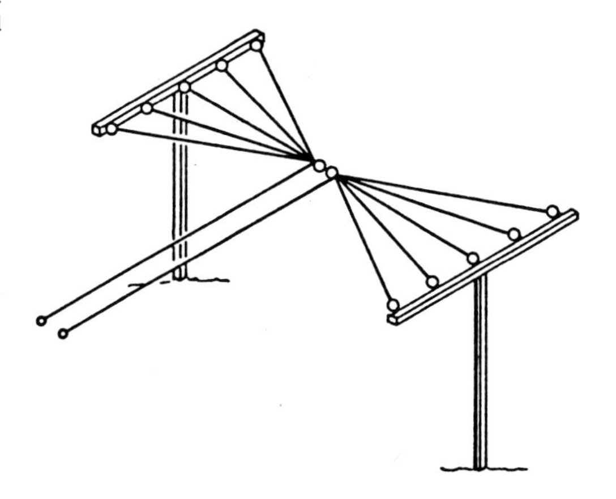

Anti-QRN-Antenne. Anstelle der Einzelisolatoren können die Querträger aus Isoliermaterial gefertigt werden. Am Speisepunkt kann ein Balun eingesetzt werden zur Speisung des Koaxialkabels zum Empfänger.

Anzapfspeisung

(engl.: shunt-fed system)

(Siehe: Vertikalantenne, nebenschlußgespeiste und Deltaanpassung).

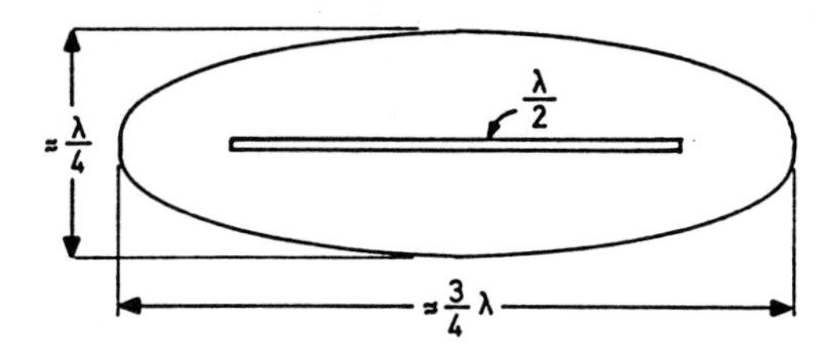

Apertur eines Halbwellendipols. Die Ellipse umfaßt etwa 0,13 λ^2.

Apertur
(engl.: aperture)

Eine Fläche an einer Antenne oder nahe davor, von der man annimmt, daß die gesamte elektromagnetische Strahlung durch diese Fläche hindurchtritt (Wirkfläche). Stehen Apertur und Strahlrichtung senkrecht aufeinander, so wird die Berechnung der elektromagnetischen Feldstärke in außenliegenden Punkten sehr erleichtert. Die Apertur eines Halbwellendipols ist eine Elipse von etwa 0,75 λ Länge und 0,25 λ Breite. Ihre Fläche ist etwa 0,13 λ^2.

Aperturbehinderung
(engl.: aperture blockage)

Gegenstände, die in der Strahlrichtung einer Antenne liegen, beeinträchtigen Abstrahlung oder Aufnahme elektromagnetischer Wellen und führen zur Aperturbehinderung. Beispielsweise verringern Hornstrahler, Speisekabel und Halterung des Hornstrahlers die Apertur eines Parabolspiegels (s. d.).

Aperturverteilung
(engl.: aperture distribution, aperture illumination)

Das elektromagnetische Feld über einer Apertur, das durch Amplitude, Phase und Polarisation beschrieben werden kann. (Siehe: Amplitude, Phase, Polarisation).

Auffüllung

Durch die Auffüllung werden Nullstellen im Richtdiagramm zu Minima aufgefüllt.
1. Um die Rundfunkversorgung zu verbessern, erreicht man dies durch die Veränderung der Amplitude, der Phase oder der Lage der Strahler der Sendeantenne, vorzugsweise bei einer Gruppenantenne. Man kann dazu auch geometrisch dicke Strahler einsetzen.
2. Um durch Auffüllung verwischte Minima zu scharfen Nullstellen zu formen, bedient man sich in der Peiltechnik der Enttrübung (s. d.).

Aufspürantenne
(engl.: tracking antenna)

Eingesetzt in der Nachrichtentechnik, der Peiltechnik, der Radartechnik und in Radioteleskopen arbeitet die Aufspürantenne nach zwei Verfahren: dem gleichzeitigen Vergleich zweier Hauptkeulen oder dem zeitlich gestaffelten Vergleich zweier Hauptkeulen. Auch bei Monopulsmessungen werden Aufspürantennen eingesetzt. Sie sind Reflektor- oder Linsenantennen mit nachfolgender Elektronik.

Ausblendemast

Um entfernte Rundfunkversorgungsgebiete auf der gleichen Frequenz nicht zu stören, sind Rundfunksender genötigt, ihre Abstrahlung in Richtung ihrer Konkurrentensender zu unterdrücken. Dies geschieht durch Aufstellung eines Ausblendemastes in 0,1 bis 0,25 λ Abstand vor dem Sendemast. Der Ausblendemast wirkt als Reflektor (s. d.) und verstärkt somit auch die Abstrahlung in die gewünschte Richtung. Er hat die gleiche Bauweise wie der Sendemast und braucht ein gleiches Erdsystem und u. U. gleiche Abstimm-Mittel. Der Ausblendemast kann parasitär schwingen oder aber als aktiver Strahler gespeist werden.

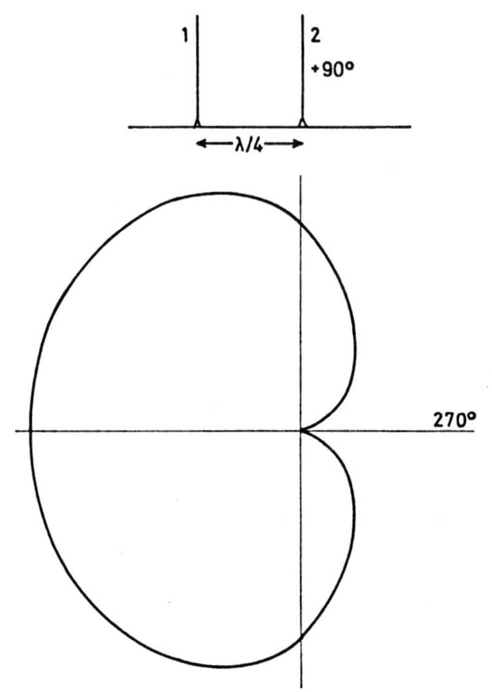

Ausblendemast. Die beiden λ/4-Maste werden mit gleichen Strömen gespeist; doch Mast 2 mit 90 ° Phasenvoreilung, was durch ein kürzeres Koaxkabel oder Abstimm-Mittel erreicht wird. Bei 270 ° liegt dann ein Richtungsnull.

Ausblendemast. Die zwei 360 m-Masten des LW-Senders Donebach. Die baugleichen Masten arbeiten als Strahler und Ausblendemast. Beide werden phasenverschoben gespeist. (Höchstes Bauwerk in der Bundesrepublik).
(Werkbild BBC Mannheim)

Ausblendungsverhältnis

Soviel wie das Vor/Rück-Verhältnis (s. d.) oder das Vor/Seit-Verhältnis (s. d.).

Ausbreitungsgeschwindigkeit

Die elektromagnetischen Wellen breiten sich im Freiraum mit Lichtgeschwindigkeit $c = 1/\sqrt{\varepsilon_0 \cdot \mu_0} = 300\,000$ km/s aus. Wenn in dem Medium, in dem sich die Welle bewegt, die relative Dielektrizitätskonstante ε_r und die relative Permeabilitätskonstante μ_r größer als 1 sind, und /oder eine Leitfähigkeit vorhanden ist, wird die Ausbreitungsgeschwindigkeit kleiner als c. In der Freiraumausbreitung oder längs Leitungen wird die Ausbreitungsgeschwindigkeit als Phasengeschwindigkeit bezeichnet.

Ausleuchtungswirkungsgrad

Bei einer Reflektor-Antenne (s. d.) soll der Primärstrahler (s. d.) den Reflektor möglichst gleichmäßig in seiner gesamten Fläche ausleuchten und darf andererseits den Reflektorrand nicht überstrahlen (Siehe: Überstrahlung). Von Ausleuchtung und Überstrahlung wird der Ausleuchtungswirkungsgrad η_A bestimmt. (Siehe auch: Flächenwirkungsgrad).

Autoantenne (engl.: car antenna)

1. Eine Rundfunkempfangsantenne, meist eine Stab-, Peitschen-, Teleskop- oder Motorantenne (Siehe jeweils dort), die mit einem kapazitätsarmen Kabel (s. d.) an den Empfänger angeschlossen ist.
2. Eine Funkbetriebsantenne (Siehe: Fahrzeugantenne, Mobilantenne).

AZ-EL-Montage (engl.: AZ-EL mount)

Die Anbringung einer Richtantenne für Satellitenfunk mit einem Azimutrotor und einem Elevationsrotor, so daß die Antenne auf jeden Azimut Φ und jede Elevation Δ eingerichtet werden kann.

Azimut
(engl.: azimuth)

Der oder das Azimut ist der Winkel Φ auf der Horizontalebene, der zwischen Funkstrahl und wahrem Nord gemessen wird. (Siehe: Abstrahlwinkel)

Azimutaldiagramm
(engl.: azimuthal pattern)

Ein Richtdiagramm (s. d.) in Abhängigkeit vom Azimut Φ (s. d.) bei gegebenem Erhebungswinkel Δ (s. d.). Obwohl das Azimutaldiagramm auf einem Kegelmantel liegt, dessen Spitze vom Phasenzentrum (s. d.) der Antenne bestimmt wird, kann es in einer Kreisebene dargestellt werden.

Azimutaldiagramm. Das Bild zeigt, wie das Azimutaldiagramm bei gegebenem Erhebungswinkel Δ zustande kommt. Zum Aufpunkt P strahlt die Hauptkeule, zum Aufpunkt p die Rückwärtskeule. Durch Vorgabe von Δ liegt das Azimutaldiagramm auf einem Kegelmantel. Da Azimutaldiagramme stets in die x-y-Ebene projiziert dargestellt werden, geht dabei der räumliche Eindruck vom Kegel verloren.

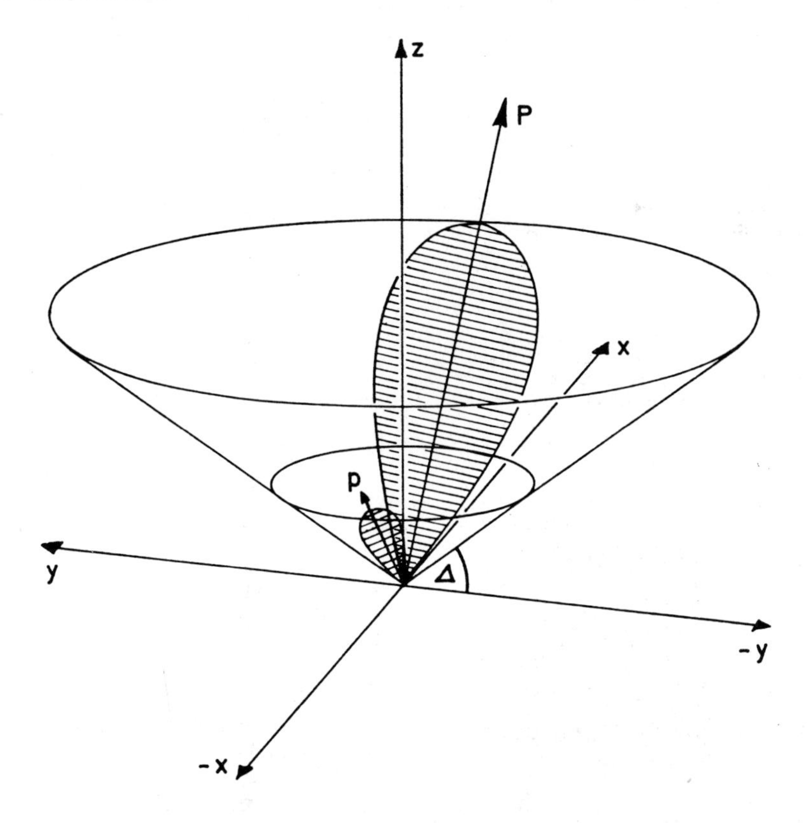

B

Babinetsches Prinzip

(engl.: Babinet's principle)

Zwischen elektrischen und magnetischen Strahlern besteht eine Wechselwirkung, eine Dualitätsbeziehung. Erzeugt eine auf einen ebenen Schirm auftreffende elektromagnetische Welle an einer Stelle hinter dem Schirm eine elektrische Feldstärke und erzeugt die gleiche Welle, wenn der Schirm durch den komplementären Schirm (leitende Platte mit Loch in der Größe des Schirms) ersetzt wird, an der selben Stelle eine andere Feldstärke, so ist die Summe der beiden Einzelfeldstärken dann die Feldstärke bei ungestörter Ausbreitung.

Aus diesem Prinzip läßt sich die Eigenschaft dualer oder komplementärer Systeme ableiten. Man erhält aus dem Feld des elektrischen Strahlers durch Austausch der dualen Größen das Feld des magnetischen Strahlers. So hat ein Schlitz in einer leitenden Ebene (Schlitzantenne, s. d.) nach dem Babinetschen Prinzip das gleiche Strahlungsdiagramm wie ein Dipol mit den Abmessungen des Schlitzes, wenn man

Spannung	U und Strom	I
Widerstand	Z und Leitwert	Y
el. Feldstärke	E und magnet. Feldstärke	H
Dielektrizität	ε und Permeabilität μ	

gegeneinander vertauscht.

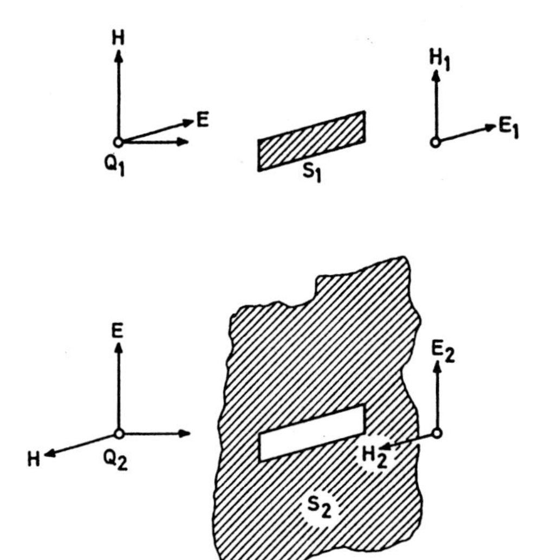

Babinetsches Prinzip. Oben: Schirm S1 mindert bei Feldstärken. Unten: Quelle, Schirm und Feldstärken sind dual umgekehrt.

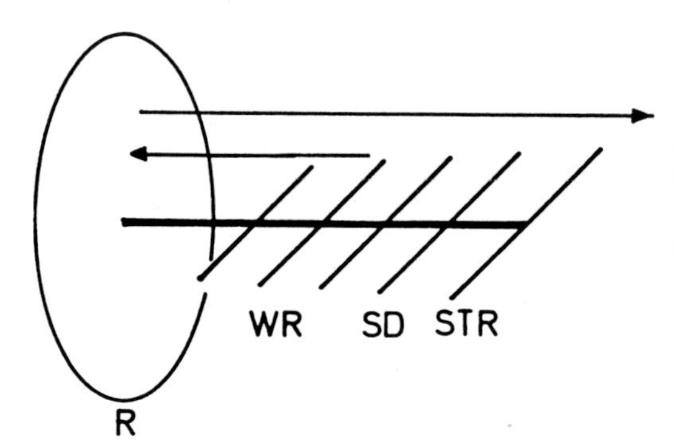

Backfireantenne. STR = Stabreflektor einer Yagi-Uda-Antenne
SD = Gespeister Dipol
WR = Direktorstäbe, die als Wellenrichter die Wellen bündeln
R = metallischer Reflektor als Scheibe, Kugelkalotte oder Paraboloid aus Blech oder Maschendraht.
Die Pfeile deuten den Wellenverlauf an.

Backfire-Antenne

(engl.: backfire antenna)

Bringt man einen ebenen Reflektor vor eine Richtantenne, z. B. eine Yagi-Uda-Antenne, so wird die auf der Antenne laufende Oberflächenwelle reflektiert und durchläuft in umgekehrter Richtung noch einmal die Antennenlänge. Bei geeigneter Einstellung von Phasengeschwindigkeit und Reflektorabstand bildet sich ein scharf gebündelter Strahl entgegengesetzt zur ursprünglichen Hauptstrahlrichtung. Wegen dieser Umkehr wird die Antenne „Backfire" genannt.

Die Wirkungsweise beruht auf der Entstehung von Hohlraumschwingungen (Vielfachreflexionen) zwischen den beiden Reflektoren. Der erzielbare Gewinn liegt bei etwa 6 dB über dem Gewinn der ursprünglichen Antennenanordnung. Das Prinzip der Backfire-Antenne ist auch auf andere Antennentypen anwendbar. Eine Abwandlung ist die Short-Backfire-Antenne (s. d.) (H. Ehrenspeck – 1959 – US-Patent).

Ballonantenne (engl.: baloon antenna)

Schon um die Jahrhundertwende verwendete vertikale Drahtantenne, die von einem Ballon emporgebracht und gehalten wird.
(Siehe auch: Drachenantenne, Hubschrauberantenne).

Balun
(engl.: balun, Akronym aus **bal**anced – **un**balanced)

Eine Anordnung, um eine symmetrische Last von einer unsymmetrischen Leitung zu speisen oder umgekehrt.
Speist man eine symmetrische Antenne direkt mit einem Koaxialkabel, so wird die Antenne, auch bei Anpassung unsymmetrisch belastet. Als Folge treten auf dem Kabelmantel Ausgleichsströme (Mantelwellen, s. d.) auf. Dadurch wird eine Verformung des Strahlungsdiagramms und Strahlung des Kabelmantels hervorgerufen. Vorrichtungen, um dies zu verhindern sind als Symmetrierglieder und Mantelwellensperren bekannt.
Es gibt u. a. Spulen-Baluns, Ringkern-Baluns und Stabkern-Baluns (Siehe jeweils dort). Die Übersetzungsverhältnisse der Impedanzen reichen von 1 : 1 bis 1 : 12. Die Einfügungsdämpfung moderner Baluns überschreitet bei 30 MHz nur selten 0,5 dB. Die übertragbare Leistung bewegt sich von einigen Watt bis zu 20 kW.

Balun-Doppeldrossel
(engl.: coiled coaxial balun)

Eine EMI-Schleife (s. d.), die durch Aufrollen breitbandig wird und als Balun zur Speisung symmetrischer Antennen mit Koaxialkabel dient. Die Gesamtimpedanz der Drosselspule sollte auf der niedrigsten Betriebsfrequenz etwa 1000 bis 2000 Ω betragen, um gute Umsymmetrierung und Mantelwellenunterdrückung zu erzielen.
(W. Buschbeck, H. J. v. Bayer (– 1937 – Dt. Patent)

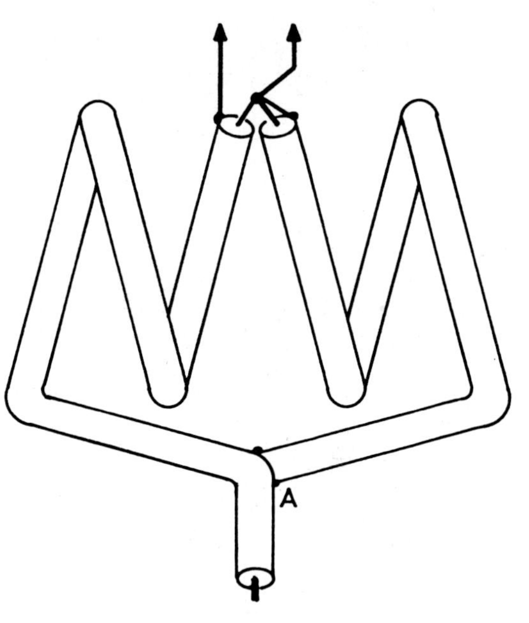

Balun-Doppeldrossel. Das Ende der rechten Drosselhälfte ist mit seinem Mantel gutleitend mit dem Mantel der linken Hälfte verbunden (Punkt A). Der Innenleiter der linken Hälfte wird von dort nicht angetastet. Der Innenleiter der rechten Hälfte kann dort mit dem Außenleiter verbunden werden, notwendig ist es nicht.

Balun, koaxialer λ/2-
(engl.: balun)

Ein Sperrtopf (s. d.), der durch eine λ/4-Koaxialleitung symmetrisch ergänzt wird. Dadurch hat der 1 : 1-Balun eine Länge von λ/2 und ist wetterfest. Die symmetrische Leitung wird durch zwei Isolatoren nach außen geführt.
(Siehe: Symmetriertopf).

Balun-Leitung
(engl.: half-wave-line balun)

Eine Halbwellenumwegleitung zur Symmetrierung und Transformation 1 : 4. Die

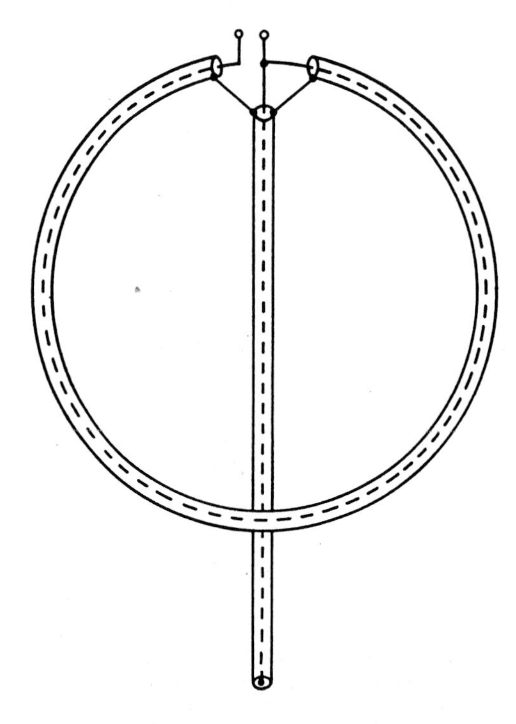

Balun-Leitung. Das Koaxialkabel der λ/2-Umwegleitung ist vom gleichen Typ wie das der Speiseleitung.

Umwegleitung hat eine Länge:

$$L = \frac{\lambda}{2} \cdot V \quad [m]$$

λ = Freiraumwellenlänge in m
V = Verkürzungsfaktor des Koaxialkabels (s. d.).

Bandbreite, absolute, einer Antenne

(engl.: absolute bandwidth)

Dies ist die Differenz der beiden Frequenzen, welche die Bandbreite einer Antenne eingrenzen.

$$BA = f_o - f_u [Hz, kHz, MHz, GHz usw.]$$

f_o = obere Frequenz, f_u = untere Frequenz
Beispiel: Eine Antenne hat zwischen 8300 kHz und 8700 kHz ein Stehwellenverhältnis $s \leqq 2$. Für $s \leqq 2$ hat sie eine absolute Bandbreite von 8700 kHz − 8300 kHz = 400 kHz.

Bandbreite einer Antenne

(engl.: bandwidth of an antenna)

Da eine Antenne nur einen beschränkten Bereich der Wirksamkeit hat, kann man dafür eine Bandbreite angeben, die von den verschiedensten Forderungen abhängig ist.

1. **Bandbreite der Impedanz am Eingang:** Die Grenzen werden z. B. für 50 Ω-Speisung festgelegt. Der Betrag der Impedanz darf dann z. B. nur um ± 10% schwanken, was 45 bis 55 Ω entspricht.
2. **Bandbreite des Wirkwiderstands am Eingang:** R wird eingegrenzt.
3. **Bandbreite des Blindwiderstands am Eingang:** X wird eingegrenzt.
4. **Bandbreite des Stehwellenverhältnisses:** s wird eingegrenzt.
5. **Bandbreite des Gewinns am Ziel:** Bei strengen Anforderungen z. B. 3 dB Gewinnminderung an den Bandgrenzen.
6. **Bandbreite der Nebenkeulenunterdrükkung:** Die Nebenkeulen dürfen bei Frequenzänderungen nicht über ein vorbestimmtes Maß hinaus anwachsen.
7. **Bandbreite des übertragbaren Modulationsspektrums:** Besonders bei Lang- und Längstwellenantennen, die wegen ihrer geometrischen Kürze ein sehr hohes Q aufweisen.
8. **Bandbreitegrenzen** werden häufig so festgelegt, daß dort die $1/\sqrt{2}$fache Größe des Spannungs- oder Strom-Maximums (= 0,707) herrscht.

Bandbreite, genäherte, relative

(engl.: approximately computed relative bandwidth)

Die mit einer Näherungsformel berechnete, relative Bandbreite (s. d.):

$$BRN = \frac{200 \cdot (f_o - f_u)}{f_o + f_u} [\%]$$

BRN = genäherte, relative Bandbreite in Prozent
f_o = obere Frequenzgrenze; f_u = untere Frequenzgrenze

Beispiel:
$f_o = 8700$ kHz; $f_u = 8300$ kHz
BRN = 200 · 400/17000 = 4,706 %

Bandbreitenverhältnis

Das Verhältnis der oberen zur unteren Frequenzgrenze:

$BV = f_o/f_u$ Verhältniszahl der Frequenzen

Ein besonderes Bandbreitenverhältnis ist die Oktave mit BV = 2.

Bandbreite, relative, einer Antenne

(engl.: relative bandwidth)

Dies ist das Verhältnis der absoluten Bandbreite (s. d.) einer Antenne zu ihrer Resonanzfrequenz, wobei die Resonanzfrequenz in der geometrischen Mitte der Grenzfrequenz liegt.

$$BR = \frac{BA}{f_{res}} \quad \text{[Verhältniszahl zweier Frequenzen]}$$

$$BR = \frac{BA}{f_{res}} \cdot 100 \text{ [Prozent]}$$

Beispiel:
Eine Antenne hat eine absolute Bandbreite BA von 400 kHz, ihre Resonanzfrequenz ist $f_{res} = 8498$ kHz.
Wie groß ist ihre relative Bandbreite?

$$BR = \frac{400 \text{ kHz}}{8498 \text{ kHz}} = 0{,}047 = 4{,}7\,\% = \pm 2{,}35\,\%$$

Bandkabel (engl.: twin lead)

Eine symmetrische HF-Leitung für Fernseh- bzw. UKW-Empfangsanlagen zwischen Empfangsantenne und Empfänger. Ein Steg oder Band aus Polyäthylen umschließt zwei meist versilberte Kupferlitzen oder -drähte, die einen Wellenwiderstand von 240 Ω, 300 Ω oder 450 Ω haben. In Deutschland heute weitgehend durch 75 Ω-Koaxialkabel verdrängt. Es werden auch abgeschirmte Formen und Schlauchkabel (s. d.) erzeugt.

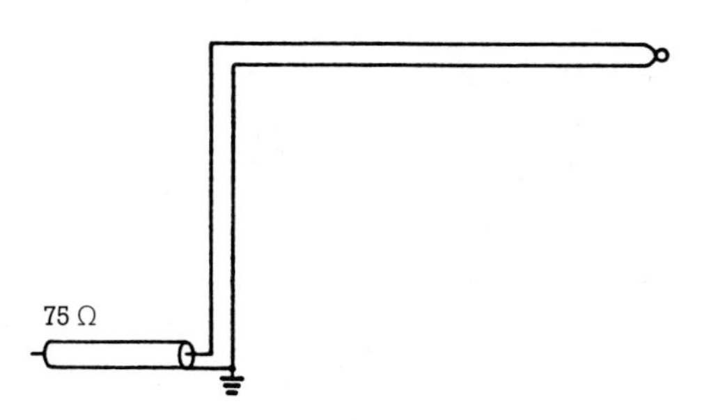

Bandkabel-Marconiantenne. **Das Bandkabel (Z_n = 300 Ω) hat eine Länge von $71/f_{MHz}$. Der Knick liegt an beliebiger Stelle; doch soll der Vertikalteil möglichst hoch aufsteigen. Anstatt des Bandkabels kann eine offene Zweidrahtleitung verwendet werden.**

Bandkabel-Marconiantenne

(engl.: twin-lead Marconi antenna)

Erhöht man die Speiseimpedanz einer Marconi-Antenne (s. d.) durch Faltung des Leiters, so verringern sich die Verluste im Erdwiderstand. Durch Aufbau des λ/4-Strahlers als Faltmonopol wird die Speiseimpedanz auf das Vierfache angehoben, der verlustbringende Erdstrom geviertelt. Eine aus Bandkabel aufgebaute Marconiantenne kann so mit 75 Ω-Koaxialkabel gegen Erde bei einem Stehwellenverhältnis von etwa 2:1 erregt werden. Ein gutes Erdsystem ist notwendig. Eine Variation ist die geknickte Marconiantenne (engl.: bent Marconi antenna, inverted L Marconi antenna).
(Siehe auch: Multee-Zweiband-Antenne).

Bandwendelkabel

Ein Koaxialkabel mit schraubenlinienförmigen Abstandshaltern aus Polystyrolbändern, die in Lagen auf den Innenleiter gewickelt sind. Dadurch ist viel Luft im Kabelinnenraum, was die dielektrischen Verluste herabsetzt.

Batwing-Antenne

(engl.: batwing antenna)

(Siehe: Schmetterlingsdipol).

Bazooka (engl.: bazooka)

Amerikanische Bezeichnung für Viertelwellen-Sperrtopf (s. d.).

BCI (engl.: **B**road**c**ast **I**nterference)

Englische Abkürzung für störende Beeinflussung bei Rundfunkempfang. BCI entsteht in Nähe der Sendeantenne durch hochfrequente Einwirkung auf Rundfunkempfänger oder Breitbandantennenverstärker. Unterscheidung der Störfestigkeit und Behebungsmöglichkeiten wie bei TVI (s. d.).

Beam (engl.: beam antenna)

Beam heißt in wörtlicher Übersetzung: Strahl, Strahlenbündel, Leitstrahl, Richtstrahl und ist die gängige Abkürzung für Richtantenne, besonders für die Yagi-Uda-Antenne (s. d.).

Behelfsantenne

Ein elektrischer Leiter, der behelfsweise als Antenne dient. Es gibt unzählige Arten von Behelfsantennen, die von den legendären Matratzenfedern bis zum Tragseil einer Bergbahn reichen. Entscheidend für die oft überraschend gute Wirksamkeit sind der Einspeisungspunkt und die Anpassung mit einem Anpaßgerät (s. d.) an den 50 Ω-Ausgang des Funkgerätes.

Belastung (engl.: loading)

Das Einschleifen von Induktivitäten (verlängernde Wirkung) oder Kapazitäten (verkürzende Wirkung) oder Parallelschwingkreisen (unter ihrer Resonanzfrequenz induktiv = verlängernd, über ihrer Resonanzfrequenz kapazitiv = verkürzend) oder von Wirkwiderständen (die Bandbreite steigernd, den Wirkungsgrad senkend) in den strahlenden Teil einer Linearantenne.
(Siehe: Antenne, belastete).

Belastungsspule (engl.: loading coil)

(Siehe: Antenne, belastete).

Bereichsantenne

Eine Antenne, die innerhalb eines Frequenzbereiches mit den geforderten Kennwerten arbeitet, also eine breitbandige Antenne.

Berührungsschutz

Wegen des Skineffekts (s. d.) laufen hochfrequente Ströme vorwiegend über die Oberfläche des menschlichen Körpers. An der Berührungsstelle treten bei einigermaßen hohen Spannungen Funkenüberschläge mit nachfolgenden sehr unangenehmen örtlichen Verbrennungen auf, die schlecht heilen. Antennen und ihr Zubehör müssen daher vor Berührung geschützt werden.
(Siehe: VDE-Bestimmungen im Anhang).

Beta-Anpassung (engl.: beta match)

1. **L-Anpassung,** Indukto-Match, Haarnadelanpassung: Ist der anzupassende Halbwellendipol zu kurz, um resonant zu sein, so kann er in der Ersatzschaltung (s. d.) als R/C-Serienschaltung dargestellt werden. Legt man nun eine Induktivität (Spule, Haarnadelschleife) an den Dipoleingang, so entsteht daraus ein resonanter Parallel-

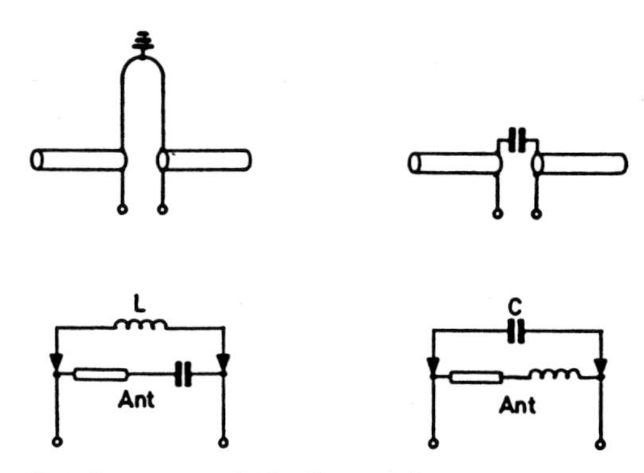

Beta-Anpassungen. Links: Haarnadelanpassung
Rechts: C-Anpassung

kreis mit hoher Impedanz, die so eingestellt wird, daß Anpassung zur symmetrischen Speiseleitung oder zum Balun herrscht. Die Haarnadelschleife kann quer zum Dipol oder in zwei Hälften aufgeteilt symmetrisch zum Dipol liegen.
2. C-Anpassung: Ist der anzupassende Halbwellendipol zu lang, um resonant zu sein, so kann er als R/L-Serienschaltung aufgefaßt werden. Legt man eine Kapazität über den Dipoleingang, so entsteht daraus ein hochohmiger Parallelkreis, mit dem Kompensation (s. d.) und Anpassung (s. d.) an die symmetrische Speisung zu erzielen ist.

Beugung (engl.: diffraction)

Gerät eine elektromagnetische Welle an eine Kante quer zur Ausbreitungsrichtung, so wird sie nach dem Passieren der Kante zur Kante hin gebeugt, analog zur Beugung optischer Wellen. Die Beugung ist z. B. die Ursache, daß Groundplane-Antennen (s. d.) selbst über Flächen aus Kupferblech auch in Winkelbereichen unterhalb ihrer Oberfläche erheblich strahlen.

Beverage-Antenne
(engl.: Beverage antenna)

Auch Wellenantenne genannt. Die Beverage-Antenne ist eine Langdrahtantenne von 0,1 bis 5 Wellenlängen in niedriger Höhe von 30 cm bis 3 m verspannt. Das zielseitige Ende ist von einem ohmschen Widerstand mit etwa 500 Ohm abgeschlossen, der gut geerdet werden muß. Am Empfängerende wird mittels Ferrit-Ringkern-Transformators von 500 Ohm auf 50 Ohm transformiert und die Empfangsenergie über ein 50-Ohm-Kabel dem Empfänger zugeleitet. Bei kurzen Beverage-Antennen ist ein HF-Vorverstärker zweckmäßig. Die Beverage-Antenne hat gute Richtwirkung und wird von atmosphärischen Störungen nur wenig beeinflußt. Ihr Gewinn ist genau wie der Wirkungsgrad sehr gering. Daher kann sie auch nicht gut zum Senden verwendet werden. Durch Parallelschalten vieler Beverage-Antennen kann man aber Gewinn und Wirkungsgrad so steigern, daß sie auch beim Senden einer Rhombus-Antenne (s. d.) gleichkommt.
(H. H. Beverage – 1920 – US Patent).

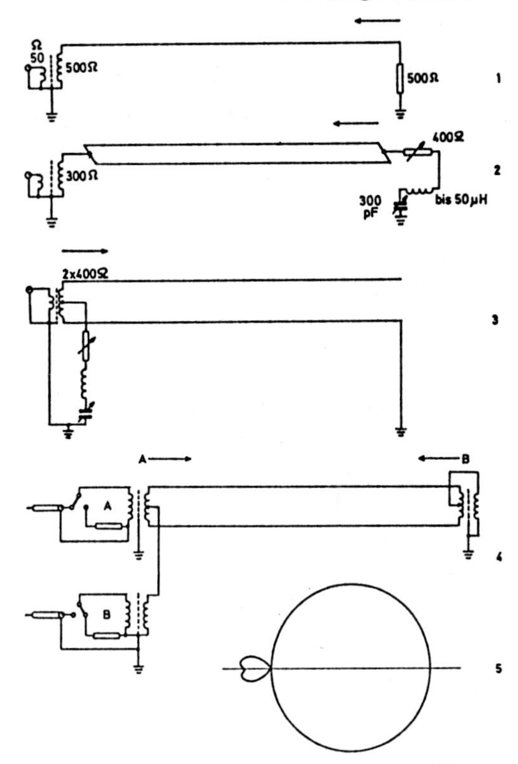

Beverage-Antennen.
1: Einfache Beverage-Antenne aus nur einem Draht.
2: Zweidraht-Beverage geringerer Impedanz mit abgestimmtem Abschluß. Durch das abstimmbare Endglied lassen sich seitlich liegende Störsignale ausblenden und das Vor-/Rückwärts-Verhältnis verbessern (kompensieren).
3: Zweidraht-Beverage mit empfängerseitigem Reflektionstransformator. Ein Ende der Zweidrahtleitung ist geerdet! Diese Anordnung dreht die optimale Empfangsrichtung um 180°.
4: Zweidraht-Beverage mit doppelseitigen Reflektions-Transformatoren. In der gezeigten Schalterstellung wird am oberen Anschluß aus Richtung A empfangen, der untere Schalter B legt den Schluckwiderstand 50 Ω an die Sekundärwicklung. Beim Umlegen der Schalter wird aus Richtung B an Anschluß B empfangen. Es lassen sich auch zwei Empfänger an A und an B legen, die dann aus entgegengesetzten Richtungen empfangen.
5: Feldstärke-Richtdiagramm einer nur λ/2 langen Beverage-Antenne.

Bezugsantenne (engl.: reference antenna)

Eine Antenne, auf die bei der Messung des Gewinnes Bezug genommen wird. Dies ist entweder die Isotropantenne (s. d.) oder der Halbwellendipol (s. d.). Bei der Angabe des Gewinnes ist unbedingt die Bezugsantenne zu nennen, was durch die Bezeichnung geschieht: dBi für die Isotropantenne und dBd für den Halbwellendipol. (Siehe auch: Gewinn).

Big-Wheel-Antenne (= großes Rad)
(engl.: big wheel antenna)

Eine Antenne aus drei horizontalen Schleifen zu je 1 λ Umfang, die wie ein Kleeblatt angeordnet sind. Der horizontal polarisierte Rundstrahler hat etwa 1 dBd Gewinn und ist auf Frequenzen >100 MHz realisierbar.

Bird-Cage-Antenne
(engl.: bird cage antenna)

Eine Abart der Cubical-Quad-Antenne (s. d.) aus geknickten Elementen, die sich durch geringere Horizontalmaße auszeichnet, aber auch gegenüber der Quadantenne einen etwas geringeren Gewinn erreicht.
(D. Bird, G4ZU – 1958 – Brit. Patentanmeldung).

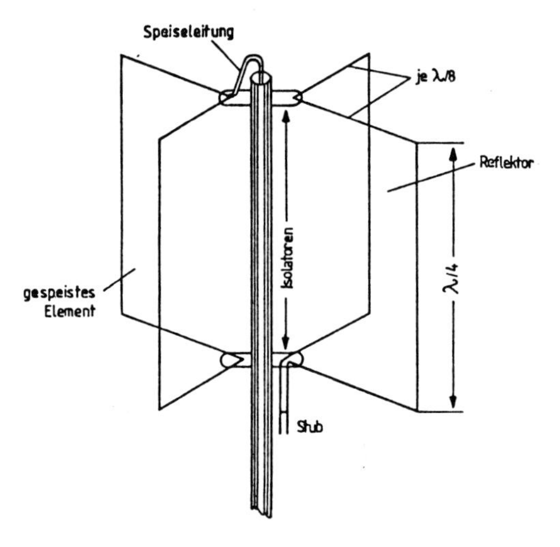

Bird-Cage-Antenne. Die Speisung erfolgt mit 60 Ω-Koaxialkabel, eine Symmetrierung ist nicht nötig.

Bisquare-Antenne
(engl.: bisquare antenna)

Erstmals 1938 in den USA veröffentlicht. Ein auf der Spitze stehendes Quadrat aus zwei Drähten, die gegenphasig am unteren Ende mit einer Zweidraht-Speiseleitung eingespeist werden und am oberen Ende isoliert sind. Jeder Draht ist je eine Ganzwelle lang. Den Strom auf jeder Quadratseite kann man in eine horizontale und vertikale Komponente zerlegen. Dabei heben sich die vertikalen Komponenten auf. Die horizontalen Komponenten bilden eine Querstrahler-Anordnung, so daß quer zur Antennenebene horizontal polarisierte Richtwirkung auftritt. Der Eingangswiderstand ist hochohmig. Zur Speisung wird daher oft eine Viertelwellen-Anpaßleitung verwendet. Der Gewinn liegt bei 3 dBd. (Siehe auch: Chireix-Mesny-Antenne).

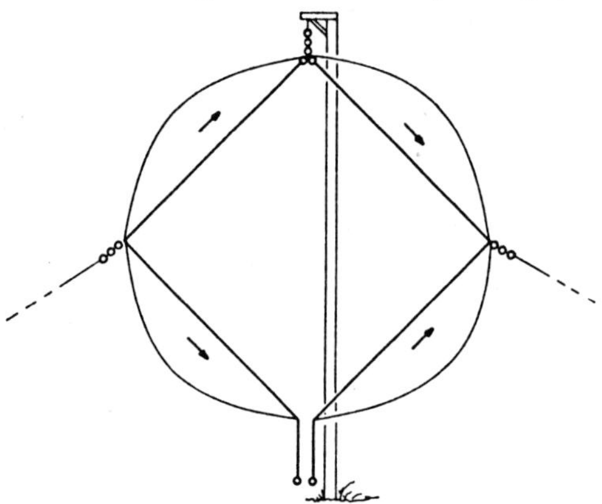

Bisquare-Antenne. Der Einspeisepunkt sollte ≧ λ/4 über Erde liegen, um Flachstrahlung zu erzielen.

Blattantenne, Klingenantenne
(engl.: blade antenna)

Eine Monopolantenne (s. d.), die als stromlinienförmiges Blatt ausgebildet ist. Durch

Blattantenne (UHF). Unten: Anschluß für das Koaxialkabel.

Durch ihre mechanische Stabilität und ihren geringen Luftwiderstand gern in Luftfahrzeugen verwendet.
(Siehe: Viertelwellenstrahler).

Bleistiftkeulen-Antenne
(engl.: pencil-beam antenna)

Eine Richtantenne mit einer einzigen, bleistiftförmigen, schlanken Hauptkeule und stark unterdrückten Nebenkeulen. Die Hauptkeule hat annähernd elliptischen Querschnitt, kleine Halbwertsbreiten und in einem kleinen Kreis um das Maximum die gleiche Strahlungsdichte. Durch Beugungseffekte läßt sich die Hauptkeule nicht beliebig spitz formen. Das Summendiagramm von Radarantennen wird häufig als Bleistiftkeule bezeichnet.

Blindleistung (engl.: reactive power)

Der verlustlose, nicht ohmische, also kapazitive oder induktive Leistungsanteil in den Blindwiderständen, die vom Blindstrom durchflossen werden.

Blindleitung
(engl.: stub)

Eine Stichleitung von häufig $\lambda/2$ oder $\lambda/4$ Länge, die quer zur Speiseleitung angeschlossen ist. Ausführungen für Zweidrahtleitung und Koaxialleitung möglich. Der Blindwiderstand der Blindleitung kompensiert den entgegengesetzten Blindwiderstand einer Antenne oder einer Leitung.

	offen	kurzgeschlossen
1. Länge $\lambda/4$ Impedanz am Anschluß	$\emptyset$	∞
2. Länge $\lambda/2$ Impedanz am Anschluß	∞	$\emptyset$

Davon abweichende Längen sind durchaus möglich.
(Siehe auch: Antennenweiche).

Blindwiderstand
(engl.: reactance)

(Siehe: Reaktanz).

Blitz (engl.: thunder stroke)

Der direkte Blitzschlag in eine Antennenanlage ist ein Naturereignis, gegen das man sich nur durch hohen Aufwand schützen kann. Ein vollkommener Schutz ist nicht möglich, doch läßt sich ein Schutzfaktor von 80 bis 95% erreichen. Die Blitzgefahr ist bei gutem Bodenleitwert gering, steigt aber bei schlechten Bodenleitwerten an. Der Blitz besteht aus Vorentladung und Hauptentladung. Die elektrische Feldstärke steigt von normal 1 V/cm bei Gewitter auf 100 V/cm und ist am Ort des Blitzschlages bis zu 10000 V/cm. Die Spannung Wolke – Erde geht bis zu 1 GV = 1000 MV (eine Milliarde Volt).

Die Stromstärken des Blitzes reichen von einigen 100 A des Vorblitzes beim Hauptblitz von 1 kA bis zu 1 MA. Blitze von 200 kA bis 1 MA sind Katastrophenblitze und relativ selten. Etwa 60 % der Blitze haben bis zu 20 kA, 20 % der Blitze bis 60 kA und 20 % über 60 kA. Die Ladungsmengen sind ähnlich verteilt: Etwa 50 % der Blitze bis 25 C (C = Coulomb = 1 Ampere mal Sekunde) und 50 % von 25 C bis zu 800 C.
Der Blitz ist eine aperiodische Entladung mit steilem Anstieg von Strom und Spannung innerhalb etwa 1 bis 5 µs und flachem Abfall in etwa 40 bis 100 µs. Man kann dieser Halbwelle eine Grundfrequenz von etwa 1 kHz zuordnen, der Niederfrequenz bis 20 kHz und Hochfrequenz bis etwa 30 MHz überlagert sind.
Bei einem Weltdurchschnitt von 15 Blitzen je 100 km^2 bilden die Blitzfrequenzen einen erheblichen Anteil des Rauschens beim Empfang von elektromagnetischen Wellen von 1 kHz bis 30 MHz. Die Bundesrepublik Deutschland hat weniger als 30 Gewittertage je Jahr, das Amazonasgebiet 200 Gewittertage je Jahr. Die Blitzstatistik ergibt eine sehr unterschiedliche Flächenverteilung der Gewittertage/Jahr, wobei die Blitzzahl/Gewitter damit zusammenhängt.

Der Blitzschlag hat folgende Wirkungen:
1. Wärmewirkung: Temperaturen bis 15000 K, Wasserdampfdruck bis 30 Bar.
2. Chemische Wirkung: Zersetzung von Metallen durch Elektrolyse.
3. Elektrodynamische Wirkung: Zerfetzen von Drähten und Kabeln.
4. Akustische Wirkung: Donner, bis über 30 km hörbar.
5. Schockwirkung auf Mensch und Tier durch den Donner.
6. Elektrokution von Menschen: rund 35 Todesfälle durch Blitzschlag/Jahr in der Bundesrepublik Deutschland. Durch den Skineffekt wirkt der Blitz nur an der Körperoberfläche, hinterläßt auf der Haut sog. Blitzfiguren und tötet in der Regel durch Hirnschädigung.

Der Blitz schlägt bevorzugt in Gebiete mit tektonischen Verwerfungen ein. Blitzgefahr im Kraftfahrzeug ist nicht gegeben, weil die Metallkarosserie als Faraday-Käfig wirkt und die Reifen keine bedeutende Isolation darstellen. Oft zerspringt die Frontscheibe, und die Insassen erleiden einen Schock. Cabrioletts haben wegen des Stoffdaches geringe Schutzwirkung, Autoantennen sind bei Gewitter einzuziehen.

Blitzschutz (engl.: lightning protection)

Der beste Blitzschutz ist im allgemeinen eine gute Erdungsanlage. Beim Einschlag bilden sich in den Poren der Erde Glimmentladungen, die den Ausbreitungswiderstand stark herabsetzen. Andererseits erhöht die Selbstinduktion von Ableitungen mit mehr als 30 m Länge den Ausbreitungswiderstand beträchtlich. Vier Maßnahmen sind immer von Erfolg:
1. Trennung der Antenne von der Anlage, wobei der Abstand groß genug sein muß, um für Sekundärentladungen keine Funkenstrecke zu bieten, also 1 m oder mehr.
2. Trennung der Anlage von der Stromversorgung. Bei Großanlagen durch einen Schalter, der den geräteseitigen Netzanschluß an Erde legt. Bei Kleinanlagen: Netzstecker ziehen.
3. Entfernung des Personals von blitzgefährdeten Plätzen.
4. Schutz des Koaxialkabels durch Überspannungsableiter und des Netzeingangs durch besondere Überspannungszwischenstecker mit Varistoren.

Beim Aufbau von Antennen sind die einschlägigen Bestimmungen zu beachten (Siehe Anhang).

Blitzschutzautomat
(engl.: lightning arrester)

Eine Entladungsstrecke zum selbsttätigen Ableiten luftelektrischer Überspannungen. Sie besteht aus: Grobfunkenstrecken,

Feinfunkenstrecken, Glimmableitern, Kathodenfallableitern, Ableitdrosseln, Ableitwiderständen u. ä., die einzeln oder gemeinsam wirken. Ein Blitzschutzautomat kann im allgemeinen nicht gegen den direkten Blitzschlag schützen.

Bobtail-Vorhang-Antenne
(engl.: bobtail curtain)

Eine vertikal polarisierte Dreifachgruppe, die als Querstrahler (s. d.) arbeitet und etwa 5 dB Gewinn über eine Groundplane erzielt. Die Stromstärken in den Elementen verhalten sich etwa wie 1:2:1.
(Lit.: W. Smith, CQ 4/1948; hamradio 2 u. 3/1983)

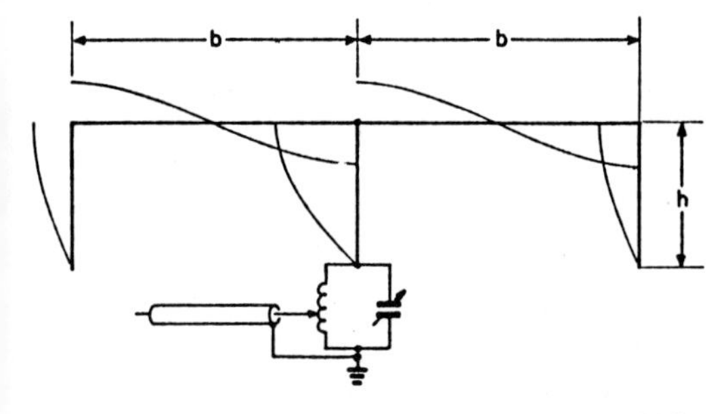

Bobtail-Vorhang-Antenne. Die Erregung geschieht über einen LC-Kreis (C = 75 bis 150 pF). Die Längen sind $b = 145/f_{(MHz)}$; $h = 69/f_{(MHz)}$. Durch die gegenphasige Stromverteilung tragen die Abschnitte b nur wenig zur Abstrahlung bei, so daß sie im wesentlichen nur als Eindrahtspeiseleitung arbeiten.

Bodendämpfung
(eng.: ground wave attenuation)

Die Bodenwelle (s. d.) wird bei ihrer Ausbreitung durch die geringe Leitfähigkeit und die Dielektrizitätskonstante des Erdbodens gedämpft. Die Bodendämpfung ist die Ursache, daß vertikal polarisierte Antennen bei großen Entfernungen stets den horizontal polarisierten Antennen etwas unterlegen sind.

Bodeneffekte (engl.: ground effects)

Die Abstrahlung einer Antenne ändert sich beträchtlich in Strahlungscharakteristik und Eingangsimpedanz, wenn sie vom Freiraum in die Nähe des Erdbodens verbracht wird. Die wichtigsten Bodeneffekte sind: Absorption (s. d.) und Reflexion (s. d.).

Bodenwelle (engl.: ground wave)

Der Teil der elektromagnetischen Welle, der sich entlang des Erdbodens ausbreitet und durch diesen stark beeinflußt wird. MW, LW und Längstwellen breiten sich während des Tages fast nur als Bodenwelle aus. Bei Frequenzen bis etwa 100 kHz kann die Bodenwelle bis zu den Antipoden gelangen. Bei Frequenzen um 30 MHz reicht die Bodenwelle höchstens bis zu 50 km weit. Den Gegensatz zur Bodenwelle bildet die Raumwelle (s. d.).

Boom (engl.: boom)

Ein Boom ist der Längsträger der querliegenden Halbwellendipole einer Yagi-Uda-Antenne (s. d.), an dem bei KW-Antennen besonders bei höheren Windgeschwindigkeiten starke mechanische Kräfte angreifen. Er ist daher meist aus Stahl- oder Aluminium-Rohr und bei größeren Antennen eine Gitterkonstruktion. Eine Isolation gegenüber den Dipolen ist meist nicht notwendig, weil diese im Spannungsknoten (s. d.) montiert sind. Auch der Längsträger einer Cubical-Quad-Antenne (s. d.) wird Boom genannt und nach diesem die ganze Antenne: Boom-Quad.

Boucherot-Brücke (engl.: bridge lattiche)

Ein Impedanzwandler für symmetrische Antennen mit symmetrischer Speisung und ein Symmetrierglied für unsymmetrische Speisung aus vier Reaktanzen in Brückenschaltung. Das Übersetzungsverhältnis ist beliebig wählbar, die Betriebsfrequenz liegt fest. Eine Boucherot-Brücke kann

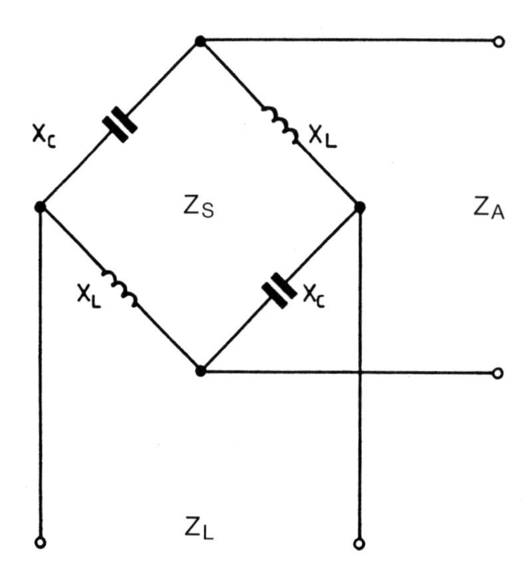

Boucherot-Brücke. Diese Brücke kann für Anpassungen symmetrisch/symmetrisch und auch für asymmetrisch/symmetrisch verwendet werden.

auch mit veränderbaren Elementen als Anpaßgerät verwendet werden. Ist die Antennenimpedanz Z_A und die Leitungsimpedanz Z_L, so ist die Impedanz der Schaltelemente das geometrische Mittel daraus:

$$Z_S = \sqrt{Z_A \cdot Z_L} \qquad [\Omega]$$

Beispiel: Eine Cubical-Quad-Antenne hat an ihren Klemmen $Z_A = 120\ \Omega$. Das speisende Koaxialkabel hat $Z_L = 50\ \Omega$. Wie groß sind die Schaltglieder?

$Z_S = \sqrt{120\ \Omega \cdot 50\ \Omega} = 77{,}5\ \Omega$

Wie groß sind L und C bei f = 21,2 MHz?
$L = X_L/\omega = 77{,}5\ \Omega/(2\,\pi \cdot 21{,}2 \cdot 10^6) = 0{,}58\ \mu H$
$C = 1/WX_C = 1/(2\,\pi \cdot 21{,}2 \cdot 10^6 \cdot 77{,}5\ \Omega) = 97\ pF$

Breitbandantenne

(engl.: broadband antenna)

Eine Antenne, deren Eigenschaften in einem breiten Frequenzbereich vorher festgelegte Werte erfüllen. Die Hauptforderung, ein nahezu konstanter, fast rein ohmscher Eingangswiderstand, ist leichter zu erfüllen, als ein gleichbleibendes Strahlungsdiagramm.
Die Breitbandigkeit wird wahlweise bemessen durch:

1. die absolute Bandbreite BA (s. d.),
2. die relative Bandbreite BR (s. d.),
3. das Bandbreitenverhältnis BV (s. d.), oder
4. die Näherung der relativen Bandbreite BRN (s. d.).

Arten der Breitbandantennen

1. Frequenzunabhängige Antennen:
Logarithmisch-periodische Antennen (s. d.), Spiralantennen (s. d.).

2. Wanderwellenantennen:
Fischgrätantenne, Helixantenne, Langdrahtantenne, Rhombusantenne, V-Antenne (Siehe jeweils dort).

3. Geometrisch dicke Antennen:
Breitbandreuse, Dipolantenne mit koaxialem Schirm, dicker Dipol: Reusendipol, Diskoneantenne, Doppelkonusantenne, Ganzwellendipol, Kelchantenne, Zylindrischer Dipol (Siehe jeweils dort).

4. Parallelgeschaltete Antennen:
Schmetterlingsantenne (s. d.).

5. Widerstandsbelastete Antennen:
TFD-Antenne (s. d.).

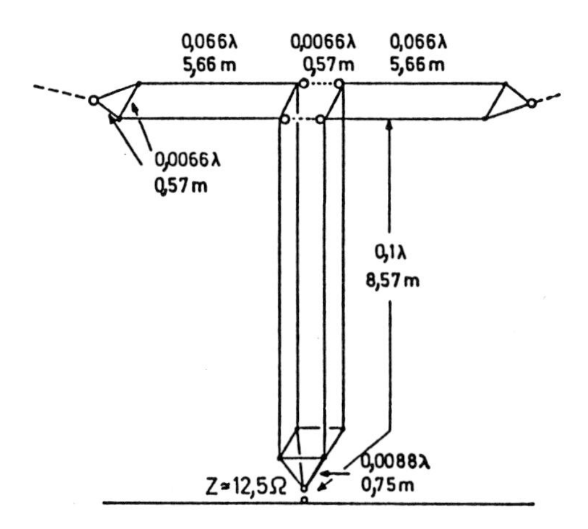

Breitbandantenne. Geometrisch dicke T-Antenne. Abmessungen allgemein in λ, für 3,5 MHz in m. Resonanz bei 3,5 MHz.

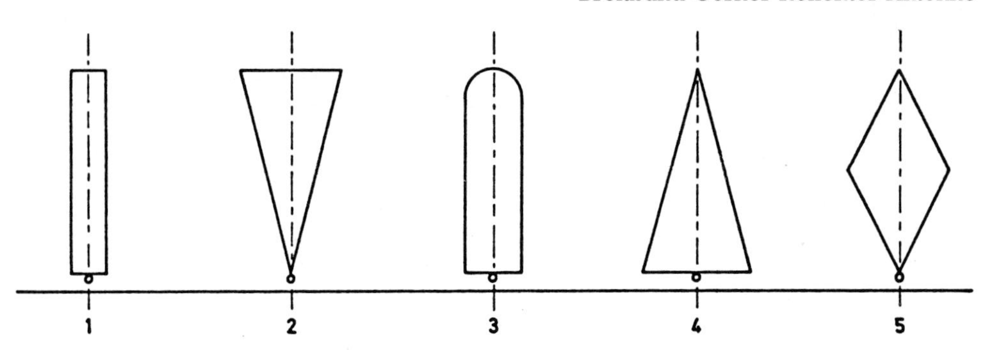

Breitbandantenne. Das Bild zeigt einige praktisch angewandte Formen von Breitbandmonopolen. Durch spiegelbildliche Ergänzung entstehen daraus symmetrische Breitbanddipole.

Breitbandantenne, symmetrische

Eine geometrisch dicke Antenne mit kleinem Q-Faktor (s. d.) und symmetrischer Speisung, meist in Reusenform. Durch Halbieren und Ersetzen der einen Hälfte der Antenne durch die Erdoberfläche entstehen daraus erdunsymmetrische Breitbandantennen.

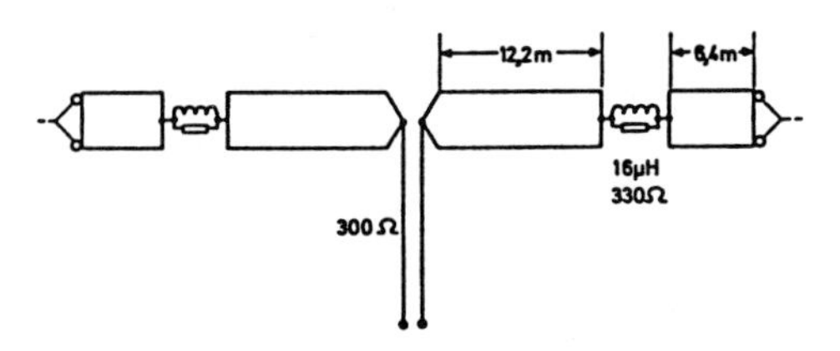

Breitbandantenne, symmetrische. Die symmetrische Antenne besteht aus einer horizontal liegenden Zweidrahtflachreuse, die von Metallspreizern gehalten werden. Auch Dreidraht-Ausführungen sind bekannt. Die Dämpfungsglieder sind für etwa 25% der eingespeisten Leistung zu bemessen. Die minimale Breite der Reuse ist 1 m, die maximale etwa 3–4 m, sie hat dann aber drei oder vier Drähte. Die Antenne strahlt steil und rund. Speisung über Balun und Koaxialkabel leicht möglich.

Breitband-Balun (engl.: wideband balun)

Ein Symmetriewandler, der aus einem mit Koaxialkabel bewickelten Ferritkern besteht. Im wesentlichen nur eine Mantelwellendrossel auf einem Toroidkern. Für den Bereich 2 MHz bis 30 MHz sind 16 Windungen auf einen Ferritkern von 5 cm bis 10 cm Durchmesser aufzubringen.
(Siehe: Einspeisedrossel).

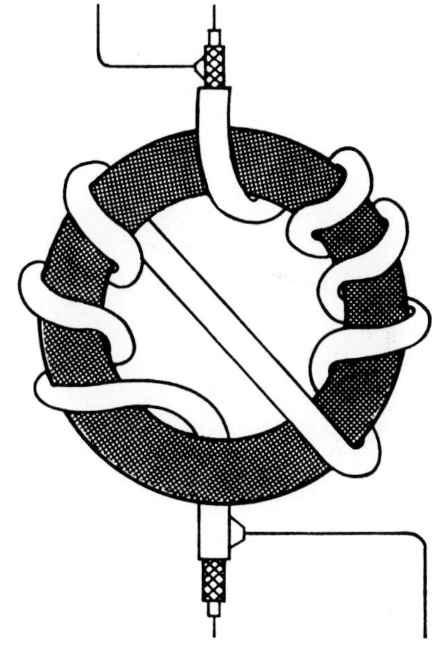

Breitband-Balun. Nach der halben Windungszahl kehrt sich der Windungssinn um.

Breitband-Corner-Reflektor-Antenne

(engl.: wideband corner reflector antenna)

Eine Corner-Reflektor-Antenne (s. d.) mit etwa 90° Spreizwinkel, die durch einen Breitband-Dipol in Schmetterlingsform erregt wird und rund 8 dBd Gewinn in einem Frequenzband von 1 : 1,7 erzielt.

Breitband-Dipol (engl.: wideband dipole)

Ein Halbwellen- oder Ganzwellendipol in geometrisch dicker Ausführung. Solche häufig in Reusenform realisierten Strahler sind: Flachdipole, Zylinderdipole, Kegeldipole, Kelchstrahler und dreieckförmige Schmetterlingsdipole. (Siehe jeweils dort).

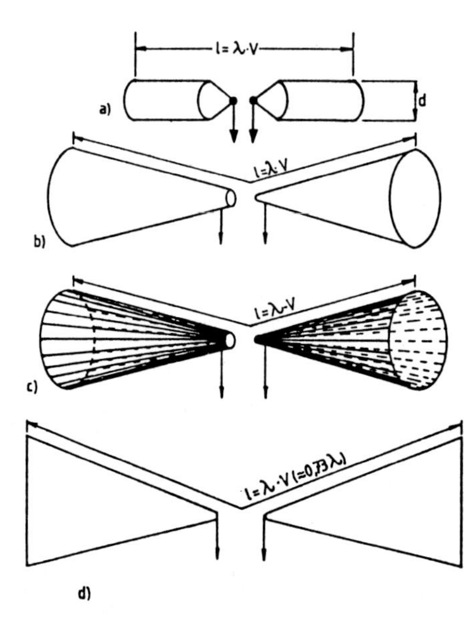

Breitband-Dipol.
a: Zylinder-Dipol mit kegelförmigem Anpaßteil
b: Kegeldipol aus Blech
c: Kegeldipol als Drahtreuse
d: Flachdipol aus Dreiecksblechen

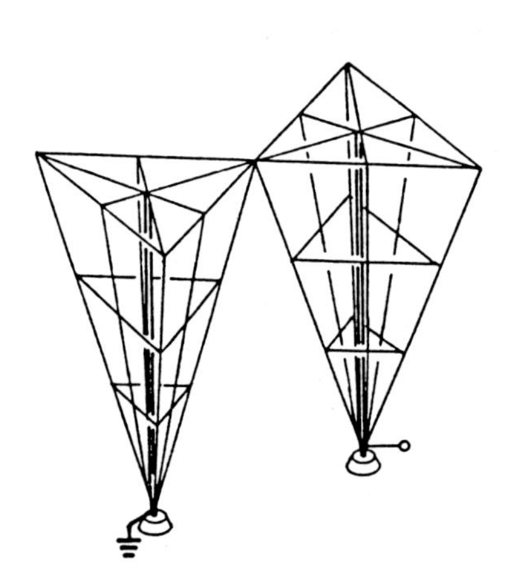

Breitband-Faltunipol
(engl.: broadband folded unipole)

Eine gefaltete Monopolantenne aus zwei auf der Spitze stehenden Pyramiden von dreieckiger Grundfläche. In einem Frequenzbereich von 1:3,5 bleibt bei der Nennimpedanz $Z_n = 175\ \Omega$ das Stehwellenverhältnis $s \leq 1{,}5$. Ein gutes Erdsystem ist notwendig.

Breitband-Faltunipol.
Links: ausgeführte Antenne
Rechts: Seitensicht und Aufsicht

Abmessungen	3 bis 10,5 MHz	7 bis 24,5 MHz
a	8,23 m	3,54 m
b	13,72 m	5,88 m
h	13,72 m	5,88 m
c	7,50 m	3,29 m
d	6,10 m	2,93 m

Durch Verbreitern der Pyramiden kann die Nennimpedanz von 175 Ω auf ≈ 60 Ω herabgesetzt werden. Dann gelten folgende Maße:

Abmessungen	3 bis 10,5 MHz	7 bis 24,5 MHz
a	17,07 m	7,32 m
b	27,43 m	11,77 m
h	13,72 m	5,88 m
c	15,55 m	6,64 m
d	15,55 m	6,64 m

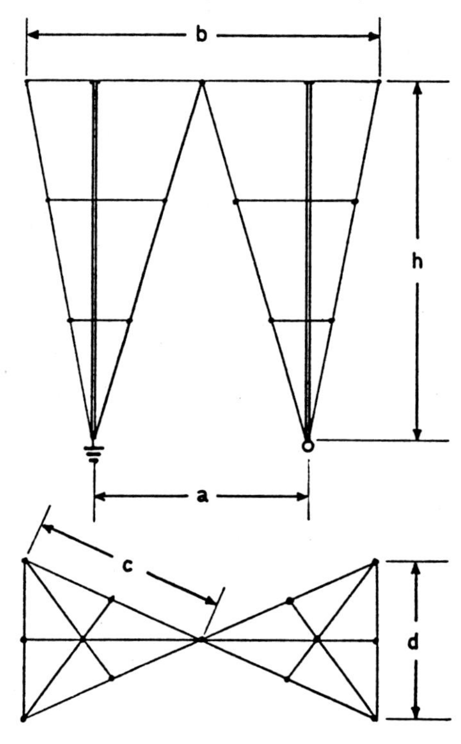

Breitband-Flächenantenne

Eine Dipolantenne aus zwei gleichseitig dreieckigen Metallelementen, die einen Raumwinkel in Strahlrichtung einschließen. Bei einer Kantenlänge von 2,5 m ist der nutzbare Frequenzbereich 60 MHz . . . 300 MHz. Die Speiseimpedanz ist etwa 300 bis 350 Ω.

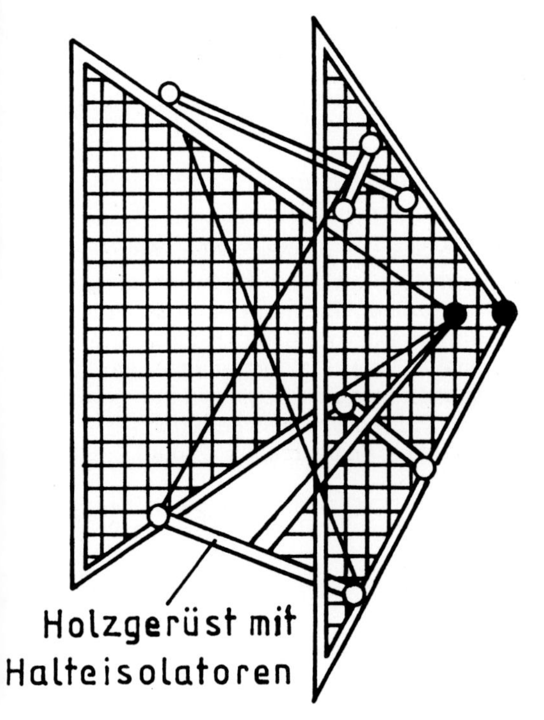

Breitband-Flächenantenne. Zur Erhöhung der Stabilität ist das Holzgerüst mit Isolierleinen verspannt.

Breitband-Kegelantenne

(engl.: wideband conical monopole)

Eine geometrisch dicke Doppelkegel-Monopolantenne in Reusenform, die mit einem Stehwellenverhältnis s≦2 in einem Frequenzband 1 f bis 8 f gespeist werden kann.

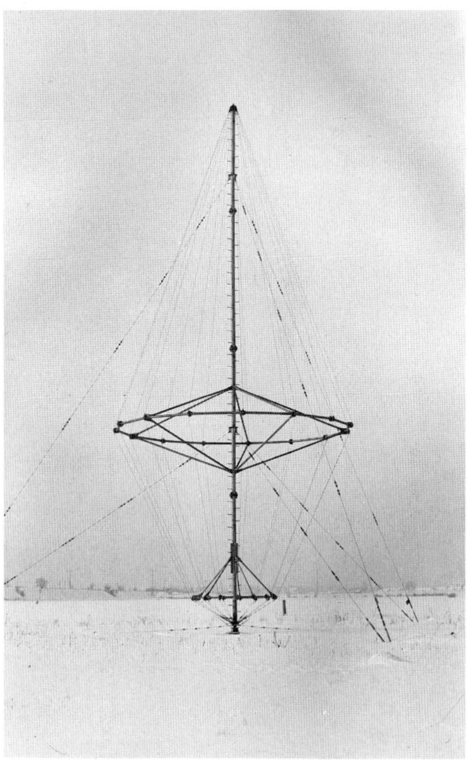

Breitband-Kegelantenne. Typ HA 47/100. Der 22 m hohe Rohrmast wird von der kegeligen Drahtreuse umgeben. Im Arbeitsbereich von 3,5 bis 30 MHz ist bei 50 Ω-Speisung das VSWR stets ≤ 2. Die Antenne ist für 20 KW ausgelegt.
(Werkbild Rohde & Schwarz)

Breitbandkompensation

(engl.: broadband compensation)

Der Frequenzgang einer Antenne wird durch passive Schaltelemente oder Leitungsstücke derart kompensiert, daß die Antenne über einen breiteren Frequenzbereich arbeiten kann.
Man faßt dabei die Antenne als Schwingkreis aus konzentrierten Schaltelementen auf, der durch einen hinzugefügten Schwingkreis nach der Theorie der Hochfrequenzschaltungen kompensiert wird, weil die gegensätzlichen Impedanzverläufe von Serien- und Parallelkreis sich innerhalb gewisser Grenzen aufheben.

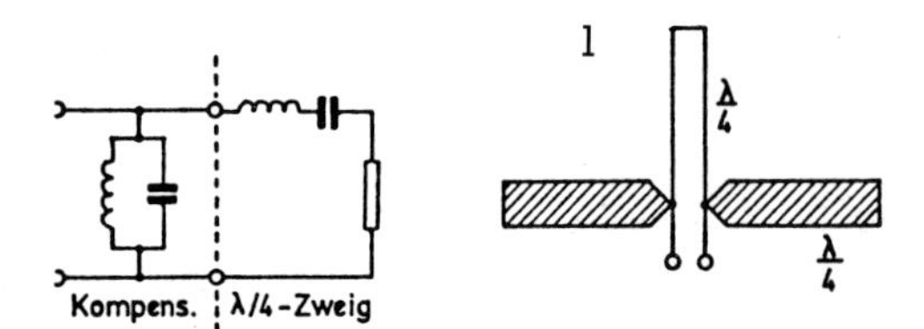

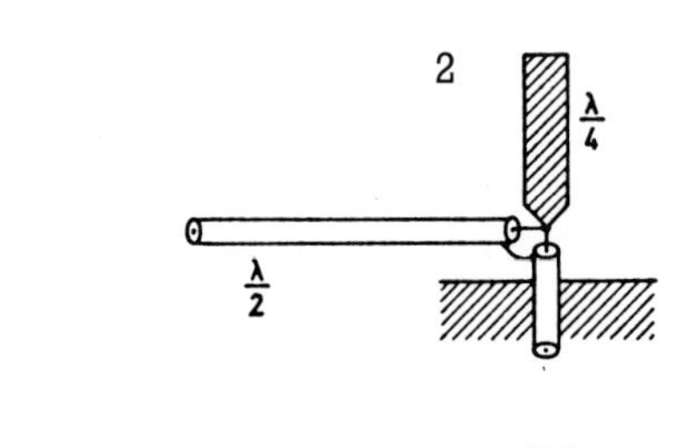

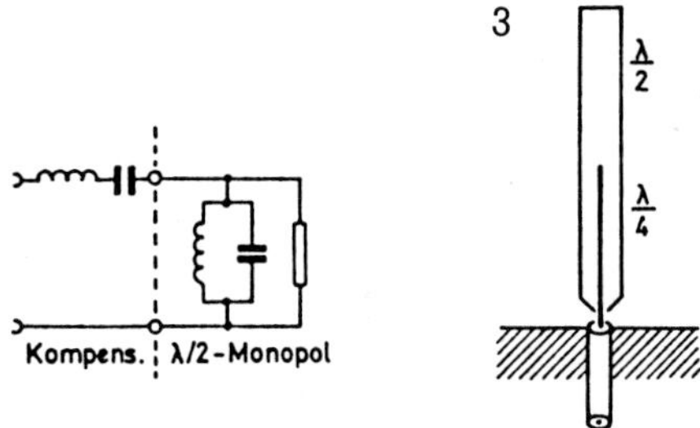

Breitbandkompensation.
1: Kompensation eines λ/2-Breitbanddipols: Durch die als Parallelkreis wirkende, kurzgeschlossene λ/4-Leitung wird die Eingangsimpedanz breitbandig kompensiert. Die Ersatzschaltung erklärt das Prinzip der Parallelschaltung.
2: Kompensation eines λ/4-Breitbandmonopols: Die als Parallelkreis wirkende, offene λ/2-Leitung kompensiert breitbandig die Impedanz des Monopols.
3: Kompensation eines λ/2-Breitbandmonopols: Die offene λ/4-Leitung im Inneren des rohrförmigen λ/2-Strahlers wirkt als Serienkreis zur Kompensation. Die Ersatzschaltung zeigt, wie der in Reihe geschaltete Serienkreis der λ/4-Leitung den Parallelkreis des Monopols kompensiert.
Auch Kompensationsschaltungen in Form von T- und Pi-Gliedern sind möglich.

Breitbandreuse (engl.: cage antenna)

Eine vertikale Monopolantenne (s. d.) in Reusenform, deren Formgebung auf Breitband-Eigenschaften hin entwickelt worden ist. Auf der niedrigsten Betriebsfrequenz ist sie etwas kürzer als λ/4. Die Breitbandigkeit der Eingangsimpedanz ist recht gut; doch zeigt das vertikale Richtdiagramm mit höherer Frequenz (etwa ab 2 mal die unterste Betriebsfrequenz) mehr und mehr unerwünschte Steilstrahlung.

Breitband-Rhombusantenne
(engl.: wideband rhombic antenna)

Im Gegensatz zur resonanten Rhombusantenne eine Rhombusantenne (s. d.) mit Schluckleitung (s. d.) oder Abschlußwiderstand (s. d.) in Wanderwellenerregung (Siehe: Wanderwellenantenne).

Breitbandspeisung
(engl.: broadband feeding)

Die Speisungsmethode einer Antennengruppe (s. d.), welche die Breitbandigkeit der einzelnen Elemente auf die Gruppe überträgt. Dies geschieht dadurch, daß die Ströme in den Strahlerelementen im vorgeschriebenen Frequenzband ihre gegenseitige Phasenlage nicht ändern.
(Siehe auch: Schmalbandspeisung).

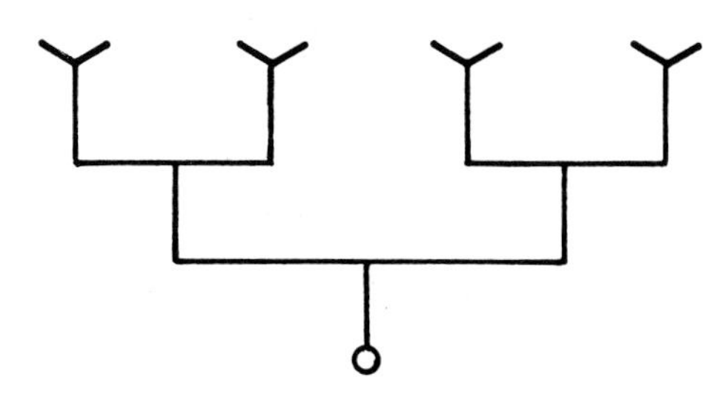

Breitbandspeisung einer Antennengruppe.

Brewsterscher Winkel
(engl.: Brewster angle)

Von D. Brewster entdeckter Effekt, daß vertikal polarisiertes Licht von einer horizontalen Glasplatte bei einem ganz bestimmten Einfallswinkel nicht reflektiert wird. Das selbe gilt für die elektromagnetischen Wellen der Funktechnik.
Der Brewstersche Winkel ist der Erhebungswinkel, bei dem der Reflexionsfaktor

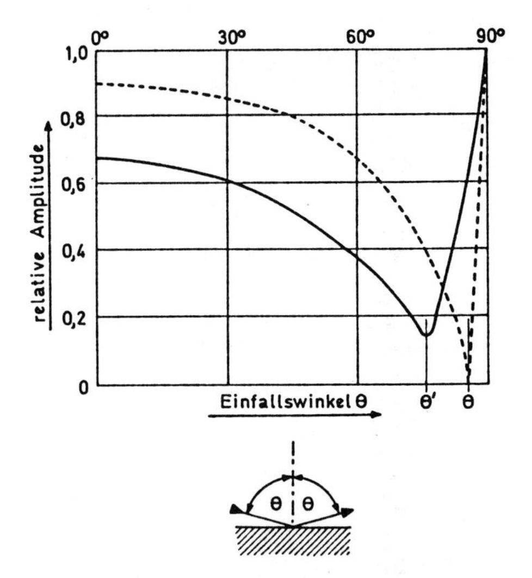

Brewsterwinkel. Links: Geometrie der Reflexion an der Erdoberfläche.
Rechts: Amplitudenverhältnis der reflektierten zur einfallenden, vertikal polarisierten Welle in Abhängigkeit vom Winkel θ.
gestrichelt: über Süßwasser $\varepsilon_r = 80$
ausgezogen: über Erdboden $\varepsilon_r = 9$; $K = 0$.
Über dem reinen Dielektrikum ist der Brewsterwinkel $\theta_B = 83{,}6°$, über dem (schlecht) leitenden Erdboden liegt der Pseudobrewsterwinkel bei 75°.

für eine in der Einfallsebene polarisierte Welle bei rein dielektrischem Erdboden ($\kappa = 0$) den Wert Null hat. Wenn der elektrische Leitwert κ des Reflektors nicht mehr zu vernachlässigen ist, d. h. bei gewöhnlichem Erdboden, wird aus der Nullstelle ein Minimum. Man spricht dann vom Pseudo-Brewster-Winkel.

Bruce-Antenne (engl.: bruce array)

Eine Mäanderantenne (s. d.). Die Bruce-Antenne besteht aus horizontalen und vertikalen Viertelwellenstücken. Dabei sind die vertikalen Teile gleichphasig und die horizontalen Teile gegenphasig erregt. Die Speisung erfolgt in einem Strombauch. Um nennenswerten Gewinn zu erbringen soll die Antenne zwei oder mehr Wellenlängen lang sein.
(E. Bruce – 1927 – US Patent)

Bruce-Antenne. Meist vertikal aufgebaut und polarisiert bestehend aus λ/4-Stücken. Oben ist die Stromverteilung angedeutet.
Unten: gestockte Ausführung

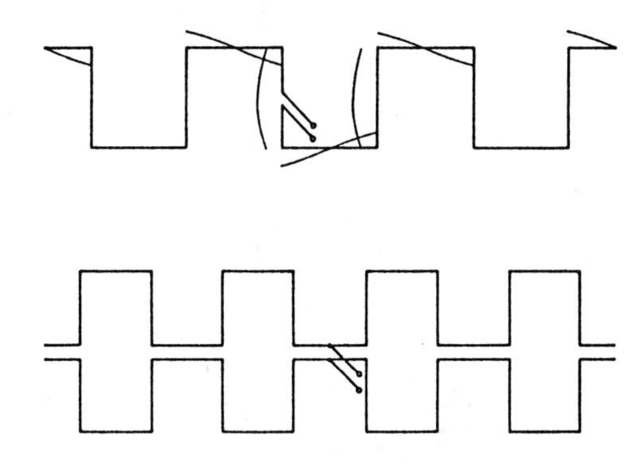

Brückenweiche

Eine Brückenschaltung zur Speisung *einer* Antenne aus zwei voneinander unabhängigen Sendern.

Brückenweiche. Eine Brückenweiche, auch Richtkoppler-Sendeweiche genannt, besteht aus zwei Bandfaßfiltern (1a und 1b) und zwei Richtkopplern. Die Leistung des Senders f_1 (meist Hörfunk) wird im unteren Richt-

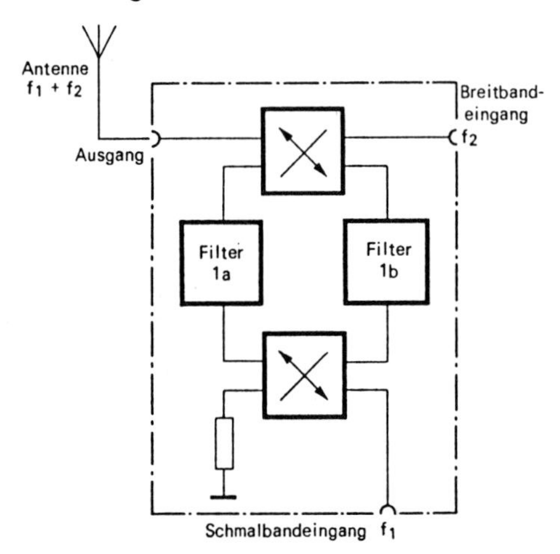

koppler auf zwei gleiche Hälften geteilt, durchläuft die Filter 1a und 1b. Beide Hälften addieren sich im oberen Richtkoppler zur vollen Leistung und fließen zur Antenne.
Die Leistung f_2 (meist Fernsehfunk) wird im oberen Richtkoppler halbiert, trifft auf die Filter 1a und 1b. Da diese außer Resonanz sind, reflektieren sie die Leistung zum oberen Richtkoppler.
Dieser vereint beide Hälften und leitet sie zur Antenne. Der Absorber balanciert die Anordnung und vernichtet durch Unsymmetrien u. dgl. auftretende Leistungsanteile.
(Werkbild Rohde & Schwarz)

Bündelungsschärfe (engl.: directivity)

Auch Güte der Bündelung, Richtschärfe, Richtstrahlschärfe, Strahlgüte, Strahlschärfe genannt.
(Siehe: Richtfaktor).

Buschbeck-Diagramm
(engl.: rectangular impedance chart, rectangular transmission line chart, bipolar impedance chart)

Auch Schmidt-Buschbeck-Diagramm genannt. Ein Leitungsdiagramm (s. d.) oder Kreisdiagramm zur Darstellug von Impedanzen in der komplexen Halbebene, auf der y-Achse die Reaktanzen +jX (Induktanzen) und −jX (Kapazitanzen), auf der x-Achse die Resistanz R. Eingezeichnete Kreisscharen für das Stehwellenverhältnis s (oder für die Welligkeit m = 1/s) sowie die Leitungslänge l erleichtern die graphische Bestimmung der Impedanzen, ihrer Komponenten und von Widerstandstransformationen auf Leitungen.
Die Impedanzen sind auf die Einheitsimpedanz Z_0 (z. B. 50 Ω) normiert. Bei großen Impedanzen ist das Buschbeck-Diagramm auf einem DIN A4-Blatt nicht mehr darstellbar. Es kann dann durch seine konforme Abbildung, das Smith-Diagramm (s. d.) ersetzt werden. Das Buschbeck-Diagramm ist die ältere Form, das Smith-Diagramm die neuere Form eines Leitungsdiagramms.
(Lit.: Schmidt O., Zeitschr. f. HF-Technik u. Elektroakustik 41/1933).

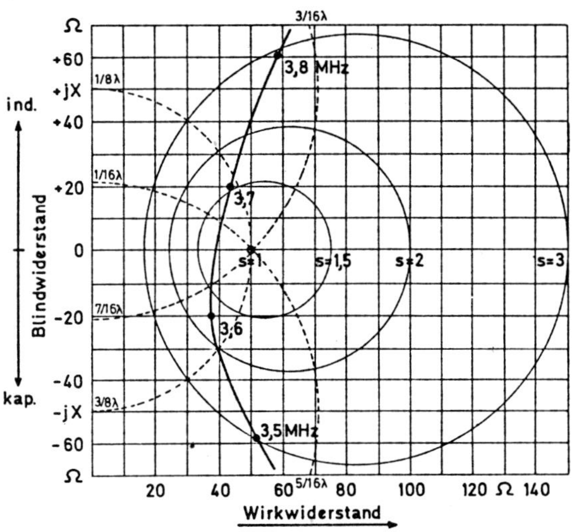

Buschbeck-Diagramm. Dargestellt ist das Impedanzverhalten eines Halbwellendipols nach durchgeführten Messungen.
$Z_{3,5\,MHz} = 52 \quad - j\,58\,\Omega$
$Z_{3,6\,MHz} = 37{,}5 - j\,20\,\Omega$
$Z_{3,7\,MHz} = 43{,}5 + j\,20\,\Omega$
$Z_{3,8\,MHz} = 59 \quad + j\,61\,\Omega$
An den VSWR-Kreisen erkennt man, daß das Stehwellenverhältnis an den Frequenzgrenzen gerade noch unter s = 3 bleibt. Bei Resonanz (jX = 0) ist Z = R = 39,5 Ω und s = 1,27.

C

Cantenna (engl.: cantenna)

Eine künstliche Antenne in Form eines Marmeladeneimers aus Blech mit Abschlußwiderstand von 50 Ω und Ölfüllung zur Erhöhung der aufnehmbaren Leistung. (Siehe: Abschlußwiderstand).

Carter-Diagramm (engl.: Carter chart)

Ein Leitungsdiagramm (s. d.) oder Kreisdiagramm zur graphischen Bestimmung von Widerstandstransformationen auf Leitungen.
Auch dieses Diagramm ist wie das Smithdiagramm (s. d.) eine Abbildung der rechten Hälfte der unendlichen Widerstandsebene auf den Einheitskreis der Reflexionsfaktor-Ebene. Der Unterschied zum Smith-Diagramm besteht darin, daß hier Impedanz, Betrag und Phase durch Kreise dargestellt werden. Auch beim Carter-Diagramm erfolgt die Darstellung des Reflexionsfaktors in Polarkoordinaten (s. d.), die Teilung für die Leitungslänge l/λ ist am Kreisrand angebracht.
(Lit.: Carter, P.S., RCA Review, Vol. 3, Jan 1939).

Carter-Schleife (engl.: Carter stub)

Nach dem Erfinder P.S. Carter benannte Stichleitung. An einer fehlangepaßten Zweidrahtspeiseleitung wird die Carter-Schleife an dem Punkt angebracht, wo der Wirkwiderstand gleich dem Wellenwiderstand der Leitung ist. Der verbleibende Blindwiderstand wird durch den entgegengesetzten Blindwiderstand der Schleife kompensiert. Die Feinabstimmung erfolgt durch Verschieben der Schleife und Verschieben des Kurzschlußbügels. Die Carter-Schleife ist nur für eine feste Betriebsfrequenz geeignet.

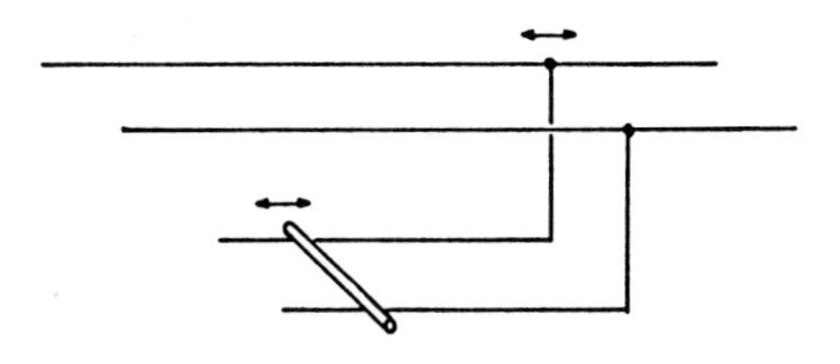

Carter-Schleife.

Cassegrain-Reflektor-Antenne
(engl.: Cassegrain reflector antenna)

In der UHF- und Mikrowellentechnik verwendeter Parabolspiegel, der über einen erhabenen Hilfsspiegel ausgeleuchtet wird. Der Hauptspiegel ist ein hohles Dreh-Paraboloid, der Hilfsspiegel ein erhabenes Dreh-Hyperboloid, das zwischen Scheitel und Brennpunkt des Hauptspiegels liegt. Gegenüber der einfachen Parabolantenne wird das Richtdiagramm verbessert. Um die Wirksamkeit der Apertur der Cassegrain-Antenne zu erhöhen, wird oft von der exakten mathematischen Form der Drehkörper abgewichen. Es gibt auch C.-Antennen mit hohlem Hyperbolspiegel und weit abweichenden Konstruktionen für Sonderzwecke.

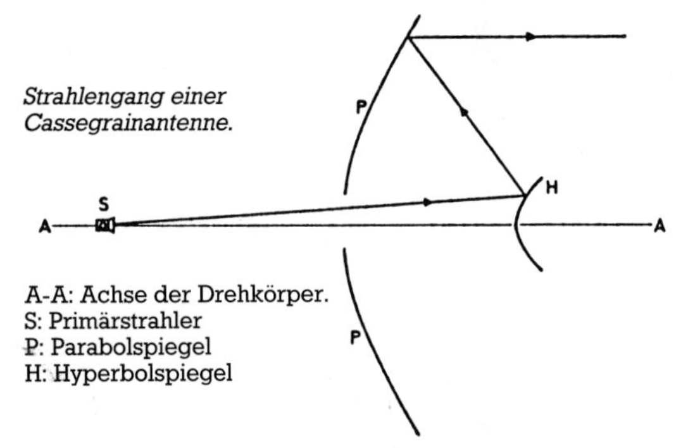

Strahlengang einer Cassegrainantenne.

A-A: Achse der Drehkörper.
S: Primärstrahler
P: Parabolspiegel
H: Hyperbolspiegel

Casshorn-Antenne
(engl.: cass-horn antenna)

Eine Reflektorantenne aus zwei aufeinander abgestimmten unsymmetrischen Parabolkalotten. Wie die Hornparabol- und die Muschelantenne (s. d.) wird sie meist bei Richtfunkverbindungen eingesetzt.

CB-Antenne (engl.: CB antenna)

Eine Antenne für den CB-Funk (Citizen Band-Funk) im Frequenzbereich 26960 bis 27410 kHz, die aus einem senkrecht angeordneten Strahler mit oder ohne Gegengewichte besteht. Die Gegengewichte müssen symmetrisch angeordnet sein, damit Rundstrahlung gewährt ist. Als technische Ausführungsform sind dafür geeignet: Groundplaneantennen, vertikale Halbwellendipole mit Fußpunktspeisung (Siehe jeweils dort).

Cheese-Antenne (engl.: cheese antenna)

Eine Richtantenne mit parabol-zylindrischem Reflektor, der von zwei senkrecht zum Zylinder liegenden, parallelen Flächen abgeschlossen wird. Kennzeichen: Die Abschlußflächen sind mehr als eine Wellenlänge voneinander entfernt. (Vgl. Pillbox-Antenne)

Chireix-Mesny-Antenne
(engl.: Chireix-Mesny antenna)

Eine Richtantenne nach dem Prinzip des Querstrahlers (s. d.), die vertikal polarisierte Wellen abstrahlt, obgleich die einzelnen Elemente aus Halbwellendipolen bestehen, die um 45° gegen den Horizont geneigt sind. Deshalb wird sie auch als Zick-Zack-Antenne bezeichnet. Die Horizonalkomponenten heben sich gegenseitig auf. Diese nach ihren Erfindern genannte Antenne kann um 90° gedreht werden und straht dann horizontal polarisierte Wellen ab. Ihre Nachteile sind: geringe Betriebsbandbreite und Nebenzipfel. (Siehe auch: Bisquare-Antenne).
(M. Chireix, R. Mesny – 1926 – franz. Patent).

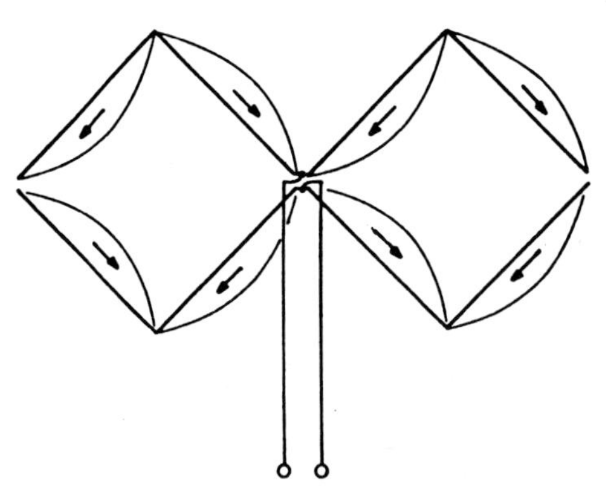

Chireix-Mesny-Antenne **mit eingezeichneter Stromverteilung. An die abgebildeten zwei quadratischen elemente können weitere Elemente oben und unten angesetzt werden.**

Collins-Filter (engl.: Pi filter)

Ein Pi-Filter, mit dem man bei Röhrensendern die Impedanz der Anode der Endröhre an den Antennenausgang anpassen kann. Nachdem das Collins-Filter heute meist in das Sendegerät fest eingebaut ist, und der Sender einen 50 Ω-Ausgang hat, wird die Anpassung an eine Speiseleitung anderen Wellenwiderstandes durch eigene Anpaßglieder übernommen. (Siehe: Anpassung, Anpaßgerät).

CONIFAN-Antenne
(engl.: CONIFAN antenna)

Eine von der Firma Marconi entwickelte Breitband-Rundstrahlantenne für 1,5 bis 30 MHz nach dem Prinzip einer Fächerantenne mit Steilstrahleigenschaften für kurze und mittlere Entfernungen bis etwa 500 km und hohem Wirkungsgrad (ohne Schluckwiderstände!). Das vom Sender kommende 50 Ω-Koaxialkabel wird durch einen Balun (s. d.) symmetriert und speist eine symmetrische Speiseleitung von etwa 300 Ω Impedanz, die an einem Rohr- oder Gittermast 24 m hoch aufsteigt. Von dort gehen 40° breite Fächer aus 7 Drähten bis 1 m über dem Boden und münden in 50 Ω-Koaxialkabel. Diese führen zu Fächern aus drei Drähten, die um 90° im Azimut versetzt wieder zur Mastspitze emporsteigen und dort isoliert enden.

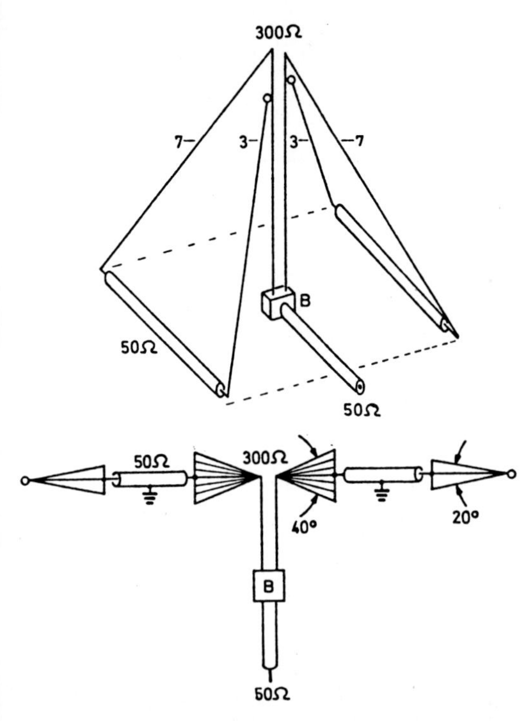

CONIFAN-Antenne. oben: der konische Fächer aus 7 fallenden (40 ° gespreizt) und 3 steigenden Drähten (20 ° gespreizt). Der besseren Übersicht wegen ist nur der mittlere Draht gezeigt.
unten: Stromlauf in der linear ausgebreiteten Antenne. Die 50 Ω-Koaxialkabelabschnitte sind eingegraben.

Consolan-Antenne
(engl.: Consolan antenna)

Eine Sendeantenne zur Navigation, ähnlich der Consol-Antenne (s. d.), doch nur mit zwei Monopolen.

Consol-Antenne (engl.: Consol antenna)

Eine für das Consol-Funkfeuer zur Navigation auf LW eingesetzte Mittelbasis-Richtsendeantenne aus drei Monopolen (s. d.), die auf einer Basislinie stehen. Die zwei Außenmonopole sind von der Mittenantenne je 3 λ entfernt und um 180 ° phasenverschoben gespeist im Sinne eines Längsstrahlers (s. d.). Der Mittelstrahler ist gegenüber einem Außenmonopol im 90° phasenverschoben gespeist. Durch langsame Änderung der Phasenlage der Außenantennen dreht sich das sternförmige Horizontaldiagramm um den Antennenmittelpunkt und dient so der Navigation, die durch Abzählen der Maxima und Minima erfolgt.

Consol-Antenne. Der Sender S speist die Mittelantenne M ständig. Die Außenantennen A 1 und A 2 werden über das Goniometer G phasenverschoben gespeist. Es dreht sich mit 0,5 U/min sehr langsam und damit das Fächerdiagramm mit den zahlreichen Keulen. Die Leitstrahlen entstehen durch die Phasenumtastung mit dem Umtaster U. Mit dem Phasenschieber P kann der Phasenwinkel eingestellt werden. Nach 1 Minute werden die Außenantennen abgeschaltet und über die Mittelantenne das Rufzeichen getastet. In dieser Minute kann auch das Funkfeuer gepeilt werden. Angewandte Leistung etwa 1,5 kW.

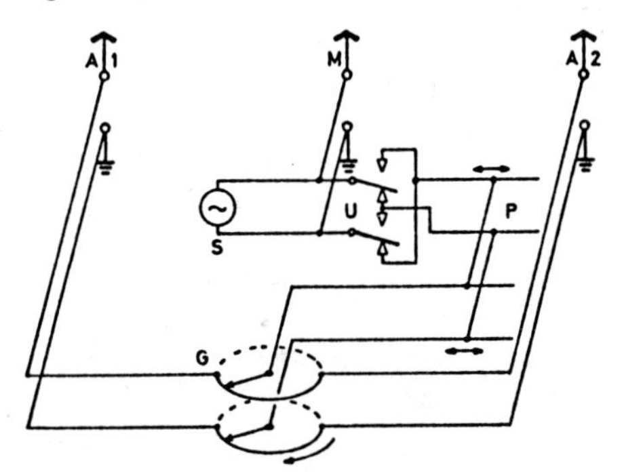

Corner-Reflektor-Antenne
(engl.: corner reflector antenna)

Ein Reflektor aus zwei ebenen Flächen reflektiert die Strahlung eines Dipols oder einer Dipol-Linie (s. d.) in die Vorwärtsrichtung. Die Verwendung ebener Flächen aus Blechen oder Metallgittern ist mechanisch bequemer als die Verwendung gekrümmter Flächen (Zylinder- oder Drehparaboloid). Dafür muß ein kleinerer Gewinn in Kauf genommen werden. Es gibt Corner-Reflektoren mit 120 °, 90 °, 60 °, 45 ° Scheitelwinkel. Corner-Reflektoren ohne Strahler aus drei senkrecht aufeinander stehenden Flächen werden als passive Radar-Reflektoren zur Markierung eines Zieles, z. B. eines Wetterballons eingesetzt.
(J. D. Kraus, W8JK – 1939 – US Patent)

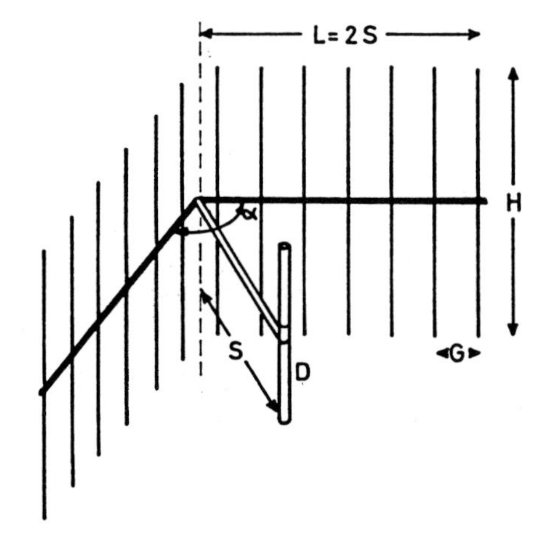

Corner-Reflektor-Antenne. D: Dipol S: Abstand Dipol-Reflektorscheitel α: Spreizwinkel L: Länge eines Reflektorflügels H: Höhe des Reflektors G: Gitterelement-Abstand

Dimensionierungs-Beispiele:

L = λ	L = 1,9 λ
S = λ/2	S = 0,47 λ
H = 0,6 λ	H = 0,56 λ
G = 0,05 λ	G = 0,04 λ
α = 90°	σ = 60°
Z = 150 Ω	Z = 70 Ω
g ≈ 9 dBi	g ≈ 12 dBi

cos β-Dipol (engl.: short dipole)

Ein kurzer, elektrischer Dipol, dessen Richtdiagramm aus zwei Kreisen besteht, die aus der Cosinusfunktion hervorgehen. Das Achterdiagramm (s. d.) kann durch die zwei Nullstellen zur Peilung verwendet werden.

Cosecans-Beam-Antenne

(engl.: cosecant squared beam antenna)

Beim Radar meistens in Zielfindungsgeräten vom Boden aus, aber auch bei Geräten, die das überflogene Gebiet in Landkartenform darstellen, verwendet. Fliegt ein Flugzeug in konstanter Höhe auf das Bodenradar zu, so bewirkt die Cosecans-Form des Richtdiagramms (s. d.) einen konstanten Pegel des empfangenen Signals am Bildschirm. Das Empfangssignal ist also im Meßbereich von der Entfernung unabhängig.

Cosecans-Beam-Antenne. Durch das flügelförmige Feldstärkediagramm gilt für konstante Anflughöhe h die Beziehung:

$$\csc \Theta = \frac{r}{h}.$$

Die Feldstärke ist proportional csc Θ. Da die Höhe konstant bleibt, ist die Feldstärke proportional r, dem Abstand Radargerät–Flugzeug.

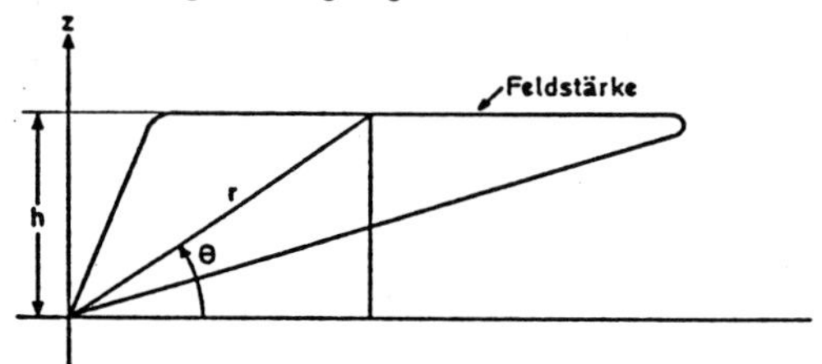

Cubical-Quad-Antenne

(engl.: cubical quad antenna)

Eine quadratförmige Schleife aus Draht oder Litze von etwas mehr als einer Wellenlänge Umfang, die senkrecht steht und am unteren Ende in der Mitte eingespeist wird, bildet das Grundelement mit etwa 1 dBd Gewinn. Davor können nun Direktoren und dahinter ein Reflektor geschaltet werden, die als Parasitärelemente nach dem Yagi-Uda-Prinzip wirken. Es sind Anordnungen mit bis zu 6 Schleifen bekannt. Die Originalquad hatte zwei Windungen und einen Umfang von zwei Wellenlängen. Es gibt Boom-Quads, die von einem Boom (s. d.) und Stabkreuzen gehalten werden, und Spinnenquads, deren Haltestäbe von einer „Spinne" in der Mitte gehalten werden. Steht das Quadrat auf seiner Spitze, so

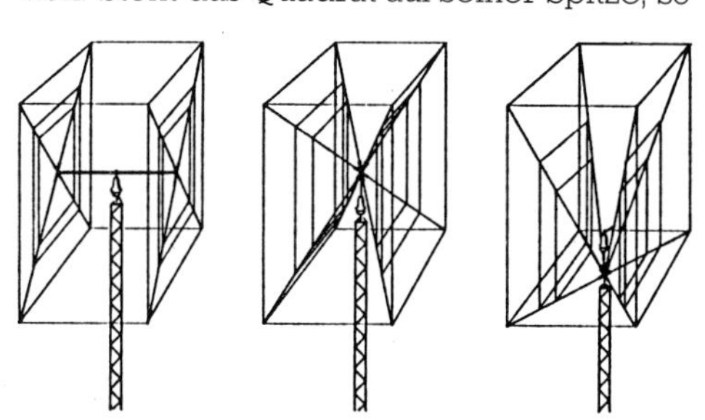

Cubical-Quad. Die drei grundlegenden Konstruktionen:
Links: Boom-Quad
Mitte: Spinnen-Quad
Rechts: LB-Quad nach Bastian

heißt die Antenne Diamant-Quad. Neuentwicklungen sind die allgespeiste 2-Element-Quad von Dr. Werner Boldt, DJ4VM, und die Low-Base-Quad von Erich Bastian, DB3KG.
Eine Zwei-Element-Quad hat etwa 6 dBd Gewinn, fast soviel wie ein Drei-Element-Beam. Vorteile: einfach, kompakt, gutes Aufwand/Leistungsverhältnis.
(C. C. Moore, W9LZX – 1947 – US-Patent)

Cubical-Quad-Antenne, gestockte
(engl.: twin-quad, twin-square)

Eine Gruppenantenne, auch Doppelquad genannt, aus zwei 2-Element-Cubical-Quad-Antennen für das 145 MHz-Band mit 240 Ω Speiseimpedanz. Gewinn über Einfach-Quad etwa 2 dB.

Cubical-Quad-Antenne, gestockte. Die Abmessungen sind für eine Mittenfrequenz von 144,5 MHz, der Gewinn ist etwa 7,5 dBd.

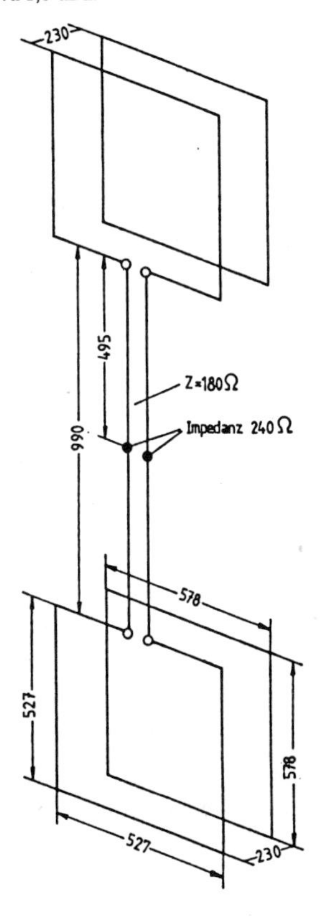

Cubical-Quad-Antenne, verschachtelte
(engl.: interlaced cubical quad antenna)

(Siehe: Dreiband-Cubical-Quad-Antenne).

D

Dachbodenantenne
(engl.: indoor antenna)

Auf dem Dachboden des Hauses angebrachte Antenne, die sich unter der Dachhaut befindet. Für diese Antenne gelten erleichterte Blitzschutzbestimmungen.

Dachkapazität (engl.: top load)

(Siehe: Endkapazität, aber auch: Dreieckflächenantenne, Schirmantenne).

Dachrinnenantenne
(engl.: rain gutter antenna)

1. Eine an der Dachrinne befestigte Empfangsantenne für UKW-Rundfunk und/oder Fernsehen.
2. Eine Behelfsantenne, bei der die Dachrinne als horizontaler Strahler dient. Die Dachrinne muß dazu entsprechend isoliert werden. Die Einspeisung erfolgt durch Delta-Anpassung (s. d.) oder in Art der Windom-Antenne (s. d.).
3. Eine Behelfsantenne, bei der das Regenfallrohr als Vertikalstrahler verwendet wird. Auch hier sind Isolierabschnitte aus Plastikrohr einzufügen. Die Speisung erfolgt über Nebenschluß. (Siehe: Vertikalantenne, nebenschlußgespeiste).

Dämpfung (engl.: attenuation)

Die Dämpfung wird als das Verhältnis zweier Ströme, Spannungen oder Leistungen verstanden, die an verschiedenen Orten einer Leitung oder einer Antenne auftreten. Meistens werden Anfang und Ende der Leitung oder der Antenne betrachtet.

Bei der Anfangsleistung P_a und der Endleistung P_e wird die Dämpfung: $a = 10 \cdot lg(P_a/P_e)$ [dB], wobei lg der dekadische Logarithmus ist. Bei dem Anfangsstrom I_a und dem Endstrom I_e wird die Dämpfung: $a = 20 \cdot lg(I_a/I_e)$ [dB]. Der Faktor 20 wird ebenso bei Anfangsspannung U_a und Endspannung U_e verwendet.
In der Theorie der HF-Leitungen und der daraus abgeleiteten Antennentheorie ist die Dämpfungskonstante α ein Bestandteil der Übertragungs- oder Fortpflanzungskonstante $\gamma = \alpha + j\beta$; β wird als Phasenkonstante (s. d.) bezeichnet. Aus der effektiven Anfangsspannung U_a wird durch die Dämpfung die Endspannung U_e; $a = \alpha l$; l = Länge der Leitung bzw. der Antenne.
Mißt man z. B. am Antennenanfang $U_a = 2$ V und am Antennenende $U_e = 1$ V; so wird die Dämpfung $a = \alpha l = 20 \cdot lg(U_a/U_e)$; $a = 6{,}02$ dB.
Die alte Einheit der Dämpfung war Neper (Np).
1 dB = 0.115 Np 1 Np = 8,686 dB.

Dämpfung einer Antenne
(engl.: attenuation of an antenna)

Der Kehrwert des Q-Faktors einer Antenne (s. d.), oder die Dämpfung einer Linearantenne, die wie eine HF-Leitung betrachtet wird. (Siehe: Dämpfung).

Dämpfung einer Speiseleitung
(engl.: attenuation of a feed line)

Die Dämpfung einer Speiseleitung hat drei verschiedene Ursachen:
1. dielektrische Verluste im Dielektrikum oder in den Isolatoren.
2. Stromwärmeverluste in den metallischen Leitern der Leitung.
3. Strahlungsverluste in den Freiraum.
Während die dielektrischen Verluste bei geeigneter Wahl des Dielektrikums und durchdachter Konstruktion stets niedrig gehalten werden können, sind die Stromwärmeverluste infolge des Skineffektes (s. d.) nur durch größere Dimensionierung der Leiter zu verringern. Die Strahlungsverluste sind im allgemeinen gering und nur bei Zweidrahtleitungen großen Abstands bemerkbar.
Da die Dämpfung einer offenen Zweidrahtleitung und der Preis stets erheblich niedriger als die eines vergleichbaren Koaxialkabels sind, werden auf Großstationen meist Zweidrahtleitungen verwendet.

Dämpfungsglied

Ein Schaltglied aus drei ohmschen Widerständen in T- oder π-Anordnung zur definierten Dämpfung von HF-Energie. Das Dämpfungsglied hat einen angepaßten Wellenwiderstand (meist 50/60/75 Ω) und dient zu Meßzwecken. Eine schaltbare Anordnung von Dämpfungsgliedern nennt man Eichleitung (s. d.).

dBi

Ein logarithmisches Maß für den Gewinn einer Antenne im Vergleich zur Isotropantenne. (Siehe: Gewinn).

dBd

Ein logarithmisches Maß für den Gewinn einer Antenne im Vergleich zum Halbwellendipol. (Siehe: Gewinn).

Dämpfung von Speiseleitungen

Type	Maße	Impedanz	a bei 12 MHz	max. Leitung bei 25 MHz
Zweidrahtleitung, offen	3 mm Draht	600 Ω	1,7 dB/km	40 kW
Zweidrahtleitung, offen	4 mm Draht	550 Ω	1,3 dB/km	50 kW
Vierdrahtleitung, offen	4 mm Draht	300 Ω	1,2 dB/km	110 kW
Koaxialkabel, massiv Cu	9,5 cm außen	50 Ω	1,0 dB/km	90 kW
RG 213/U	1 cm außen	50 Ω	24,6 dB/km	1 kW
RG 58 C/U	0,5 cm außen	50 Ω	52,5 dB/km	250 W

dBm

Ein Leistungsverhältnis in dB (logarithmisches Leistungsmaß), bezogen auf 1 Milliwatt (1 mW). Es gibt an, um wieviel dB eine Leistung oberhalb oder unterhalb 1 mW liegt.

$$x = 10\,\lg \frac{P\,[W]}{1\,mW} \qquad [dBm]$$

0 dBm ≙ 1 mW

Beispiele:
Wieviel dBm entsprechen 10 Watt?
x [dBm] = 10 · lg (10 W/1 mW) = 10 · lg 10000 = 10 · 4; x = 40.
10 W ≙ 40 dBm.
0,2 µW sind in dBm auszudrücken!
x [dBm] = 10 · lg (0,2 µW/1 mW) = 10 · lg 0,0002 = 10 · (−3,699); x = −36,99.
0,2 µW ≙ −37 dBm.

dBW

Dezibel über 1 Watt. Ein Leistungsverhältnis in dB (Leistungspegel), bezogen auf 1 W. Es gibt an, um wieviel (+) dB eine Leistung größer, oder um wieviel (−) dB eine Leistung kleiner ist als 1 W.

$$x = 10 \cdot \lg \frac{P\,[W]}{1\,W} \qquad [dBW]$$

0 dBW ≙ 1 W

Beispiele:
100 W entsprechen wieviel dBW?

$$x = 10 \cdot \lg \frac{100\,W}{1\,W} = 10 \cdot 2 = 20$$

100 W ≙ 20 dBW
Wieviel dBW entsprechen 50 mW?

$$x = 10 \cdot \lg \frac{50\,mW}{1\,W} = 10 \cdot \lg 0{,}05 = 10 \cdot (-1{,}3) = -13$$

50 mW ≙ −13 dBW

dBµV

Dezibel über 1 Mikrovolt an 50 Ω bzw. 75 Ω. Ein Spannungsverhältnis in dB (Spannungspegel) bezogen auf 1 µV. Es gibt an, um wieviel dB eine Spannung größer ist als 1 µV. In der Antennentechnik bezieht es sich allgemein auf eine Impedanz von 50 Ω, jedoch bei Fernsehantennen auf 75 Ω.

$$x = 20 \cdot \lg \frac{U\,[V]}{1\,\mu V} \qquad [dB\mu V]$$

0 dBµV ≙ 1 µV (an 50 Ω bzw. 75 Ω)

Beispiele:
Wieviel dBµV entspricht 1 mV?

$$x = 20 \cdot \lg \frac{10^{-3}}{10^{-6}} = 20 \cdot \lg 10^3 = 20 \cdot 3 = 60$$

1 mV ≙ 60 dBµV

DDRR-Antenne

(engl. Abk.: **D**irectly **D**riven **R**esonant **R**adiator)

Auch Hula-Hoop-Antenne oder Transmissionline-Antenne genannt. Die alte Ab-

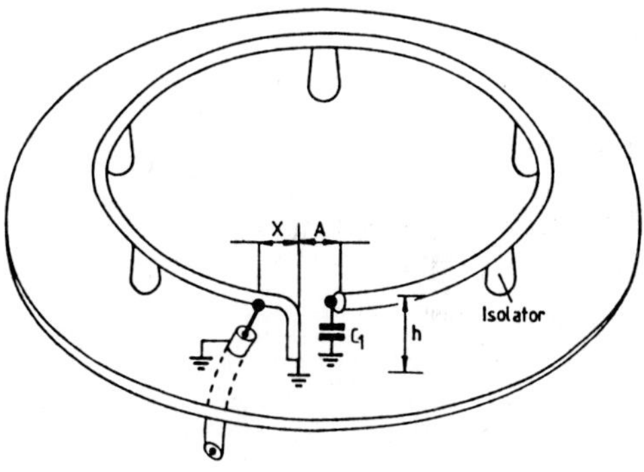

DDRR-Antenne. **Für den Aufbau eignen sich folgende Maße:**

Durchmesser des Rings	$= \frac{1960}{f}$
Durchmesser der Scheibe	$= \frac{2200}{f}$
Höhe h	$= \frac{252}{f}$
Abstand A	$= \frac{105}{f}$
Abstand X	$= \frac{700}{f}$
Kapazität C_1	$= \frac{187}{\sqrt{f}}$
Leiterdurchmesser	$= \frac{20}{f}$

f in MHz, Längen in cm, Kapazität in pF.
Speisung mit 50 Ω-Koaxialkabel.
Der Abstand X wird auf niedrigstes VSWR eingestellt.

kürzung Directional Discontinuity Ring Radiator stammt aus der Erstveröffentlichung. Damals war die Wirkungsweise noch nicht klar erkannt. Bald danach wurde die Bezeichnung vom Hersteller geändert. Sie kennzeichnet besser die Wirkungsweise der Antenne.
Ein kreisförmig gebogener Viertelwellen-Ring ist in 0,007 λ Abstand über einer etwas größeren horizontalen, geerdeten Metallscheibe montiert. Die eine Seite des Ringes ist über einen vertikalen Teil geerdet, die andere Seite mit einem Kondensator abgestimmt (Single Post DDRR). Trotz horizontaler Ausdehnung ist die Antenne ein vertikal polarisierter Rundstrahler und entspricht einem kurzen, resonanten Vertikalstrahler. Vorteil: niedrige Bauhöhe, leicht anpaßbar, geerdet. Nachteil: geringer Wirkungsgrad, geringe Bandbreite.
(J. M. Boyer, W6UYH – 1962 – US Patent).
Variation: Halbwellenring mit Mittenabstimmung (Double Post DDRR).

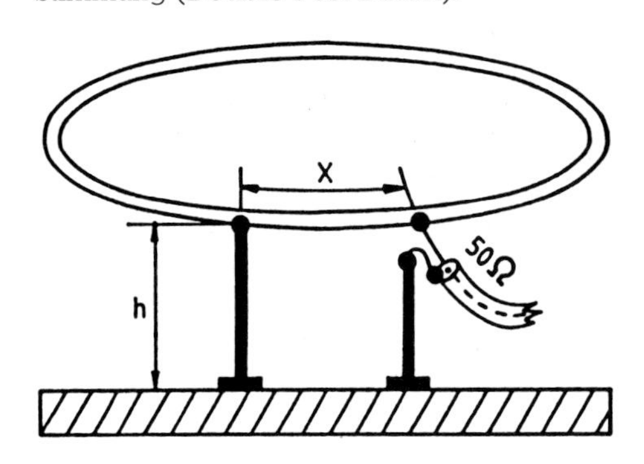

DDRR-Antenne. **Halbwellen-Antenne. Für den Aufbau gelten folgende Maße:**

Durchmesser des Rings $= \frac{47}{f}$

Durchmesser der Horizontalfläche $= \frac{53}{f}$

Höhe h $= \frac{15}{f}$

Abstand X $= \frac{7{,}4}{f}$

Leiterdurchmesser $= \frac{0{,}2}{f}$

f in MHz, Längen in m, Speisung mit 50 Ω-Koaxialkabel. Der Abstand X wird auf niedrigstes VSWR eingestellt.

Delta-Anpassung (engl.: delta match)

Anpassungssystem für einen Halbwellendipol, der mit der Delta-Anpassung auch Y-Antenne genannt wird. Die Leiter einer 600 Ω-Zweidrahtspeiseleitung werden ge-

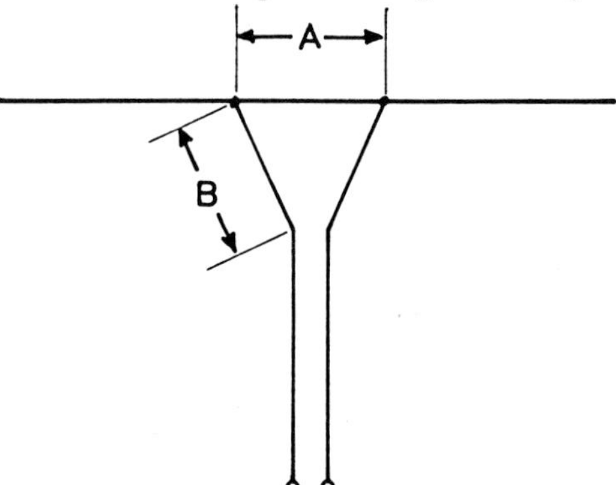

Delta-Anpassung **einer aufgespreizten Doppelleitung an einen Halbwellendipol.**

spreizt und galvanisch mit geeigneten Punkten des Dipols verbunden, so daß sie einander stoßfrei angepaßt sind. Die Abmessungen des Dreiecks berechnen sich wie folgt:

A = 36/f [m]
B = 45/f [m]

A und B siehe Bild. f = Frequenz in MHz
Die Verbindungsdrähte der Delta-Anpassung strahlen und verändern die Strahlungscharakteristik des Dipols leicht. Bessere Lösungen sind: T-Anpassung, Gamma-Anpassung und Omega-Anpassung (Siehe jeweils dort).

Delta-Antenne (engl.: delta antenna)

Senkrechte, dreieckige Langdrahtantenne, die an der unteren, horizontalen Seite eingespeist wird und an der oberen Spitze mit einem Schluckwiderstand (s. d.) abgeschlossen ist. Sie entspricht einer halben, vertikal aufgebauten, aperiodischen Rhombusantenne (s. d.). Diese breitbandige Antenne strahlt senkrecht nach oben und wird in der Ionosphärenforschung angewandt.
Variation: Doppel-Delta-Antenne (s. d.).

Delta-Element
(engl.: delta-shaped element)

Ein Strahlerelement von etwa 1 λ Umfang in Form eines gleichseitigen Dreiecks, das nach dem Prinzip der Cubical-Quad-Antenne (s. d.) zum Aufbau von Delta-Loop-Yagi-Antennen (s. d.) verwendet wird. Der Gewinn eines Delta-Elements liegt unter 1 dBd. Das Delta-Element läßt sich mechanisch etwas leichter aufbauen als das Quad-Element.

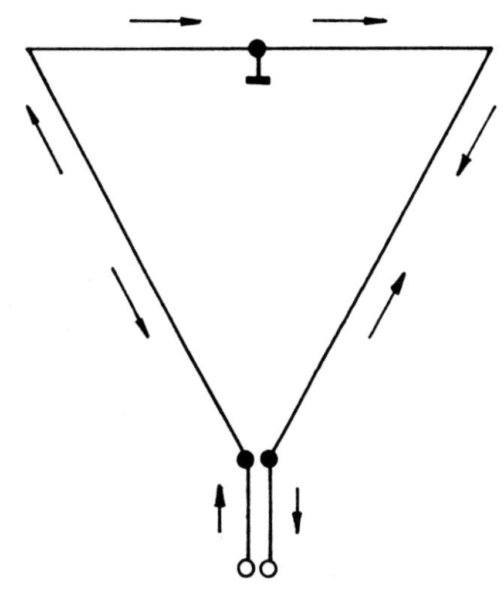

Delta-Element. Da es symmetrisch gespeist wird, kann es im Mittelpunkt des Leiters geerdet werden.

Delta-Loop-Antenne
(engl.: delta loop antenna)

Eine vertikale Schleifenantenne in Dreiecksform, die Spitze liegt oben, der Umfang beträgt etwas mehr als 1 λ. Die Antenne wird an einer Ecke oder einer Seite eingespeist. Je nach dem Speisepunkt ändern sich Polarisation und Erhebungswinkel der Hauptkeulen. Die Antenne wird auf den niederen Frequenzen (3,5/7 MHz) verwendet.
Speisung an der unteren Seite:
Bei kleiner Antennenhöhe Steilstrahlung mit Rundcharakteristik. Bei großer Antennenhöhe nimmt die Steilstrahlung ab. Die maximale Strahlrichtung ist senkrecht zur Dreiecksebene.
Speisung an einer unteren Ecke:
Flachstrahlung mit Rundcharakteristik unabhängig von der Antennenhöhe.
Variation: Inverted-Dipol-Delta-Loop (s. d.).

Delta-Loop-Yagi-Beam
(engl.: delta loop beam)

Eine Cubical-Quad-Antenne (s. d.) mit Elementen in Form eines gleichschenkligen oder gleichseitigen Dreiecks von einer Wellenlänge Umfang. Ihr Gewinn ist etwas kleiner als der Gewinn der quadratischen Cubical-Quad-Antenne. Diese Antenne wird für 14 bis 28 MHz verwendet und ist nicht zu verwechseln mit der Delta-Loop-Antenne (s. d.), die auf tieferen Frequenzen arbeitet.
(H. R. Habig, K8AVN – 1967 – US-Design-Patent).

Delta-Schleife
(engl.: delta-shaped element)

(Siehe: Delta-Element).

Dezibel = dB (engl.: decibel = dB)

Ein logarithmisches Maß zum Vergleich zweier Leistungen, Spannungen oder Ströme. Es berechnet sich aus dem dekadischen Logarithmus eines Leistungsverhältnisses:
$X \text{ in dB} = 10 \cdot \lg (P_1/P_2)$ (Leistung!)
Bei Spannungen und Strömen *am selben Widerstand* über das Ohmsche Gesetz:
$X \text{ in dB} = 20 \cdot \lg (U_1/U_2)$ (Spannung!)
$X \text{ in dB} = 20 \cdot \lg (I_1/I_2)$ (Strom!)
Beispiele:
Zwei Leistungen von 1000 W und 30 W sind zu vergleichen.
$X \text{ in dB} = 10 \cdot \lg (1000 \text{ W}/30 \text{ W}) =$
$10 \cdot \lg 33{,}33 = 10 \cdot 1{,}5229.$
$X = 15{,}229 \text{ dB}$
Zwei Spannungen von 20 V und 0,7 V an den selben Antennenklemmen sind zu vergleichen.

X in dB = 20 · lg (20 V/0,7 V) =
20 · lg 28,57 = 20 · 1,4559.
X = 29,119 dB
Zwei Ströme von 0,4 μA und 0,85μA am selben Empfängereingang sind zu vergleichen.
X in dB = 20 · lg (0,4 μA/0,85 μA) =
20 · lg (0,4706) = 20 · (−0,3273).
X = -6,55 dB
(Siehe auch: Gewinn, dBi, dBd, dBm, dBW und dBμV)

Diagramm (engl.: diagram)

Die zeichnerische Darstellung des funktionellen Zusammenhanges verschiedener mathematischer bzw. physikalischer Größen. In der Antennentechnik meist in Kurvenform.
(Siehe auch: Richtdiagramm, Strahlungsdiagramm).

Diagrammsynthese

Die Schaffung einer gewünschten Strahlungscharakteristik durch geeignete Maßnahmen, wie z. B. geometrische Anordnung der Einzelstrahler, Speisung mit unterschiedlichen Strömen und Phasen usw.

Dielektrikum, künstliches
(engl.: artificial dielectric)

Eine Anordnung, gewöhnlich aus isolierten Metallkugeln, welche die gleiche Wirkung auf elektromagnetische Wellen hat wie ein Dielektrikum. Dadurch kann Sammlung oder Zerstreuung der Wellen bewirkt werden. Häufig angewandt bei Linsenantennen (s. d.).

Dielektrizitätskonstante
(engl.: dielectric constant, permittivity)

Der reelle Anteil ε der komplexen Dielektrizitätskonstante (s. d.). Die Dielektrizitätskonstante ist das Verhältnis der Verschiebungsdichte zur Feldstärke und beträgt im freien Raum: $\varepsilon_0 = 8{,}86 \cdot 10^{-12}$ [As/Vm] (As/V = Farad).

Dielektrizitätskonstante, komplexe
(engl.: complex permittivity)

1. Die komplexe Dielektrizitätskonstante eines physikalischen Stoffes im Verhältnis zur komplexen Dielektrizitätskonstante des freien Raumes.
2. Bei isotropen (gleichmäßigen, amorphen) Stoffen im Wechselfeld das Verhältnis der komplexen Amplitude der Dichte des Verschiebungsstromes zur komplexen Amplitude der elektrischen Feldstärke.

DIFAN-Antenne (engl.: DIFAN antenna)

Eine breitbandige Rundstrahlantenne der Firma Racal für den HF-Bereich. Die fächerförmige Antenne besteht aus drei an der Spitze eines Mastes verbundenen Deltaantennen (s. d.), die über eine vierte Deltaantenne mit einem Belastungswiderstand abgeschlossen sind. Die Einspeisung erfolgt über einen Balun (s. d.) in der Mitte der in etwa 2 m Höhe über dem Boden befindlichen unteren Deltaseiten. Ein Erdnetz ist nicht notwendig. Für tiefe Frequenzen strahlt die Antenne steil und vorwiegend horizontal polarisiert und für hohe Frequenzen flach und vorwiegend vertikal polarisiert. Die Frequenzbereiche sind 1,6 bis 16 MHz bei einer Masthöhe von 15 m und 4,5 bis 22 MHz bei einer Höhe von 10 m.

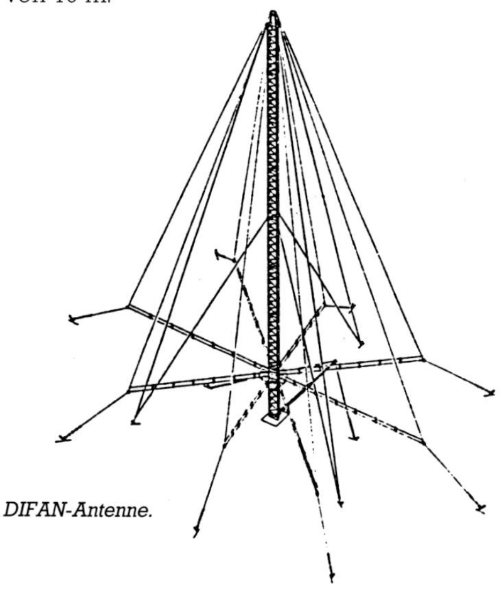

DIFAN-Antenne.

Differenzdiagramm
(engl.: difference pattern)

Richtdiagramm mit zwei Hauptkeulen von entgegengesetzter Phase, die durch eine scharfe Nullstelle getrennt sind. Nebenkeulen sollten tunlichst unterdrückt sein. Verwendung in zahlreichen Radargeräten. Mit Hilfe des Differenzdiagramms kann die Lage des Zieles durch Schwenken der Antenne nach links-rechts und auf-ab mittels Nullpeilung exakt festgestellt werden. (Siehe auch: Summendiagramm).

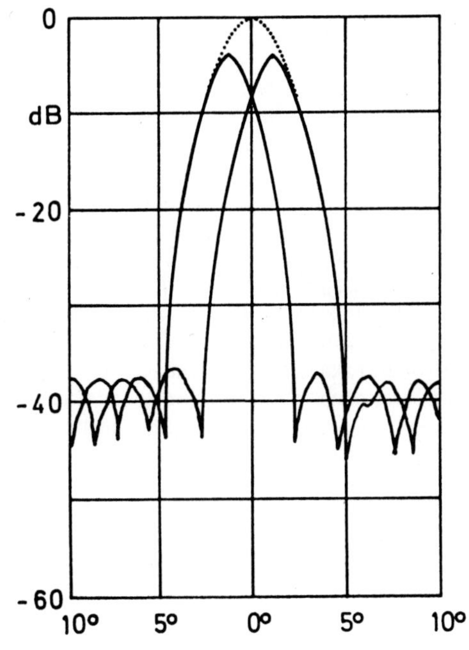

Differenzdiagramm (ausgezogen) und *Summendiagramm* (gestrichelt) eines Radargerätes. Bei Präzisionsradargeräten sind Meßgenauigkeiten von ± 0,1 ° möglich.

Dipmeter (engl.: dipmeter, griddipper)

Ein Oszillator mit Transistor oder Röhre als aktivem Element, der mit austauschbaren Spulen und einem Drehkondensator Frequenzen von etwa 100 kHz bis 300 MHz erzeugt. Die Auskopplung von HF-Energie wird durch Ausschlag eines Meßinstrumentes angezeigt. Zur Messung von Antennenresonanzen wird das Dipmeter induktiv (Stromresonanz, s. d.) oder kapazitiv (Spannungsresonanz, s. d.) an die Antenne gekoppelt. Bei Resonanz schlägt der Zeiger aus (Dip). An der Schärfe des Ausschlags läßt sich die Güte Q der Antenne abschätzen.

Dipolanordnung, längsstrahlende
(engl.: end-fire dipole array)

(Siehe: Längsstrahler, Flat-Top-Antenne).

Dipolantenne
(engl.: dipole antenna, doublet antenna)

Die Dipolantenne wird bei HF, VHF und UHF als Sende- wie Empfangsantenne ausgiebig verwendet. Eine Dipolantenne kann beliebige Länge haben, sofern nur beide Strahleräste gleich lang sind. Der Halbwellendipol (s. d.) ist ein Spezialfall der allgemeinen Dipolantenne.
Werden unter Wahrung der Symmetrie die Äste der Dipolantenne länger als $\lambda/4$, so ändert sich das Abstrahldiagramm ähnlich dem einer Langdrahtantenne (s. d.).

Dipol, dicker (engl.: fat dipole)

(Siehe: Breitbanddipol).

Dipol, direkt angepaßter
(engl.: matched dipole)

Der Halbwellendipol (s. d.) und der Faltdipol (s. d.) sind direkt angepaßt, wenn sie ohne Transformationsglieder an eine symmetrische Speiseleitung angeschlossen sind. Dipole können auch über ein Anpaßglied (Delta-Anpassung, T-Anpassung, Gamma-Anpassung, Omega-Anpassung, siehe jeweils dort) angeschlossen werden. Die direkte Anpassung zeichnet sich meist durch einen etwas höheren Wirkungsgrad aus.

Dipol, elektrisch kurzer

(engl.: electrically short dipole)

Ein Dipol, dessen Gesamtlänge l klein im Verhältnis zur Betriebswellenlänge ist, mit linearer Strombelegung. Die Hauptstrahlrichtung ist senkrecht zum Dipol, in Richtung der Dipolachse verschwindet die Strahlung. Der Strahlungswiderstand ist $R_r = 197 \cdot (l/\lambda)^2$, die Halbwertsbreite (s. d.) ist 90°, der Richtfaktor (isotroper Gewinn) ist G = 1,5 oder g_i = 1,76 dBi.
Der kurze Dipol ist lediglich um 0,39 dB schlechter als der Halbwellendipol. Dies ist eine rein theoretische Zahl. Elektrisch kurze Dipole haben nämlich hohe kapazitive Blindanteile, die durch Induktivitäten mit Verlusten abgestimmt werden müssen, daher ist der Wirkungsgrad viel geringer.

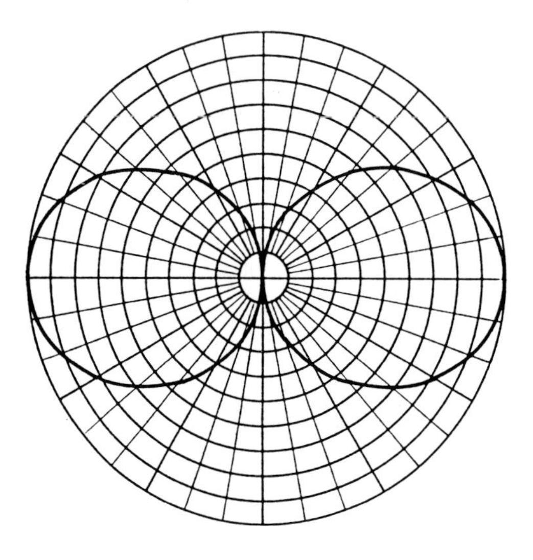

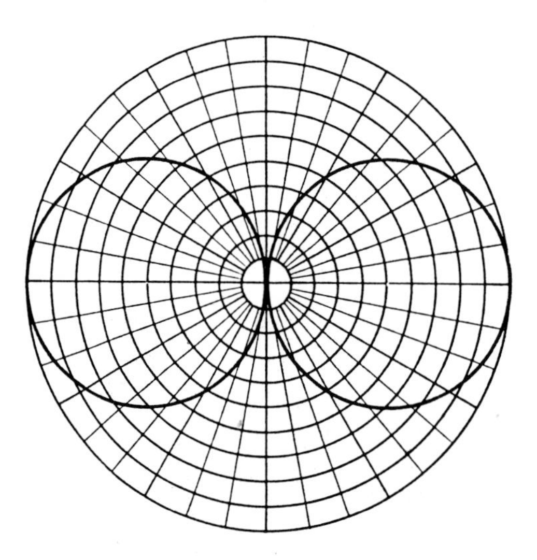

Dipol, Faltdipol

(engl.: folded dipole antenna)

Eine Dipolantenne aus zwei oder mehreren parallelen, eng benachbarten Halbwellen-Dipolantennen, die an den äußeren Enden miteinander verbunden sind. Einer der Dipole ist in seiner Mitte offen und wird dort gespeist, die anderen sind in der Mitte durchverbunden. Das Abstrahlverhalten entspricht völlig dem eines einfachen, gestreckten Dipols. Die Impedanz am Speisepunkt läßt sich durch Wahl der Einzeldipolzahl und durch Wahl des Durchmessers in weiten Grenzen verändern und somit den Verhältnissen anpassen, beispielsweise bei der Speisung einer Yagi-Uda-Antenne (s. d.). Ein Faltdipol mit gleichen Leitern der Anzahl n transformiert den Speisewiderstand in sehr guter Näherung auf n^2. Somit wird bei einem Faltdipol aus zwei Leitern die Impedanz: 75 Ohm $\cdot 2^2$ = 300 Ohm, bei einem Dreileiter-Faltdipol: 75 Ohm $\cdot 3^2$ = 675 Ohm.
Wegen seiner geometrischen Dicke ist der Faltdipol breitbandiger als ein dünner Drahtdipol. Er wird auch Schleifendipol genannt. Die Mitte des Faltdipols kann zum Blitzschutz geerdet werden.
(P.S. Carter – 1937 – US Patent)

◀ *Dipol, elektrisch kurzer.* **Oben: Richtdiagramm des Halbwellendipols, schlanker als das des Elementardipols. Unten: Richtdiagramm des Elementardipols, exakt kreisförmig.**

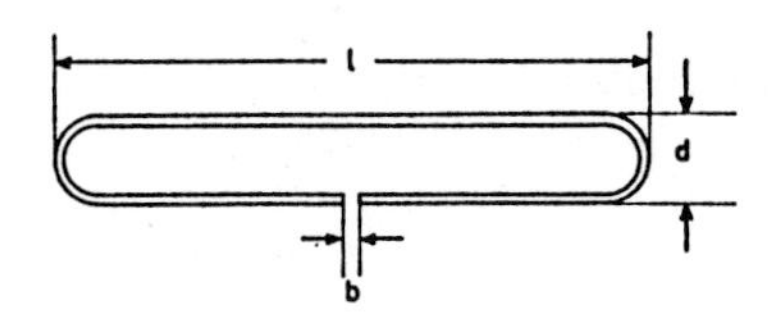

Dipol, Faltdipol. Faltdipol (zweifach) für Meßzwecke l: Länge, d: außen gemessener Abstand, b: Breite der Speisestelle, zwischen 0,5% und 1,5% der Wellenlänge λ, zweckmäßig gleich dem Abstand der Drähte der Speiseleitung.
Impedanz an der Speisestelle etwa 290 Ohm. Die Bandbreite gilt für ein Stehwellenverhältnis 1,22:1.

	Abmessungen			
Frequenz in MHz	Länge l in cm	Abstand d in cm	Leiterdurchmesser in mm	Bandbreite in MHz
29	500	10	13	± 2
95,4	150	7,5	13	± 5
145	95	7,5	13	± 6
435	32,8	2,5	4	± 7
900	15,5	1,25	4	± 20

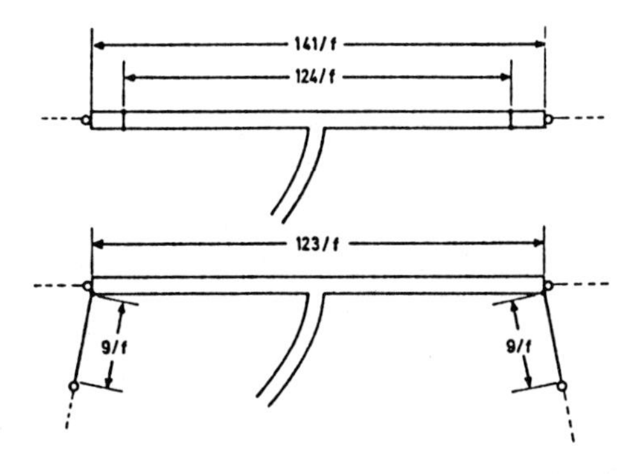

Dipol, Faltdipol aus Bandkabel. Oben: gestreckter Halbwellendipol mit Kurzschlußbrücken. Unten: geknickter, platzsparender Halbwellendipol mit Drahtenden. Die Maße beziehen sich auf 200 bis 300 Ω-Bandkabel f in MHz, l in m.

Dipol, Faltdipol mit Abstimmleitung

(engl.: folded dipole with matching stub)

Die Sonderausführung eines zweifachen Faltdipols mit Speiseklemmen an der einen und Abstimmschleife an der anderen Seite. Der Dipol kann λ/4 bis 1 λ Länge haben. Je nach Einstellung des Kurzschlußbügels läßt sich die Impedanz an den Speiseklemmen in weiten Grenzen verändern, etwa von 200 bis 800 Ω.

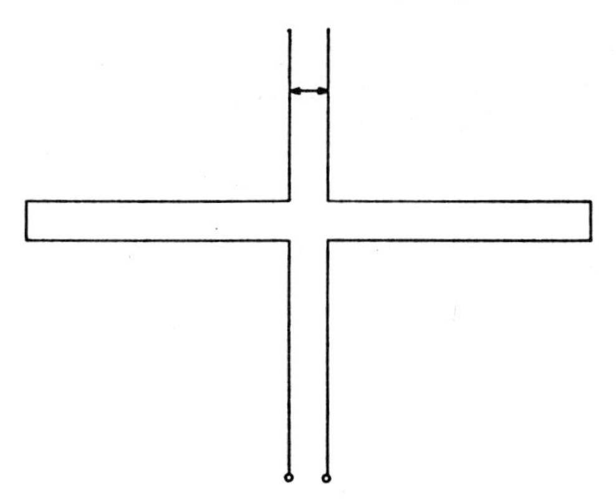

Dipol, Faltdipol mit Abstimmleitung. Speiseleitung und Abstimmleitung mit Kurzschlußbügel können beliebig lang sein. Bei der praktischen Ausführung führt die Abstimmschleife nach unten, so daß sie in Bodennähe eingestellt werden kann.

Dipol, Flachdipol

Dipol, dessen Arme die Gestalt einer Flachreuse haben. Meist bei elektrisch kurzen Dipolen (s. d.) als bequeme Bauform verwendet.

Dipol, gestockter

(engl.: stacked dipole, broadside array)

Eine vertikale Dipolreihe (s. d.) aus zwei horizontalen Halbwellendipolen. Der maximale Gewinn dieses Querstrahlers (s. d.) tritt bei einem Stockungsabstand von 0,64 λ auf und ist dann 4,8 dBd. Diese Antenne ist nicht zu verwechseln mit der Lazy-H-Antenne (s. d.).

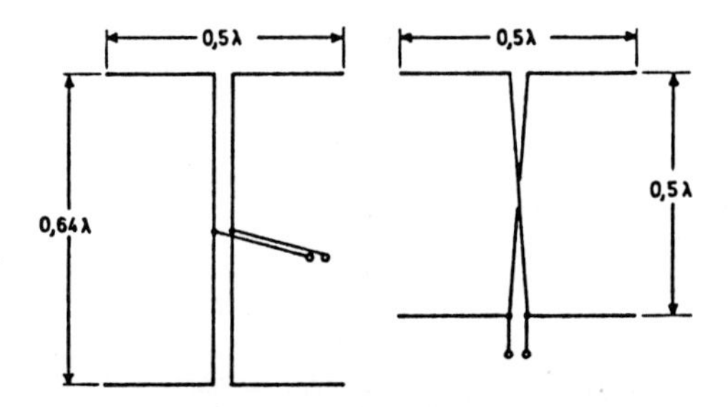

Dipol, gestockter. Links: mit 0,64 λ Stockung und mittengespeister Parallel-Leitung, wirkt als Querstrahler. Rechts: mit 0,5 λ Stockung und überkreuzter, endgespeister Speiseleitung, wirkt als Längsstrahler.
Der gestockte Dipol darf nicht mit der Lazy-H-Antenne verwechselt werden.

Dipolgruppe (engl.: dipole array)

Eine Gruppenantenne aus Halbwellendipolen.
(Siehe: Dipollinie, Dipolreihe).

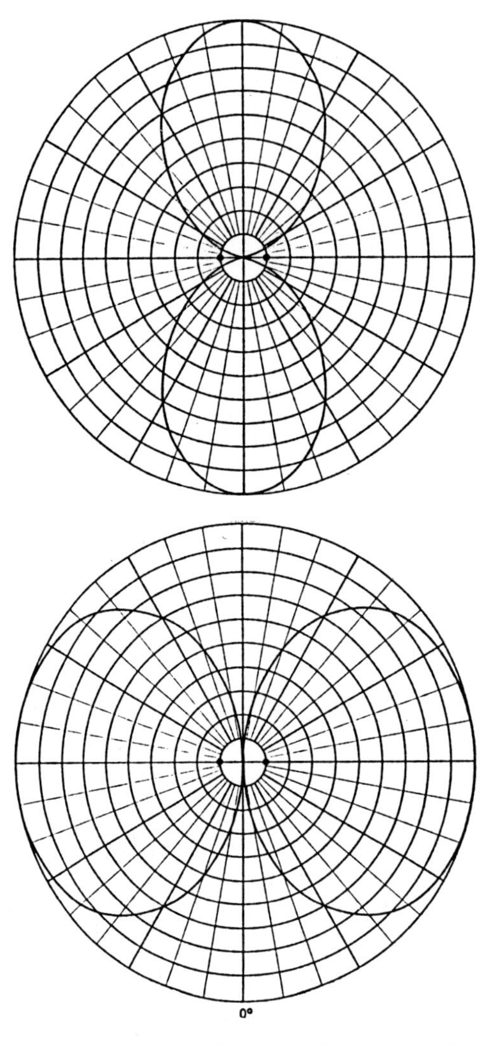

Dipolgruppe. Die Richtdiagramme der einfachsten Dipolgruppen aus zwei Halbwellendipolen, von oben bzw. von der Seite auf die Dipolstäbe gesehen. Dipolabstand λ/4.
1: Erregung beider Dipole mit gleicher Stromstärke in Phase (Querstrahler).
2: Erregung beider Dipole mit gleicher Stromstärke und 180° Phasenverschiebung (Längsstrahler).

Dipol, Halbwellendipol
(engl.: half-wave dipole)

Eine Drahtantenne, die aus zwei geradlinigen, auf der gleichen Achse (kollinear) angeordneten Leitern gleicher Länge besteht, getrennt durch einen kleinen Zwischenraum zur Speisung mit der Speiseleitung (s. d.). Jeder einzelne Ast des Halbwellendipols ist λ/4 lang. Der Name dieser Antenne beruht darauf, daß die gesamte Länge etwa eine halbe Wellenlänge beträgt $l = \lambda/2$. In der Praxis ist die Länge etwas kleiner als λ/2, z. B. 0,475 λ, je nach Leiterdurchmesser zu bemessen, damit die Eingangsimpedanz reell, d. h. rein ohmisch wird ($jX = \emptyset$). Der Eingangswiderstand des idealen Halbwellendipols ist $R = 73{,}14\ \Omega$, wenn der Halbwellendipol im Freiraum strahlt und unendlich dünn ist.
Die senkrecht stehende Dipolantenne strahlt vertikal polarisierte Wellen ab und ist ein Rundstrahler (s. d.). Die waagerecht über Erde angebrachte Dipolantenne strahlt horizontal polarisierte Wellen ab. Die Hauptstrahlrichtung liegt quer zum Strahler, in der Strahlerachse verschwindet die Strahlung.
Die Stromverteilung ist sinusförmig, die Spannungsverteilung cosinusförmig. Der Halbwellendipol ist die am häufigsten verwendete Antennenform im HF-, VHF und UHF-Bereich.
Die Halbwertsbreite (s. d.) ist 78°, der Richtfaktor (isotroper Gewinn) ist $G = 1{,}64$ oder $g_i = 2{,}15$ dBi.

Dipol, Koaxial-Dipol-Antenne, Dipolantenne mit koaxialem Schirm
(engl.: sleeve dipole antenna)

Eine Dipolantenne, deren Mittelteil von einem leitenden Zylinder umhüllt wird. Dadurch wird die Strahlung des umhüllten Teiles weitgehend abgeschirmt. Die Geometrie dieser Antenne wird so gestaltet, daß die strahlenden Außenteile sich in ihrer Wirkung unterstützen, um das gewünschte Richtdiagramm bzw. Impedanzverhalten zu erzielen. (Siehe auch: Monopol).

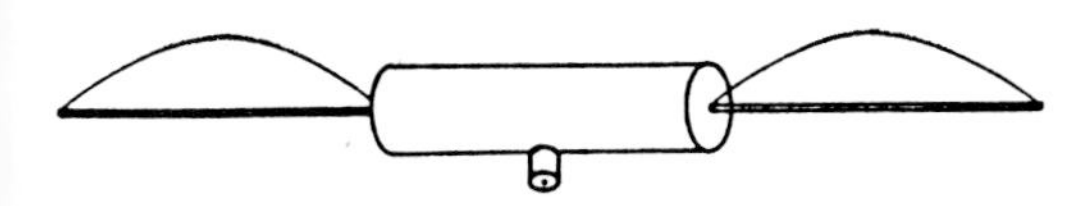

Dipolantenne mit koaxialem Schirm. Durch die Schirmung des gegenphasigen Mittelteils entsteht eine Richtcharakteristik in Form einer flachen Scheibe um die Dipolachse.
Dünn eingezeichnet: Stromverteilung.

Dipolkombination

(Siehe: Dipollinie, Dipolreihe).

Dipollinie (engl.: collinear dipole array)

Eine lineare Gruppe von strahlenden Elementen, meistens Dipole, deren Achsen auf einer geraden Linie liegen. Die ältere Bezeichnung dafür ist: Dipolspalte. (Siehe auch: Kollinearantenne, Marconi-Franklin-Antenne).
Es gibt vertikale und horizontale Dipollinien. Sie arbeiten gleichphasig als Querstrahler. Sind jedoch die Dipole mit ihren Enden verbunden und durch Stehwellen erregt, so wird aus der Dipolspalte eine Langdrahtantenne (s. d.), deren Dipole mit jeweils 180 ° Phasenverschiebung strahlen.

Vertikale Dipollinie V und horizontale Dipollinie H aus vier Halbwellendipolen. Die Feldstärke-Richtdiagramme sind angedeutet. Die Diagramme sind räumliche Drehfiguren um die Achse der Dipollinie.
In der Praxis treten noch Nebenkeulen auf, die mit dem Anwachsen des Abstandes der Dipolenden stärker werden.

Zwei Halbwellendipole in Dipollinie als Querstrahler (s. d.) ergeben 1,7 dBd Gewinn, wenn ihre Enden nahezu aneinander stoßen. Wird der Zwischenraum der Enden auf 0,5 vergrößert, ergibt sich der maximale Gewinn mit 3,3 dBd.

Dipol, magnetischer
(engl.: magnetic dipole, infinitesimal magnetic current element)

(Siehe: Elementarstrahler, magnetischer).

Dipol, Mikrostrip-Dipol
(engl.: microstrip dipole)

Eine Mikrostrip-Antenne, die nach dem Prinzip des Dipols arbeitet.

Dipolrahmen

Ein horizontal polarisierter Rundstrahler aus vier oder acht Halbwellendipolen, die um einen quadratischen Stahlmast angeordnet sind.

Dipolreihe
(engl.: broadside array with parallel elements)

Eine flächenhafte Gruppe von strahlenden Dipolen, deren Achsen senkrecht zur Längsausdehnung der Dipolreihe liegen. Die ältere Bezeichnung ist: Dipolzeile. Es gibt vertikale und horizontale Dipolreihen. Werden alle Dipole gleichphasig erregt, so arbeitet die Dipolreihe als Querstrahler (s. d.). Werden die Dipole phasenverschoben erregt, wobei sich die Phasenverschiebung nach dem räumlichen Abstand der Dipole richtet, so arbeitet die Dipolreihe als Längsstrahler. Eine Keulenschwenkung (s. d.) ist möglich.
Zwei Halbwellendipole in Dipolreihe als Querstrahler (s. d.) ergeben 3,9 dBd Gewinn, wenn sie 0,5 λ Abstand haben. Wird ihr Abstand auf 0,64 λ vergrößert, ergibt sich der maximale Gewinn mit 4,9 dBd.

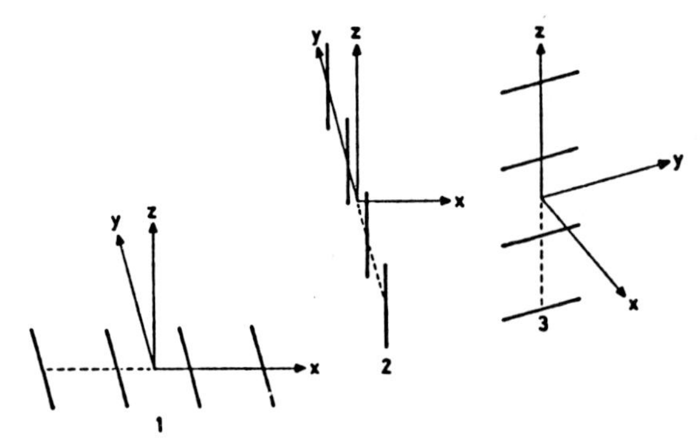

Dipolreihen (Vierergruppen).
1: horizontale Dipolreihe aus horizontalen Dipolen
2: horizontale Dipolreihe aus vertikalen Dipolen
3: vertikale Dipolreihe aus horizontalen Dipolen
Die Raumkoordinaten sind angedeutet. Diese Dipolreihen wirken bei gleichphasiger Erregung als Querstrahler, bei phasenverschobener Erregung als Längsstrahler.

Zwei Halbwellendipole in Dipolreihe als Längsstrahler (s. d.) ergeben 2,3 dBd Gewinn, wenn sie 0,5 λ Abstand haben. Wird ihr Abstand auf etwa 0,12 λ verkleinert, ergibt sich ein maximaler Gewinn von nahezu 4,3 dBd.

Dipolspalte

(Siehe: Dipollinie).

Dipol, verkürzter (engl.: short dipole)

Jeder Dipol, der kürzer als λ/2 ist, ist ein verkürzter Dipol. Theoretisch ist der sehr kurze Dipol nur um 0,39 dB schlechter als ein Halbwellendipol. Somit wäre auch mit sehr kurzen Dipolen wirkungsvolle Abstrahlung möglich. Mit der Verkürzung der Antenne sinkt der Strahlungswiderstand (s. d.), dafür steigt der Strom an. Um die maximale Leistung in die Antenne zu bekommen, muß diese abgestimmt und angepaßt sein. Die dazu notwendigen Reaktanzen beinhalten Spulen, die als Verlängerungsspulen den Kurzdipol abstimmen, d. h. in Resonanz bringen. Weil Spulen nur eine endliche Güte haben, also mit Verlustwiderständen behaftet sind, ist in der Praxis die Wirksamkeit eines verkürzten Dipols wesentlich geringer. Eine Endkapazität verbessert die Stromverteilung und den Wirkungsgrad.

Dipol, verkürzter. Das Kabel wird besser über einen Balun 1:1 angeschlossen. Die Bandbreite ist etwa 100 KHz bei 3,5 MHz und 200 KHz bei 7 MHz. Genaue Abstimmung auf Resonanz erfolgt durch Abgleich der Spulen oder Zurückschneiden der erst zu lang bemessenen Außendrähte.

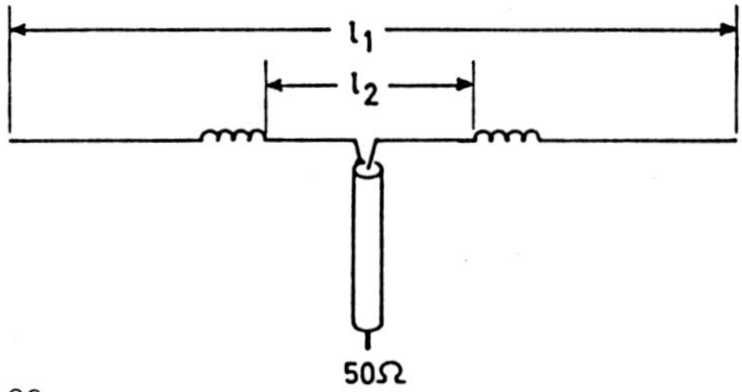

Dipolwand

Eine flächenhafte Gruppenantenne, die aus Dipollinien bzw. Dipolreihen zusammengesetzt ist. (Siehe: Dipollinie, Dipolreihe, Tannenbaumantenne).

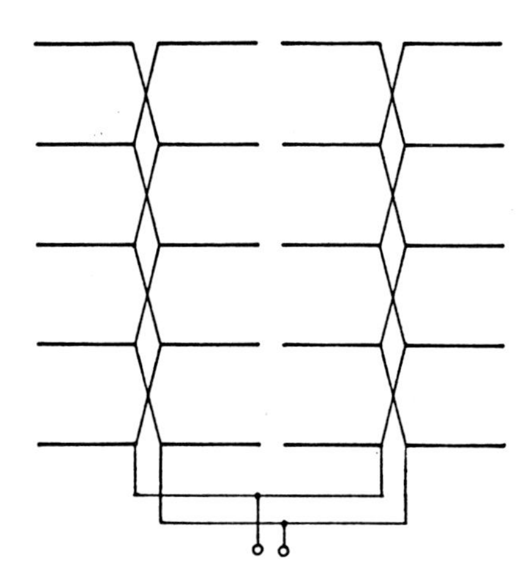

Dipolwand aus 5 mal 4 Halbwellendipolen, die an ihren Enden durch gekreuzte Zweidrahtspeiseleitungen gespeist werden. Die Dipolenden hoher Impedanz liegen parallel an den Speiseleitungen, so daß sich leicht Anpassung erreichen läßt.
Alle 20 Dipole sind gleichphasig gespeist, so daß diese Gruppenantenne als Querstrahler arbeitet. Durch den Stockungsabstand von λ/2 wird die Apertur dieser Antenne quadratisch. Die gezeigte Speisungsmethode ist schmalbandig. Würde man die λ/2-Dipole mittig speisen, wären 4 Speiseleitungen notwendig; aber die Antenne wäre breitbandiger.

Dipolwand eines KW-Rundfunksenders. In Bodennähe Speiseleitungen und Phasenschieber. (Werkbild BBC Mannheim)

Dipolzeile

(Siehe: Dipolreihe).

Dipol, 3/4 λ langer (engl.: 3/4 λ-dipole)

Ein zu Unrecht wenig angewandter gefalteter, offener Dipol von 3/4 λ Gesamtlänge mit einer Eingangsimpedanz (s. d.) von etwa 450 Ω. Wird die offene Seite mit einer λ/4-Leitung abgeschlossen, so ändert sich für die Betriebsfrequenz nichts, da die λ/4-Leitung eine sehr hohe Eingangsimpedanz hat.
Speist man dagegen diesen Faltdipol mit der doppelten Frequenz, so wirkt die Leitung am Abschluß als λ/2-Leitung und transformiert den Kurzschluß ihres Endes an die Antenne, so daß diese nun als gefalteter 1,5 λ-Dipol arbeitet. Die Antenne kann auf zwei Frequenzen oder Frequenzbändern, die sich wie 1:2 verhalten, verwendet werden, z. B. auf 3,5/7 MHz.

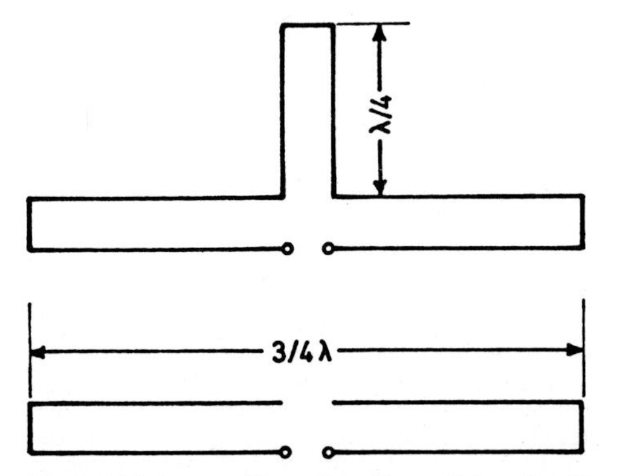

Dipol, 3/4λ langer. Oben: Grundform. Unten: Zweifrequenzform mit Viertelwellenleitung für die Grundfrequenz.

Direktor (engl.: director element)

Ein parasitär erregtes Richtelement vor dem gespeisten Element einer Yagi-Uda-Antenne (s. d.) oder einer Cubical-Quad-Antenne (s. d.). Der Direktor erhöht die Strahlung in der Vorwärtsrichtung. Damit der Direktor die Wellenfront nach vorne lenkt, muß er in der Phase voreilend, d. h. kapazitiv abgestimmt werden, was man dadurch erreicht, daß man ihn etwa 5% kürzer als den gespeisten Strahler bemißt. Der Abstand zum gespeisten Element ist gewöhnlich um 0,1 λ.

Discage-Antenne
(engl.: Discage antenna)

Eine Kombination aus einer konischen Monopolantenne und einer Diskone-Antenne

Discage-Antenne.
d_1 = 3,05 m d_2 = 10,36 m d_3 = 7,32 m
h_1 = 11,58 m h_2 = 9,14 m h_3 = 0,91 m
Doppelkegel und Diskus sind mit 12 Drähten bespannt, die Verbindungsstellen sind gutleitend verbunden. Unter der Antenne liegt ein Strahlenerder.

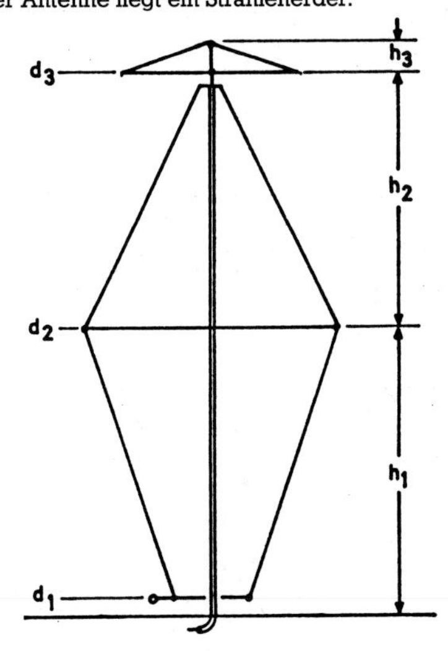

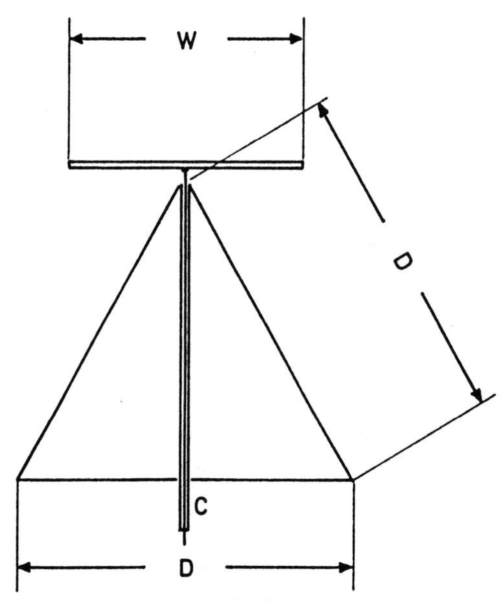

Diskone-Antenne. D-D: Unterer Kegelmantel Durchmesser und Seitenkante
D = mindestens 0,25 λ
W: Deckscheibe
W = mindestens 0,18 λ bis zu 0,25 λ
C: Koaxkabel 50 Ohm, nur oben mit dem Kegelmantel verbunden.
λ = größte Betriebswellenlänge.
Kleinste Betriebswellenlänge dann etwa 0,1 λ.

(s. d.). Bei einer Discage-Antenne arbeiten der Monopol von 2 bis 8 MHz und die Diskone-Antenne von 8 bis 32 MHz. Der Monopol wird am Fußpunkt des Außenrings, der isolierte Diskus in seinem Mittelpunkt über zwei getrennte Koaxialkabel gespeist. Für den Betrieb auf 2 bis 8 MHz schaltet ein Relais den Diskus an den Monopol.

Diskone-Antenne (engl.: discone antenna)

Eine Doppelkonusantenne (s. d.), deren oberer Konus zu einer Scheibe gestaltet ist. Der Scheitelwinkel der Scheibe ist 180 °. Die Ströme in der Scheibe laufen radial vom Zentrum nach außen. Da sich gegensinnig verlaufende Ströme im wesentlichen kompensieren, trägt die Scheibe nur wenig zur Abstrahlung bei. Die Scheibe wird mit der Seele des Koaxialkabels gespeist, der Kegel mit dem Mantel des Kabels verbunden. Dadurch sind Mantelwellen (s. d.) stark unterdrückt. Die Diskone-Antenne hat eine Welligkeit < 2 bei einer Frequenzbandbreite von etwa 1 : 10. Sie ist je nach Größe von etwa 7 MHz bis in den UHF-Bereich zu gebrauchen. Bei niedrigen Frequenzen Ausführung aus Maschendraht, bei VHF als Skelett aus Stäben, bei UHF aus Blech. Die erwünschte Flachstrahlung wird nur auf den tiefen Frequenzen des Arbeitsbereiches erhalten und geht mit höheren Frequenzen mehr und mehr in Steilstrahlung über.
(A. G. Kandoian – 1943 – US Patent)

Diversity-Empfang
(engl.: diversity receiving)

Das von der Ionospähre kommende Empfangssignal ist an verschiedenen Stellen des Empfangsortes und zu verschiedenen

Diversity-Empfang. Die aktive Empfangsantenne HE 003 empfängt mit dem senkrechten Stab die vertikale Komponente, mit den winkelversetzten waagerechten Dipolen die horizontale Komponente. Im Stationsraum wird die optimale Komponente durch Handschalter oder ein automatisches Diversity-Gerät zum Empfänger geführt.
(Werkbild Rohde & Schwarz)

Zeiten von sehr unterschiedlicher Größe. Der Schwund des Signals läßt sich durch Diversity-Empfang weitgehend beseitigen. Dazu werden zwei oder mehr Übertragungsmöglichkeiten benötigt.
Benützt man zwei räumlich getrennte Empfangsantennen, so spricht man von Antennen- oder Raumdiversity. Benutzt man Antennen verschiedener Polarisation, so handelt es sich um Polarisationsdiversity. Kompliziertere Verfahren sind Zeit-, Winkel- und Phasendiversity. Bereits ein hinreichend langer Langdraht als Empfangsantenne zeigt einen Raumdiversity-Effekt. Frequenzdiversity braucht zwei verschiedene Frequenzen zur Übertragung der selben Nachricht.

DL1FK-Dreiband-Yagi-Antenne
(engl.: DL1FK beam antenna)

Eine Drehrichtantenne nach dem Prinzip der Mehrfachresonanz der Parasitärstrahler durch kapazitiv abgestimmte Linearkreise. Während das gesamte lineare Element auf 21 MHz resonant ist, kommt es durch einen Linearkreis auf 14 MHz und durch einen anderen auf 28 MHz in Resonanz.
(R. Auerbach – 1958 – Dt. Patentanmeldung)

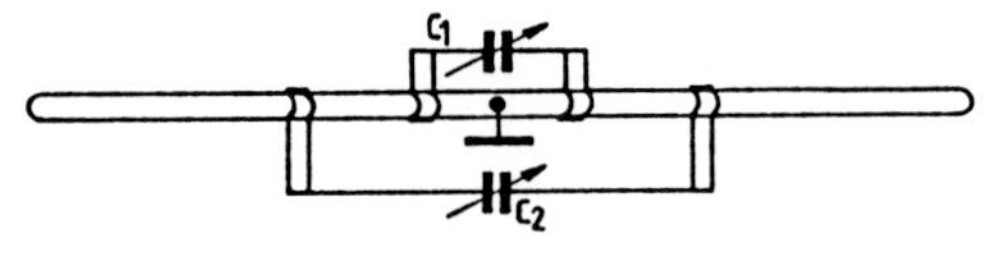

DL1FK-Dreiband-Yagi-Antenne. Das Bild zeigt das Prinzip der Dreifach-Resonanz eines Strahlers. Durch die verschieblichen Schellen wird L verändert, durch die Drehkondensatoren C. Die Elementlänge wird für 21 MHz bemessen. Mit C_2 wird die Resonanz auf 14 MHz, mit C_1 die Resonanz auf 28 MHz eingestellt. Die Einstellungen hängen voneinander ab.

Dolph-Tschebyscheff-Verteilung
(engl.: Dolph-Tschebyscheff distribution, auch „Chebychev")

Die Verteilung der einzelnen Erregerströme auf die in gleichem Abstand angeordneten Einzelantennen eines Querstrahlers (s. d.) mit dem Ziel, den Gruppenfaktor (s. d.) als Tschebyscheff-Polynom auszudrücken. Diese Verteilung der Erregerströme bewirkt bei linearen Gruppenantennen (s. d.), daß das Richtdiagramm (s. d.) bei gegebener Halbwertsbreite eine maximale Nebenwellendämpfung hat. (Siehe auch: Querstrahler).
(C. L. Dolph, 1946).

Doppelbazooka (engl.: double bazooka)

(Siehe: Sperrtopf).

Doppel-Bisquare-Antenne
(engl.: double bisquare antenna)

Eine Bisquare-Antenne (s. d.) mit einem gleichgestalteten parasitären Element, das durch einen LC-Kreis je nach Bedarf als Reflektor oder Direktor abgestimmt werden kann. Gewinn etwa 5 dBd.

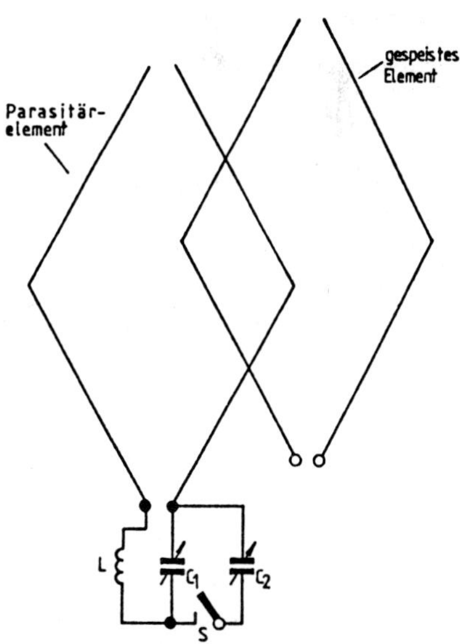

Doppel-Bisquare-Antenne. Das Parasitärelement ist vom gespeisten Element etwa 0,4 λ entfernt. Einer der vier Leiter ist $l = \frac{292,5}{f}$ (m, MHz) lang. Bei offenem Schalter wirkt der Parasitärstrahler als Direktor, bei geschlossenem Schalter als Reflektor.

Doppel-D-Beam nach G3LDO

(engl.: double D-beam antenna)

Eine von P. G. Dodd, G3LDO, entwickelte Zwei-Element-Yagi-Uda-Antenne aus geknickten Drahtelementen, die in Pyramidenform verspannt sind.

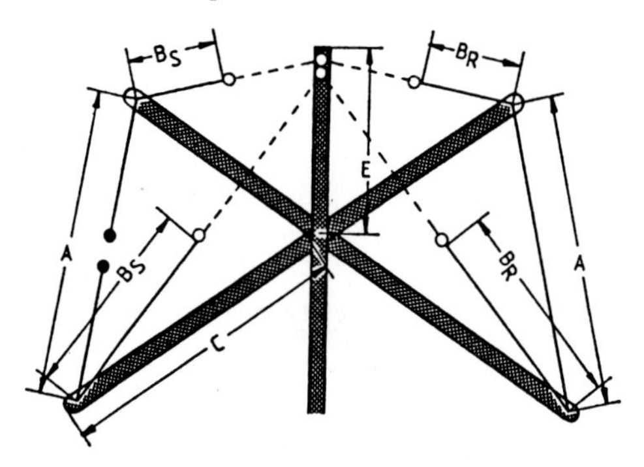

Doppel-D-Beam nach G3LD0. Für 14,2 MHz ergeben sich folgende Abmessungen:

A = 6,22 m	B_S = 2,40 m	B_R = 2,86 m
C = 4,55 m	D = 6,68 m	E = 0,84 m

Doppel-Delta-Antenne

Zwei senkrecht aufgestellte, dreieckige, aperiodische Langdrahtantennen, deren Ebenen senkrecht aufeinander stehen und die parallel gespeist werden. Es können zwei getrennte oder ein gemeinsamer Abschlußwiderstand (s. d.) verwendet werden. Verwendung in der Ionosphärenforschung und für Nahverbindungen über die Ionosphäre.

Doppel-Delta-Loop

(engl.: twin Delta loop, double Delta beam)

Ein Querstrahler aus zwei mit den Spitzen aufeinanderstehenden Delta-Schleifen zu je 1 λ Umfang. Die Speisung erfolgt über eine doppelte Gamma-Anpassung (s. d.) mit nur einem Kondensator. Der Reflektor ist um 5% länger als der Strahler und in 0,1 λ bis 0,2 λ Abstand vom Strahlerelement montiert.

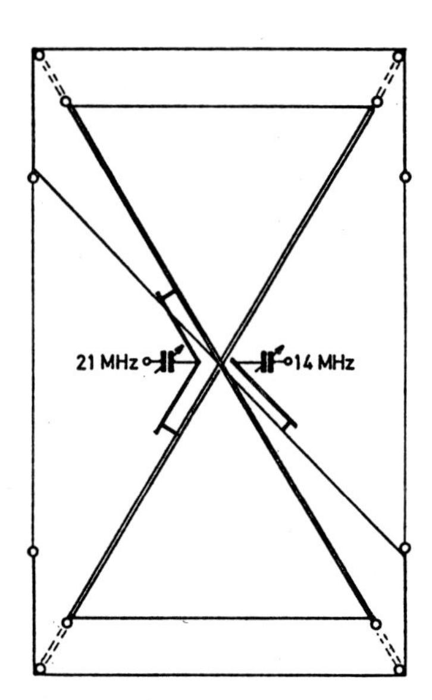

Doppel-Delta-Beam. Gespeistes Element. Der Doppel-Delta-Beam ist für 21 MHz ausgelegt. Zusätzlich werden die Aluminiumrohre mit Isolatorstäben verlängert, um daran einen 9M2CP-Z-Beam für 14 MHz aufzuhängen.

Doppeldipol (engl.: twin dipole)

1. Sollen für die Abstrahlung zweier recht unterschiedlicher Frequenzen die Eigenschaften des Dipols erhalten bleiben, so werden zwei auf den Betriebsfrequenzen bzw. den Betriebsbändern resonante Halbwellendipole parallel geschaltet und über eine Speiseleitung gemeinsam gespeist. Auch mehr als zwei Dipole können parallelgeschaltet werden, beeinflussen sich aber gegenseitig recht stark. Die Speisung mit 50 Ω- oder 75 Ω-Koaxialkabel ist möglich, die Symmetrierung mittels Balun wird empfohlen.

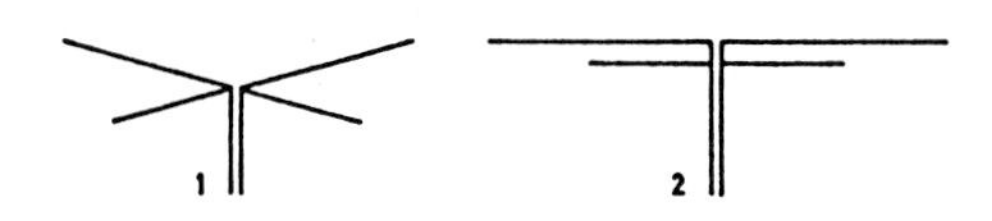

Doppeldipol.
1: X-förmiger Doppeldipol
2: paralleler Doppeldipol
Der Dipol für die niedrige Frequenz liegt oben, um einen Erdabstand gemäß der Wellenlänge anzustreben.

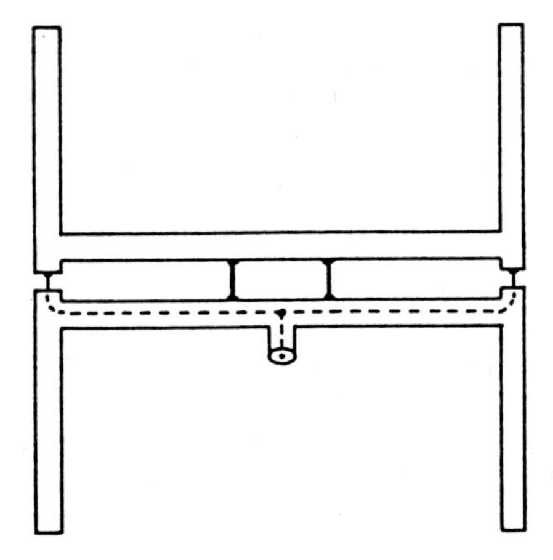

Doppeldipol in Rohrausführung. zum Aufbau von VHF/ UHF-Sendeantennen.

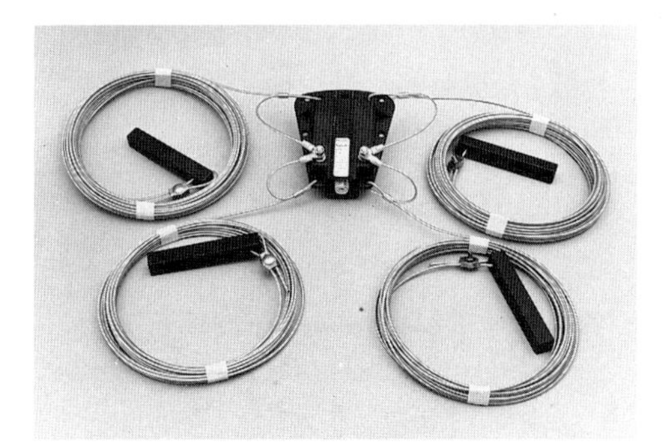

Doppeldipol. Für 3,5 MHz und 7 MHz. In der Mitte Balun 1:1 zum Anschluß des Koaxialkabels.
(Werkbild Fritzel)

2. In der UKW-Rundfunktechnik ein Strahlerelement zum Aufbau von Gruppenantennen, das aus zwei gemeinsam gespeisten Halbwellendipolen, die parallel in λ/2 Abstand liegen. Durch die vertikale Stokkung lassen sich genügend flache Richtcharakteristiken erzielen mit recht freier Wahl des Horizontaldiagramms. Bei Vertikalabstand 0,64 λ ist der Gewinn etwa 4,9 dBd, die Speiseimpedanz etwa 50 Ω. (Siehe: Dipol, gestockter).

Doppelkegel-Breitbandantenne
(engl.: wideband conical monopole)

(Siehe: Breitband-Kegelantenne).

Doppelkonus-Antenne
(engl.: biconical antenna)

Eine Antenne aus zwei konischen Leitergebilden, die auf eine gemeinsame Achse aufgereiht sind und mit ihren Spitzen aufeinander stehen. Die Doppelkonusantenne erleichtert die mathematische Analyse von längsgestreckten Antennen. In der Praxis wird sie wegen ihrer Breitbandigkeit gern verwendet. Wird der Doppelkonus mit einem Koaxialkabel gespeist, wobei der Kabelmantel mit dem unteren Konus, die Kabelseele mit dem oberen Konus verbunden werden, so werden durch die Sperrtopfwirkung des unteren Konus Mantelwellen auf dem Speisekabel und auch auf dem Metallmast weitgehend unterdrückt.

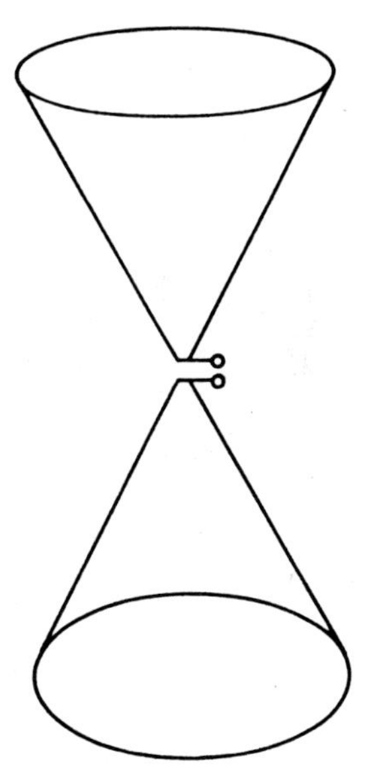

Doppelkonus-Antenne. Die Speisung erfolgt in der Mitte. Der Körper besteht aus Metallblech oder Metallgitter.

Doppelleitung (engl.: two-wire line)

Ein Zweidrahtsystem aus parallelen Leitern, auch Lecherleitung genannt. Sie wird als Meßleitung oder Energieleitung verwendet. Die Ströme in den Leitern fließen gegenphasig, so daß sich die Wirkung

nach außen aufhebt (keine Abstrahlung). Bei Stehwellenerregung bilden sich stehende Wellen (Maxima und Minima von Strom und Spannung) aus. Bei Wanderwellenerregung sind Strom und Spannung an allen Stellen gleich groß.
(E. Lecher, 1890)

Doppelquad-Element
(engl.: double quad element)

Ein Strahler aus zwei galvanisch verbundenen Quadelementen (Siehe: Cubical-Quad-Antenne), die eine Seitenlänge von λ/4 haben und in der Mitte gespeist werden, wo die Eingangsimpedanz etwa 300 Ω beträgt. Das Doppelquad-Element wird meist als Strahler in einer Hybrid-Doppelquad-Antenne (s. d.) eingesetzt.

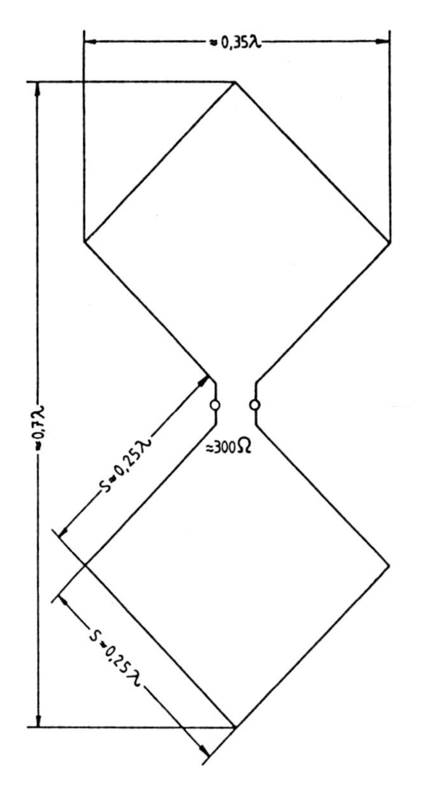

Doppelquad-Element. Da ein Quadelement 1 dBd Gewinn hat, steigt der Gewinn der Doppelquad auf etwa 4 dBd bei beidseitiger Richtwirkung. VRV = 1.

Doppelquad-Rundstrahler
(engl.: omnidirectional double quad radiator)

Ein horizontal polarisierter Rundstrahler für UKW aus vier Doppelquad-Elementen (s. d.), die sich in 90° Richtungsunterschied um den isolierenden Tragemast gruppieren. Der Gewinn von 1 dBd ist im Verhältnis zum Aufwand gering.

Doppelrhombus-Antenne
(engl.: double rhombic antenna)

Eine Gruppenantenne (s. d.) aus zwei Rhombusantennen (s. d.), die entweder nebeneinander, hintereinander oder übereinander angeordnet sind.

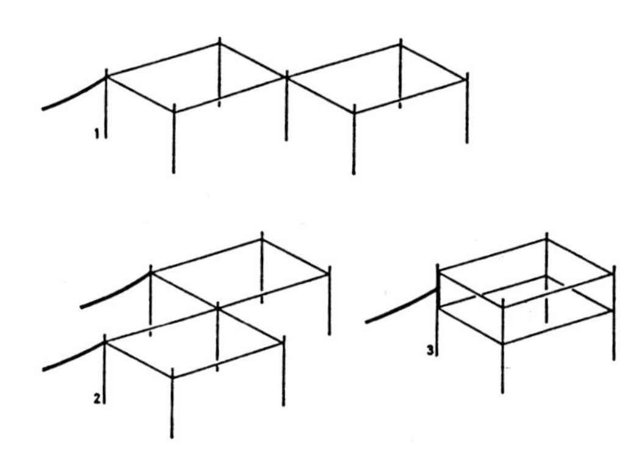

Doppelrhombus-Antenne.
1 Längsstrahler-Anordnung, die Rhomben sind hintereinander geschaltet und werden von einer Speiseleitung erregt.
2 Querstrahler-Anordnung, die Rhomben liegen geometrisch nebeneinander, werden von zwei Speiseleitungen gleichphasig erregt und sind elektrisch nicht verbunden.
3 vertikal gestockte Anordnung, die Rhomben liegen eine Halbwelle der niedrigsten Betriebsfrequenz übereinander und werden gleichphasig in der Mitte der Verbindungsleitung gespeist.

Doppelschleifendipol
(engl.: triple folded dipole)

Ein Faltdipol aus drei parallelen, an den Enden verbundenen Halbwellendipolen, wobei meist der mittlere Dipol in der Mitte gespeist wird. Bei gleichem Durchmesser

der Leiter ist das Transformationsverhältnis 1:9, so daß die 72 Ω des einfachen Dipols auf etwa 650 Ω transformiert werden und damit eine 650 Ω-Speiseleitung reflektionsarm angeschlossen werden kann.
(Siehe auch: Faltdipol).

Doppelschlitzstrahler
(engl.: twisted slot antenna)

Werden in einem Rohr von etwa λ/4 Durchmesser zwei Schlitze von etwa 3/4 λ Länge diametral gegenüber eingeschnitten, so strahlt dieser Rohrschlitzstrahler (s. d.) mit einiger Richtwirkung. Um Rundstrahlung zu erzielen, wird die obere Antennenhälfte gegenüber der unteren um 90° verdreht.

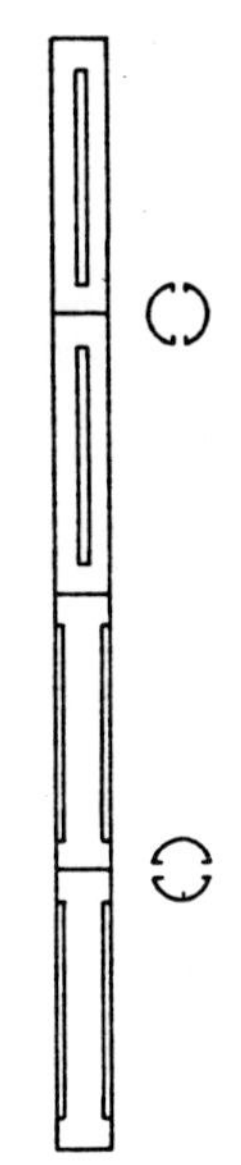

Doppelschlitzstrahler. Neben dem Strahlerrohr sind die Querschnitte der betreffenden Rohrschlitze dargestellt.

Doppelspeisung
(engl.: double fed antenna)

1. Große und kostspielige Antennen werden möglichst mehrfach ausgenützt, um Kosten zu sparen. Die Doppelspeisung einer Antenne als lineares Element ist über Leitkreise und Sperrkreise für zwei Sender möglich, wobei auf KW Zweidrahtleitungen geeigneter Länge als Schwingkreise wirken. Bei MW und LW müssen Kreise aus L und C verwendet werden.
(Siehe auch: Rhombusantenne, Brückenweiche, Dreieckflächenantenne, Antennenweiche).
2. Die Einspeisung einer elektrisch unterteilten, schwundmindernden Vertikalantenne in zwei Speisepunkten am Fußpunkt sowie am oberen Teil der Antenne.

Doppelsperrtopf (engl.: double bazooka)

(Siehe: Sperrtopf).

Doppel-T-Dipol, gefalteter
(engl.: double T-dipole)

Ein Halbwellendipol, der aus zwei gefalteten T-Antennen (s. d.) zusammengesetzt ist. Der Eingangswiderstand ist kleiner als 280 Ω. Durch die T-Gestalt kann der Halbwellendipol auf die halbe Länge eines gewöhnlichen λ/2-Dipols verkleinert werden, ohne den Wirkungsgrad merkbar zu beeinträchtigen.

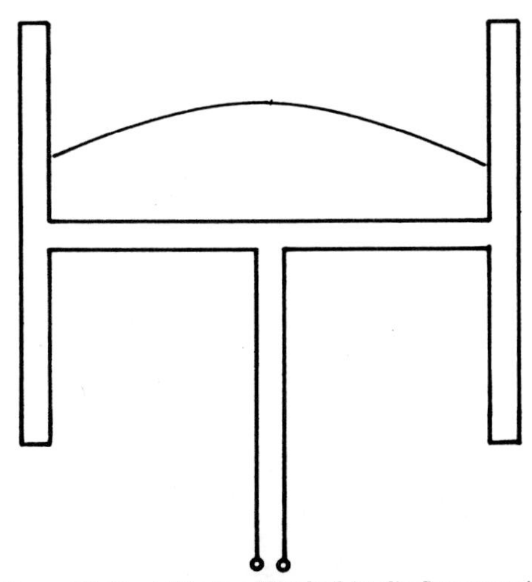

Doppel-T-Dipol. Für den Mittelteil ist die Stromverteilung eingezeichnet. In den T-Querstücken hebt sich der Strom weitgehend gegenseitig auf.

Doppelwendel-Antenne
(engl.: double normal-mode helix antenna)

1. Eine vertikal um einen Metallmast von 0,23 λ Durchmesser gewundene Helixantenne mit einem Windungsdurchmesser von 0,63 λ was einem Windungsumfang von 2 λ entspricht. Die Windungssteigung beträgt 0,5 λ. Die horizontal polarisierte Antenne wird in der Mitte ihrer gegenläufig gedrehten Wendel gespeist, hat dort etwa 60 bis 100 Ω Eingangsimpedanz und erreicht bei 5 Windungen einen Gewinn von etwa 7 dBd.
2. Eine Helixantenne, die aus einem 5 bis 10 mm dicken Isolierstab besteht, die mit *zwei* voneinander isolierten übereinanderliegenden, schraubenförmigen Drahtwindungen *gegenläufiger* Richtung bewickelt ist. Durch die Doppelwindung werden die Verluste dieser vertikal polarisierten Antenne herabgesetzt.

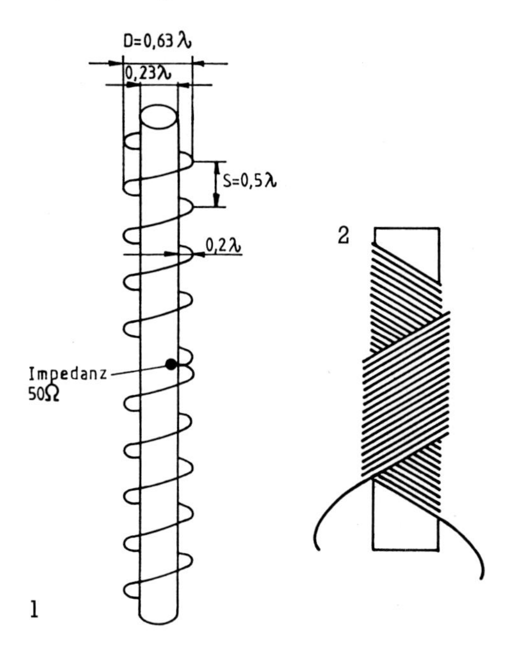

Doppelwendel-Antenne 1. Die um einen Metallrohrmast gewundene Antenne ist wegen ihrer Abmessungen nur für UKW geeignet.
Doppelwendel-Antenne 2. Wickelschema der gegenläufigen Windungen auf dem Isolierstab.

Doppel-Yagi-Uda-Antenne
(engl.: double Yagi-Uda antenna)

Eine Zweifachgruppe aus Yagi-Uda-Antennen (s. d.), die meist vertikal, aber auch horizontal gestockt sind. Oft als komplette Baugruppe für Vormastmontage in der UKW-Rundfunk- und Fernsehtechnik verwendet.

Doppelzepp (engl.: double zepp antenna)

Eine Bezeichnung für eine Allband-Dipol-Antenne (s. d.).

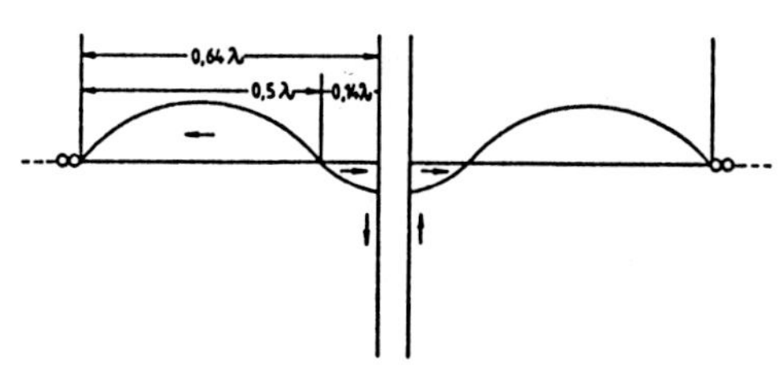

Doppelzepp-Antenne, verlängerte. Mit ihrer Stromverteilung. Die Speisung erfolgt über eine Speiseleitung in Stehwellenerregung.

Doppelzepp, verlängerter
(engl.: extended double zepp)

Eine Dipolantenne, bei der jeder Ast eine Länge von 0,64 λ hat. Durch das Auseinanderrücken der Strombäuche steigt der Gewinn vom Ganzwellendipol mit 1,7 dBd auf 3 dBd, ohne daß sich der Aufwand merkbar erhöht. Das Strahlungsdiagramm hat zwei Hauptkeulen und vier Nebenzipfel. Die Speisung erfolgt über eine offene Zweidrahtspeiseleitung.
(Siehe auch: Doppelzepp).

Drachenantenne (engl.: kite antenna)

Bereits von Marconi verwendete Drahtantenne, die durch einen Drachen emporgebracht und gehalten wird. Heute nur noch selten in Gebrauch. (Siehe auch: Ballonantenne, Hubschrauberantenne).

Drahtantenne (engl.: wire antenna)

Eine Linearantenne (s. d.) aus einem oder mehreren Drähten, die im Verhältnis zur Wellenlänge einen sehr kleinen Durchmesser haben. Für den Bau werden hart gezogener Kupfer- oder Bronzedraht, Kupfer- oder Bronzelitze verwendet. Bronze empfiehlt sich für Längen über 40 m, weil bei gleichem Leiteraufbau und Gewicht die Zugfestigkeit auf das Doppelte steigt. Für höchste Belastungen wird Stahlkupferdraht oder kunststoffummantelte Stahllitze mit Kupferseele verwendet.

Drahtpyramide (engl.: pyramidal antenna)

Eine gleichseitig quadratische Pyramide (ein halbes Oktaeder), von der sechs Kanten zu je λ/6 Länge aus Draht bestehen, so daß die gesamte Drahtlänge 1 λ beträgt. Die schmalbandige Antenne ist ein elliptisch polarisierter Rundstrahler und wird auf den niederfrequenten KW-Bändern eingesetzt. Bei einer Drahtlänge der Kanten von 14,2 m ist die Antenne auf 3500 kHz resonant und hat dann eine Eingangsimpedanz von rund 75 Ω.

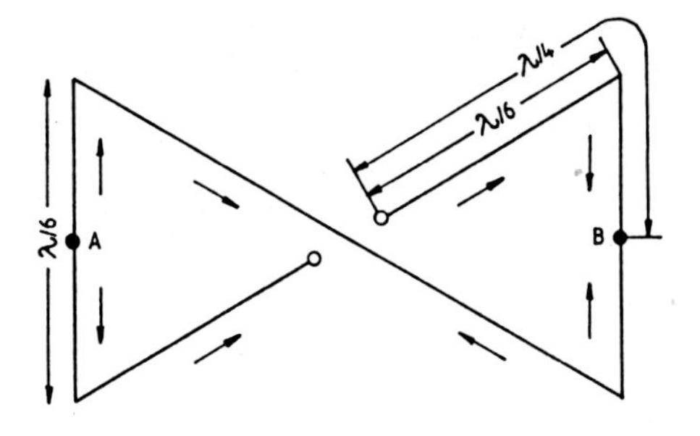

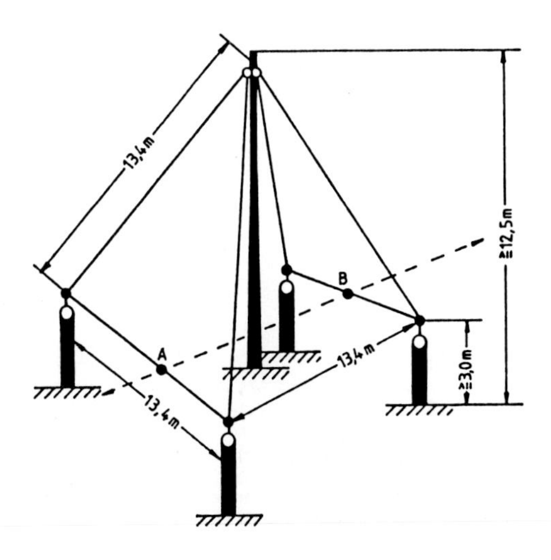

Drahtpyramide. Oben rechts: Stromlauf aus der Draufsicht mit den zwei Speisepunkten an der Mastspitze. Unten: Gesamtansicht einer Drahtpyramide, die für 3700 kHz resonant ist. Durch zwei Drahtstücke von etwa 1,4 m Länge, die wie angedeutet bei A und B angeschlossen werden, entsteht eine kapazitive Belastung, welche die Resonanzfrequenz auf 3500 kHz herabsetzt.

Drahtspannung (engl.: wire tension)

Die in einer Drahtantenne herrschende Zugspannung, die so gewählt werden muß, daß der Draht bei niedrigsten Temperaturen nicht reißt, andererseits bei den höchsten am Orte vorkommenden Temperaturen nicht zu stark durchhängt. Messung der Drahtspannung mit einem Dynamometer (Federwaage). Ausgleich der wechselnden Drahtspannungen bei Drahtantennen und Zweidrahtspeiseleitungen durch frei hängende Zuggewichte, die jedoch nicht pendeln dürfen, weil sonst durch mechanisches Aufschaukeln der Draht reißen kann.

Drahtverbindung (engl.: wire junction)

Zusammenschluß zweier oder mehrerer Drähte durch Zusammendrehen und nachfolgendes Verlöten. Der Übergangswiderstand (s. d.) darf nicht größer als der Drahtwiderstand sein und muß hochfrequente Ströme gut leiten.

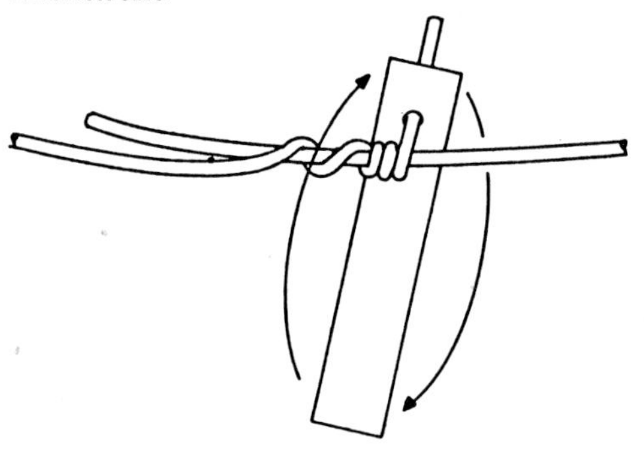

Drahtverbindung. Ein einfaches Werkzeug aus gelochtem Stahl hilft beim Zusammendrehen auch von dicken Drähten. Nach ein, zwei Windungen von Hand werden beide Drähte links mit der Zange gehalten, das Werkzeug über das Drahtende geschoben und der Draht Schlag an Schlag gewunden. Vor dem Verbinden Draht blank machen, danach Würgestelle verlöten.

Drahtwelle

Eine elektromagnetische Welle, die auf einem linearen Leiter (Draht) geführt ist, wie dies in einer Eindraht- oder Zweidraht-Speiseleitung (s. d.) geschieht. Im Gegensatz dazu stehen die über Wellenleiter geführte Welle und die sich im Freiraum ausbreitende Freiraumwelle.

Dreh-Adcock-Antenne

(engl.: rotary Adcock antenna)

Eine Adcock-Antenne (s. d.), bei der das Antennensystem aus zwei vertikalen, symmetrischen Dipolen um die mittlere Achse drehbar ist. Dadurch kann das Richtdiagramm in Achterform gedreht werden, um Maximum- und Nullstellenpeilung durchzuführen.

(Siehe auch: Fest-Adcock-Antenne).

Drehfeldspeisung

Eine Kreisgruppenantenne, aber auch andere rotationssymmetrische Gruppenantennen, können so gespeist werden, daß die Stromphasen der Einzelelemente ein umlaufendes Drehfeld bilden. Einfachstes Beispiel: Drehkreuzantenne (s. d.).

Drehkreuzantenne

(engl.: turnstile antenna)

Eine Antenne, auch Kreuzdipol oder Quirlantenne genannt, die aus zwei im Mittelpunkt rechtwinklig gekreuzten Halbwellendipolen besteht. Die Ströme sind gleich groß und haben 90° Phasenverschiebung, was dadurch erreicht wird, daß man einen der Dipole mit einer $\lambda/4$-Umwegleitung (s. d.) speist. Die abgestrahlte Welle ist in der Horizontalebene linear (horizontal) polarisiert mit annähernd konstanter Feldstärke, also fast rundstrahlend. In der Vertikalen ist die Welle zirkularpolarisiert. Horizontal ist der Gewinn −3dBd, vertikal

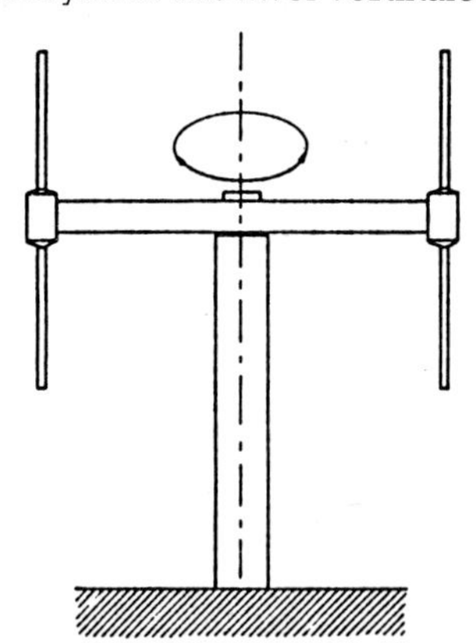

Dreh-Adcock-Antenne. Die zwei Dipole werden über Baluns an Koaxialkabel angeschlossen und diese zum Peilempfänger geführt.

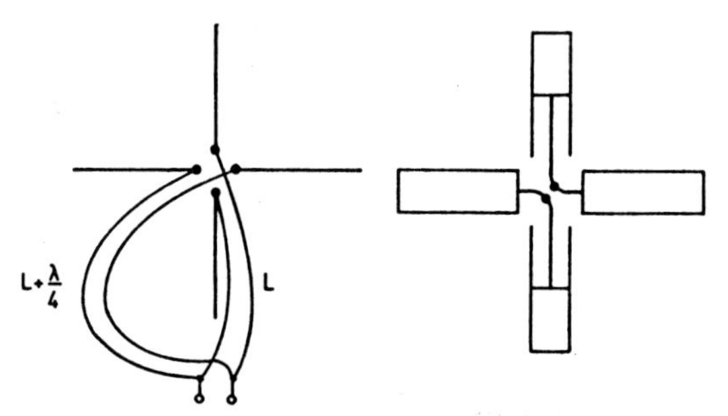

Drehkreuzantenne. Links: Zwei 70 Ω-Leitungen speisen die Dipole. Die eine ist um $\lambda/4$ länger als die andere, um 90° Phasenverschiebung zu erzielen. Am gemeinsamen Speisepunkt ist die Impedanz 35 ± j0 Ω.
Rechts: Um die 90° Phasendifferenz zu erreichen, werden zwei Dipolhälften über Serienreaktanzen von etwa $\lambda/8$ Länge gespeist. Durch Kompensation liegt an den Klemmen eine Impedanz von 70 ± j0 Ω.

+3dBd. Mit zwei vertikal gestockten Drehkreuzdipolen erreicht man etwa die maximale Feldstärke eines Horizontaldipols.
Als Einzelstrahler ist die Drehkreuzantenne ein Steilstrahler, so daß sie von MW-Rundfunksendern, die nur ein kleines Gebiet versorgen müssen, angewandt wird (z. B. RIAS, Berlin). Mehrfach gestockte Drehkreuzdipole sind flachstrahlend und werden für UKW-Rundfunk und -Fernsehen als Sendeantenne verwendet.
(G. H. Brown – 1935 – US Patent)

Drehrahmen

Eine Rahmenantenne, die um ihre vertikale Achse drehbar ist, wodurch die Peilung ermöglicht wird.

Drehrichtstrahler

(engl.: rotary beam antenna)

Im Gegensatz zur festen Richtantenne (s. d.), die der Punkt-zu-Punkt-Verbindung dient, eine Richtantenne, die auf ein beliebiges Ziel gerichtet werden kann. Meist eine Yagi-Uda-Antenne (s. d.) oder eine Cubical-Quad-Antenne (s. d.), die mittels eines Antennenrotors (s. d.) gedreht wird. Da der Drehrichtstrahler fast immer vom Stationsraum entfernt aufgestellt ist, wird eine Richtungsanzeige notwendig. Bei niederen Frequenzen liegt wegen der Antennengröße die Grenze bei 3,5 MHz.

Drehrichtstrahler. Logarithmisch-periodische Antenne für Rundfunksender als Drehrichtstrahler auf Doppelmast montiert.
(Werkbild Allgon).

Drehstandantenne. Höhe = Breite = 80 m. Maximale Windgeschwindigkeit 80 km/h (Sendung), 185 km/h (Standfestigkeit). Frequenzbereich: 6 MHz (Gewinn 17,9 dBi) bis 26 MHz (Gewinn 22,3 dBi).
Eingangsimpedanz 300 Ω, P_{t0} = 500 kW, SWR max. = 1,5. Beide Seiten vor der mech. Halterung tragen eine Vorhangantenne (6 bis 11 MHz und 13 bis 26 MHz).
(Werkbild BBC Mannheim)

Drehstandantenne

Eine große Richtantenne mit erheblichem Gewinn, meist eine Dipolwand (s. d.), die zur Änderung der azimutalen Abstrahlrichtung um 360 ° gedreht werden kann. Durch Größe, Errichtungs- und Betriebskosten bleibt sie dem KW-Rundfunk vorbehalten.

Dreiband-Cubical-Quad-Antenne
(engl.: triband cubical quad antenna)

Eine Cubical-Quad-Antenne (s. d.), die aus drei ineinander verschachtelten Einzelbandantennen (meist 14/21/28 MHz) besteht. Dabei können die drei Einzelantennen getrennt mit drei Speiseleitungen, mit einer Speiseleitung und einem ferngeschalteten Relais oder gesammelt und parallelgeschaltet mit einer gemeinsamen Speiseleitung gespeist werden. Mit einer Boom-Quad lassen sich die optimalen Abstände der Elemente nicht einhalten, während dies mit einer Spinnen-Quad und der Low-Base-Quad möglich ist. Eine interessante Dreiband-Quad ist die Low-Base-Quad von Bastian.
(E. Bastian, DB3KG – 1971 – Dt. Patent).

Dreiband-Delta-Loop-Antenne
(engl.: triband delta loop antenna)

1. Eine Delta-Loop-Yagi-Antenne aus zwei Elementen, die jeweils durch zwei Parallelkreise resonant gemacht werden. Die Speisung des Strahlerelements erfolgt durch drei Gamma-Anpassungen (s. d.) in Sammelspeisung mit einem Koaxialkabel.
2. Eine aus drei Einzelantennen verschachtelte Delta-Loop-Yagi-Antenne.
(Siehe auch: Delta-Loop-Yagi-Beam).

Dreiband-Groundplane-Antenne
(engl.: triband groundplane antenna)

Eine Groundplane-Antenne (s. d.) die meist auf 14/21/28 MHz als λ/4-Strahler resonant ist und über ein auf den drei Frequenzen niederohmiges Radialnetz (s. d.) verfügt.
1. Umschaltbare Formen:
Mit Schalter oder Relais wird entweder die Länge des Strahlers geschaltet, oder über Serienresonanzkreise *ein* etwa 6,5 m langer Strahler erregt. Aber auch ein 7,6 m langer Strahler kann über Serieninduktivitäten erregt werden.
2. Parallelgeschaltete Formen:
Drei λ/4-Strahler werden parallelgeschaltet und über ein Koaxialkabel gespeist. Oder ein 13 m langer Strahler wird über drei Koaxialkabel in verschiedener Weise gespeist und auf 3,5/7/14 MHz erregt.
3. Formen mit Traps:
Ein Strahlerelement wird nach dem Prinzip der Sperrkreis-Antenne (s. d.) mittels Traps elektrisch unterbrochen bzw. verlängert, so daß jeweils λ/4-Resonanz auftritt. Oder ein Strahlerelement wird nach dem Prinzip der VK2AOU-Beam-Antenne (s. d.) mit Parallelkreisen abgestimmt und über eine Omega-Anpassung (s. d.) eingespeist.
4. Automatische Form:
Ein Strahlerelement ohne Traps oder Schalter wird durch ein selbstabstimmendes Speisesystem gespeist. Diese Dreiband-Groundplane-Antenne nach OD5CG arbeitet auf 14/21/28 MHz und wird mit einer 300 Ω-Anpaßleitung über ein Resonanzglied gespeist.
(Siehe: Mehrband-Groundplane-Antenne).

Dreibandresonanzkreis
(engl.: triple resonant circuit)

Ein Resonanzkreis, der auf drei einzelnen Frequenzen resonant ist. Solche Kreise dienen dazu, lineare Strahlerelemente oder Schleifen auf bestimmten Frequenzen und Frequenzbändern resonant zu machen, damit sie dort als Strahler oder parasitäre Elemente verwendet werden können.
(Siehe auch: VK2AOU-Beam).

Dreiband-Strahlerelement
(engl.: triband element)

Ein Strahlerelement für eine Yagi-Uda-Antenne (s. d.), das auf drei Frequenzbändern resonant ist. Dies wird erreicht durch Einschaltung von Dreibandresonanzkreisen (s. d.) oder durch Einschleifen von Trapkreisen in den Strahler nach dem Prinzip der Sperrkreis-Antenne (s. d.).

Dreiband-Trap-Antenne
(engl.: triband trap antenna)

Eine mit Trapkreisen versehene Antenne, die nach dem Sperrkreis-Prinzip auf drei Bändern resonant ist. Sie kann als Drahtantenne auf z. B. 3,5/7/10,1 MHz oder als Yagi-Uda-Antenne (s. d.) auf 14/21/28 MHz ausgeführt werden.

Dreiband-Vertikalstrahler
(engl.: triband vertical antenna)

(Siehe: Dreiband-Groundplane-Antenne).

Dreieckflächenantenne

Eine Langwellenantenne mit einer Endkapazität (s. d.), die als dreieckige, horizontale Matte zwischen drei Masten ausgespannt ist. Als Niederführung dient eine Reuse (s. d.). Um die kostspielige Antenne besser zu nutzen, wird oft Doppelspeisung angewandt (s. d.).

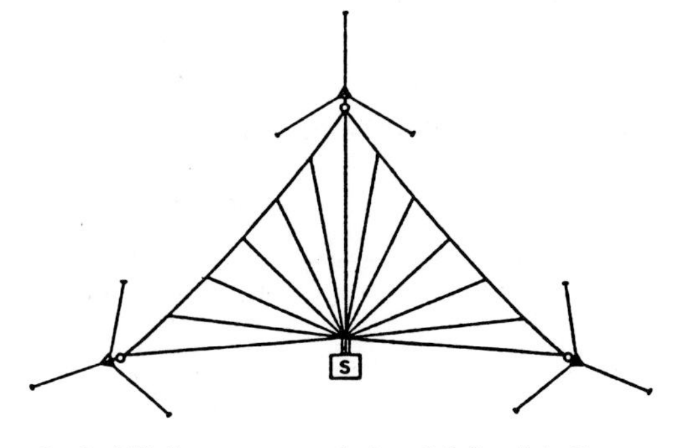

Dreieckflächenantenne zwischen 3 fußpunktisolierten Gittermasten mit isolierten Pardunen ausgespannt. Die Vertikalreuse führt nahezu senkrecht in das Sendegebäude S.

Dreieckschleife (engl.: triangle loop)

Eine auch Dreiecksantenne genannte, horizontal polarisierte Rundstrahlantenne für FM und UKW bestehend aus drei horizontal angeordneten, koaxial gespeisten Schleifenantennen (koaxiale Faltdipole), die symmetrisch radial um einen Mast angeordnet sind, jeweils um 120° versetzt. Der Strom fließt durch alle Strahler gleichphasig, d. h. in gleicher Richtung im Uhrzeigersinn oder entgegengesetzt. Zur Gewinnerhöhung werden diese Antennen mehrfach gestockt.
(A. G. Kandoian, R. A. Felsenheld, 1949)

Dreiecksdipol (engl.: triangular dipole)

(Siehe: Flächendipol).

Dreiecksgitter-Gruppe
(engl.: triangular grid array)

Eine regelmäßig angeordnete Gruppe von Elementen, die auf den Ecken eines Dreiecks oder mehrerer Dreiecke von meist gleichseitiger Form stehen.

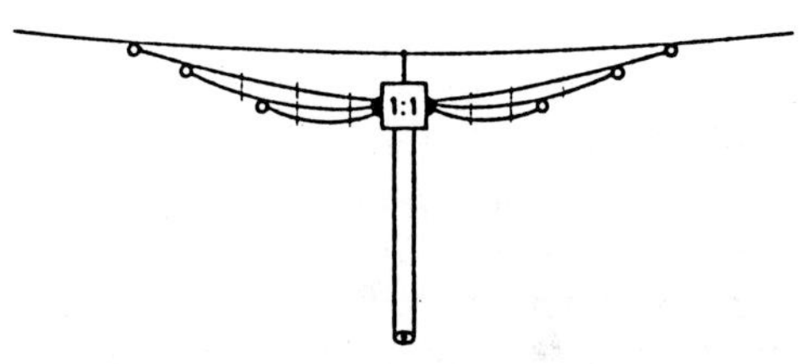

Dreifachdipol für 10/18/24 MHz. **Das isolierende Dachseil hält den 1:1-Balun und die drei Dipole. Die Dipole sind durch schmale Isolierstege gespreizt.**

Dreifachdipol für 10/18/24 MHz

Ein Paralleldipol mit 1:1-Balun für 50 Ω-Speisung. Die Drahtlängen sind: 10 MHz: 2 mal 6,54m; 18 MHz: 2 mal 3,59 m; 24 MHz: 2 mal 2,85 m.

Dreifach-Faltdipol
(engl.: triple folded dipole)

1. Ein λ/2-Faltdipol aus drei parallelgeschalteten Leitern. Je nach Wahl der Leiterdurchmesser und der Abstände lassen sich Speiseimpedanzen von etwa 500 bis 900 Ω erzielen.
2. Ein λ/2-Faltdipol aus drei parallelen Leitern mit offenen Enden. Speiseimpe-

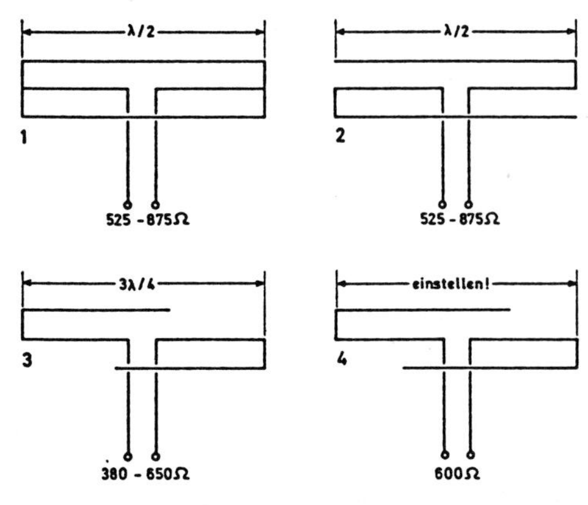

Dreifach-Faltdipole.

danzen von etwa 500 bis 900 Ω sind zu erreichen.

3. Ein 3/4 λ-Faltdipol aus drei parallelen Leitern mit offenen Enden. Speiseimpedanzen von 350 bis 700 Ω sind zu erreichen.

4. Ein Faltdipol aus drei parallelen Leitern mit offenen Enden und durch Versuch bestimmter Länge zwischen etwa λ/4 und 1 λ. Die Geometrie wird so lange verändert, bis die Impedanz 450 Ω, 500 Ω, 600 Ω beträgt, was durch Umlenkrollen an den Enden leicht zu erzielen ist.

Drossel (engl.: choke)

Eine kapazitätsarme Induktivität (Spule) zur Ableitung statischer Aufladungen von Antennen, wobei die HF nicht über die Drossel abfließen kann. Soll die Drossel die Prasselstörungen im Empfänger durch wetterbedingte Entladungen bei Regen und Schneefall ableiten, so muß sie am Fußpunkt der Antenne angebracht werden.
(Siehe auch: Kabeldrossel).

Düppel (engl.: chaff)

Lamettastreifen aus Aluminiumfolie, die zur Störung des Radarbildes aus Flugzeugen abgeworfen werden. Die Störstrahlung der Düppel wird besonders kräftig, wenn sie als Parasitärstrahler (s. d.) resonant als Halbwellendipole auf der Betriebsfrequenz des Radars schwingen.
Die Rückstrahl- oder Streufläche einer kurzgeschlossenen Antenne ist viermal so groß wie die Wirkfläche (s. d.) einer angepaßten Antenne.

Durchhang (engl.:sag)

Der Durchhang einer Drahtantenne ist der Höhenunterschied zwischen den beiden i. allg. in gleicher Höhe liegenden Aufhängepunkten und dem tiefsten Punkt des Drahtes. Mit der herrschenden Temperatur ändert sich der Durchhang des Drahtes.
(Siehe auch: Drahtspannung).

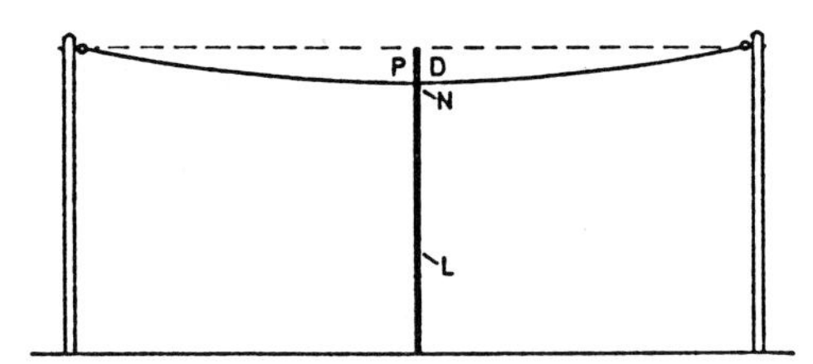

Durchhang einer Drahtantenne. **Der Durchhang D wird wie folgt bestimmt. Man schlägt in die Latte L den Nagel N, daß der Abstand oberes Ende–Nagel dem gewünschten Durchhang entspricht. Die Latte wird in der Mitte der Spannweite so hoch gehalten, daß ihr oberes Ende die Visierlinie zwischen den Aufhängepunkten berührt. Der Durchhang wird dann durch Ändern des Drahtzuges eingestellt.**

Durchschlag, elektrischer
(engl.: electrical puncture)

Der elektrische Durchschlag oder Durchbruch erfolgt beim Erreichen oder Überschreiten der Durchschlagsspannung, die bei HF der Spitzenspannung $U = U_{eff} \cdot \sqrt{2}$ entspricht. Beim Durchschlag verliert der Isolator (Gas, Flüssigkeit, Feststoff) seine elektrische Festigkeit, bzw. seine Isolationsfähigkeit. HF-Isolatoren werden durch dielektrische Verluste weit stärker beansprucht als Isolatoren für technischen Wechselstrom.

DX-Antenne (engl.: DX antenna)

Eine Antenne für den Weitverkehr. Da weit entfernte Gegenstationen nur über Reflektionen der Welle an Ionosphäre und Erde erreicht werden können, ist Flachstrahlung fast noch wichtiger als Richtstrahlung. Bei niedrigen Frequenzen wie 1,8/3,5/7 MHz meist Vertikalantennen (s. d.) mit gutem Erdnetz (s. d.), bei höheren Frequenzen wie 10/14/18/21/24/28 MHz Drehrichtstrahler (s. d.). Deren Höhe ist dann mindestens eine halbe Wellenlänge, besser aber eine ganze Wellenlänge über Grund.

Echelon-Antenne
(engl.: echelon antenna)

Zwei Langdrahtantennen liegen parallel in der selben horizontalen Ebene über dem Erdboden. Ihr Abstand ist d und ihre Längsverschiebung s. Jede Langdrahtantenne bildet vier Hauptkeulen in dieser Ebene, die mit der Drahtrichtung den Winkel Θ bilden. Bemißt man den Abstand d und die Längsverschiebung s wie folgt:

$$d = \frac{150 \cdot \cos \Theta}{f_{MHz} \cdot \sin (2\,\Theta)} \;[m]$$

$$s = \frac{150 \cdot \sin \Theta}{f_{MHz} \cdot \sin (2\,\Theta)} \;[m]$$

so heben sich zwei Hauptkeulen auf, während die anderen zwei sich verstärken und schlanker werden. Dadurch strahlt die Echelon-Antenne nur vorwärts und rückwärts, aber nicht mehr seitwärts. Beide Langdrähte werden i. allg. gegenphasig

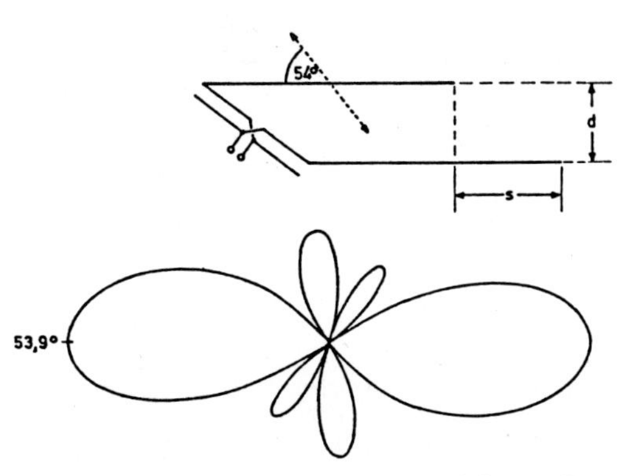

Echelon-Antenne. Oben: Aufbau einer 1 λ langen Antenne, die parallel zur Erdoberfläche liegt und deren Elemente mit 180° Phasendifferenz gespeist werden.
s = 0,424 λ   d = 0,309 λ
Unten: Feldstärkediagramm dieser Echelon-Antenne in der horizontalen Ebene. Die Hauptstrahlrichtung liegt im Azimut 53,9° und 53,9° + 180° von der Drahtrichtung ab.

gespeist, da bei gleichphasiger Speisung der Gewinn zurückgeht. (Siehe auch: Modell B-Antenne, Modell C-Antenne)
(N. E. Lindenblad – 1928 – US Patent)

Eckreflektor (engl.: corner reflector)

(Siehe: Corner-Reflektor-Antenne).

E-Diagramm
(engl.: E-pattern, E-diagram)

Ein Schnitt durch die Antennenebene, in welcher der elektrische Vektor (s. d.) liegt. Bei einer horizontal polarisierten Antenne ein waagrechter Schnitt durch die Strahlungscharakteristik; bei einer vertikal polarisierten Antenne ein senkrechter Schnitt durch die Strahlungscharakteristik.
(Im Gegensatz dazu: H-Diagramm, s. d.)

E-Ebene (engl.: E-plane)

Bei einer linear polarisierten Antenne die Ebene, die den elektrischen Feldvektor und die Hauptstrahlrichtung enthält. Gegensätzlich dazu: H-Ebene (s. d.). E-Ebene und H-Ebene stehen senkrecht aufeinander.

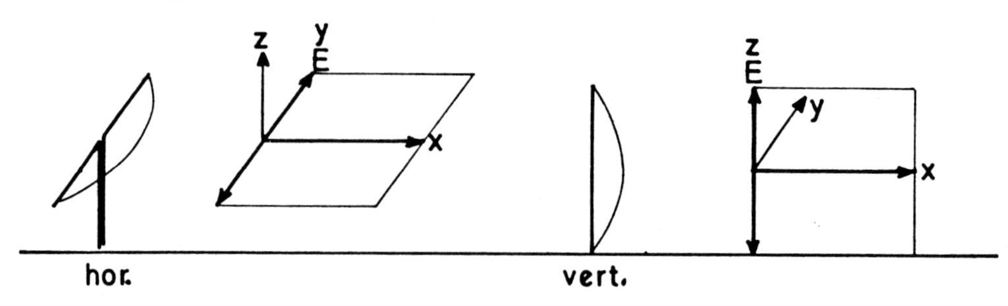

E-Ebene. Links: horizontal polarisierter Dipol mit der dazugehörigen, waagerechten E-Ebene im Fernfeld. Rechts: vertikal polarisierter Dipol mit der senkrecht stehenden E-Ebene.

Bei einer horizontal polarisierten Antenne liegt die E-Ebene waagerecht, die H-Ebene senkrecht. Bei einer vertikal polarisierten Antenne liegt die E-Ebene senkrecht, die H-Ebene waagerecht.

E-Ebenen-Diagramm
(engl.: E-plane pattern)

(Siehe zunächst: E-Ebene). Das Richtdiagramm einer vorwiegend linear polarisierten Antenne in der durch die Hauptstrahlrichtung und den elektrischen Feldvektor gebildeten Ebene.

Eichleitung

Ein Dämpfungsglied (s. d.), das in 0,1/1,0/10 dB-Schritten schaltbar ist und zu Empfänger- und Antennenmessungen dient.

Eigenfrequenz

Da eine Antenne einen nicht-quasistationären Schwingkreis mit räumlich verteilter Induktivität und Kapazität darstellt, gerät sie in Schwingungen, wenn sie erregt wird. Die Eigenfrequenz entspricht der Resonanzfrequenz (s. d.).
Als nicht-quasistationärer Schwingkreis kann die Antenne je nach Stromverteilung in verschiedenen Eigenfrequenzen erregt werden. Die tiefste Frequenz heißt Grundfrequenz. Dies beim Dipol die $\lambda/2$-Resonanz, beim Monopol die $\lambda/4$-Resonanz. Die weiteren Resonanzfrequenzen entsprechen beim Dipol der 1λ, $1{,}5\lambda$, $2\lambda, \ldots$ usw. -Resonanz; beim Monopol der $3/4\lambda$, $5/4\lambda$, $7/4\lambda, \ldots$ usw. -Resonanz. Diese heißen harmonische Frequenzen. Bei der Wellenbetrachtung spricht man von Grund- und Oberwellen. Die Grundwelle wird auch als 1. Harmonische, die erste Oberwelle als 2. Harmonische bezeichnet.

Eigenimpedanz (engl.: self impedance)

Die Eingangsimpedanz eines strahlenden Elements einer Gruppenantenne im Freiraum oder in der Gruppe, wenn alle anderen Elemente entfernt worden sind. Beispiel: Bei einer 3-Element-Yagi-Uda-Antenne gibt es drei Elemente: Strahler, Direktor und Reflektor mit folgenden Eigenimpedanzen:
Strahler: $Z_s = R$ $\quad Z_s \approx 73\ \Omega$
Direktor: $Z_d = R - jX$ $\quad Z_d \approx 73\ \Omega - j10\ \Omega$
Reflektor: $Z_r = R + jX$ $\quad Z_r \approx 73\ \Omega + j10\ \Omega$
Sind alle Elemente an Ort und Stelle und betriebsbereit, so ergeben sich durch die starke Kopplung (s. d.) wesentlich niedrigere Impedanzen.

Einband-Antenne (engl.: monobander)

Eine Antenne, die für eine einzige Frequenz oder ein einziges Frequenzband ausgelegt ist, z. B. eine Yagi-Uda-Antenne, die nur für 14 MHz eingerichtet ist. Gegenüber der Mehrbandantenne (s. d.) können Gewinn oder Breitbandigkeit optimal realisiert werden. (Siehe auch: Allbandantenne).

Einbanddipol (engl.: monoband dipole)

Ein Halbwellendipol (s. d.), der nur für ein Frequenzband vorgesehen ist. Die Anpassung an die symmetrische Speiseleitung erfolgt z. B. durch eine Delta-Anpassung (s. d.). Auch Faltdipole (s. d.) können als Einbanddipole benutzt werden.

Einbauantenne (engl.: built-in antenna)

Eine in Rundfunk- und Fernsehempfänger eingebaute Antenne, die stärkere Sender ohne Außenantenne zu empfangen gestattet (Siehe: Ferritstabantenne).

Eindrahtspeisung
(engl.: one-wire feeding)

Die Speisung durch eine in Wanderwellen erregte Speiseleitung, bestehend aus einem einzigen Draht mit der Erde als Rückleitung. Das Speisesystem ruft in benachbarten Geräten Störeinstrahlung hervor und sollte deshalb vermieden werden. (Siehe: Windom-Antenne).

Eindringtiefe (engl.: skin depth)

Die Verteilung eines hochfrequenten Stromes in einem Leiter nimmt nach einem Exponentialgesetz ab. Die Eindringtiefe ist die Tiefe, bei welcher der Strom auf den e-ten Teil, also auf rd. 36 %, der Amplitude an der Oberfläche abgesunken ist.
Die Eindringtiefe ist:

$$\delta = 0{,}503 \sqrt{\frac{\varsigma}{f \cdot \mu_r}} \qquad [\text{mm}]$$

f = Frequenz in MHz; ς = spezifischer Widerstand in $\frac{\Omega \cdot mm^2}{m}$

μ_r = relative Permeabilität, meist ≈ 1, außer bei Eisen, Stahl.

$$\delta = \sqrt{\frac{0{,}5}{f \cdot \kappa \cdot \mu_r}} \qquad [\text{mm}]$$

κ = spezifischer Leitwert in $\frac{S \cdot m}{mm^2}$

Bei 3 δ ist die Amplitude auf rd. 5 %, bei 5 δ auf rd. 0,5 % abgesunken. Die endliche Eindringtiefe ist die Ursache des Skineffekts (s. d.).

Einfallswinkel (engl.: angle of incidence)

Der Einfallswinkel Θ wird zwischen der z-Achse und dem einfallenden Wellenstrahl gemessen. Der Einfallswinkel ist der Komplementwinkel zum Erhebungswinkel Δ.

$$\Theta + \Delta = 90°$$

Eingangsimpedanz einer Antenne
(engl.: input impedance of an antenna)

Die Eingangsimpedanz ist der komplexe Widerstand, den die Antenne an ihren Eingangsklemmen aufweist. Die Impedanz an den Klemmen setzt sich zusammen aus dem Wirkwiderstand und dem Blindwiderstand. $Z_a = R_a + jX_a$. Bei Resonanz (s. d.) ist der Blindwiderstand auf Null zurückgegangen, nur noch der ohmsche Anteil ist geblieben. Er setzt sich aus dem Strahlungswiderstand R_r (s. d.) und dem Verlustwiderstand R_e (s. d.) zusammen: $R_a = R_r + R_e$. Antennen, die kürzer als ihre Resonanzlänge sind, haben einen kapazitiven Blindwiderstand 1/ j w C. Antennen, die länger als ihre Resonanzlänge sind, haben einen induktiven Blindwiderstand j w L. Es ist die Aufgabe von Anpaßgliedern, die Eingangsimpedanz der Antenne an den Wellenwiderstand der Speiseleitung Z_n anzupassen, indem der Blindwiderstand kompensiert und der Wirkwiderstand transformiert wird.

Eingangsleistung (engl.: input power)

Die von einer Antenne an ihren Klemmen während des Sendens aufgenommene Wirkleistung.

$$P_{t0} \qquad [\text{W}]$$

Einheitsfeld

Eine Viererfeldantenne (s. d.) oder Achterfeldantenne (s. d.), die als Element einer größeren Gruppe dient und auch als Einheitsfeld eines Dipolrahmens (s. d.) gebraucht wird. Durch Einheitsfelder werden Montage und Speisung von Gruppenantennen sehr erleichtert.

Einschlitzstrahler (engl.: slot antenna)

Eine Schlitzantenne (s. d.) mit nur einem Schlitz.

Einspeisedrossel
(engl.: coiled up cable choke)

(Siehe: Kabeldrossel).

Einstrahlungsfestigkeit

(Siehe: Fernsehstörung).

EIRP
(engl.: equivalent isotropically radiated power)

(Siehe: Strahlungsleistung, äquivalente isotrope).

Elektrisch-magnetische Beam-Antenne

Eine auch EMBA genannte Kombination aus einer magnetischen Rahmenantenne (Siehe: AMA) und einer elektrischen, vertikalen Dipolantenne. Wie beim Peilrahmen (s. d.) mit vertikaler Hilfsantenne (s. d.) zur Seitenbestimmung entsteht beim Senden ein einseitiges Richtdiagramm in Kardioidenform.

Electrotator-Querstrahler
(engl.: electrotator bidirectional array)

Ein Querstrahler mit zweiseitiger Richtstrahlung aus 6 Halbwellendipolen. Während die zwei mittleren Dipole stets mit gleicher Phase gespeist werden, kann die Phase der äußeren 4 Dipole durch Umstekken der Speisung gegenläufig geändert werden, wodurch die Hauptstrahlkeule um $\pm 20°$ geschwenkt wird.
(Siehe auch: Keulenschwenkung).

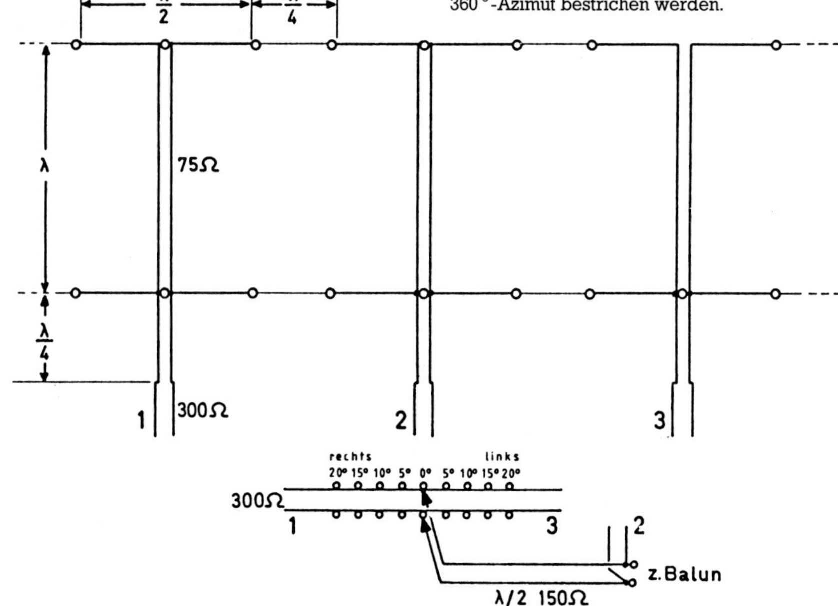

Electrotator-Querstrahler. Die eingetragenen Längen sind elektrische Längen, aus denen die geometrischen Längen durch Multiplikation mit dem Verkürzungsfaktor V berechnet werden.

75 Ω	V ≈ 0,68
150 Ω	V ≈ 0,76
300 Ω	V ≈ 0,82
Strahler	V ≈ 0,96

Die 300 Ω-Leitungen 1-1 2-2 3-3 sind exakt gleich lang. Die Phasenleitung zur Keulenschwenkung hat (von 20° bis 20°) $l = \lambda/2$ $Z_n = 300\ \Omega$.
Von 5° zu 5° sind Buchsen angebracht, in welche die Stecker der 150 Ω-Leitung gesteckt werden. Gezeigt ist die Mittelstellung der Hauptkeule, wo der Gewinn 10 dBd beträgt. In 20° Schielstellung geht der Gewinn um etwa 2 dB zurück.
Die unteren Strahler sollen λ/4 über Grund, besser jedoch λ/2 über Grund sein. Da diese Antenne keinen Reflektor hat und bidirektional strahlt, kann mit zwei im rechten Winkel aufgestellten Antennen der ganze 360°-Azimut bestrichen werden.

Elementardipol (engl.: elementary dipole)

(Siehe: Elementarstrahler, elektrischer).

Elementarstrahler, elektrischer
(engl.: infinitesimal electric current element, elementary electric dipole, Hertzian dipole)

Auch elektrischer Elementardipol oder elektrisches Stromelement genannt. Ein sinusförmig veränderliches, elektrisches Stromelement. Ein Dipol, dessen Länge L klein ist gegen die Wellenlänge mit einer konstanten Strombelegung, d. h. der Strom ist über die gesamte Länge konstant und ortsunabhängig. Der Elementarstrahler ist eigentlich ein theoretischer Strahler, kann aber durch einen kurzen Strahler mit Endkapazitäten annähernd realisiert werden. Er hat gegenüber dem Isotropstrahler (Kugelstrahler) (s. d.) bereits eine Richtwirkung. Die Hauptstrahlrichtung ist senkrecht zur Dipolachse. In der Dipolachse verschwindet die Strahlung, das Strahlungsdiagramm hat dort zwei Nullstellen. Früher als Bezugsstrahler für den Gewinn oft verwendet. Der Strahlungswiderstand ist $R_r = 790 \cdot \left(\frac{L}{\lambda}\right)^2$. Die Halbwertsbreite (3dB-Breite) ist 90 °, der Richtfaktor (isotroper Gewinn) ist $G_i = 1{,}5$ oder $g_i = 1{,}76$ dBi.

Elementarstrahler, magnetischer
(engl.: infinitesimal magnetic current element, elementary magnetic dipole)

Auch magnetischer Elementardipol oder magnetisches Stromelement genannt. Ein sinusförmig veränderliches, magnetisches Stromelement (elementarer Kreisstrom). Eine Stromschleife mit einer Fläche A, die klein ist gegen die Wellenlänge λ mit konstantem Strom. Eigentlich ein theoretischer Strahler, der aber durch eine kleine Rahmenantenne annähernd realisiert werden kann. Der magnetische Elementarstrahler hat gegenüber der Isotropantenne (Kugelstrahler) bereits eine Richtwirkung. Die Hauptstrahlrichtung liegt in der Rahmenebene, senkrecht dazu hat das Richtdiagramm zwei Nullstellen.
Der Strahlungswiderstand ist $R_r = 31170 \cdot \left(\frac{A}{\lambda^2}\right)^2$, die Halbwertsbreite (3dB-Breite) ist 90 °, der Richtfaktor (isotroper Gewinn) ist $G_i = 1{,}5$ oder $g_i = 1{,}76$ dBi.

Element, gespeistes
(engl.: driven element, fed element)

Bei einer Yagi-Uda-Antenne (s. d.) oder einer anderen Richtantenne (s. d.) das strahlende Element, das unmittelbar an die Speiseleitung angeschlossen ist, meist ein Halbwellendipol (s. d.) oder ein Schleifendipol (s. d.) von etwa einer Wellenlänge Umfang. Den Gegensatz zum gespeisten Element bildet das parasitär erregte Element (s. d.).

Element, parasitäres
(engl.: parasitic element)

(Siehe: Parasitärstrahler).

Elevation (engl.: elevation)

(Siehe: Erhebungswinkel).

Ellipsoidstrahler

Eine vertikale Breitbandantenne in Birnenform, die ein Frequenzband von etwa 1:4 bei niedrigem Stehwellenverhältnis abzustrahlen gestattet.

Ellipsoidstrahler. Die Höhe der Birne ist etwa λ/4 für die niedrigste Frequenz. Von der Gestaltung des koaxialen Überganges zum Kabel ist das Stehwellenverhältnis weitgehend abhängig.

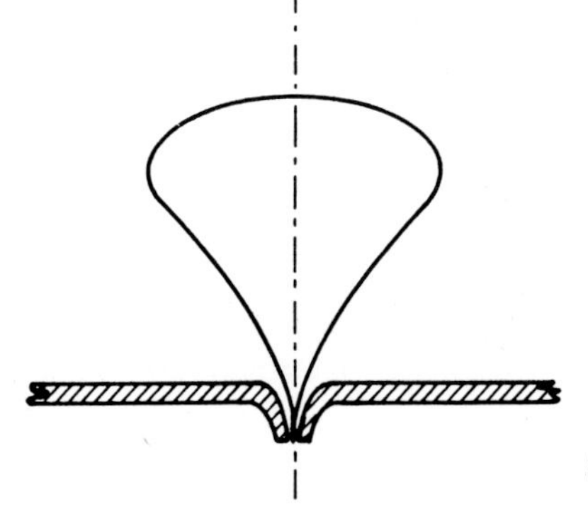

Elliptizität (engl.: axial ratio)

Das Verhältnis der großen Achse zur kleinen Achse der Polarisationsellipse einer Welle. (Siehe: Polarisation).

EMI-Schleife

Nach der britischen Firma EMI (**E**lectric and **M**usical **I**ndustries Ltd.) benannte Symmetrierschleife, die aus einer λ/4 langen, an beiden Enden kurzgeschlossenen Koaxialleitung besteht. Es kann auch Rohr- oder Rundmaterial verwendet werden, der Durchmesser soll aber dem koaxialen Speisekabel entsprechen. Das obere Ende ist mit dem vom Koaxialkabelinnenleiter gespeisten Dipolast verbunden. Das untere Ende liegt am Außenleiter des Koaxialkabels. Es gibt EMI-Schleifen mit Transformation der Impedanzen: Pawsey-Symmetrierglied (s. d.) und aus Koaxialleitern aufgewickelte EMI-Schleifen, die bis in den LW-Bereich verwendet werden.
(W. S. Percival, E.L.C. White – 1934 – Brit. Patent)

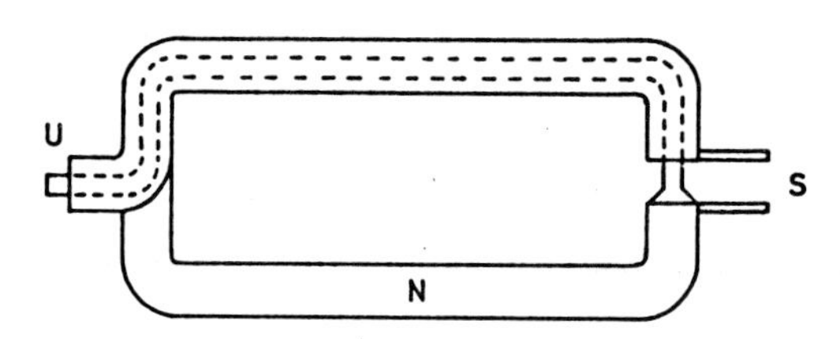

EMI-Schleife. Die Koaxialleitung der Impedanz Z (z. B. 50 Ω) speist das unsymmetrische Ende U. Durch die Nachbildung N erfolgt die Symmetrierung. Am symmetrischen Ende liegt dieselbe Impedanz Z, nun erdsymmetrisch.

Empfang, gerichteter
(engl.: directional receiving)

Mit Hilfe von Richtantennen werden nur die Wellen aus der gewünschten Richtung aufgenommen. Dadurch verbessert sich das Nutzsignal/Stör-Verhältnis erheblich.

Empfangsantenne
(engl.: receiving antenna)

Eine Antenne für den Empfang. Fast immer wird die Sendeantenne zum Empfang verwendet. Wenn nicht ein Empfänger mit hervorragendem Großsignalverhalten verwendet wird, kann der Empfängereingang durch Antennen hohen Gewinnes überlastet werden. Kleinere Antennen, z. B. Kurzdipole sind dann besser. Als Empfangsrichtantenne dient bei tiefen Frequenzen die Beverage-Antenne (s. d.). Ausschließlich für den Empfang bestimmt sind die aktiven Antennen (s. d.).

Empfangsantenne. Die HF-Antenne HA 230 empfängt über die elektrisch getrennten und entkoppelten Strahler vertikal und horizontal polarisiert.
Sie kann für Polarisationsdiversity-Empfang eingesetzt werden.
(Werkbild Rohde & Schwarz)

Empfangsantenne, adaptive
(engl.: adaptive antenna system)

Ein Antennensystem, dessen einzelne Antennen und die dazugehörigen Abstimmelemente und die Leitungssysteme für sich oder gemeinsam von dem empfangenen

Signal gesteuert werden können. Ein erwünschtes Signal kann sich so den Empfang optimieren, andererseits ein Störsignal selbst ausblenden, um Nutzsignalen den Empfang freizugeben.

Empfangsleistung (engl.: received power)

Die von einer Antenne an einen Empfängereingang abgegebene Wirkleistung.

P_r [W]

Empfangsleistung, theoretische
(engl.: theoretical received power)

Die von einer Antenne aus dem Strahlungsfeld aufgenommene Wirkleistung bei Leistungsanpassung des Empfängereingangs. Die theoretische Empfangsleistung hat ihr Maximum, wenn die Antenne optimal orientiert und polarisationsangepaßt ist.

P_{r0} [W]

Endbelastung

Soviel wie Endkapazität (s. d.).

Endeffekt
(engl.: shortening by end capacity, end effect)

Jede Antenne hat an ihren Enden eine unvermeidliche Endkapazität durch die Stoßstelle zwischen Leiter und freiem Raum. Die Kapazität wird durch Isolatoren und mechanische Halterungen noch erhöht. Deswegen muß jede Antenne kürzer sein, als es der Freiraumwellenlänge entspricht, um in Resonanz zu schwingen. Die Verkürzung beträgt etwa 5% für jedes außenliegende λ/2-Stück bei KW und steigt bei Frequenzen über 30 MHz auf rund 8% an. Die Länge einer Linearantenne aus dünnem Draht berechnet sich mit:

$$l = \frac{150}{f} \cdot (n - 0{,}05) \quad [\text{m}]$$

f = Frequenz in MHz, n = Zahl der Halbwellen auf dem Leiter

Beispiel: Wie lang ist eine Drahtantenne mit 3 Halbwellen auf dem Leiter? Frequenz = 14,250 MHz.

$$l = \frac{150}{14{,}25} \cdot (3 - 0{,}05) = 31{,}05 \text{ m.}$$

Die Resonanzfrequenz eines Leiters mit gegebener Länge berechnet sich mit:

$$f_{res} = \frac{150 \cdot (n - 0{,}05)}{l} [\text{MHz}]$$

f_{res} = Resonanzfrequenz in MHz, n = Zahl der Halbwellen
l = Länge in Meter.

Beispiel: Auf welcher Resonanzfrequenz schwingt ein dünner Draht mit 41,5 m Länge, wenn auf ihm zwei Halbwellen stehen?

$$f_{res} = \frac{150 \cdot (2 - 0{,}05)}{41{,}5} = 7{,}048 \text{ MHz}$$

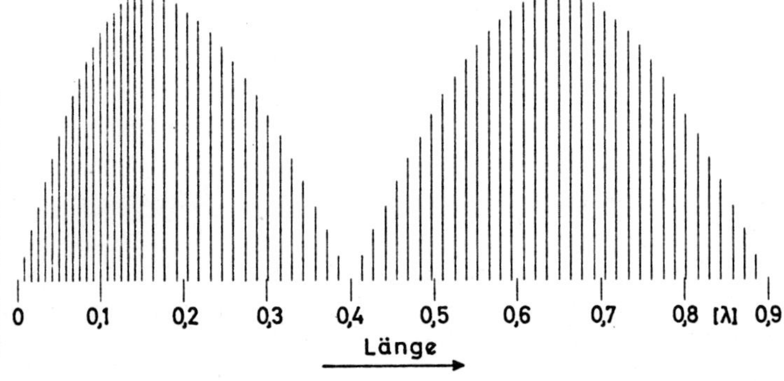

Endeffekt. Um den Endeffekt zu zeigen, ist die linke Viertelwelle der Sinus-Stromverteilung auf 60% der Freiraumwellenlänge λ verkürzt. Statt 0,25 λ nimmt sie nun nur noch 0,15 λ ein. In Wirklichkeit ist die Freiraumwellenlänge in der außenliegenden Viertelwelle durch den Endeffekt nur auf 97,5% verkürzt, der Vorgang ist kontinuierlich und setzt nicht abrupt ein.

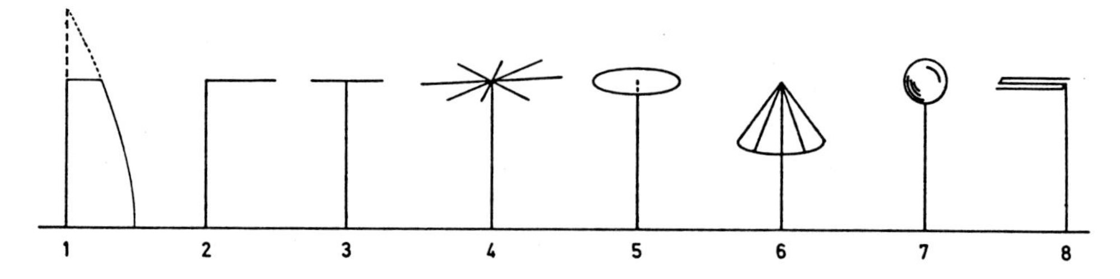

Endkapazität.
1: Der von der Endkapazität übernommene Antennenteil und der darauf fließende Strom sind gestrichelt dargestellt.
2: L-Antenne 3: T-Antenne
4: Endkapazität aus 8 strahlenförmig verteilten Horizontaldrähten.
5: Endscheibe
6: Schirmantenne mit Außendraht
7: Kugel als Endkapazität
8: gefalteter Draht als strahlungsarme Endkapazität (nach Hille).
Die gleichen Endkapazitäten können auch an horizontalen Antennen angebracht werden.

Endkapazität
(engl.: end capacitance, top-loading capacitance)

Ein ausgedehntes Leitergebilde am Ende einer Antenne. Sie wird vom Antennenstrom durchflossen und ändert dadurch die Stromverteilung auf der Antenne. Die Endkapazität kann aus einem Draht (L- und T-Antenne, s. d.), mehreren Drähten (Schirmantenne, s. d.), einer Reuse, gefalteten Drahtgebilden, aber auch aus Scheiben, Kugeln, Kegeln und ähnlichen Leitergebilden bestehen. Die mit der Betriebsfrequenz gegen Erde gemessene Endkapazität ist stets größer als die mit Gleich- oder Netzwechselspannung gemessene „statische Kapazität". Eine Endkapazität erhöht meist den Wirkungsgrad der Antenne und verändert stets die Impedanz an den Speiseklemmen sowie die Richtcharakteristik der Antenne. Durch die Endkapazität wird das L/C-Verhältnis der Antenne verkleinert und damit ihre Bandbreite (s. d.) vergrößert. Eine Weiterentwicklung ist die strahlungsarme Endkapazität zur Verlagerung des Strombauches vertikaler Strahler nach oben, wodurch die Flachstrahlung verbessert wird. (Siehe: T-Antenne, optimierte). Man kann auch andere Antennen an der Mastspitze, die für höhere Frequenzen vorgesehen sind, wie z. B. eine Yagi-Uda-Antenne als Endkapazität des selbststrahlenden Mastes (s. d.) für niedrigere Frequenzen verwenden.

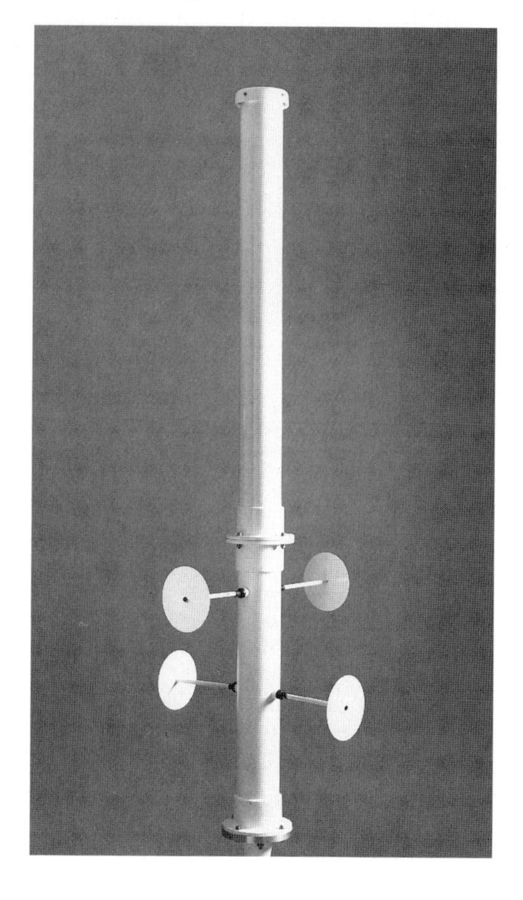

Endkapazität. Die Metallscheiben an den Horizontaldipolen der Aktivantenne HE 115 gestatten es, die Dipole beträchtlich zu verkürzen. f = 20 bis 200 MHz.
(Werkbild Rohde & Schwarz)

Endspeisung (engl.: end fed)

In eine endgespeiste Antenne wird die Energie in das Ende eingespeist. Im Gegensatz dazu stehen die Mittenspeisung (zentrale Speisung) und die zwischen Endspeisung und Mittenspeisung liegende außermittige Speisung. Antennen mit Endspeisung: Zeppelinantenne (s. d.), J-Antenne (s. d.).

Energieleitung (engl.: feed line)

(Siehe: Leitung).

Entdämpfung

Eine elektronische Maßnahme zur Kompensation von Verlusten, besonders in Schwingkreisen. Die Entdämpfung erfolgt durch Mitkopplung (= Rückkopplung), deren Stabilität man durch Gegenkopplung erhöhen kann. In der Technik der Empfangsantennen lassen sich durch Entdämpfung schwache Signale anheben und sogar Richtdiagramme synthetisch erzeugen.

Entkopplungs-Stub

Eine am Ende kurzgeschlossene λ/4-Leitung hat an ihrem offenen Ende eine sehr hohe Impedanz, so daß sie wie ein resonanter Parallelkreis oder wie ein Isolator wirkt. Man kann damit eine Leitung isolieren: metallischer Isolator, oder eine Linearantenne für bestimmte Frequenzen begrenzen. Soll z. B. eine Vertikalantenne auf zwei Frequenzbändern mit annähernd der gleichen Fußpunktimpedanz arbeiten, so wird sie mit einem Entkopplungs-Stub begrenzt. Anwendung als Mantelwellensperre.

Enttrübung

Bei der Peilung mit Hilfe der Nullstelle im Kardioiden-Diagramm (s. d.) oder im Achter-Diagramm (s. d.) sind die scharfen Nullstellen durch den Antenneneffekt (s. d.) und andere Einflüsse fast immer etwas aufgefüllt und zu Minima geworden. Dies nennt man die Trübung der Minima. Die Enttrübung erfolgt durch die phasenrichtige Dosierung der Gegenspannung, die ein Vertikalstab abgibt.

Erdantenne (engl.: ground antenna)

Eine Antenne in Erdnähe, aber auch der deutsche Ausdruck für Beverage-Antennen (s. d.) und historische MW- und LW-Empfangsantennen, die im Erdboden vergraben waren. Da diese Wellen in den Erdboden eindringen, war mit langen Erdantennen ein Empfang möglich.

Erddraht, Erdleitung (engl.: groundwire)

In die Erde führende Leitung mit der Aufgabe, Ströme einem Erder zuzuführen. Soll die Erdleitung dem Blitzschutz (s. d.) dienen, so ist sie nach DIN 48801/1.77 auszuführen.

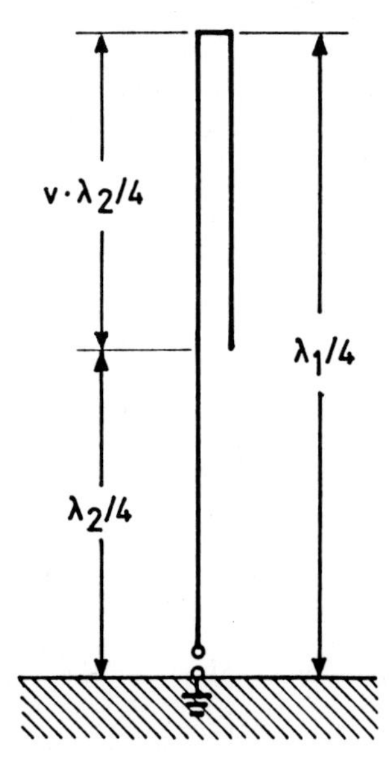

▶ *Entkopplungs-Stub.* **Vertikalantenne für die Betriebsfrequenzen λ_1 und λ_2. Damit die höhere Frequenz λ_2 von einem λ4-Monopol abgestrahlt wird, wird die überschüssige Länge von der Viertelwellenleitung gesperrt. Ihre Länge ist: $l = V \cdot \lambda_2/4$, wobei V der Verkürzungsfaktor der Leitung in Luft (V ≈ 0,97) ist.**

Für die Erdung von hochfrequenten Strömen, besonders im Bereich der Feldlinien einer Antenne sind Erddrähte und Erdbänder wesentlich besser geeignet als Erdstäbe (s. d.). Der Ausbreitungswiderstand von Band oder Draht für Gleichstrom beträgt in Ohm:

Bodenart	Leitfähigkeit S/m	Band- oder Drahtlänge 25 m	50 m	100 m
Ackerboden	0,01	8,4	4,2	2,1
Sandboden, feucht	0,002	42	21	10,5
Sandboden, trocken	0,001	84	42	21

Dabei spielt der Durchmesser des Drahtes oder die Breite des Bandes nur eine sehr untergeordnete Rolle, sofern nur die mechanische Festigkeit gewährleistet ist. Der Widerstand von Draht- oder Banderdern für hochfrequente Ströme ist ein Vielfaches der hier angegebenen Gleichstromwiderstände, so daß man unter Antennen ganze Erdsysteme verwenden muß. (Siehe auch: Gegengewicht). Für den Blitzschutz sind Erdbänder und -drähte in frostfreier Bodentiefe einzugraben (> 75 cm), da Frost den Ausbreitungswiderstand stark heraufsetzt. Für die HF-Erdungen unter Antennen sind die Erdleiter so flach wie möglich zu verlegen, in Äckern auf Ackertiefe (≈ 50 cm), in Gärten auf Spatentiefe (≈ 30 cm), sonst nicht tiefer als 5 cm.

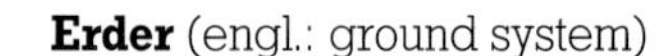

Erder (engl.: ground system)

Elektrische Leiter in verschiedenen Formen zur Erdung von Antennen. Es ist zu unterscheiden zwischen Erdern, die der Leitung von hochfrequenten Strömen dienen und Blitzschutzerdern.

Blitzschutzerder: In die Erde eingetriebene einteilige und mehrteilige Staberder, meist aus verzinktem Stahl, aber auch Erdplatten, die wegen des nachsinkenden Bodens senkrecht stehend eingegraben werden müssen.

Hochfrequenzerder: Stab- und Plattenerder haben im allgemeinen durch ihre Induktivität hohe Erdwiderstände. Beste Lösung ist ein Radialnetz aus zahlreichen (bis zu 500 bereits ausgeführt!) Erdungsdrähten von mindestens einer Viertelwellenlänge dicht unter der Erdoberfläche. Bei Mittelwellen auch Zylindererder aus in die Erde getriebenen Stahl-Spundwänden, bei Langwellen auch aufwendige Erdsysteme aus Draht-Krallenerdern, die nichts anderes sind als kleinere Radialerder, von denen aber zahlreiche zum System verbunden sind. Bei VLF-Erdern werden die Blindwiderstände des Erdsystems durch entgegengesetzte Blindwiderstände kompensiert.

Behelfserder: Diese haben für Antennensysteme nur beschränkte Wirksamkeit. 1. Blitzschutzerder. 2. Metall-Rohrnetze, soweit sie nicht mit isolierenden Zwischenstücken (Wasserzähler!) aufgebaut worden sind, aber keine Gasrohrnetze. Stahlskelette und Betonarmierungen von Hochbauten sind häufig recht gute Erder.

Erder für Hochfrequenz.
1: Radialnetz mit aufstehender Vertikalantenne. Die 8 Radialdrähte sollen mindestens λ/4 lang sein.
2: Zylindererder. Die kreisförmige Spundwand ist mit einem Blechdeckel in Geländehöhe abgeschlossen. Inmitten des Deckels steht die Vertikalantenne. Der Zylindererder wird meist durch ein Radialnetz ergänzt.
3: Krallenerder für VLF. Links eines der 9 Radialsysteme, das etwa 70 m Durchmesser hat. Bevor die zusammengefaßten Erdleitungen zum Antennenfußpunkt führen, werden sie mit dem Blindwiderstand B auf Resonanz abgestimmt.

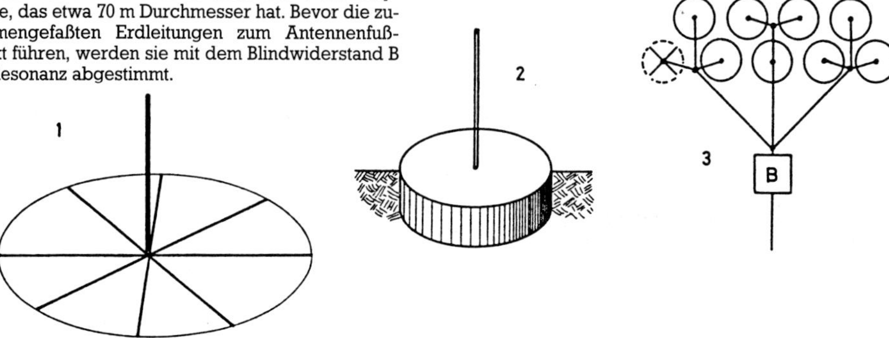

Erdnetz (engl.: ground system)

Ein System von Leitern, das für die Antenne eine wirksame Hochfrequenzerdung bildet und meist an einem Punkt mit der Blitzerdung leitend verbunden wird. (Siehe: Erder, Gegengewicht).

Erdstab (engl.: ground rod)

Als Erdstab wird ein Stab aus verzinktem Eisen, Aluminium oder Kupfer in die Erde eingetrieben. Er soll als Erdanschluß dienen, ist aber aus physikalischen Gegebenheiten nur eine primitive Erdung mit hohem Ausbreitungswiderstand. Ein Rohr, unabhängig vom Durchmesser, vollständig senkrecht in die Erde getrieben, hat für Gleichstrom folgende Ausbreitungswiderstände in Ohm:

Bodenart	Leitfähigkeit S/m	Rohrlänge 1m	2m	3m	4m
Ackerboden	0,01	90m	45m	30m	22m
Sandboden, feucht	0,002	450m	225m	150m	110m
Sandboden, trocken	0,001	900m	450m	300m	220m

Da der hochfrequente Widerstand stets ein Mehrfaches des Gleichstromwiderstandes beträgt, können Erdstäbe nur als Teile eines Blitzschutzerders verwendet werden. (Siehe auch: Erddraht, Gegengewicht)

Erdstrom (engl.: ground current)

Erdströme sind Leitungsströme, die durch die Erde zum Fußpunkt einer Vertikalantenne zurückkehren. Der gesamte Erdstrom fließt durch einen gedachten Zylinder, dessen Mittelpunkt der Antennenfußpunkt ist, und wird als Zonenstrom bezeichnet. Er ist abhängig von der Antennenhöhe h und dem Strom I_b im Strombauch der Antenne.
Liegt unter der Antenne ein Radialnetz, so ist der Strom in einem Radialdraht in Näherung: $I_e = I_{zone}$: Zahl der Radials. Erdströme fließen auch unter Horizontalantennen. Sie richten sich nach den Reflexionsgesetzen.

erdsymmetrisch
(engl.: symmetrical in respect to ground)

Soviel wie zur Erdoberfläche symmetrisch angeordnet, also mit gleicher Kapazität beider Leiter zur Erde. Eine horizontal liegende Zweidrahtleitung ist erdsymmetrisch, auch ein horizontaler Halbwellendipol (s. d.). Die Nähe eines Gebäudes oder dergl. zu einem Ast des Dipols kann die Erdsymmetrie bereits empfindlich stören.

Erdungsquerschnitt
(engl.: square area of a ground wire)

Der Querschnitt der Erdungsleitung in mm^2. (Siehe: Blitzschutz).

Erdungstiefe, tatsächliche
(engl.: actual ground)

In geschichtetem Boden die Tiefe in der an einer gut leitenden Erdschicht eine eindringende Welle reflektiert wird, z. B. eine Grundwasserschicht unter Geröll und Kies. Diese Tiefe hängt vom geologischen Bodenaufbau, von den Bodenleitwerten, von den Dielektrizitätskonstanten des Bodens und der Frequenz ab. Die Höhe der Antenne über Grund ist in solchen Fällen größer als über sichtbarer Erdoberfläche. Beim Durchdringen gering leitender Bodenschichten wird die Welle fast immer erheblich gedämpft.

Erdungswiderstand
(engl.: ground resistance)

Bei der Speisung einer erdunsymmetrischen Antenne liegt der Erdungswiderstand in Reihe zum Strahlungswiderstand. Dazu kommt noch der Verlustwiderstand des Antennenleiters. Während die Energie am Strahlungswiderstand völlig in Strahlung umgesetzt wird, geht die Energie im Erdungswiderstand und im Verlustwiderstand des Antennenleiters in Form von Wärme verloren.
Der Wirkungsgrad (s. d.) einer gegen Erde erregten Antenne hängt weitgehend vom

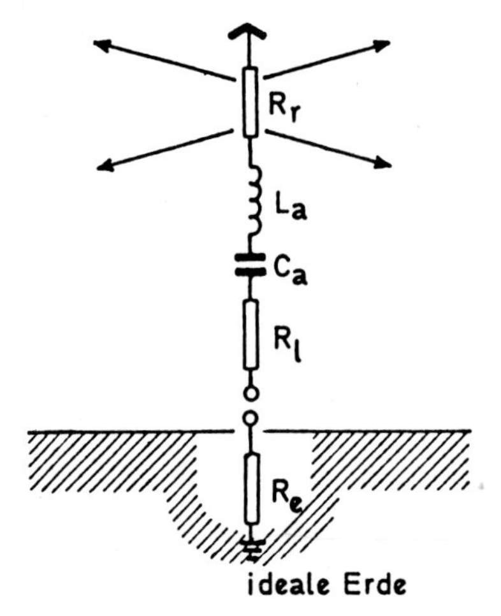

Erdungswiderstand. Ersatzschaltbild einer vertikalen Monopolantenne, etwa $\lambda/4$ hoch. An den Speiseklemmen liegen in Reihenschaltung: Der Erdwiderstand R_e, der Verlustwiderstand der Antenne R_l, die Antenne als Serienschwingkreis $L_a + C_a$ und der Strahlungswiderstand R_r. Antenne und ideale Erde bilden einen Kurzschluß, damit ein maximaler Strom fließen kann. Vom Strom werden $R_e + R_l + R_r$ durchflossen. Nutzbare Strahlungsleistung entsteht nur in R_r, dagegen in $R_e + R_l$ lediglich Verlustleistung.

Erdungswiderstand ab. Daher muß der Erdungswiderstand möglichst klein sein (bis zu 1 Ω herab bei HF), damit die Antennenerdung ihren Zweck erfüllt.

erdunsymmetrisch
(engl.: asymmetrical in respect to ground)

Dies bedeutet, zur Erdoberfläche oder zu einem Gegenstand mit Erdpotential nicht symmetrisch angeordnet, wobei ein Leiter eines Zweileitersystems meist direkt geerdet ist. Beispiele: Koaxialkabel und Hohlleiter sind erdunsymmetrisch wie auch der Monopol (s. d.).
(Siehe auch: erdsymmetrisch).

Erhebungswinkel (engl.: elevation angle)

Er wird auch Elevationswinkel oder kurz Elevation genannt. Der Vertikalwinkel Δ, unter dem das Hauptmaximum (s. d.) die Sendeantenne verläßt, bzw. die Empfangsantenne erreicht, also der Komplementwinkel des Neigungswinkels Θ.
Für Weitverkehrsverbindungen mit Gegenstelle in 10000 km Entfernung gilt fol-

Abhängigkeit zwischen der Reichweite einer Ein-Sprung-Verbindung vom Erhebungswinkel bei verschiedenen Reflexionshöhen. Normalerweise ist die F-Schicht 130 bis 500 km hoch.

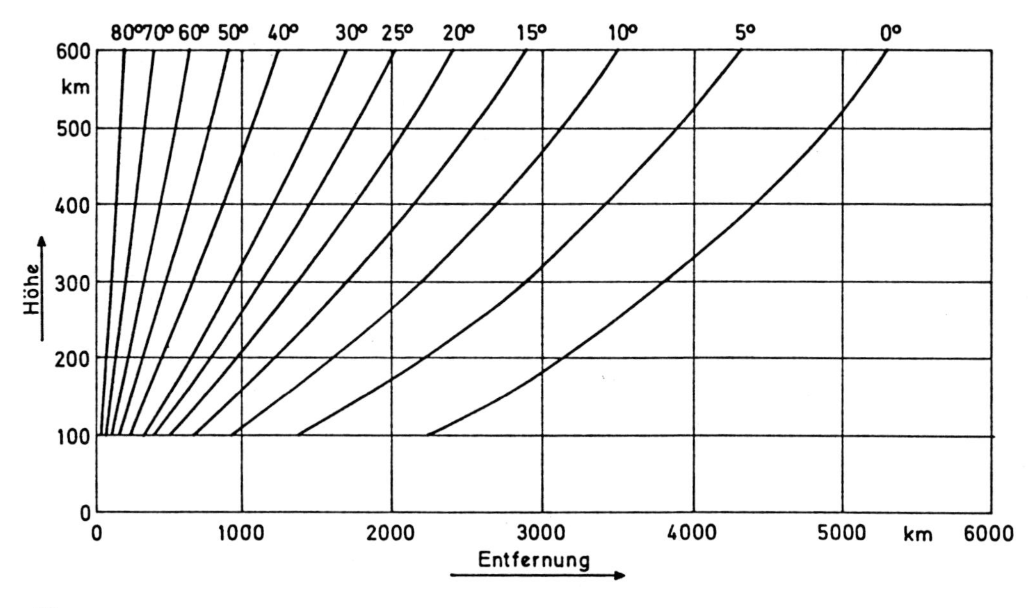

gende Statistik der günstigsten Erhebungswinkel.

	Häufigkeit d. Auftretens in Prozent:				
	10%	25%	50%	25%	10%
Freq.	Signalabfall in Dezibel mindestens:				
	−3dB	−1dB	±0dB	−1dB	−3dB
3,5 MHz	36°	38°	40°	42°	44°
7 MHz	17°	24°	32°	40°	45°
10 MHz	9°	13°	20°	30°	37°
14 MHz	5°	8°	13°	18°	27°
21 MHz	3°	5°	8°	12°	17°
28 MHz	2°	4°	7°	10°	13°

Bei den flacheren Erhebungswinkeln, die unter denen des 50%-Wertes liegen, sinkt zwar die Signalstärke, steigt aber gleichzeitig das Signal/Stör-Verhältnis an, so daß damit die Sicherheit des Verkehrs steigt. Der Erhebungswinkel kann technisch kaum unter 5° gedrückt werden! (Siehe auch: Absenkungswinkel).

ERP (engl.: effective radiated power)

(Siehe: Strahlungsleistung, äquivalente).

Erregerwirkungsgrad

Bei Reflektorantennen der Wirkungsgrad des Erregers (meist ein Hornstrahler, s. d.). Das Produkt aus Erregerwirkungsgrad η_E und Ausleuchtungswirkungsgrad η_A (s. d.) ergibt die Flächenausnutzung = den Flächennutzungsgrad η_F:

$$\eta_F = \eta_E \cdot \eta_A \qquad [\%]$$

Erregung (engl.: excitation)

Ein Halbwellendipol und damit fast jede aus Dipolen bestehende Antenne kann auf folgende Weisen erregt werden:

1. Durch Strom im Strombauch (s. d.) wobei die Klemmen zur Speisung in der Mitte des Halbwellendipols liegen. Die Impedanz ist dort niederohmig, etwa 73 Ohm.
2. Durch Spannung am Ende des Dipols. Dort kann nur eine Klemme des Strahlers gespeist werden, so daß ein Gegenpol (Erde, Groundplane, zweiter Dipol) notwendig wird. Die Impedanz am Antennenende ist hochohmig, etwa 3000 Ohm.
3. Erregung ist aber auch an beliebigen Stellen zwischen Mitte und Ende des Dipols an zwei Klemmen möglich. Die Impedanz liegt je nach Erregungsstelle zwischen 73 und 3000 Ohm.
4. Erregung ist auch induktiv durch eine über den Dipol geschobene Toroid-Spule möglich.
5. Auch durch kapazitive Übertragung der Energie, vorwiegend an den hochohmigen Enden des Dipols kann dieser erregt werden.
6. Erregung einer Gruppenantenne: Damit bezeichnet man den Strom und die Spannung nach Amplitude und Phase, womit jedes Einzelelement gespeist wird.

Alle Erregungsarten beruhen streng genommen auf gemischter Erregung durch Strom **und** Spannung.

Erregung, harmonische einer Linearantenne

(engl.: harmonic excitation of a linear antenna).

Eine Linearantenne der Länge l wird in ihrer Grundschwingung erregt, wenn sie als Halbwellendipol schwingt: $l = \lambda/2$.
Bei der doppelten Frequenz wird die Wellenlänge des erregenden Stromes halb so lang. So passen zwei Halbwellen auf die Länge der Linearantenne: $l = \lambda$. Setzt man diese Reihe fort, so erhält man die harmonischen Frequenzen bzw. Wellenlängen, bei denen die Antenne in Resonanz ist.

f_{MHz}	λ_m	n = Zahl d. Halbwellen
1	300/1 = 300 m	1
2	300/2 = 150 m	2
3	300/3 = 100 m	3
4	300/4 = 75 m	4
5	300/5 = 60 m	5
usw.	usw.	usw.

Die Frequenzen sind ein ganzzahliges Vielfaches der Grundfrequenz. Durch den Endeffekt (s. d.) verschieben sich die harmonischen Resonanzfrequenzen mit höherer Frequenz zunehmend leicht nach oben.

Ersatzschaltung (engl.: equivalent circuit)

Die Ersatzschaltung stellt komplizierte Schaltungen vereinfacht und übersichtlich dar, wobei Wirkungsweise und Ergebnisse mit der Wirklichkeit in Theorie und Experiment übereinstimmen müssen.
Antennen werden meist als Serien-Ersatzschaltung dargestellt: die Serienschaltung eines Widerstands (Strahlungswiderstand), einer Induktivität und einer Kapazität.

E-Welle (engl.: TM wave)

Eine TM-Welle, die transversal-magnetisch schwingt. Dieser Wellentyp in Hohlleitern hat axiale, elektrische Feldstärke E, die magnetische Feldkomponente steht senkrecht zur Ausbreitungsrichtung. (Siehe: Hohlleiter).

Exponentialantenne

Eine vertikale Breitbandreuse, deren Form einem exponentialen Drehkörper gleichkommt.

Exponentialleitung
(engl.: exponential transmission line)

Eine Speiseleitung mit exponentiell ortsabhängigem Wellenwiderstand. Die Leitung ändert dabei stetig ihren Querschnitt (koaxial) oder ihren Abstand (symmetrisch). Der Wellenwiderstand ändert sich damit längs der Leitung und ermöglicht so eine Widerstandstransformation innerhalb eines gewissen Frequenzbereichs. Man spricht von einer frequenzunabhängigen Transformation. Durch eine Kompensation der Blindkomponenten des Wellenwiderstandes an den Leitungsenden mittels Hochpaßgliedern läßt sich die Transformationseigenschaft der Leitung verbessern und die erforderliche Leitungslänge wesentlich reduzieren.
(H. O. Roosenstein – 1928 – Dt. Patent)
Annäherung: Breitbandtransformation durch gestufte Anordnung von Leitungsstücken.

Exponentialleitung. Eine für 7 MHz ausgeführte Transformationsleitung von Z = 200 Ω bis Z = 600 Ω aus 1,65 mm Ø Draht. Die Abstände 4,4 mm usw. gelten für Drahtmitte zu Drahtmitte. Je länger die Gesamtlänge, umso niedriger wird das Stehwellenverhältnis auf der Leitung. Die angeführten Längen gelten für 7 MHz. Wird diese Exponentialleitung auf Frequenzen < 7 MHz betrieben, steigt das VSWR, bei f > 7 MHz nimmt das VSWR ab.

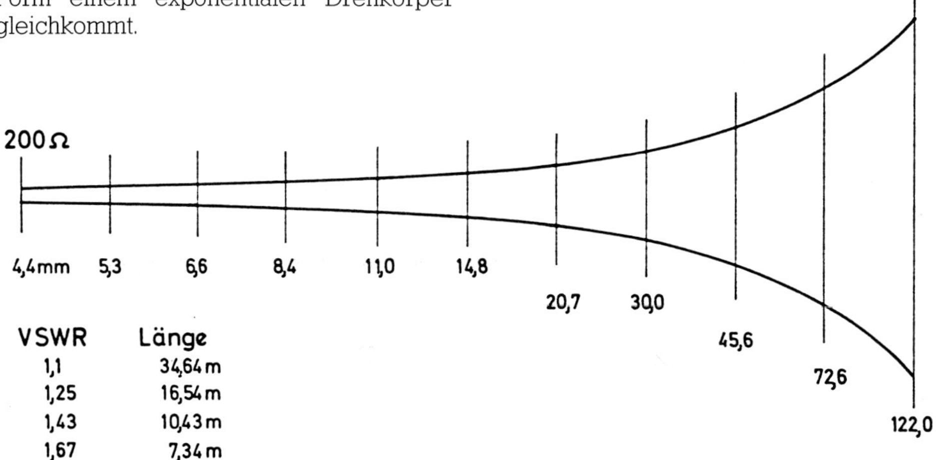

F

Fächerdipol (engl.: fan dipole)

Ein Dipol, der seine elektrische Dicke durch die Spreizung mehrerer geradliniger Leiter in Ebene und Raum erreicht. Ein Fächerdipol mit drei Schenkeln von je 1,22 m (0,82 λ) und insgesamt 33° vertikalem Spreizwinkel mit 144,5° horizontalem Spreizwinkel hat auf 202 MHz ein Gewinnoptimum von 5,2 dBd.

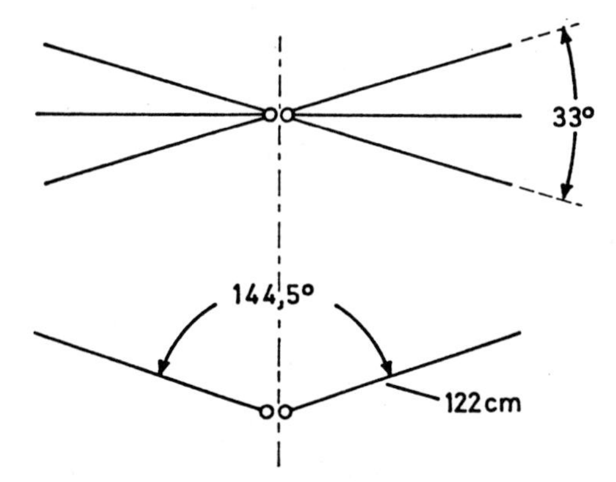

Fächerdipol. Abmessungen für 202 MHz. Der Fächerdipol strahlt nach vorn in der Winkelhalbierenden des V.

Fahrzeugantenne
(engl.: vehicle mounted antenna)

Zum beweglichen Landfunk von Fahrzeugen aus werden überwiegend Peitschenantennen (s. d.) verwendet. Dies sind λ/4-Antennen aus Stahldraht oder Glasfaserstäben mit Innenleiter, die am Fahrzeug angebracht sind, oder auch Teleskopantennen (s. d.). Je nach dem Ort der Anbringung ergibt sich ein etwas unterschiedliches Richtdiagramm der eigentlich rundstrahlenden Vertikalantenne.

Faltdipol (engl.: folded dipole)

(Siehe: Dipol, Faltdipol).

Faltgroundplane-Antenne
(engl.: folded ground plane)

(Siehe auch: Groundplaneantenne).
Eine erdunsymmetrische Vertikalantenne, λ/4 hoch aus einem Leiter haarnadelartig gefaltet. Ein Ende des Leiters liegt am speisenden Koaxialkabel, das andere am Gegengewicht, das die Form einer Groundplane hat. Durch verschiedene Durchmesser der Antennenleiter kann der Speisewiderstand in weiten Grenzen verändert werden, so daß diese Antenne leicht angepaßt werden kann und sich durch Breitbandigkeit auszeichnet.

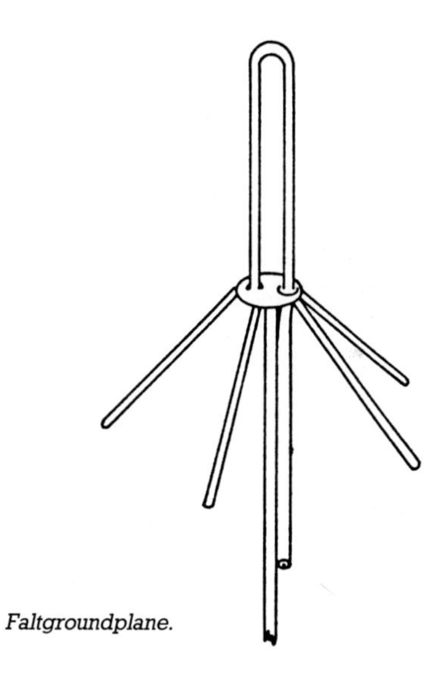

Faltgroundplane.

Faltmonopol
(engl.: folded monopole antenna)

Monopolantenne aus zwei oder mehreren gefalteten Leitern, eigentlich die Hälfte eines Faltdipols (s. d.). Der eine Leiter ist gespeist, der andere unmittelbar an eine elektrisch spiegelnde Fläche (Erde, Groundplane, Gegengewicht) angeschlossen. Gegenüber dem einfachen Monopol ergeben sich folgende Vorteile: Die Impedanz am Speisepunkt ist etwa dem Quadrat der Leiteranzahl proportional und damit

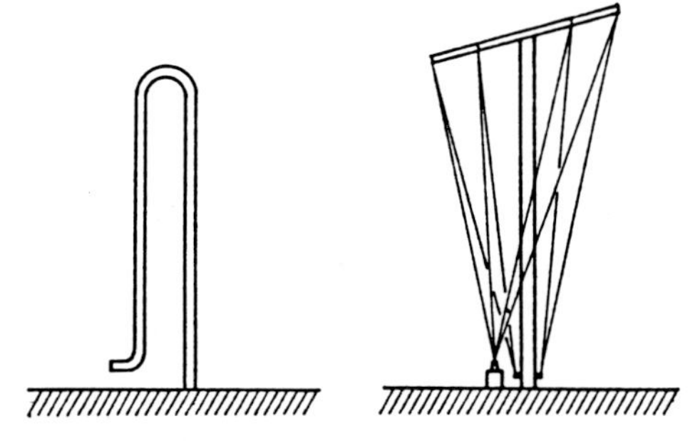

Faltmonopol. Links: Aus Rohr gefertigter Monopol über Grundplatte aus Metall. Die Höhe ist $\lambda/4$.
Rechts: „Fetter" Faltdipol als Drahtreuse an Mast mit Querbalken, die beide aus Holz oder Metall sein können. Die Aufweitung am oberen Ende liegt gerade dort, wo die Impedanz des Monopols am höchsten ist, setzt sie herab und bewirkt dadurch gute Breitbandigkeit.
Ist die Masthöhe auf $\lambda/4$ bei 3,5 MHz bemessen (ca. 20 m), so ist der Faltmonopol bis zu 10,5 MHz brauchbar (f_a/f_e = 1:3). Speisung über das links sichtbare Anpaßglied, Impedanz dort etwa 100 Ohm.

höher als beim einfachen Monopol. Der Faltmonopol ist breitbandig, durch konstruktiv „dicke" Ausführung kann seine Bandbreite noch erweitert werden. Er wird auch als Faltunipol bezeichnet.

Faltunipol-Antenne
(engl.: folded monopole antenna)

(Siehe: Faltmonopol).

FD-3-Antenne

Eine 21 m lange Windom-Antenne für 7/14/28 MHz, die sonst der FD-4-Antenne gleicht. (Siehe: FD-4-Antenne).

FD-4-Antenne

Von Kurt Fritzel, DJ2XH, entwickelte Mehrband-Windom-Antenne (FD = Fritzel Dipol) mit 1:6 Balun und 50 Ohm Koaxialkabel-Speisung. Die auf 3,5 MHz halbwellenlange 41,5 m-Antenne wird 13,8 m vom Ende gespeist. Betrieb ist auf 3,5/7/14/18/24/28 MHz möglich, aber auf 10 und 21 MHz nur eingeschränkt wegen des hohen Stehwellenverhältnisses auf dem Speisekabel. (Siehe auch: Windom-Antenne).

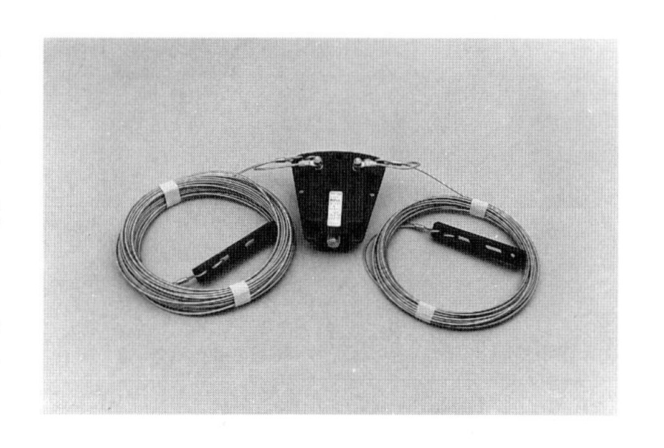

FD-4-Antenne. Links: 27,7 m, rechts 13,8 m noch aufgerollte Antennenlitze, in der Mitte: Balun 1:6 (Werkbild Fritzel)

Feeder (engl.: feeder)

Soviel wie Zweidrahtleitung (s. d.).

Fehlanpassung (engl.: mismatch)

Jeder Zustand, bei dem das Stehwellenverhältnis auf der Speiseleitung $s > 1$ ist, wird als Fehlanpassung bezeichnet. (Siehe: Fehlanpassungsfaktor).

Fehlanpassungsfaktor
(engl.: mismatch loss)

Dieser entspricht dem Leistungsverlust bei Fehlanpassung. Er läßt sich aus der vorlaufenden Leistung P_v und der rücklaufenden Leistung P_r berechnen, aber auch aus dem Welligkeitsfaktor (= Stehwellenverhältnis) s oder aus dem Reflexionsfaktor r. Der Fehlanpassungsfaktor ist:

$$FA = \frac{P_v}{P_v - P_r} = \frac{(s+1)^2}{4\,s} = \frac{1}{1-r^2} \quad \text{[Verhältniszahl der Leistungen]}$$

Beispiel: Vorwärtslaufende Leistung P_v = 100 W, reflektierte Leistung P_r = 4 W, VSWR = s = 1,5; Reflexionsfaktor r = 0,2.

$$FA = \frac{100\ W}{100\ W - 4\ W} = 1{,}04$$

$$FA = \frac{(1{,}5 + 1)^2}{4 \cdot 1{,}5} = 1{,}04$$

$$FA = \frac{1}{1 - 0{,}2^2} = 1{,}04$$

Der Leistungsverlust bei Fehlanpassung in dB berechnet sich aus:

$$PL = 10 \cdot \lg \frac{(s + 1)^2}{4s}$$

Bei den Werten des obigen Beispiels sind dies:

$$PL = 10 \cdot \lg\left(\frac{(1{,}5 + 1)^2}{4 \cdot 1{,}5}\right) = 0{,}177 \text{ dB}$$

Eine weitere Definition der Fehlanpassung ist:

$$1 - m = 1 - \frac{1}{s} = \frac{s - 1}{s}$$

auch Anpassungsfehler genannt, der aber nur für kleine Fehlanpassungen gilt.

Feinfunkenstrecke (engl.: spark gap)

Eine Funkenstrecke geringer Ansprechspannung mit scharfkantigen Elektroden wie Kämmen, Spitzen und Zähnen, die bereits geringe Überspannungen ableiten. Die Ansprechspannung ist < 1 kV. (Siehe auch: Funkenstrecke, Grobfunkenstrecke, Hörnerblitzableiter).

Feld (engl.: field)

Das Feld ist ein physikalischer Zustand des Raumes. Kann man eine physikalische Größe als Funktion der drei Raumkoordinaten darstellen, so besteht ein Feld, das in der Antennentechnik dazu noch eine Funktion der Zeit ist.
Elektrisches Feld: der elektrische Zustand des Raumes. Nach J. C. Maxwell ist das elektrische Feld der Raum, der einen elektrisch geladenen Körper umgibt, wenn man seine elektrischen Eigenschaften betrachtet. Dieser Raum kann ein Vakuum sein, aber auch mit Luft, einem Isolator oder einem Leiter erfüllt sein.
Magnetisches Feld: der magnetische Zustand des Raumes, wie man ihn in der Umgebung von Dauermagneten oder stromdurchflossenen Leitern findet.
Elektromagnetisches Feld: hier stehen das elektrische und das magnetische Feld in Wechselwirkung, d. h. sie sind untereinander verknüpft (verkettet).
stationär: Gleichstrom erregt ein magnetisches Feld. Beschrieben durch das Durchflutungsgesetz (1. Maxwellsche Gleichung).
veränderlich: Wechselstrom erregt ein elektromagnetisches Wechselfeld. Beschrieben durch das Induktionsgesetz (2. Maxwellsche Gleichung).
schnell veränderlich: Hochfrequenzstrom bewirkt elektromagnetische Wellen. Beschrieben durch die Maxwellschen Gleichungen.

Feldstärke (engl.: field strength)

Ein Maß für die Stärke und Ausbreitung elektromagnetischer Wellen und für die Wirksamkeit von Antennen. Die Feldstärke eines linear polarisierten Strahlungsfeldes ist ein Vektor, dessen Betrag ein Maß für die Stärke des Feldes ist, und dessen Richtung mit der des Feldes übereinstimmt. Das Maß der elektrischen Feldstärke wird in der Einheit Volt pro Meter angegeben:

$$E = \frac{V}{m}$$

Das Maß der magnetischen Feldstärke wird in Ampere pro Meter angegeben:

$$H = \frac{A}{m}$$

Die Feldstärke kann auch in dB angegeben werden, nämlich als Feldstärkemaß in dB über 1 µV/m.

Feldstärkeanzeigegerät
(engl.: field strength indicator)

Ein Gerät zur qualitativen Anzeige der Feldstärke, das vorwiegend zur Einstellung und Optimierung von Sendeantennen gebraucht wird und dabei ein relativ teu-

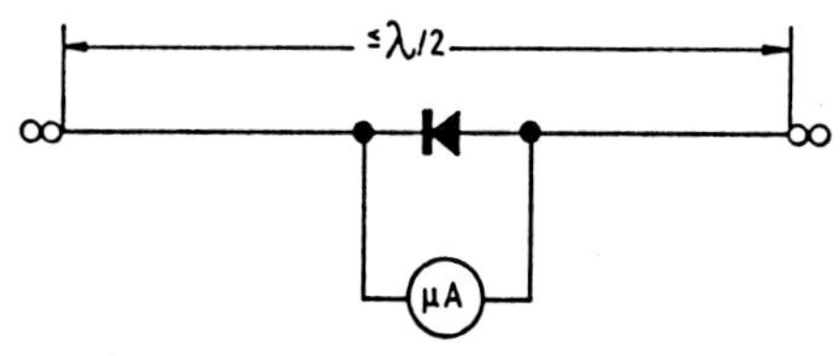

Feldstärkeanzeigegerät. aperiodischer Dipol

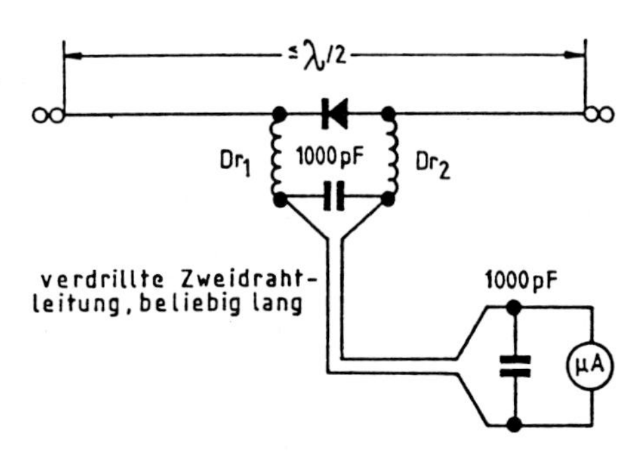

Feldstärkeanzeigegerät. aperiodischer Dipol mit Fernanzeige

res Feldstärkemeßgerät (s. d.) ersetzen kann. Die Geräte können mit folgenden Antennen arbeiten:

1. aperiodischer Halbwellendipol
2. abgestimmter, selektiver Kurzdipol
3. abgestimmter Monopol
4. abgestimmte Ferritantenne

Sämtliche Indikatoren lassen sich durch Transistorverstärker in ihrer Empfindlichkeit verbessern.

Feldstärkediagramm
(engl.: field strength pattern, field pattern)

Die bildliche Darstellung der Feldstärke im Richtdiagramm (s. d.).

Feldstärkemeßgerät
(engl.: field strength meter)

Diese Meßgeräte enthalten eine gegen elektrische Felder geschirmte Rahmenantenne (s. d.), die nach Frequenzbereichen auswechselbar ist, bei höheren Frequenzen werden Dipolantennen (s. d.) oder auch logperiodische Antennen (s. d.) eingesetzt. Die vom Rahmen aufgenommene HF-Spannung wird selektiv verstärkt, gleichgerichtet und in Einheiten der elektrischen Feldstärke angezeigt. Es gibt Feldstärkemeßgeräte für Nahfeldmessungen (25 V/m bis 5 mV/m) und für Fernfeldmessungen (100 mV/m bis 0,1 µV/m). Der Frequenzbereich dieser Geräte reicht von den Längstwellen bis in den Gigahertz-Bereich.

Feldwellenwiderstand
(engl.: intrinsic impedance of free space)

Soviel wie Freiraumimpedanz (s. d.).

Fensterantenne
(engl.: window antenna, window sill antenna)

1. Eine am Fenster oder Fensterbrett angebrachte Rundfunk- oder Fernsehempfangsantenne.
2. Eine Behelfsantenne für Funkdienste, die durch das Glas des Fensters strahlt.

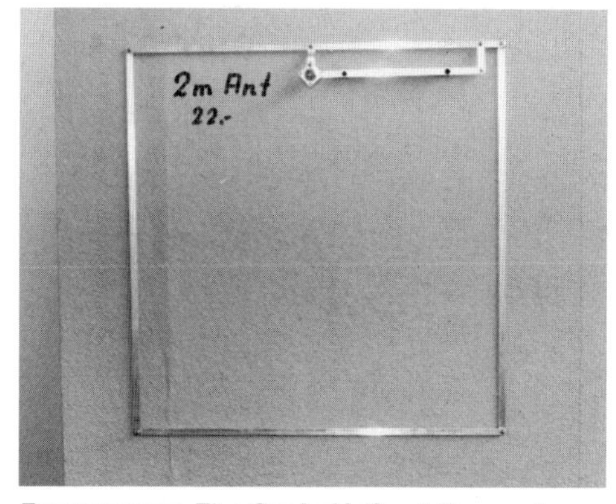

Fensterantenne. Eine Quadschleife mit Gamma-Anpassung für 144 MHz, Kantenlänge rund 50 cm.

Fernbedienung (engl.: remote control)

1. Bei Drehrichtstrahlern (s. d.) die Richtungswahl mittels eines Rotors.
2. Die Abstimmung von Anpaßgeräten

(s. d.) über Kabel und Motorantrieb durch die Drehung von Rollspulen und Drehkondensatoren, sowie Schaltung von Relais.
3. Die mikroprozessorgesteuerte Anpassung von Sende- und Empfangsantennen. (Siehe: Empfangsantenne, adaptive).

Fernfeldbereich (engl.: far-field region)

Der Bereich, in dem die elektromagnetische Strahlung nicht mehr von den einzelnen Bestandteilen der Antenne beeinflußt wird. Die beiden Komponenten: elektrische Feldstärke E und magnetische Feldstärke H sind phasengleich und nur durch den Wellenwiderstand des freien Raumes Z_0 = 377 Ohm miteinander verknüpft. Die Wellenfront ist eben und steht senkrecht zur Ausbreitungsrichtung.
1. Elektrisch große Antenne: Sind Länge, Breite oder effektive Höhe (s. d.) der Sendeantenne wesentlich größer als eine Wellenlänge, und bezeichnet man diese Dimensionen mit d, so kann man den Beginn des Fernfeldes bei einem Abstand $r = 2d^2/\lambda$ annehmen. Bei Großantennen und Vielstrahlantennen, die empfindlich für Phasenänderungen über ihre Apertur sind, beginnt das Fernfeld außerhalb dieses Abstandes.
Beispiel: Eine Yagi-Uda-Antenne (Longyagi) ist 2 Wellenlängen lang:
$d = 2\lambda$; $r = 2 \cdot 2^2 \cdot \lambda^2/\lambda = 8\,\lambda$.
Bei Messungen empfielt es sich deshalb, die Feldstärke oder den Gewinn in möglichst großem Abstand von der Antenne zu messen, um Meßfehler zu vermeiden.
2. Elektrisch kleine Antenne: Für diese beginnt das Fernfeld bereits bei $r = \lambda/2\pi$.

Fernsehantenne (engl.: TV antenna)

1. Eine Sendeantenne im Fernseh-Richtfunk oder im Fernseh-Rundfunk.
2. Eine Empfangsantenne für den Fernsehempfang des Fernsehteilnehmers, meist eine Yagi-Uda-Antenne (s. d.).

Fernsehstörung
(engl.: television interference = TVI)

Antennen des gesamten KW-Spektrums können bei Sendung in der Nähe von Fernsehantennen Ton- und Bildstörungen (störende Beeinflussungen) verursachen, die als Streifenmuster oder Moiré über den Bildschirm laufen. Um diese zu beheben, werden zusätzliche Selektionsmittel auf der Sendeseite und/oder der Empfangsseite benötigt.
In der Koaxialleitung zur KW-Sendeantenne können durch Tiefpaßfilter mit einer Grenzfrequenz um 30 MHz die vom Sender ungewollt erzeugten Oberwellen weiter unterdrückt werden.
In der Koaxialleitung der Fernsehempfangsantenne können durch Hochpaßfilter mit einer Grenzfrequenz um 45 MHz oder 180 MHz, je nach Anwendung, bei Fernsehempfängern, Breitbandverstärkern und Gemeinschaftsantennen-Anlagen ein Zustopfen, Intermodulation oder Kreuzmodulation verhindert werden.
Sendeantennen, deren elektromagnetisches Feld über die Erde geschlossen wird, wie z. B. Fuchsantenne, Windomantenne und Zeppelinantenne (Siehe jeweils dort), rufen eher Störungen hervor als erdsymmetrische Antennen, wie z. B. Dipolantenne, V-Antenne, Rhombusantenne und Yagi-Uda-Antenne (Siehe jeweils dort). Auch Mantelwellen auf Koaxialkabeln sind störungsfördernd.

Ferritstabantenne
(engl.: loop stick antenna, ferrite rod antenna)

Eine Empfangsantenne aus einem Ferritstab, mit einer Aufnahmespule bewickelt, die auf Resonanz abgestimmt wird. Die Ferritantenne ist um 180° drehbar und wird meist in MW/LW-Rundfunkgeräten verwendet. Ihre Richtwirkung entspricht der einer Rahmenantenne (s. d.). Sie kann daher auch als Peilantenne (s. d.) verwendet werden und beim Empfang Störsender unterdrücken. Die Empfindlichkeit einer

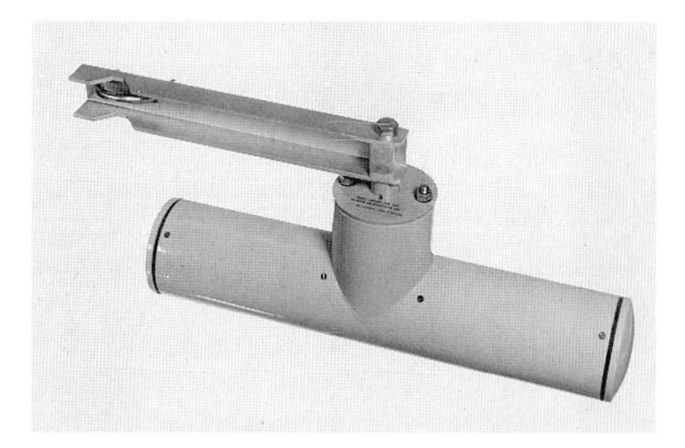

Ferritstabantenne. Die aktive Empfangsantenne ist breitbandig von 10 kHz bis 200 KHz und mit $Z_n = 50\ \Omega$ an den Empfänger angepaßt.
(Werkbild Rohde & Schwarz)

Ferritstabantenne liegt über der einer Behelfs- oder Innenantenne, kann aber die Wirksamkeit einer Außenantenne nicht erreichen. Als Sendeantenne ist ihre Wirkung auch bei größeren Ferritmassen unbefriedigend.

Fest-Adcock-Antenne

Im Gegensatz zur Dreh-Adcock-Antenne (s. d.) eine fest aufgebaute Peilantenne nach dem Adcock-Prinzip, meist für längere KW und Grenzwellen als U-Adcock-Antenne (s. d.) und für kürzere KW als H-Adcock-Antenne (s. d.). Die von den vier Einzelantennen über Koaxialkabel kommenden Empfangsspannungen werden in ein Goniometer (s. d.) geleitet, mit dem die Richtung gepeilt wird.

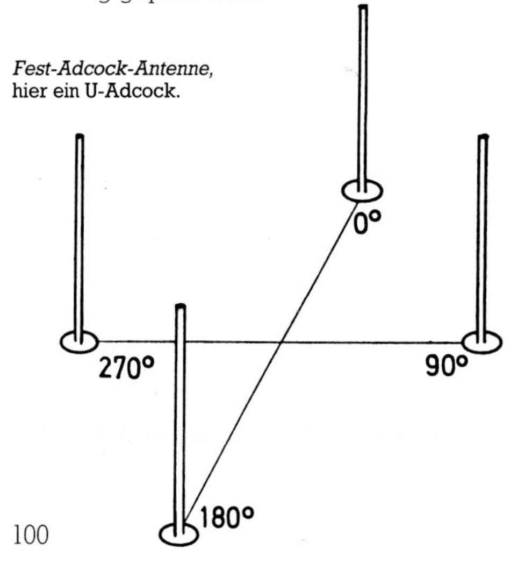

Fest-Adcock-Antenne, hier ein U-Adcock.

Festrahmenantenne
(engl.: fixed vertical loop antenna)

Eine Rahmenantenne zum Peilen, die wegen ihrer Größe nicht gedreht werden kann. Meist werden zwei senkrecht aufeinander stehende, sich durchdringende Festrahmen verwendet, deren Empfangsspannungen über Koaxialkabel in ein Goniometer (s. d.) geleitet werden, mit dem die Richtung gepeilt wird.
(Siehe auch: Fest-Adcock-Antenne).

Filter
(engl.: filter network, filter circuit)

Filter sind Vierpole, die in der Leitungs- und Antennentechnik zur Trennung verschiedener Frequenzen dienen. Sie werden aus Induktivitäten und Kapazitäten aufgebaut und haben im Durchlaßbereich geringe, im Sperrbereich hohe Dämpfung. Filter können in T-, π- und X-Schaltung aufgebaut werden. Die wichtigsten Filter sind Tiefpaß, Hochpaß, Bandpaß, Bandsperre und Frequenzweiche.

Filter. Der 100 W-Topfkreis für eine Filterweiche (87 bis 108 MHz). Zwei solche Kreise bilden einen für das Filter notwendigen Bandpaß.
(Werkbild Rohde & Schwarz)

Filterweiche (engl.: diplexer, duplexer)

Eine Weiche, auch Antennenweiche genannt, zur gleichzeitigen Einspeisung zweier Sender in *eine* Antenne. Gegenüber der Brückenweiche (s. d.) ergibt sich der Vorteil, daß nur ein Kabel zur Antenne führt. Die Filterweiche wird meistens verwendet für den Anschluß von zwei verschiedenen Geräten an eine Antenne, z. B. 2 m-Gerät und 70 cm-Gerät. Die Durchgangsdämpfung ist dabei kleiner als 0,5 dB, die Sperrdämpfung dagegen in beiden Richtungen größer als 40 dB. Da man damit auf 2 m und 70 cm gleichzeitig arbeiten kann, ist echter Duplex-Betrieb möglich.

Filterweiche. Auch Sternpunktweiche genannt. Die von den Sendern f_1 und f_2 (meist Hörfunksender) kommende Leistung passiert die Topfkreisfilter, vereinigt sich im Sternpunkt und fließt zur Antenne. Da die Filter auf verschiedene Frequenzen abgestimmt sind, werden die Sender entkoppelt. Die Filterweiche ist schmalbandig und nicht für Fernsehsender geeignet. Das gezeigte Filter FU 410 ist für 2 mal 10 KW, 87 bis 108 MHz und kann belüftet werden.
(Werkbild Rohde & Schwarz)

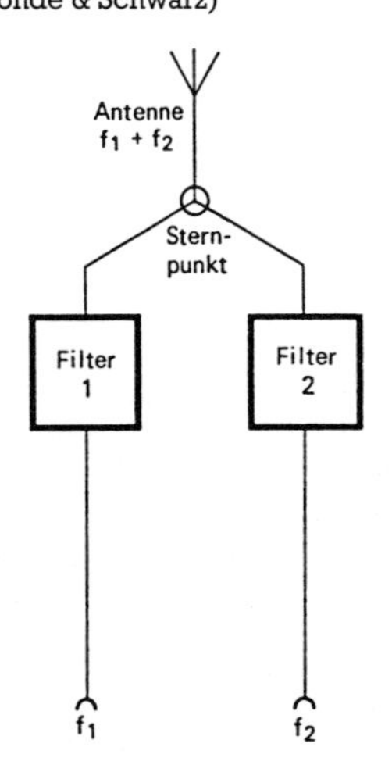

Fischbauchmast

Ein Mast, der den Namen seiner Form verdankt. Er besteht aus zwei meist gleichen Pyramiden, die mit ihren Basen aufeinander stehen. Dadurch hat dieser Mast seinen größten Querschnitt in der Mitte. Dort ist er auch abgespannt. Mechanisch ist diese Konstruktion sehr stabil, jedoch elektrisch nicht günstig, wenn er als selbstschwingender Mast verwendet wird. Der Wellenwiderstand ist oben und unten groß, in der Mitte klein. Das Gegenteil wäre viel besser.

Fischgrätantenne

(engl.: fishbone antenna)

Eine Wanderwellenantenne nach dem Längsstrahlerprinzip (Siehe: Längsstrahler). An eine symmetrische Zweidrahtleitung sind durch Kondensatoren oder Spulen horizontale Dipole einer horizontalen Dipolzeile (s. d.) gekoppelt. Die Fischgrätantenne hat in einem nicht sehr breiten Frequenzbereich gute Richtwirkung und mittelmäßigen Gewinn. Sie wird fast ausschließlich als Empfangsantenne verwendet.

(H. O. Peterson – 1927 – US Patent)

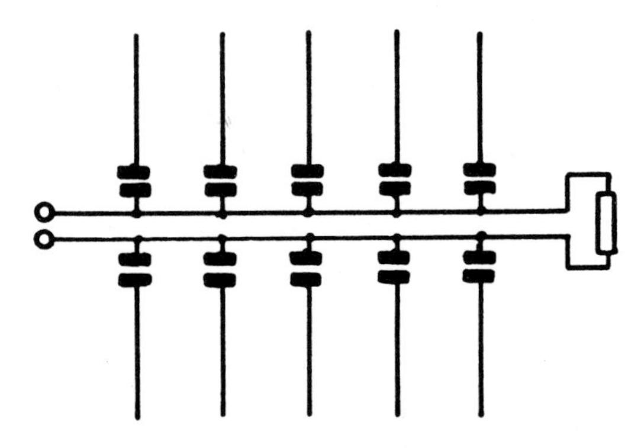

Fischgrät-Antenne. Die dicht aufeinander folgenden Dipole sind mit kleinen Kondensatoren lose an die Speiseleitung gekoppelt. Kopplung über ohmsche Widerstände von etwa 1000 Ohm ist auch möglich. Die Hauptkeule strahlt in Richtung des Schluckwiderstandes.

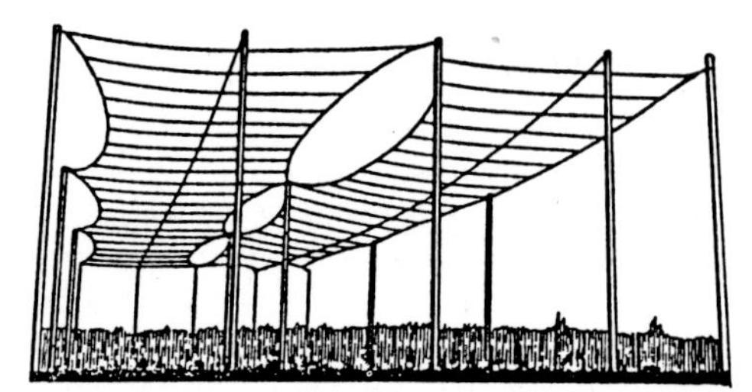

Zwei Fischgrätantennen parallel angeordnet und zur Steigerung der Richtwirkung zusammengeschaltet. Masthöhe: 18 m

Flachkabel (engl.: twin lead)

Soviel wie Bandkabel (s. d.).

Flachreuse

Eine Reuse (s. d.), deren Einzeldrähte eine Ebene nachbilden. Diese liegt meist horizontal, besonders, wenn die Flachreuse als Endkapazität (s. d.) einer Vertikalantenne verwendet wird.

Fläche, effektive
(engl.: effective area, effective aperture)

(Siehe: Wirkfläche).

Flächenanregung

Die Oberfläche jedes geometrischen Körpers läßt sich im HF-, VHF- und UHF-Bereich durch Speisung über eine Schleife oder einen Schlitz als Strahler gebrauchen. Die Richtcharakteristik wird dabei durch die Form des Körpers bestimmt. Die Flächenanregung ist von Bedeutung für Luft- und Raumfahrzeuge, da Außenantennen dort aerodynamisch nicht erwünscht sind. (Siehe auch: Notchantenne, Schlitzantenne).

Flächenantenne

Im Gegensatz zur Linearantenne (s. d.) ein durch Flächenanregung (s. d.) strahlender, leitender Körper, z. B. eine ganze Autokarosserie, ein Blechdach usw.

Flächendipol
(engl.: butterfly dipole, batwing antenna)

Ein Breitband-Dipol, auch Schmetterlingsantenne oder Fledermausantenne genannt, aus zwei dreieckigen Blech- oder Maschendrahtgewebe-Flächen mit Spreizwinkeln bis zu 90°. Je nach Spreizwinkel und Länge (etwa 0,65 bis 0,85 λ) läßt sich die Eingangsimpedanz zwischen 150 Ω und 400 Ω gestalten, wodurch die Anpassung ganzer Gruppen von Flächendipolen verhältnismäßig einfach wird.

Flächenerde

1. Eine Blitzschutzerde in Form von weiträumig ausgelegten Drähten oder Bändern, die man bei felsigem Boden oder in Gebieten mit Dauerfrost anwendet. Sie ist meist auch eine gute HF-Erde.
2. Eine HF-Erde unter Antennen aus fast immer radial vom Antennenfußpunkt ausgelegten oder flach eingegrabenen Drähten oder Bändern (Siehe: Erddraht, Erder, Radial).

Flächenstrahler (engl.: aperture antenna)

Ein Strahler besonders für UHF- und Mikrowellen, der in eine Apertur (s. d.) mündet. Die durch die Fläche hindurchtretende Strahlung läßt sich so konzentrieren, daß hohe Gewinne zu erzielen sind. Typischer Vertreter ist die Hornantenne (s. d.).

Flächenwirkungsgrad
(engl.: antenna efficiency of an aperture type antenna)

Das Verhältnis der elektromagnetisch wirksamen, theoretischen Fläche zur geometrischen Fläche. Eine Aperturantenne hat eine theoretische Wirkfläche A_0. Im Sendefall kann die Antenne nicht die volle Energie abstrahlen, im Empfangsfall nicht die volle Energie aus dem Wellenzug entnehmen. Es ergibt sich ein Flächenwirkungsgrad von:

$$q = \frac{\text{theoretische Wirkfläche}}{\text{geometrische Fläche}} = \frac{A_o}{A_g}.$$

Die Wirkfläche (s. d.) berechnet sich aus dem Gewinn der Antenne:

$$A_e = \frac{\lambda^2}{4\pi} \cdot G$$

Beispiel:
Der Hersteller gibt für ein 4 m-Parabol einen Gewinn g von 50 dB bei f = 12 GHz; λ = 0,025 m an.
$G = 10^{g/10}$; G = 100000;

$$\text{Wirkfläche: } A_e = \frac{0{,}025^2\,m^2}{4\pi} \cdot 100000 = 4{,}97\,m^2$$

Die geometrische Fläche der kreisrunden Parabolantenne ist:
$A_g = r^2 \cdot \pi$; $A_g = 2^2\,m^2 \cdot \pi = 12{,}57\,m^2$

$$\text{Flächenwirkungsgrad } q = \frac{4{,}97\,m^2}{12{,}57\,m^2} = 0{,}396 \mathrel{\hat{=}} 39{,}6\,\%$$

Die Wirkfläche ist so gering, weil sie durch Geometriefehler, Phasenfehler, Polarisationsfehler und Aperturbehinderung (s. d.) stark vermindert wird.

Flat-Line (engl.: flat line)

Eine angepaßte Speiseleitung (s. d.) mit niedrigem Stehwellenverhältnis.

Flat-Top-Antenne (engl.: flat top antenna)

1. Vertikale Monopolantenne (s. d.) mit einer Endkapazität (s. d.) deren Einzelleiter alle in der selben horizontalen Ebene liegen. (Siehe Bild: Endkapazität, die Antennen 3; 4; 5 sind Flat-Top-Antennen)
2. Eine von John D. Kraus, W8JK, erfundene, zweiseitig strahlende Richtantenne aus zwei horizontalen Dipolen in Längsstrahlerregung mit 180 ° Phasenunterschied.

Fledermausantenne

Soviel wie Schmetterlingsantenne (s. d.).

Flugzeugantenne (engl.: aircraft antenna)

Sende- und Empfangsantenne, die an oder in einem Flugzeug angebracht ist.
Für LW sind im allgemeinen nur Empfangsantennen in Gebrauch, da Sendeantennen schlecht zu realisieren sind. In Sonderfällen sind dafür Schleppantennen vorgesehen, die aerodynamisch von Nachteil sind.
Für KW stehen Schlitzantennen (s. d.) aller Art zur Verfügung, während für den VHF- und UHF-Bereich die Möglichkeiten sehr zahlreich sind. Das gleiche gilt für Radarantennen, die meist durch Radome (s. d.) geschützt sind.

Fortpflanzungsgeschwindigkeit

Soviel wie Ausbreitungsgeschwindigkeit (s. d.).

Franklin-Antenne
(engl.: Marconi-Franklin antenna)

Auch Marconi-Franklin-Antenne genannt. Eine Kollinearantenne (s. d.), bei der die unerwünschten gegenphasigen Halbwellen durch Spulen oder Umwegleitungen von 2 mal π/4 Länge unterdrückt werden. Die An-

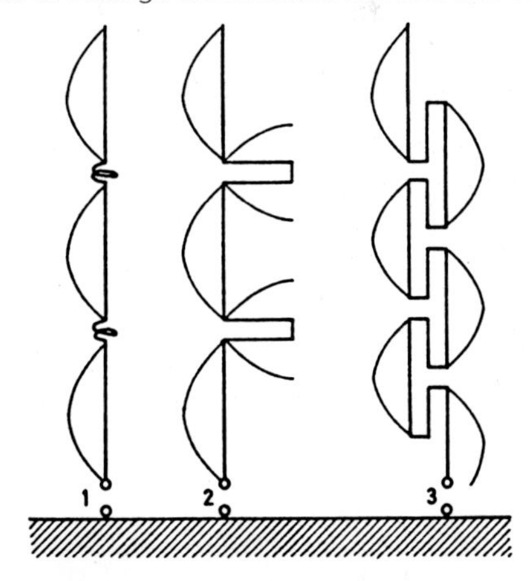

Franklin-Antenne.
1: Die unerwünschte Halbwelle des Sinusstromes fließt in Phasenumkehr-Spulen
2: Die gegenphasige Halbwelle fließt in λ/4 Umwegleitungen
3: Mäanderförmig gefaltete Franklin-Antenne, die innere Stromverteilung ist fortgelassen.

tennenanordnung erfolgt in einer Linie (Dipollinie, s. d.) in gleichphasig erregten kollinearen Dipolen. Die Unterdrückung der Gegenphase gelingt bei Endspeisung nur sehr unvollkommen. Abhilfe: Speisung in der Mitte oder von oben (Siehe: Obenspeisung). Als VHF/UHF-Stationsantenne wirkt die Franklin-Antenne als vertikal polarisierter Rundstrahler mit Gewinn.

Fraunhofer-Bereich
(engl.: Fraunhofer region)

(Siehe auch: Nahfeld, Fernfeld, Fresnel-Bereich).
Bei der Abstrahlung von einer Antenne sind zwei Bereiche zu unterscheiden: der Nahfeld- oder Fresnel-Bereich und der Fernfeld- oder Fraunhofer-Bereich. Zwischen den beiden Bereichen bestehen keine klaren Abgrenzungen, sondern fließende Übergänge. In üblicher Annahme wird grob angenähert vereinbart:

Nahfeld-Bereich
= Fresnel-Bereich $\frac{2\,D^2}{\lambda}\; r <$

Fernfeld-Bereich
= Fraunhofer-Bereich $r > \frac{2\,D^2}{\lambda}$

r = Abstand des Bereichübergangs von der Antenne
D = größte Dimension der Antenne

Freiraum-Dämpfung
(engl.: free-space-loss)

Die auch Streckendämpfung genannte Dämpfung zwischen zwei Isotropstrahlern (s. d.) im freien Raum, ausgedrückt als Verhältnis von Sende- und Empfangsleistung. Die Freiraumdämpfung ist keine Dämpfung, die durch irgendeinen Verlust hervorgerufen wird; sie entsteht vielmehr, weil die Strahlungsdichte (s. d.) quadratisch mit dem Abstand abnimmt. Sie wird gewöhnlich in dB durch folgende Gleichung ausgedrückt:

$$a = 20 \lg \left(\frac{4\pi d}{\lambda}\right) \quad [\mathrm{dB}]$$

d = Abstand zwischen Sende- und Empfangsantenne in m
λ = Wellenlänge in m
Freiraumdämpfung zwischen Isotropstrahlern:
$a = 32{,}44 + 20 \lg f/\mathrm{MHz} + 20 \lg d/\mathrm{km}$ [dB]
Freiraumdämpfung zwischen Halbwellendipolen:
$a = 28{,}15 + 20 \lg f/\mathrm{MHz} + 20 \lg d/\mathrm{km}$ [dB]
Bei Verdopplung der Frequenz oder der Entfernung wächst die Freiraumdämpfung um 6 dB.
Bei der Berechnung der Dämpfung zwischen zwei Funkstellen ist zu berücksichtigen, daß die Antennen keine Isotropstrahler sind. Der Antennengewinn auf Sende- und Empfangsseite ist zu addieren und von der Freiraumdämpfung zu subtrahieren.
Beispiel: Wie groß ist die Freiraum-Dämpfung auf der Strecke Erde–Sonne bei $\lambda = 0{,}1$ m?

$$a = 20 \lg \left(\frac{4\pi \cdot 1{,}5 \cdot 10^{11}\,\mathrm{m}}{0{,}1\,\mathrm{m}}\right) = 265\,\mathrm{dB}$$

Freiraum-Impedanz
(engl.: intrinsic impedance of free space)

Im Fernfeld haben elektrische Feldstärke E und magnetische Feldstärke H die gleiche Phase. Da E in V/m und H in A/m gemessen werden, ist nach dem Ohmschen Gesetz $\Gamma_0 = E/H$. Die Impedanz des freien Raumes ergibt sich daraus mit:
$\Gamma_0 = E/H = \mu_0/\varepsilon_0 = 120\,\pi = 377\,\Omega$
Γ_0 = Freiraum-Impedanz (Sprich: Gamma Null)
μ_0 = absolute Permeabilität des freien Raumes
ε_0 = absolute Dielektrizitätskonstante des freien Raumes
Die Freiraum-Impedanz ist eine Rechenkonstante und wird auch Feldwellenwiderstand genannt.
(Siehe auch: Poyntingscher Vektor).

Frequenzgang

Die Abhängigkeit einer Größe (z. B. Gewinn, Impedanz, Phasendrehung) von der Frequenz. Der Frequenzgang komplexer

Größen (z. B. Impedanz) kann anschaulich in einer Ortskurve in der Gaußschen Ebene (Buschbeckdiagramm, s. d.) oder in einem Smith-Diagramm (s. d.) dargestellt werden.

Frequenzweiche

Eine aus resonanten Leitungsabschnitten oder Filterkreisen aufgebaute Anordnung zur rückwirkungsfreien Speisung *einer* Antenne durch mehrere Sender. (Siehe auch: Brückenweiche, Filterweiche).

Fresnel-Bereich (engl.: Fresnel region)

Der Bereich bis an den Fraunhofer-Bereich (s. d.), also der Bereich des Nahfeldes.

Fresnel-Linsen-Antenne
(engl.: Fresnel lens antenna)

Eine Antenne aus Primärstrahler (s. d.) und einer Fresnel-Linse, welche die Wellenfront der ersten Fresnel-Zone ebnet, und die Wellenfronten der weiteren Fresnel-Zonen auf das selbe Ziel richtet. (Siehe auch: Linsen-Antenne).

Fresnel-Zone (engl.: fresnel zone)

Siehe Bild! Bei der Ausbreitung der elektromagnetischen Wellen von der Sendeantenne S zur Empfangsantenne E breiten sich die Wellen nicht nur entlang der Verbindungslinie S – E aus, sondern erfüllen auch den Raum um die geradlinige Verbindung in Form einer Ellipse. Diese Fresnel-Ellipse hat folgende Eigenschaften: Die Antennen S und E bilden die Brennpunkte der Ellipse. Der Umweg von S nach E über die Ellipsenperipherie hat die Länge $r + \lambda/2$. Es gibt mehrere Fresnel-Ellipsen, die sich wie Zwiebelschalen aufbauen. Ihre Abmessungen sind:

	Umweglänge	Durchmesser
1. Fresnel-Ellipse	$r + \lambda/2$	$d_1 \approx \sqrt{r\lambda}$
2. Fresnel-Ellipse	$r + \lambda$	$d_2 \approx \sqrt{2r\lambda}$
3. Fresnel-Ellipse	$r + 1{,}5\,\lambda$	$d_3 \approx \sqrt{3r\lambda}$

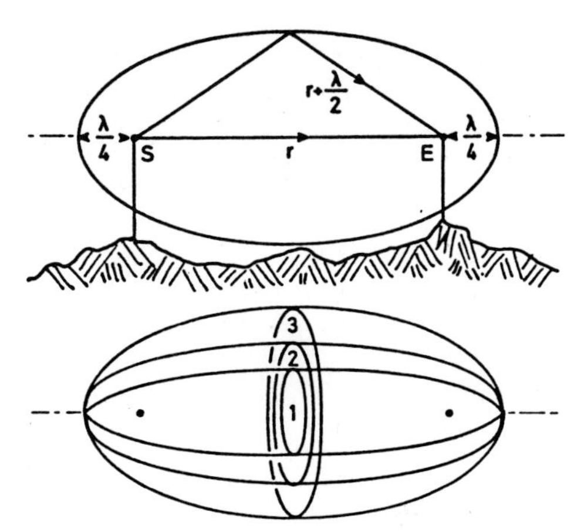

Fresnel-Zone. Oben: Erste Fresnel-Zone bei der Ausbreitung über Land
Unten: Erste, zweite und dritte Fresnel-Zone, Ellipsoide wie Zwiebelschalen angeordnet.

In räumlicher Betrachtung handelt es sich um elliptische Drehkörper: Ellipsoide. Bei der Ausbreitung soll die erste Fresnel-Zone frei von Hindernissen sein, da sonst die Ausbreitungsdämpfung stark ansteigt.
Beispiel: Abstand Sender–Empfänger 10 km, Wellenlänge 2 m. Der Durchmesser der ersten Fresnel-Zone $d_1 = 141$ m. Damit beträgt die Bodenfreiheit $d_1/2 = 71$ m.

Fresnel-Zone bei Bodenreflexion
(engl.: Fresnel-zone, ground reflection)

Die Fresnel-Zone spielt bei der Abstrahlung von Sendeantennen eine große Rolle,

Die erste Fresnel-Zone trifft auf den Boden auf und bildet dort eine Reflektionsellipse, die hindernisfrei sein sollte.
h_s = Höhe der Sendeantenne
L_s = Strecke Mast–Ellipsenanfang
L_f = Ellipsenlänge
L_r = Strecke Mast–Ellipsenende
B_f = Ellipsenbreite

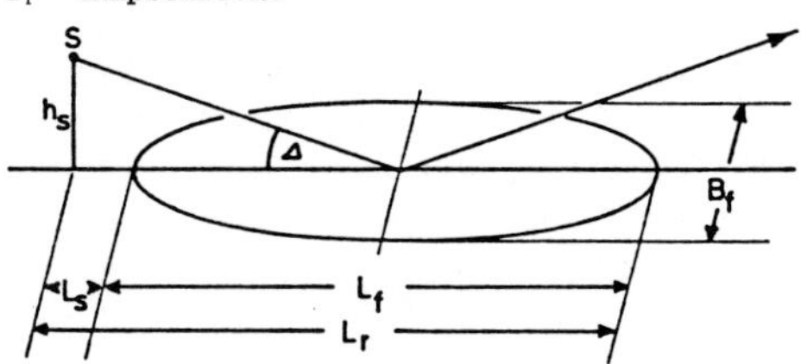

weil das umliegende Gelände im Bereich der ersten Fresnel-Zone frei von Hindernissen sein sollte. Die abgestrahlte Welle besteht aus dem direkten Strahl, der auf dem Bild nicht gezeigt wird, und dem reflektierten Strahl. Die von der ersten Fresnel-Zone beanspruchte elliptische Reflexionsfläche ist über Erwarten groß. Sie hängt von der Höhe der Sendeantenne ab. Hier sei eine horizontal polarisierte Antenne angenommen.

Höhe der Sendeantenne: $h_s = \frac{\lambda}{4 \cdot \sin \Delta}$

Abstand Sendemast – innerer Ellipsenrand: $L_s = \frac{h}{\tan \Delta}\left(3 - \frac{2\sqrt{2}}{\cos \Delta}\right)$

Abstand Sendemast – äußerer Ellipsenrand: $L_r = \frac{h}{\tan \Delta}\left(3 + \frac{2\sqrt{2}}{\cos \Delta}\right)$

Breite der elliptischen Reflexionsfläche: $B_f = 5{,}66 \cdot h$

Länge der elliptischen Reflexionsfläche: $L_f = 5{,}66 \cdot h/\sin \Delta$

Beispiel: Wellenlänge 22 m, Abstrahlwinkel 10° (Weitverkehr!)

Höhe der Sendeantenne	h_s = 31,7 m
Abstand Mast – innerer Rand	L_S = 23 m
Abstand Mast – äußerer Rand	L_R = 1054 m
Breite der Ellipse	B_f = 179 m
Länge der Ellipse	L_f = 1032 m

Fuchsantenne
(engl.: end-fed antenna, voltage-fed antenna)

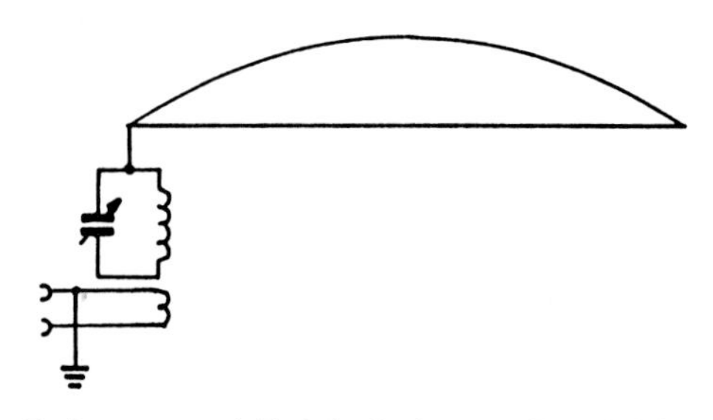

Fuchsantenne mit Fuchskreis, der von einem induktiv gekoppelten Koaxialkabel gespeist wird. Die Antenne ist an den Teil des Drehkondensators zu legen, der die geringere Masse hat (Stator).

Vom österreichischen Funkamateur Dr. Josef Fuchs erfundene Mehrbandantenne, die an ihrem Ende im Spannungsbauch direkt erregt wird. Zur Speisung dient ein eigener „Fuchskreis", der als Parallelkreis die nötige hohe HF-Spannung erbringt. Der Fuchskreis wird heute zweckmäßig über ein Koaxialkabel gespeist, induktiv oder kapazitiv eingekoppelt. Da bereits bei kleinen Leistungen im Kreis ein hoher Resonanzstrom fließt, ist dieser verlustarm aufzubauen. Die Wirkung der Antenne kann durch Abtasten des Kreises oder der Antenne mit einem Glimmlämpchen festgestellt werden. Da die Antenne in Hausnähe hohe HF-Spannungen führt, besteht die Gefahr von Fernsehstörungen. Eine 40 m lange Fuchsantenne erlaubt Betrieb auf 3,5/7/10/14/21/28 MHz. Die Fuchsantenne ist eine der ältesten Amateurfunkantennen. (J. Fuchs – 1927 – Österr. Patent).

Fuchsjagd-Antenne (engl.: DF-antenna)

Eine Peilantenne (s. d.) zur Durchführung von Fuchsjagden, die zu diesem Zweck klein und robust sein muß. Auf 3,5 MHz werden geschirmte Rahmen- und Ferritstabantennen (s. d.) verwendet, auf 144 MHz hat sich die HB 9 CV-Antenne durchgesetzt.

Füllfaktor

In einem luftisolierten Koaxialkabel das Verhältnis des vom Dielektrikum ausgefüllten Raumes zum gesamten Hohlraum im Kabelinneren.

Funkbeschickung

Die beim Peilen gemessene Einfallsrichtung weicht von der wahren Richtung häufig durch örtliche Reflektionen an Metallgegenständen wie Schiffsmasten, Bauten u. dgl. ab. Diese Abweichungen werden in der Funkbeschickung festgehalten und in einer Kurve dargestellt. Bei der Peilung wird die Beschickung entsprechend berücksichtigt und dadurch die Peilgenauigkeit beträchtlich erhöht.

Funkenstrecke (engl.: spark gap)

Zur Ableitung von Überspannungen bei Gewittern an Speiseleitungen und Antennen angebrachte Entladungsstrecke, die bei Überspannung anspricht und den Überstrom zur Erde ableitet. Meist als Kugelfunkenstrecke ausgeführt, die bei normaler HF-Betriebsspannung durch genügenden Abstand der Elektroden nicht ansprechen darf. Spitzenfunkenstrecken sprechen für HF zu schnell an und sind daher nur wenig geeignet. Die Funkenstrecke muß so ausgeführt sein, daß sie auch Blitzströmen standhalten kann. Sogenannte „Lightning arrester" (Blitzstopper) sind Funkenstrecken für Koaxialkabel, die zwar Überspannungen ableiten können, aber als wirksamer Blitzschutz kaum genügen können. (Siehe auch: Hörnerblitzableiter).

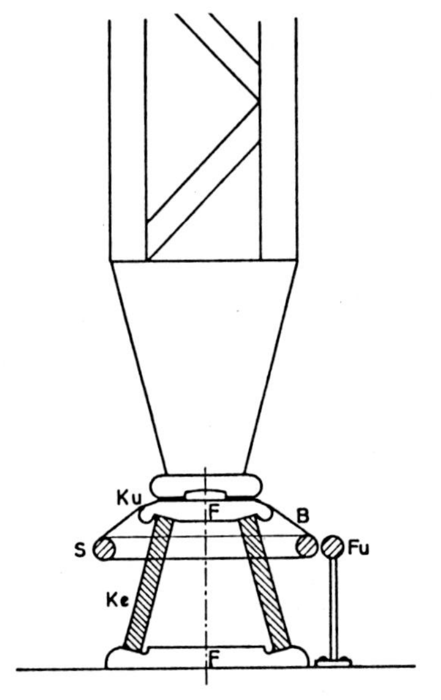

Funkenstrecke. Fußkonstruktion eines isolierten Gittermastes.
Ku: Kugelgelenk
S: Sprühschutzring
Ke: Kegelisolator aus Hartporzellan
B: Blechkragen zwischen Sprühschutzring und Formstück
F: Formstück aus Gußstahl mit weichem Blech zum Druckausgleich gefüttert.
Fu: Funkenstrecke als Blitzschutz

Funkmeßantenne
(engl.: Radar antenna)

Soviel wie Radarantenne (s. d.).

Funkmeßtechnik (engl.: radar technique)

Soviel wie Radartechnik (s. d.).

Funkortung (engl.: Radar)

Die Bestimmung eines Gegenstandes und/oder dessen Richtung und Entfernung mit elektromagnetischen Wellen, deren Eigenschaften, sich geradlinig und mit gleichbleibender Geschwindigkeit auszubreiten, dabei genutzt wird.

Funkpeilung (engl.: direction finding)

Eine Art der passiven Funkortung (s. d.), bei der die Richtung einer Sendestelle während ihrer Ausstrahlung bestimmt wird. Eine Entfernungsbestimmung ist nur nach zwei Peilungen möglich.

Fuß
(engl.: Einzahl: foot, Mehrzahl: feet)

In anglo-amerikanischen Antennenmaßen heute noch verwendete Längeneinheit.
1' = 12" (1 Fuß = 12 Zoll)
1 ft = 0,3048 m
1 m= 3,2808 ft

Fußpunktkapazität

Bei Vertikalantennen über dem Erdboden hat die Fußpunktkapazität einen großen Einfluß auf den Strahlungswiderstand der Antenne. Der Antennenfuß ist möglichst schlank und damit kapazitätsarm auszuführen, meist als Kegel mit der Spitze nach unten. Eine Fußpunktkapazität von 10% der Antennenkapazität vermindert den Strahlungswiderstand fast um 20%.

Fußpunktspule
(engl.: base loading coil, base loading)

Die Verlängerungsspule einer zur kurzen, vertikalen Antenne, die am Fußpunkt des

Strahlers angebracht ist. Sie wird von dem am Fußpunkt maximalen Strom durchflossen und ist daher sehr verlustarm auszuführen. Ihre Induktivität wird so gewählt, daß sie die Kapazität des Strahlers kompensiert und so die Antenne in Resonanz bringt.

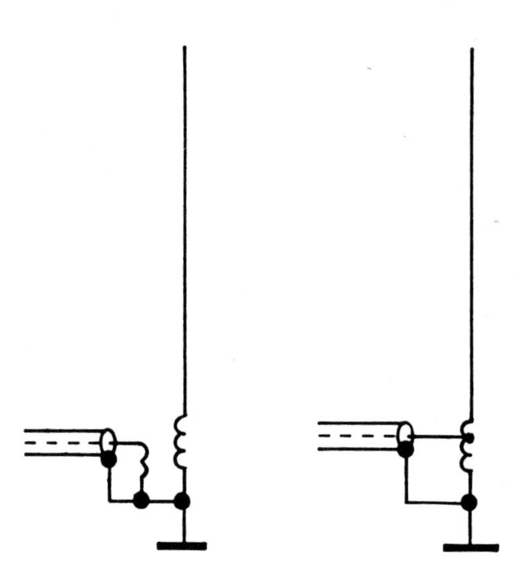

Fußpunktspule. Links: induktive Kopplung vom Koaxialkabel auf die Fußpunktspule
Rechts: galvanische Kopplung auf eine Anzapfung

Fußpunktwiderstand

Die Impedanz einer gegen Erde erregten Antenne an ihren Anschlußklemmen, gemessen zwischen erdseitigem Ende und Erdsystem. Der Fußpunktwiderstand besteht aus Wirkwiderstand und Blindwiderstand. Er kann in der Ersatzschaltung (s. d.) als Reihenschaltung aufgefaßt werden, zu der fast immer noch die Wirkwiderstände des Erdwiderstandes und der Verlustwiderstände zu addieren sind. Den Blindwiderstand des Erders kann man meist vernachlässigen. Befindet sich im Fußpunkt das Strommaximum, so ist der Antennenwiderstand gleich dem Strahlungswiderstand. Im Resonanzfalle ist der Fußpunktwiderstand rein ohmisch.

G

Gamma-Anpassung (engl.: Gamma match)

Diese Anpassungsmethode ist die Weiterentwicklung der Delta- und T-Anpassung eines Halbwellendipols, meist des Strahlerelements einer Yagi-Uda-Antenne. Eigentlich ist die Gamma-Anpassung eine halbseitige T-Anpassung (s. d.). Die Seele des Koaxialkabels speist über einen Kondensator einen dem Dipol parallelgeführten Leiter, der am Ende mit dem Dipol verbunden ist. Der Mantel des Kabels ist mit der Mitte des Dipols galvanisch verbunden.

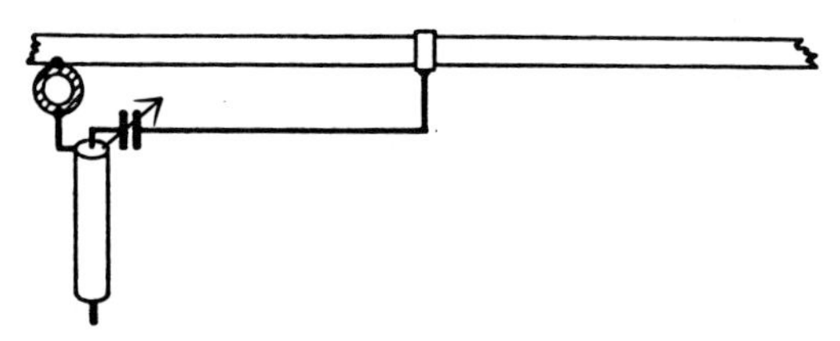

Gamma-Anpassung. Der allg. Masseanschluß liegt am Boom. Der Drehkondensator stimmt auf Resonanz ab. Die Anpassung (Impedanz) wird durch Verschieben der Abgreifschelle eingestellt.
Abmessungen wie bei der Omega-Anpassung (s.d.), nur ist die Länge der Anpaßleitung bei 14/21/28 MHz etwa 115/85/55 cm.

Ganzwellenantenne
(engl.: full wave dipole)

(Siehe: Ganzwellendipol).

Ganzwellendipol
(engl.: full wave dipole)

Eine sehr häufig angewandte, wichtige Antennengrundform; in Wahrheit eine Gruppenantenne aus zwei kollinearen Halbwellendipolen, die in der Mitte symmetrisch gespeist werden. Die Speisung erfolgt in den Spannungsbäuchen, also in den Punkten höchster Impedanz. Beim resonanten Ganzwellendipol aus dünnem Draht ist der Klemmenwiderstand etwa 2000 Ω. Sein

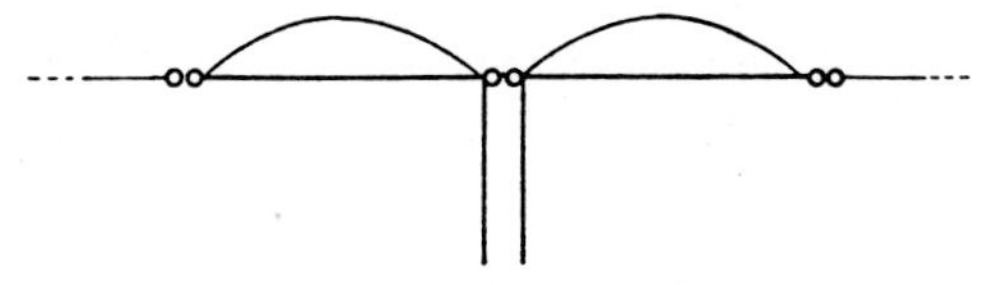

Ganzwellendipol mit Zweidrahtspeiseleitung.

Gewinn gegenüber dem Halbwellendipol (s. d.) ist 1,7 dBd. Bei VHF und UHF werden Ganzwellendipole oft aus dicken Rohren gebildet, die am Speisepunkt wesentlich niedrigere Impedanzen als der Drahtdipol haben und sich durch hervorragende Bandbreiten auszeichnen. Um damit Resonanz zu erreichen, sind Verkürzungen der Rohre bis auf 70% der Freiraumwellenlänge notwendig. Wegen seiner einfachen Speisung und Breitbandigkeit wird der Ganzwellendipol gern als Element von Gruppenantennen (s. d.) verwendet.

Ganzwellendipol, gestockter
(engl.: stacked full wave dipole)

(Siehe: Lazy-H-Antenne).

Ganzwellenschleife (engl.: full wave loop)

Eine Drahtschleife mit dem Umfang von einer Wellenlänge. Als Quadrat in der Cubical-Quad-Antenne (s. d.), als Dreieck in der Delta-Loop-Antenne (s. d.), der Delta-Loop-Yagi-Antenne (s. d.), der Lazy-Loop-Antenne (s. d.) und als Kreisring in der Loop-Yagi-Antenne (s. d.) verwendet. Die parallel zum Erdboden liegende, quadratische Ganzwellenschleife wird auf 3,5 MHz und 7 MHz als Rhombiquad (s. d.) oder German-Quad bezeichnet und ist auf diesen Frequenzen ein Strahler für Nah- und Europaverkehr.
Die Kreisform hat 1,3 dBd, die Quadratform 1 dBd, die Rechteckform < 1 dBd und die Dreiecksform ($\alpha = 60°$) 0,7 dBd Gewinn.

Ganzwellen-Zepp
(engl.: full wave Zepp antanna)

Eine Zeppelin-Antenne (s. d.), deren horizontal liegender Strahler eine ganze Welle lang ist.

Gegengewicht
(engl.: counterpoise, groundplane, radial)

Ein System aus einem oder mehreren Leitern, meist $\lambda/4$ lang, die über dem Erdboden verspannt und davon isoliert sind. Der Blitzschutz (s. d.) erfolgt häufig über eine Funkenstrecke. Der Zweck des Gegengewichtes ist es, für die von der Antenne zurückkehrenden Feldlinien eine niedrige Impedanz darzustellen. Die Feldlinien durchdringen aber teilweise das Gegengewicht, so daß der Raum unter dem Gegengewicht nicht feldfrei ist und daher die Erdverluste nicht völlig beseitigt werden können. Gegengewichte werden oft verwendet, wenn der Bodenleitwert für eine Erdung zu gering ist. Die Radials einer Groundplane-Antenne (s. d.) bilden ein Gegengewicht. Eine Verkürzung der Radials kann durch eine oder mehrere Serienspulen kompensiert werden (Resonanzabstimmung) (Siehe: Radial, abgestimmtes).
Bei Langdrahtantennen im KW-Bereich genügt oft ein frei ausgespannter Draht von $\lambda/4$ der Betriebswellenlänge. Wasserleitung, Zentralheizung und andere Metallmassen des Gebäudes können als Gegengewicht wirken. Das Gegengewicht strahlt wie eine Antenne, darf also nicht irgendwo lieblos hingenagelt werden. Bei Fahrzeugantennen dient der Metallkörper des Fahrzeuges als Gegengewicht. Viertelwellenantennen benötigen ein Gegengewicht, bei Halbwellenantennen kann es entfallen.
(F. Braun – 1901 – Dt. Patent)

Gegentaktspeisung
(engl.: symmetrical feeding system)

Im Gegensatz zur Gleichtaktspeisung (s. d.) die Speisung eines symmetrischen Verbrauchers, z. B. Dipol über eine symmetrische Speiseleitung, z. B. Zweidrahtleitung. Das Prinzip der Gegentaktspeisung ist symmetrisch – symmetrisch.
Dabei hat jede Leitung die entgegengesetzte Spannung gegenüber Erde und der

Strom fließt in jedem Leiter entgegengesetzt (Hin- und Rückstrom).
Der symmetrische Betriebszustand hat drei Voraussetzungen:
- symmetrische Speisung
- symmetrischer Leitungsaufbau gegenüber Erde
- symmetrischer Abschluß

Wird eine der drei Voraussetzungen nicht erfüllt, so tritt zusätzlich ein Gleichtaktanteil auf. Die Strom- und Widerstandsverhältnisse sind dann nicht mehr definiert. Abhilfe: Symmetrierglieder und Mantelwellensperren.

Gegentaktwelle

Die auf einer erdsymmetrischen Zweidrahtspeiseleitung sich ausbreitende Welle, deren Ströme (und Spannungen) so verteilt sind, daß auf gegenüberliegenden Punkten die gleichgroße Amplitude, aber entgegengesetzte Phase herrscht.
(Siehe auch: Gleichtaktwelle).

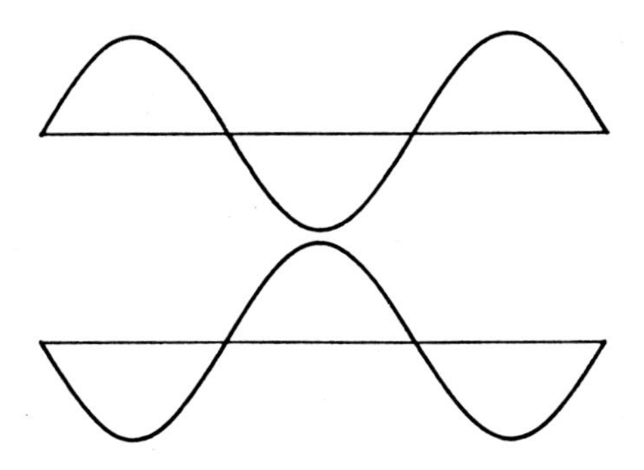

Gegentaktwelle auf einer Zweidrahtleitung. **Die dargestellte Größe kann der Strom I oder die Spannung U sein.**

Gehäuseantenne

Eine Behelfsantenne, die im Gehäuse eines Rundfunk- bzw. Fernsehempfängers eingebaut ist. Bei UKW ein Draht- oder Foliendipol, bei MW und LW eine Ferritstabantenne (s. d.). Bei tragbaren Empfängern oft eine ausziehbare und schwenkbare Teleskop-Antenne (s. d.).

Gemeinschaftsantenne

Eine Empfangsantenne, die über Antennenverstärker und Kabel mehrere Rundfunk- und Fernsehempfänger versorgt. Für Empfang leiser DX-Stationen auf KW meist nur wenig geeignet.

Geschwindigkeitskonstante
(engl.: velocity factor)

Die elektromagnetische Welle breitet sich nur im Freiraum mit Lichtgeschwindigkeit aus c = 300 000 km/s. Wird die Welle von Drähten oder Wellenleitern geführt, so verringert sich die Geschwindigkeit der Welle. Das Verhältnis der verminderten Geschwindigkeit zur Lichtgeschwindigkeit heißt Geschwindigkeitskonstante oder Geschwindigkeitsfaktor.
(Siehe: Verkürzungsfaktor, Endeffekt, Ausbreitungsgeschwindigkeit).

Gewinnabschätzung (engl.: gain estimate)

Der Richtfaktor D (s. d.) ist definiert als Verhältnis der Strahlstärken der Antenne zur Strahlstärke des Isotropstrahlers oder umgekehrt proportional den entsprechenden Raumflächen, durch welche die Strahlung tritt.
1. Nach Kraus kann die Raumfläche der Antenne näherungsweise ersetzt werden durch eine Rechtecksfläche ($\Theta \cdot \Phi$), gebildet aus den Halbwertsbreiten der E- und H-Ebene.

$$D = \frac{4\pi}{\Theta \cdot \Phi}$$

4π = Kugeloberfläche der Einheitskugel
Θ, Φ = Raumwinkel in Radiant [rad].
$\Theta \cdot \Phi$ = Rechteckfläche
1 rad = $360°/2\pi$ = 57,296°, α [rad] = $\alpha°/57{,}296$ und $4\pi \cdot (57{,}296)^2 = 41253$

Daraus wird: $$D = \frac{41253}{\Theta_{3dB} \cdot \Phi_{3dB}}$$

Θ_{3dB}, Φ_{3dB} sind die Halbwertsbreiten in Grad
Bei verlustfreien Antennen ist G = D, damit kann der maximale Gewinn abgeschätzt werden:

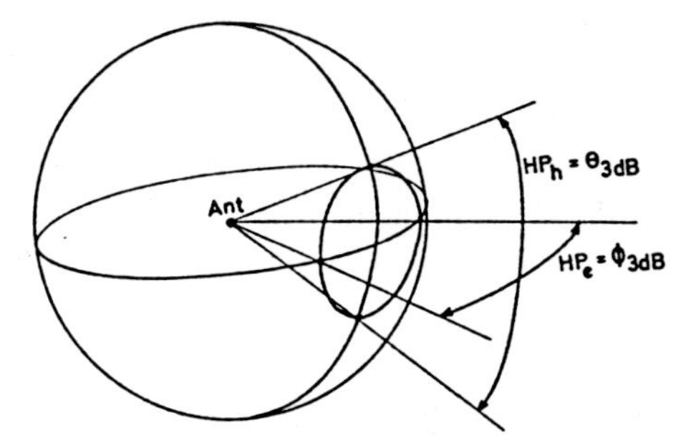

Gewinnabschätzung. Methode nach Dombrowski, Orr/Cowan.
In der Mitte der Strahlungskugel liegt die Richtantenne. Die Antenne „beleuchtet" einen elliptischen Ausschnitt der Strahlungskugel. Bei angenommener horizontaler Polarisation der Antenne liegt die horizontale Halbwertsbreite Φ_{3dB} in der E-Ebene, die vertikale Halbwertsbreite Θ_{3dB} in der H-Ebene.

$$G_{max} = \frac{41253}{\Theta_{3dB} \cdot \Phi_{3dB}}$$

Mit der Umformung $G_D = G/1{,}64$ wird daraus der maximale Gewinn, bezogen auf den Halbwellendipol.

$$G_{Dmax} = \frac{25154}{\Theta_{3dB} \cdot \Phi_{3dB}}$$

Die Näherungsmethode ist beschränkt auf Antennen ohne wesentliche Nebenzipfel.

2. Eine andere Näherungsmethode (Dombrowski, Orr/Cowan) ersetzt die Raumfläche der Antenne durch eine Ellipsenfläche $\Theta \cdot \Phi \cdot \pi/4$, gebildet aus den Halbwertsbreiten der E- und H-Ebene.

$$D = \frac{16}{\Theta \cdot \Phi}$$

Weil $16 \cdot 57{,}296^2 = 52525$ und bei verlustfreien Antennen G = D ist, wird der Gewinn abgeschätzt mit:

$$G_{max} = \frac{52525}{\Theta_{3dB} \cdot \Phi_{3dB}}$$

Mit der Umformung $G_D = G/1{,}64$ wird daraus der maximale Gewinn, bezogen auf den Halbwellendipol:

$$G_{Dmax} = \frac{32027}{\Theta_{3dB} \cdot \Phi_{3dB}}$$

Bei dieser Näherung ergibt sich ein höherer Gewinn, weil die Ellipsenfläche kleiner ist als die Rechteckfläche. Die Zahl über dem Bruchstrich ist das Gewinnbandbreitenprodukt (s. d.).

Gewinn, absoluter Gewinn, Leistungsgewinn

(engl.: gain, absolute gain, power gain)
Man schreibt einer Antenne einen Gewinn zu, indem man sie mit einer Referenzantenne oder einem Normalstrahler vergleicht. Der Gewinn ist ein Leistungsverhältnis und stellt einen der wichtigsten Werte einer Antenne dar.
Nach Definition wird als Referenzantenne oder Normalstrahler die Isotropantenne (s. d.) verwendet. Damit ergibt sich als Gewinn G allgemein der Gewinn einer Antenne bezogen auf den Kugelstrahler (= Isotropstrahler) mit den älteren Bezeichnungen absoluter oder isotroper Gewinn und den Schreibweisen G_o, G_k, G_i.
Der Gewinn G ist das Verhältnis der größtmöglichen Strahlstärke einer Isotropantenne, die mit der gleichen Leistung wie der Prüfling gespeist wird. Der Gewinn G ist eine Verhältniszahl („dimensionslos").

1. Vergleicht man den Gewinn mit dem Richtfaktor (s. d.), so ergibt sich: Gewinn: $G = \eta \cdot D$; η ist der Wirkungsgrad der Antenne. Bei einer verlustfreien Antenne sind Richtfaktor und Gewinn identisch. Treten jedoch Verluste auf, so wird der Gewinn kleiner als der Richtfaktor. Beispiel: Die Beverage-Antenne (s. d.) hat einen hohen Richtfaktor, aber durch die Erdverluste nur einen kleinen Gewinn.

2. Der Gewinn beinhaltet keine Verluste durch schlechte Polarisationsanpassung oder schlechte Impedanzanpassung.

3. Außer in Richtung der Hauptkeule kann der Gewinn in jeder beliebigen Richtung bestimmt werden. Er ist dann klar zu bezeichnen, z. B. „Gewinn in Richtung der Rückwärtskeule". Erfolgt keine Angabe, so ist der Gewinn in der Hauptstrahlrichtung zu verstehen.

4. Der Ausdruck „absoluter Gewinn" wird nur dann gebraucht, wenn man ihn vom relativen Gewinn unterscheiden will, z. B. bei Messungen des absoluten Gewinns.

5. Soll der Gewinn durch Vergleich zweier Feldstärken ermittelt werden, so ergibt sich der Feldstärkengewinn $G_f = E_1/E_2$.

Der Leistungsgewinn ist davon das Quadrat: $G = G_f^2$.
6. Der Gewinn wird üblicherweise als Gewinnmaß in Dezibel angegeben. Er errechnet sich aus dem Leistungsgewinn wie folgt:

$$g = 10 \cdot \lg G \quad [\text{dBi}]$$

Da der Bezugsstrahler die Isotropantenne ist, erfolgt die Maßangabe in Dezibel über Isotrop = dBi.
7. Der Gewinn kann aber auch als Leistungsverhältnis in Bezug auf den Halbwellendipol angegeben werden. Dies vor allem deshalb, weil eine Isotropantenne nur gedacht ist, aber physikalisch nicht realisiert werden kann. Der Gewinn ist dann:

$$G_d = G/1{,}64 \quad [\text{Verhältniszahl}]$$

In Dezibel über Dipol ausgedrückt:

$$g_d = 10 \cdot \lg G_d \quad [\text{dBd}]$$

8. Da der Gewinn des Halbwellendipols 2,15 dB über der Isotropantenne liegt, ist bei der selben Antenne g immer um 2,15 dB größer als g_d.

$$g = g_d + 2{,}15\ \text{dB} \quad [\text{dBi}]$$
$$g_d = g - 2{,}15\ \text{dB} \quad [\text{dBd}]$$

9. Gewinnangaben nur in dB ohne klare Bezeichnung der Bezugsantenne sind als dBi zu verstehen. Es ist zweckmäßig, durch den Index die Bezugsantenne eindeutig anzugeben.
10. Der Gewinn ist beim Senden und beim Empfangen mit der selben Antenne gleich, sofern das Reziprozitätsgesetz gilt.
Beispiel: Eine Yagi-Uda-Antenne hat 6 dBd, wie groß ist ihr Gewinn über Isotropstrahler? 6 dBd + 2,15 dB = 8,15 dBi. Eine Behelfsantenne hat 0,8 dBi Gewinn. Wie groß ist ihr Gewinn über Dipol? 0,8 dBi – 2,15 dB = – 1,35 dBd. Die Antenne ist also schlechter als ein Halbwellendipol.

Gewinnanteil für eine vorgegebene Polarisation
(engl.: partial gain for a given polarization)

Der Anteil der Strahlungsdichte (s. d.) in der Hauptrichtung mit gegebener Polarisation im Verhältnis zur Strahlungsdichte des Isotropstrahlers. Der Gewinn (= Gesamtgewinn) einer Antenne in der Hauptrichtung ist die Summe aus den Gewinnanteilen der zwei senkrecht aufeinander stehenden Polarisationen.

Gewinn-Bandbreite-Produkt

In der Formel zur Gewinnabschätzung (s. d.) im Zähler stehende Zahl, die als Produkt des Gewinnes mit der *räumlichen* Bandbreite des Richtstrahls aufgefaßt werden kann. Die räumliche Bandbreite ist der vom Richtstrahl beleuchtete Raumwinkel, ein Ausschnitt aus der Strahlungskugel (s. d.).
Die Formel für die Gewinnabschätzung gilt für Antennen ohne Nebenzipfel und Verluste. Nach Kraus ist das Gewinn · Bandbreite-Produkt $G \cdot \Theta_{3dB} \cdot \Phi_{3dB} = 41253$, nach Dombrowski und Orr/Cowan = 52525. Sind kleinere Nebenzipfel vorhanden, kann der Wert (nach Kraus) bis auf 35000 abnehmen. Bei hohen Nebenzipfelanteilen z. B. bei LP-Antennen, Helixantennen und bei kleinen Reflektoren kann der Wert bis auf 30000 zurückgehen. So gibt z. B. Jasik den Wert von 27000 an.

Gewinn, relativer (engl.: relative gain)

1. Gewinnvergleich: Das Verhältnis des Gewinnes einer Antenne zum Gewinn einer anderen Antenne in Hauptstrahlrichtung, bei Gewinnangaben in dB als Differenz beider Gewinne in dB.
2. Ältere, internationale Gewinndefinition nach CCIR: Gewinn G_d einer Antenne in einer gegebenen Richtung, wenn die Bezugsantenne ein verlustfreier Halbwellendipol im freien Raum ist.
Beispiele zu 1.:
1. Eine 3-Element-Yagi-Uda-Antenne hat 7,5 dBi absoluten Gewinn, eine 2-Element-Cubical-Quad hat 7,6 dBi absoluten Gewinn. Der relative Gewinn der Yagi-Uda über die Quad ist:

$$7{,}5\ \text{dBi} - 7{,}6\ \text{dBi} = -0{,}1\ \text{dB}.$$

2. Als Angabe: Eine 20-Element-Gruppenantenne hat in der Seitenkeule bei 60° gegenüber einer 2-Element-Yagi-Uda-Antenne einen relativen Gewinn von 2 dB.

Gewinntabelle

Die Tabelle zeigt Antennengewinne von einfachen elektrischen und magnetischen Antennen. Alle Antennen sind verlustlos und angepaßt.
Die Angaben gelten bei den Antennen Nr. 1–7 und 13–16 für den freien Raum, bei den Antennen Nr. 8–12 für den Halbraum über ideal leitender Erde.
Die direkt gegen ideale Erde erregten Vertikalantennen wirken wegen der gleichphasigen Spiegelbilder wie Freiraumstrahler. Da die Leistung aber nur in den oberen Halbraum abgestrahlt wird, ergibt sich eine Leistungsverdopplung entsprechend einer Gewinnerhöhung um den Faktor 2 oder rund 3 dB.
Bei Reflexion an der als ideal leitend und reflektierend angenommenen Erde ergibt sich für Antennen über Erde eine Feldstärkeverdopplung entsprechend einer Gewinnerhöhung um den Faktor 4 oder rund 6 dB.

Nr.	Antennenart	Stromverteilung	Gewinn (Richtfaktor)		Gewinn über Halbwellendipol	
			G	g/dB	G_d	g_d/dB
1	Kugelstrahler (Isotrope Antenne)	–	1	0	0,61	−2,15
2	Sehr kurzer Dipol $(I \ll \lambda/4)$	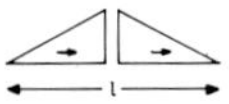	1,5	1,76	0,92	−0,39
3	Hertzscher Dipol (Elementardipol)	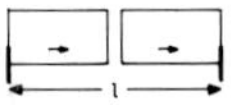	1,5	1,76	0,92	−0,39
4	Halbwellendipol ($\lambda/2$-Dipol)	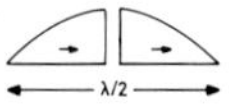	1,64	2,15	1	0
5	Ganzwellendipol (λ-Dipol)		2,41	3,82	1,47	1,67
6	Verlängerter Doppelzepp $(5\,\lambda/4 \approx 1{,}28\lambda$-Dipol)	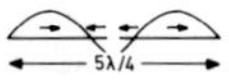	3,3	5,18	2,01	3,03
7	Kreuzdipol ((Turnstile Antenne)	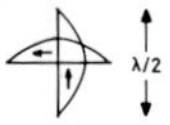	0,82	−0,86	0,5	−3,01
8	Sehr kurze Vertikalantenne $(h \ll \lambda/8)$	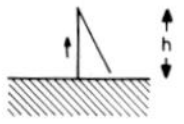	3	4,77	1,83	2,62
9	Kurze Vertikalantenne mit Dachkapazität	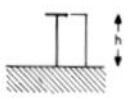	3	4,77	1,83	2,62
10	$\lambda/4$-Vertikalantenne (Marconi-Antenne)	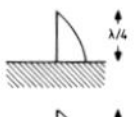	3,28	5,16	2	3,01
11	$\lambda/2$-Vertikalantenne	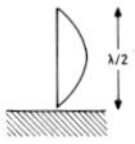	4,82	6,83	2,94	4,68
12	$5\,\lambda/8$-Vertikalantenne $(\approx 0{,}64\,\lambda)$	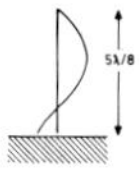	6,6	8,19	4,02	6,04
13	Kleiner Rahmen, Umfang $\ll \lambda$, Fläche A		1,5	1,76	0,92	−0,39
14	Ringelement, Umfang 1λ		2,23	3,49	1,36	1,34
15	Quadelemente, Umfang 1λ	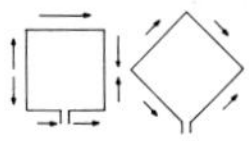	2,06	3,14	1,25	0,99
16	Delta-Loop Elemente, (gleichseitige Dreiecke), Umfang 1λ		1,91	2,82	1,17	0,67

Gewinn, tatsächlicher; Gewinn über alles (engl.: realized gain)

Der tatsächliche Gewinn ist der Gewinn einer Antenne, entweder in dBi oder dBd gemessen (Siehe: Gewinn), vermindert um die Verluste durch die Fehlanpassung zwischen Antennen- und Kabelimpedanz. Er umfaßt bei den Verlusten aber nicht die Polarisationsfehlanpassung (Siehe: Polarisation) zwischen zwei Antennen eines komplexen Funksystems.

Gewinnumrechnung

Zur Gewinnumrechnung zwischen beliebigen Antennen (A, B, C) gelten folgende Formeln

numerisch	logarithmisch (dB)
$G_B^A \cdot G_C^B = G_C^A$	$g_B^A + g_C^B = g_C^A$
$1/G_B^A = G_A^B$	$-g_B^A = g_A^B$
$G_A^A = 1$	$g_A^A = 0$

Dabei bedeuten

G... Antennengewinn (allgemein), dimensionslos, gemäß Definition ein Leistungsverhältnis

g = 10 lg G... Antennengewinn (allgemein) in dB, Leistungsmaß (logarithm. Leistungsverh.)

G_B^A, g_B^A... Gewinn der Antenne A über oder in bezug auf Antenne B

Beispiel:

Gesucht ist der Gewinn G_C^A eines sehr kurzen Dipols A über einen Halbwellendipol C. Der Kugelstrahler B wird dabei als Bezugsantenne verwendet, d. h., die Richtfaktoren der beiden Antennen A und B sind bekannt (vgl. Spalten G und g/dB in der Gewinntabelle.)

$$G_B^A = 1{,}5 \qquad G_B^C = 1{,}64$$

$$G_C^A = G_B^A \cdot G_C^B = G_B^A \cdot 1/G_B^C = 1{,}5 \cdot 1/1{,}64 = 0{,}92$$

oder $g_B^A - 1{,}78\,\mathrm{dB} \qquad g_B^C = 2{,}15\,\mathrm{dB}$

$$g_C^A = g_B^A + g_C^B = g_B^A - g_B^C = 1{,}76\,\mathrm{dB} - 2{,}15\,\mathrm{dB} = -\,0{,}39\,\mathrm{dB}$$

Beide Ergebnisse finden sich bei Antenne Nr. 2 in den Spalten G_d und g_d/dB.

Das bedeutet, daß der sehr kurze Dipol, unabhängig von seiner Länge, einen nur um etwa 8 % geringeren Gewinn hat als der Halbwellendipol. Voraussetzung 100 % Wirkungsgrad und keine Verluste in den Anpaßgliedern; beides ist in der Praxis nicht gegeben.
Die Werte der Gewinntabelle sind daher Maximalwerte des Gewinns.

Gewitter (engl.: thunderstorm)

Mit elektrischen Erscheinungen wie Blitz (s. d.), Korona-Entladungen (s. d.) und atmosphärischen Empfangsstörungen (QRN) sowie Wetterleuchten verbundenes Witterungsgeschehen.

GFK

Abkürzung für **G**las**F**aser-**K**unststoff, einem isolierenden Material für Antennenträger

GFK. Rundstrahlantenne, hor. pol. AT 631 für 470 bis 860 MHz in einem selbsttragenden, 11 m hohen GFK-Zylinder, 1,62 m Durchmesser an der Spitze des Hamburger Fernsehturmes.
(Werkbild Rohde & Schwarz)

u. dgl. aus Glasfasern und Polyester-Kunstharz. Zu beachten ist, daß Kohlefaser-Kunststoff die Eigenschaften eines Halbleiters hat.

Gittergruppe, rechtwinklige
(engl.: rectangular grid array)

Eine Gruppenantenne (s. d.) in einer Ebene, bei der die Fußpunkte der Elemente in einem rechtwinkligen Gitter gleichen Abstands angeordnet sind.

Gittermast
(engl.: lattice pylon, lattice mast)

Ein abgespannter Mast mit dreieckigem oder quadratischem Querschnitt, der den gitterartigen Versteifungen seine Festigkeit verdankt. Ausführungen sind in Aluminium, Alu-Legierungen und verzinktem Stahl aus Profilstäben (Winkel-, T- und U-Schienen und Rohren) möglich. Die einzelnen Glieder eines Gittermastes, aus denen er zusammengesetzt wird, heißen Schuß bzw. Schüsse.

Gitterreflektor

Ein Reflektor, der zur Material- und Gewichtsersparnis als Gitter ausgeführt ist. (Siehe: Reflektor).

Gleichtaktspeisung
(engl.: asymetrical feeding system)

Die Speisung eines erdunsymmetrischen Verbrauchers, z. B. einer Groundplaneantenne (s. d.) über eine erdunsymmetrische Speiseleitung, z. B. Koaxialkabel. Das Prinzip der Gleichtaktspeisung ist: asymmetrisch – asymmetrisch. (Siehe auch: Gegentaktspeisung).

Gleichtaktwelle

Im Gegensatz zur Gegentaktwelle (s. d) eine auf einer erdsymmetrischen Zweidrahtspeiseleitung der Gegentaktwelle überlagerte Welle, deren Amplitude und Phase auf gegenüberliegenden Punkten gleich groß sind. Während die Gegentaktwellen keine praktisch merkliche Strahlung nach außen abgeben, kommt die Speiseleitung durch die Gleichtaktwelle zur Strahlung, d. h. sie wirkt als unerwünschte Antenne durch ihren „Antennenstrom". Der Gleichtaktwelle auf einer offenen Speiseleitung entspricht die Mantelwelle (s. d) auf einem Koaxialkabel.

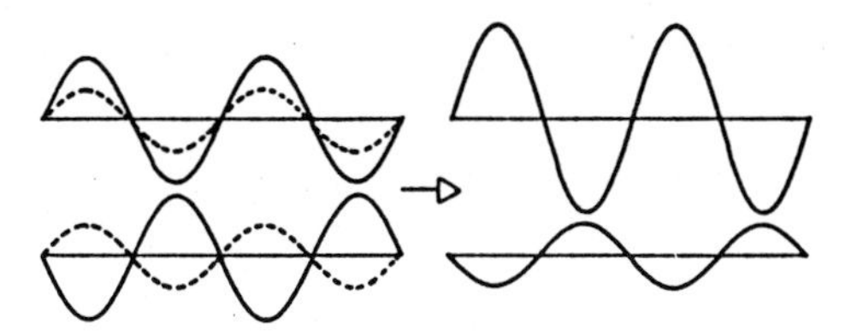

Gleichtaktwelle auf einer Zweidrahtleitung. Die dargestellte Größe kann der Strom I oder die Spannung U sein.
Links: Der Gegentaktwelle (ausgezogen) ist eine Gleichtaktwelle (gestrichelt) überlagert.
Rechts: Durch Superposition entsteht eine scheinbare Gegentaktwelle mit unterschiedlichen Amplituden.
Die gezeigte Erscheinung tritt z. B. auf der Speiseleitung einer Zeppelinantenne auf.

G-Leitung (engl.: G-line)

Soviel wie Goubau-Leitung (s. d).

Glühlampenindikator (engl.: pilot lamp)

Ein Glühlämpchen zur Stromanzeige in Antennen. Es kann bei geringen Strömen eingeschleift oder bei großen Strömen parallel zum Antennenleiter angeklemmt werden.

Goniometer (engl.: goniometer)

Während beim Drehrahmenpeiler der Antennenrahmen gedreht wird, steht der Kreuzrahmenpeiler fest. Die HF-Spannungen der zwei senkrecht zueinander stehenden Rahmenschleifen werden über Koaxialkabel dem Goniometer zugeführt. In diesem werden zwei zu den Rahmenschleifen gleichsinnig stehende Feldspulen von den Empfangsströmen durchflossen und bilden im Goniometer ein HF-

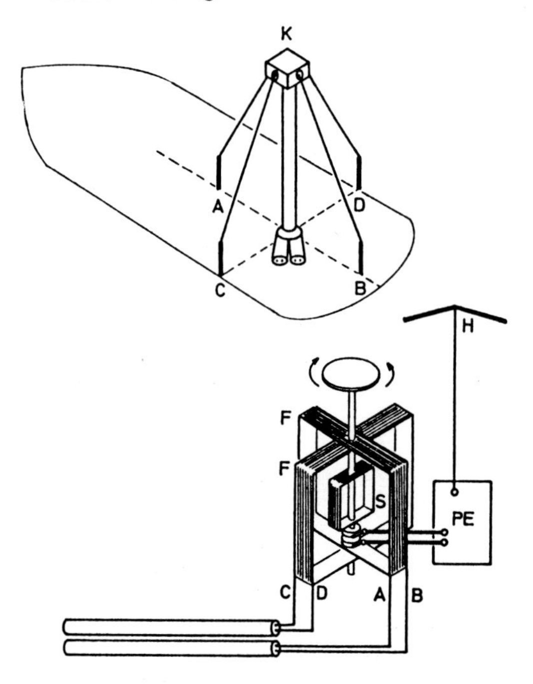

Goniometer. Oben: Kreuzrahmen K auf einem Schiffskörper
Unten: Goniometer mit zwei Feldspulen FF und der Suchspule S. Über Abnehmerkontakte gelangt die HF-Spannung in den Peilempfänger FE. Die Feldspule AB entspricht der Kreuzrahmenschleife AB, ebenso Feldspule CD–Schleife CD.
Durch Zuschalten der Hilfsantenne H kann im Peilempfänger PE ein Kardioidendiagramm erzeugt werden, mit dem durch Nullpeilung die Seitenbestimmung erfolgt.

Feld, das dem äußeren Feld am Kreuzrahmen exakt entspricht. Im Goniometerfeld übernimmt nun die drehbare Suchspule die Aufgabe des Drehrahmens und gestattet Peilungen des Maximums sowie des Minimums und nach Zuschaltung der Hilfsantenne die Seitenbestimmung mit dem Maximum der Kardioide (s. d).

Goubau-Leitung

(engl.: surface wave transmission line)

Ein mit dicker Isolierschicht (meist Polyäthylen) eingehüllter Draht leitet die Oberflächenwellen ohne Strahlung die Goubau-Leitung entlang. Diese läßt sich wie eine Freileitung isoliert aufhängen und ist bei guter Witterung recht verlustarm. Bei feuchter Witterung steigen die Verluste an. Goubau-Leitungen werden deshalb nur selten zur Fortleitung von VHF und UHF verwendet.
(G. J. E. Goubau – 1950 – US Patent).

Gregorianische Antenne

(engl.: Gregorian reflector antenna)

Auch Gregory-Antenne genannt. Ein Hauptparabolspiegel mit einem elliptisch-konkaven Subreflektor (Hilfsreflektor), der von einem Primärstrahler (s. d.) angestrahlt wird. Diese Reflektoranordnung ist länger als die Cassegrain-Antenne (s. d.) und wird bei Radioteleskopen verwendet. Der im Brennpunkt des Parabolspiegels angebrachte Erreger wird vom Hilfsreflektor nicht abgedeckt, wie z. B. bei der Cassegrain-Antenne.

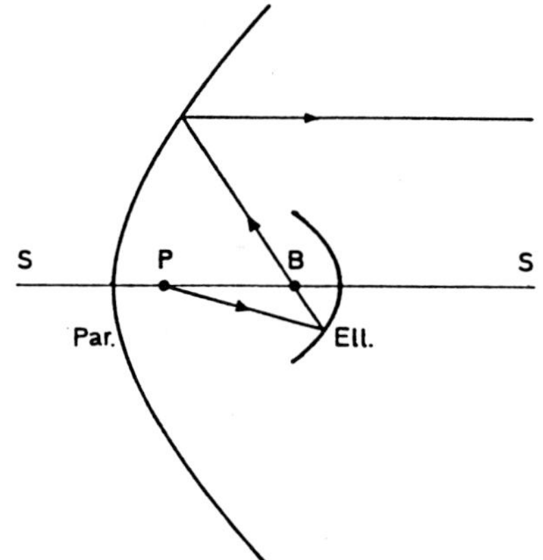

Strahlengang in einer Gregorianischen Antenne. Vom Primärstrahler P trifft der Strahl auf den elliptischen Hohlspiegel Ell., durchläuft den Brennpunkt B, trifft auf den Parabolspiegel Par., von dem er in Zielrichtung parallel zur Seelenachse S-S reflektiert wird.

Grobfunkenstrecke (engl.: spark gap)

Eine Funkenstrecke für hohe Überspannungen mit kugelförmigen Elektroden. Ihre Durchschlagsspannung ist für HF um etwa 30% niedriger als für Gleichspannung.
(Siehe auch: Funkenstrecke, Feinfunkenstrecke, Hörnerblitzableiter).

Großbasispeiler
(engl.: large base direction finding)

Ein Peilsystem, das zuerst die Richtung grob mittels Rahmen- oder Adcockpeilung bestimmt, und dann ein Großbasissystem (s. d.) aus weit voneinander entfernten Antennen einsetzt. Das Großbasissystem ist durch die vielen Gitterkeulen mehrdeutig, weshalb vorher die Grobpeilung erfolgt, um die Mehrdeutigkeit auszuschließen. Auch die Wullenweverantenne (s. d.) ist ein Großbasispeiler.

Großbasissystem
(engl.: large base direction finding system)

Funkfeuer, Ortungs- und Navigationsanlagen erreichen nur dann hohe Genauigkeit, wenn ihre Antennen mehrere Wellenlängen voneinander entfernt sind. Man bezeichnet dies als Großbasissystem.
(Siehe auch: Consol-Antenne, Consolan-Antenne, Großbasispeiler).

Groundplane (engl.: ground plane)

Eine Groundplane ist ein isoliertes Gegengewicht (s. d.). Es besteht entweder aus einer metallischen Fläche aus Voll- bzw. Gittermaterial oder aus einzelnen Stäben. Der Radius der kreisförmigen Fläche und die Länge eines Stabes ist λ/4. Die minimale Anzahl der Stäbe (Radials) ist 2 Stück, die diametral, und dabei horizontal oder schräg nach unten angeordnet sind. Unter Groundplane wird aber auch die Groundplaneantenne verstanden.
(Siehe auch: Radials).

Groundplaneantenne
(engl.: groundplane antenna)

Eine Vertikalantenne (s. d.), deren Strahler λ/4 lang ist und mit dem Innenleiter des speisenden Koaxialkabels verbunden ist. Der Mantel des Koaxialkabels liegt an einem Gegengewicht, der Groundplane (s. d.), das aus zwei bis zwölf, meist vier Radials von ebenfalls λ/4 Länge besteht. Dieses Gegengewicht bietet dem Kabel eine niedrige Impedanz zur nahezu mantelwellenfreien Anpassung. Die Radials strahlen, weil sie HF-Ströme führen. Da die Groundplaneantenne mit horizontalen Radials etwa 16 Ohm Fußpunktwiderstand (s. d.) hat, das Koaxialkabel jedoch 50 Ohm Impedanz, erfolgt die Anpassung durch Faltung zu einem Faltmonopol (s. d.) oder durch ein Anpaßglied, oft in λ/4-Kabelstück.
Man kann die Groundplaneantenne auch anpassen durch Veränderung von Neigungswinkel und Länge der Radials. Ein Absenken oder eine Verlängerung der Radials erhöht den Fußpunktwiderstand.

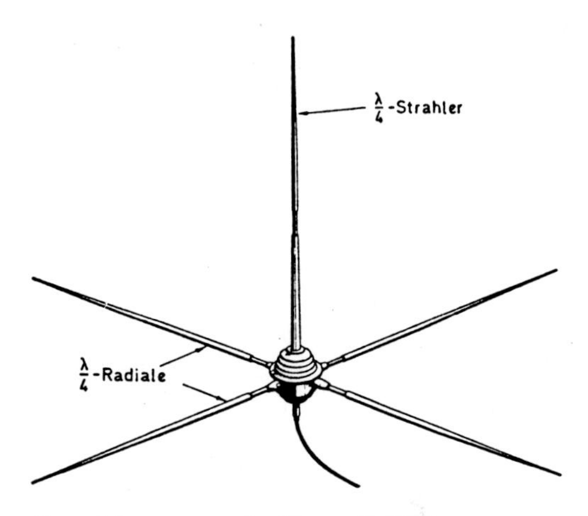

Groundplaneantenne, Ausführung für VHF.

Grundformen der Antennen

Die Grundformen der Antennen sind der elektrische Dipol (s. d.) und der magnetische Dipol (s. d.). Alle Antennen mit Ausnahme der optisch erklärbaren Mikrowellenantennen lassen sich gedanklich auf diese Grundformen zurückführen. Damit werden die Antennen aber auch der Berechnung zugänglich, womit Strahlungscharakteristik (s. d.) und Eingangsimpedanz (s. d.) ermittelt werden können.

Grundfrequenz

Soviel wie Eigenfrequenz (s. d.).

Grundfrequenz von Mehrbereichsantennen
(engl.: basic frequency of multiband antennas)

Diese ist die niedrigste Betriebsfrequenz, auf der die Antenne bei vorgegebener Wirksamkeit noch arbeiten kann. Bei einer 14/21/28 MHz Dreiband-Yagi-Uda-Antenne z. B. sind es 14 MHz.

Grundwelle

(Siehe: Eigenfrequenz).

Gruppe, ebene

Eine Gruppenantenne (s. d.), deren parallele Einzelstrahler in einer Ebene angeordnet sind, z. B. eine Kreisgruppenantenne (s. d.).

Gruppenantenne (engl.: array of antennas)

Eine Methode um eine Richtwirkung zu erzielen besteht darin, eine Anzahl von Einzelantennen so anzuordnen, daß sich durch Abstand und Phase ihre einzelnen Beiträge in einer bestimmten Richtung vermehren, in anderen Richtungen sich dagegen aufheben. Dabei können die Antennen in Ebene und Raum in vielfacher Weise angeordnet sein, z. B. geradlinig, kreisförmig, auf einer Kugeloberfläche usw.

Gruppe. VHF-Sendeantenne für Kanal E 7 mit je 12 Horizontaldipolen an den vier Seiten eines Mastes. Darunter Vierergruppen für größere Wellenlänge.
(Werkbild Rohde & Schwarz)

Gruppe. Eine Sendeantenne für Bereich III (174 bis 230 MHz) an einem Dreikantmast aus 3 mal je 16 V-Dipolen mit hor. pol. Rundstrahlcharakteristik auf dem Feldberg im Taunus.
(Werkbild Rohde & Schwarz)

Gruppenantenne, lineare
(engl.: linear antenna array)

Eine Gruppenantenne, deren Strahler in gerader Linie angeordnet sind. Einfachste Beispiele sind der Querstrahler aus zwei Halbwellendipolen und der Längsstrahler aus zwei Halbwellendipolen. Am bekanntesten ist wohl die Yagi-Uda-Antenne (s. d.).

Gruppenantenne mit gestufter Elementdichte
(engl.: space-tapered array)

Eine Gruppenantenne (s. d.) deren Richtcharakteristik dadurch geformt wird, daß die strahlenden Elemente auf der Oberfläche der Gruppe nicht in gleichmäßigen Abständen, sondern in verschiedener Dichte angebracht sind, z. B. bei einer Kreisbogenantenne (s. d.).

Gruppenantenne, planare
(engl.: planar array)

Eine zweidimensionale Gruppenantenne, deren Elemente in einer Ebene liegen. Beispiel: Kreisgruppenantenne (s. d.).

Gruppenantenne, verdünnte
(engl.: thinned antenna array)

Eine Gruppenantenne (s. d.) mit geringerer Anzahl gespeister Elemente als eine konventionelle Gruppenantenne, wobei die Elementart beider Antennen identisch sind. Die Hauptkeule hat trotzdem die gleiche Gestalt; doch sind die Elementabstände so gewählt, daß sich keine Gitterkeulen bilden können und die Nebenkeulen weitgehend unterdrückt bleiben.

Gruppenantennensystem, multiplikatives
(engl.: multiplicative array antenna system)

Eine Antennengruppe aus wenigstens zwei Empfangsantennen. Der gewünschte räumliche Winkel wird durch Multiplikation der Einzelkeulen erreicht.
(Siehe: Gruppenfaktor).

Gruppenelement (engl.: array element)

(Siehe: Antennengruppe) Das einzelne, strahlende Element in einer Antennengruppe, manchmal auch die aus solchen Elementen zusammengesetzte Kombination kleineren Ausmaßes, die durch die Speisung erregt wird.

Auswirkung des Gruppenfaktors auf das Richtdiagramm einer einfachen Richtantenne. Oberes Bild: zwei Kurzdipole in $\lambda/2$ Abstand mit ihren individuellen Richtdiagrammen. Die Kurzdipole sind in gleicher Phase erregt und bilden dadurch eine Querstrahlergruppe (s. d.). Unteres Bild: Dipolrichtdiagramm (D) mal Gruppenfaktor der Querstrahlergruppe (G) ergibt als Resultat (R) das Gesamtdiagramm der Zweiergruppe.

Gruppenfaktor (engl.: array factor)

Auch Gruppencharakteristik genannt. Ein richtungsabhängiger Faktor, mit dem die Charakteristik der Einzelantenne einer Gruppe (Gruppenelement) zu multiplizieren ist, um die Strahlungscharakteristik der aus mehreren solchen Einzelantennen zusammengesetzten Gruppe (Gruppenantenne, s. d.) zu erhalten. Der Gruppenfaktor wird mit $C_g(\Theta, \Phi)$ bezeichnet.

GTD
(engl.: geometrical theory of diffraction = GTD)

Abkürzung für: geometrische Theorie der Beugung, die bei der Analyse von Mikrowellenantennen eine Rolle spielt.

Guanella-Übertrager
(engl.: bifilar coil balun)

Ein von Guanella vorgeschlagener Breitbandbalun aus vier Einzelspulen oder zwei aufgewickelten Leitungsabschnitten von

etwa λ/4 Länge mit oder ohne Ferritkern (Siehe: Spulen-Balun). Das Transformationsverhältnis der Impedanzen ist 4:1 (300 Ω:75 Ω) mit gleichzeitiger Umsymmetrierung. Die Leitungsstücke müssen einen Wellenwiderstand von 150 Ω haben, sind auf der symmetrischen Seite in Serie geschaltet (300 Ω) und auf der unsymmetrischen Seite parallel geschaltet (75 Ω). Einsatz im Rundfunk- und Fernsehbereich.
(G. Guanella – 1942 – Schweiz. Patent).

Güte einer Antenne
(engl.: Q of an antenna)

(Siehe: Q-Faktor einer Antenne).

Gut, bewegliches oder laufendes
(engl.: hoist rope)

Ein Seil (oder Draht) eines Antennenaufbaues, das über Rollen oder dergl. aufgezogen, abgelassen oder sonstwie bewegt werden kann.

Gut, stehendes (engl.: staywire, stay rope)

Ein Seil (oder Draht) eines Antennenaufbaues, das fest angebracht ist und nach Abschluß der Arbeiten nicht mehr bewegt werden muß, z. B. die Pardunengehänge (s. d.) eines Mastes.

G4ZU-Beam (engl.: G4ZU beam antenna)

Eine von G4ZU erfundene Dreiband-Richtantenne, die auf 28 und 21 MHz als Drei-Element-Yagi-Uda-Antenne und auf 14 MHz als verkürzter Zwei-Elementer arbeitet. Der Strahler ist ein Dipol. Der 28/21 MHz-Direktor und der 28/21/14 MHz-Reflektor werden mit Spulen und Bandleitungen abgestimmt. Der Beam wird über eine Zweidrahtleitung und ein Abstimmgerät gespeist.
(G. A. Bird – 1955 – Brit. Patent).

G5RV-Antenne (engl.: G5RV antenna)

Ein Mehrband-Drahtdipol von 31 m Gesamtlänge, mittengespeist über eine 10,3 m lange, offene Zweidrahtleitung, die am Ende in eine 75 Ω-Bandleitung übergeht oder über einen 1:1-Balun in eine 75 Ω-Koaxialleitung. Von 3,5 MHz bis 29,7 MHz (80 m – 10 m) brauchbar.
(Lit.: L. Varney, RSGB Bulletin, Jul. 1958).

H

Haarnadelschleife (engl.: hairpin loop)

1. Eine in Form einer Haarnadel gebogene Leiteranordnung, die als Induktivität bei der Anpassung und/oder Abstimmung

Haarnadelschleife. Induktivität einer 5 cm breiten Haarnadelschleife aus 3 mm Kupferdraht mit halbkreisförmigem Ende in Abhängigkeit von der Länge. Die Breite ist von Drahtmitte zu Drahtmitte gemessen.

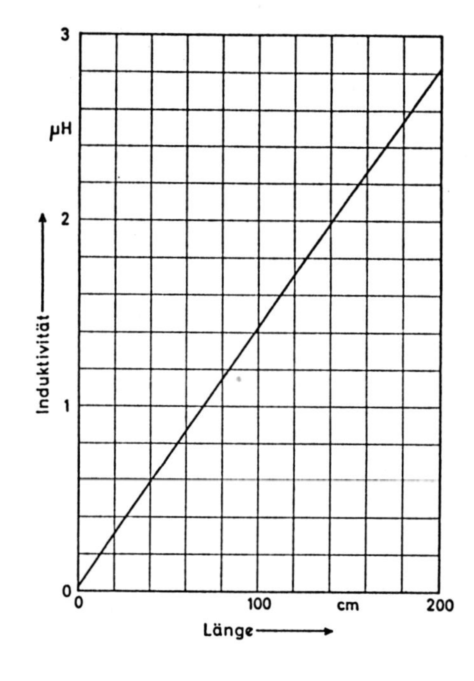

auf Resonanz eines Strahlers genau so wie eine Spule benützt wird.
2. Eine Bezeichnung für eine Zweidraht-Umwegleitung von λ/4 Länge, z. B. bei einer Franklin-Antenne (s. d.).

H-Adcock-Antenne

(engl.: H-Adcock antenna)

Im Gegensatz zur U-Adcock-Antenne (s. d.) ein Paar oder mehrere Vertikaldipole mit symmetrischer Speisung. Die Anordnung hat die Form eines H und kann leicht drehbar ausgeführt werden, wofür dann das Goniometer (s. d.) entfällt.

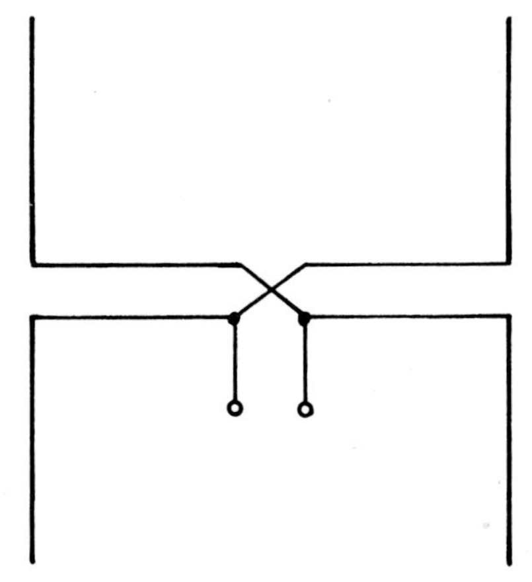

H-Adcock-Antenne, eine längsstrahlende Gruppe aus zwei Dipolen. Anstelle der Zweidrahtleitungen oft mit Baluns und Koaxialkabeln ausgeführt.

Halbschalensymmetrierung

(engl.: split tube balun)

Auch Schlitzübertrager genannt. Ein Symmetrierglied nach dem Prinzip der Halbwellen-Umweg-Schleife (Siehe: EMI-Schleife), das aus einem auf λ/4 zweiseitig geschlitztem Rohr (Schlitzgabel) besteht. Die symmetrische Antenne, z. B. ein Halbwellen-Dipol, ist an die beiden Halbschalen angeschlossen, während der Innenleiter mit einer Halbschale verbunden ist.

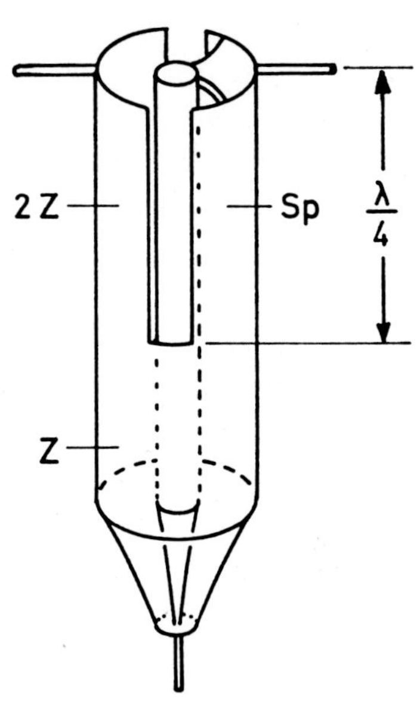

Halbschalensymmetrierung. Der doppelte Schlitz ist λ/4 lang. Der rechte Lappen bildet mit dem Innenleiter zusammen einen Sperrkreis Sp für die von unten kommende Welle. Der linke Lappen hat mit dem Innenleiter die doppelte Impedanz 2 Z der unteren Koaxialleitung Z, wirkt also noch als Transformationsstück.

Durch Zusammendrücken des Rohres läßt sich der Querschnitt elliptisch verformen und gestattet so einen Feinabgleich der Impedanz. Wegen ihres hohen Widerstands verhindert die Schlitzgabel das Eindringen der Mantelströme ähnlich wie beim Viertelwellen-Sperrtopf. Der Wellenwiderstand der Koaxialleitung wird bei zweifachem Wellenwiderstand der Halbschalen auf den vierfachen Wert transformiert. (E. Gerhard – 1943 – Dt. Patent).

Halb-Sloper

(engl.: quarter-wave half-sloper antenna, half-sloper)

Eine von der Spitze eines Metallmastes schräg zum Erdboden hin verspannte λ/4-Antenne. Die Speisung erfolgt am oberen Ende mit Koaxialkabel (50 Ω), Innenleiter an die Antenne, Außenleiter an den Mast. Durch stückweises Kürzen des Antennenleiters läßt sich das Stehwellenverhältnis

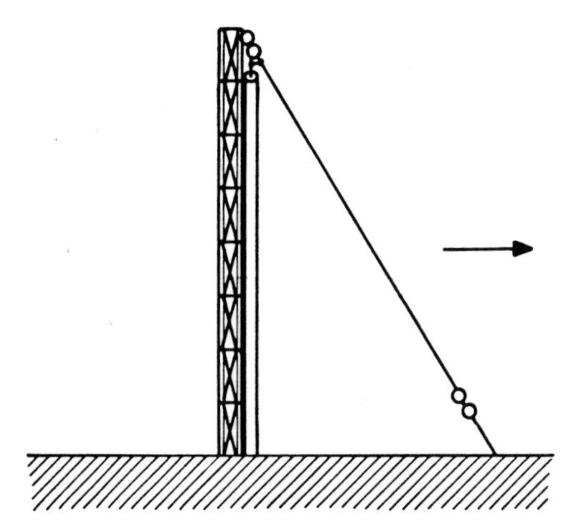

Halb-Sloper. Der Mantel des Koaxialkabels ist mit dem Mast gutleitend verbunden. Fallwinkel etwa 60 °

auf ein Minimum bringen. Je näher das untere Ende der Antenne dem Erdboden ist, desto schwieriger wird der Abgleich.
(Siehe auch: Sloper).

Halbwellen-Anpaßleitung

Am Ende einer $\lambda/2$ langen HF-Leitung herrscht die gleiche Impedanz wie am Anfang ohne Rücksicht auf den Wellenwiderstand der Leitung. Es erfolgt eine Impedanztransformation 1:1 mit Phasenumkehr von 180 °.
(Siehe auch: Stichleitung, Carter-Schleife).

Halbwellendipol (engl.: half-wave dipole)

(Siehe: Dipol, Halbwellendipol).

Halbwellendipol, koaxialer

Um einen Halbwellendipol breitbandiger zu machen, kann man parallel zum Dipol eine Viertelwellenleitung schalten, die für Kompensation (s. d.) sorgt. Bei der Resonanzfrequenz f_{res} hat die $\lambda/4$-Leitung eine sehr hohe Impedanz und beeinflußt die Speiseimpedanz des Dipols (etwa 72 Ω) nicht. Liegt die Betriebsfrequenz unter f_{res}, so ist die Impedanz des Dipols kapazitiv, die Impedanz der $\lambda/4$-Leitung aber induktiv. Beide Blindwiderstände kompensieren sich weitgehend. Bei Betriebsfrequenz über f_{res} wird die Impedanz des Dipols induktiv, die der $\lambda/4$-Leitung kapazitiv, was sich wiederum kompensiert. Beim Koaxialdipol legt man raumsparend die kompensierenden $\lambda/4$-Leitungen einfach in das Koaxialkabel. Eine weitere Bandbreitensteigerung läßt sich erzielen, wenn man in die Mitte des Innenleiters einen ohmschen Widerstand legt, was allerdings den Wirkungsgrad herabsetzt.
(Siehe auch: Snyder-Dipol).

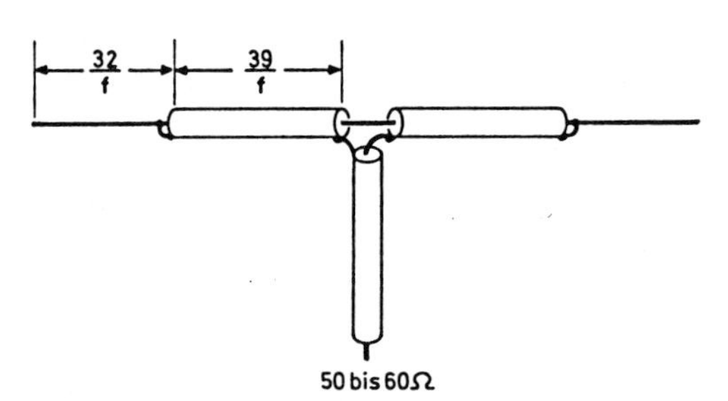

Halbwellendipol, koaxialer. Die Länge eines Astes ist $71/f_{MHz} = 39/f_{MHz} + 32/f_{MHz}$.
Die theoretische Impedanz von 72 Ω wird durch die Erdnähe auf 50 bis 60 Ω erniedrigt. An der Speisestelle kann ein Balun 1:1 zur Symmetrierung eingeschleift werden.

Halbwellen-Sperrtopfantenne
(engl.: bazooka dipole antenna)

Eine Art J-Antenne (s. d.) bei der Anpassung und Mantelwellenunterdrückung durch einen $\lambda/4$-Sperrtopf erfolgen.

Halbwellenstrahler
(engl.: half-wave radiator)

Allgemeine Bezeichnung für Antennen, deren strahlendes Element elektrisch $\lambda/2$ lang ist.
(Siehe: Halbwellendipol).

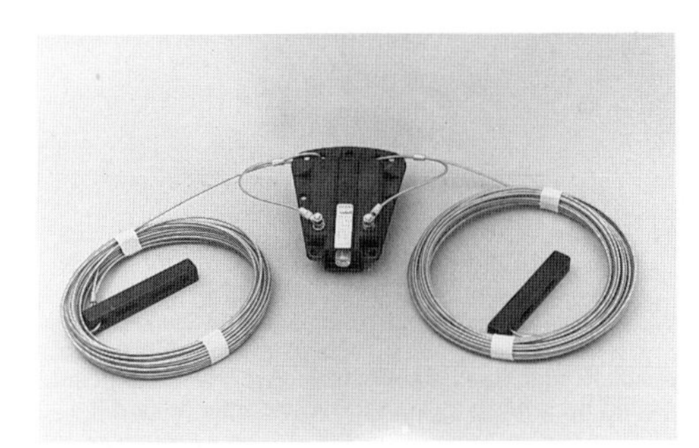

Halbwellenstrahler. Noch nicht montierter 3,5 MHz-Halbwellendipol. In der Mitte Balun 1:1 zum Anschluß des 50 Ω-Koaxialkabels.
(Werkbild Fritzel)

Halbwellen-Symmetriertopf
(engl.: colinear balun)

Eine Erweiterung des Viertelwellen-Sperrtopfes (s. d.) durch eine symmetrische Ergänzung. Bei Verstimmung aus der Resonanz werden dann beide Hälften gleich blindbelastet. Dabei entsteht zwar eine Fehlanpassung, aber die Symmetrie bleibt erhalten. Die Funktion ist damit identisch mit der einer abgestimmten EMI-Schleife (s. d.) als „folded balun".
(N. E. Lindenblad – 1939 – US Patent).

Halbwellen-Umwegleitung

(Siehe: Umwegleitung).

Halbwellen-Vertikaldipol
(engl.: vertical half-wave dipole)

Ein vertikaler Halbwellendipol, der als Rundstrahler vertikal polarisierte Wellen abstrahlt. Über gutem Boden und in hindernisfreiem Gelände ein sehr wirkungsvoller Flachstrahler, der vorzugsweise als Antenne von Rundfunksendern trotz großer, kostspieliger Bauhöhe eingesetzt wird und auch bei anderen Funkdiensten häufig verwendet wird.

Halbwellen-Zepp
(engl.: half-wave end fed antenna)

Eine Zeppelin-Antenne (s. d.) mit einem horizontalen Strahler, der $\lambda/2$ der Betriebswelle mißt.

Halbwertsbreite
(engl.: half-power beam width)

Im Richtdiagramm, das die Hauptkeule enthält, ist die Halbwertsbreite der Winkel zwischen den beiden Richtungen, in denen die Leistungsdichte auf die Hälfte des maximalen Wertes zurückgegangen ist. Im Leistungsdiagramm (s. d.) entsprechen die Halbwertspunkte der halben Leistung der Hauptkeule. Im Feldstärkediagramm liegen die Halbwertspunkte bei $1/\sqrt{2}$ = 0,7071 des Maximalwertes. Der Rückgang vom Maximum auf den Halbwertspunkt entspricht –3 dB. Durch die Halbwertsbreite wird die Bündelungsschärfe einer Antenne gekennzeichnet. Im allgemeinen ist die Richtcharakteristik ein Drehellipsoid. Die Halbwertsbreiten liegen dann in den zwei Schnittebenen, die durch die kleine und die große Hauptachse des Ellipsoids bestimmt werden, im speziellen in der E- und H-Ebene (s. d.). Die üblichen Bezeichnungen für die Halbwertsbreite sind: $\Theta_{3\,dB}$ und $\Phi_{3\,dB}$; $\vartheta_{3\,dB}$ und $\varphi_{3\,dB}$; HP_e und HP_h; α_E und α_H. Die Halbwertsbreite wird auch „Öffnungswinkel (3 dB)" genannt.

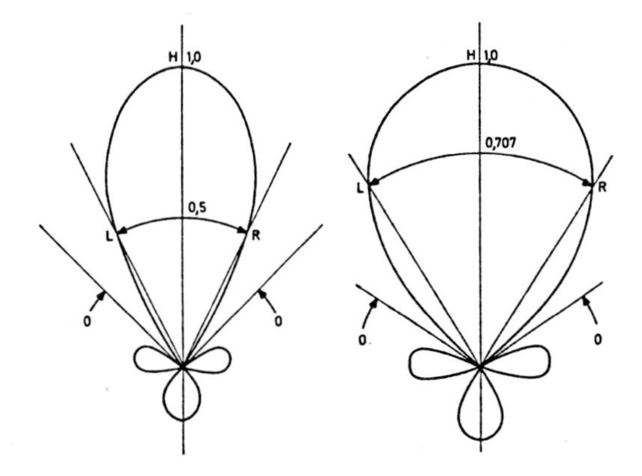

Halbwertsbreite. Links: Ein Leistungsdiagramm. Die Halbwertsbreite liegt bei der halben Leistung des Hauptmaximums H. Sie wird von den beiden Halbleistungspunkten L und R eingegrenzt. Der eingeschlossene Winkel ist 53°. Die Keulenbreite wird von den beiden Nullstellen (0-0) bestimmt, sie ist 91°.
Rechts: Ein Feldstärkediagramm. Die Halbwertsbreite liegt bei der 1/ 2 = 0,707fachen Feldstärke.

Die Halbwertsbreiten $\Phi_{3\,dB}$ sind z. B
Elementardipol 90°
Halbwellendipol 78°
Ganzwellendipol 47°
(Siehe: Haupt-Halbwertsbreite).

Halbwertswinkel (engl.: half-power angle)

Der Winkel im Richtdiagramm zwischen der Richtung des Strahlungsmaximums und der Richtung, in der die Leistungsdichte auf die Hälfte des Maximalwerts abgesunken ist. Im Feldstärkediagramm liegt dieser Punkt bei $1/\sqrt{2} = 0{,}70/07$ des Maximalwerts. Der Rückgang entspricht -3 dB. Der Halbwertswinkel entspricht der halben Halbwertsbreite. Die üblichen Bezeichnungen sind: $1/2\ \Theta_{3\,dB}$ und $1/2\ \Phi_{3\,dB}$ usw.
(Siehe: Halbwertsbreite, Haupt-Halbwertsbreite)

Halfsquare-Antenne
(engl.: half-square antenna)

Eine Ganzwellen-U-Antenne, 1934 erstmals von PAØZN beschrieben, Name und nähere Angaben 1974 von K3BC. Die Antenne entspricht einer halben Bobtail-Antenne (s. d.). Die Antenne hat eine Leiterlänge von 1 λ und besteht aus einem horizontalen λ/2-Teil mit zwei an den Enden angeschlossenen vertikalen λ/4-Monopolen. Die Speisung erfolgt am Ende eines Monopols. Die Eingangsimpedanz ist hochohmig und erfordert ein Anpaßglied. Die Antenne strahlt quer zu ihrer Ebene vorwiegend vertikal polarisiert. In der Antennenebene tritt eine ziemlich steile Horizontalkomponente auf. Daher ist die Antenne für DX- und Nahverkehr gut geeignet. Als Gewinn wird 3 bis 5 dBd angegeben. Eine für 7 MHz dimensionierte Antenne ist für Allbandbetrieb geeignet: 1,8 MHz: gefaltete λ/4; 3,5 MHz: endgespeiste λ/2; 7 MHz: Halfsquare; 14 MHz: λ/2-Vertikalpaar mit 1λ Abstand; 28 MHz: λ-Vertikalpaar mit 2λ Abstand. Zur Gewinnerhöhung kann hinter dem Querstrahler eine zweite solche Antenne in 0,15 λ Abstand und gemeinsam gespeist angeordnet werden. (Zweielement-Halfsquare-Antenne).
(Lit.: B. Vester, QST 3/1974; R. H. Schiess, hamradio 12/1981).

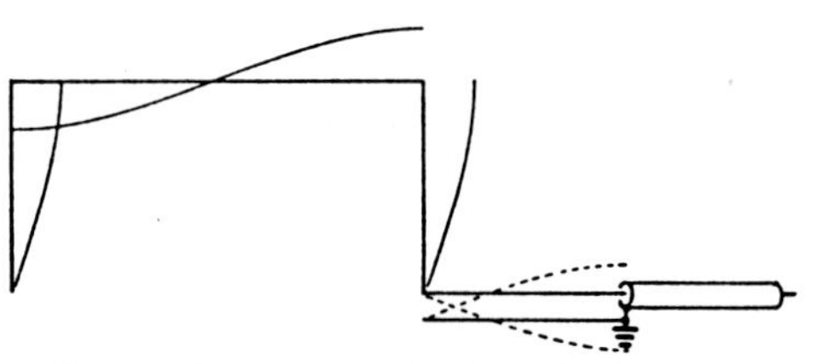

Halfsquare-Antenne. Die obenliegende Speiseleitung ist λ/2 lang, die Anpassung erfolgt über das Viertelwellenstück zum Koaxialkabel. Die Stromverteilung entspricht der einer vergrößerten Quadantenne (s. d.).

Halo-Antenne

(Abkürzung von Halfwave-Loop). Eine Faltdipolantenne, die zu einem horizontalen Kreis gebogen ist. Sie ist ein horizontal polarisierter Rundstrahler, meist für Frequenzen von 50 bis 150 MHz. Der „Gewinn" beträgt etwa -3 dBd. Die Antenne wird auch Ringdipol genannt.
(L. M. Leeds, M. W. Scheldorf – 1941 – US Patent).

Hauptempfangsrichtung
(engl.: main receiving direction)

Die Richtung, aus der eine Empfangsantenne die größte Empfangsspannung aufnimmt, also die Richtung der Hauptkeule (s. d.).

Haupt-Halbwertsbreite (der Hauptkeule)
(engl.: principal half-power beam width)

(Siehe: Halbwertsbreite, Gewinn, Bandbreite-Produkt).

Hauptkeule (engl.: major lobe, main lobe)

Die maximale Keule im Richtdiagramm (s. d.), die auf das Ziel gerichtet ist, auch Hauptmaximum genannt. Im Gegensatz dazu stehen die Nebenkeulen (s. d.) und die Rückwärtskeule (s. d.). Es gibt aber Antennen mit mehreren genutzten Keulen und Antennen mit aufgespaltener Hauptkeule (Siehe: Differenz-Diagramm).

Hauptkeule, geformte
(engl.: shaped beam antenna)

Jede verlangte Sonderform der Hauptkeule, die von der Hauptkeule einer mit gleichmäßiger Phase beleuchteten Apertur der gleichen Form und Größe abweicht.
(Siehe: Differenzdiagramm).

Hauptkeulen, überlappte
(engl.: sequential lobing)

Eine Peiltechnik, aber auch Empfangstechnik, bei der Hauptkeulen, die sich teilweise überlappen, ausgenützt werden. Die Hauptkeulen werden z. B. durch eine sternförmige Vielfach-V-Antenne erzeugt.
(Siehe: V-Antenne).

Hauptmaximum
(engl.: major lobe, main lobe)

Die Strahlungskeule in einer Richtcharakteristik, bzw. einem Richtdiagramm, welche die meiste Energie abstrahlt.
(Siehe: Hauptkeule).

Hauptreflektor (engl.: main reflector)

Der größte Reflektor einer Antenne, die mehrere Reflektoren hat.
(Siehe: Cassegrain-Antenne, Gregorianische Antenne).

Hauteffekt (engl.: skin effect)

(Siehe: Skineffekt).

HB9CV-Antenne

Von Rudolf Baumgartner, HB9CV, erfundene Richtantenne mit nur zwei Elementen in Dipolform. Strahler und Direktor sind λ/8 voneinander entfernt und werden *beide* über eine T-Anpassung (s. d.) oder eine Gamma-Anpassung (s. d.) gespeist. Der Gewinn ist recht genau 4,15 dBd, so daß diese Antenne als Meßnormal verwendet werden kann. Der Öffnungswinkel im E-Diagramm ist 68°, der Öffnungswinkel im H-Diagramm ist 130°.

HB9CV-Gruppenstrahler
(engl.: HB9CV-array)

Eine Gruppenantenne (s. d.), die aus einzelnen (meist vier) HB9CV-Antennen (s. d.) als Elementen aufgebaut ist.

HB9-Multiband-Delta-Loop-Antenne
(engl.: HB9-multiband delta loop antenna)

Eine dreieckförmige, vertikal stehende Schleife, die mit offener Zweidrahtspeiseleitung erregt wird. Schleife und Speiseleitung haben zusammen etwa 40 m Länge, können über ein Anpaßgerät (s. d.) oder über einen 1:4-Balun gespeist werden.
(Nach HB9ADQ. Lit.: W. Richartz, cqDL März 1980).

H-Diagramm (engl.: H-diagram, H-pattern)

Ein senkrechter Schnitt durch die Strahlungscharakteristik einer horizontal polarisierten Antenne
oder:
ein waagerechter Schnitt durch die Strahlungscharakteristik einer vertikal polarisierten Antenne.
Die Schnittebene enthält den magnetischen Vektor (s. d.), das Phasenzentrum (s. d.) und normalerweise das Maximum der Hauptkeule.

H-Ebene (engl.: H-plane)

Bei einer linear polarisierten Antenne diejenige Ebene, welche den magnetischen Feldvektor und die Hauptstrahlrichtung enthält. Im Gegensatz dazu: E-Ebene (s. d.). H-Ebene und E-Ebene stehen senkrecht aufeinander. Bei einer horizontal po-

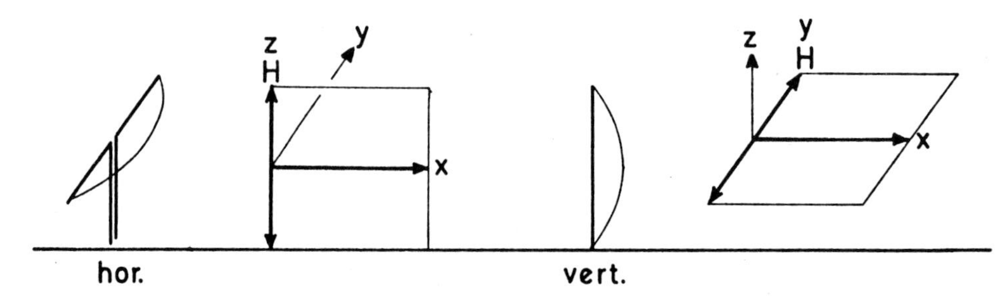

H-Ebene. Links: horizontal polarisierter Dipol mit der dazugehörigen senkrecht stehenden H-Ebene.
Rechts: vertikal polarisierter Dipol mit der waagerecht liegenden H-Ebene.

larisierten Antenne liegt die H-Ebene senkrecht, die E-Ebene waagerecht. Bei einer vertikal polarisierten Antenne: H-Ebene waagerecht, E-Ebene senkrecht.

H-Ebenen-Diagramm
(engl.: H-plane pattern)

(Siehe zunächst: H-Ebene). Das Richtdiagramm einer vorwiegend linear polarisierten Antenne in der durch die Hauptstrahlrichtung und den magnetischen Feldvektor gebildeten Ebene.

Hebzug (engl.: pull-lift)

Eine mechanische Vorrichtung, welche die Auf- und Abbewegung eines Hebels stark untersetzt in den (vertikalen oder horizontalen) Zug einer Kette umsetzt. Zur Errichtung kleinerer Masten fast unentbehrlich.

Hebzug.

Heizung von Antennen
(engl.: sleet melting)

Um den Einfluß von Rauhreif und Vereisung auf Antennen zu begegnen, können Antennen mit Netzwechselstrom beheizt werden. Ohne konstruktive Schwierigkeiten ist dies bei Schleifenantennen wie z. B. Faltdipol und Quadschleife möglich. Sind HF und technischer Wechselstrom durch Filter getrennt, kann sogar während des Betriebs geheizt werden. Andere Antennen müssen entsprechend konstruiert sein, wobei für den hohen Heizstrom Bahnen geschaffen werden müssen. Durch Einziehen von Widerstandsdrähten in Kupferrohre läßt sich indirekt heizen. Als Heiztrafos sind Hochstrom-Streufeld-Transformatoren gut geeignet. Radome werden meist mit trockener Warmluft beheizt, wobei Hohlleiter nebenbei als Warmluftleitung dienen.

Helix-Antenne (engl.: helical antenna)

Die Helix-Antenne hat die Form einer Schraubenlinie und ist das Verbindungsglied von Linearantennen (s. d.) und Schleifenantennen (s. d.). Eine Helix-Antenne kann auf zwei Arten strahlen:
1. Axiale Helix-Antenne: Liegt der Umfang einer Schraubenwindung in der Größenordnung einer Wellenlänge, so strahlt die Helix in Richtung der Achse. Die Wirkungsweise ist dann im wesentlichen die einer aufgerollten Langdrahtantenne. Die Richtcharakteristik hat zwei Hauptkeulen entlang der Achse vor und zurück. Die Rückwärtskeule kann durch einen Reflektor geeigneten Abstands nach vorn gelenkt und phasenrichtig mit der Haupt-

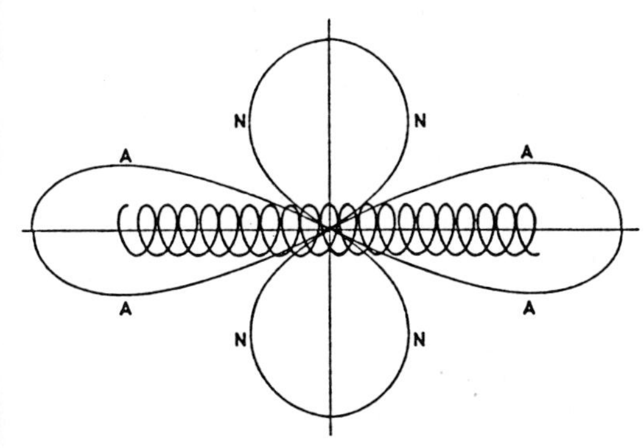

Helix-Antenne. Der Helix kann in zwei Moden erregt werden.
A: Axial-Mode: Eine Helixwindung hat ≈ 1 λ. Der Helix wirkt als Längsstrahler mit zwei Keulen A-A.
N: Normal Mode: Die gesamte Helixlänge ist ≈ λ/2. Der Helix wirkt als Querstrahler mit einer Strahlungsverteilung in Form eines Toroids.

keule vereinigt werden. Eine Helix-Antenne von 6 λ geometrischer Länge hat etwa 12 dBd Gewinn. Der Speisewiderstand liegt bei 120 Ω.
2. Normal-Helix-Antenne: Ist die gesamte Helix klein im Verhältnis zur Wellenlänge, so strahlt sie quer zu ihrer Achse. Streng genommen ist die Abstrahlung beider Arten zirkular polarisiert, kann aber bei der Normal-Helix-Antenne vereinfachend als linear polarisiert angenommen werden.
Die Helix-Antenne wird auch als Wendelantenne bezeichnet.

Helix-Beam (engl.: helical beam antenna)

1. Bezeichnung für eine Helix-Antenne (s. d.) in Axial-Mode-Erregung auf UKW.
2. Eine Yagi-Uda-Antenne, deren Elemente aus Normal-Mode-Helixstrahlern geringen Durchmessers bestehen. Da die Drahtlänge der Schraubenlinienwindung nur etwas mehr als λ/2 lang ist, ist die Antenne geometrisch recht klein, der Gewinn entsprechend vermindert.

Hertzscher Dipol (engl.: Hertzian dipole)

Elementardipol oder elektrischer Elementarstrahler (s. d.) genannt. Ein elektrisch kurzer Dipol der Länge l mit konstanter Strombelegung. Seine Daten sind:
Gewinn: $G = 1{,}5$; $g = 1{,}76$ dBi
$G_d = 0{,}92$; $g_d = -0{,}39$ dBd

Wirkfläche: $A_W = 0{,}12\,\lambda^2$
wirksame (effektive) Höhe: $l_W = 1$

Strahlungswiderstand: $R_r = 790 \left(\frac{l^2}{\lambda}\right)$ [Ω]

(Siehe auch: Gewinntabelle, Antenne Nr. 3).

HF-Trenntransformator
(engl.: RF blocking transformer, braid breaker)

Ein VHF/UHF-Transformator im Verhältnis 1:1, der VHF und UHF ungeschwächt durchläßt, aber der KW den Weg abblockt. Dieser Trafo ist meist auf einen Doppellochkern gewickelt und dient zur Beseitigung von Fernsehstörungen (s. d.) durch Einschleifen in das Antennenkabel vor dem Fernsehempfänger.

Hilfsantenne (engl.: auxiliary antenna)

Meist eine Stabantenne, deren Rundempfangsdiagramm zum Achterdiagramm (s. d.) einer Peilrahmenantenne addiert wird. Bei gleicher Amplitude beider Antennen entsteht so eine Kardioide, deren Nullstelle oder das Maximum zur Richtungsbestimmung benutzt wird. Durch die Hilfsantenne wird aus dem zweideutigen Peildiagramm (Achterdiagramm) mit zwei Nullstellen ein eindeutiges Diagramm mit einer Nullstelle (Kardioide).
Im Gegensatz zur Hilfsantenne: Behelfsantenne (s. d.).

Hitzdrahtinstrument
(engl.: hot-wire ammeter)

Früher einziges Meßgerät zur Messung von HF-Strömen und -Leistungen. Heute durch Thermokreuzinstrumente (s. d.) und Gleichrichterinstrumente (s. d.) zurückgedrängt. Das Hitzdrahtinstrument enthält einen Widerstandsdraht (oft Platin oder Platin-Iridium), der sich bei Stromdurchgang erwärmt und ausdehnt. Die Längenausdehnung wird über ein Getriebe mit dem Zeiger angezeigt. Der Zeigerausschlag entspricht dem Quadrat des Stromes. Die Meßbereiche liegen von 50 mA bis einige 100 A und Frequenzen von 50 Hz bis etwa 200 MHz. Hitzdrahtinstrumente messen bis zu ± 2% genau und sind überlastungsempfindlich.

Hochantenne

Älterer Ausdruck für eine freihängende Empfangsantenne, die über dem Hausdach angebracht ist. Günstigste Länge etwa 15 m. Blitzgefährdet!

Hochfrequenzkabel (engl.: HF cable)

(Siehe: Leitung).

Hochfrequenzleistungsmesser

Ein von W. Buschbeck angegebenes Gerät, das in eine Koaxialleitung eingeschleift wird und die vorlaufende sowie die rücklaufende Durchgangsleistung mißt. Zwei Stromwandler erzeugen an ihren Lastwiderständen Spannungen, die mit der Spannung des Kabelinnenleiters in Betrag und Phase verglichen werden. So kann auch das Stehwellenverhältnis gemessen werden. Die Anzeige erfolgt meist mit einem Kreuzzeigerinstrument.
(W. Buschbeck – 1939 – Dt. Patent).

Hochfrequenzleitung (engl.: RF line)

Eine symmetrische oder unsymmetrische Leitung zur Übertragung von Hochfrequenz für die Speisung von Antennen oder zu Meßzwecken. (Siehe: Leitung).

Hochpaß (engl.: high pass filter)

Ein Filter aus Induktivitäten und Kapazitäten, das nur hohe Frequenzen (z. B. VHF und UHF) durchläßt, aber niedere Frequenzen (z. B. KW) sperrt. Die Induktivitäten liegen im Querzweig, die Kapazitäten im Längszweig. Der Hochpaß (= HP) dient zur Beseitigung von Fernsehstörungen (s. d.) und wird in das Fernsehantennenkabel vor dem Fernsehempfänger eingeschleift.

Höhe, effektive; Höhe, wirksame
(engl.: effective height)

Gilt für Vertikalantennen, bei Horizontalantennen ist die Bezeichnung: Länge, effektive oder Länge, wirksame (s. d.).

1. Empfangsfall:
Ist eine Antenne zur einfallenden linear polarisierten Welle optimal orientiert, so ist ihre effektive Höhe der Quotient aus maximaler Leerlaufspannung U und der Feldstärke E der Welle: $h = \frac{U}{E}$ [m]

2. Sendefall:
Die effektive Höhe h_e ist gleich der Höhe einer Vertikalantenne, in der überall die gleiche Stromstärke wie im Strombauch

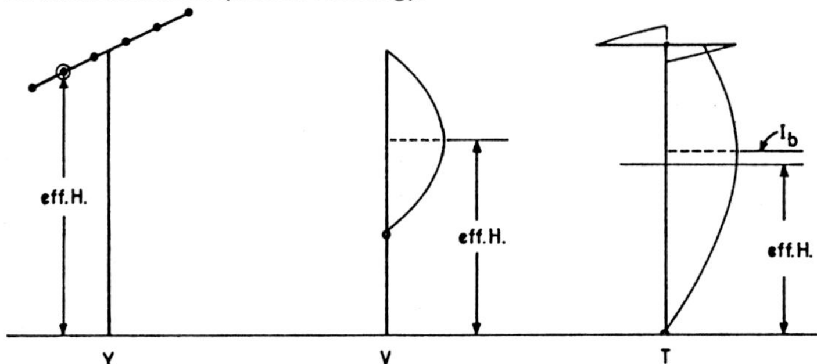

Effektive Höhen.
Y: effektive Höhe einer schräggestellten Yagi-Uda-Antenne. Als Zentrum gilt der gespeiste Strahler.
V: effektive Höhe einer Vertikalantenne. Der Strombauch gilt als Zentrum.
T: effektive Höhe einer T-Antenne. Strombauch: I_b. Die effektive Höhe wird bis zur Schwerlinie gemessen. Da der waagerechte Dachleiter kaum strahlt, wird nur die gekürzte Sinusfläche berücksichtigt. Die Stromflächen über bzw. unter der Schwerlinie sind gleich groß.

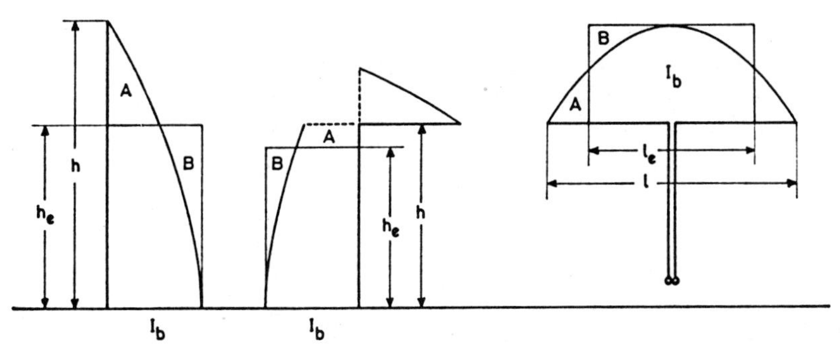

Effektive Höhe und effektive Länge bei verschiedenen Antennen.
I_b: Strombauch.
Links: Marconi-Antenne, Höhe h = λ/4, effektive Höhe h_e = 0,637 · λ/4.
Mitte: L-Antenne. Es wird vereinfachend angenommen, daß der waagerechte Leiter nicht strahlt, was natürlich nicht zutrifft. Die effektive Höhe h_e ist dann nahezu der Bauhöhe h gleich, was für die Praxis ausreichend genau ist.
Rechts: Effektive Länge eines Halbwellendipols l_e = 0,637 · λ/2.
Zur Ermittlung der effektiven Höhen oder Längen wird die tatsächliche Stromfläche zwischen Antennenleiter und Stromkurve in ein flächengleiches Rechteck von der Breite des Strombauches umgewandelt. Das flächengleiche Rechteck muß logischerweise kürzer als der strahlende Leiter sein. Die überschießende Fläche A wird in die rechteck-ergänzende, gleichgroße Fläche B umgewandelt, eine Aufgabe der Integralrechnung.

herrscht, und welche die gleiche Feldstärke wie die tatsächlich vorhandene Antenne liefert.
Beispiel: Die effektive Höhe h_e einer Marconi-Antenne (s. d.) der geometrischen Höhe $h_g = \lambda/4$ ist $h_e = \lambda/2\pi$.
$h_e = 0{,}159\,\lambda$.

Höhendipol

Eine schwundmindernde Vertikalantenne, die meist auf MW verwendet wird.
(Siehe: Antifading-Antenne, Obenspeisung).

Hörnerblitzableiter

Zwischen Antenne und Erdleitung angebrachte Entladungsstrecke in Form zweier gebogener Hörner. An der Engstelle schlägt der Funken zuerst über und zündet einen Lichtbogen, der von der HF-Energie des Senders gespeist wird. Durch die aufsteigenden warmen Gase wird der Lichtbogen emporgedrückt und so immer länger, bis er abreißt und die Funkenstrecke wieder frei ist.

Hörnerfunkenstrecke

Soviel wie Hörnerblitzableiter (s. d.).

Hohlleiter

(engl.: hollow-tube waveguide, waveguide)

Elektromagnetische Energie kann in Wellenform durch Metallrohre geleitet werden, wenn die Rohre entsprechend groß sind, also einen Durchmesser von etwa 0,6 bis 2,5 λ aufweisen, was ihre Verwendung auf den Mikrowellenbereich beschränkt. Hohlleiter haben keinen Innenleiter und werden mit kreisförmigem, elliptischem

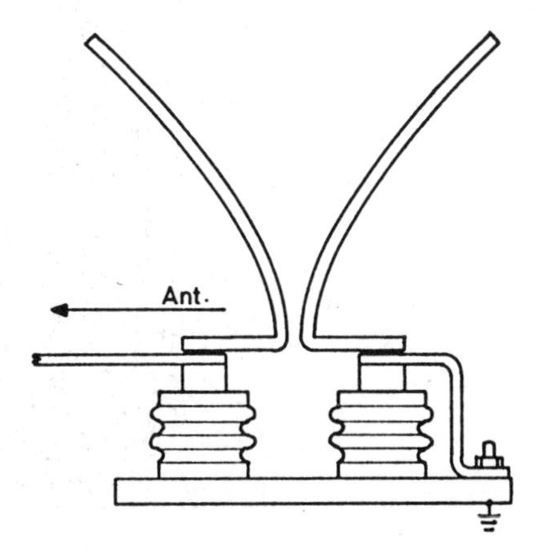

Hörnerblitzableiter, eine selbstlösende Funkenstrecke.

oder rechteckigem Querschnitt hergestellt. Es gibt zwei Haupttypen von Hohlleiter-Wellen: TM-Wellen = transversal magnetische Wellen, bei denen das elektrische Feld in axialer Richtung fortschreitet, auch als E-Wellen bezeichnet; sowie die TE-Wellen = transversal elektrische Wellen, bei denen das magnetische Feld in axialer Richtung fortschreitet, auch als H-Wellen bezeichnet. Untertypen dieser Wellen sind definiert.

Hohlleiterlinse (engl.: waveguide lens)

Eine Beschleunigungslinse, bei der die erhöhte Phasengeschwindigkeit in Hohlleitern ausgenützt wird.

Hohlleiterstrahler
(engl.: wave guide antenna)

Hat ein Hohlleiter ein offenes Ende, so treten dort die elektromagnetischen Wellen in den Freiraum über. Die Öffnung wirkt also als Hohlleiterstrahler. Eine bessere Anpassung an den Freiraum gelingt aber, wenn sich die Öffnung zum Freiraum hin erweitert. Je nach der Gestalt der Erweiterung unterscheidet man: Hornantenne, Konushorn-, Pyramidenhorn-, Sektorhorn- und Hornparabolantenne (Siehe jeweils dort).

Hohlseil (engl.: hollow leading rope)

Ein linearer Antennenleiter in Seilform, der sich den Umstand, daß durch den Skineffekt der HF-Strom nur außen fließt, zunutze macht. Der Innenraum des Seiles besteht aus Luft, Keramikscheiben, Holz- oder Plastikkugeln u. dgl.

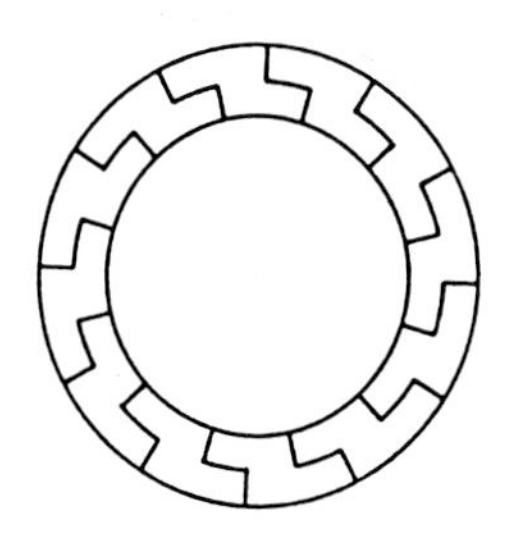

Hohlseil aus Formdraht (Querschnitt).

homogen

Ein Stoff, dessen physikalischen Eigenschaften an allen Stellen gleich sind, ist homogen; z. B. ein Kupferklotz oder der Freiraum sind homogen.

Horizontaldiagramm
(engl.: horizontal pattern)

Die graphische Darstellung der Feldstärke in der Horizontalebene, bei der die Feldstärke vom Azimutwinkel Φ abhängig ist; bei horizontaler Polarisation auch als E-Diagramm bezeichnet.
(Siehe: Richtdiagramm).

Horizontaldipol
(engl.: horizontal half-wave antenna)

In der KW-Technik sehr früh erfolgreich eingesetzter Strahler, der auch heute noch als wirkungsvolle Antenne verwendet wird.

Hornantenne (engl.: horn antenna, horn)

Eine Hornantenne entsteht aus einem Hohlleiter (s. d.), dessen Querschnitt sich

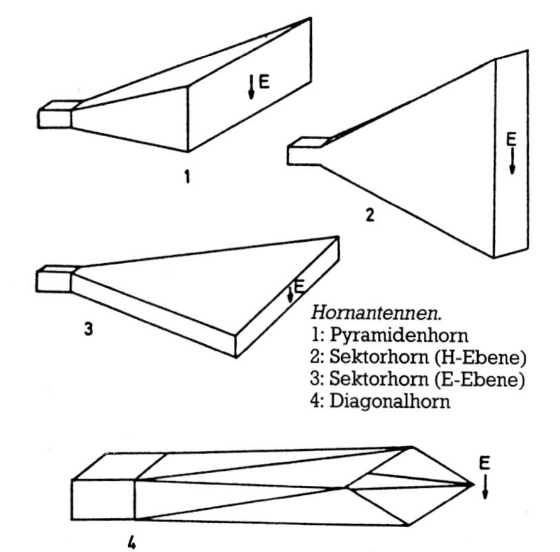

Hornantennen.
1: Pyramidenhorn
2: Sektorhorn (H-Ebene)
3: Sektorhorn (E-Ebene)
4: Diagonalhorn

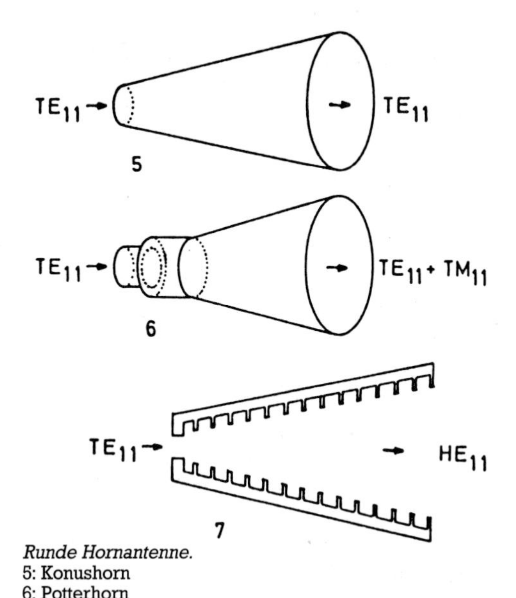

Runde Hornantenne.
5: Konushorn
6: Potterhorn
7: Rillenhorn
Beim Potterhorn, einem Zwei-Moden-Horn wird der Wellentyp teilweise, beim Rillenhorn ganz gewandelt.

bis zur strahlenden Apertur (s. d.) erweitert. Die Hornantenne wird vorwiegend als Primärstrahler (s. d.) für Mikrowellen eingesetzt.

Hornparabol-Antenne

Eine breitbandige Reflektorantenne für Mikrowellen. Sie ist eine Kombination von Hornstrahler und dem Ausschnitt eines Parabolreflektors, wobei die Kugelwelle des Hornstrahlers am Parabolausschnitt in eine ebene Welle umgesetzt wird. Ihr Flächenwirkungsgrad (s. d.) geht bis zu 60%.

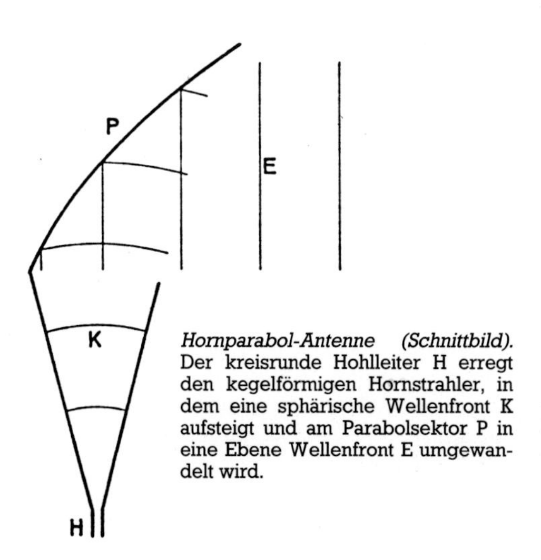

Hornparabol-Antenne (Schnittbild). Der kreisrunde Hohlleiter H erregt den kegelförmigen Hornstrahler, in dem eine sphärische Wellenfront K aufsteigt und am Parabolsektor P in eine Ebene Wellenfront E umgewandelt wird.

Horn-Reflektor-Antenne
(engl.: horn reflector antenna)

Eine Antenne, die aus einer Hornantenne (s. d.) und einem Reflektor (s. d.) so kombiniert ist, daß Horn und Reflektor eine mechanische Einheit bilden, wobei Teile des Horns weggelassen worden sind, um die Apertur (s. d.) wunschgemäß zu formen.

Hornstrahler, vereinfachter
(engl.: simplified horn antenna)

Der ältere, eigentlich nicht ganz richtige Ausdruck für einen abgewinkelten Fächerdipol (s. d.) aus Maschengewebe für VHF/UHF.
(Siehe auch: Flächendipol)

Hubschrauberantenne
(engl.: helicopter antenna)

1. Eine Antenne an Bord eines Hubschraubers.
(Siehe: Flugzeugantenne).

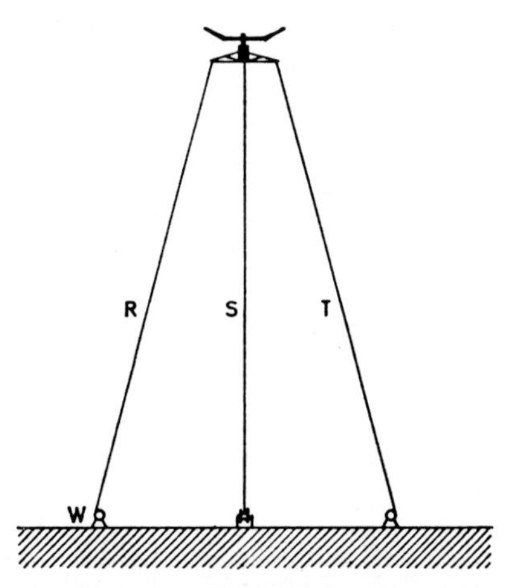

Hubschrauberantenne. Von 3 Winden W aus laufen die Drehstromleitungen R S T zum Elektromotor mit Rotorflügeln und Stabilisationseinrichtungen. Die Leitungen werden über Hochpässe als Vertikalantenne gespeist.

2. Während des Krieges zur Nachrichtenübermittlung an getauchte U-Boote entwikkelte, aber nicht mehr eingesetzte Vertikalantenne für transportable Längstwellensender, die von einem drehstromgetriebenen Elektromotor-Hubschrauber emporgehievt wurde. Von drei isolierten Seilwinden führten drei Phasenleitungen für Drehstrom zum Hubschrauber, der zwei gegenläufige Rotoren hatte. Die Leitungen waren gleichzeitig die parallelgeschalteten Antennenleiter. Die maximal erreichbare Höhe lag bei 1200 m.

Hühnerleiter (engl.: open-wire line)

Scherzhafte Bezeichnung für eine offene Zweidrahtspeiseleitung.

Hula-Hoop-Antenne
(engl.: Hula-Hoop-antenna)

Ältere Bezeichnung für eine Viertelwellen-Ringantenne oder DDRR-Antenne (s. d.).

Huygens-Strahler, Huygenssche Quelle
(engl.: Huygens source radiator, Huygens source)

Das von Christian Huygens entdeckte Prinzip sagt aus, daß jeder Punkt einer Wellenfront wieder als Quelle von Wellen betrachtet werden kann. Die Huygenssche Quelle entspricht in der Antennentechnik einer Kombination aus einer sehr kleinen Rahmenantenne (magnetische Komponente) und einem in der Rahmenebene liegenden Dipol (elektrische Komponente). Diese Anordnung wird zur Seitenbestimmung in der Funkpeilung verwendet. Das Richtdiagramm hat daher die Form einer Kardioide. Die näherungsweise Berechnung von räumlich ausgedehnten Antennen, wie z. B. Horn-, Reflektor- und Aperturantennen ist durch die Annahme, die Antenne sei mit Huygens-Strahlern besetzt, erst möglich geworden.

H-Welle (engl.: H-wave)

(Siehe: Hohlleiter).

Hybrid-Doppelquad-Antenne
(engl.: twin quad antenna with parasitic dipole reflector)

Eine von D. Roggensack, DL7KM, entwikkelte Antenne aus einem Doppelquad-Element und dahinter liegender parasitär erregter Reflektorwand aus drei Dipolen. Diese Antenne wird im Frequenzbereich von 28 . . . 500 MHz verwendet. Der Gewinn ist etwa 8 dBd bei einem Vor/Rück-Verhältnis von etwa 20 dB. Der horizontale Öffnungswinkel ist rund 67°, der vertikale rund 54°.
(Lit.: D. Roggensack, Funktechnik 9/1974).

Hybrid-Doppelquad-Antenne. Davor Vertikalstrahler. Das runde Objekt ist ein Luftballon.

Hybrid-Quad

Ein 2-Element-Richtstrahler aus einem stark verkürzten gespeisten Element und einem rautenförmigen Reflektor (s. d.), der als flächenhafter Dipol, aber nicht als Quadelement wirkt. Um die Elemente in Resonanz zu bringen, sind außen Belastungsspulen (s. d.) und sternförmige Endkapazitäten (s. d.) angebracht. Gegenüber einer 3-Element-3-Band-Yagi ist der Gewinn auf 14/21/28 MHz um etwa 3 bis 4 dB geringer. Das VRV ist mit 6 bis 20 dB recht günstig.

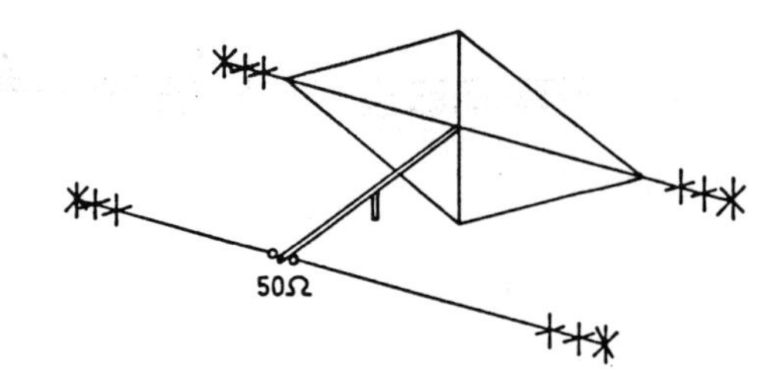

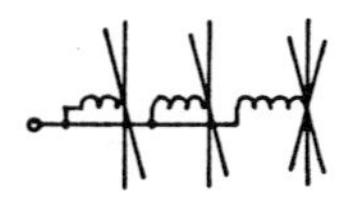

Hybrid-Quad HQ 1. Links unten: Anordnung der Endkapazitäten mit den Verlängerungsspulen.

Die Abmessungen für diesen Zwei-Element-Beam sind:
Elementlänge: 3,35 m
Boomlänge: 1,37 m
Drehradius: 1,88 m
Höhe des Reflektors: 1,22 m
Das Gesamtgewicht ist nur 6,8 kg.

Hybridweiche

Eine Frequenzweiche zur gleichzeitigen Speisung einer Drehkreuzantenne durch zwei Sender auf benachbarten Frequenzen. Die Hybridweiche hat für *eine* Frequenz vier λ/4-Koaxialleitungen, zwei Sendereingänge und zwei Ausgänge für den Kreuzdipol.

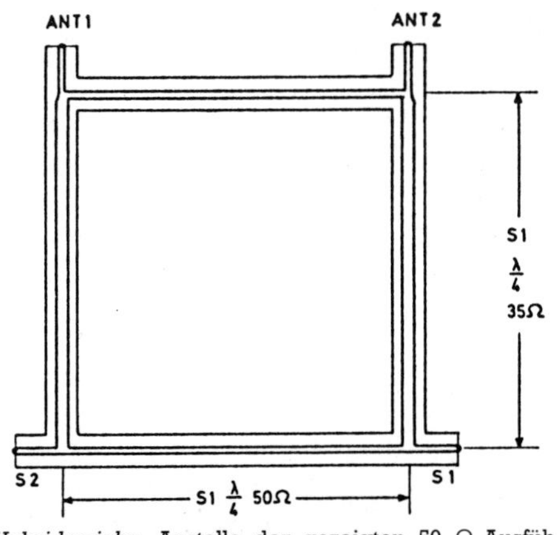

Hybridweiche. Anstelle der gezeigten 50 Ω-Ausführung kann diese Weiche auch in 60 Ω- und 75 Ω-Technik gebaut werden. Die niederohmigen λ/4-Leitungen haben dann $Z_n = Z \cdot 1/\sqrt{2}$, also 42 Ω bzw. 53 Ω.
An den Antennenbuchsen herrscht 90° Phasendifferenz.

I–J

Imaginärteil (engl.: imaginary part)

Während der Realteil einer komplexen Größe in der Gaußschen Zahlenebene in Richtung der x-Achse dargestellt wird, steht der Imaginärteil dazu senkrecht in Richtung der y-Achse.
In der Elektrotechnik werden Blindwiderstände als Imaginärteil mit dem Operator j = −1 gekennzeichnet, der die 90°-Drehung bewirkt, also jX; (jωL; 1/jωC). Das gleiche gilt für die entsprechenden Blindleitwerte jB.

Impedanz (engl.: impedance)

Der komplexe Widerstand (= Scheinwiderstand) Z, der sich aus dem Wirkwiderstand R (Realteil) und dem Blindwiderstand X (Imaginärteil) vektoriell zusammensetzt:

$$Z = R + jX \quad [\Omega]$$

$$|Z| = \sqrt{R^2 + X^2} \quad [\Omega]$$

Der Betrag von Z = |Z| ist reell.

Impedanz, aktive eines Gruppenelements
(engl.: active impedance)

Das Verhältnis der Spannung zum Strom an der Speisestelle eines einzelnen Elements, wenn alle Elemente eines aktiven Antennengruppensystems (s. d.) an Ort und Stelle sind und erregt werden.

Induktanz (engl.: inductance)

Der induktive Blindwiderstand ωL im Wechselstromkreis, der Wechselstromwiderstand einer Spule.

Influenzbetrachtung

Zur Feststellung der Phasenverhältnisse von Antennen und ihrem durch die Erdoberfläche hervorgerufenem Spiegelbild dient die Influenzbetrachtung. Unter Influ-

enz versteht man die Aufladung eines von der Umgebung isolierten Leiters in einem elektrischen Feld. Fast trivial ergibt sich die Lösung, daß sich plus und minus gegenüberstehen.
(Siehe: Spiegelbild einer Antenne).

inhomogen

Ein Körper, dessen physikalische Eigenschaften sich von Ort zu Ort ändern, ist inhomogen. Die Ionosphäre und der Erdboden z. B. sind inhomogen, da sich ihr spezifischer Widerstand, ihre Dielektrizitätskonstante und ihre Permeabilität stetig oder nicht stetig ändern.

Interferometer-Antenne
(engl.: interferometer antenna)

In der Richtungsbestimmung und Radioastronomie angewandte Empfangsgruppenantenne. Die Einzelelemente können Dipole, Monopole, Schleifen, Kreuzschleifen oder Reflektorantennen sein. Sie haben in der Regel bezogen auf die Wellenlänge voneinander große Abstände, so daß Richtcharakteristiken mit vielen Nebenkeulen entstehen. Durch ein zweites, gleichartiges, z. B. rechtwinklig dazu aufgebautes Antennensystem erhält man weitere Phasendifferenzen, die meist mit Hilfe eines Mikroprozessors das gemessene Ziel nach Azimut und Elevation ergeben.

Inverted-Dipol Delta-Loop-Antenne
(engl.: inverted dipole Delta loop antenna)

Eine Kombination aus einer Inverted-Vee-Antenne (s. d.) und einer Delta-Loop-Antenne (s. d.) , die auf 1,8/3,5/7 MHz verwendet werden kann.

Inverted-Vee-Antenne
(engl.: inverted-V dipole, inverted-V)

Ein Halbwellendipol, dessen Arme schräg nach unten verspannt sind. Der Winkel zwischen den Armen sollte nicht unter 90° sein. Die minimal mögliche Höhe für den Scheitelpunkt einer Inverted-Vee-Antenne ohne induktive Verlängerung bei 90° Spreizwinkel ist 0,2 λ über dem Erdboden. Die Vorteile dieser Antenne liegen darin, daß zur Aufhängung nur *ein* Mast notwendig ist, und daß sie ohne Anpaßgerät (s. d.) wie ein Dipol angeschlossen werden kann. Die Abstrahlung ist nicht flacher als bei einem in gleicher Höhe hängenden Halbwellendipol. Eine besondere Eignung für den Weitverkehr (DX) weist die Antenne nicht auf.

Isolation zwischen Antennen
(engl.: isolation between antennas)

Das Maß für die Leistungsübertragung von einer Antenne zur anderen. Die Isolation ist das Verhältnis von der Eingangsleistung der einen Antenne zur Ausgangsleistung der anderen, ausgedrückt in Dezibel:

$IS = 10 \lg (P_{ein}/P_{aus})$ [dB]

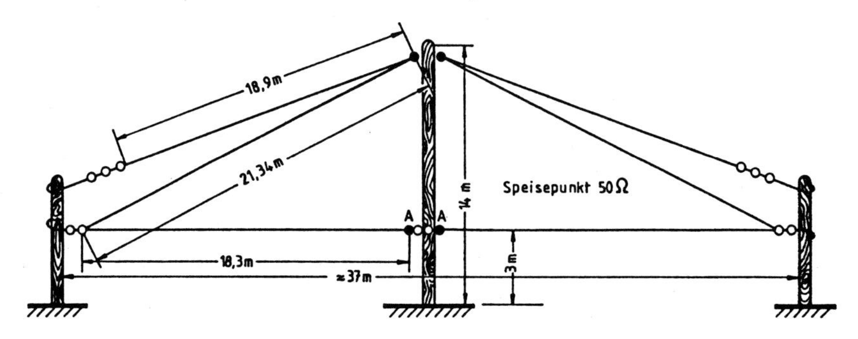

Inverted Dipol-Delta-Antenne. **Die Antenne wird an der Mastspitze symmetrisch gespeist, $Z_n \approx 50\ \Omega$. Die Punkte A-A sind bei 1,8 MHz offen, bei 3,5 MHz geschlossen und bei 7 MHz mit einer Induktivität von etwa 10 µH verbunden.**

Beispiel: Zwei gleichartige Yagi-Uda-Antennen sind nahe aneinander montiert. Werden in die erste 100 W eingespeist, so kann man an den Klemmen der anderen 2,4 W messen. Wie groß ist die Isolation?
IS = 10 lg (100W/2,4 W) = 10 lg 41,67 = 16,2 dB.
Man kann die Isolation auch als Kopplungsdämpfung (s. d.) bezeichnen. Die Kopplung von Antennen bringt besonders bei gedrängtem Aufbau von Antennen (auf Schiffen, in Sendeanstalten) schwierig zu meisternde Probleme. Bei Sendeanlagen entstehen Kreuzmodulationen in den Endstufen, unerklärlich hohe Stehwellenverhältnisse (s. d.) auf den Leitungen, Mantelwellen (s. d.) und Beeinflussungen von automatischen Anpaßgliedern. Empfänger werden „zugestopft" und kreuzmoduliert. Die Entkopplung erfolgt durch örtliche Trennung, Filter oder Kabeldrosseln in den Antennenleitungen, Ausblendemaste usw.

Isolator (engl.: insulator)

In der Antennentechnik gibt es verschiedene Isolatortypen:
1. Abspannisolatoren für Pardunen (s. d.) und Drahtantennen: kleine und große Isoliereier sowie Sattelisolatoren; bei schweren Masten: Pardunengehänge, die alle auf Druck beansprucht werden. Zur Abspannung dienen auch Stabilisatoren mit und ohne Metallarmatur und Knochenisolatoren.
2. Fußisolatoren zur Isolation von tragenden und selbstschwingenden Masten und Türmen.
3. Spreizer für Zweidrahtleitungen, Kreuze für Vierdrahtleitungen und Antennenkreuzungen, Ringe für Vierdraht- und Mehrdrahtleitungen.
4. Spezialisolatoren für Antennen, z. B. Kondensatorisolatoren für Fischgrätantennen, Durchführungsisolatoren u. v. m.

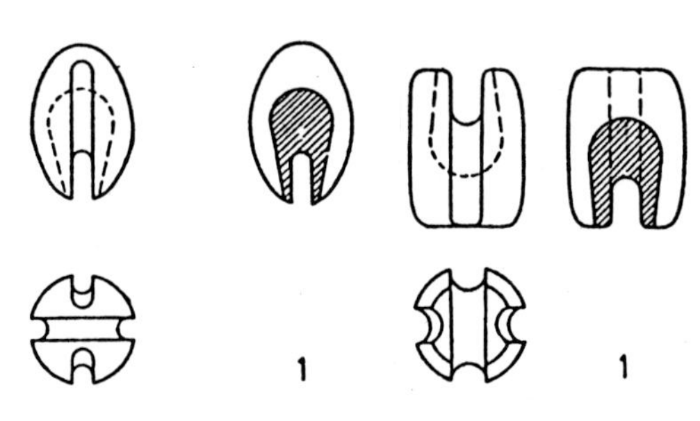

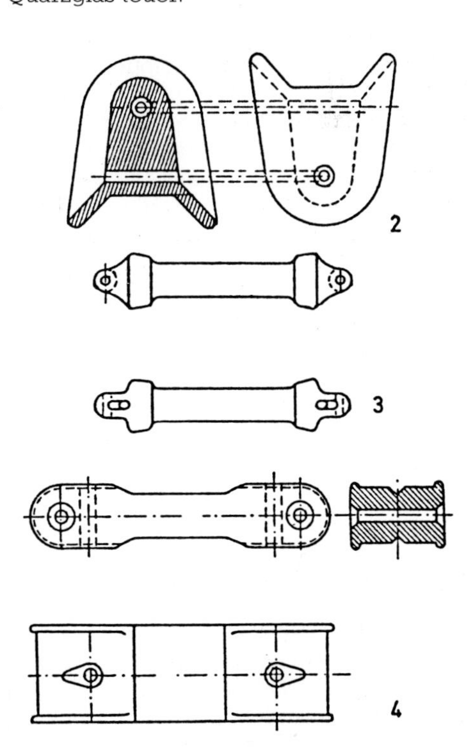

Isolator. Verschiedene Antennenisolatoren.
1: Eierisolator, zu mehreren als Eierkette zusammengefaßt
2: Sattelisolator für mittlere Pardunen
3: Stabisolator mit Metallkappen für höhere elektrische Spannungen
4: Spezialisolator für Fischgrätantennen. Die Enden sind mit Kupferblech belegt, um zur Speiseleitung die Koppelkapazität zu bilden.

Isolierstoffe (engl.: insulators)

Im Antennenbau notwendige Nichtleiter.
mineralische Isolierstoffe: *Glas, Quarzglas, Hartporzellan* und *Keramik* recht verlustarm, sehr witterungsbeständig, alterungsfest, druck- und zugfest, leicht zu reinigen, Quarzglas teuer.

gemischt-mineralische Isolierstoffe: *Glasfaser* in Rohren, Stäben, Seilen und gepreßten Körpern mit polymeren Kunststoffen vernetzt, sehr schlag-, bruch- und zugfest, bei guter Oberflächenlackierung recht witterungs- und alterungsbeständig. *Mikanit* aus Glimmerstückchen und organischem Bindemittel zu druckfesten Preßkörpern, ohne besondere Behandlung nicht wasserfest.
organische Isolierstoffe:
Polyvinylchlorid (PVC) hoher Verlustfaktor
Plexiglas (Acrylglas) mäßiger Verlustfaktor, teuer
Polystyrol sehr verlustarm, nicht wärmebeständig
Polyäthylen (PE) sehr verlustarm, als Seil nicht UV-fest, schwarz eingefärbte und schwarz überzogene Isolatoren UV-fest
Nylon (Perlon) zu Seilen gut geeignet, grün- und schwarzgefärbte Seile gut UV-fest und witterungsbeständig.
Polytetrafluoräthylen (PTFE, Teflon) sehr verlustarm, beständig, biegsam, sehr teuer.
gemischt-organische Isolierstoffe:
Hartpapier, Pertinax, Novotex schlagfest, biegefest, höhere Verluste als Keramik, nicht so beständig wie Keramik.
Bakelit aus anorganischem Füllstoff und Phenolharzen für weniger beanspruchte Isolatoren.

ISOPOLE-Antenne

Eine mittengespeiste, koaxiale Vertikalantenne mit doppelter Sperrtopfentkopplung als verlängerter Doppelzepp im VHF/UHF-Bereich aus USA. Der obere Strahler hat eine Länge von 5/8 λ. An seinem unteren Ende befindet sich ein L/C-Netzwerk zur Anpassung an das Koaxialkabel. Die untere Antennenhälfte besteht aus einem Rohr mit zwei Konussen von je einer Viertelwellenlänge. Das Rohr und der erste Konus wirken zusammen als koaxiales Gegengewicht mit 5/8 λ Länge. Durch den zweiten Viertelwellenkonus erfolgt eine doppelte Entkopplung der Speiseleitung und des Mastes. Diese Antennenform mit zweifacher Sperrtopfentkopplung ist aber nicht neu, sondern wurde bereits vor 50 Jahren in Deutschland entwickelt.
Verwendung als Feststationsantenne.
(H. O. Roosenstein – 1938 – Dt. Patent)

Isotropstrahler, Isotropantenne

(engl.: isotropic radiator)

Ein gedanklich angenommener, aber physikalisch nicht realisierbarer, verlustfreier Strahler, der die Energie vollkommen gleichmäßig in alle Richtungen des Raumes ausstrahlt. Seine Richtcharakteristik ist deswegen eine vollkommene Kugel, in deren Mittelpunkt der unendlich kleine Isotropstrahler steht. Da er keine geometrischen Ausdehnungen hat, sind die von ihm abgestrahlten Wellen nicht polarisiert. Man kann aber als Denkmodell mit der Isotropantenne und einer festgelegten Polarisation arbeiten. Der Isotropstrahler ist für viele Überlegungen, besonders für die Richteigenschaften von Antennen eine Grundlage der Analyse. Sein Gewinn ist 0 dBi oder aber -2,15 dBd.

J-Antenne

(engl.: j-antenna, J-pole antenna, J-stick)

Endgespeiste, vertikale Rundstrahlantenne aus einem Halbwellenstrahler und einer Viertelwellenanpaßleitung, die kolli-

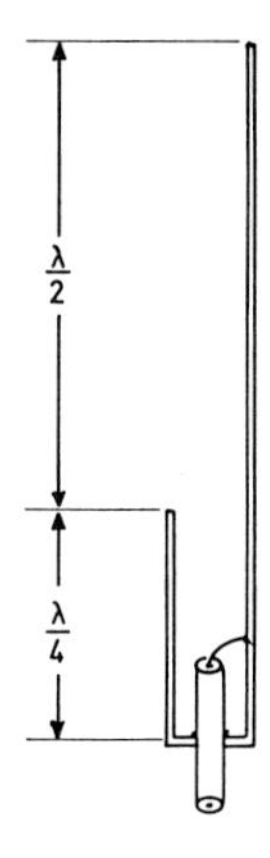

J-Antenne. Für den Anschluß von Koaxialkabel.

near zum Strahler liegt und an ihrem unteren Ende kurzgeschlossen ist. Das untere Ende wird geerdet, damit liegt die ganze Antenne für Gleichstrom auf Massepotential. Die Anpaßleitung kann als Doppelleitung oder Koaxialleitung ausgeführt werden. Der Speisekabelanschluß erfolgt an einem passenden Punkt der Anpaßleitung. Durch die Ausführung als Halbwellenstrahler ist die Antenne weitgehend unabhängig von Erdverlusten. Mantelwellen können durch Mantelwellensperren, z. B. Viertelwellensperrtopf (s. d.) reduziert werden. Variationen: Slim Jim (s. d.).
(Lit.: W. C. Tinus, Electronics, Aug. 1935. [–1924 – Dt. Patent]).

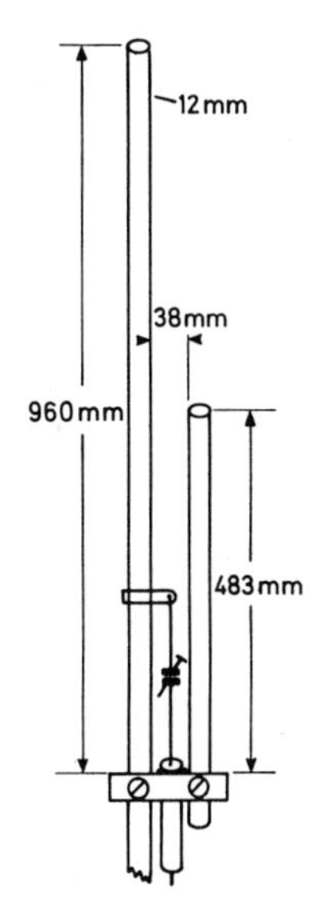

J-Antenne für 144 MHz. Die Antenne kann zum Blitzschutz direkt geerdet werden.

K

Kabeldrossel (engl.: coiled up cable choke)

Eine Drossel zur Unterdrückung von Mantelwellen, die aus etwa 8 bis 10 Windungen des speisenden Koaxialkabels von 15 bis 20 cm Durchmesser bestehen und zu einem Kabelbündel zusammengefaßt sind. Da die Drossel am Eingang der Antenne angebracht ist, unterdrückt ihre Induktivität die Bildung von Mantelwellen (s. d.). (Siehe auch: Breitband-Balun).

Kabeldrossel. Aus aufgewickeltem Koaxialkabel mit angeschlossenem Balun. Das Kabel ist um einen großen Ferritkern gewickelt.

Kabel, kapazitätsarmes
(engl.: cable with reduced capacity)

Durch dünne Innenleiter und luftdurchsetztes Dielektrikum kann man den Wellenwiderstand (s. d.) eines Koaxialkabels erhöhen und gleichzeitig die Kapazität des Kabels herabsetzen. Solche kapazitätsarmen Kabel werden z. B. bei Adcock-Peilern (s. d.) und Autoantennen verwendet.

Kabel, symmetrisches
(engl.: symmetrical cable, twin lead)

Ein Kabel mit zwei gleichartigen, symmetrischen Doppeladern. Es gibt ungeschirmte und geschirmte symmetrische Kabel.

Kabelüberwachungsgerät

Ein dauernd in das Kabel eingeschleifter Hochfrequenzleistungsmesser (s. d.), der den Stehwellenwert im Kabel anzeigt. Bei automatisiertem Betrieb steuert das Eintreten eines hohen Stehwellenverhältnisses die Abschaltung der Sendeanlage bzw. das Zurückfahren der Endstufe auf minimale Leistung.

Kabel, unsymmetrisches
(engl.: asymmetrical cable)

Ein Kabel mit unsymmetrischen Leitern, fast nur in Form des Koaxialkabels (s. d.) angewandt.

Käfigantenne (engl.: caged antenna)

Für die Flugzeugnavigation wird das VOR-Verfahren benutzt. Ein horizontaler Schleifendipol rotiert mit 30 U/sec. Sein Achterdiagramm soll zur genauen Navigation nur horizontal polarisiert sein. Um die vertikal polarisierten Strahlungsanteile zu dämpfen, ist der Dipol mit einem zylindrischen Käfig aus vertikalen Metallstäben umgeben. Bei f = 108 bis 118 MHz hat der Käfig 24 Stäbe und d = 1 m, h = 1,8 m sowie einen Aufsatz von h = 1 m mit 12 Stäben. Der Käfig hat Metallboden und -Deckel.

Kalorimeter (engl.: calorimeter)

Ein wassergekühlter Wirkwiderstand R in Größe des Nennwiderstandes Z_n (s. d.) des benützten Kabels. Durch Messen von Temperatur und (durchfließender) Wassermenge läßt sich die Wärmemenge und damit die elektrische Leistung bestimmen.

Kapazitanz (engl.: capacitance)

Der kapazitive Blindwiderstand $1/\omega C$ im Wechselstromkreis, der Wechselstromwiderstand eines Kondensators.

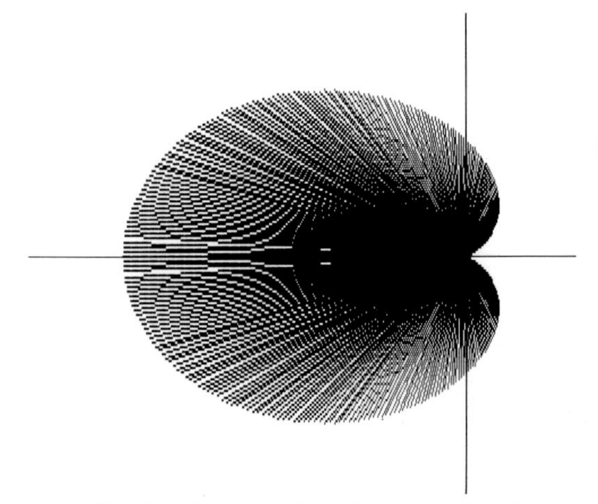

Kardioide. Richtdiagramm einer Huygensquelle, die durch eine Wellenfront von rechts her erregt wird.

Kardioiden-Diagramm

Ein Richtdiagramm in Form einer Herzkurve mit der Gleichung in Polarkoordinaten (s. d.):

$$r = 2a(\cos\varphi + 1) \quad [m]$$

r = Länge des Richtstrahls φ = Winkel des Richtstrahls
a = Größenkonstante

Kardioiden-Diagramme entstehen bei einem Huygens-Strahler (s. d.) und den Peilantennen (s. d.). Sie bilden auch die Grundlage des einseitig nach vorn gerichteten Abstrahlverhaltens der Wanderwellenantennen (s. d.).

Kausche (engl.: thimble)

Eine rundspitze, gebogene Blechrinne, die ein Seilende aufnimmt, um das Innere des

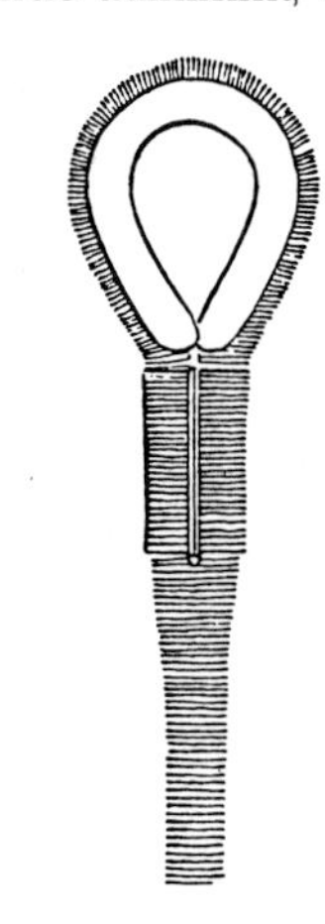

Kausche.
In ein Seilende eingespleißt.

Seilauges vor Bruch und Abrieb zu schützen.

Kegeldipol

Eine symmetrische Breitbandantenne (s. d.).

Kelchstrahler

Ein Breitbandstrahler vertikaler Polarisation. (Siehe auch: Ellipsoidstrahler).

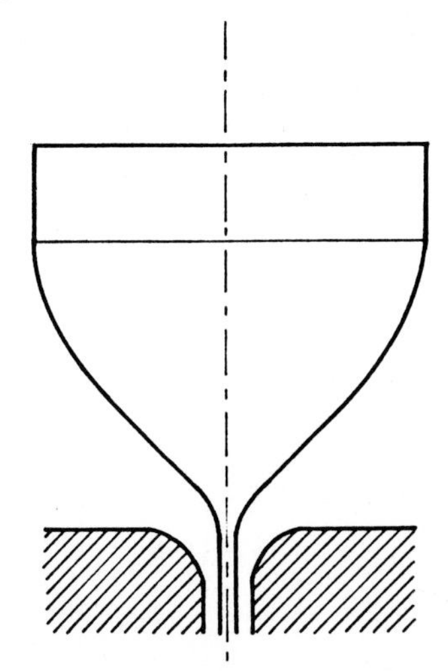

Kelchstrahler. **Mit reflexionsarmem Übergang auf das Koaxialkabel durch allmähliche Querschnittsverengung.**

Keulenachse (engl.: beam axis)

Die Achse innerhalb der Hauptkeule einer Richtantenne, in der die Strahlungsenergie ein Maximum ist. Der Antennengewinn (s. d.) bezieht sich immer auf die Keulenachse.

Keulenbreite (engl.: beam width)

Die Breite einer Strahlungskeule im Richtdiagramm wird durch die beiden Richtungen bei denen die Feldstärke auf einen vorher festgelegten Wert zurückgegangen ist (z. B. –3 dB, –6 dB, –10 dB usw.) begrenzt. Der Winkel zwischen diesen Richtungen ist die Keulenbreite.

Beispiele: $\Theta_{3\,dB} = 120°$ ist die vertikale Keulenbreite mit –3 dB, Feldstärkerückgang an den Grenzen gegenüber dem Keulenmaximum. Die Keule ist 120° breit. $\Phi_{6\,dB} = 85°$ ist die horizontale Keulenbreite mit –6 dB Feldstärkerückgang an den Grenzen gegenüber dem Keulenmaximum. Die Keule ist 85° breit.

Keulenschulter (engl.: shoulder lobe)

Häufig verschmilzt die Hauptkeule (s. d.) mit den benachbarten Nebenkeulen (s. d.) zu einer Hauptkeule mit zwei Schultern. Diese Form ist nicht erwünscht, da sie bei Radarantennen zu beträchtlichen Irrtümern oder Fehlern führen kann.

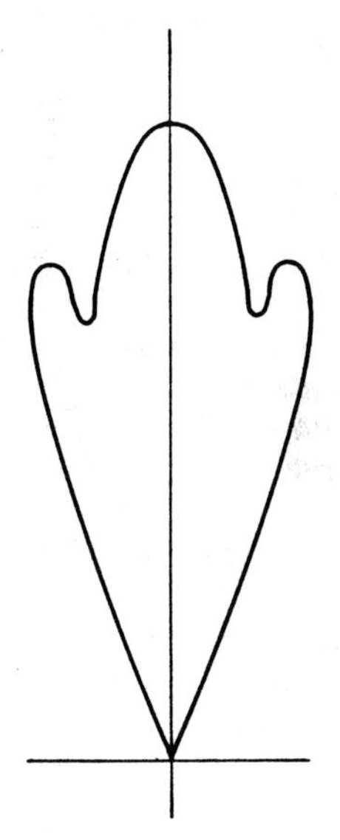

Keulenschulter. **Hauptkeule mit zwei verschmolzenen Nebenkeulen**

Keulenschwenkung (engl.: beam steering)

Die Änderung der gewünschten Richtung der Hauptkeule durch elektrische Maßnahmen, meist in Gruppenantennen. Am leichtesten durch Phasenschieber in den einzelnen Speiseleitungen zu erreichen.

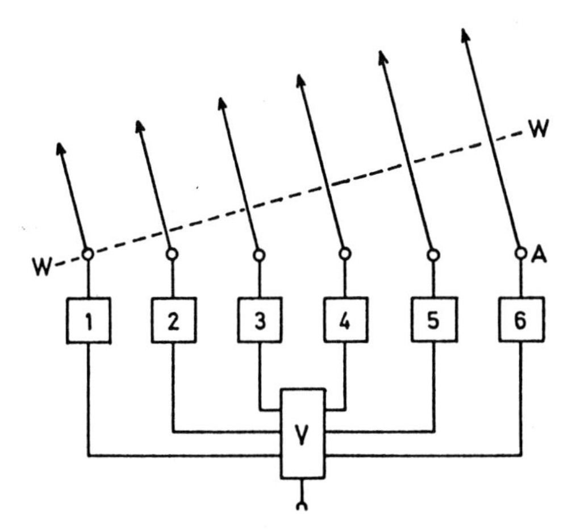

Keulenschwenkung. Die hier gezeigte 6fache Gruppenantenne wird über den Verteiler V erregt. Die Kabel zu den Verzögerungsgliedern 1 bis 6 sind gleich lang, die einzelnen Elementarantennen z.B. A werden mit gleicher Amplitude gespeist. Um die Wellenfront W-W aus der normalen Lage zu schwenken, muß die abstrahlende Welle durch Phasenschiebung in 1 so lange verzögert werden, bis die Welle von A 6 die Wellenfront erreicht hat. Die Phasenschieber 2 bis 5 müssen sinngemäß eingestellt werden. Eine ständige Keulenschwenkung läßt sich sehr einfach durch verschiedene Kabellängen einstellen. Vom Betriebsplatz aus fernbetätigte Phasenschieber können die Keule um maximal ± 90° schwenken. Die Keulenschwenkung ist bereits mit Isotropantennen zu erreichen, mit Richtantennen jedoch viel wirkungsvoller. Besonders wichtig ist die Keulenschwenkung für Empfangsantennen.

Keulenumschaltung (engl.: lobe switching)

(Siehe auch: Keulenschwenkung). Für den Fall, daß eine kontinuierliche Schwenkung der Keule nicht notwendig ist, kann man mit der Keulenumschaltung zwei oder mehr verschiedene Abstrahlwinkel der Antenne erreichen. Einfachstes Beispiel: Zwei Halbwellendipole können wahlweise als Querstrahler (s. d.) oder Längsstrahler (s. d.) geschaltet werden.

K-Faktor (engl.: antenna factor, K-factor)

Der Antennenfaktor für Meßantennen, der es gestattet, aus der am Meßempfänger abgelesenen Empfangsspannung direkt die Feldstärke im Raum um die Antenne zu bestimmen. Der Antennenfaktor wird durch die wirksame Länge l_w (s. d.) festgelegt:

$$K = \frac{2}{l_w} \; [1/m]$$

Weil die wirksame Länge von der Frequenz abhängt, ist K frequenzabhängig. Bei Richtantennen gilt K für die Hauptkeule (s. d.). Die Bestimmung des K-Faktors einer Meßantenne geschieht durch sorgsame Feldstärke- bzw. Gewinnmessung auf allen Arbeitsfrequenzen.

$$K = \frac{E}{U_E} \; [1/m]$$

E = Feldstärke in V/m;
U_E = Empfängereingangsspannung in V.
In dB ausgedrückt ergibt sich:

$$K/dB = E/dB(\mu V/m) - U_E/dB(\mu V)$$

Übertragungsverluste durch Baluns o. ä. sind im K-Faktor bereits enthalten, die frequenzabhängige Dämpfung eines Verlängerungskabels wird einfach zum K-Faktor addiert.

Ist der Gewinn der Meßantenne bekannt, so wird:

50Ω-System: $K = -29{,}8 \text{ dB} + 20 \lg f/\text{MHz} - g_i/\text{dBi}$
60Ω-System: $K = -30{,}6 \text{ dB} + 20 \lg f/\text{MHz} - g_i/\text{dBi}$
75Ω-System: $K = -31{,}5 \text{ dB} + 20 \lg f/\text{MHz} - g_i/\text{dBi}$

Beispiel: Der Antennenfaktor eines 75Ω-Meßdipols bei 100 MHz ist 6,4 dB. Der Meßempfänger zeigt 1,8 dB(μV). Wie groß ist die Feldstärke im Raum um den Meßdipol?

$E/dB(\mu V/m) = K/dB + U_E/dB(\mu V)$.
$E = 6{,}4 + 1{,}8 = 8{,}2 \text{ dB}(\mu V/m)$

Kleeblattantenne
(engl.: clover leaf antenna)

Eine rundstrahlende, horizontal polarisierte VHF-Antenne, deren Elemente vier gleichsinnig stromdurchflossene Ringe sind. Diese Antenne ist eine Weiterentwicklung der Ringantenne und zeichnet sich durch ein besonders einfaches System der Speisung aus. Die Antenne wird in zwei bis acht Etagen aufgebaut mit einem Stockungsabstand von λ/2. In der Horizontalebene ist das Richtdiagramm kreisförmig, in der Vertikalebene ergibt sich ein

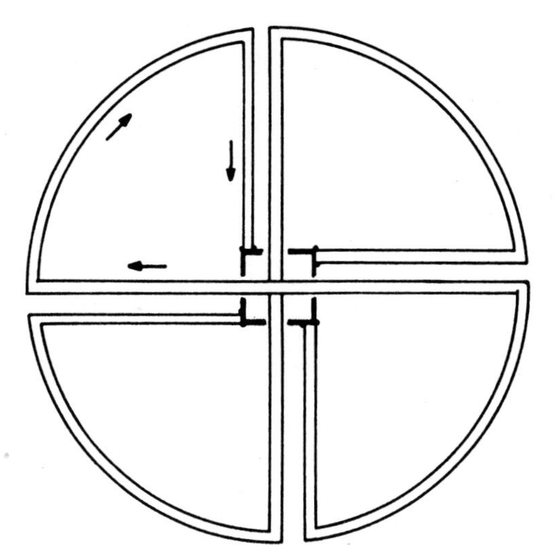

Kleeblattantenne, auf quadratischen Mast montiert, in der Mitte gespeist. Die Pfeile zeigen den Stromlauf in einer Schleife. Zur Wirkung kommt nur der Strom auf dem Kreisumfang.

Gewinn von 1,2 bis 6,7 dBd. Bevorzugte Anwendung als Sendeantenne beim UKW-Rundfunk.
(P. H. Smith – 1946 – US Patent)

Kleeblattdiagramm
(engl.: clover leaf pattern)

Dipol- und Langdrahtantennen haben bei höheren Frequenzen als der Grundfrequenz Haupt- und Nebenkeulen. Diese bilden ein Richtdiagramm (s. d.) in Kleeblattform, besonders, wenn die Antenne 1 λ lang ist.

Kleeblattdiagramm. Feldstärkediagramm einer in Stehwellen an einem Ende erregten Antenne von 1 λ Länge, die sich von 0° bis 180° erstreckt.

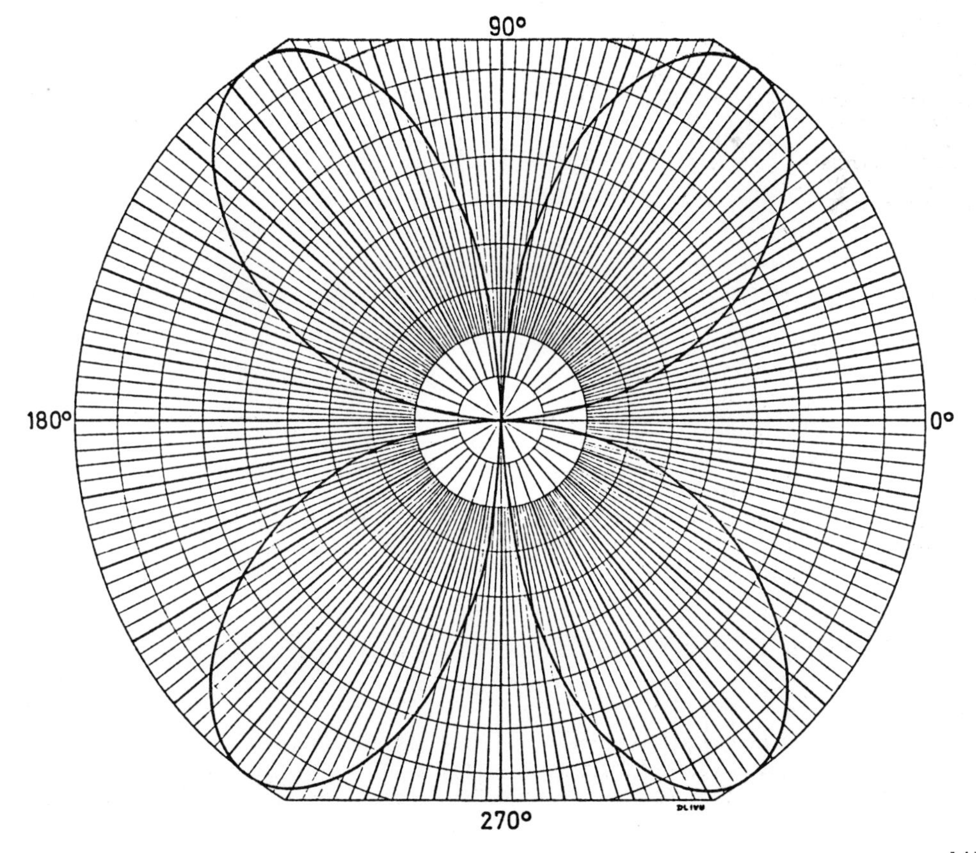

Kleinbasispeiler
(engl.: small base direction finder)

Im Gegensatz zum Großbasispeiler (s. d.) eine Peilanlage, deren Antennenabstände klein im Verhältnis zur Wellenlänge sind, z. B. Rahmenantenne (s. d.), HB9CV-Antenne (s. d.).

Kleinbasis-System

Ein Antennensystem, dessen Elementabstände klein im Verhältnis zur Wellenlänge sind: z. B. Adcock-, Dipolgruppen-, Rahmenantennen.

Klemmenwiderstand
(engl.: input impedance)

Der an den Eingangsklemmen einer Antenne zu messende komplexe Widerstand, den die Speiseleitung dort vorfindet. Bei Resonanz wird der Klemmenwiderstand reell, d. h. rein ohmisch, ein reiner Wirkwiderstand. (Siehe: Eingangsimpedanz einer Antenne).

Koaxial-Antenne (engl.: coaxial antenna)

Eine meist vertikale Halbwellenantenne bestehend aus einem Viertelwellenstrahler und einem als Gegengewicht (s. d.) und Mantelwellensperre (s. d.) nach unten offenem Viertelwellen-Sperrtopf in Form eines Rohres oder eines kegelförmigen Korbes. (A. B. Bailey – 1937 – US Patent)

Koaxialdipole. Ein VHF-Koaxialdipol HK 012 für 100 bis 165 MHz und 400 W (links).
Ein UHF-Koaxialdipol HK 001 für 225 bis 400 MHz und 400 W. Die Antenne hat fast die Gestalt einer Groundplaneantenne (rechts).
(Werkbild Rohde & Schwarz)

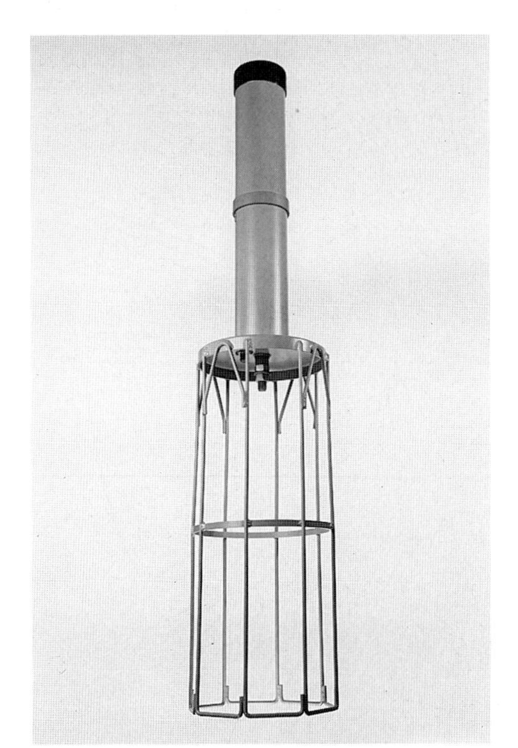

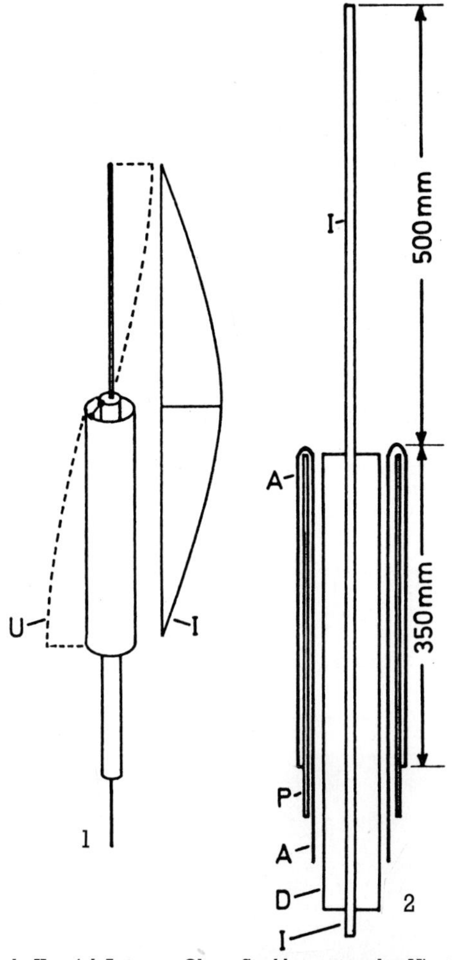

1. *Koaxial-Antenne.* Oben: Strahler, unten der Viertelwellensperrtopf, der an der Speisestelle mit dem Koaxialkabel-Mantel verbunden und unten offen ist.
2. *Koaxial-Antenne für 144 MHz.* aus Koaxialkabel.
I: Innenleiter A: Außengeflecht
P: äußere PVC-Isolierung D: inneres Dielektrikum
Wegen des Verkürzungseffekts ist das nach unten gestreifte Außengeflecht wesentlich kürzer, nämlich $l = \lambda/4 \cdot V = 350$ mm. Der als $\lambda/4$ wirkende Innenleiter hat dagegen nahezu die Freiraumwellenlänge. Die Koaxial-Antenne ist gegen Witterungseinflüsse unten zu bandagieren und oben zu lackieren. An der Übergangsstelle empfiehlt sich ein Deckel aus Isoliermaterial. Der weiche Innenleiter kann mit einem Isolierstab verstärkt werden.

Koaxialkabel (engl.: coaxial cable)

Die zweiadrige, unsymmetrische, koaxiale Verbindungsleitung zwischen Antenne und Gerät, biegsam, mit Kreisquerschnitt und Schutzhülle gegen mechanische, chemische und elektrische Einflüsse (Abschirmung). HF-Kabel sind fast immer koaxial aufgebaut aus: Innenleiter (Draht, Litze, Kupfer, versilbert), Dielektrikum (Polyäthylen, Polystyrol, Teflon, *nicht* PVC), Außenleiter (Kupfergeflecht, gesicktes Kupferblech) und Schutzhülle (Polyäthylen, PVC). Die Wellenwiderstände der Koaxialkabel sind meistens auf 50 Ω, 60 Ω und 75 Ω genormt, was dem idealen, verlustarmen Kabel sehr nahe kommt. Die Dämpfung des Koaxialkabels ist nämlich ein Minimum, wenn sich der Durchmesser des Außenleiters zu dem des Innenleiters wie 3,6 zu 1 verhalten. Der Wellenwiderstand eines verlustfreien Kabels ist:

$$Z = \frac{60}{\sqrt{\varepsilon_r}} \ln \cdot \frac{D}{d}$$

Bei einem Verhältnis D/d = 3,6 ergibt sich für Luft als Dielektrikum: Z = 76,9 Ω, für Polystyrol (ε_r = 2,4) als Dielektrikum Z = 49,6 Ω.
Koaxialkabel haben stets höhere Verluste als offene Zweidrahtleitungen, sind aber bequemer zu verlegen. Der Hauptteil der Verluste wird durch die Stromwärmeverluste in den Leitern hervorgerufen. Abhilfe: dickeres (und damit teureres) Kabel.

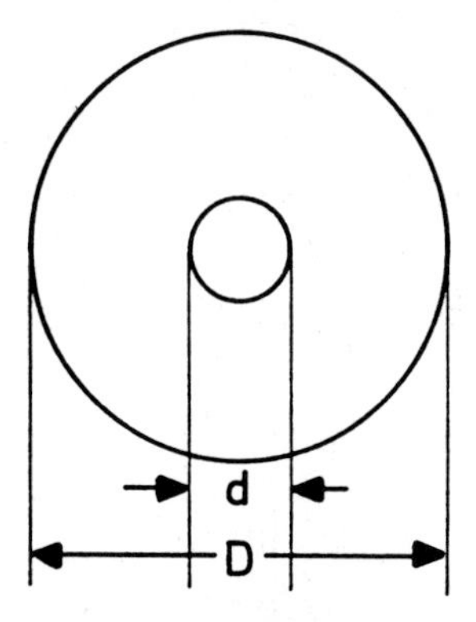

Querschnitt durch ein Koaxialkabel.
d: Innenleiter
D: Außenleiter
ε: Dielektrizitätskonstante bei Luft = 1
Der Wellenwiderstand ist:

$$Z_L = \frac{60}{\sqrt{\varepsilon_r}} \cdot \ln \frac{D}{d}$$

Sendekabel dienen der Energieübertragung Sender – Antenne. Bei einem Maximum an übertragener Leistung und einem Minimum an Dämpfung soll das Kabel biegsam, spannungsfest und reflektionsfrei sein, d. h. in sich geringe Welligkeit haben. Für niedere Leistungen sind bekannte Typen: RG 58 C/U (Z = 50 Ω), RG 59 B/U (Z = 75 Ω) und RG 213/U (Z = 50 Ω).
Empfangskabel sollen verlustarm, reflektionsfrei und manchmal kapazitätsarm sein. (Siehe auch: Bandkabel, Fadenkabel; Kabel, kapazitätsarmes)

Koaxial-Trap (engl.: coaxial trap)

Ein Sperrkreis aus Koaxialkabel, das die Induktivität und die Kapazität bildet.

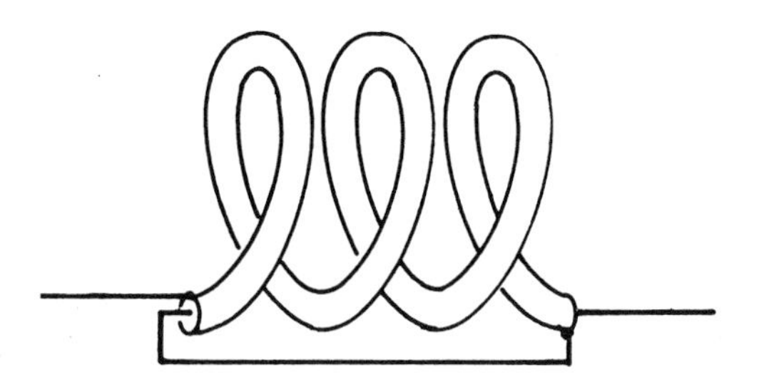

Koaxial-Trap. Oben: Aufbau, die Windungen werden Schlag an Schlag gewickelt.
Unten: Ersatzschaltbild, ein Tiefpaß mit einer oberen Grenzfrequenz, ab der höhere Frequenzen gesperrt werden.

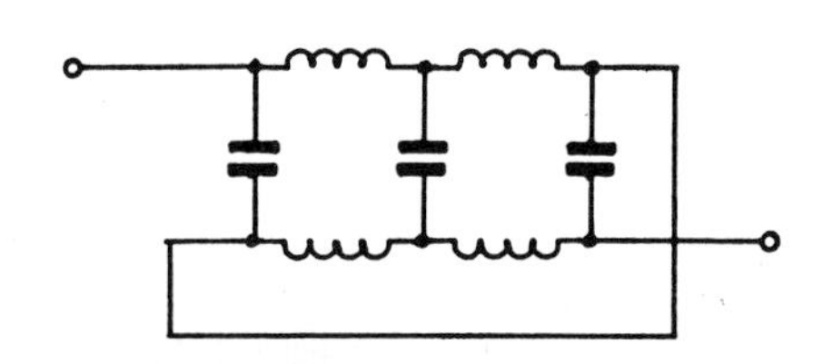

Koaxial-Trap. Oben: in der Mitte Ringkernbalun, links und rechts je ein Koaxial-Trap aus Teflon-Koaxialkabel. Unten: Zwei Ringkernbaluns.
(Werkbild Kelemen)

Kofferantenne

Eine Empfangsantenne für tragbare Geräte. (Siehe: Ferritstabantenne, Teleskopantenne).

kohärent

Zwei Schwingungen oder Wellen gleicher Frequenz, die in festen Phasenbeziehungen stehen (phasenstarr), sind kohärent.
Beispiel: Eine Antenne strahlt über zwei verschieden lange, aber unveränderliche Ausbreitungswege zum Empfänger. Beide empfangene Wellen sind kohärent.

Kollak-Wehde-Antenne, KW-Antenne

Nach den Erfindern genannte Linearantenne, die einpolig an eine Zweidrahtspeiseleitung angeschlossen ist.

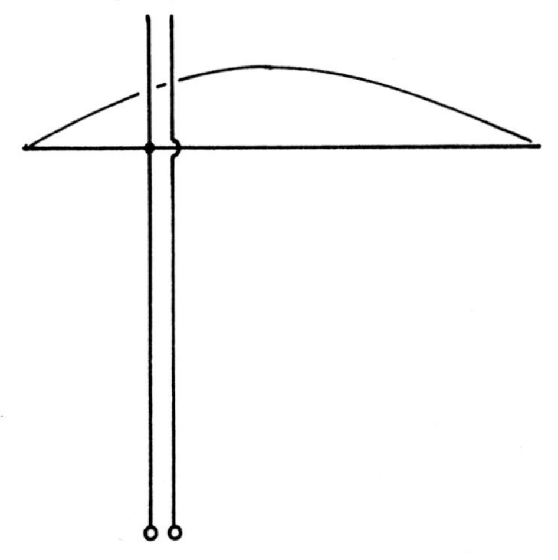

Kollak-Wehde-Antenne. Hier wird eine Halbwellenantenne mit einem einseitig angeschlossenen Feeder gespeist. Das überstehende Ende des Feeders ist genau so lang wie der linke Teil der Antenne. Auch harmonische Antennen ($l = 1\lambda$; $1{,}5\,\lambda$; 2λ ...) können so gespeist werden.

Kollinearantenne
(engl.: collinear antenna)

Eine Antenne aus gleichphasig erregten Halbwellendipolen, deren Leiter auf einer gemeinsamen Achse liegen, also eine Dipollinie (s. d.). Die Bündelung erfolgt in Form einer dicken, kreisförmigen Scheibe um die gemeinsame Achse. Daher ist die vertikale Kollinearantenne ein Rundstrahler mit flachem Erhebungswinkel. Die horizontale Anordnung bündelt im Azimut scharf senkrecht zur Antennenachse, ohne einen Erhebungswinkel zu bevorzugen, strahlt also auch steil. Die Speisung geschieht entweder durch eine Zweidrahtleitung in der geometrischen Mitte, um in beiden Ästen gleiche Ströme zu haben, oder aber wie bei der Franklin-Antenne (s. d.). Einfachste Form einer Kollinearantenne ist der Ganzwellendipol (s. d.).

Koma (engl.: beam deviation)

Linsen bilden bei einem Wellenweg in Achsrichtung einwandfrei ab. Bei schrägem Welleneinfall vereinigen sich die Strahlen nicht mehr in einem einzigen Brennpunkt. In der Optik heißt dieser Abbildungsfehler Koma. In der Antennentechnik bedeutet dies Verbreiterung oder Verformung der Hauptkeule und Vergrößerung oder entstehen von Nebenkeulen.

Kompensation (engl.: compensation)

Wird ein Blindwiderstand jX durch Hinzufügen eines entgegengesetzt gerichteten Blindwiderstandes −jX neutralisiert, so spricht man von Kompensation. Die Anpassung des Scheinwiderstandes einer Antenne an eine Leitung erfolgt also in zwei Schritten: 1. Kompensation: Der Blindwiderstand wird zu Null (Abstimmung). 2. Transformation: Der Wirkwiderstand wird auf den Wellenwiderstand der Leitung transformiert (Anpassung).

komplex

Eine Größe, die aus einem Realteil (s. d.) und einem Imaginärteil (s. d.) besteht, ist komplex. So ist z. B. die Impedanz einer Antenne komplex:

$$Z = R + jX \quad [\Omega]$$

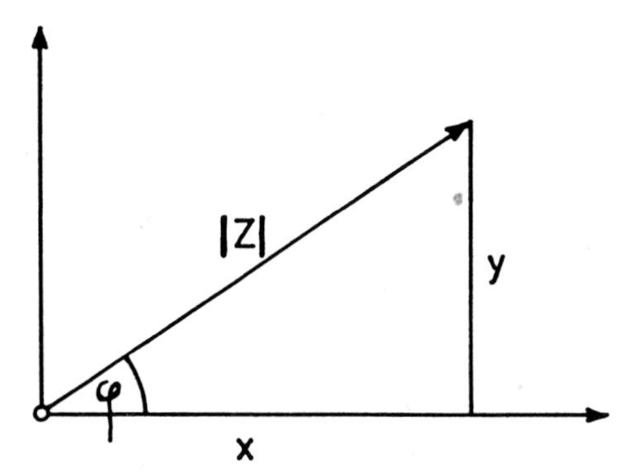

Komplex. Zusammensetzung von [Z] aus x und y.

Z = Impedanz; R = Wirkwiderstand;
jX = Blindwiderstand
Die komplexe Zahl läßt sich in der Eulerschen Normalform darstellen als:

$$Z = |Z| \cdot e^{j\varphi}$$

dabei ist: $x = |Z| \cdot \cos\varphi$; $y = |Z| \cdot \sin\varphi$
Dann ist der Betrag der komplexen Größe:

$$|Z| = \sqrt{x^2 + y^2}$$

und der Phasenwinkel der komplexen Größe:

$$\tan\varphi = y/x$$

Kondensatorantenne
(engl.: condenser antenna)

Eine in Vergessenheit geratene Empfangsantenne in Form eines Kondensators. Zwei meist quadratische mit Maschendraht bespannte Flächen von mehreren Quadratmetern sind in ein bis zwei Metern senkrechtem Abstand durch eine Spule oder ein Variometer verbunden. Dort ist das

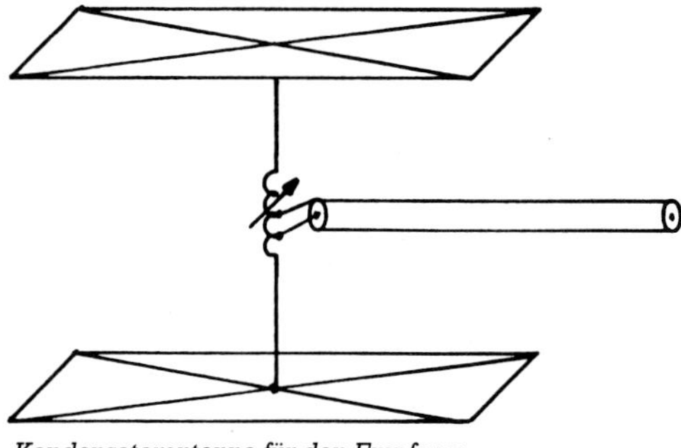
Kondensatorantenne für den Empfang.

Empfangskabel induktiv angekoppelt. Durch Ändern der Induktivität wird die Kondensatorantenne in Resonanz gebracht und liefert dann beachtliche Empfangsspannungen an den Empfänger.

Konform-Antenne
(engl.: conformal antenna, conformal array)

Antenne oder Antennengruppe, die sich an eine Oberfläche anpaßt, deren Form von anderen Gesichtspunkten als elektromagnetischen Gesetzen bestimmt worden ist. Antennen mit niedrigem Profil, kleinem Volumen und verbesserten elektrischen Eigenschaften, die in die verschiedensten Oberflächenstrukturen integriert werden können. Häufig verwendet in Luft- und Raumfahrzeugen, aber auch in Wasser- und Landfahrzeugen. (Siehe auch: Ringspaltantenne, Schlitzantenne).

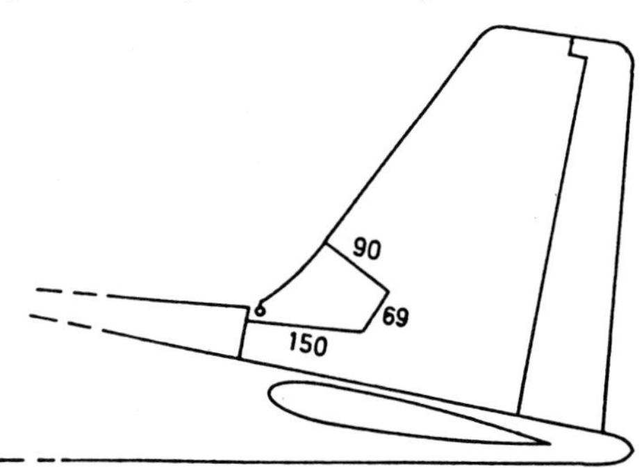

Konform-Antenne, die in das Leitwerk eines Flugzeugs eingebaut ist (Maße in cm). Der Anschluß führt in ein Anpaßgerät, von dort zum Sendeempfänger. Das etwa 6 cm breite Kupferband bildet eine Schleifenantenne (s. d.), die von 2 bis 30 MHz erregt werden kann. Die Schleife ist mit Isoliermterial verkleidet und von außen nicht zu sehen.

Konusantenne (engl.: conical antenna)

Eine konusförmige, vertikale Breitbandantenne über einem Erdnetz (s. d.) oder einem Gegengewicht (s. d.), deren Bandbreite mit dem Öffnungswinkel des Kegels ansteigt. Die niedrigste Betriebsfrequenz ist dann erreicht, wenn ihre Höhe $\approx \lambda/4$ wird.
(Siehe auch: Diskoneantenne)

Konushornantenne
(engl.: conical horn antenna)

Eine Hornantenne (s. d.), auch Kegelhornantenne genannt, bei welcher der Hohlleiter in einen zylindrischen oder elliptischen Konus übergeht, als Primärstrahler (s. d.) in Reflektorantennen verwendet.

Konvektionsstrom

Der in der Erde fließende HF-Strom unter einer Antenne. Gegensatz: Verschiebestrom (s. d.).

Koordinaten, kartesische
(engl.: cartesian coordinates)

Von Descartes (= Cartesius) eingeführte, rechtwinklige Parallelkoordinaten. Die x-Achse liegt horizontal, die y-Achse vertikal in der horizontalen Ebene. Darauf steht die z-Achse, die aus der Ebene nach oben heraustritt. Diese drei Koordinatenachsen bilden ein Rechtsschraubensystem. Antennencharakteristiken können in den x-, y-, z-Achsen, Antennendiagramme in den x-, y-Achsen bildlich dargestellt werden. (Siehe auch: Koordinaten, polare; Koordinaten, sphärische; Koordinaten, zylindrische).

Koordinaten, polare, Polarkoordinaten
(engl.: polar coordinates)

Während die Kugelkoordinaten die Abstrahlung einer Antenne räumlich in drei Dimensionen darstellen, sind die Polarkoordinaten zweidimensional.

1. In der horizontalen Ebene liegt der Mittelpunkt oder Pol, von dem aus der Radius-

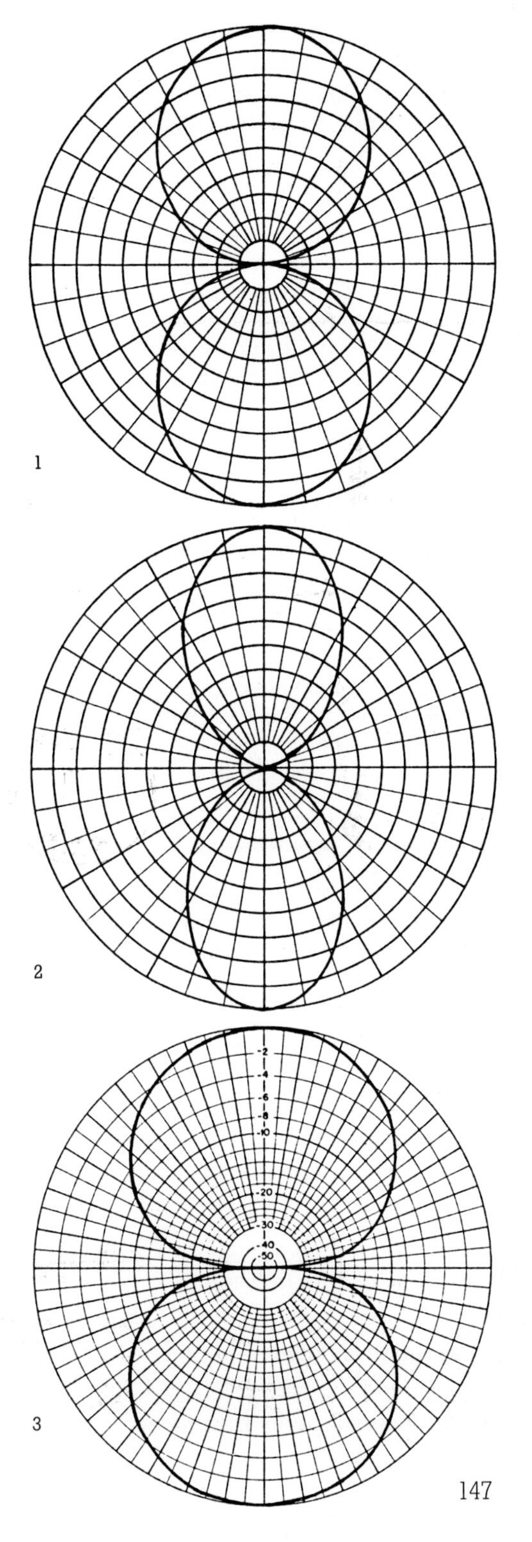

Koordinaten, polare. Das Richtdiagramm eines Halbwellendipols
1: Die Feldstärke E linear als Radiusvektor dargestellt: gewohntes Bild.
2: Die Leistung P linear als Radiusvektor dargestellt: Der Dipol hat scheinbar eine große Richtschärfe.
3: Die Feldstärke E logarithmisch in dB dargestellt: Das rundliche Diagramm erlaubt einen Signalvergleich in dB. Am Rand ist der Signalabfall 0 dB, in der Mitte −100 dB.

vektor r die Entfernung vom Mittelpunkt angibt. Der Winkel Φ gibt die Richtung des Radiusvektors zwischen der Nullrichtung und dem Radiusvektor an.
2. In der vertikalen Ebene liegt zwischen der senkrechten z-Achse und dem Radiusvektor r der Neigungswinkel Θ, und zwischen der Horizontalen und dem Radiusvektor der Erhebungswinkel Δ.
3. Die Darstellungsart des Radiusvektors ist für die Gestalt des Polardiagramms ausschlaggebend. Stellt man die Feldstärke linear durch die Länge r dar, so ergeben sich die gewohnten Diagramme. Wählt man dagegen einen logarithmischen Maßstab, indem man die Länge r in dB der Feldstärke ausdrückt, so werden die Diagramme dick und rundlich. Der Vorteil ist, daß man Signalstärken dabei leichter vergleichen kann. Stellt man die abgestrahlte *Leistung* als Radiusvektor r dar, so nehmen die Diagramme sehr schlanke Form an und täuschen mit schlanken Keulen große Richtschärfe vor. Bei der Beurteilung von Polardiagrammen ist also stets genau auf Maßstab und Bezeichnung zu achten.

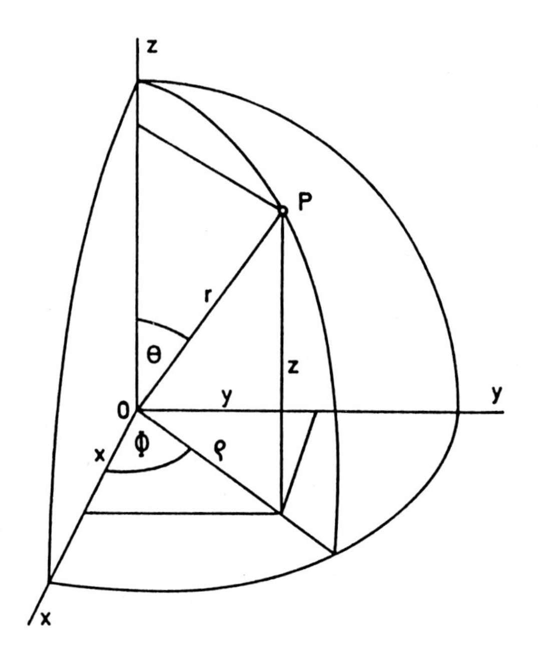

Koordinatensysteme. Das Bild zeigt die wichtigsten Koordinatensysteme der Antennentechnik.
1: Kartesische Koordinaten: x, y, z
2: Kugelkoordinaten: Φ, Θ, r
3: Zylinderkoordinaten: Φ, ς, z
4: Polarkoordinaten in der horizont. Ebene: Φ, ς

Koordinaten, sphärische, Kugelkoordinaten
(engl.: spherical coordinates)

Ein Koordinatensystem, das häufig in der Antennentechnik verwendet wird. Der auf der Kugeloberfläche liegende Aufpunkt P wird durch seinen Abstand vom Kugelmittelpunkt, r, den in der horizontalen Ebene liegenden Azimutwinkel Φ und den von der z-Achse her gemessenen Neigungswinkel Θ bestimmt. Φ entspricht der geographischen Länge, der zu Θ komplementäre Erhebungswinkel Δ der geographischen Breite.
(Siehe auch: Koordinaten, kartesische; Koordinaten, zylindrische).

Koordinatensysteme
(engl.: coordinate systems)

In der Antennentechnik angewandte Koordinatensysteme sind: kartesisch, zylindrisch und sphärisch (siehe jeweils dort). Für spezielle Probleme werden auch krummlinige Koordinatensysteme angewandt.

Koordinaten, zylindrische, Zylinderkoordinaten
(engl.: cylindrical coordinates)

Ein Koordinatensystem, das zuweilen in der Antennentechnik angewandt wird. Auf der horizontalen Ebene wird die Entfernung von der Zylinderachse durch den Radius ς angegeben, dessen Richtung wird durch den Azimutwinkel Φ bestimmt. Die Höhe z wird parallel zur Zylinderachse gemessen.
(Siehe auch: Koordinaten, kartesische; Koordinaten, sphärische).

Kopolarisation (engl.: co-polarization)

Die vorgesehene, gewünschte Polarisation einer Antenne, die Nutzpolarisation. Das Gegenteil ist Kreuzpolarisation (s. d.).

Kopolarisationsdiagramm
(engl.: co-polarization pattern)

Das Richtdiagramm (s. d.) der vorgesehenen, gewünschten Polarisation. (Siehe: Kopolarisation). Auch Richtdiagramm der kopolarisierten Komponente genannt.

Koppelfaktor

1. Bei einem Richtkoppler (s. d.) das Verhältnis AK aus der ausgekoppelten Spannung U_K, die beim Vorlauf gemessen wird, zu der Spannung U_I am Innenleiter des Koaxialkabels im Falle der Anpassung.

$AK = \frac{U_K}{U_I}$ [Verhältniszahl der Spannungen]

2. Bei einem Strahlersystem das Verhältnis der abgestrahlten Leistung zur eintretenden Leistung. Bei gegebener Amplitudenverteilung können die Koppelfaktoren ermittelt werden.

Koppelstrahler

Ein strahlungsgekopppeltes Antennenelement, das zur Erhöhung der Strahlungsdämpfung in sehr geringem Abstand parallel zu einem gespeisten Strahler angeordnet ist. Durch das Anbringen eines oder mehrerer Koppelstrahler geht der Q-Faktor (s. d.) der gesamten Anordnung zurück, wodurch die Antenne breitbandig wird.

Kopplung (engl.: coupling)

Beeinflussen sich zwei Antennen gegenseitig, so spricht man von Kopplung. Die Ursache ist ein gemeinsames elektromagnetisches Feld.
(Siehe: Kopplungseffekt).

Kopplungseffekt
(engl.: mutual coupling effect)

1. **Impedanz:** Bei Mehrelementantennen treten zwischen den oft parallelen Einzelelementen elektromagnetische Kopplungen auf. Sie werden durch die Kopplungsimpedanz gekennzeichnet. (Siehe Bild).
2. **Strahlrichtung:** Bei Gruppenantennen der Unterschied vom Richtdiagramm des gespeisten Elements allein bei offenen, nichtschwingenden weiteren Gruppenelementen und dem Richtdiagramm der betriebsfertigen Antenne.
3. **Impedanz einer Gruppenantenne:** Bei Gruppenantennen der Unterschied der Impedanz des gespeisten Elements allein bei offenen, nichtschwingenden weiteren Gruppenelementen und der Impedanz der betriebsbereiten Antenne. Dieser Kopplungseffekt drückt den Einfluß der Gruppenelemente auf das speisende Element aus.

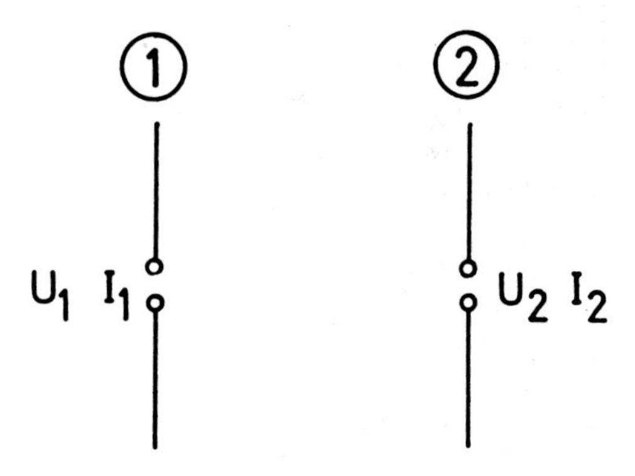

Kopplungseffekt. Liegt an der Antenne 1 die Speisespannung U_1, und fließt durch die Kopplung in Antenne 2 der Strom I_2, so ist die Kopplungsimpedanz $Z_{12} = U_1/I_2$. Die Kopplungsimpedanz besteht aus dem reellen Anteil R_{12} und dem imaginären Anteil X_{12}.

Korona-Entladung
(engl.: corona discharge)

1. An den Enden von Antennen, besonders an Spitzen und scharfen Kanten auftretende Entladung der hochgespannten elektrischen Energie in die freie Luft. Im

allgemeinen nur an Antennen, die mit hohen Leistungen betrieben werden. Außergewöhnlich starke Korona-Erscheinungen führten in der 3000 m über dem Meere gelegenen Rundfunkstation HCJB in Ecuador zum Abschmelzen der Enden von Yagi-Uda-Antennen, wodurch C. C. Moore zur Entwicklung der Cubical-Quad-Antenne (s. d.) kam.
2. Bei hohen elektrostatischen Feldstärken während Gewittern können Korona-Entladungen als Büschellicht oder Elmsfeuer auch an Antennen auftreten. Als Abhilfe dient neben einer guten Blitzerde ein hochohmiger Widerstand, der die geringen Ströme zur Erde ableitet. Besser noch ist die dauernde, direkte Erdung der Antennen, was aber nur bei bestimmten Typen möglich ist.

Korrosion (engl.: corrosion)

Eine durch chemische Umwandlung von der Oberfläche des Metalls ausgehende Zerstörung.
1. chemische Korrosion: Die in abgashaltiger Luft enthaltenen Gase Kohlendioxid (CO_2) und Schwefeldioxid (SO_2) greifen zusammen mit der Luftfeuchtigkeit die Metallteile der Antennen an. Auch der Salznebel des Meeres ist chemisch aktiv und korrodiert sogar Elektrolytkupfer.
2. elektrische Korrosion: Ein Lokalelement, z. B. eine Messingschraube in einem Alurohr hat leitende Verbindung zwischen beiden Elektroden und wird vom Regen befeuchtet. Durch Elektrolyse wird das unedle Metall (hier: Aluminium) aufgelöst und in seine Salze verwandelt, bis die Korrosionsstelle zerfallen ist.
3. Korrosionsschutz: Deckschichten aus Metallen (z. B. verzinkter Stahl), aus Oxiden (z. B. eloxiertes Aluminium) oder organischen Stoffen (z. B. Lack- oder Plastiküberzug) verhindern die Korrosion wenigstens zeitweise. Sorgfältige Konstruktion, Verwendung von korrosionsfestem Material wie z. B. Bronze, Aufbringen von Schutzlacken und Antenneninspektion in festen Zeitabständen verhindern größere Schäden. Verbindungen zwischen verschiedenen Metallen wie z. B. Kupfer/Aluminium sollen in der Antennentechnik vermieden werden.

Krähenfuß-Antenne
(engl.: crowfoot antenna)

Eine vertikale Monopolantenne mit dreieckiger Dachkapazität. Der Vertikalstrahler ist als Metallmast oder Reuse ausgebildet. Die Eingangsimpedanz beträgt rund 12,8 Ω, so daß mit einem 4 : 1-Impedanztransformator und 50 Ω-Koaxialkabel gespeist werden kann.

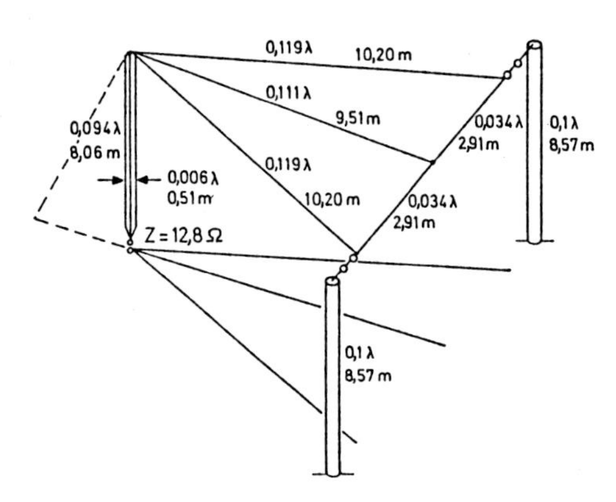

Krähenfuß-Antenne. Oben: dreieckige Endkapazität
Links: reusenförmiger Strahler
Unten: Erdnetz, hier nur 3 Radials gezeichnet.
in der Praxis > 12 Radials
Abmessungen für die Resonanzfrequenz 3,5 MHz in m, allgemein in λ.

Kragen

Eine um den Parabolspiegel laufende metallische Blende zylindrischer Form, welche die Überstrahlung (s. d.) weitgehend dämpft. Durch Abschluß des Kragenrandes mit einer λ/4-Falle können unerwünschte Randeffekte beseitigt werden.

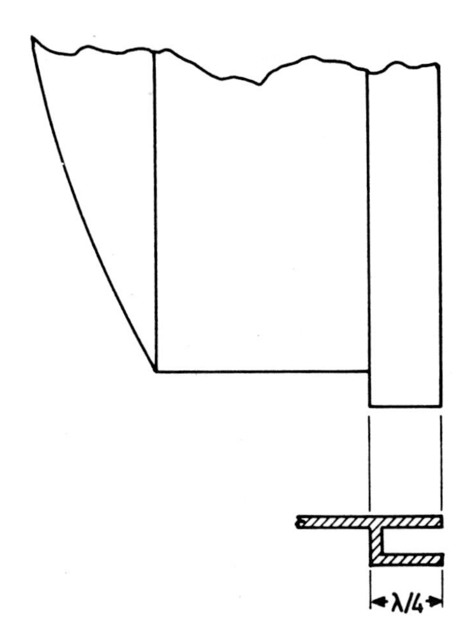

Kragen. Teil eines Parabolspiegels mit zylindrischem Kragen und λ/4-Falle, die das Übergreifen von Strömen auf die Rückseite des Spiegels verhindert.

Kraus-Formel (engl.: Kraus formula)

Eine Formel zur überschläglichen Ermittlung des Gewinnes von Richtantennen aus den Haupthalbwertsbreiten in der E-Ebene und H-Ebene. (Siehe: Gewinnabschätzung, Haupthalbwertsbreite).

Kreisbogenantenne

Eine Kreisgruppenantenne, bei der nicht der ganze Kreisumfang mit Strahlern besetzt ist, oder bei der nicht alle Antennen erregt werden. Die Kreisbogenantenne hat geringere Bündelungsschärfe aber bessere Nebenzipfeldämpfung als die vergleichbare Kreisgruppenantenne. Durch entsprechendes Schalten der Einzelstrahler einer Kreisgruppenantenne kann man diese als Kreisbogenantenne mit drehbarer Charakteristik betreiben. (Siehe auch: Wullenweverantenne).

Kreisfunkfeuer
(engl.: nondirectional beacon)

Ein mittels Vertikalantenne (Monopol, T-Antenne, s. d.) rundstrahlendes Funkfeuer, das durch Morsekennung leicht zu identifizieren ist. Es dient zur Eigenpeilung und Navigation von Schiffen und Flugzeugen.

Kreisgruppenantenne
(engl.: circular array, ring array)

Gruppenantenne, deren strahlende Elemente in einer Ebene kreisförmig angeordnet sind. Die gleichwertigen Elemente sind meist gleichförmig auf dem Kreis verteilt. Bei entsprechender Einstellung der Stromphasen der mit gleichen Strömen erregten Elemente kann nicht nur Rundstrah-

Kreisgruppenantenne. Um den Antennenturm steht eine Kreisgruppe für VHF/UHF, dreifach vertikal gestockt.
(Werkbild Rohde & Schwarz)

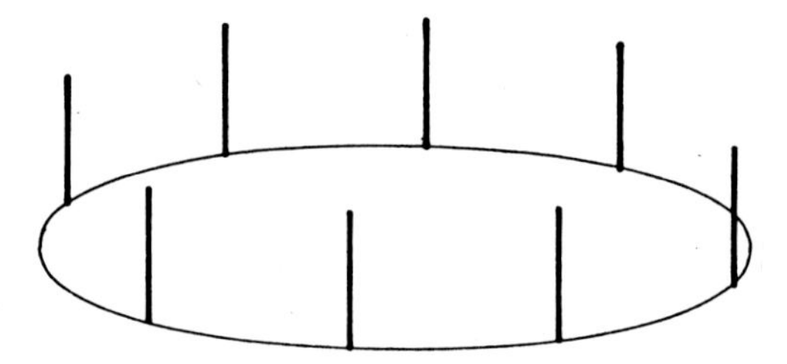

Kreisgruppenantenne aus 8 Monopolen, die gleichmäßig auf dem Kreisumfang verteilt sind. Speisung am einfachsten vom Kreismittelpunkt aus mit Koaxialkabel.

lung, sondern auch Richtstrahlung erzielt werden. Besondere Richtdiagramme ergeben sich, wenn bei den Einzelstrahlern ungleiche Abmessungen, unterschiedliche Ströme, ungleiche Strahlerabstände sowie unterschiedliche Phasendifferenzen wirksam sind.

Kreuzabtastung
(engl.: two-dimensional scanning)

Der Richtstrahl einer Radarantenne kann in zwei Freiheitsgraden, meist waagerecht und senkrecht geführt werden, um einen gegebenen Raumwinkel abzutasten.

Kreuzdipol (engl.: turnstile antenna)

(Siehe: Drehkreuzantenne).

Kreuzpolarisation
(engl.: cross polarization)

1. Zur Kopolarisation orthogonale (= darauf senkrecht stehende) Polarisation einer Antenne. Das Gegenteil zur Kreuzpolarisation ist also die Kopolarisation (s. d.).
2. Kreuzpolarisation wird meist bei senkrecht zueinander stehenden Yagi-Uda-Antennen verwendet, die horizontal oder vertikal polarisiert und darüber hinaus links- bzw. rechtsdrehend kreispolarisiert werden können.

Kreuzpolarisationsprogramm
(engl.: cross-polarization pattern)

Das Richtdiagramm (s. d.) der rechtwinklig zur gewünschten Kopolarisation (s. d.) stehenden Kreuzpolarisations-Komponente. (Siehe: Kreuzpolarisation).

Kreuzrahmen
(engl.: crossed loop antenna)

Die Empfangsantenne eines Kreuzrahmen-Peilers, dessen Empfangsspannungen zu einem Goniometer (s. d.) geführt werden. Das Drehen des Goniometers in der Peilstelle ersetzt das Drehen eines außen angebrachten Drehrahmens.

Kreuzstrahler (engl.: turnstile antenna)

(Siehe: Drehkreuzantenne).

Kreuzung
(engl.: crossing of an antenna with other lines)

Ein rechtlicher Begriff, wenn eine Antenne oder deren Teile senkrecht über oder unter einer elektrischen Versorgungs- oder Fernmeldeleitung liegen. Je nach Art der Kreuzung sind besondere VDE-Vorschriften zu beachten.

Kreuz-Yagi-Antenne
(engl.: cross polarized Yagi-Uda antenna)

Eine aus Kreuzdipolen aufgebaute Yagi-Uda-Anordnung. Fast immer ist sie rechts- und links-drehend polarisiert umschaltbar. Sie kann aber bei Verwendung nur einer Antennenebene linear (horizontal/vertikal) polarisiert betrieben werden. Die Kreuz-Yagi-Antenne ist vorteilhaft bei Funkverbindungen über Reflektionen an Häusern oder Bergen sowie im extraterrestrischen Funkverkehr mit Satelliten.
(Siehe auch: Drehkreuzantenne)

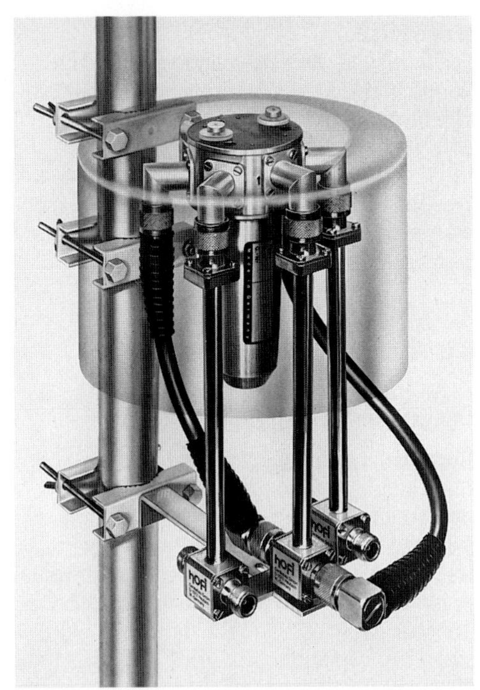

Kreuz-Yagi-Antenne. Polarisations-Umschalter in N-Norm
(Werkbild HOFI).

Kreuzzeigerinstrument

Zwei getrennte Drehspulmeßwerke treiben zwei Zeiger, deren Kreuzungspunkt ausgewertet wird. Gebräuchlich bei Blindlandegeräten und Hochfrequenzleistungsmessern (s. d.), wobei der eine Zeiger die vorlaufende Leistung, der andere die rücklaufende Leistung und ihr Kreuzungspunkt das Stehwellenverhältnis angeben.

Kruckenkreuzantenne

Eine rundstrahlende, horizontal polarisierte Antenne aus der Familie der Ringstrahler, die aus vier Halbwellendipolen und deren Symmetrierschleifen besteht. Der Name rührt von der Form her, meist werden mehrere Ebenen dieser VHF-Antennen in $\lambda/2$ Abstand gestockt und im UKW-Rundfunk als Sendeantenne eingesetzt.

Kugelgruppenantenne
(engl.: spherical array)

Eine Gruppenantenne (s. d.), deren Elemente auf einer Kugeloberfläche angeordnet sind.

Kugelschalen-Reflektor
(engl.: spherical reflector)

Ein Reflektor (s. d.) in Form des Teiles einer Kugelschale. Im Gegensatz zum Parabolreflektor (s. d.) leichter herzustellen, aber in der Geometrie der Reflektion nicht so genau und leistungsfähig.

Kugelwelle

Eine fortschreitende Welle, deren Flächen konstanter Phase eine Kugelfläche um eine Antenne bilden. Sie ist eine Sonderform der homogenen Wellen. Andere Formen sind: Ebene Wellen, ihre Wellenflächen sind Ebenen senkrecht zur Ausbreitungsrichtung. Zylinderwellen, ihre Wellenflächen sind Kreiszylinder, deren Mantelfläche senkrecht zur Ausbreitungsrichtung steht.

Kunstantenne, künstliche Antenne
(engl.: dummy load)

(Siehe: Abschlußwiderstand, Cantenna)

Kurbelantenne

Eine Vertikalantenne, die ausgekurbelt werden kann, aber auch in der Höhe variiert werden kann. Häufig in Form einer Teleskopantenne mit Höhen bis zu 25 m.

Kurzdipol (engl.: short dipole)

Ein elektrisch kurzer Dipol mit linearer Stromverteilung. Die Gesamtlänge l des Dipols ist dabei viel kürzer als $\lambda/4$.

Daten: Gewinn: $G = 1{,}5$; $g = 1{,}76$ dBi
$G_d = 0{,}92$; $g_d = -0{,}39$ dBd
Wirkfläche: $A_w = 0{,}12\,\lambda^2$

Wirksame
(effektive) Höhe: $l_w = 1/2$
Strahlungswiderstand:

$$R_s = 197 \cdot \left(\frac{1}{\lambda}\right)^2 \quad [\Omega]$$

(Siehe: cos β-Dipol; Dipol, Hertzscher; Gewinntabelle, Antenne Nr. 2)

Kurzschlußspeisung
(engl.: shunt-fed system)

Soviel wie Anzapfspeisung (s. d.). (Siehe auch: Dipol mit Delta-Anpassung, Vertikalantenne, nebenschlußgespeiste).

L

Ladespule (engl.: loading coil)

Eine Spule hoher Güte, die sich in einer kurzen Vertikalantenne unten, mitten oder oben befindet. Sie verlängert die Antenne, um das ganze Gebilde auf der Betriebsfrequenz in Resonanz zu bringen. Die Ladespule bewirkt Verluste.
Je weiter die Ladespule vom gespeisten Fußpunkt entfernt ist, umso größer muß die Induktivität sein, um bei gleicher Verlängerung Resonanz zu erzielen.

Länge, effektive; Länge, wirksame
(engl.: effective length)

1. Empfangsfall:
Ist eine Antenne zur einfallenden linear polarisierten Welle optimal gerichtet, so ist ihre effektive Länge der Quotient aus der Leerlaufspannung U und der Feldstärke E der Welle.

$$l_e = \frac{U}{E} \qquad [m]$$

2. Sendefall:
Die wirksame Antennenlänge l_e ist gleich der Länge einer Antenne in der überall die gleiche Stromstärke wie im Strombauch herrscht und welche die gleiche Feldstärke wie die tatsächlich vorhandene Antenne liefert.
Beispiel: Die wirksame Länge l_e eines Halbwellendipols (s. d.) der geometrischen Länge $l_g = 0{,}5\,\lambda$ ist:

$$l_e = \frac{2}{\pi} \cdot l_g = 0{,}637 \cdot l_g = 0{,}318\,\lambda$$

(Siehe auch: Höhe, effektive).

Längsstrahler (engl.: end-fire array antenna)

Eine lineare Antennengruppe (s. d.), bei der die Hauptstrahlrichtung entlang der Achse der Antennengruppe gerichtet ist. Am einfachsten zu realisieren durch zwei parallele Halbwellendipole, vertikal oder horizontal polarisiert, die um 180 ° phasenverschoben gespeist werden. Gewinn dann bei λ/8 Abstand der Dipole theoretisch 4,3 dBd bei bidirektionaler (zweiseitiger) Richtcharakteristik. Obwohl die Maximalgewinne von Längsstrahler (4,3 dBd) und Querstrahler (4,8 dBd) aus je zwei Elementen fast gleich sind, ist der Längsstrahler im Vorteil, weil der Maximalgewinn schon bei sehr kleinem Abstand (λ/8) erreicht wird.
Wird der Abstand der beiden parallelen Halbwellendipole auf λ/4 erhöht und die Phasenverschiebung auf 90 ° verringert, so entsteht eine unidirektionale (einseitige) Richtcharakteristik (Richtantenne, Beamantenne).
Beispiele für Längsstrahler: Fischgrätantenne, HB9CV-Antenne, W8JK-Antenne, Yagi-Uda-Antenne (Siehe jeweils dort).

Längstwellenantenne (engl.: VLF antenna)

Antenne zur Abstrahlung der längstmöglichen Wellenlängen des Funkverkehrs, f = 3 bis 30 kHz, λ = 100000 m bis 10000 m. Da bei 15 kHz eine vertikale Viertelwellenantenne bereits 5000 m hoch wäre, sind Längstwellenantennen im Verhältnis zur Wellenlänge immer sehr kurz. Damit bleibt der Strahlungswiderstand nach der Rüdenbergschen Glei-

chung (s. d.) nur sehr klein, und die geforderte Strahlungsleistung kann nur mit hohen Stromstärken erbracht werden, was hohe Verluste in Abstimm-Mitteln und Erdboden hervorruft. Um den Strahlungswiderstand (R_r < 0,2 Ω) anzuheben, werden an der Antenne ausgedehnte Endkapazitäten (s. d.) angebracht. Außerdem ist man gezwungen, riesige Erdnetze (s. d.) einzugraben. Trotz aller Maßnahmen bleibt der Wirkungsgrad von Längstwellen-Antennen-Anlagen sehr niedrig, manchmal < 10%. Beste Lösung ist die Alexanderson-Antenne (s. d.). (Siehe auch: Dreieckflächenantenne).
Die gleichen Probleme treten bei Langwellenantennen, f = 30 bis 300 kHz, λ = 10000 m bis 1000 m, in abgeschwächter Form auf.

Langdrahtantenne
(engl.: long wire antenna)

Eine lineare Drahtantenne mit einer Länge, die größer als eine Betriebswellenlänge ist. Die Langdrahtantenne wird auf den Oberwellen erregt und ist der einfachste und preiswerteste Richtstrahler (s. d.).
1. In Stehwellen erregter Langdraht: Jeder Langdraht wird in Stehwellen erregt, weil die vom Ende reflektierte Welle sich der eingespeisten Welle überlagert und Stehwellen bildet. Die Richtcharakteristik ist nach vorn und hinten gleich gestaltet. Die Hauptkeule nähert sich mit zunehmender Antennenlänge der Drahtachse. Quer dazu treten Nebenkeulen auf, das Diagramm wird „aufgezipfelt".
2. In Wanderwellen erregter Langdraht: Wird der Langdraht am Ende mit einem Wirkwiderstand gegen Erde abgeschlossen, der genau so groß ist wie der Wellenwiderstand der Antenne (etwa 500 Ω), so werden die hinlaufenden Wellen verschluckt: Schluckwiderstand (s. d.). Die Reflektion entfällt, und so bilden sich Wanderwellen aus. Die Richtcharakteristik ist nach vorn etwas kräftiger als bei Stehwellenerregung und nach hinten stark gedämpft. Bei größeren Längen wird auch die stehwellenerregte Langdrahtantenne mehr und mehr zu einer Wanderwellenantenne, weil die Abstrahlung so viel Energie verbraucht, daß die rücklaufende Welle stark geschwächt ist.
3. Eine Langdrahtantenne kann am Ende in ihrem Spannungsbauch (s. d.), aber auch in einem Strombauch (s. d.) gespeist werden.
4. Langdrahtantennen bilden die Elemente (s. d.) von folgenden Gruppenantennen: V-Antenne, Echelon-Antenne, Rhombusantenne (Siehe jeweils dort).

Langdrahtantenne, abgeschlossene
(engl.: nonresonant long wire antenna)

Eine Langdrahtantenne (s. d.) in Wanderwellenerregung.
(Siehe auch: Beverage-Antenne).

Lang-Yagi-Antenne
(engl.: long Yagi antenna)

Eine Yagi-Uda-Antenne (s. d.) mit einer Boomlänge von mehr als 1 λ und mit zahlreichen Elementen. Die Lang-Yagi hat hohe Richtwirkung und hohen Gewinn, der sich bei etwa 6 λ Länge auf rund 14 dBd beläuft und sich darüber hinaus nicht mehr wesentlich steigern läßt. Größere Gewinne werden durch Zusammenfassung mehrerer Lang-Yagis zu Gruppen, meist durch Stockung (s. d.) erreicht. Infolge ihrer beträchtlichen Größe sind Lang-Yagis nur bei Frequenzen über 100 MHz realisierbar.
(Siehe: Boom, Yagi-Uda-Antenne, inhomogene).

L-Antenne (engl.: L-antenna)

Eine Drahtantenne aus vertikalem Teil und damit verbundenem horizontalen Teil, die ein kopfstehendes L bilden. Bei längeren Kurzwellen und Grenzwellen verwendet. Die L-Antenne strahlt horizontal und vertikal polarisierte Wellen ab, die sich im Fernfeld überlagern. Der Wirkungsgrad einer L-Antenne ist geringer als der einer reinen Vertikal- bzw. Horizontalantenne.

L-Antenne. **Hier ist der Horizontalteil länger als der Vertikalteil, auch das Gegenteil ist möglich.**

Bei niedrigen Betriebsfrequenzen sollte der Strombauch möglichst hoch liegen, um gute Wirkungsweise zu sichern. Ein Erdnetz ist fast immer erforderlich. Die L-Antenne ist als Allwellenantenne zu gebrauchen und gilt als gute Empfangsantenne.

Lastverteiler (engl.: power divider)

(Siehe: Leistungsteiler).

Lattenzauneffekt

Strahlt eine Mobilstation während der Fahrt ein Signal ab, so breitet sich dieses meist auf mehreren Wegen aus. Da die Ausbreitungswege dieser Mehrwegausbreitung sich in ihrer Länge rasch ändern, treffen die Signale mit veränderlichem Phasenwinkel an der Empfangsantenne ein. Sie überlagern sich, und die Amplitude des empfangenen Signals schwankt schnell auf und ab. Dadurch entsteht ein Störgeräusch, das sich so anhört, als ob ein Läufer mit seinem Stock an einem Lattenzaun entlangstreift.

Lazy-H-Antenne (engl.: lazy-H antenna)

Das liegende H, auch „Fauler Heinrich" genannt, ist eine Gruppenantenne aus zwei parallelen, vertikal gestockten Ganzwellendipolen (s. d.), ein gleichphasig gespeister Querstrahler (s. d.). Bei einem optimalen Stockungsabstand von 5/8 λ ist der Gewinn g = 6,7 dBd. Der Gewinn hängt vom Abstand der Ganzwellendipole ab. Der Abstand kann gewählt werden zwischen 3/8 λ und 3/4 λ. Die zugehörigen Gewinne sind:

Abstand	Gewinn über Dipol
3/8 λ	4,3 dBd
1/2 λ	5,6 dBd
5/8 λ	6,7 dBd
3/4 λ	6,3 dBd

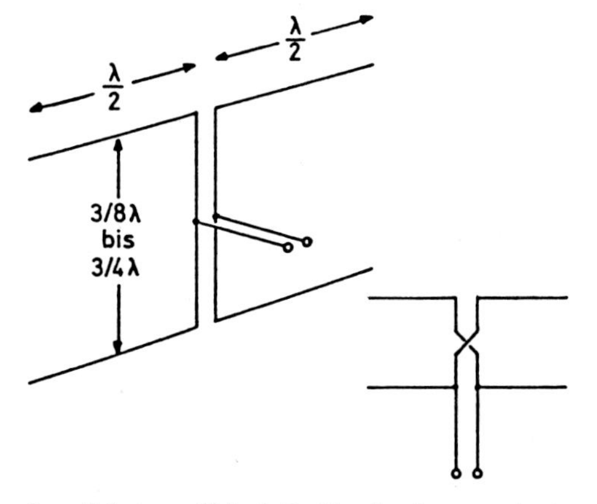

Lazy-H-Antenne. **Links in Breitbandspeisung, rechts in Schmalbandspeisung.**

Lazy-Loop-Antenne
(engl.: lazy loop antenna)

Eine Delta-Loop-Antenne (s. d.), die aus einem liegenden Dreieck besteht, dessen Drahtlänge bis zu mehreren Wellenlängen gehen kann. Die Abstrahlung erfolgt elliptisch polarisiert in mehreren sternförmig angeordneten Hauptkeulen, die bei größeren Antennenhöhen flach strahlen.

Lecher-Leitung
(engl.: two-wire transmission line)

Bezeichnung der Zweidrahtleitung (s. d.) nach dem Physiker Lecher, der sie zuerst anwandte und analysierte.
(E. Lecher 1890).

Leckwellenantenne
(engl.: leaky wave antenna)

Leckwellen entstehen, wenn die in einem Hohlleiter geführte Welle entweder gleichmäßig oder in periodischen Abständen durch „Lecks" nach außen dringt. Diese Antennen werden im allgemeinen so ausgeführt, daß die Öffnungen nach außen klein sind, um Phasenänderungen gering zu halten. Dadurch ist die Anpassung an den speisenden Generator recht gut. Meist ist die Apertur (s. d.) mehrere Wellenlängen lang, so daß am Ende der Antenne kaum mehr Energie vorhanden ist.
Die einfachste Form einer Leckantenne ist ein einseitig längsgeschlitztes Koaxialkabel, das bei der Übertragung zu Fahrzeugen z. B. im Tunnel angewandt wird.

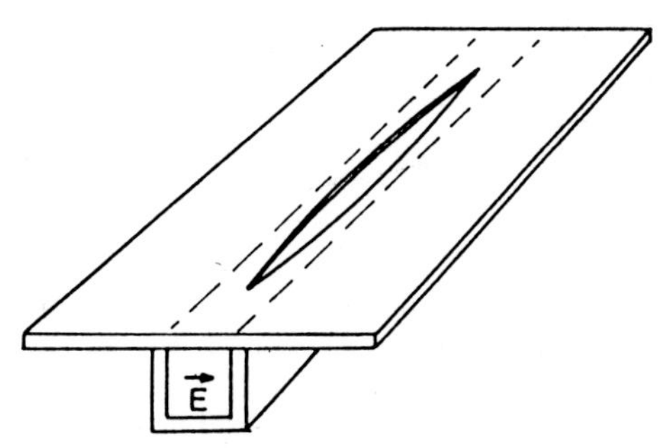

Leckwellenantenne. **Ein langer, schmaler Schlitz veränderlicher Breite mit TE-Erregung in einer Metallfläche, z. B. Flugzeugflügel.**

Leistung, abgestrahlte
(engl.: radiated power)

Nur ein Teil der von der Antenne aufgenommenen Eingangsleistung P_{t0} (s. d.) wird im Strahlungswiderstand R_r (s. d.) in Strahlungsleistung P_t verwandelt. Ein nicht zu vernachlässigender Anteil wird im Verlustwiderstand R_l in Verlustleistung P_l verwandelt und trägt nichts zur Abstrahlung bei.

$$P_{t0} = P_t + P_l \quad [\text{Watt}]$$
$$P_{t0} = I^2 \cdot (R_r + R_l) \quad [\text{Watt}]$$

I = Antennenstrom
(Siehe auch Wirkungsgrad).

Leistungsdiagramm (engl.: power pattern)

Die bildliche Darstellung der räumlichen Verteilung der Leistung im Richtdiagramm (s. d.).

Leistungsgewinn (engl.: power gain)

Soviel wie Gewinn (s. d.).

Leistungshalbwertsbreite
(engl.: half-power beamwidth)

(Siehe: Halbwertsbreite).

Leistungsteiler (engl.: power divider)

Eine Koppeleinrichtung in Form einer Brücke oder eines Transformators zur Aufteilung z. B. der HF-Leistung eines Senders auf zwei oder mehrere Antennen eines Antennensystems bzw. einer Antennengruppe, oder zur Aufteilung eines Antennensignals auf zwei oder mehrere Empfänger. Die theoretische Leistungsteilung (ohne Verluste) beträgt pro Ausgang:

2fach . . . . . -3 dB
3fach . . . . . -4,8 dB
4fach . . . . . -6 dB
6fach . . . . . -7,8 dB
8fach . . . . . -9 dB

Leistungsübertragung
(engl.: power transfer)

Ein Maximum an Leistung wird übertragen, wenn zwischen Sender und Leitung sowie zwischen Leitung und Antenne Anpassung herrscht. Das bedeutet, daß die drei Impedanzen gleich groß und rein ohmisch sind.
Falls auch Blindwiderstände auftreten, so sind diese zu kompensieren. Für diesen Fall wird bei einer verlustfreien Leitung auch dann die maximale Leistung übertragen. Für den Empfangsfall gilt sinngemäß das gleiche.

Leistungszahl einer Mikrowellenantenne
(engl.: figure of merit)

Die Empfangsqualität einer Mikrowellenantenne wird mit der Leistungszahl = Gewinn/Rauschtemperatur ausgedrückt (engl.: gain/temperature = G/T). Die Antenne empfängt aus ihrer Umgebung das Rauschen des schwarzen Körpers und erzeugt selbst Rauschen in ihren Leitern. Da die Empfangssignale nur im Picowattbereich liegen, ist die Leistungszahl entscheidend für den Empfang.

Leiter (engl.: conductor)

In der Antennentechnik Metallkörper wie Rohre, Stäbe und Drähte, die den Strom kontinuierlich über ihre ganze Länge leiten.
Material für Rohre und Stäbe: Aluminium, Kupfer, kupferplattierter Stahl, für Drähte (Volldraht und Litze): Kupfer, Bronze.

Leitscheibenantenne
(engl.: cigar antenna)

Ein Längsstrahler (s. d.) mit strahlungsgekoppelten metallischen oder dielektrischen Scheiben für Mikrowellen. Die Leitscheibenantenne ist eine Oberflächenwellenantenne und nahe verwandt zur Yagi-Uda-Antenne (s. d.). Sind Scheibendurchmesser und Scheibenabstand etwas kleiner als $\lambda/2$, so lassen sich hohe Gewinne realisieren, z B. bei einer Antennenlänge von 80 λ g_i = 28 dBi, Halbwertsbreite 7°, VRV 30 dB. Auch Zigarrenantenne genannt.
(J. C. Simon, G. Weill – 1953 – Franz. Patentanmeld.).

Leitung

Verbindungsglied für elektrische Ströme und Spannungen von der Antenne zum Sender bzw. zum Empfänger und umgekehrt. Die Leitung ist ein Transportmittel zur Führung elektrischer Leistung.
Eindraht-Leitung zur Speisung einer Windom-Antenne (s. d.). Als Rückleitung wird die Erde verwendet. Die Eindrahtleitung ist nicht strahlungsfrei.
Zweidrahtleitung, Doppelleitung (Hühnerleiter) überwiegend in der kommerziellen Antennentechnik verwendet, da verlustarm und kostengünstig. Mit Drahtdurchmesser und Abstand läßt sich der Wellenwiderstand (s. d.) in weiten Grenzen verändern.
Vierdraht-Leitung mit geringerem Wellenwiderstand aber sonst allen Vorteilen der Zweidrahtleitung.
Reusenleitung *Einfachleitung* in Art eines Koaxialkabels, das aus einem Innenleiter und der Außenreuse zusammengesetzt ist.
Doppelleitung Erdsymmetrische, durch Reuse abgeschirmte Zweidrahtleitung.
Koaxialleitung konzentrische Leitung aus Innenleiter (Draht, Litze) und Außenleiter (Drahtgeflecht, Blech, Rohr) mit verhältnismäßig niedrigem Wellenwiderstand. Innenraum mit Luft, Stickstoff, Polyäthylen, Teflon ausgefüllt.

Leitscheibenantenne. Aus 10 metallischen Scheiben auf Metallträger und Erregung durch Kreuzdipol. Gewinn etwa 10 dBd.

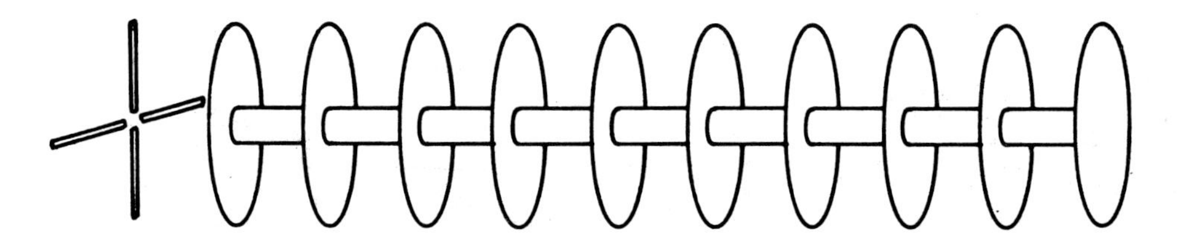

Leitung, angepaßte (engl.: flat line)

Eine Speiseleitung, auf der die HF-Energie in Wanderwellen (s. d.) fortschreitet. Sie zeichnet sich durch ein Minimum an Speiseleitungsverlusten (s. d.) aus. Koaxialkabel (s. d.) werden immer als angepaßte Leitung betrieben, offene Zweidrahtleitungen durchaus nicht immer (Siehe: abgestimmte Speiseleitung). Die Leitung ist dann angepaßt, wenn die Impedanzen von Generator, Leitung und Verbraucher gleichgroß sind. Das ist gleichbedeutend mit einem Stehwellenverhältnis von s = 1.

Leitung, konzentrische
(engl.: coaxial transmission line)

Ein Koaxialkabel (s. d.).

Leitungsdiagramme
(engl.: transmission line charts)

Diagramme zur graphischen Bestimmung von Widerstandstransformationen auf Leitungen. Die Impedanz wird dargestellt durch den normierten Real- und Imaginärteil in der Widerstandsebene. Die Reflexion wird dargestellt durch die Welligkeit bzw. den Anpassungsfaktor und die Leitungslänge in der Reflexionsfaktorebene.
Da diese Darstellung in Kreisen bzw. Geraden (unendlich große Kreise) verläuft, spricht man auch von Kreisdiagrammen.
Man unterscheidet:
Buschbeck-Diagramm (s. d.)
Smith-Diagramm (s. d.)
Carter-Diagramm (s. d.)

Leitungstheorie
(engl.: theory of transmission lines)

Die Theorie der Leitungen hat ihren Ursprung in der Zweidraht-Telegraphenleitung über Land, der man eine Längsinduktivität, eine Querkapazität, einen Längswiderstand (= Leitungswiderstand) und einen Querwiderstand (= Isolationswiderstand bzw. Ableitwiderstand) zuschreibt. Die mathematische Analyse der Leitung mündet in die Telegraphengleichung, aus der man die Übertragungs- oder Fortpflanzungskonstante, zusammengesetzt aus Dämpfungs- und Phasenkonstante, ableiten kann, aber auch den Wellenwiderstand und den Reflexionsfaktor. Die Leitungstheorie ist ein nützliches Werkzeug nicht nur für die HF-Energieleitungen, sondern auch für die Theorie der Linearantennen.

Leitungswellenwiderstand
(engl.: line impedance)

Der Nennwiderstand Z_n (s. d.) einer Leitung. Wird eine HF-Leitung mit ihrem Leitungswellenwiderstand abgeschlossen, so bilden sich darauf nur Wanderwellen und das Stehwellenverhältnis ist s = 1.

Leitung, symmetrische
(engl.: two wire feeder)

Eine erdsymmetrische Zweidrahtspeiseleitung. (Siehe: Leitung).

Leitung, unsymmetrische
(engl.: asymmetrical transmission line)

(Siehe: Koaxialkabel).

Leitwert (engl.: conductivity)

Der Kehrwert des elektrischen Widerstandes mit dem Formelzeichen G und der Maßeinheit:

1 S = 1 Siemens, wobei
G = 1/R

Gleichsinnig zum Widerstand unterscheidet man induktiven, kapazitiven, komplexen, negativen und ohmschen Leitwert. Auch die Begriffe Schein-, Blind- und Wirkleitwert werden verwendet.

Leitwert, komplexer
(engl.: complex conductivity)

Bei isotropen (gleichmäßigen, amorphen) Stoffen im Wechselfeld an bestimmter

Stelle, bei bestimmter Frequenz das Verhältnis der komplexen Amplitude des gesamten elektrischen Stromes zur komplexen Amplitude der elektrischen Spannung. Spannung und Strom sind Vektoren, der gesamte Strom umfaßt Leitungsstrom plus Verschiebungsstrom.
Formelzeichen Y, Maßeinheit S

$$Y = 1/Z = G + jB = |Y| \angle -\varphi$$

Lindenblad-Antenne
(engl.: Lindenblad antenna)

Nach dem Erfinder benannte Antennen:
1. Koaxiale Breitbandantenne: Ovaler Koaxialstrahler mit relativ dickem Element (15–25 cm Durchmesser). Vier Stück davon mit Drehfeldspeisung als Kreuzdipol (s. d.) ergeben eine horizontal polarisierte Rundstrahlantenne. Anwendung als Fernsehantenne z. B. am Empire State Building in New York.
(N. E. Lindenblad – 1938 – US Patent).

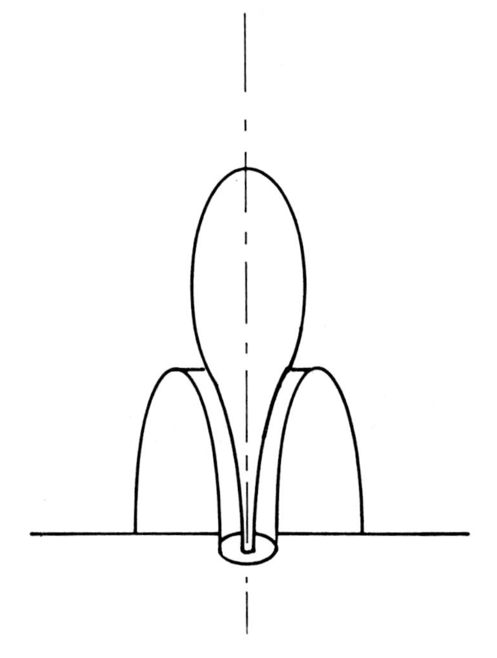

Lindenblad-Antenne 1. Die Gesamthöhe ist h = 0,275 λ. Meist werden vier solche Antennen zu einer Drehkreuzantenne zusammengefaßt.

2. Zirkular polarisierter Rundstrahler: Vier schräggestellte, symmetrische Dipole in einem gedachten Kreis angeordnet, mit gleicher Amplitude und gleicher Phase gespeist, ergeben einen zirkular polarisierten Rundstrahler bei passendem Abstand und Neigungswinkel. Werden die Dipole nach der anderen Seite geneigt, so kehrt sich die zirkulare Polarisationsrichtung um. Anwendung als Bodenantenne im Flugfunk.
(N. E. Lindenblad – 1938 – US Patent).

Linearantenne (engl.: linear antenna)

Eine Antenne in linearer Ausdehnung, wobei die Gestalt der Antenne meist geradlinig ist. Die Antennen sind von beliebiger Länge mit sinusförmiger Stromverteilung oder aber mit gleichförmiger Wanderwelle.
Linearantennen sind: Halbwellendipol, Ganzwellendipol, Langdrahtantenne.

Linearantenne, unterteilte
(engl.: sectionalized linear antenna)

Eine Linearantenne, die durch Kapazitäten, Induktivitäten oder Schwingkreise in einzelne Abschnitte unterteilt ist, um ihre Eigenschaften zu verändern.
(Siehe auch: Trap, W3DZZ-Antenne, belastete Antenne).

Lineargruppe (engl.: linear array antenna)

Eine einfache Art einer Antennengruppe, die sich nur in einer Dimension erstreckt und die ihre Elemente in meist gleichen Abständen entlang einer geraden Linie hat.
Lineare Gruppen sind: Dipolreihe, Dipollinie, Quer- und Längsstrahler (Siehe jeweils dort).

Lineargruppe, regelmäßige
(engl.: uniform linear array)

Eine lineare Gruppenantenne mit gleich gerichteten Elementen in gleichen Abständen, gespeist mit gleichgroßen Strömen im gleichen Phasenzuwachs. Gegensatz: Gruppenantenne mit gestufter Elementdichte (s. d.).

Linienquelle (engl.: line source)

Die gleichmäßige Verteilung elektromagnetischer Strahlungsquellen auf einem meist geradlinigen Streckenabschnitt, z. B. ein Hohlleiter mit einer Linie eingeschnittener Schlitzantennen (s. d.).

Linse (engl.: lens, electromagnetic)

Bei Mikrowellen bestehen zwei Möglichkeiten, den Strahl zu bündeln: durch Reflektion an einem Spiegel (s. d.) und durch Linsen. Reflektoren haben nur eine freie Wahlmöglichkeit: die Veränderung ihrer Oberflächengeometrie. Linsen haben drei Freiheitsgrade, ihre Eigenschaften zu verändern: Innenflächengeometrie, Außenflächengeometrie und Brechungsindex. Sie haben keine Aperturbehinderung (s. d.), aber Verluste an den Flächen und im Inneren, sind unhandlich und schwer und können nur an ihrer äußeren Umfassung gehaltert werden, so daß man möglichst mit Reflektoren auszukommen sucht.
Nach dem Brechungsindex unterscheidet man Verzögerungslinsen ($n > 1$) mit dichterem Medium als Luft und Beschleunigungslinsen ($n < 1$) mit Metallplatten zur Wellenführung. Material und Gewicht werden erspart durch die Anwendung der Fresnel-Zonen-Linse (s. d.), die zunächst von Fresnel für optische Leuchtfeuer entwickelt worden war. Besondere Formen sind die Luneberg-Linse (s. d.) und die Schuhband-Linse (s. d.).

Linse. Grundformen von Linsenantennen.
1: Drehkörperlinse mit einem Brechungsindex > 1, konvex
2: Drehkörperlinse mit einem Brechungsindex < 1, konkav
3: Zylinderlinse, $n > 1$, erregt mit einer Leckwellengruppe
4: Zylinderlinse, $n < 1$, errregt mit einem Sektorhorn.

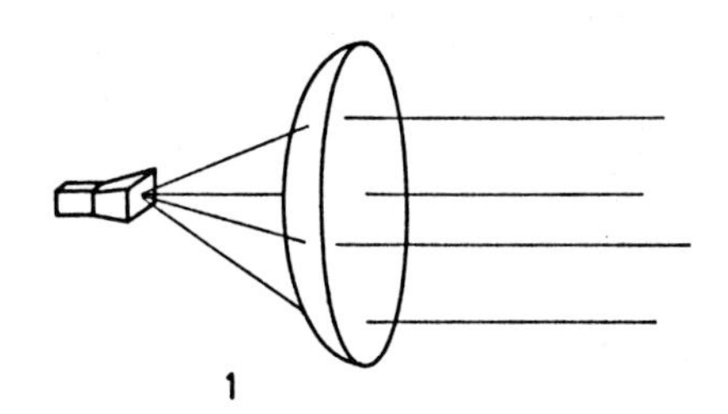

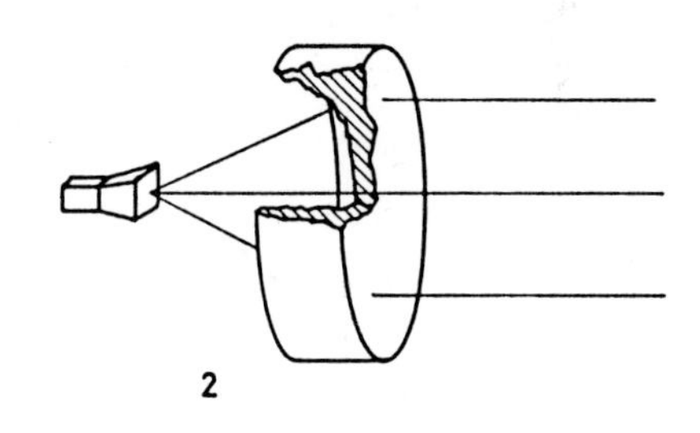

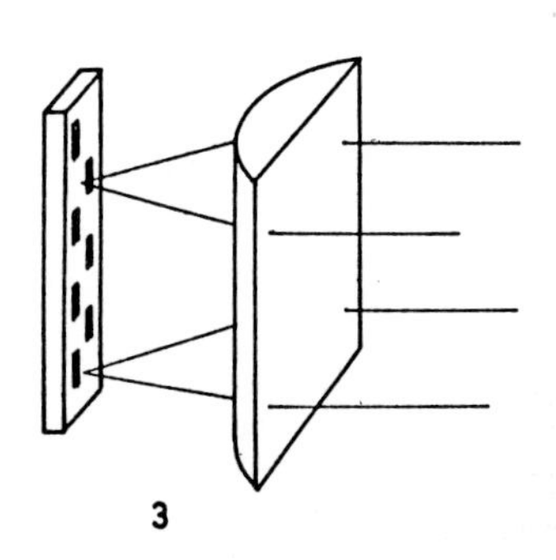

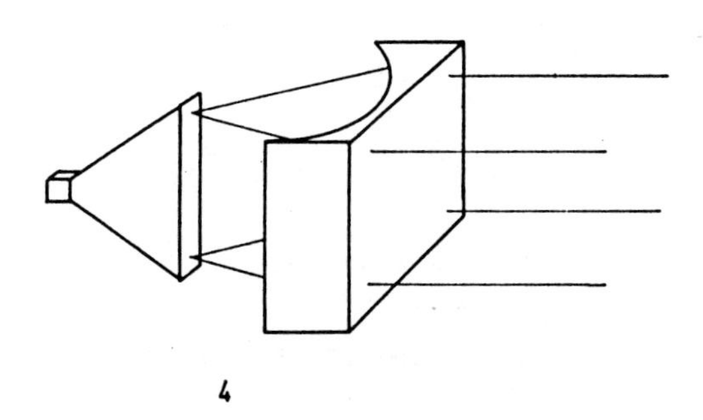

Linse, Beschleunigungslinse

Eine Linse, bei der durch geeignete Anordnungen die Phasengeschwindigkeit der Welle erhöht wird. Das Verhalten ist dem Prinzip einer optischen Linse, die als Verzögerungslinse (s. d.) arbeitet, entgegengesetzt. Man erhält eine Beschleunigungslinse, wenn man eine Anzahl paralleler Metallplatten von geeignetem Schnitt nebeneinander im Wellenzug anordnet (Hohlleiterlinse).
Andere Formen sind die Stufenlinse, bei der sich die Plattentiefe sprunghaft zur Linsenmitte hin verringert, und die Lochplattenlinse (s. d.).

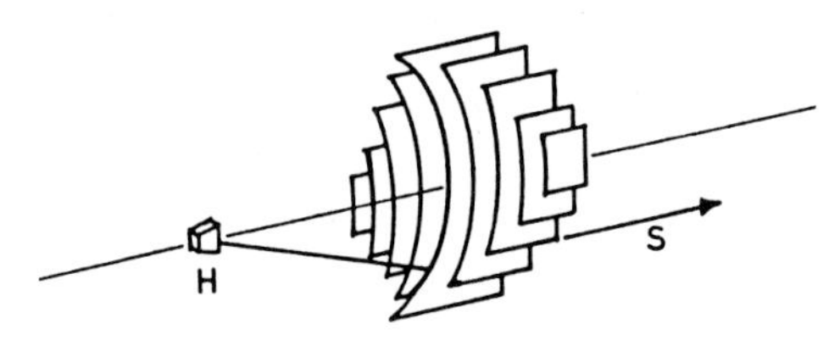

Beschleunigungslinse aus Metallplatten. Die Metallplatten beschleunigen den Strahl und bilden aus der Kugelwelle des Hornstrahlers eine Welle mit ebener Wellenfront.

Linse, dielektrische (engl.: dielectric lens)

Die Linse einer Linsenantenne, die aus einem Dielektrikum besteht und die Welle beim Durchgang nach dem Brechungsgesetz verzögert. Die Bündelung erfolgt nach den bekannten Prinzipien der Optik.

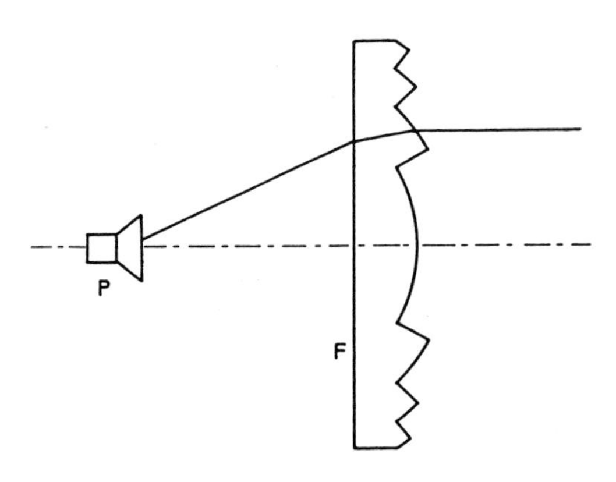

Linse, Lochplattenlinse

Eine Beschleunigungslinse, in der die Phasenverschiebung bei der Beugung von Wellen an kleinen Öffnungen ausgenützt wird.

Linse, metallische Verzögerungslinse

Eine Linse mit einem künstlichen Dielektrikum (s. d.), das aus räumlich verteilten, voneinander isolierten Metallkörpern, z. B. Metallkugeln in Polystyrolbettung besteht. Bei nur linearer Polarisation können parallele, dünne Metallstreifen verwendet werden, die senkrecht zur Einfallsrichtung und parallel zu den magnetischen Feldlinien angeordnet sind (Metallstreifenlinse). Eine weitere Art ist die Umweglinse oder Weglängenlinse in Form von Schrägplatten- oder Schräggitterlinse.

Linsenantenne (engl.: lens antenna)

Eine Richtantenne aus Primärstrahler (s. d.) und elektrischer Linse (s. d.). Der größte Teil der von der Erregerantenne ausgehenden Strahlung wird durch die Linse nach dem quasioptischen Prinzip in die Hauptstrahlrichtung gelenkt und gebündelt.

Linse, Umweglinse

Eine Verzögerungslinse, bei der die Strahlen Umwege zu durchlaufen haben.

Linse, Verzögerungslinse

Eine Linse, bei der durch Einbringen verzögernder Medien in den Strahlengang die Wellengeschwindigkeit verlangsamt wird. Das Verhalten entspricht dem Prin-

Linse, dielektrische. P: Primärstrahler, hier ein Hornstrahler.
F: Fresnel-Linse
Durch die Aufteilung der Konvexlinse in einzelne Zonen zu einer Zonenlinse wird erheblich an Material (Trolitul) gespart. Durch geeignete Ausbildung der Linse lassen sich Abschattungen durch die Kanten weitgehend vermeiden.

zip der optischen Linsen. Gegenteil: Beschleunigungslinse (s. d.).

Logarithmisch-periodische Antenne, Logperiodic = LPA
(engl.: log periodic antenna)

Eine ganze Klasse von Breitbandantennen aus einzelnen Elementen, die in Zielrichtung immer kleiner werden. Dabei wiederholen sich Abmessungen, Impedanz und Strahlungseigenschaften periodisch mit dem Logarithmus aus der Frequenz. Daher nennt man solche Antennen logarithmisch-periodisch.
Weil jeweils nur der resonante Teil der LPA schwingt und strahlt, die anderen Teile aber elektrisch tot sind, haben LPAs nur bescheidene Gewinne. Der Vorteil der LPAs liegt darin, daß über einen großen Frequenzbereich (bis weit über 1:3) die elektrischen Kennwerte wie Gewinn, Speisewiderstand und Vor/Rück-Verhältnis weitgehend konstant sind.
LPDA ist die Abkürzung für logperiodische Dipolantenne.
(R. H. DuHamel, D. E. Isbell – 1957; 1958 – US Patente).

Logarithmisch-periodische Antenne. Für etwa 7 bis 30 MHz.
(Werkbild Fritzel)

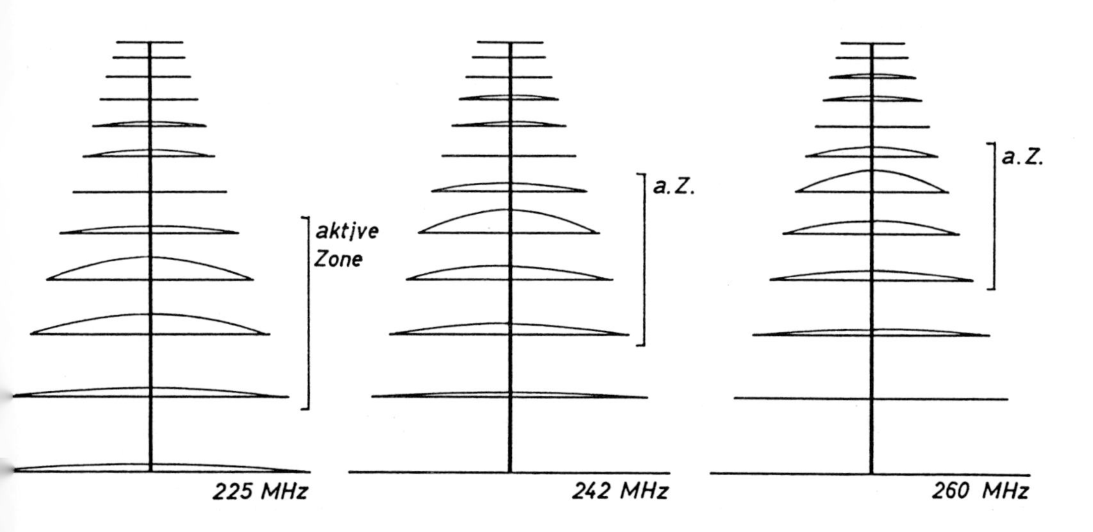

Logarithmisch-periodische Antenne. Das Bild zeigt die gemessene Stromverteilung an einer VHF-Antenne. Die aktive Zone wandert mit steigender Frequenz nach vorne. Zahlreiche Elemente bleiben stromlos und tragen nichts zu Abstrahlung bei, was die relativ geringen Gewinne von log.-per. Antennen erklärt.

Logarithmisch-periodische Antennen.
(Werkbilder Rohde & Schwarz)

AK 226/4471; 5 bis 26,5 MHz; 500 kW; 14 dBi Gewinn
180 Ω Eingangsimpedanz mit symmetrischen Reusenspeiseleitungen über der Erde und in der Antenne
(Werkbild Rohde & Schwarz)

HL 026; 27 bis 87 MHz; 400 W; 5 dBi Gewinn; l = 4 m; b = 5,6 m
(Werkbild Rohde & Schwarz)

AK 851; 5 bis 30 MHz; 1 kW; 10 bis 13 dBi Gewinn
l = 22,7 m; b = 27 m; Masthöhe = 18 m
(Werkbild Rohde & Schwarz)

HL 023 A1; 80 bis 1300 MHz; 100 W; 6,5 dBi Gewinn
Mit Stativ für mobilen Betrieb
(Werkbild Rohde & Schwarz)

Gekreuzte log. per. Antenne HL 037; 25 bis 1000 MHz; 100 W; 5 dBi Gewinn; Polarisation schaltbar: horizontal, vertikal
(Werkbild Rohde & Schwarz)

HL 007 A1; 80 bis 1000 MHz; 10 W; 6,5 dBi Gewinn fernbedient wählbare Polarisation: zirkular links, zirkular rechts, horizontal, vertikal
(Werkbild Rohde & Schwarz)

Gekreuzte log. per. Antenne HL 024 A2;
1 bis 18 GHz; 5 bis 10 W; 4 bis 6 dBi Gewinn
Unter der Antenne das fernschaltbare Polarisationstriebwerk (hor., vert., zirkular li., re.)
Rechts: Radom
Die Antenne dient als Erreger in Reflektorantennen
(Werkbild Rohde & Schwarz)

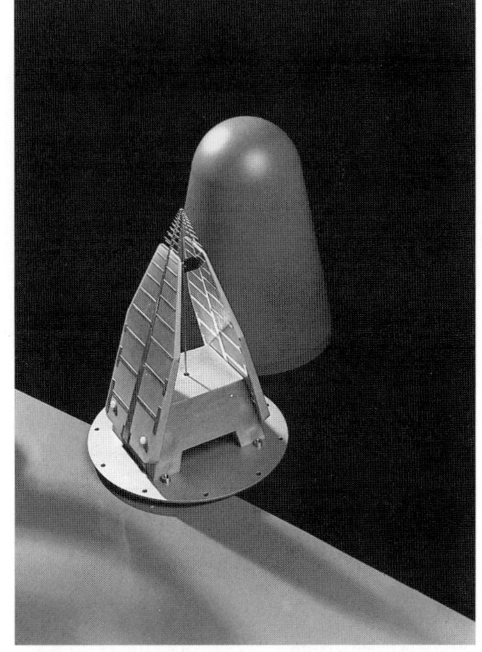

Log. per. Antenne HL 025; 1 bis 18 GHz; 8 dBi Gewinn; 5 Watt
Polarisation durch Antennenstellung wählbar. Hinter der Antenne: Radom
Durch die V-Anordnung ein um ca. 3 dB höheren Gewinn als bei einer Einzelantenne
(Werkbild Rohde & Schwarz)

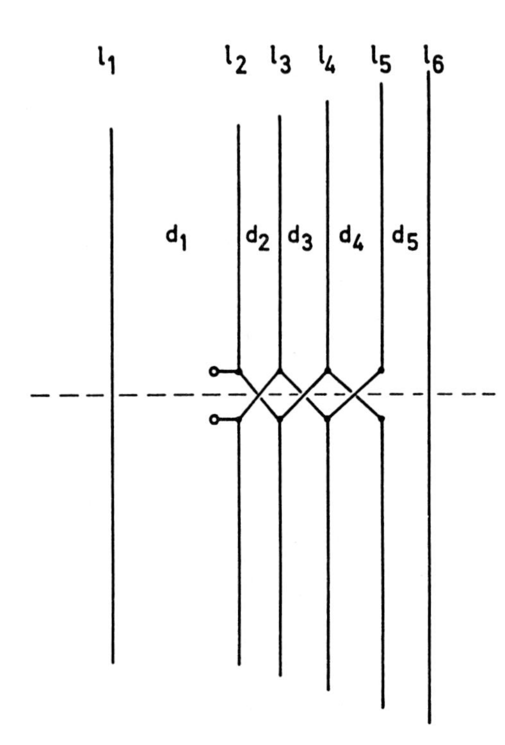

Log-Yag-Antenne. **Für 14,00 bis 14,35 MHz. Die Abmessungen sind:**

l_1	l_2	l_3	l_4	l_5	l_6
9,81	9,09	9,60	10,14	10,71	11,09 m
d_1	d_2	d_3	d_4	d_5	
3,22	0,96	1,01	1,07	1,83 m	

Die Rohre der Strahler beginnen in der Mitte mit 2,54 cm Ø und nehmen stufenweise bis auf 6 mm ab.

Log-Yag-Antenne
(engl.: log-Yag array, LPDA-Yagi)

Eine Kombination aus einer logperiodischen Dipolantenne (s. d.) und einer Yagi-Uda-Antenne (s. d.). Als gespeistes Element dient eine logperiodische Dipolantenne, davor liegen zwei bis drei Direktoren, dahinter ein Reflektor. Durch die LPDA wird die Antenne breitbandiger, durch die parasitären Elemente (Direktoren und Reflektor) erhöhen sich Gewinn und Vor/Rück-Verhältnis etwas.

Loop-Yagi-Antenne
(engl.: loop Yagi array)

Eine Richtantenne nach dem Yagi-Uda-Prinzip, deren Elemente Metallringe von etwa 1 λ Umfang sind. Da ein Ring rund 1 dBd Gewinn hat, liegt der Gesamtgewinn etwas höher als bei einer Yagi-Uda-Antenne aus gestreckten Dipolelementen. Wegen der geometrischen Abmessungen ist eine Loop-Yagi-Antenne nur über 300 MHz zu realisieren.
(Siehe auch: Cubical-Quad-Antenne).

Luftdraht, Luftleiter (engl.: antenna)

Alte deutsche Bezeichnungen für Antenne (s. d.).

Luneberg-Linsenantenne
(engl.: Luneberg lens antenna)

Eine kugelförmige, symmetrische Linse mit vom Radius abhängigem Brechungsindex, die Mikrowellen in eine dem Primärstrahler diametral entgegengesetzte Richtung strahlt. Durch Lageänderung des Primärstrahlers (s. d.) läßt sich die Hauptkeule beliebig schwenken. Ausgeführte Luneberg-Linsen-Antennen haben bis zu 10 Kugelschalen, um den Brechungsindex wunschgemäß zu gestalten. Auch die Schreibweise Luneberg wird verwendet.

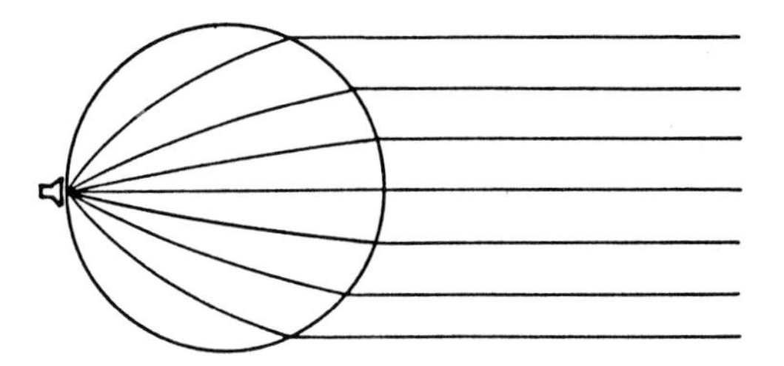

Luneberg-Linsen-Antenne. **Die vom Primärstrahler ausgehende Strahlung wird in Zielrichtung gebündelt. Bei feststehender Linse kann der Strahler um die Kugeloberfläche bewegt werden und so jede beliebige Abstrahlrichtung erfassen.**

M

Mäanderantenne
(engl.: meander-line antenna)

Ein vertikal polarisierter Strahler in Mäanderform, der sich durch scharfe Bündelung im Azimut und geringe Bündelung in der Vertikalen auszeichnet.
Während mäanderförmige Anordnungen wie z. B. Bruce- und Sterba-Antennen (s. d.) als doppelseitige (bidirektionale) Querstrahler arbeiten, waren die seinerzeitigen Mäanderantennen von Standard und Marconi einseitige (unidirektionale) Längsstrahler mit fortschreitenden Wellen und Abschlußwiderstand.
1. Antenne von Standard. Eine Reihe von λ/2-Strahlern mit λ/4 bzw. 3/4 λ Abständen, die Rückleitung ist gegenüber der Hinleitung um λ/2 versetzt.
(E. Bruce – 1927 – Brit. Patent).
2. Antenne von Marconi. Eine Reihe von λ/4-Schleifen mit etwa λ/4-Abständen.

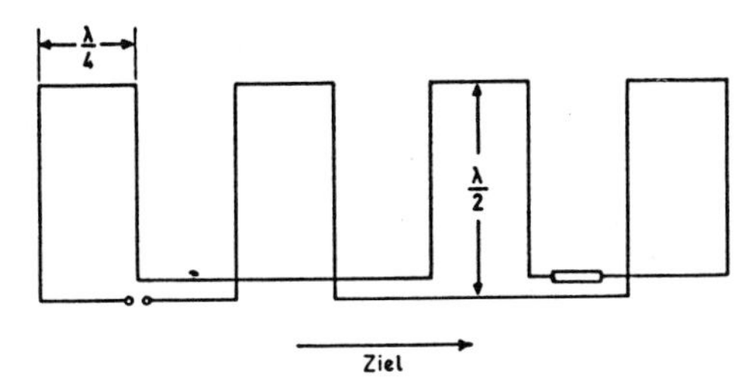

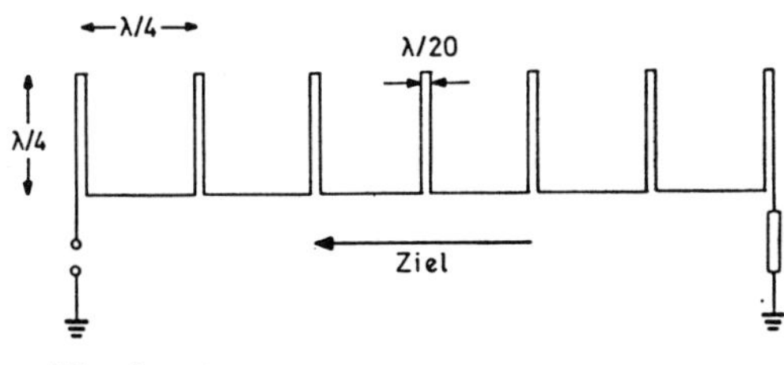

Mäanderantenne.
1: Antenne von Standard
2: Antenne von Marconi, die wie eine logperiodische Dipolantenne in Rückwärtswellenerregung arbeitet. Beide Antennen können durch Vertauschen von Speisestelle und Schluckwiderstand ihre Hauptstrahlrichtung um 180° umkehren.

(C. S. Franklin – 1932 – Brit. Patent).
3. Ein Halbwellendipol aus Mäandern, die klein im Verhältnis zur Wellenlänge sind. Vorteil: Verkürzung der Dipollänge.

Malteserkreuz-Antenne
(engl.: square loop antenna)

Ein horizontal polarisierter Ringstrahler mit umlaufendem Strom als Rundstrahlantenne, nahe verwandt zur geradlinigen Franklin-Antenne (s. d.). Durch die λ/4-Umwegleitungen werden die gegenläufigen Ströme unterdrückt. Mit Kurzschlußschiebern läßt sich exakte Resonanz einstellen. Die Speisung erfolgt an der Anzapfung einer Umwegleitung und läßt freie Wahl der Leitungsimpedanz zu.
(Siehe auch: Big-Wheel-Antenne, Krukkenkreuzantenne, Alford-Ringantenne).
(G. H. Brown – 1938 – US Patent).

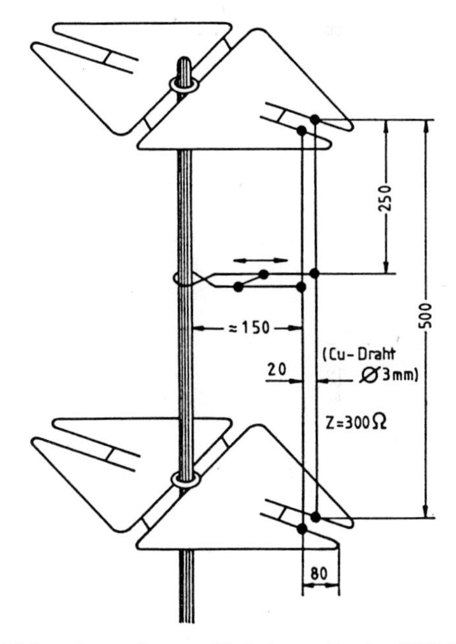

Malteserkreuz-Antenne. Maße in mm für eine 432 MHz-Antenne aus zwei gestockten, quadratischen Malteserkreuzen. Die vier Außenseiten der Malteserkreuze sind je 330 mm, die diagonalen Schleifen 200 mm lang, bei 20 mm Leiterabstand.

Mantelstrom

Der auf dem Außenleiter eines Koaxialkabels fließende Strom, der sich in Form einer Stehwelle auf dem Kabelmantel verteilt.
(Siehe: Mantelwelle).

Mantelwelle

Eine Gleichtaktwelle (s. d.), die sich auf dem Mantel des Koaxialkabels ausbreitet, Strombäuche und Stromknoten wie ein Antennenstrom hat und genauso strahlt. Dadurch wird die Strahlungscharakteristik der gleichzeitig strahlenden Antenne stark verändert und so beeinträchtigt. Darüber hinaus vermehrt sich die Gefahr von Störungen anderer Funkdienste, des Fernseh- und Rundfunkempfangs. Besonders unvollkommen angepaßte Vertikalantennen auf einem metallenen Antennenmast neigen zur Bildung von Mantelwellen, die man durch λ/4 lange Sperrtöpfe (s. d.) oder Kabeldrosseln (s. d.) unterdrücken kann.

Mantelwellendrossel (engl.: cable choke)

Eine Drossel zur Unterdrückung von Mantelwellen.
(Siehe: Kabeldrossel).

M-Antenne

Soviel wie Mast-Antenne aus einem selbststrahlenden Mast (s. d.).

Marconi-Antenne
(engl.: Marconi antenna)

Von Guglielmo Marconi bereits bei den ersten Versuchen verwendete, vertikale, geerdete λ/4-Antenne. Der Rundstrahler hat am Boden einen Strombauch, an seiner Spitze einen Spannungsbauch. Die Marconi-Antenne hat einen Fußpunktwiderstand (s. d.) von 36 Ω, läßt sich also mit 50 Ω-Koaxialkabel bei niedrigem Stehwellenverhältnis speisen. Ein guter Strahlenerder mit mindestens 30 Radials zu je λ/4 oder länger ist erforderlich.
Wird die Erdung einer Marconi-Antenne emporgehoben und in am Ende isolierten Radials konzentriert, so entsteht daraus eine Groundplane-Antenne (s. d.). Die Marconi-Antenne wird vielfach bei Rundfunksendern verwendet.

Marconi-Franklin-Antenne
(engl.: Marconi-Franklin antenna)

(Siehe: Franklin-Antenne).

Maria Maluca Antenne
(engl.: Maria Maluca antenna)

Eine Kompromiß-Dreibandantenne, die in Südamerika heimisch ist. Auf 14 MHz wirkt sie als verkürzter Dipol, auf 21 MHz als Halbwellendipol mit Direktor und auf 28 MHz als verlängerte Doppelzeppantenne mit Direktor. Die Speisung erfolgt über eine abgestimmte Zweidrahtleitung.

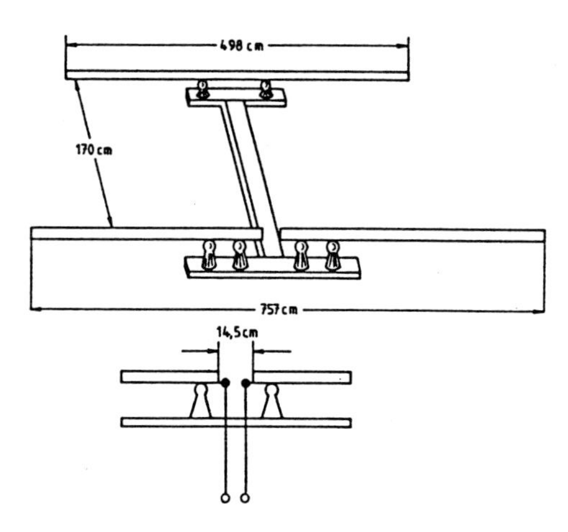

Maria Maluca Antenne. Die Speisung erfolgt über eine 300 Ω-Bandleitung von 11,7 m/18,5 m/23,5 m Länge.

Maschendraht-Linsenantenne
(engl.: wire-grid lens antenna)

Eine Linsenantenne (s. d.), deren Linse aus Maschendraht konstruiert worden ist.

Mastankopplung

Bei selbstschwingenden Masten des MW- und LW-Rundfunks müssen oft an der Mastspitze angebrachte Flugsicherungsleuchten, VHF- und UHF-Antennen für Fernsehen und UKW-Rundfunk gespeist werden. Am einfachsten geschieht dies bei geerdeten Marconi-Antennen (s. d.), die über einen Nebenschluß gespeist werden. Auch Faltunipole (s. d.) lassen dies über den geerdeten Zweig leicht zu. Bei Antennen mit Mastfußisolator muß die Mastankopplung erhebliche Spannungen aushalten. Die Kopplung für Leuchten und Antennen ist häufig induktiv durch Transformatoren mit sehr großem Abstand zwischen den Spulen.

Mastfuß (engl.: concrete tower base)

Stahlbewehrter Betonzylinder aus Schleuderbeton hoher Festigkeit, etwa 2,5 m bis 3 m lang, an dem mit Briden der Holzmast befestigt wird. Der Mastfuß ist von großem Vorteil, weil das Holz nicht mit dem feuchten Erdboden in Berührung kommt und so die Gebrauchsdauer des Mastes auf 20 Jahre und mehr gesteigert wird.

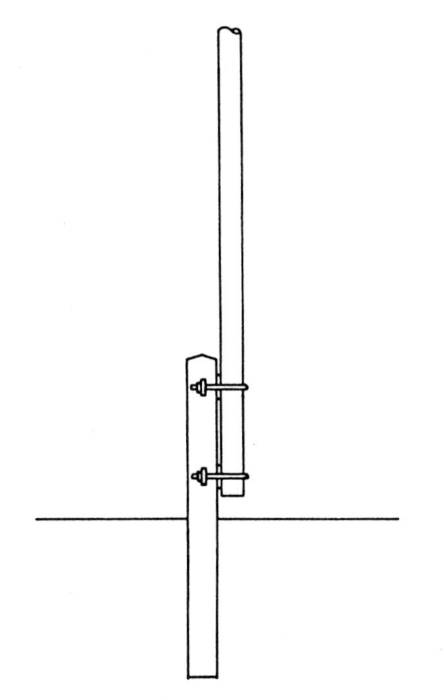

Mastfuß aus Schleuderbeton, der den Holzmast von der feuchten Erde trennt und so die Lebensdauer des Mastes sehr verlängert.

Mast, selbststrahlender

Ein durch Pardunen (s. d.) abgespannter Metallmast, zweckmäßig von gleichem Querschnitt über die gesamte Höhe. Der Mast wirkt als Strahler und sollte für Mehrbandbetrieb auf einem Isolator stehen. Bei $\lambda/4$-Erregung kann der Mast direkt mit einem Strahlenerder (s. d.) verbunden werden. Wegen des großen Querschnitts bilden sich bei Fußpunktspeisung Wanderwellen (s. d.) auf ihm aus, so daß Obenspeisung (s. d.) zu empfehlen ist.

Matchbox (engl.: matching box)

(Siehe: Anpaßgerät).

Matchmaker (engl.: match maker)

Eine HF-Meßbrücke zur Messung des Wirkwiderstandes an den Antennenklemmen bei Resonanz. Mit der Abweichung von der Resonanzfrequenz steigen die Meßfehler rasch an.
(Siehe auch: Antennascope).

Matratzenfeder-Antenne, Bettgestell-Antenne
(engl.: bedspring antenna)

Der Metallrahmen mit den Matratzenfedern stellt ein strahlungsfähiges Gebilde dar. Wird er über ein Anpaßgerät eingespeist, so ist ein Gegengewicht oder eine Erdung notwendig. Dazu kann eine Wasserleitung, Zentralheizungsleitung o. ä. dienen. Trotz zahlreicher Scherze über solche Behelfsantenne (s. d.) läßt sich das Gebilde auf 14 MHz bis 29,7 MHz mit mäßigem Erfolg verwenden.

Maximumpeilung

Im Gegensatz zur Nullpeilung (s. d.) wird hierbei mit dem Maximum der Hauptkeule gepeilt. Bei schwachen Signalen ist dies manchmal die einzige Methode, überhaupt die Richtung zu erkennen. Da das Keulenmaximum stets erheblich breiter als die Nullstelle ist, hat die Maximumpeilung nur geringe Genauigkeit.

Maxwellsche Gleichungen

Die Maxwellschen Gleichungen beschreiben alle bekannten elektromagnetischen Erscheinungen. Aus den Maxwellschen Gleichungen folgt die Existenz elektromagnetischer Wellen. Der erfolgreiche Versuch, die Gleichungen durch das Experiment zu beweisen, führte Heinrich Hertz zur Entdeckung der elektromagnetischen Wellen und ihrer Eigenschaften.
(J. C. Maxwell – 1873).

Maxwellsche Theorie

Sie erklärt über die Nahewirkung alle elektrischen und magnetischen Erscheinungen mittels des elektrischen und magnetischen Feldes. Das Feld erfüllt den ganzen Raum und wirkt auf alle darin befindlichen Körper. Es übt Kräfte aus und ist Sitz der Energie. Die Maxwellsche Theorie ist quantitativ in den Maxwellschen Gleichungen (s. d.) formuliert. Sie umfaßt alle makroskopischen, elektrischen Vorgänge. Atomistische Vorgänge in Gasen, Elektrolyten und Halbleitern werden durch die ergänzende Elektronentheorie erklärt.

Mehrbandantenne
(engl.: multiband antenna)

Eine Antenne, die auf mehreren Frequenzbändern verwendbar ist, z. B. eine 3,5 MHz-Marconiantenne, die auf 7 MHz einen vertikalen Halbwellenstrahler mit guter Flachstrahlung abgibt.

Mehrband-Delta-Loop-Antenne
(engl.: multiband Delta loop antenna)

(Siehe: Dreiband-Delta-Loop-Antenne, Zweiband-Delta-Loop-Yagi-Antenne).

Mehrbandelement
(engl.: multiband element)

Ein durch Schwingkreise oder Linearkreise resonant gemachtes Strahlerelement oder parasitäres Element in einer Mehrband-Yagi-Uda-Antenne oder einer Quad-Antenne. (Siehe: DL1FK-Dreiband-Yagi-Antenne, VK2AOU-Dreiband-Beam-Antenne).

Mehrbandelement, parasitäres
(engl.: parasitic multiband element)

Das durch Strahlungskopplung erregte Element einer Yagi-Uda-Mehrband-Antenne, das nahe den Betriebsfrequenzen in Resonanz ist und als Direktor (s. d.) oder Reflektor (s. d.) dient. Die Resonanz kann auf verschiedene Weise erreicht werden:
1. Durch Traps (s. d.)
2. Durch Linearkreise (Siehe: DL1FK-Dreiband-Yagi-Antenne)
3. Durch offene oder geschlossene Stubs (s. d.)
4. Durch Mehrbandkreise in Antennenmitte (Siehe: VK2AOU-Dreiband-Beam-Antenne).
5. Durch Längenumschaltung mit Relais.

Mehrband-Groundplane-Antenne
(engl.: multiband groundplane antenna)

Eine Antenne nach dem Prinzip der Groundplaneantenne (s. d.) mit vertikalem Strahler und Radials als Gegengewicht. Die Resonanz für die Betriebsbänder kann auf verschiedenste Weise erreicht werden. Der Gebrauchswert richtet sich mehr nach solider mechanischer, wetterfester Ausführung als nach ausgeklügelten elektrischen Anordnungen.

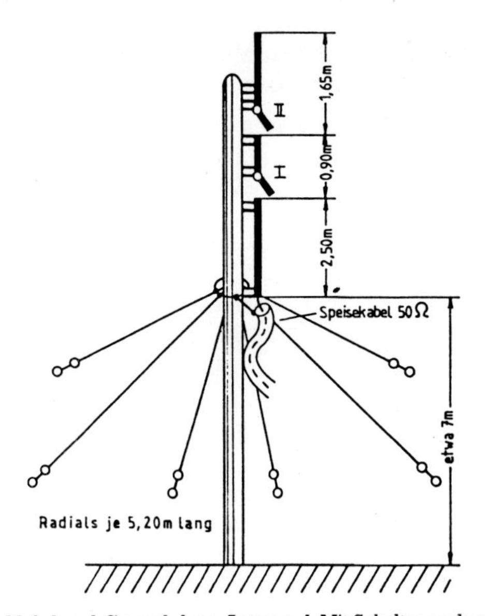

Mehrband-Groundplane-Antenne 1. Mit Schaltern oder Relais wird die Strahlerlänge geschaltet.

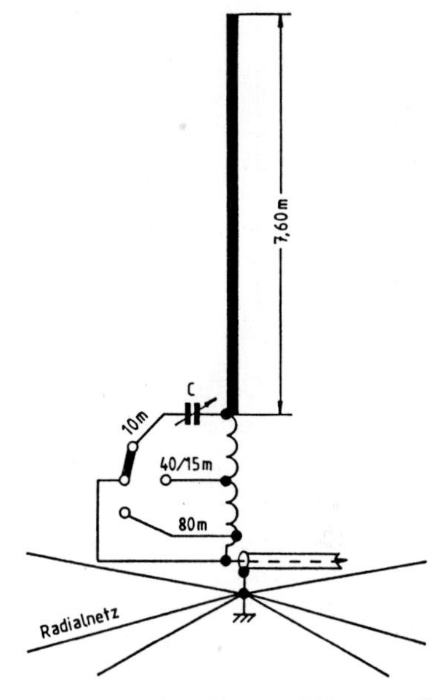

Mehrband-Groundplane-Antenne 3. Erregung über Serien-L und Serien-C.

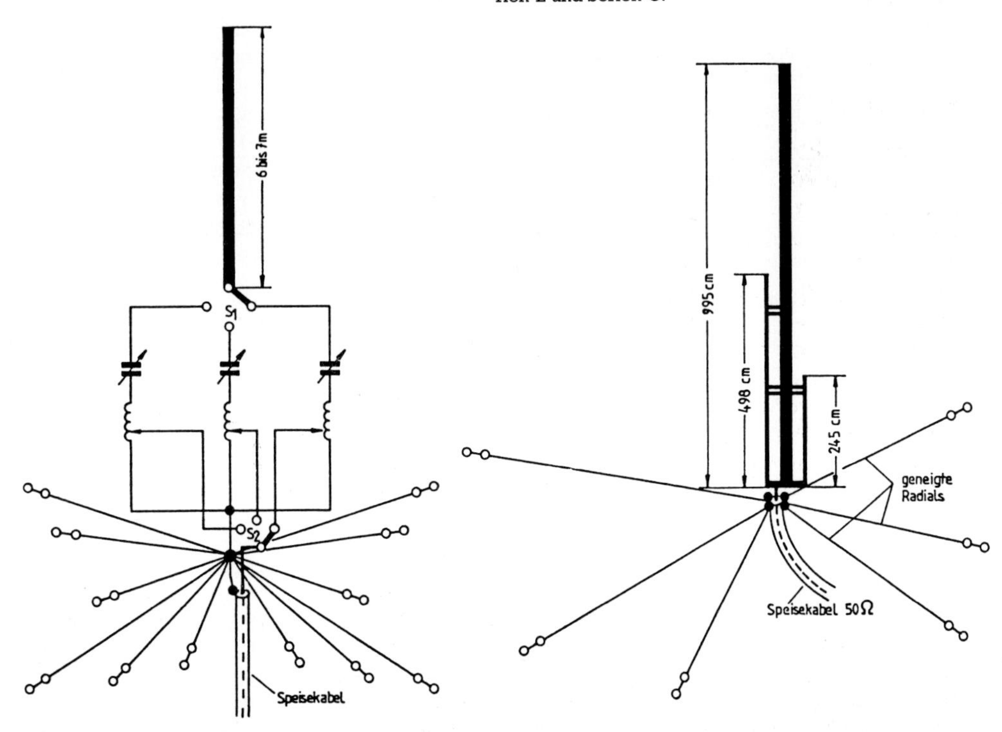

Mehrband-Groundplane-Antenne 2. Erregung des Strahlers über Serienschwingkreise.

Mehrband-Groundplane-Antenne 4. Aufbau aus drei parallelgeschalteten Monopolen für 14/21/28 MHz.

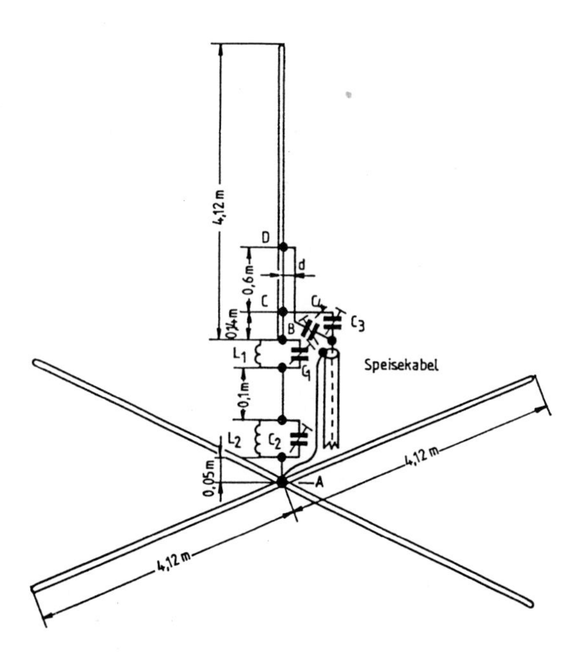

Mehrband-Groundplane-Antenne 5. Nach VK 2 AZN
L_1: Halbkreis aus 165 mm Draht
L_2: 2 Wdg. Ø 38 mm l = 13 mm
C_1: 160 pF
C_2: 60 pF
C_3: 55 pF
C_4: 52 pF
BC: 140 mm
d: 20 mm

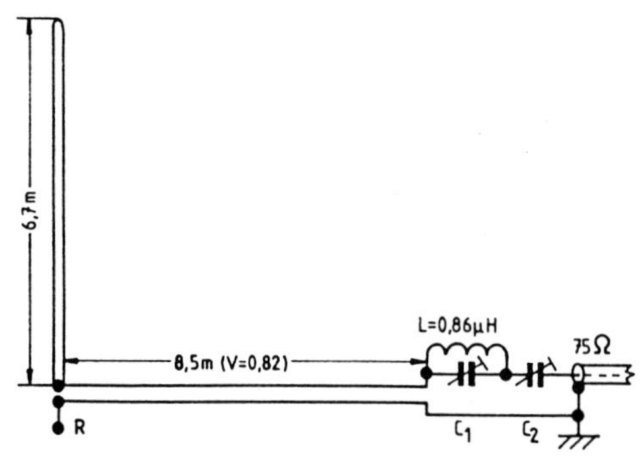

Mehrband-Groundplane-Antenne 6. Nach 0D 5 CG. An Punkt R ist ein Radialnetz aus je 4 Radials je Band angeschlossen. Die 8,5 m lange Zweidrahtleitung hat Z_n = 300 Ω. C_1: 30 pF, C_2: 100 pF

Mehrbandrichtstrahler

(engl.: multiband beam antenna)

Eine Richtantenne nach dem Yagi-Uda-Prinzip, die Mehrbandelemente (s. d.) enthält, die z. B. nach G4ZU (s. d.) oder W3DZZ (s. d.) gestaltet sein kann.

Mehrband-Windom-Antenne

(engl.: VS1AA antenna)

Nach VS1AA (jetzt GM3IAA), der 1936 diese Antenne beschrieben hat. Bis dahin war die Windom-Antenne eine Einbandantenne mit einer Anzapfung bei 25/180 = 0,14 von der Mitte weg gespeist. VS1AA ermittelte einen neuen Wert von 0,17 = 1/6 von der Mitte oder 1/3 von einem Ende weg für die Anzapfung und unterschiedliche Drahtstärken (2:1) von Strahler und Speiseleitung.

Die Mehrband-Windom-Antenne nach VS1AA ist eine Windom-Antenne (s. d.) für alle Bänder des Amateurfunkdienstes von 3,5 bis 29,7 MHz. Der Strahler ist 41 m lang, besteht aus Draht von 2 mm Ø und wird bei 13,6 m (also 1/3) vom Ende mit einer 1 mm Ø Eindrahtspeiseleitung gespeist. Diese wird über ein Anpaßgerät (s. d.) mit dem Sender verbunden. Eine Kleinausführung dieser Antenne hat 20,4 m Länge und wird 6,8 m vom Ende eingespeist. Die niedrigste Betriebsfrequenz der kleinen Antenne ist 7 MHz. Ein Betrieb auf 3,5 MHz ist möglich, wenn die Speiseleitung 10 bis 15 m lang ist. Die Antenne arbeitet dann als Vertikalstrahler mit Dachkapazität.

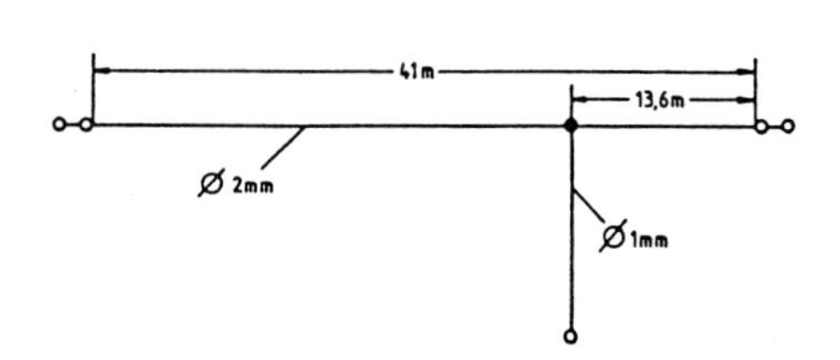

Mehrband-Windom-Antenne 1. Große Ausführung für 3,5 bis 29,7 MHz.

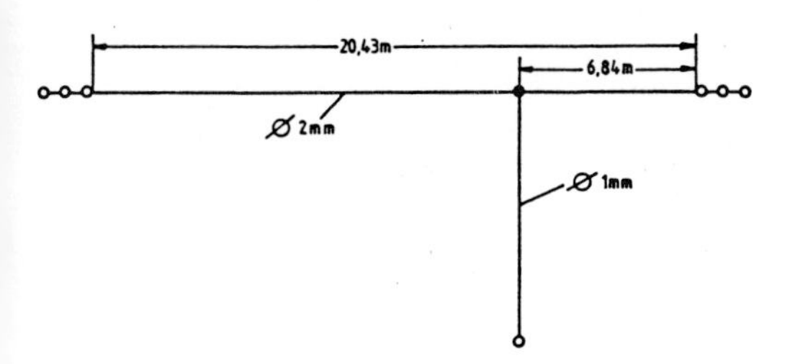

Mehrband-Windom-Antenne 2. Kleine Ausführung für 7 bis 29,7 MHz.

Mehrband-Yagi-Uda-Antenne, verschachtelte

(engl.: interlaced Yagi-Uda beam antenna)

Eine Yagi-Uda-Antenne, die eigentlich aus zwei oder mehr ineinander verschachtelten Antennen verschiedener Frequenzen besteht.

Mehrdraht-Element

(engl.: multiwire element)

Ein Antennenelement aus mehreren, parallelgeschalteten Drähten, die zusammen einem Leiter mit größerem Querschnitt oder größerer Fläche entsprechen. (Siehe: Flachreuse, Reuse). Die Vorteile sind verminderte Stromverluste, niedrigere Impedanz, Breitbandigkeit und Gewichtsersparnis gegenüber dem massiven Leiter.

Mehrfachanpassung

Wenn bei einer Mehrbandantenne (z. B. W3DZZ-Antenne, s. d.) die Speiseimpedanz auf den vorgesehenen Arbeitsfrequenzen nahezu 50 Ω und ohmisch wird, nennt man dies Mehrfachanpassung.

Mehrfachdipol

(engl.: multiple dipole antenna)

Aus zwei oder mehr parallelgeschalteten Halbwellendipolen verschiedener Resonanzfrequenzen aufgebaute Mehrbandantenne. Die einzelnen Leiter können parallel geführt oder besser büschelartig gespreizt werden. Die gemeinsame Speisung erfolgt über 50 Ω-Koaxialkabel mit Balun. Um den Mehrfachdipol auf Resonanz abzustimmen, stimmt man zuerst den längsten Dipol (mit Dipmeter oder SWR-Meter) durch verlängern oder verkürzen auf Resonanz, dann den nächstkürzeren Dipol usw. Durch gegenseitige Beeinflussung der einzelnen Dipole ist meist eine neuerliche Abstimmung erforderlich.

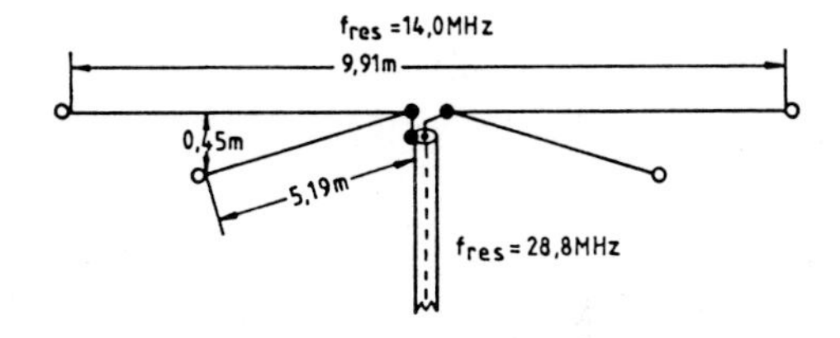

Mehrfachdipol. Für 14 und 28 MHz. Durch einen Balun 1:1 ist bessere Symmetrie zu erreichen.

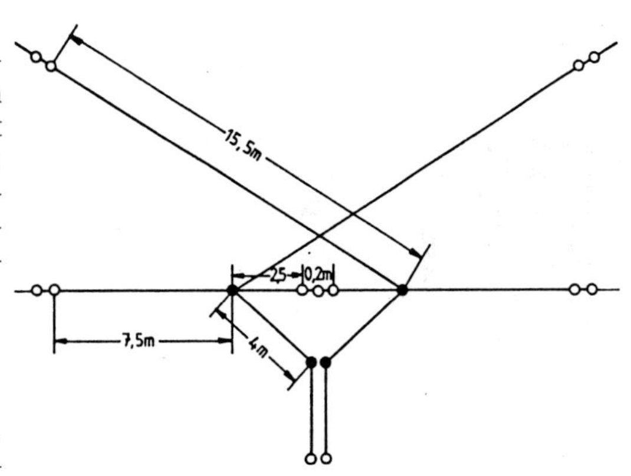

Mehrfachdipol in Breitbandausführung. Zum Kurzwellen-Empfang für 3 bis 30 MHz.

Mehrfachempfang

(engl.: diversity receiving)

Soviel wie Diversity-Empfang (s. d.).

Mehrfach-Resonanz-Antenne

(engl.: multiple tuned antenna)

Eine Antenne, die ohne weitere äußere Abstimmung in einer Anzahl ausgewählter Frequenzbereiche arbeitet. Beispiele

(s. d.): W3DDZ-Antenne, FD4-Antenne, Dreiband-Groundplane-Antenne. Der englische Ausdruck: multiple tuned antenna wird aber auch für eine Alexanderson-Antenne (s. d.) verwendet.

Mehrkeulenantenne
(engl.: multi-beam antenna)

Eine Mikrowellenantenne mit einer feststehenden Apertur, (s. d.), die eine ganze Reihe von Hauptkeulen ausstrahlt. Die vielfachen Hauptkeulen werden durch eine Vielzahl von Primärstrahlern (s. d.) mit gleicher Feldstärke erzeugt, um damit messen zu können. Als Reflektor wird außer dem Parabolreflektor (s. d.) auch der Torusreflektor (s. d.) eingesetzt.

Mehrleiter-Groundplane
(engl.: multiband vertical antenna)

Eine Groundplane-Antenne (s. d.) mit einem Strahler aus zwei oder drei Leitern verschiedener Längen von λ/4 bis 3/8 λ. Durch die geometrische Gestalt und Wahl der Leiterdicken lassen sich Kabelimpedanzen von 50 Ω bis 75 Ω anpassen.

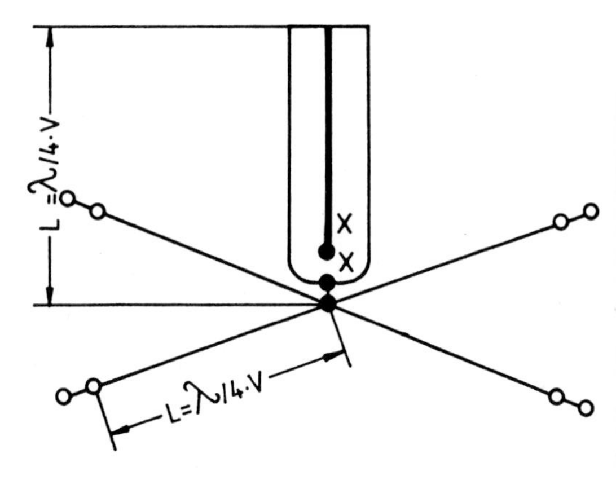

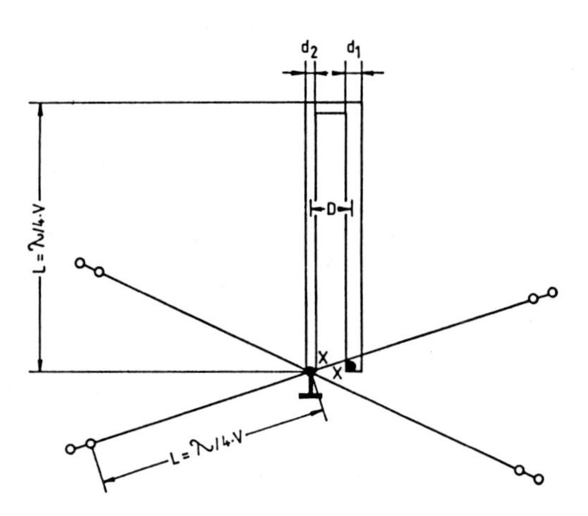

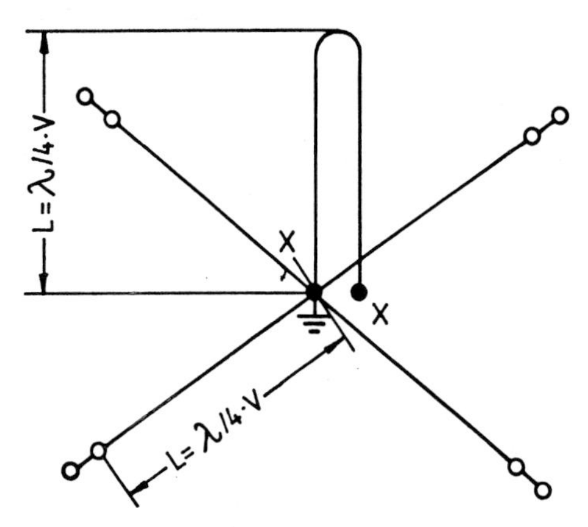

Mehrleiter-Groundplane.
1: Zweileiter-Groundplane. Bei XX ist Z = 145 Ω.
2: Dreileiter-Groundplane. Bei XX ist Z = 270 Ω.
3: Zweileiter-Groundplane. Durch geeignete Wahl von D, d_1, d_2 lassen sich Speiseimpedanzen von 50 bis 140 Ω erzielen.

Mehrschlitzstrahler
(engl.: multiple slot antenna)

Eine Schlitzantenne (s. d.) mit mehreren Schlitzen, die in gleicher Höhe in ein Rohr eingeschnitten sind. Der Mehrschlitzstrahler kann bis zu 20 Schlitze aufweisen und gilt als nahezu ideale Rundstrahlantenne horizontaler Polarisation.

Meßantenne

Eine Antenne mit bekanntem Antennenfaktor (s. d.), die zur Feldstärkemessung (Nutz- oder Störfeldstärke) verwendet wird.
Meßantennen sind entweder rein passive

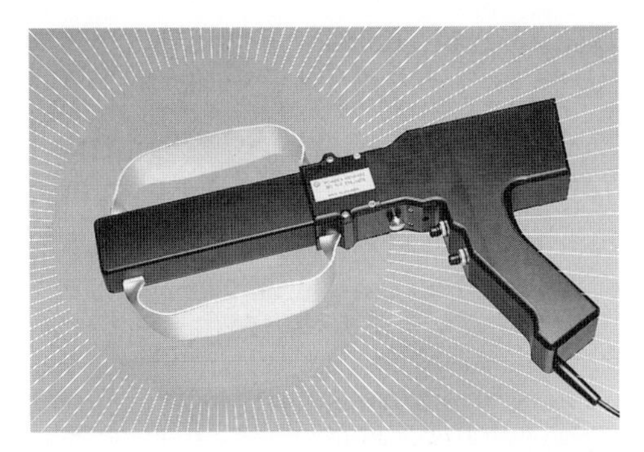

Meßantenne. Mit Kardioiden-Richtdiagramm für 20 bis 200/200 bis 500/500 bis 1000 MHz, hier für 200 bis 500 MHz. Im Griff ist ein Verstärker enthalten, so daß die Antenne als aktive Empfangsantenne arbeitet (HE 100). (Werkbild Rohde & Schwarz)

Gebilde, die außer den Strahlern nur passive Bauelemente enthalten, oder aktive Anordnungen mit stark gegengekoppelten und damit frequenz- und alterungsunabhängigen Verstärkerelementen. Damit ist der Antennenfaktor (s. d.), der Wandlungsfaktor der Meßantenne, auch bei aktiven Meßantennen konstant.

20 kHz	– 30 MHz	Rahmen- und Stabantennen
20	– 200 MHz	Breitbanddipol, Doppelkonusantenne
200 MHz	– 1 GHz	Logper.-Antenne, kon. Logspiralantenne
1	– 10 GHz	Hornantenne, konische Logspiralant.
10	– 40 GHz	Hornantenne, Parabolantenne

Meßleitung (engl.: slotted line)

Im VHF/UHF-Bereich verwendete Koaxialleitung hoher Präzision mit geschlitztem Außenleiter, durch den HF-Spannung oder Strom mittels einer Sonde abgetastet werden können. Durch Ort und Größe der Maxima und Minima lassen sich die Impedanzen angeschlossener Antennen und anderer Meßobjekte sehr genau messen.

Meßrahmen

Ein kleiner geschirmter Rahmen, dessen Umfang kleiner als λ/100 sein soll, zur Messung von Strömen und Stromverteilungen an linearen Antennen.

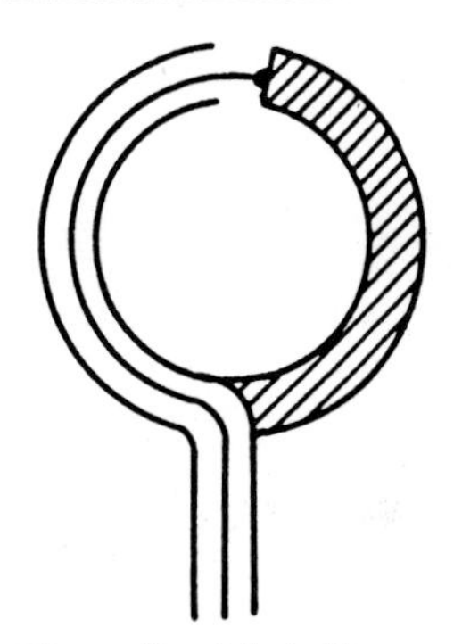

Meßrahmen. Die aus Koaxialkabel hergestellte Schleife von etwa 5 bis 10 cm. Durchmesser nimmt die magnetische Komponente auf. Um die Kopplung mit dem Antennenleiter zu verringern, wird das wegführende Kabel durch eine Kabeldrossel oder aufgeschobene Ferritringe entkoppelt.

Meßsonde (engl.: probe)

Meßsonden sind kleine Meßantennen, die bei Nahfeldmessungen eingesetzt werden. Man unterscheidet zwischen Feldstärkemeßsonden (induktiv und kapazitiv) und Leistungsmeßsonden.

1. **Induktive Meßsonde** (engl.: loop probe, magnetic field probe)
Eine sehr kleine Rahmenantenne, z. B. aus Koaxialkabel gefertigt, die zur Messung der Stromverteilung auf Antennen oder der magnetischen Feldstärke verwendet wird. Der Rahmendurchmesser ist etwa 0,01 λ.

2. **Kapazitive Meßsonde** (engl.: dipole probe, electric field probe)
Eine sehr kleine Dipol- oder Stabantenne, die zur Messung der Spannungsverteilung auf Antennen oder der elektrischen Feldstärke verwendet wird. Die Dipollänge ist etwa 0,03 λ.

3. **Leistungsmeßsonde** (engl.: radiation probe, isotropic probe)
Eine Meßantennenanordnung, bestehend

aus drei Dünnfilm-Thermoelementen oder Bolometer, die in drei orthogonalen (aufeinander senkrecht stehenden) Richtungen angeordnet sind und eine Leistungsanzeige (Effektivwert) unabhängig von Polarisation und Ausbreitungsrichtung ermöglichen. Anwendung bei HF-Strahlungsmeßgeräten.

Mickeymatch (engl.: Mickeymatch)

Ein Reflektometer (s. d.), das aus einem Stück Koaxialkabel mit nachträglich eingeschobenem Meßleiter besteht. Trotz seines primitiven Aufbaus läßt sich damit das Stehwellenverhältnis hinreichend genau ermittleln.

Mikromatch (engl.: micromatch)

Eine Widerstands-Meßbrücke zum Messen der Welligkeit (SWR-Brücke). Der Brückenwiderstand ist niedrig, z. B. vier mal 1Ω-Widerstände von 20 W Belastbarkeit. Dadurch ist es möglich, die Widerstandsbrücke auch während des Sendens ohne große Einfügungsverluste in der HF-Leitung zu belassen.
(Lit.: M. C. Jones und C. Sontheimer, QST 4/1947).

Mikrostrip-Antenne
(engl.: microstrip antenna)

Eine Antenne, die aus einer Platine gefertigt wird und aus einem dünnen metallischen Leiter auf einem dielektrischen Substrat besteht. Die Fläche des Leiters hat meist regelmäßige Form, z. B. rechtwinklig, quadratisch oder elliptisch. Die Speisung erfolgt über eine Mikrowellenleitung mit koaxialem Anschluß.
(Siehe: Dipol, Mikrostrip-Dipol).

Mikrostrip-Gruppe
(engl.: microstrip array)

Eine Gruppenantenne aus Mikrostrip-Antennen (s. d.).

Minibeam (engl.: minibeam)

Ein geometrisch verkleinerter Yagi-Uda-Richtstrahler. Die Resonanz der verkürzten Elemente wird erzielt durch in die Mitte eingefügte Induktivitäten in Form von Spulen (Siehe: VK2AOU-Minibeam), durch Haarnadelschleifen, durch Gestaltung der Elemente als Normal-Helix-Strahler (Siehe: Angelrutenbeam), durch Abbiegen der Strahler am Ende (Siehe: VK2ABQ-Beam) oder durch Endkapazitäten in Form von Ringen, Scheiben, Stäben (Siehe: Hybrid-Quad). Ein Minibeam hat zwar gegenüber der Yagi-Uda-Antenne voller Größe verminderten Gewinn, aber ein fast gleichwertiges Vor/Rück-Verhältnis (s. d.).

Mittelbasis-Richtsendeantenne

Im Gegensatz zu Großbasisantennen, deren 10 und mehr Wellenlängen voneinander entfernte Monopolantennen (s. d.) ein stark aufgefiedertes Richtdiagramm abstrahlen, eine aus mindestens zwei Monopolantennen bestehende Richtantenne, deren Abstand im Bereich von 1 λ bis 10 λ liegt, und deren Richtdiagramm weniger stark aufgefiedert ist. Anwendung bei Funkfeuern, ähnlich der Consolanantenne (s. d.).

Mittenspeisung (engl.: symmetrical fed)

Die Speisung symmetrischer Antennen in ihrer Mitte, z. B. Halbwellen- und Ganzwellendipole (s. d.) durch eine symmetrische Speiseleitung. Vertikalantennen können nur in seltenen Fällen mittengespeist werden.

Modell-A-Antenne
(engl.: model A antenna)

Bei der Erforschung der Richtantennen durch die RCA entwickelte Antenne, die der Fischgrätantenne (s. d.) entspricht.
(H. O. Peterson – 1927 – US Patent).

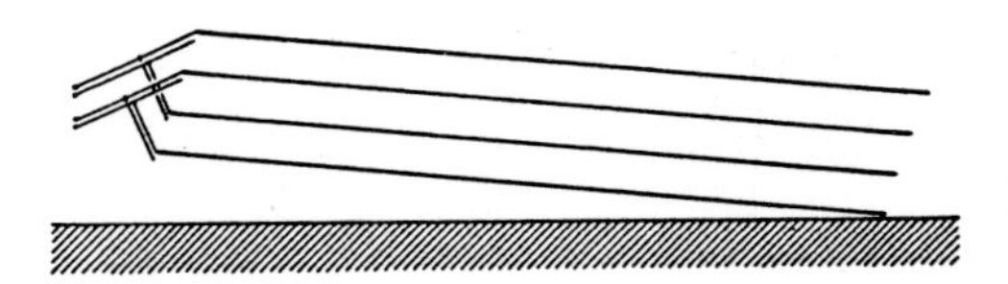

Modell-B-Antenne. Die vier 8 λ-Drähte sind 0,436 λ voneinander entfernt und haben eine Längsverschiebung s = 0,1311 λ. Sie neigen sich um 5° in Zielrichtung (nach rechts). Damit wird der Elevationswinkel des Funkstrahls 17,5° − 5° = 12,5°.

Modell-B-Antenne
(engl.: model B antenna)

Von der RCA entwickelte Langdraht-Gruppenantenne, die aus vier endgespeisten Drähten von 8 λ Länge in einer vertikalen Ebene besteht. Je zwei Drähte bilden eine Echelon-Antenne (s. d.), die mit der anderen Echelon-Antenne verschachtelt ist. Beide Echelon-Antennen werden mit 90° Phasendifferenz gespeist, so daß von den zwei Hauptkeulen der Echelon-Antenne die Rückwärtskeule verschwindet und die Vorwärtskeule stärker wird. Der Gewinn ist etwa 12 dBd.

(Siehe auch: Modell-C-Antenne).
(N. E. Lindenblad – 1928 – US Patent).

Modell-C-Antenne
(engl.: model C antenna)

Das Modell C ist ähnlich wie das Modell B (s. d.) ausgeführt. Die Drähte sind 7,5 λ lang und werden im Strombauch nahe ihrer Mitte mit 90° Phasenverschiebung gespeist. Alle Drähte liegen in der horizontalen Ebene 1 λ über Erde. Der Gewinn ist etwa 12 dBd. Die Antennen B und C wurden so lange verwendet, bis in der Rhombusantenne (s. d.) eine Antenne mit gleichem Gewinn aber Breitbandverhalten entwickelt wurde.

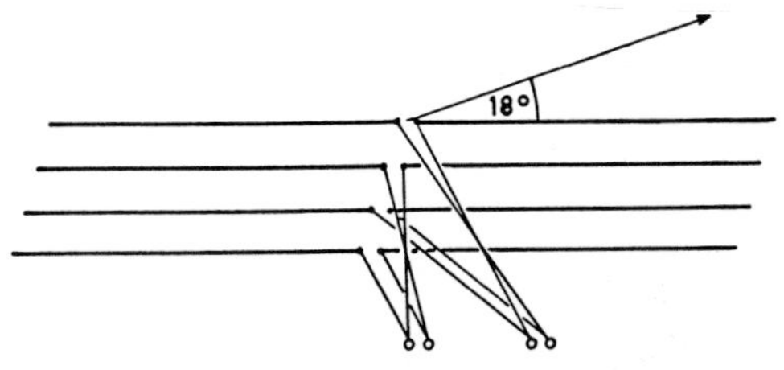

Modell-C-Antenne. Die vier 7,5 λ-Drähte liegen als Matte horizontal in 1 λ Höhe über Erde. Ihr gegenseitiger Abstand ist 0,425 λ, die Längsverschiebung s = 0,1313 λ.
Die Abstrahlrichtung bildet einen Winkel von 18° mit der Richtung der Antennenmatte.

Modell-D-Antenne
(engl.: model D antenna)

Eine von RCA entwickelte Richtantennenform, die der resonanten V-Antenne (s. d.) entspricht. Diese Antenne benötigte weniger Stützpunkte und ergab bei gleicher Antennenlänge einen höheren Gewinn. Dadurch war sie zweckmäßiger als die Antennen Modell A, B und C.
(P. S. Carter – 1930 – US Patent).

Mobilantenne (engl.: mobile antenna)

(Siehe: Antenne, mobile).

Monimatch (engl.: monimatch)

Ein Stehwellenmeßgerät, das als Monitor dauernd in der Leitung bleiben kann. Das selbstgebaute Reflektometer besteht im Original aus einer quadratischen, auf drei Seiten geschlossenen Hauptleitung und einer Nebenleitung aus Draht in der offenen Längsseite.
(Lit.: L. G. McCoy, QST 10/1956 und 2/1957).

Monoband-Antenne
(engl.: monoband antenna)

Eine Antenne, die nur für ein Frequenzband geeignet ist, z. B. ein 14 MHz-Yagi-Uda-Monobander. Die Monoband-Antenne kann gegenüber einer Multiband-Antenne kompromißlos aufgebaut und abgeglichen werden, so daß sie optimale Eigenschaften hat.

Monopol
(engl.: monopole antenna, monopole)

Im Gegensatz zum Dipol (= Zweipol) hat der Monopol (= Einpol) nur einen Ast, der andere ist durch eine elektrisch spiegelnde Fläche ersetzt, die durch Spiegelung eine Richtcharakteristik erzeugt, welche der des Dipols sehr nahe kommt. Monopole sind Viertelwellenstrahler, vertikal polarisiert und über Erde angebracht. Eine andere Bezeichnung für Monopol ist Unipol.

Monopole können isoliert montiert werden, oder unmittelbar geerdet (Siehe: Marconiantenne). Die spiegelnde Fläche (Siehe: Groundplane, Gegengewicht) kann in Nähe des Monopols durch ein Radialnetz (s. d.) gut simuliert werden.

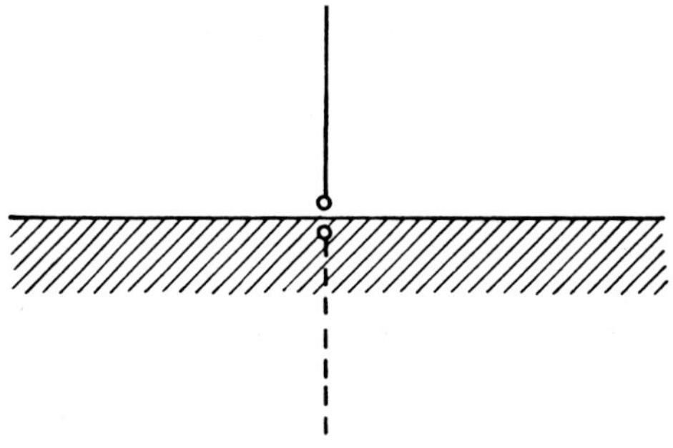

Monopol über dem Erdboden, der durch Spiegelung den Monopol zum Dipol ergänzt. Gespeist wird im Fußpunkt, wo im Vergleich zum Dipol die halbe Impedanz zu messen ist.

Monopole lassen sich in vielfältiger Form bauen, vom einfachen Vertikaldraht bis zu breitbandigen, dicken Reusen. (Siehe auch: Blattantenne, Faltmonopol). Bei den MW- und LW-Antennen ist der Monopol die am häufigsten verwendete Antennenform.

Monopolantenne, gephaste

(engl.: phased monopole antenna)

Zwei Monopole in λ/4 Abstand und mit 90 ° Phasenunterschied gespeist ergeben ein einseitiges Richtdiagramm in Kardioidenform. Auf dem Verbindungskabel bilden sich Stehwellen aus, die wegen der Kürze des Kabels aber kaum Verluste bedingen. Ein gutes Erdsystem aus zwei Strahlenerdern ist notwendig.

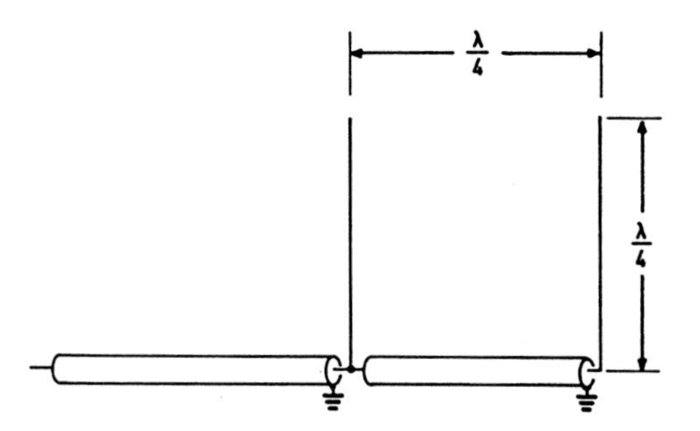

Monopolantenne, gephaste. Die Anordnung strahlt von links nach rechts, weil der Strom des rechten Strahlers dem des linken um 90 ° nacheilt.

Monopolantenne, koaxiale

(engl.: sleeve antenna)

Eine Monopolantenne (s. d.), die teilweise von einem koaxialen Schirm eingeschlossen ist. Da auf der Außenseite des Schirmes erwünschte (!) Mantelwellen fließen, entspricht die Wirkung einer gewöhnlichen Monopolantenne, doch wirkt sich der zylindrische Schirm auf Impedanz und

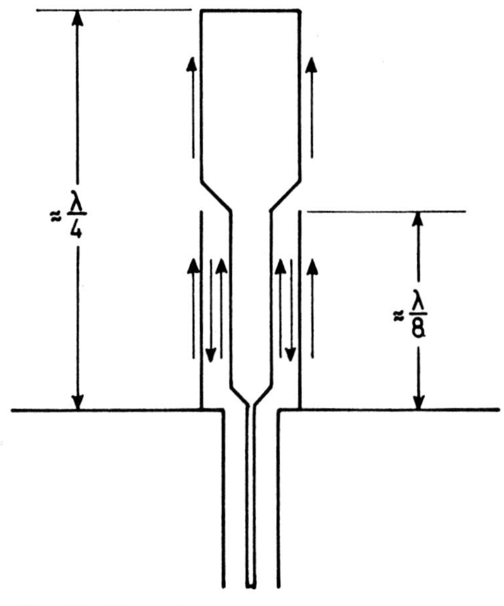

Koaxiale Monopolantenne 1. Für die Strahlung maßgeblich sind die auf der Außenhaut fließenden Ströme. Die im koaxialen Innenbereich fließenden Ströme heben sich gegenseitig auf.

Breitbandigkeit günstig aus. Durch die Anbringung von reusenartigen Schirmen läßt sich die Stromverteilung einer Monopolantenne weitgehend den Anforderungen des Betriebs anpassen. Der koaxiale Schirm ist etwa λ/8, die Monopolantenne über Schirmkante etwa λ/4 lang.

Monopolantenne mit koaxialem Schirm.
L: Länge des Strahlers
S: Länge des Schirms
d: Durchmesser des Strahlers
D: Durchmesser des Schirms
G: Groundplane aus Metall
K: Anschluß für Koaxialkabel
Ein flaches Rundstrahldiagramm mit seinem Maximum entlang der Groundplane ergibt sich für 157 bis 345 MHz bei folgenden Abmessungen: L = 660 mm, S = 102 mm; d = 13 mm, D = 102 mm;

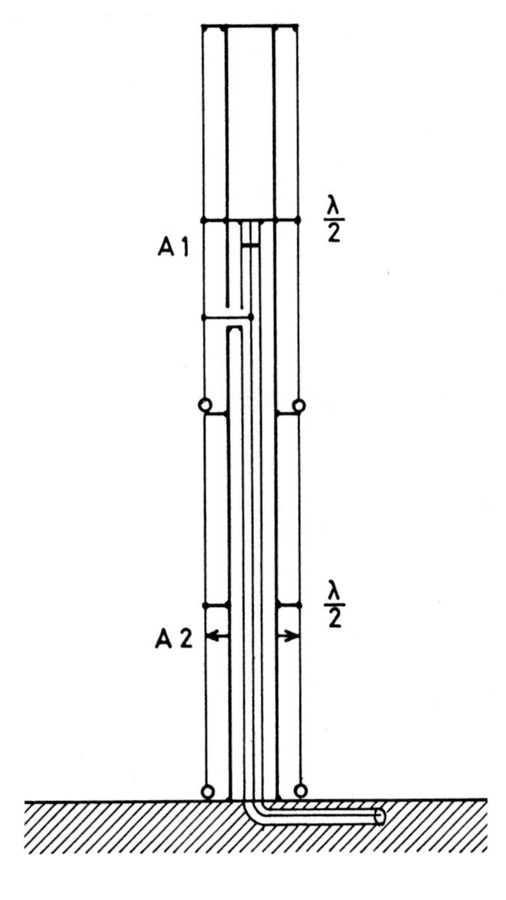

Koaxiale Monopolantenne 2. Der vertikale Monopol ist aus zwei Halbwellendipolen gestockt. Innerhalb des Rohrmastes liegt die obenspeisende Koaxialleitung, die mit dem Abstimmschieber A 1 abgestimmt wird. Außerhalb des Rohrmastes sind Drahtreusen angebracht und über Isolatoren unten abgespannt.
Mit dem Abstimmschieber A 2 wird die Stromverteilung auf der unteren Reuse eingestellt. Der Rohrmast ist so schlank wie möglich auszuführen, um unerwünschte Steilstrahlung zu unterdrücken.

Monopol, verkürzter

(engl.: short monopole)

(Siehe: Dipol, verkürzter). Ein verkürzter Monopol entspricht der Hälfte eines verkürzten Dipols. Theoretisch ist der sehr kurze Monopol nur um 0,39 dB schlechter als ein Viertelwellenmonopol (Marconi-Antenne, s. d.). Ein verkürzter Monopol muß, um maximal zu strahlen, abgestimmt und angepaßt sein. Die Abstimmung erfolgt durch Verlängerungsspulen im Fußpunkt. Da diese Spulen verlustbehaftet sind, ist der Wirkungsgrad in der Praxis wesentlich geringer. Eine Endkapazität (Dachkapazität in Schirmform) verbessert die Strombelegung und den Wirkungsgrad. Der verkürzte Monopol benötigt ein gutes Erdnetz (Strahlenerder, s. d.).

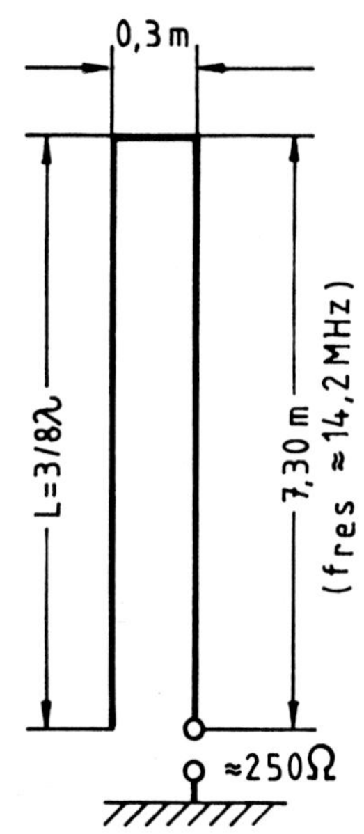

Monopol, 3/8 λ hoher. Technisch kann dieser aus Draht oder Rohr angefertigt werden.

Monopol, 3/8 λ hoher
(engl.: 3/8 λ two wire stub antenna)

Ein gefalteter Vertikalstrahler von 3/8 λ Höhe mit einem Fußpunktwiderstand (s. d.) von etwa 225 Ω. Der 3/8 λ-Monopol ist eine halbierte 3/4 λ-Dipolantenne (s. d.).

Monopol, 5/8 λ hoher
(engl.: 5/8 λ vertical antenna)

Eigentlich eine halbierte, verlängerte Doppelzepp-Antenne (s. d.), deren eine Hälfte durch den ideal leitenden Erdboden ersetzt worden ist. Der Monopol hat für einen dünnen Strahler bei sinusförmiger Stromverteilung eine optimale Höhe von 0,64 λ entsprechend der elektrischen Länge von 230°, während 5/8 λ = 0,625 λ; 225° entsprechen.

1. Der maximale Gewinn beträgt:
1,4 dB gegenüber λ/2-Monopol
3 dB gegenüber λ/4-Monopol
6 dB gegenüber λ/2-Dipol im Freiraum
8,2 dB gegenüber Isotropstrahler im Freiraum
Der Gewinn des 5/8 λ-Monopols kommt jedoch *nur dann* zustande, wenn sein Fußpunkt auf idealer Erde steht. Ein Gegengewicht (Groundplane) kann selbst bei vielen Radials die Spiegelung der idealen Erde nicht ersetzen. Falls der Fußpunkt nicht auf der Erde aufsteht, ist ein λ/2-Monopol besser als der 5/8 λ-Monopol.

2. Der 5/8 λ-Monopol hat keine resonante Länge. Die Eingangsimpedanz ist bei dünnen Strahlern etwa 50 bis 60 Ω mit einem kapazitiven Blindanteil. Um einen reellen Eingangswiderstand zu bekommen (Resonanz), muß eine Abstimmung z. B. mit einer Serieninduktivität erfolgen. Dann wird für Koaxialkabel eine gute Anpassung erreicht.

Abstimmung ist möglich mit:
- Spule passender Induktivität
- Haarnadelschleife mit Gesamtlänge von λ/8 nach der Beziehung: 5/8 λ + 1/8 λ = 6/8 λ = 3/4 λ. Damit ergibt sich eine scheinbare Abstimmung auf 3/4 λ.
- Parallelschwingkreis als Resonanz- und Anpaßglied mit kapazitiver oder induktiver Ankopplung.
- Gammamatch (s. d.)
- Omegamatch (s. d.)
- koaxiale Stichleitung (s. d.)

Das Strahlungsdiagramm besteht aus einer großen, sehr flachen Hauptkeule und einer kleineren, steilen Nebenkeule. Der 5/8 λ-Monopol erzeugt als Sendeantenne von allen einfachen Monopolantennen die größte Feldstärke (DX-Antenne).

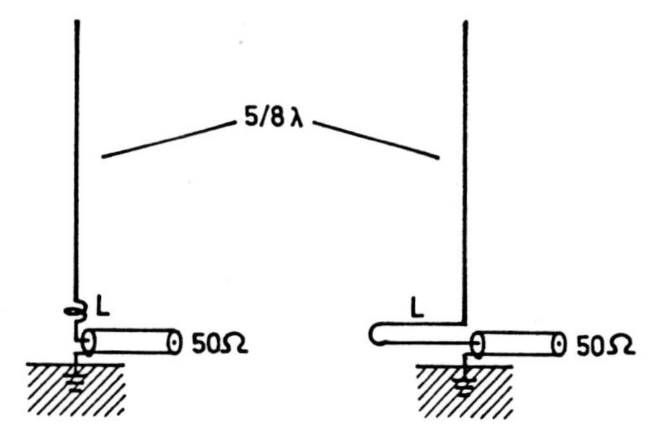

Monopol, 5/8 λ langer.
Links: mit Fußpunktspule
Rechts: mit Haarnadelschleife

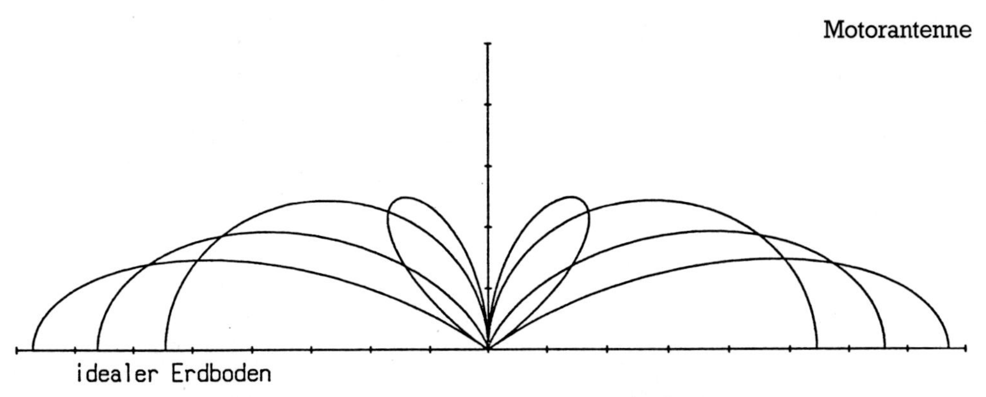

Vertikale Feldstärkediagramme des 0,25 λ Monopols (innen), des 0,5 λ Monopols (mitten) und des 0,64 λ Monopols (außen), wenn diese mit der gleichen Leistung erregt werden.

Monopuls-Antenne
(engl.: monopulse antenna)

Eine Antenne zur Anwendung des Monopuls-Verfahrens, meist ein Parabolspiegel (s. d.), der mit zwei Hornantennen (s. d.) gespeist wird, um zwei Hauptkeulen zu erzeugen. Es gibt aber auch Monopuls-Antennen aus zwei und vier Parabolspiegel-Antennen, die mit Hilfe der Phasenverschiebung des Empfangssignals die Richtung des Zieles bestimmen.

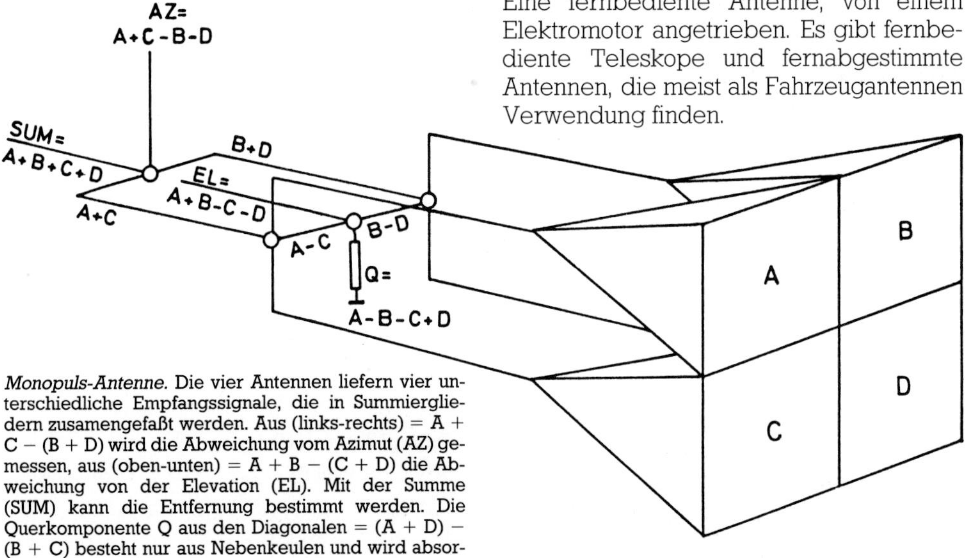

Monopuls-Antenne. Die vier Antennen liefern vier unterschiedliche Empfangssignale, die in Summiergliedern zusamengefaßt werden. Aus (links-rechts) = A + C − (B + D) wird die Abweichung vom Azimut (AZ) gemessen, aus (oben-unten) = A + B − (C + D) die Abweichung von der Elevation (EL). Mit der Summe (SUM) kann die Entfernung bestimmt werden. Die Querkomponente Q aus den Diagonalen = (A + D) − (B + C) besteht nur aus Nebenkeulen und wird absorbiert.

Monopuls-Verfahren (engl.: monopulse)

Eine Radarantenne (s. d.) wird durch einen einzigen, kurzzeitigen, elektromagnetischen Puls erregt und bildet dabei zwei scharf gebündelte Hauptkeulen. Durch Vergleich des reflektierten, empfangenen Signals beider Keulen nach Summe und Differenz läßt sich das Ziel in Richtung und Entfernung genau einmessen. Das Monopuls-Verfahren zeichnet sich durch rasche Ergebnisse und Sicherheit vor Entdeckung aus.
(Siehe auch: Summendiagramm, Differenzdiagramm).

Motorantenne (engl.: remote antenna)

Eine fernbediente Antenne, von einem Elektromotor angetrieben. Es gibt fernbediente Teleskope und fernabgestimmte Antennen, die meist als Fahrzeugantennen Verwendung finden.

Motorantenne. Links: Antriebsmotor, unten: Getriebe und Zahnstangenband, rechts: Teleskopantenne. (Werkbild Robert Bosch GmbH)

Muldipol-Antenne
(engl.: muldipol antenna)

Eine rundstrahlende, kombinierte VHF- und/oder UHF-Antennenanordnung der Firma Racal.
Vertikale Dipole im VHF- und/oder UHF-Bereich sind kollinear (in der Antennenachse liegend) übereinander in einem Fiberglas-Radom untergebracht mit sehr guter gegenseitiger Entkopplung (über 30 dB, typisch 40 dB). Dadurch ist es möglich, auf einem Mast zwei vertikale Antennensysteme ohne gegenseitige Beeinflussung gleichzeitig zu betreiben. Anwendung im Flugfunkbereich.

Multee-Zweiband-Antenne
(engl.: Multee two-band antenna)

Eine verhältnismäßig kleine Antenne mit etwa 1 λ Umfang des Drahtes aus Zweidrahtleitung oder Bandkabel und guten Ergebnissen für 1,8/3,5 MHz bzw. 3,5/7 MHz.
Die Steigleitung soll möglichst senkrecht, die Deckleitung möglichst waagerecht gespannt sein.

f [MHz]	Länge l [m]	Höhe h [m]
1,8/3,5	21,4	15,8
3,5/7	10,7	7,9

Die Antenne strahlt auf der niedrigen Frequenz als vertikaler Monopol mit Endkapazität, auf dem hohen Band als horizontaler Faltdipol. Dabei dient die λ/4 lange Vertikalleitung als Viertelwellen-Anpaßleitung (s. d.) und paßt die 300 Ω Impedanz des Faltdipols an das 50 Ω-Koaxialkabel an. Die Antenne kann wegen ihrer Schleifenform beheizt werden. Die Speisung erfolgt mit 50/60/75 Ω-Koaxialkabel bei geringem Stehwellenverhältnis. Ein Strahlenerder ist notwendig.

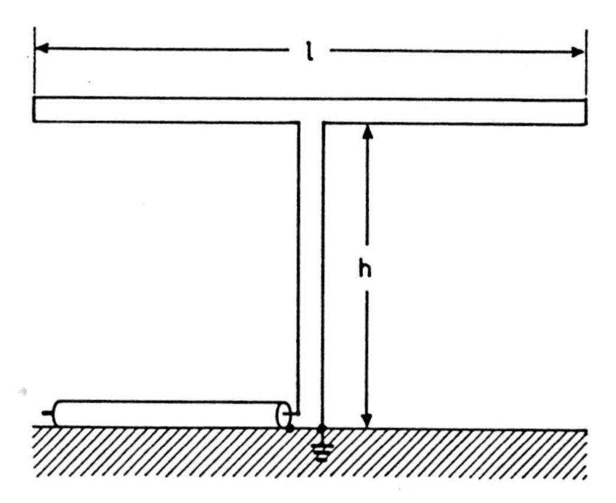

Multee-Zweiband-Antenne. Die Betriebsfrequenzen müssen nicht im Verhältnis 1:2 stehen, sondern können sich fast beliebig zueinander verhalten.

Multiband-Antenne
(engl.: multiband antenna)

(Siehe: Mehrbandantenne).

Multiplikationsfaktor
(engl.: multiplier due to ground reflection)

Die Montagehöhe einer Antenne über Grund beeinflußt den Erhebungswinkel (s. d.) in starkem Maße. Das resultierende

Vertikaldiagramm entsteht durch die Multiplikation des Antennendiagramms mit dem Diagramm der Erdreflexion. Der Multiplikationsfaktor der Erdspiegelung wird durch Höhe, Polarisation und Bodenqualität sehr wesentlich beeinflußt. Er ist bestenfalls bei idealer Erde gleich 2.
(Siehe auch: Gruppenfaktor, Bodeneffekte).

Multipol

In der Strahlungstheorie durch Zusammensetzen von Dipolen entstandene Gebilde: Tripol, Quadrupol usw.

MUSA-Antenne (engl.: MUSA antenna)

MUSA = **M**ultiple **U**nit **S**teerable **A**ntenna. Eine aus mindestens zwei bis zu 16 Rhombusantennen (s. d.) zusammengesetzte Antennengruppe als Empfangsantenne für eine Punkt-zu-Punkt-Verbindung (s. d.). Von jeder Rhombusantenne führt ein Koaxialkabel zum Empfangsgebäude. Dort wird jedes Einzelsignal phasenrichtig addiert und den Empfängern zugeführt. Durch entsprechende Phaseneinstellung kann die vertikale Bleistiftkeule (s. d.) auf und ab geschwenkt werden (Siehe: Keulenschwenkung), wodurch der beste Erhebungswinkel ausgewählt wird. Durch diese Winkeldiversity (Siehe: Diversity-Empfang) wird ein ausgezeichnetes Signal/Stör-Verhältnis erreicht.
(H. T. Früs – 1934 – US Patent).

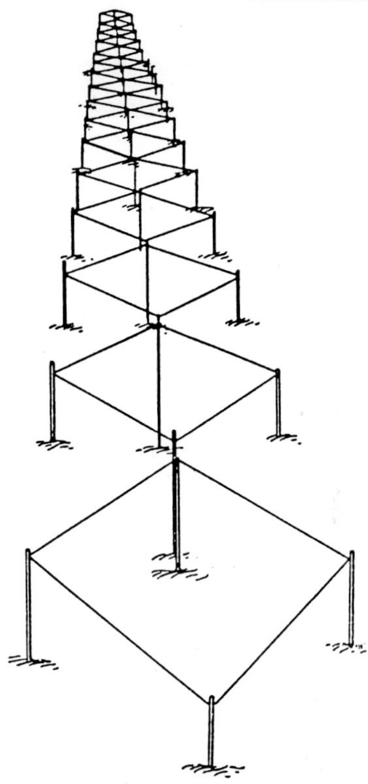

Musa-Antenne. Aus 16 Rhombusantennen. Breite etwa 100 m, Länge über 3 km. Nicht gezeigt sind die Koaxialleitungen, die von jedem Rhombus zum Empfangsgebäude führen, das in der Mitte seitlich der Anlage liegt.

Muschelantenne

Aus der Hornparabolantenne entwickelte Antenne, bei welcher der Abstand zwischen Primärstrahler und Parabolsektor unter Verzicht auf das Horn stark verkleinert worden ist. Vorteil: geringere Bauhöhe.

▶

Muschelantenne. Hamburger Fernsehturm, oben UHF-, darunter VHF-Antenne, darunter Muschelantennen in 4 Etagen, z. T. auch Parabolantennen.
(Werkbild Rohde & Schwarz)

N

Nachlaufsteuerung
(engl.: adaptive scanned antenna)

Bei Radar- und erdseitigen Satelittenantennen die durch einen Regelvorgang gesteuerte Nachführung der Antenne in Ziel- bzw. Satellitenrichtung. Ein Steuergerät liefert Fehlersignale des Azimuts und der Elevation, die über Ausgangsleistungsstufen Seiten- und Höhenmotor antreiben.

Nachteffekt

Solange der Peilrahmen nur von der Bodenwelle erregt wird, läßt sich mit guter Genauigkeit peilen. Kommt jedoch nach Eintritt der Dämmerung die Raumwelle hinzu, ergibt sich eine Mißweisung, die z. T. zu krassen Peilfehlern führt. Durch Einsetzen von Adcock-Peilern (s. d.) kann dem Nachteffekt begegnet werden.

Nahfeld-Bereich (engl.: near-field region)

Als Nahfeld-Bereich oder Nahfeld bezeichnet man den Raum zwischen Antenne und Fernfeld. Dort sind die elektrischen Feldstärkekomponenten von $1/r^2$ und $1/r^3$, die magnetische Feldstärke von $1/r^2$ abhängig. In Luft und im Freiraum kann der Nahfeldbereich in einen sehr nahen, reaktiven Bereich und einen sich anschließenden, strahlenden Bereich aufgeteilt werden.

1. reaktiver Nahfeld-Bereich: (engl.: reactive near-field region)
Der Teil des Nahfeldes, in dem zwischen elektrischer und magnetischer Feldstärke eine Phasenverschiebung von 90 ° besteht. Zwischen Antenne und Umgebung flutet die Blindleistung hin und her. Dieser Bereich reicht bis etwa 0,2 λ. Bei elektrisch kurzen Antennen ist er eine Kugel um den Strahler mit dem Radius $r = \lambda/2\pi$. **E ≈ $1/_{r}$3.**

2. strahlender Nahfeld-Bereich: (engl.: radiating near-field region)
Der Teil des Nahfeldes zwischen dem reaktiven Nahfeld und dem Fernfeld, in dem die Feldverteilung vom Antennenabstand unabhängig ist. Dieser Bereich reicht von etwa 0,2 λ bis 4 λ. Man kann diesen Bereich analog zur Optik als Fresnel-Bereich bezeichnen. $E \approx 1/r^2$.
Die Übergänge der Bereiche sind nicht scharf abgegrenzt, sondern allmählich und fließend.

Nahfelddiagramm
(engl.: near-field pattern)

Jede Strahlungscharakteristik (s. d.) und jedes Strahlungsdiagramm (s. d.), das im Nahfeldbereich (s. d.) der Antenne aufgenommen worden ist. Es wird auch als Fresnel-Charakteristik, bzw. Fresnel-Diagramm bezeichnet, weil es zum Fresnel-Bereich gehört. Gewöhnlich wird das Richtdiagramm des Nahfeldes entlang einer Ebene quer zur Abstrahlung, entlang eines Zylinders um die Antenne oder auf einer Kugel um die Antenne gemessen, bzw. berechnet.

Nahschwund (engl.: fading)

Bei der Ausbreitung elektromagnetischer Wellen des LW-, MW und KW-Bereiches entstehen zwei unterschiedliche Wellenwege, die Bodenwelle (s. d.) und die Raumwelle (s. d.). Nach etwa 50 km überlagern sich die direkte Bodenwelle und die über die Ionosphäre reflektierte Raumwelle. Besteht zwischen ihnen ein Phasenunterschied von 0 °, so addieren sie sich, und die Gesamtfeldstärke steigt an. Ist der Phasenunterschied 180 °, so löschen sich die Komponenten gleicher Amplitude gegenseitig aus, die Feldstärke geht auf Null bzw. ein Minimum zurück. Da die Ionosphäre in Höhe und Reflektionsfähigkeit dauernd schwankt, wechseln die Raumwelle und damit die Gesamtfeldstärke beträchtlich. Diese großen Amplitudenunterschiede der Feldstärke bezeichnet man als Nahschwund. Abhilfe: Schwundmindernde Antennen am Sender (Siehe: Antifading-Antenne, Höhendipol) und Diversity-Empfang (s. d.) am Empfänger.

Nebenkeule (engl.: side lobe)

Jede Strahlungskeule des Richtdiagramms in beliebiger Richtung außer der Hauptkeule ist eine Nebenkeule, auch Nebenmaximum genannt.

1. **Relatives Maximum des Nebenkeulen-Richtfaktors** (engl.: relative maximum of the side lobe level)
Der Richtfaktor der stärksten Nebenkeule in Bezug auf den Richtfaktor der Hauptkeule; er wird gewöhnlich in dB ausgedrückt.

2. **Mittlerer Nebenkeulen-Richtfaktor** (engl.: mean side lobe level)
Der Durchschnittswert aus dem Richtdiagramm der Leistung über einen bestimmten Winkelbereich im Verhältnis zum Maximum der Hauptkeule. Beispiel: Siehe Bild.

3. **Nebenkeulen-Richtfaktor** (engl.: relative side lobe level)
Der maximale Richtfaktor einer Nebenkeule im Verhältnis zur Hauptkeule, gewöhnlich in dB ausgedrückt. Dieser kann wieder aufgespalten werden in einen Teil-Nebenkeulen-Richtfaktor der gegebenen Polarisation (engl.: relative co-polar side lobe level) und in einen Teil-Nebenkeulen-Richtfaktor rechtwinklig zur gegebenen Polarisation (engl.: relative cross-polar side lobe level).

4. **Rückwärtskeule** (engl.: back lobe)
Nebenkeule, die sich um 180° von der Hauptkeule unterscheidet. (Siehe auch: Vor/Rück-Verhältnis). Im weiteren Sinne die Strahlungskeule in den Halbraum, der dem Halbraum der Hauptkeule entgegengesetzt ist.

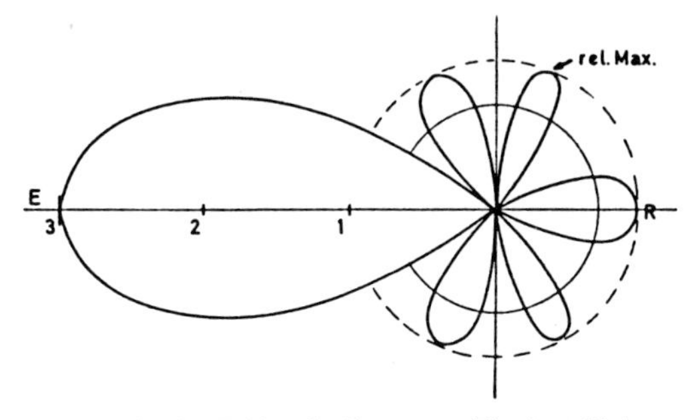

Nebenkeule. Feldstärkediagramm (E) einer Richtantenne. Das Hauptmaximum ist E = 3.
Das relative Maximum der Nebenkeulen ist E = 1. R ist die Rückwärtskeule. In dem der Hauptkeule entgegengesetzten Halbraum liegen drei Nebenkeulen. Der Nebenkeulenrichtfaktor hat das Feldstärkeverhältnis 1:3, daraus ergibt sich das Leistungsverhältnis 1:9 oder -9,5 dB.
Der mittlere Nebenkeulenrichtfaktor hat im hinteren Halbraum rund $1 \cdot 0{,}7 = 0{,}7$. Der Feldstärkevergleich ergibt $3 : 0{,}7 = -12{,}6$ dB.

Nebenkeulen-Unterdrückung
(engl.: side lobe suppression)

Jede Maßnahme, die zur Unterdrückung unerwünschter Nebenkeulen führt, oder wenigstens die durch Nebenkeulen beeinträchtigte Wirksamkeit der Antenne aufbessert. Geeignete Maßnahmen richten sich nach der Antenne, deren Nebenzipfel unterdrückt werden sollen.

1. **Zusammenschaltung mehrerer Antennen zu einer Gruppe** (engl.: grouping)
Man kann mehrere Antennen entweder vertikal oder horizontal stocken, oder beide Stockungen durchführen. Dies ist u. a. gebräuchlich bei Yagi-Uda-Antennen und auch Rhombusantennen.
(Siehe: Rhombus-Gruppenantennen).

2. **Stromverteilung in einer Gruppe** (engl.: changing of the current distribution)
Durch die Verteilung der die Gruppe speisenden Ströme nach Dolph-Tschebyscheff (s. d.) oder nach dem binomischen Gesetz lassen sich Nebenzipfel fast unterdrücken.

3. **Einschließen der Antenne in einen Käfig** (engl.: caging)
VHF- und UHF-Antennen können in Gitterkäfige eingeschlossen werden, die nur die Hauptkeule ungehindert austreten lassen. Dies ist bei Backfire-Antennen (s. d.) möglich, und auch Helix-Antennen des Axialtyps können durch einen Käfigrand um den Scheitelreflektor verbessert werden.

4. **Korrektur von Reflektoren** (engl.: contouring)
Parabolspiegel können in leichten Abweichungen von der mathematischen Form so korrigiert werden, daß die Nebenzipfel herabgedämpft werden.

Nebenreflektor (engl.: sub reflector)

Im Gegensatz zum Hauptreflektor (s. d.) der meist zweite Reflektor, der in der Optik der Reflektor-Antenne (s. d.) eingesetzt wird.
(Siehe: Cassegrain-Reflektor-Antenne, Gregorianische Antenne).

Nebenschlußspeisung
(engl.: shunt-exiting)

Geerdete Monopolantennen können im Nebenschluß erregt werden. Diese Speisung entspricht der Delta-Anpassung (s. d.) eines Halbwellendipols. Die Speisung mit einem Schrägdraht ist einfach, verändert aber etwas das Vertikaldiagramm.
Die Höhe des Anzapfpunktes ist etwa 1/4 bis 1/12 der Antennenhöhe. Diese Art der Speisung wird bei geerdeten Rundfunksendemasten mit einer Höhe bis 0,3 λ verwendet.
(J. F. Morrison – 1936 – US Patent).

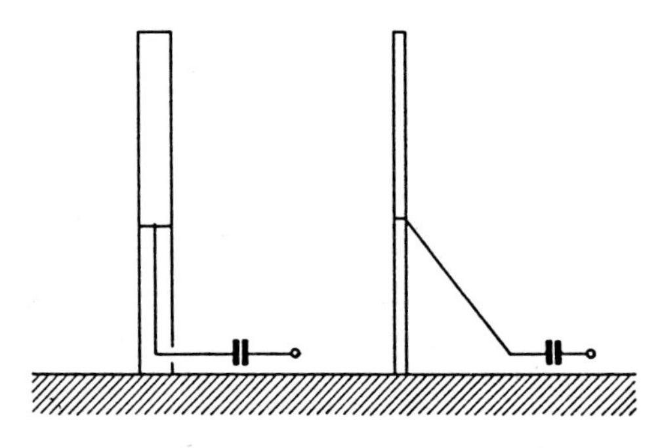

Nebenschlußspeisung. Links: nahezu koaxiale Speisung eines Gittermastes
Rechts: Schrägdrahtspeisung eines Rohrmastes.

Nebenzipfel (engl.: side lobe)

(Siehe: Nebenkeule)

Nebenzipfel-Unterdrückung, Nebenzipfel-Dämpfung

(Siehe: Nebenkeulen-Unterdrückung)

Nennwiderstand
(engl.: nominal impedance)

Der Nennwiderstand Z_n ist eine Bezugsgröße. Beispielsweise werden die Wellenwiderstände von HF-Leitungen damit bezeichnet: „Der Nennwiderstand des Koaxialkabels ist 50 Ω."

Z_n [Ω]

Netzantenne

Primitive Behelfsantenne zum Empfang, bei der ein Pol der Wechselstromnetzleitung über einen *durchschlagsicheren* Schutzkondensator von 50 bis 500 pF an den Antenneneingang des LW-, MW-, KW-Empfängers geschaltet wurde. Die Netzantenne ist ausgesprochen störanfällig, da jede Störung über das Netz dem Empfänger zugeführt wird.

Netzwerk (engl.: network)

Eine elektrische Schaltung aus passiven Bauelementen wie Spulen, Kondensatoren, Widerständen. Als Zweipole (engl.: two port) haben sie zwei Anschlußklemmen und als Vierpole (engl.: four port) vier Anschlußklemmen.
Aktive Netzwerke können nichtlineare Bauelemente wie Halbleiter oder Röhren enthalten. Netzwerke dienen in der Antennentechnik zur Kompensation (s. d.) und Anpassung (s. d.).

Niederführung (engl.: down lead)

Die im wesentlichen vertikal angeordneten Teile einer Antenne, welche die Verbindung vom Antennendach oder Antennenschirm zum bodennahen Speisepunkt herstellen. (Siehe: Dreieckflächenantenne, Schirmantenne). Die Niederführung ist bei diesen Antennen der eigentliche, strahlende Teil, der oft als Reuse ausgeführt wird.

N.O.L. Schirmantenne
(engl.: N.O.L. top loaded antenna)

Eine von den Naval Ordinance Laboratories entwickelte Schirmantenne mit Speisung als Faltmonopol. Die Abmessungen sind so dimensioniert, daß die Antennen mit minimalem Stehwellenverhältnis durch 50 Ω-Koaxialkabel gespeist werden kann. Die Antenne ist auf 1,8 MHz lediglich je nach Ausführungsform 20,67 m bis 13,50 m hoch, braucht aber einen guten Strahlenerder (s. d.).

NORD-Antenne (engl.: NORD antenna)

Eine breitbandige Faltmonopolantenne aus 4 Strahlern: einem gespeisten Mittel-

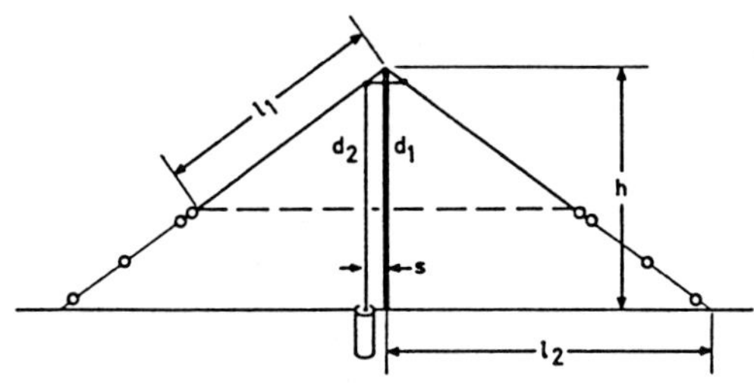

N.O.L Schirmantenne.
Ausführung A: 3 Schirmdrähte,
Ausführung B: 6 Schirmdrähte,
Ausführung C: 6 Schirmdrähte mit Umrandungsdraht (gestrichelt)

Abmessungen in λ

Typ	h	l_1	l_2	s	d_1	d_2
A	0,124	0,122	0,172	0,013	0,0012	0,000187
B	0,104	0,102	0,144	0,011	0,001	0,000156
C	0,081	0,079	0,112	0,0036	0,00078	0,000121

Speisung: 50 Ω-Kabel, maßstäblich gezeichnet: Typ C.

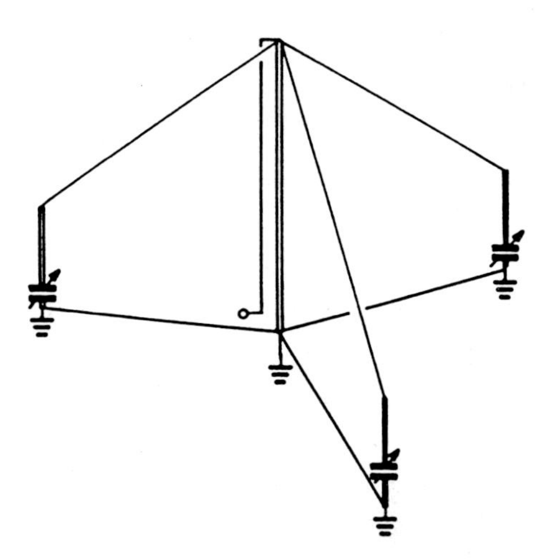

NORD-Antenne. Mittelmast: h = 0,12 bis 0,069 λ
Außenmasten: h = 0,04 bis 0,023 λ
Abstand Mittelmast–Außenmast: s = 0,134 bis 0,076 λ
Die Außenmasten sind mit dem Mittelmast durch eine dicke Erdleitung zu verbinden. Bei Verkleinerung der Abmessungen sinkt der Wirkungsgrad.

mast und drei halb so hohen Außenmasten in 120° Azimutabstand montiert. Jeder Mast braucht seinen eigenen Strahlenerder. Die Außenmasten sind am Fußpunkt mit Drehkondensatoren abgestimmt.
Daten für 1,8 und 3,5 MHz:

Mittelmast:	9 m
Außenmaste:	3 m
Mastabstand:	13 m
Endkapazität:	1500 pF

(J. H. Mullaney – 1965 – US Patent).

Normalstrahler (engl.: standard antenna)

Ein Normalstrahler ist z. B. eine theoretische Isotropantenne, die aber nicht realisiert werden kann, oder ein Halbwellendipol, der zwar leicht zu realisieren ist, jedoch so gering gebündelt strahlt, daß über Reflexionen leicht Fehlmessungen erfolgen, wenn er als Gewinn-Normal verwendet wird.
In USA hat die Electronic Industries Association (EIA) eine Dipolreihe aus zwei par-

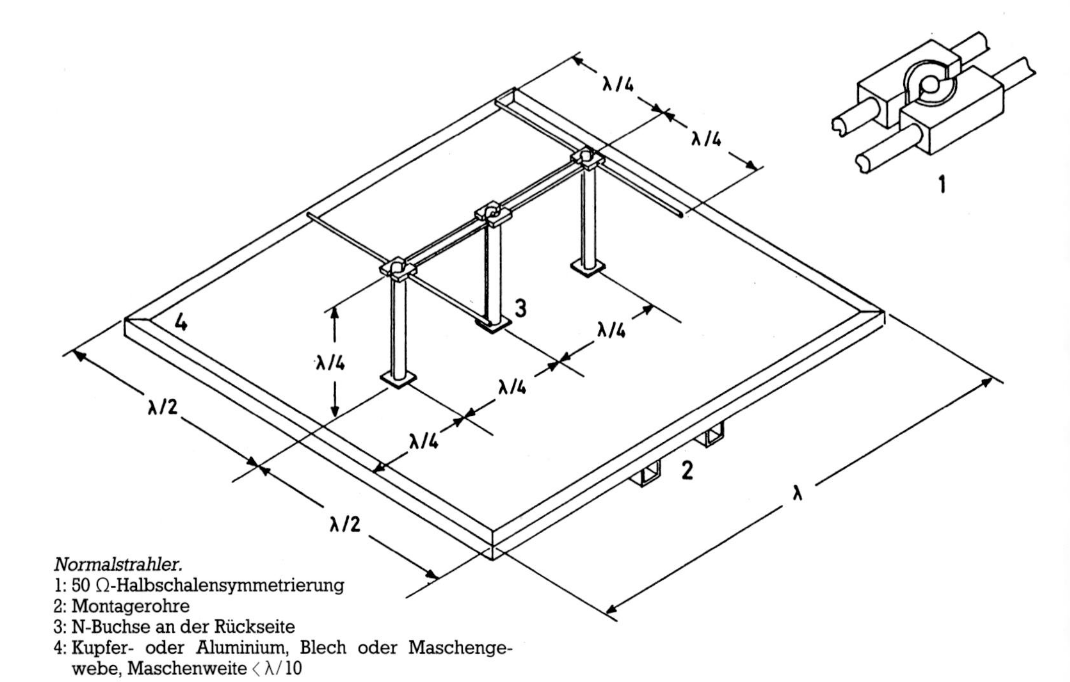

Normalstrahler.
1: 50 Ω-Halbschalensymmetrierung
2: Montagerohre
3: N-Buchse an der Rückseite
4: Kupfer- oder Aluminium, Blech oder Maschengewebe, Maschenweite < λ/10

allelen Halbwellendipolen mit Reflektor als Gewinn-Normal von 7,5 bis 8,0 dBd (je nach Frequenz) geschaffen, bei dem die Reflexionen an Fremdgegenständen durch die Bündelung stark herabgesetzt sind. Dadurch sind Gewinnmessungen erst sicher geworden.

Normdipol (engl.: reference dipole)

Ein von der International Electrotechnical Commission (IEC) empfohlener Normalstrahler (s. d.) in Form eines Faltdipols. Da ein Dipol zahlreiche Reflexionen hervorruft, was die Messung des Gewinns stark verunsichert, ist dieser ohne besondere Vorkehrungen gegen Reflexionen nicht zu empfehlen.

Notch-Antenne (engl.: notch antenna)

(notch, engl. = Spalt, Nut) Auch Nutantenne genannt. Eine kleine Schlitzantenne auf einem Fahrzeug z. B. Flugzeug, die auf der offenen Seite des Schlitzes mit einem Kondensator in Resonanz gebracht wird. Der Spalt hat dabei eine Erregerfunktion und koppelt die Energie auf die leitende Oberfläche des Fahrzeugs, das dann die eigentliche Antenne darstellt.
Vorteil: Ein im Verhältnis zur Spaltgröße sehr guter Wirkungsgrad.
(W. A. Johnson, A. Cowie – 1948 – Brit. Patent).

Nullode

In die koaxiale Antennenzuleitung von z. B. Radargeräten eingesetzte Glimmröhre für Anlagen, bei denen Sender und Empfänger an der gleichen Antenne arbeiten. Der Sendeimpuls zündet die Nullode, die damit den Empfängereingang kurzschließt. Bis der Empfangsimpuls eintrifft, hat sie sich entionisiert und gibt den Empfängereingang frei.

Nullpeilung (engl.: null steering)

Die mechanische oder elektronische Ausrichtung der Nullstelle des Diagramms der Richtantenne auf das Ziel. Beispiel: Drehen des Peilrahmens, um die Nullstelle des doppelachtförmigen Diagramms auf das Ziel zu richten. Die Nullpeilung ist viel schärfer als die Peilung mit dem Maximum, da das Verschwinden des Signals besser erkannt wird, als die geringen Lautstärkeunterschiede im Maximum. Die Peilreichweite ist bei der Nullpeilung geringer als bei der Maximumpeilung.

Nullstelle (engl.: null)

Die Richtung im Richtdiagramm einer Antenne, in der die Feldstärke auf Null zurückgegangen ist. Bei Peilantennen dient sie zur Nullpeilung (s. d.) der Einfallsrichtung. Bei Sendeantennen werden unerwünschte Nullstellen durch Auffüllung (s. d.) beseitigt.

Nullwertswinkel

(ältere Definition) Der Winkel im Richtdiagramm (s. d.) einer Antenne, zwischen der Richtung des Strahlungsmaximums und der ersten Nullstelle.

Nutzpolarisation (engl.: co-polarization)

Soviel wie Kopolarisation (s. d.).

O

Obenspeisung (engl.: top feeding)

Der Schwund (Fading) entsteht durch die gegenphasige Überlagerung von erwünschter Bodenwelle und nicht erwünschter Raumwelle. Wird die Abstrahlung der Antenne in steilere Erhebungswinkel vermindert und die Flachstrahlung verbessert, so wird die Schwundgrenze in größere Entfernung von der Sendeantenne hinausgeschoben. Am Fußpunkt gespeiste Antennen unterdrücken die Steilstrahlung nur unvollkommen. Die Flachstrahlung und damit die Schwundminderung werden verbessert, wenn oberhalb vom Stromknoten eingespeist wird. Bei der Obenspeisung wird die Antenne oberhalb ihrer Mitte eingespeist.
Die Obenspeisung erfolgt z. B. durch Speisung zwischen Schirm und Mast bei einer Schirmantenne (s. d.) oder durch Speisung eines elektrisch unterteilten Mastes an der Trennstelle.

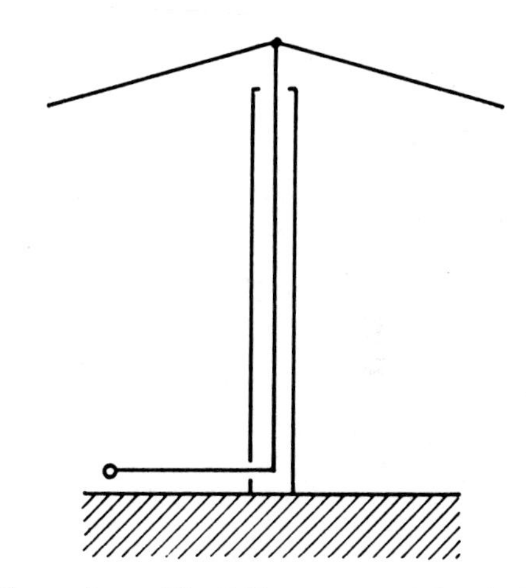

Obenspeisung. **Die Schirmantenne wird zwischen Schirm und Mast koaxial gespeist. Der Antennenstrom läuft auf der Außenseite des Mastes von oben nach unten.**

Oberflächenwellen-Antenne
(engl.: surface wave antenna)

Ein Längsstrahler, bei dem die Richtwirkung durch eine an der Grenzschicht zweier Medien geführte inhomogene Welle erzielt wird, z B. dielektrischer Stielstrahler (s. d.), Antennen mit geriffelter bzw. gezahnter oder dielektrisch belegter Oberfläche, Leitscheibenantenne (s. d.).

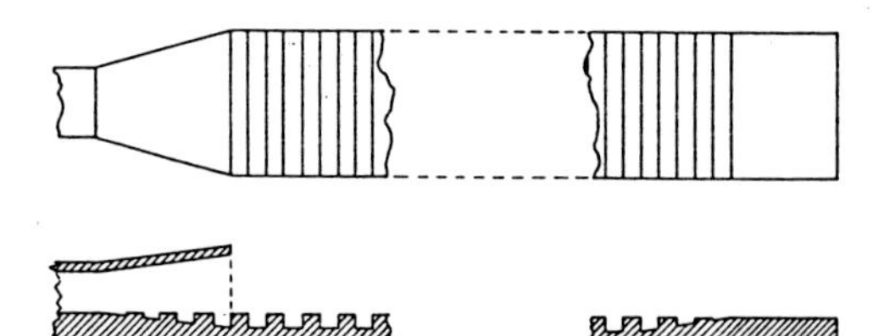

Oberflächenwellen-Antenne. Der von links kommende Hohlleiter mündet in einen Trichterstrahler. Die Oberflächenwelle wird über die Riffelbahn geführt und nach rechts abgestrahlt.

Oberwelle

(Siehe: Eigenfrequenz).

Oberwellenantenne
(engl.: harmonic antenna)

Eine Antenne, die mit einem Vielfachen ihrer Grundfrequenz (s. d.) betrieben wird, z. B. eine 2 λ lange Drahtantenne, die auf 20 MHz betrieben wird, obwohl ihre Grundfrequenz (entspricht λ/2) bei 5 MHz liegt.

Oberwellendipol (engl.: harmonic dipole)

Wird ein Dipol auf Frequenzen oberhalb seiner Grundfrequenz betrieben, so wird er als Oberwellendipol bezeichnet. Während der Halbwellendipol (s. d.) auf seiner Grundfrequenz schwingt, kann der Ganzwellendipol (s. d.) schon als Oberwellendipol bezeichnet werden. Die Richtdiagramme der Oberwellendipole ähneln denen der halb so langen Langdrahtantenne (s. d.); doch sind alle Keulen durch den vom zweiten Ast des Dipols hervorgerufenen Gruppenfaktor (s. d.) kräftiger und schlanker.

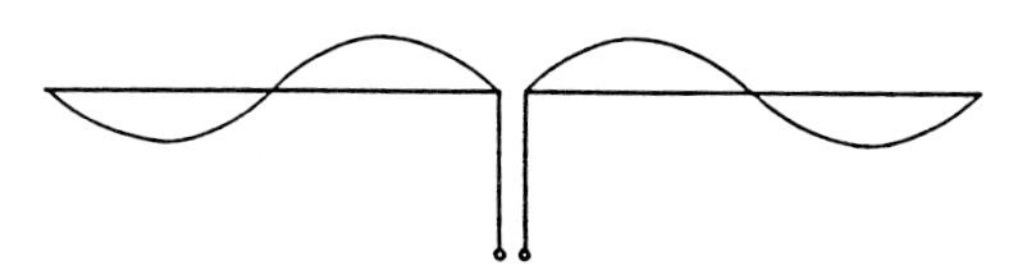

Oberwellendipol. Hier ein Dipol, dessen Schenkel 1 λ lang sind. Dieser Dipol schwingt auf der vierfachen Frequenz der Grundfrequenz, wo er als Halbwellendipol wirkt.

Oblong-Antenne (engl.: oblong antenna)

(oblong, engl. = Rechteck).
Eine Ganzwellenschleife in Form eines Rechtecks, dessen unterer Leiter sehr nahe dem Erdboden sein kann. Infolge der Spiegelung am (möglichst idealen) Erdboden wirkt die Oblong-Antenne wie ein Quadelement und kann vorzugsweise auf längeren KW eingesetzt werden. Die Speisung erfolgt für horizontale Polarisation in der Mitte des unteren Horizontalleiters. Dann ist die Speiseimpedanz $Z \approx 120\ \Omega$. Für vertikale Polarisation wird in der Mitte eines Vertikalleiters oder am vertikalen Fußpunkt gespeist ($Z \approx 75\ \Omega$). Der untere Draht kann durch die Erdrückleitung oder besser durch einen auf der Erde aufliegenden Draht ersetzt werden. Das optimale Verhältnis Länge: Breite ist 2:1. Ein Erdsystem unter der Antenne ist empfehlenswert.

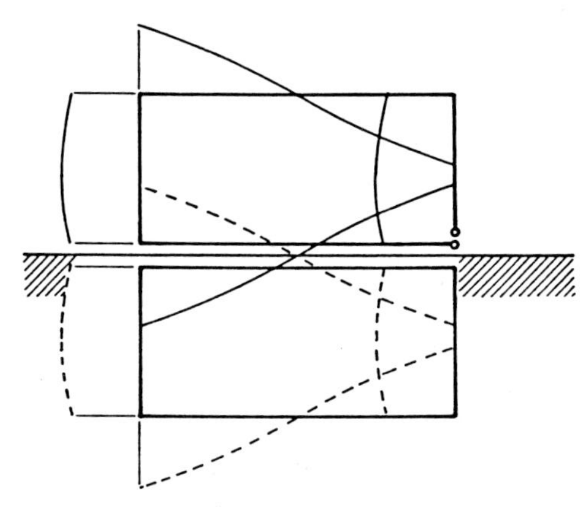

Oblong-Antenne. Über der spiegelnden Erdoberfläche. Die Ströme der Antenne sind ausgezogen, die Ströme des Spiegelbildes sind gestrichelt. Die Ströme des horizontalen erdnahen Leiters heben sich mit denen des Spiegelbildes fast völlig auf. Die Ströme der oberen Horizontale sind gegenläufig um Null verteilt und kommen nur wenig zur Wirkung. Die Ströme in den vertikalen Leitern sind nahezu maximal und gleichphasig, so daß diese Antenne als vertikal polarisierter Querstrahler wirkt, auf den Betrachter zu und von ihm weg.

Öffnungswinkel

(Siehe: Halbwertsbreite, Viertelwertbreite).

Öffnungswinkel, vertikaler

Bei flach strahlenden Vertikalantennen liegt das Hauptmaximum am Horizont oder nur wenig darüber. Der vertikale Öffnungswinkel ist der Winkel zwischen dem Horizont und dem $1/\sqrt{2}$fachen Wert.
(Siehe: Halbwertsbreite, Viertelwertbreite).

Offset-Parabol-Antenne

(engl.: offset paraboloidal reflector antenna)

Eine Reflektorantenne, deren Hauptreflektor zwar Teil eines Paraboloids ist, das aber unsymmetrisch zur Parabol-Achse liegt. Dadurch wird die Aperturbehinderung (s. d.) durch den Primärstrahler (s. d.) verringert oder gänzlich vermieden, was zu einer Steigerung des Flächenwirkungsgrades (s. d.) führt.

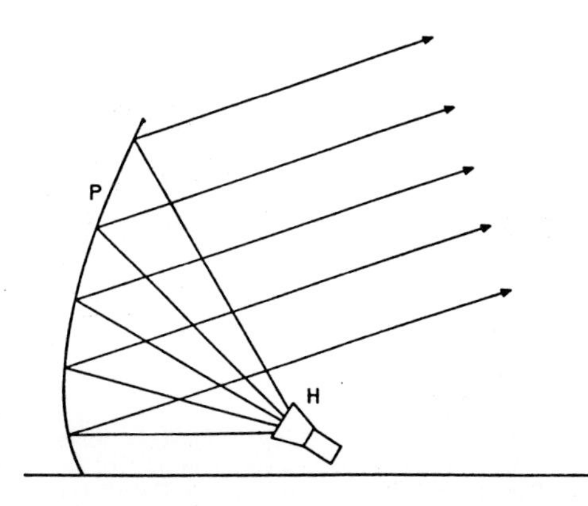

Offset-Parabol-Antenne. H: Hornstrahler; P: Parabolreflektor
Wie man deutlich sieht, ist der Weg der unteren Strahlen bis zur Wellenfront länger als der Weg der oberen Strahlen. Daher hat diese Antenne einen Phasenfehler mit entsprechendem Verlust, obwohl die Aperturbehinderung (s. d.) ausgeschaltet worden ist.

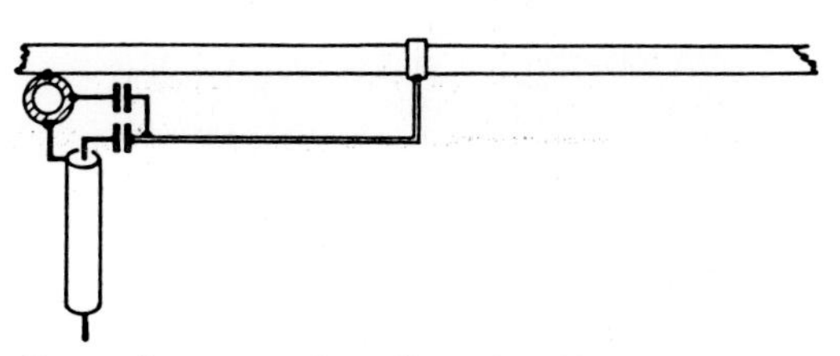

Omega-Anpassung. Der allgemeine Masseanschluß liegt am Boom. Der obere Drehko (Omega-C) stimmt die Impedanz, der untere Drehko (C) stimmt die Resonanz ab.

Abmessungen für eine 3-Ele-Yagi, etwa

Freq. MHz	Omega-C pf	C pF	Länge cm	Abstand cm	Leiterdurchm. mm
14	25	130	60	15	12
21	20	70	45	12,5	10
28	15	45	30	10	6

Omega-Anpassung (engl.: Omega match)

Eine Weiterentwicklung der Gamma-Anpassung (s. d.). Der dem Halbwellendipol parallelgeführte Leiter ist mit einem zweiten Kondensator an die Mitte des Dipols gelegt. Durch Einstellen dieses „Omega-Kondensators" vermeidet man die umständliche Längenabgleichung des parallelgeführten Leiters. Die Omega-Anpassung wird meist bei Einband-Quads und Yagi-Uda-Antennen verwendet.

Ortskurve

Die Darstellung einer komplexen Größe in der Gaußschen Ebene, um die Frequenzabhängigkeit zu zeigen.
(Siehe: Buschbeckdiagramm, Frequenzgang, Smith-Diagramm).

P

Parabeam (engl.: Parabeam antenna)

Eine von B. Sykes, G2HCG, entwickelte Lang-Yagi-Antenne (s. d.), die von einem Skelettschlitz (s. d.) gespeist wird.
Die 10-Element-144 MHz-Antenne hat 13,5 dBd Gewinn, die 14-Element-144 MHz-Antenne hat 14,5 dBd Gewinn, die 18-Element-432 MHz-Antenne hat 15 dBd Gewinn.

Parabol-Kalotten-Antenne

Eine Parabolantenne, deren Reflektor ein exzentrischer Ausschnitt aus einem Rotationsparaboloid ist.
(Siehe auch: Muschelantenne).

Parabolspiegel, Parabolreflektor
(engl.: paraboloidal reflector)

Dieser wichtigste Reflektor wird auch als Paraboloidalreflektor bezeichnet. Er besteht aus einem axialsymmetrischen Drehparaboloid, aus Metallblech oder einem Maschendrahtgewebe, dessen Maschen nicht größer als $\lambda/4$ sein dürfen. Der Parabolspiegel richtet die vom Primärstrahler (s. d.) im Brennpunkt kommenden elektromagnetischen Wellen durch Reflektion so aus, daß sie ein achsenparalleles Bündel in Zielrichtung bilden. (Prinzip des optischen Scheinwerfers). Beim Empfang wird die einfallende Wellenfront auf den Primärstrahler hin gesammelt.
Es gibt Paraboloidantennen, Zylinderparabolantennen (s. d.) und Spiegel, die nicht den Scheitel des Paraboloids enthalten: Offset-Parabolspiegel (s. d.).

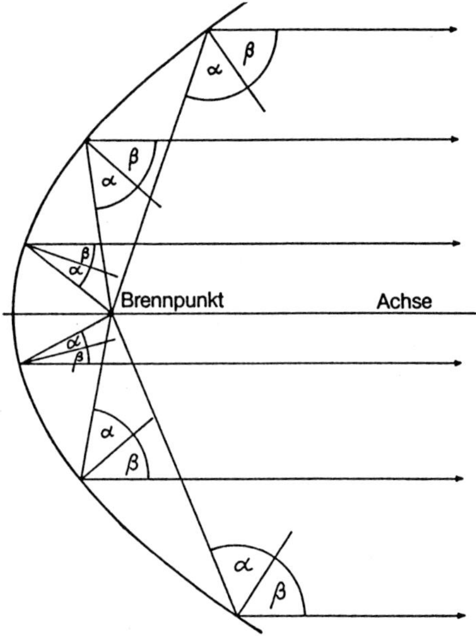

Parabolspiegel. So formt der Parabolspiegel die vom Brennpunkt ausgehenden Strahlen in ein paralleles Strahlerbündel um.
Der Einfallswinkel α ist stets gleich dem Ausfallswinkel β. Der Strahler wird im Brennpunkt angebracht.

Parabolspiegel. Für die Erfassung von Funksignalen und zur Feldstärkemessung. 1 bis 18 GHz, Gewinn 15 bis 40 dBi, Durchmesser 0,9 m, je nach Erreger beliebige Polarisation.
(Werkbild Rohde & Schwarz)

Parafil-Seil (engl.: parafil rope)

Parafil-Seile sind neuartige, spezielle Antennenabspannseile; tragender Kern aus parallelen Terylene-Fäden, von widerstandsfähiger, geschmeidiger, schwarzer Alkathene-Hülle geschützt. (Parafil, Terylene, Alkathene = Warenzeichen der brit. Fa. ICI).
Parafil-Seile haben höhere Dehnung als Stahlseile, aber wesentlich geringere Dehnung als Textilseile. Sendeantennen können damit direkt ohne Isolatoren abgespannt werden.
Vorteile: gutes Festigkeits/Gewichtsverhältnis, hoher Dehnungswiderstand, kleine Dauerverformung, hervorragende elektrische Eigenschaften, licht- und wetterbeständig, wartungsfrei, lange Nutzungsdauer.

Paralleldrahtleitung
(engl.: two-wire feeder, twin lead)

Eine symmetrische Leitung (s. d.) zur Übertragung von HF zwischen Antenne und Sender bzw. Empfänger.

Parasitärstrahler
(engl.: parasitic element)

Der Teil einer Richtantenne, der vom gespeisten Strahler Energie aufnimmt, und damit die Richtwirkung (s. d.) in der Hauptstrahlrichtung vergrößert. Bei der Yagi-Uda-Antenne (s. d.) ist es ein Halbwellendipol, bei der Cubical-Quad-Antenne (s. d.) ein Drahtquadrat und bei der Loop-Yagi-Antenne (s. d.) ein metallischer Kreisring. Der Parasitärstrahler wirkt als Direktor, wenn er *über* der Betriebsfrequenz resonant ist, und als Reflektor, wenn er *unter* der Betriebsfrequenz resonant ist.
Das Element ist parasitär, weil es seine Energie aus der Strahlung des gespeisten Dipols durch Strahlungskopplung empfängt, aber selbst nicht gespeist ist. Im Gegensatz dazu steht das gespeiste aktive Element als Direktor oder Reflektor einer Richtantenne, z. B. bei einer HB9CV-Antenne (s. d.).

Pardune (engl.: stay wire, stay rope)

Ein Abspannseil eines abgespannten Mastes, das die seitwärts gerichteten Kräfte aufnimmt. Die Pardunen werden in 120°- oder 90°-Verteilung um den Fußpunkt des Mastes angebracht. Eine isolierende Unterbrechung der Pardunen erfolgt durch Pardunengehänge (s. d.).

Pardunengehänge

Eine Anordnung zur Isolation der Abspannseile eines Antennenmastes, der so-

Pardunengehänge eines Rohrmastes. Die Isolatoren werden nur auf Druck beansprucht. Sie sind durch Sprühschutzring und Funkenstrecke geschützt. (Werkbild BBC Mannheim)

genannten Pardunen. Da die Pardunen eines selbstschwingenden Antennenmastes elektrisch nicht mitschwingen dürfen, werden sie in Abschnitte von λ/5, besser λ/10 unterteilt und diese durch Pardunengehänge elektrisch isoliert, aber mechanisch verbunden. An ihre mechanische und elektrische Festigkeit werden hohe Anforderungen gestellt.

Pawsey-Symmetrierglied

Ein Symmetrierglied für VHF/UHF ähnlich einer EMI-Schleife (s. d.). Im Gegensatz zur EMI-Schleife kann das Pawsey-Symmetrierglied auch zu kurze oder zu lange Antennen, also reaktanzbehaftete Antennen, symmetrieren. Durch die Verschiebung des Kurzschlußschiebers C wird der Imaginärteil der Antenne kompensiert (Abstimmung).
Durch die Wahl des Anschlußpunktes B wird der Realteil auf den Nennwiderstand des Koaxialkabels transformiert (Anpassung).
(E. C. Cork, J. L. Pawsey – 1935 – Brit. Patent)

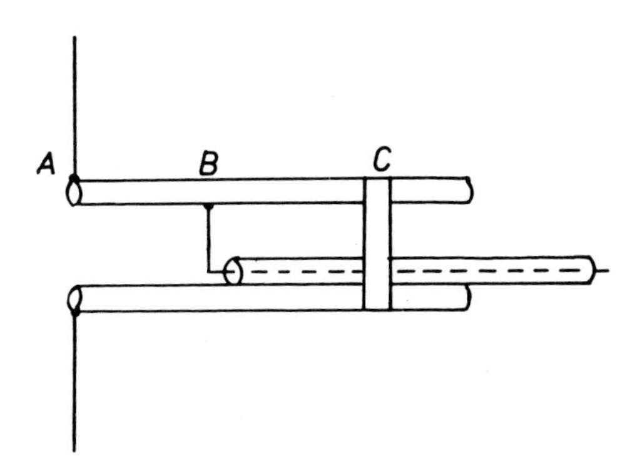

Pawsey-Symmetrierglied. Dieses Symmetrierglied ermöglicht in gewissen Grenzen eine Widerstandstransformation. Die Antenne A wird mit dem Kurzschlußschieber C abgestimmt und durch die Anzapfung B angepaßt.

Peilantenne
(engl.: direction finding antenna, DF antenna)

(Siehe: Adcock-Antenne, Drehrahmen Goniometer, H-Adcock-Antenne, Kreuzrahmen, Nullpeilung, Rahmenantenne, U-Adcock-Antenne, Wullenweverantenne).
Eine Antenne oder Antennengruppe, mit der die Einfallsrichtung einer elektromagnetischen Welle festgestellt werden kann. Am ältesten und bekanntesten ist die Rahmenantenne, sie arbeitet bei reinen Bodenwellen recht genau.

Peilrahmen (engl.: DF-loop)

Ein Rahmen für ein Peilgerät als Drehrahmen, Festrahmen oder Kreuzrahmen (Siehe jeweils dort).

Peilschärfe

Bei Minimumpeilern entspricht sie der Schärfe der Nullstelle im Richtdiagramm, meist einem Achterdiagramm (s. d.). Durch die Enttrübung (s. d.) wird die Peilschärfe beträchtlich erhöht.

Peitschenantenne (engl.: whip antenna)

Eine biegsame, dünne, vertikale Monopolantenne (s. d.), die vorwiegend als Fahrzeugantenne und für tragbare Geräte verwendet wird. Im VHF- und UHF-Bereich meist λ/4 lang.

Periskopantenne
(engl.: periscope antenna)

Eine Richtantenne mit eng gebündeltem Richtstrahl, der in Bodennähe erzeugt wird, senkrecht empor zu einem Spiegel strahlt, dort einen Reflektor so erleuchtet, daß eine horizontale Keule entsteht. Der Strahlengang entspricht also dem eines Periskopes.

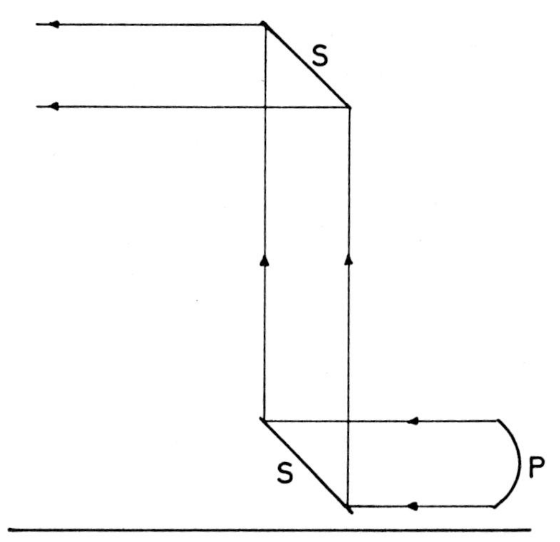

Periskopantenne mit zwei ebenen Umlenkspiegeln, Strahlengang.

Permeabilität (engl.: permeability)

Der reelle Anteil μ der komplexen Permeabilität (s. d.). Die Permeabilität ist das Verhältnis der magnetischen Induktion zur magnetischen Feldstärke und beträgt im freien Raum:

$\mu_o = 4\,\pi \cdot 10^{-7}$ [V s / A]

(V s / A = Henry/m)

Permeabilität, komplexe
(engl.: complex permeability)

1. Die komplexe Permeabilität eines physikalischen Stoffes im Verhältnis zur komplexen Permeabilität des freien Raumes.
2. Bei ferromagnetischen Stoffen im magnetischen Wechselfeld das Verhältnis der komplexen, phasenverschobenen Induktion zur magnetischen Feldstärke.

Phase (engl.: phase)

Eine elektrische Schwingung verläuft nach dem Gesetz:

$i = I \cdot \sin(\omega t + \varphi)$ [A]

i = Strom zur Zeit t t = Zeit [s]
ω = Kreisfrequenz = 2 πf
φ = Phasenwinkel zur Zeit t = 0
f = Frequenz [Hz]
I = Maximalstrom = Amplitude [A]

Die Phase ist das Verhältnis des Augenblickwertes i zur Amplitude I (= dem Maximalwert):

Phase = $i/I = \sin(\omega t + \varphi)$
[Verhältniszahl]

Da die Schwingung jederzeit und überall von sin (ωt) abhängt, ist meist nur der Phasenwinkel φ von Interesse. In der Antennentechnik ist oft die Rede von der Phase, obschon man damit vereinfachend den Phasenwinkel φ meint.

Phasenantenne

Ein irreführender Begriff für einen Querstrahler (s. d.), dessen Speiseleitungen phasenrichtig angeschlossen sein müssen. (Siehe: Lazy-H-Antenne) und die man deshalb auch Phasenleitungen nennt.

Phasencharakteristik
(engl.: phase pattern)

Die Phasencharakteristik ist die Darstellung der räumlichen Verteilung der relativen Phase des elektromagnetischen Feldvektors, der von der Antenne erregt wird. Die Phase kann dabei auf einen beliebigen Punkt bezogen werden, wird aber meistens dem Phasenzentrum (s. d.) zugeordnet.

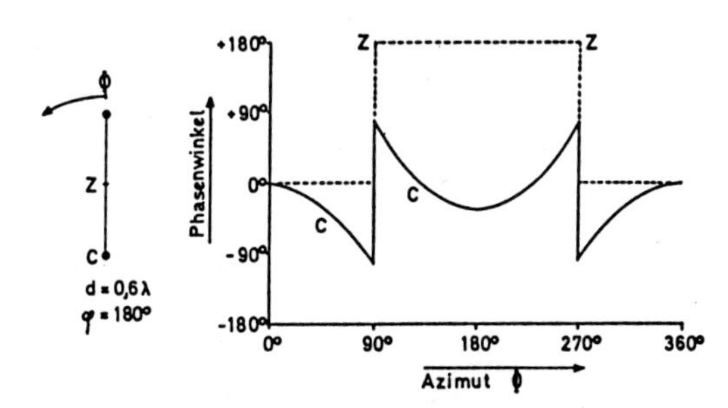

Phasencharakteristik zweier Monopole, die 0,6 λ voneinander entfernt sind und in Phasenopposition φ = 180 ° erregt werden (links). Bezogen auf das Phasenzentrum Z ergibt sich das gestrichelte Diagramm. Bezogen auf den Punkt C ergibt sich das ausgezogene Phasendiagramm.

Phasendiagramm (engl.: phase pattern)

(Siehe: Phasencharakteristik).

Phasendrehung

Wird eine horizontal polarisierte Welle an der gut leitenden Erdoberfläche reflektiert, so wird ihre Phase um 180° gedreht. Man nennt dies auch Phasensprung. Vertikal polarisierte Wellen erleiden keine Phasendrehung, doch bei flachen Erhebungswinkeln Δ, die kleiner als der Brewsterwinkel (s. d.) sind, erfolgt auch bei diesen eine Phasendrehung.

Phasenkonstante (engl.: phase constant)

Auch: Phasenkoeffizient, Phasenbelag genannt. In der Leitungs- und Antennentheorie auf die Längeneinheit bezogenes Phasenmaß, mit β oder früher mit k bezeichnet.

$$\beta = \frac{2\pi}{\lambda} = \frac{\omega}{c}$$

c = Fortpflanzungsgeschwindigkeit (meist Lichtgeschwindigkeit)

ω = Kreisfrequenz (ω = 2πf)

λ = Wellenlänge (λ = c/f)

Phasenleitung (engl.: phasing line)

Der Abschnitt einer Speiseleitung von bestimmter Länge, der die korrekten Phasenbeziehungen zwischen den Klemmen der einzelnen Elemente einer Gruppenantenne herstellt. Daneben kann die Phasenleitung noch zur Impedanztransformation verwendet werden. Beispiel: die Verbindungsleitungen zwischen den vier Elementen einer Lazy-H-Antenne (s. d.).

Phasenschieber (engl.: phase shifter)

Für besondere Zwecke werden in der Antennentechnik Phasenschieber benötigt, welche die Phase in einer HF-Leitung verzögern. Sie werden meistens als L/C-Glieder in π- und T-Form gebaut. Eine Phasenschiebung um 180° bzw. 360° kann z. B. durch Umwandlung in ein Drehfeld und Abtastung mit einem Goniometer (s. d.) erreicht werden.

Phasentransformator

Ein Symmetrierglied für größere Frequenzbereiche mit veränderlicher Halbwellenumwegleitung, die durch einen dreh- oder schiebbaren Abgreifer den λ/2-Umweg zu stellen gestattet bei gleichzeitiger Impedanztransformation 1 : 4. Die aufgeschlitzte Umwegleitung hat dabei den Wellenwiderstand 2 Z und die Länge einer ungeraden Anzahl von Halbwellen, mindestens λ/2. Dadurch ist das Symmetrierglied für einen größeren Frequenzbereich brauchbar.
(W. Buschbeck – 1934 – Dt. Patent).

Potentialtransformator. **Die linke Hälfte ist eine EMI-Schleife (s. d.). Dort angeschlossen ist das 1:4-Transformationsglied, das aus einer Koaxialleitung der doppelten Impedanz besteht. Am Ausgang liegen dann 4 Z erdsymmetrisch. Die Abstimmung erfolgt durch die Kurzschlußschieber A. Um Blindleistung und Platz zu sparen, kann man beide Schleifen aufeinanderklappen und braucht dann nur noch einen Abstimmschieber.**

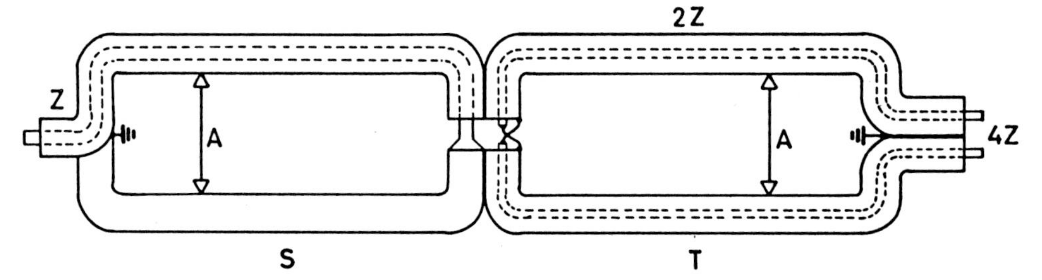

Phasenzentrum (engl.: phase center)

Legt man in einem bestimmten Augenblick um eine Antenne im Fernfeld eine Kugel und verfolgt die Ausbreitungsrichtungen geradlinig zurück zur Antenne, so schneiden sich alle Ausbreitungsrichtungen in einem Punkt, dem Phasenzentrum.
Es gibt größere Antennen, bei denen das Phasenzentrum nur über die Hauptkeule bestimmt werden kann, und große Antennen, die überhaupt kein einheitliches Phasenzentrum haben.
Bei Querstrahlern (s. d.) und Längsstrahlern (s. d.) liegt z. B. das Phasenzentrum in der Mitte dieser Antennengruppen.

Pi-Filter, π-Filter (engl.: Pi-filter)

(Siehe: Collins-Filter).

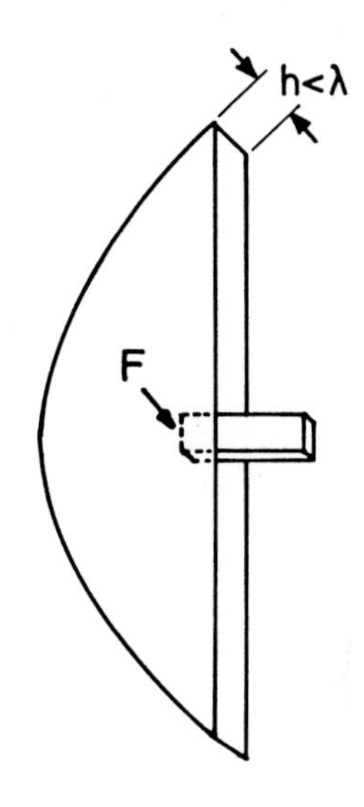

Pillbox-Antenne. Die Apertur des speisenden Strahlers liegt im Brennpunkt F des Parabolzylinders.

Pillbox-Antenne (engl.: pillbox antenna)

Eine Radarantenne mit einem Zylinderparabol als Reflektor zwischen zwei ebenen, leitenden Platten von weniger als einer Wellenlänge Abstand. Die Speisung erfolgt in der einfachsten Form durch einen in der Symmetrieachse angeordneten offenen Hohlleiter oder Hornstrahler. Der Erreger blockiert einen Teil der Apertur (s. d.) und verursacht durch Reflexion eine Anpassungsverschlechterung. Durch Speisung mit einem Doppelhohlleiter mit 90° Phasenunterschied kann die Reflexion kompensiert werden.
(Siehe auch: Cheese-Antenne).

Pillbox-Antenne. (Werkbild Siemens AG)

Plasma (engl.: plasma)

Ein teilweise oder vollständig ionisiertes Gas. Das vollständig ionisierte Plasma enthält keine neutralen Teilchen, sondern nur noch freie Elektronen und Ionen (= geladene Moleküle). Im Plasma finden viele Reaktionen statt, z. B. Ionisation und Rekombination. Das Plasma ist nach außen neutral, hat aber eine hohe elektrische Leitfähigkeit.
Elektronen und Ionen werden vom elektrischen Feld beschleunigt und vom magnetischen Feld abgelenkt. Bei sehr hohen Frequenzen ist die relative Dielektrizitätskonstante (s. d.) $\varepsilon_r = 1$, wird mit abnehmender Frequenz kleiner, bei der Plasmafrequenz $\varepsilon_r = 0$ und darunter negativ. Das heißt: Unterhalb der Plasmafrequenz ist eine Wellenausbreitung im Plasma nicht mehr möglich. Das Plasma hat einen Hochpaßcharakter, ähnlich wie ein Hohlleiter (s. d.).

Platinen-Antenne
(engl.: printed circuit antenna)

(Siehe: Mikrostrip-Antenne).

Poincaré-Kugel (engl.: Poincaré-sphere)

1. Polarisationsellipse
Diese und die von Henry Poincaré 1889 erdachte Kugel sind Hilfsmittel zur Veranschaulichung der Polarisationsverhältnisse, ähnlich wie dies Buschbeck- und Smith-Diagramm bei Impedanzen und Reflexionskoeffizienten tun. Die Polarisation wird durch die Polarisationsellipse beschrieben. Die *Amplitude* des elliptisch polarisierten Feldes ist:

$$E^2 = |X|^2 + |Y|^2$$

Damit wird die *Strahlungsdichte* (s. d.) $S = E^2/240\,\pi$.
Das *Achsenverhältnis* = die *Elliptizität* ist das Verhältnis der kleinen zur großen Halbachse:

$$\overline{OB} / \overline{OA}$$

Der *Elliptizitätswinkel* α ist bei der Drehung gegen den Uhrzeigersinn positiv, im Uhrzeigersinn negativ:

$$\tan \alpha = \overline{OB} / \overline{OA}$$

Der *Lagewinkel* β liegt zwischen $\overline{OX}$ und der großen Halbachse $\overline{OA}$. Bei Kreispolarisation wird er unbestimmt.
Das *Polarisationsverhältnis* Y/X ist eine komplexe Zahl mit der Phase:

$\varphi = \varphi_2 - \varphi_1$ und dem Betrag:
$\tan \gamma = |Y|/|X|$

Poincaré-Kugel (rechts).
Polarisations-Ellipse (links).

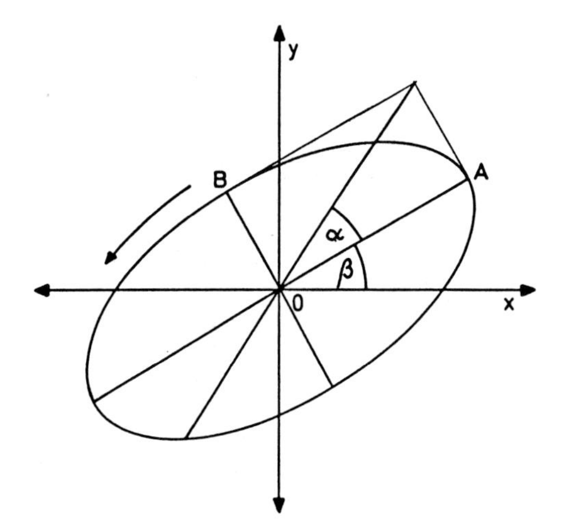

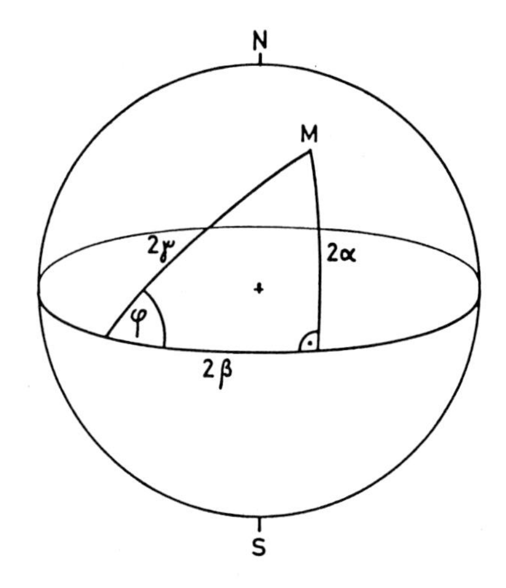

Der *Polarisationsstatus* wird entweder durch das Polarisationsverhältnis Y/X mit den Winkeln γ und φ durch Form, Lage und Drehsinn der Polarisationsellipse mit den Winkeln α und β bestimmt.

2. Polarisationskugel

Die Größen der Polarisationsellipse können auf einfache Weise auf die Kugel übertragen werden und bilden ein sphärisches Dreieck.

Der Winkel 2 α wird die (geographische) Breite, der Winkel 2 β wird die (geographische) Länge des Punktes M auf der Kugel. Dann beschreibt 2 γ den Betrag des Polarisationsverhältnisses. Der Winkel φ ist der Phasenwinkel. Jedem Polarisationsstatus entspricht ein Punkt M auf der Kugel. Bei linearer Polarisation liegt M auf dem Äquator. Bei beiden Kreispolarisationen liegt M auf dem Nord- bzw. Südpol. Bei orthogonaler Polarisation liegen die entsprechenden Punkte M auf der Kugel diametral gegenüber. Die Winkel α, β lassen sich nach den Regeln der sphärischen Trigonometrie in die Winkel γ, φ umrechnen.

Polarisation (engl.: polarization)

1. Elliptische Polarisation

(engl.: elliptical polarization)

Die Richtung, in welcher der elektrische Vektor einer elektromagnetischen Welle schwingt, nennt man Polarisation. Bei der elliptisch polarisierten Welle beschreibt der Endpunkt des Vektors E (Bild) in jeder Periode eine Ellipse. Der elektrische Vektor E dreht sich während einer Periode in der Ellipse um 360° und ist in keinem Augenblick Null. Nach der Drehrichtung unterscheidet man eine linksdrehende = gegen den Uhrzeigersinn drehende (Bild), und eine rechtsdrehende = im Uhrzeigersinn drehende, elliptische Polarisation. Die elliptische Polarisation ist der allgemeinste Fall einer elektromagnetischen Welle. Sie tritt bei der Ausbreitung längs der Erdoberfläche als auch bei der Reflektion in der Ionosphäre auf.

Wie das Bild zeigt, kann man die elliptische Polarisation als Summe zweier linearer elektrischer Feldvektoren E_1 und E_2 auffassen, die mit verschiedener Phase in zwei aufeinander senkrechten Richtungen schwingen. Im weitesten Sinne kann man die lineare Polarisation als Grenzfall einer elliptischen Polarisation auffassen, bei welcher der Vektor E_1 Null geworden ist. Die Kreispolarisation ist der andere Grenzfall, bei dem $E_1 = E_2$ geworden ist.

2. Lineare Polarisation

(engl.: linear polarization)

Hier beschreibt der Endpunkt des elektrischen Feldvektors während der Periode eine gerade Linie (Bild). Die Gerade des Feldvektors E_2 und die Zielrichtung der elektromagnetischen Welle bilden zusammen eine Ebene. Liegt diese Ebene vertikal zur Erdoberfläche, so ist die Welle vertikal polarisiert. Liegt die Ebene horizontal, spricht man von horizontaler Polarisation. Die von einer Vertikalantenne ausgestrahlten Wellen sind vertikal polarisiert. Eine horizontale Antenne (z. B. ein Halbwellendipol) strahlt horizontal polarisierte Wellen aus.

3. Zirkulare Polarisation

(engl.: circular polarization)

Die Kreispolarisation zeichnet sich durch einen elektrischen Feldvektor aus, dessen Ende sich auf einem Kreis bewegt (Bild). Der elektrische Feldvektor schwingt in zwei zueinander senkrechten Richtungen in gleicher Amplitude aber mit 90° Phasenverschiebung. Interessant und für manche Untersuchungen von Vorteil ist, daß sich jede linear polarisierte Welle in zwei gegensinnig drehende zirkular polarisierte Wellen gleicher Amplitude zerlegen läßt.

4. Orthogonale Polarisation

(engl.: orthogonal polarization)

Zwei elliptisch polarisierte Felder sind orthogonal, wenn die Polarisationsellipsen

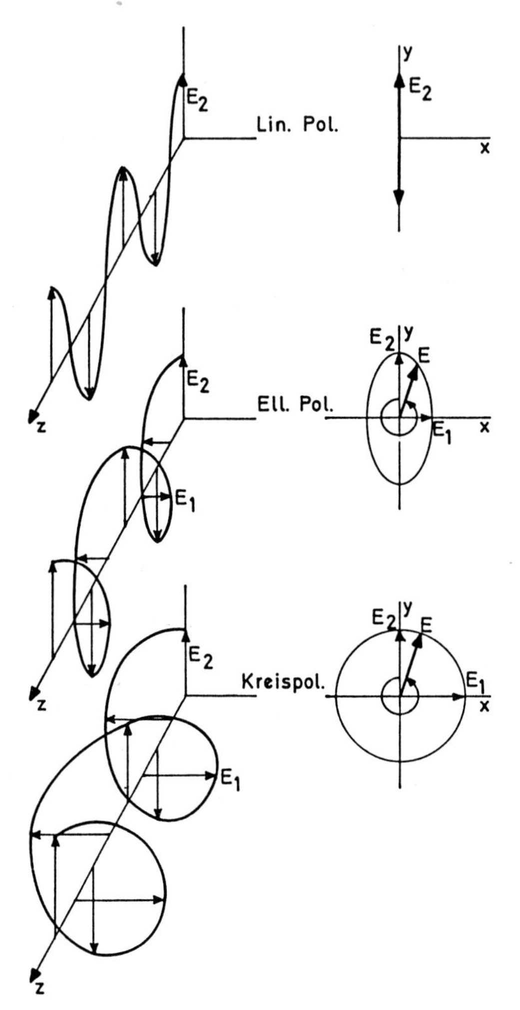

Linear polarisierte Welle (oben). Größe und Richtung des elektrischen Feldes E sind abhängig von der Zeit und der Entfernung. Rechts ist die Welle zu sehen, die sich in Richtung der Z-Achse auf den Betrachter zu ausbreitet. Das elektrische Feld ändert sich in seiner Größe zwischen dem positiven Wert E_2 und dem negativen Wert $-E_2$. Die Richtung des elektrischen Feldes ist mit der Y-Achse festgelegt.
Elliptisch polarisierte Welle (mitten). Sieht man rechts auf die positive Z-Achse zu, dann beschreibt die Spitze des elektrischen Feldvektors E eine Ellipse mit der großen Halbachse E_2 und der kleinen Halbachse E_1. Der Spezialfall der linearen Polarisation entsteht, wenn $E_1 = 0$ wird.
Kreispolarisierte Welle (unten). Wenn die große Halbachse E_2 und die kleine Halbachse E_1 gleich groß werden, entstehen daraus die Radien eines Kreises. $E_2 = E_1 = E$. Dieser Sonderfall der elliptischen Polarisation wird Kreis- oder Zirkularpolarisation genannt.
Drehsinn. Läuft die kreispolarisierte Welle auf den Betrachter zu, und dreht sich dabei der Vektor E gegen den Uhrzeigersinn, so ist die Welle rechts oder rechtsdrehend polarisiert, wie hier im Bild zu sehen. Dasselbe gilt für die elliptisch polarisierte Welle. Bei der linear polarisierten Welle gibt es keine Drehung und keinen Drehsinn.
Drehsinn der Polarisation.
Im Uhrzeigersinn, Welle auf den Beobachter zu: links oder linksdrehend
Gegen Uhrzeigersinn, Welle vom Beobachter fort: links oder linksdrehend
Im Uhrzeigersinn, Welle vom Beobachter fort: rechts oder rechtsdrehend
Gegen Uhrzeigersinn, Welle auf den Beobachter zu: rechts oder rechtsdrehend

das gleiche Achsenverhältnis haben, ihre Hauptachsen im rechten Winkel aufeinander stehen und ihre Polarisationen entgegengesetzten Drehsinn haben. Die zwei zusammengehörigen orthogonalen Polarisationen lassen sich auf der Poincaré-Kugel (s. d.) durch zwei diametrale Punkte darstellen.

5. Parallele Polarisation
(engl.: parallel polarization)
Eine lineare Polarisation, deren Feldvektor parallel zu einer gegebenen Ebene liegt. Mithin ist die horizontale Polarisation ein Fall der Parallelpolarisation, da dort der elektrische Feldvektor parallel zur Erdoberfläche liegt.

6. Rechtwinklige Polarisation
(engl.: perpendicular polarization)
Eine lineare Polarisation, deren elektrischer Feldvektor senkrecht zu einer gegebenen Bezugsebene liegt. Ist diese Bezugsebene die Erdoberfläche, so handelt es sich um vertikale Polarisation.

7. Polarisationsebene
(engl.: plane of polarization)
Die Ebene, welche die Polarisationsellipse enthält. Von seltenen Sonderfällen abgesehen, steht sie senkrecht zur Ausbreitungsrichtung.

8. Polarisation einer Antenne
(engl.: polarization of an antenna)
Die Polarisation der von der Antenne abgestrahlten Welle (Siehe: lineare Polarisation). Ist die Ausbreitungsrichtung nicht angegeben, so gilt sie in Richtung der Hauptkeule.

9. Polarisationsanpassung
(engl.: polarization match)
Ist eine Empfangsantenne in bestimmter Richtung polarisiert und hat die einfallende Welle die selbe Richtung, so besteht Polarisationsanpassung.

10. Polarisationsfehlanpassung
(engl.: polarization mismatch)
Stimmen die Polarisationsrichtungen der Empfangsantenne und die der einfallenden Welle nicht überein, so entsteht Polarisationsfehlanpassung. (Siehe Tabelle).

11. Polarisationswirkungsgrad
(engl.: polarization efficiency)
Das Verhältnis der bei Polarisationsfehlanpassung (s. d.) empfangenen Signalleistung zu der Signalleistung, die bei Polarisationsanpassung (s. d.) empfangen werden kann. Stellt man die Polarisation der Empfangsantenne und die der einfallenden Welle als Punkte auf der Poincaré-Kugel (s. d.) dar, so ist der Polarisationswirkungsgrad:

$$\eta_P = \cos^2 (\varphi/2)$$

φ ist der Raumwinkel zwischen den beiden Punkten auf der Poincaré-Kugel.

12. Polarisation einer Empfangsantenne
(engl.: receiving polarization)
Im allgemeinen sind die Polarisationen einer Antenne beim Senden und Empfangen gleich. Doch ist zu beachten, daß zwar die Polarisationsellipsen gleich sind, aber die Ausbreitungsrichtungen entgegengesetzt. Diese Verhältnisse sind im Bild „Polarisation" in der Tabelle Drehsinn der Polarisation zu sehen.

13. Polarisationsverteilung einer Antenne
(engl.: polarization pattern)
Die räumliche Verteilung der verschiedenen Polarisationen des von einer Antenne ausgestrahlten elektromagnetischen Feldes auf der Strahlungskugel (s. d.).

14. Polarisation von Funksprechantennen
(engl.: polarization of mobile antennas)
Der Empfang horizontal polarisierter Wellen wird durch die meist vertikal polarisierten Störwellen nur wenig beeinflußt. Trotzdem arbeiten fast alle mobilen Funkdienste mit vertikal polarisierten Wellen, da Vertikalantennen in Form und Anbringung wesentlich vorteilhafter sind.

15. Polarisationsellipse
(engl.: polarization ellipse)
Bei elliptischer Polarisation die Ellipse, die von der Spitze des elektrischen Vektors geschrieben wird. Während einer Periode wird die Ellipse vollständig umfahren. Der Blick auf die Ellipse erfolgt in Ausbreitungsrichtung. Der Neigungswinkel der Ellipse wird zwischen der horizontalen x-Achse und der Ellipsenhauptachse gemessen und liegt zwischen 0° und 180° bzw. 0 und π.
Der Winkel α beschreibt das Verhältnis der kleinen zur großen Halbachse:

$$\alpha = \arctan (B/A).$$

16. Polarisationsstatus (engl.: state of polarization)
Im gegebenen Aufpunkt im Raum die Polarisation einer ebenen Welle, wie sie durch das Achsenverhältnis, den Neigungswinkel und die Drehrichtung der Polarisationsellipse (s. d.) beschrieben wird.

17. Polarisationsverhältnis, komplexes
(engl.: complex polarization ratio)
Bei einem gegebenen Feldvektor des Wechselfeldes in einem bestimmten Punkt des Raumes das Verhältnis der komplexen Amplituden der zwei festgelegten, senkrecht zueinander polarisierten Feldvektoren, in die der gegebene Feldvektor zerlegt werden kann.

Tabelle Polarisationsfehlanpassung

Antennenpolarisation		Wellenpolarisation					
		Vertikal	Horizontal	Rechtsdrehend Zirkular	Linksdrehend Zirkular	Rechtsschräg Linear	Linksschräg Linear
	Vertikal	0 dB	∞	3 dB	3 dB	3 dB	3 dB
	Horizontal	∞	0 dB	3 dB	3 dB	3 dB	3 dB
	Rechtsdrehend Zirkular	3 dB	3 dB	0 dB	∞	3 dB	3 dB
	Linksdrehend Zirkular	3 dB	3 dB	∞	0 dB	3 dB	3 dB
	Rechtsschräg Linear	3 dB	3 dB	3 dB	3 dB	0 dB	∞
	Linksschräg Linear	3 dB	3 dB	3 dB	3 dB	∞	0 dB

Polyester

Ein Kunstharz, das besonders zur Bindung von Glasfaserbündeln und -Geweben dient, die im Antennenbau eine große Rolle spielen.
(Siehe auch: GFK).

Portabelantenne (engl.: portable antenna)

Eine Antenne für den tragbaren Betrieb, fast immer für UKW: Stabantennen (Viertelwellenstab, Halbwellenstab) oder Wendelantenne (Helix) und in Sonderfällen Yagi-Uda-Antennen oder HB9CV-Antennen.

Posaune

Eine HF-Leitung mit veränderbarer Länge, die wie bei dem Blasinstrument zur Abstimmung auseinandergezogen oder zusammengeschoben werden kann. Es gibt erdsymmetrische und erdunsymmetrische Posaunen.

Potential einer Antenne

(engl.: electric potential, antenna potential)

Jeder Punkt der Antenne hat ein bestimmtes Potential. Die Differenz zweier Potentiale wird als Spannung bezeichnet. Wichtig ist die Potentialdifferenz zu einem Punkt mit dem Potential Null, die Spannung gegen Erde. Diese ist für die Isolation, die Sprühverluste und die Berührungsspannung bedeutsam.
Ist die Fußpunktimpedanz eines Monopols (s. d.) oder die Speiseimpedanz eines Dipols $Z_{in} = R_{in} + jX_{in}$ bei einer Leistung von P_{to} Watt, so ist der Speisestrom $I_{in} = \sqrt{P_{t0}/R_{in}}$ und die Spannung im Speisepunkt:
$U_{in} = I_{in} \cdot R_{in}$ $[V_{eff}]$
Beispiel: Eine 70° hohe Monopolantenne habe $P_{t0} = 2000$ W und $R_{in} = 16\ \Omega$. Dann ist der Strahlungswiderstand im Strombauch $R_r = R_{in} \cdot \sin^2(70°) = R_a \cdot 0{,}88 = 14{,}13\ \Omega$.

$I_{max} = \sqrt{P_{t0}/R_r}$; $I_{max} = \sqrt{2000\ W/14{,}13\ \Omega} = 11{,}9$ A.
Der mittlere Wellenwiderstand von Vertikalantennen ist:
$Z_m = 60 \cdot \ln(1{,}15 \cdot h/d)$ und hier etwa 350 Ω.
$U_{max} = I_{max} \cdot Z_m$; $U_{max} = 11{,}9 \cdot 350 = 4164$ V_{eff} bzw. 5871 V Spitzenwert.

Potentialtransformator (engl.: balun)

Eine doppelte Schleifenanordnung zur Symmetrierung und Transformation 1:4, die sich aus einer Symmetrierschleife und einer Transformationsschleife zusammensetzt, die beide mit Kurzschlußschiebern abgestimmt werden können. Praktisch werden beide Schleifen aufeinandergeklappt. Dann kann mit einem einzigen Kurzschlußschieber abgestimmt werden.
(Siehe auch: Phasentransformator).
(W. Buschbeck – dt. Priorität 1941 – Schweiz. Patent).

Potentialverteilung

(engl.: distribution of potential)

Die Potentialverteilung auf einer Antenne gilt strenggenommen nur für sehr dünne Strahler. Sie richtet sich nach der etwa sinusförmigen Stromverteilung und ist in erster Näherung cosinusförmig.
(Siehe: Potential einer Antenne).

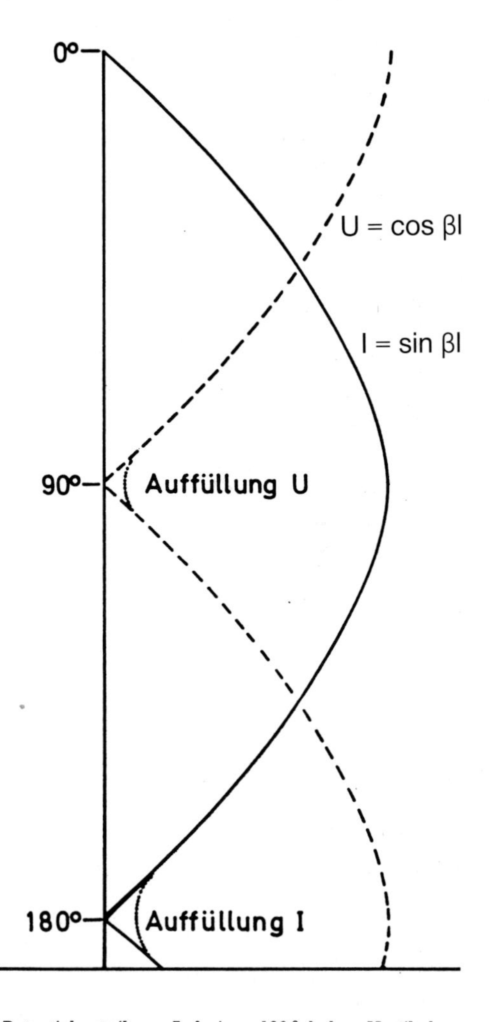

Potentialverteilung. Auf einer 190° hohen Vertikalantenne. Der Strom verteilt sich sinusförmig. Der relative Strom ist I = sin βl; wobei β = 2 π/λ. Das relative Potential ist U = cos βl. Durch eine aufwärts und eine abwärts verlaufende Wanderwellenkomponente werden die Nullstellen des Stromes wie des Potentials aufgefüllt.

Potter-Horn-Antenne (engl.: Potter horn)

Von P. D. Potter eingeführter Hornstrahler mit einem (oder mehreren) steilen Erweiterungen des Durchmessers. Durch die abrupte Querschnittsänderung erfolgt ein Sprung des Wellenwiderstandes; so werden mehrere Wellentypen erregt, hier die TE 11-Welle und die TM 11-Welle, und abgestrahlt.

Poyntingscher Vektor
(engl.: Poynting vector)

Aus den Maxwellschen Gleichungen (s. d.) leitet sich der Poyntingsche Satz ab, wobei man den Vektor $\vec{S} = \vec{E} \times \vec{H}$ als Poyntingschen Vektor versteht. Er steht im Fernfeld immer senkrecht auf dem elektrischen Vektor $\vec{E}$ und dem magnetischen Vektor $\vec{H}$ und zeigt in Ausbreitungsrichtung der elektromagnetischen Welle. Er gibt die Leistungsdichte an und wird in Watt pro Quadratmeter gemessen.

$$\vec{S} = \vec{E} \times \vec{H} \quad [W/m^2]$$

Der Poyntingsche Vektor wird auch als Strahlungsdichte oder Leistungsflußdichte bezeichnet.

Primärstrahler (engl.: primary radiator)

Bei Spiegel- und Linsenantennen (s. d.) speist der Sender den Primärstrahler, der die Apertur (s. d.) des Reflektors bzw. der Linse anstrahlt. Im Empfangsfall nimmt der Primärstrahler die vom Reflektor bzw. der Linse gesammelte Signalleistung auf, um sie über Koaxialkabel oder Hohlleiter dem Empfänger zuzuleiten.
Primärstrahler sind (Siehe jeweils dort): Hornantennen, Yagi-Uda-Antennen, Backfire-Antennen, aber auch Dipole und andere Richtantennen.

Proximity-Effekt (engl.: proximity effect)

Kommen sich zwei HF-führende Leitungen nahe, so bewirkt ihre gegenseitige magnetische Beeinflussung eine Erhöhung ihres Wirkwiderstandes. Der Gleichstromwiderstand *eines* Drahtes berechnet sich wie folgt:

$$R_{Gl} = \frac{l}{q \cdot \kappa}$$

l = Länge des Leiters in Meter, q = Querschnitt in mm^2, κ = Leitwert des Materials in $m/(\Omega \times mm^2)$
Durch den Proximity-Effekt werden bei gleicher Stromrichtung (Gleichtaktwelle, s. d.) die Strombahnen nach außen gedrängt, bei entgegengesetzter Stromrichtung (Gegentaktwelle, s. d.) nach innen gezogen, was den Wirkwiderstand um den Proximity-Faktor erhöht:
$R_{ges} = R_{Gl} \cdot F_P$
(Siehe auch: Skineffekt).

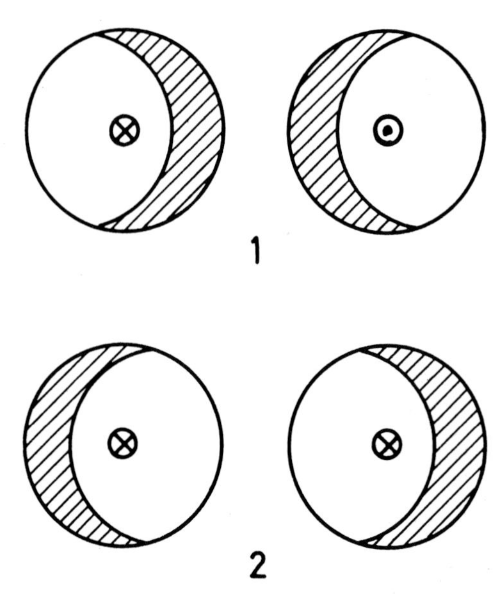

Proximity-Effekt.
1: Die Ströme fließen in entgegengesetzter Richtung, die Strombahnen ziehen nach innen.
2: Die Ströme fließen in gleicher Richtung, die Strombahnen werden nach außen gedrängt.

Pseudo-Brewster-Winkel

(Siehe: Brewsterscher Winkel).

Punkt-zu-Punkt-Verbindung
(engl.: link, point to point connection)

Eine dauernde Funkstrecke zwischen zwei festen Funkstellen. Um die Verbindung im Tagesablauf aufrecht zu erhalten, sind wenigstens eine Tagesfrequenz und eine Nachtfrequenz zu wählen, nach denen sich die verwendete Antenne richten muß. Meist werden hierzu zwei Rhombusantennen (s. d.) eingesetzt.

Pylonantenne (engl.: pylon antenna)

Eine rundstrahlende Antenne für den UKW-Rundfunk, eine Schlitzantenne (s. d.) in einem Rohrmast. Da im Frequenzbereich 85 bis 100 MHz ein Durchmesser von 40 cm ausreicht, kann der Mast nur von außen bestiegen werden.
(Siehe: Rohrschlitzantenne).

Pyramidenhorn-Antenne, Pyramidenhorn
(engl.: pyramidal horn antenna)

Eine Hornantenne, deren Seiten eine Pyramide bilden. Bei quadratischem Querschnitt ist die Keule in der H-Ebene (s. d.) um etwa 50% breiter als die der E-Ebene (s. d.).

Q-Anpassung (engl.: Q-match)

(Abkürzung Q für quarter-wave = Viertelwelle, Viertelwellentransformator). Um einen symmetrischen Halbwellendipol für eine Festfrequenz oder ein schmales Band anzupassen, ist zwischen die Speiseleitung (Z_L = 400 Ω bis 600 Ω) und die Antennenklemmen (Z_A = 72 Ω) ein λ/4 langer Impedanztransformator geschaltet, der aus einer Zweidrahtleitung geeigneter Impedanz besteht. Die Impedanz des λ/4-Stükkes ist:

$Z_T = \sqrt{Z_A \cdot Z_L}$;

Der so angepaßte Dipol ist auch als Johnson-Q-Antenne oder Q-Antenne bekannt.
Beispiel: $Z_L = 450\ \Omega$, $Z_A = 72\ \Omega$, $Z_T = ?$

$Z_T = \sqrt{72\ \Omega \cdot 450\ \Omega} = 180\ \Omega$.

Der Q-Transformator wird dann anhand der Leitungsmaße gebaut; wegen der niedrigen Impedanz oft in Rohren ausgeführt. (Siehe: Leitung).
(H. O. Roosenstein – 1928 – Dt. Patent).

Q-Faktor einer Antenne
(engl.: Q of an antenna)

Auch Güte genannt. Wenn eine Antenne von einem Generator gespeist wird, und beide haben die gleiche Impedanz, so ist die 3 dB-Bandbreite der Antenne B = 2 f/ Q. Betrachtet man die Antenne als Serienschwingkreis, so ist ihre Güte $Q = |X_S|/R_S$; $|X_S|$ = Betrag des Blindwiderstandes, R_S = Wirkwiderstand.
Eine Antenne, die klein im Verhältnis zur Betriebswellenlänge ist, hat hohen Blindwiderstand und niedrigen Wirkwiderstand, mithin ein hohes Q und kleine Bandbreite. Rundfunkantennen im Langwellenbereich haben hohes Q und damit Probleme, das Band der modulierten HF in der Antennenbandbreite unterzubringen. Die schmale Bandbreite einer Längstwellenantenne zwingt dazu, die Telegraphiergeschwindigkeit (Morse oder Fernschreiber) zu begrenzen. J. R. Carson verwendete 1923 bei seinen ersten Einseitenbandsendungen (J 3 E) die Antenne als Schmalbandfilter.
Der hohe Q-Faktor von Kleinantennen und Supergainantennen (s. d.) bedingt große Blindleistungen, deren Kompensation Probleme bringt.
Da bei Resonanz auf der Betriebsfrequenz = Resonanzfrequenz der Blindwiderstand X_S zu Null wird, kann man Q dort nicht messen. Mißt man X_S etwas neben der Be-

triebsfrequenz (Abstand < 5%), so wird Q in guter Näherung:

$$Q = \frac{|X_S|}{R_{in} \cdot 2\,n} \quad \left[\begin{array}{l}\text{Verhältniszahl zweier}\\ \text{Widerstände}\end{array}\right]$$

$|X_S|$ = Betrag des Blindwiderstandes in Ω; R_{in} = Eingangswirkwiderstand in Ω;

$$n = \frac{\text{Meßfrequenz} - \text{Betriebsfrequenz}}{\text{Betriebsfrequenz}}$$

= verhältnismäßige, auf 1 bezogene Differenz.
Übliche Q-Werte liegen zwischen 8 bis 16 je nach dem Längen/Durchmesser-Verhältnis. De Q-Faktor eines Halbwellendipols vom Schlankheitsgrad 1250 ist etwa 8; bei einem Schlankheitsgrad von l/d = 25000 wird Q ≈ 14. Bei Parasitärantennen (Yagi-Uda) sind noch höhere Werte möglich.
Die Güte einer Antenne kann verringert und damit die Bandbreite vergrößert werden durch:
- Vergrößerung der Antennenkapazität
- Verkleinerung der Antenneninduktivität
- Erhöhung des ohmschen Antennenwiderstandes.

Eine geometrisch dicke Antenne hat höhere Kapazität und geringere Induktivität, somit kleine Güte und große Bandbreite. Die Erhöhung des Antennenwiderstandes durch z. B. Bau aus Widerstandsdraht vergrößert die Bandbreite und ebenso die Verluste. Eine kurze Antenne hat hohe Güte und geringe Bandbreite. Beim Anschalten von Anpaßgliedern geht deren Güte in den Antennenkreis ein. Große Impedanzverhältnisse zwischen Speiseleitung und Antenne benötigen große Reaktanzen im Anpaßglied, daraus folgt Schmalbandigkeit.

Beispiel: X_S = 10 Ω; R_{in} = 50 Ω; Meßfrequenz = 14,350 MHz; Betriebsfrequenz = 14,175 MHz.
n = (14,35 MHz − 14,175 MHz)/14,175 MHz = 0,012346
Q = 10 Ω/(50 Ω · 2 · 0,012346) = 8,1

QH-Beam (engl.: QH-beam antenna)

(Siehe: Quick-Heading-Beam Antenna).

Quad-Antenne
(engl.: cubical quad antenna)

(Siehe: Cubical-Quad-Antenne).

Quad-Antenne, vergrößerte
(engl.: extended quad, XQ-array)

Eine quadratische Leiteranordnung mit einer Seitenlänge von λ/2. Im Gegensatz zur gewöhnlichen Cubical-Quad-Antenne ist die Leiterschleife in der oberen Mitte offen. Die Impedanz an den Klemmen ist hoch und wird deswegen mit einer λ/4-Anpaßleitung auf etwa 200 Ω herabgesetzt. Der Gewinn einer solchen vergrößerten Quadschleife liegt bei 4 dBd. Eine rautenförmige, vergrößerte Quadschleife kann als fester Richtstrahler für niedrige Frequenzen verwendet werden.

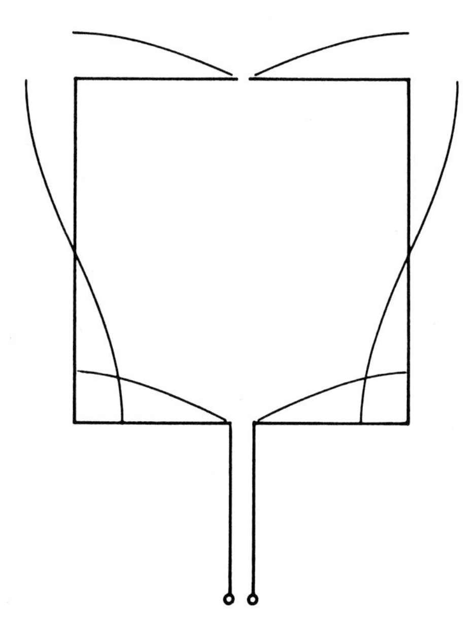

Quadantenne, vergrößerte. Mit eingezeichneter Stromverteilung. Gesamtumfang 2 λ.

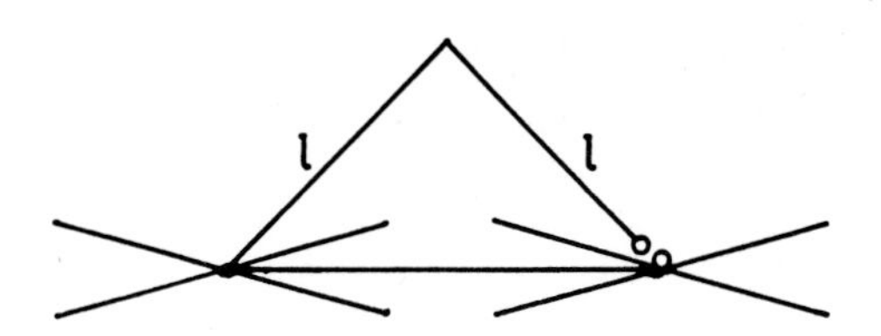

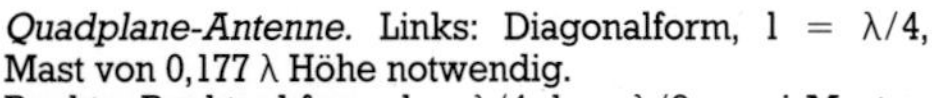

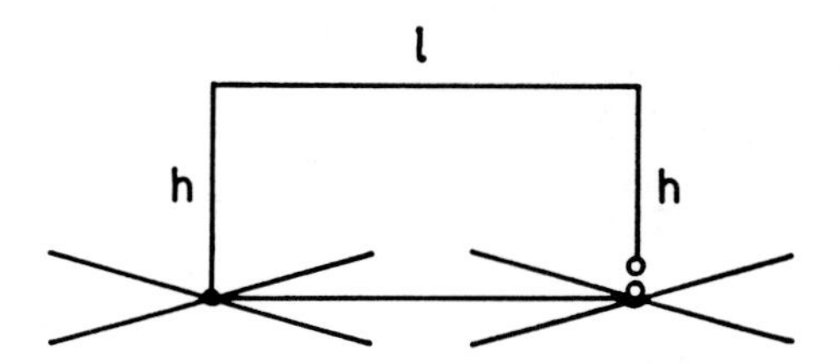

Quadplane-Antenne. Links: Diagonalform, l = λ/4, Mast von 0,177 λ Höhe notwendig.
Rechts: Rechteckform, l = λ/4, h = λ/8, zwei Masten von 0,125 λ notwendig.
Die Erdsysteme müssen durch eine dickdrähtige Leitung verbunden werden.

Quadplane-Antenne

Eine durch Erdnetz (s. d.) halbierte 1 λ-Quadschleife mit 60 Ω Speiseimpedanz und Hauptstrahlrichtung quer zur Quadfläche. Gewinn etwa 1 dBd.

Quadrantantenne

(engl.: quadrant antenna)

Eine von N. Wells 1943 erfundene symmetrische, horizontal polarisierte Antenne in Form eines Winkeldipols (s. d.) mit 90° Spreizwinkel. Solange ein Schenkel λ/8 bis λ/2 lang ist, ergibt sich eine flache Rundstrahlung, die in einem Frequenzbereich von 1:4 erhalten bleibt. Durch Reusenform der Strahler läßt sich das Impedanzverhalten einebnen und der Wirkungsgrad steigern.

Quadrantantenne. Breitbandig für KW-Rundfunk, Eingangswiderstand 300 Ω symmetrisch, Gewinn 6 dBi. $P_t \leqq 300$ kW, 100 % AM.

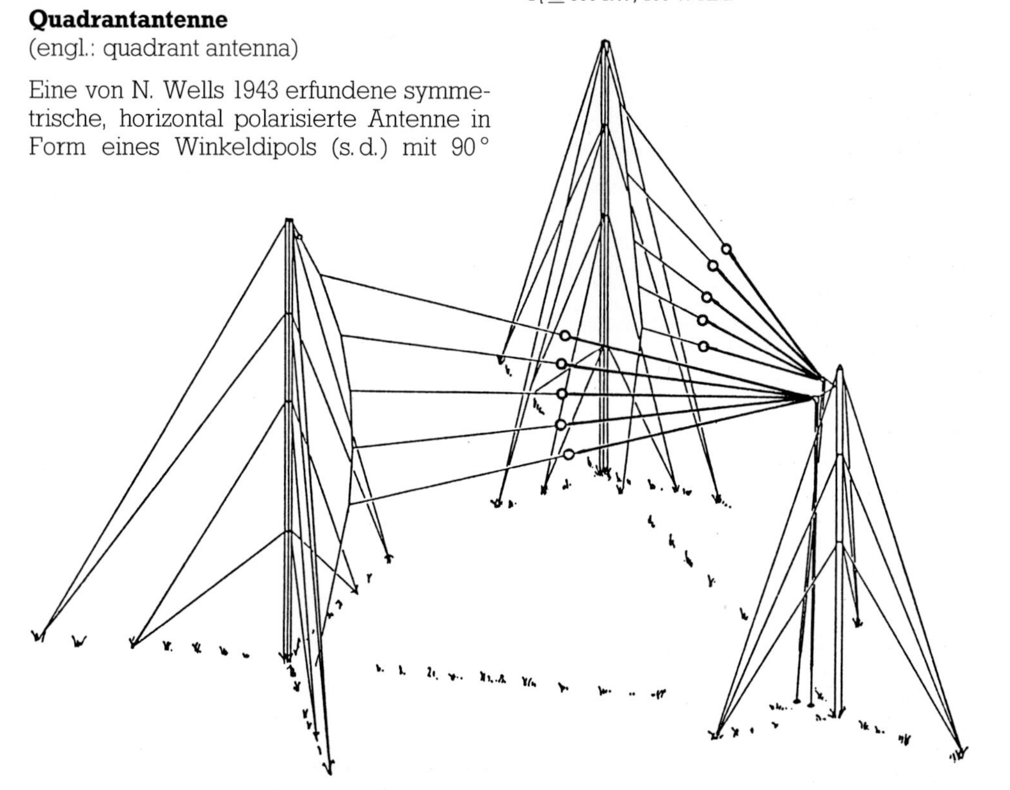

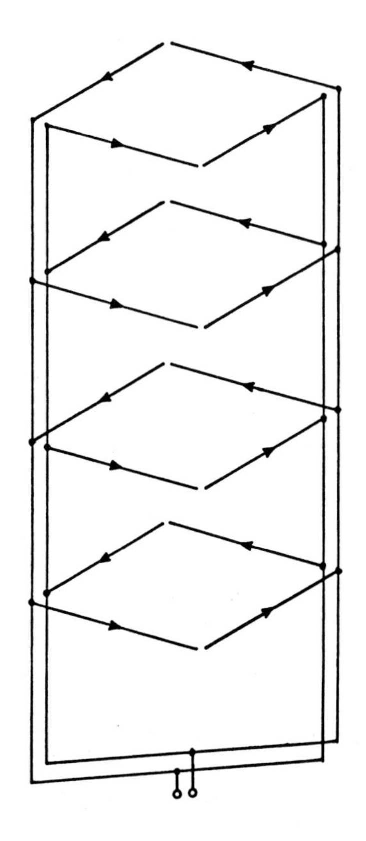

Quadratantenne. Jedes Strahlerelement ist $\lambda/2$ lang. Die Elemente werden in Richtung der Pfeile vom Strom durchflossen, bilden also in einer Ebene einen Ringstrahler. Die vier Ringstrahler sind in $\lambda/2$ Abstand vertikal gestockt und strahlen flach ($\Delta = 10°$) und horizontal polarisiert ab.

Quadratantenne (engl.: square antenna)

Auch Viereckschleife, Quadratrahmen, Square-Loop-Antenne genannt. Eine Drahtantenne mit horizontal polarisierter Rundstrahlung für KW. Die Antenne arbeitet als quadratischer Ringstrahler mit zwei gleichphasig gespeisten, um 90° abgewinkelten Ganzwellendipolen, oder mit vier in einem Quadrat angeordneten Halbwellendipolen. Durch vertikale Stockung mehrerer solcher Quadratantennen (etwa $\lambda/2$ Abstand) wird horizontal polarisierte Flach- und Rundstrahlung erzielt. (Siehe: Winkeldipol, gestockter).
(O. Böhm – 1932 – Deutschland).

Quad-Yagi-Antenne (engl.: Quagi antenna)

(Siehe: Quagi-Antenne).

Quagi-Antenne (engl.: Quagi antenna)

Eine Gruppenantenne, die aus zwei vertikal gestockten Yagi-Uda-Antennen besteht, die beide gemeinsam von einem einzigen Quadelement erregt werden, aber auch *eine* Yagi-Uda-Antenne, die von einem gespeisten Quadelement und einem Quadreflektor erregt wird.
(Siehe: Cubical-Quad-Antenne)
Gegensatz: Hybrid-Doppelquad-Antenne (s. d.).

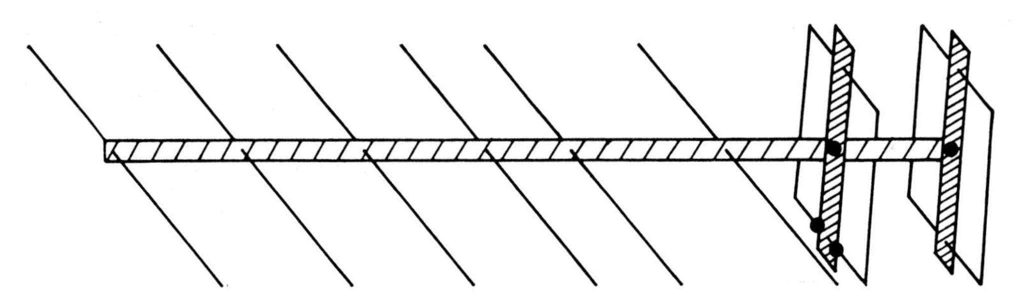

Quagi. Eine Längsstrahleranordnung aus Halbwellendipolen, die von einer Quadschleife erregt wird. Rechts dahinter der Quadreflektor.

Quelle (engl.: source)

Der Ursprung der HF-Energie (Sender oder Generator), der diese Energie in eine Antenne speist. Die Quelle ist mit dem Innenwiderstand belastet.

Querschnitt durch eine Strahlungskeule (engl.: footprint)

Zur Feststellung geforderter Strahlungseigenschaften durch die räumliche Keule der Strahlungscharakteristik gelegter Querschnitt in einer vorher festgelegten Ebene oder Fläche. Wird zum Beispiel ein Erhebungswinkel von 10° gefordert, so liegt der Querschnitt auf einer Kegelfläche um den Antennenmittelpunkt.
(Siehe auch: E-Ebene, H-Ebene).

Querstrahler (engl.: broadside antenna)

Eine lineare Antennengruppe als vertikal oder horizontal polarisierte Richtantenne aus mindestens zwei Dipolen (oder auch Monopolen), die phasengleich gespeist werden. Die bidirektionale Strahlung hat ihre Hauptkeulen senkrecht zu der Ebene, welche die Strahler enthält. Sein Richtdiagramm ist ein dicker „Pfannkuchen" um die Verbindungsachse zwischen den beiden Strahlern (Siehe: Ringwulst). Im Gegensatz dazu bündelt ein Längsstrahler (s. d.) seine Strahlung entlang der Verbindungsachse in Form einer Doppelkeule. Man unterscheidet dabei kollineare Dipole (Siehe: Dipollinie) und parallele Dipole (Siehe: Dipolreihe). Der Querstrahler wird auch Breitseitenantenne genannt.

Normalisierte Feldstärke-Richtdiagramme von Querstrahlern aus fünf vertikalen Halbwellenantennen, die $\lambda/2$ voneinander entfernt sind. Die fünf Einzelstrahler sind mit ihren Speiseströmen unten dargestellt.

G: gleichmäßige Strombelegung, jeder Einzelstrahler mit I = 1 gespeist.

B: binomiale Strombelegung, Einzelstrahler sind mit Strömen I = 1, I = 4, I = 9, I = 4, I = 1 gespeist. Die Nebenkeulen sind völlig unterdrückt, dafür ist die Halbwertsbreite auf 31° angewachsen.

D: Strombelegung nach Dolph-Tschebyscheff, Einzelströme I = 1, I = 1,6, I = 1,9, I = 1,6, I = 1. Die Halbwertsbreite ist 27°, die Nebenkeulen sind stark unterdrückt. In der Praxis leichter zu verwirklichen als die binomiale Stromverteilung.

Es ist nur die Vorwärtsstrahlung dargestellt. Die um 180° versetzte Rückwärtsstrahlung ist gedanklich zu ergänzen.

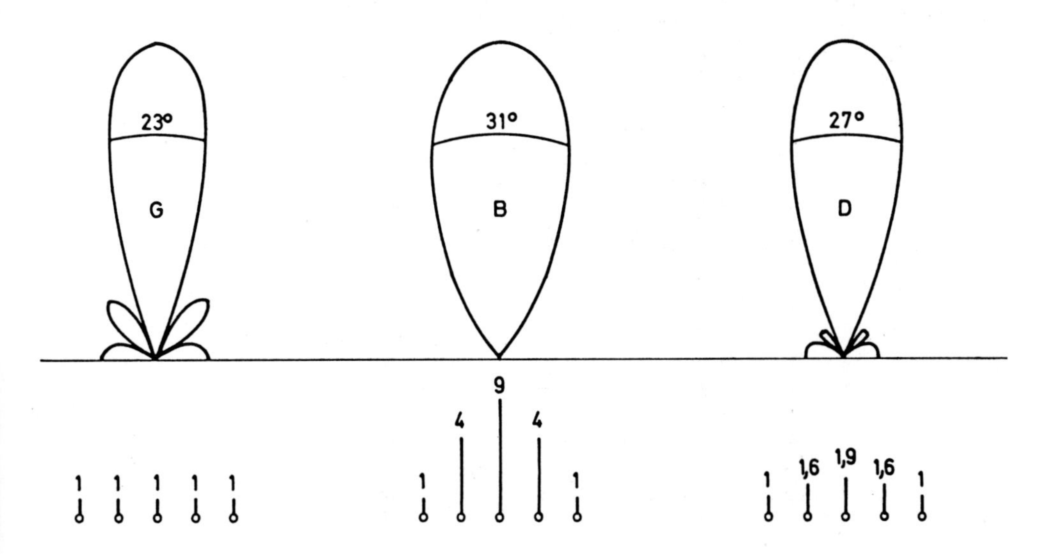

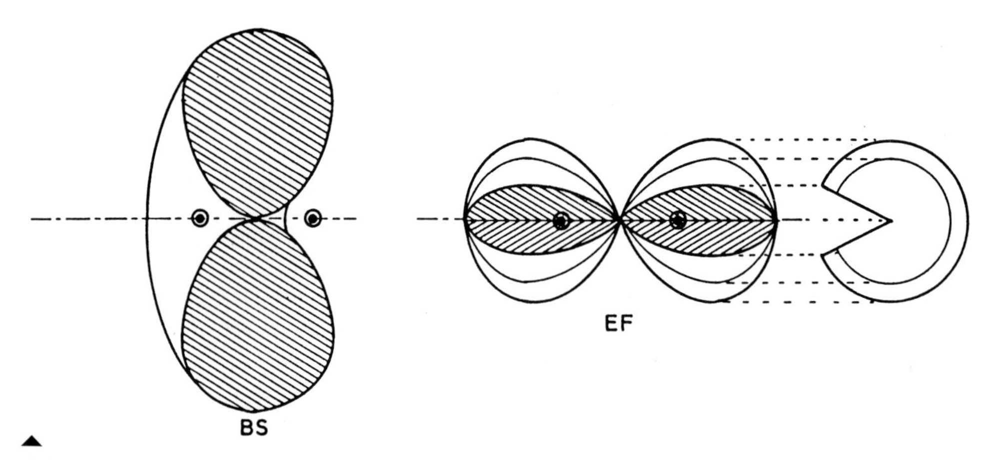

Vergleich von Querstrahlantenne und Längsstrahlantenne.
BS: Querstrahler aus zwei Isotropstrahlern, die gleichphasig erregt sind. Die Richtcharakteristik liegt als breiter Wulst um die Achse, die durch die Isotropstrahler geht. Die vordere Hälfte des Wulstes ist abgeschnitten.
EF: Längsstrahler aus zwei Isotropstrahlern, die gegenphasig erregt sind. Die Richtcharakteristik bildet eine Doppelkeule, die sich drehsymmetrisch längs der Verbindungsachse der Isotropstrahler erstreckt. Vorn ist ein Keil aus der Doppelkeule herausgeschnitten.

Quick-Heading-Beam-Antenne
(engl.: quick heading beam antenna)

Eine vertikale Antenne nach dem Yagi-Uda-Prinzip, auch QH-Beam genannt, die aus einem Halbwellenstrahler und aus vier diesen in 0,15 λ Abstand umgebenden Parasitärstrahlern besteht. Die Parasitärelemente sind in ihrer Mitte offen und werden mit Relais als Direktor oder Reflektor geschaltet, wodurch der Richtstrahl rasch in Zielrichtung gedreht werden kann.

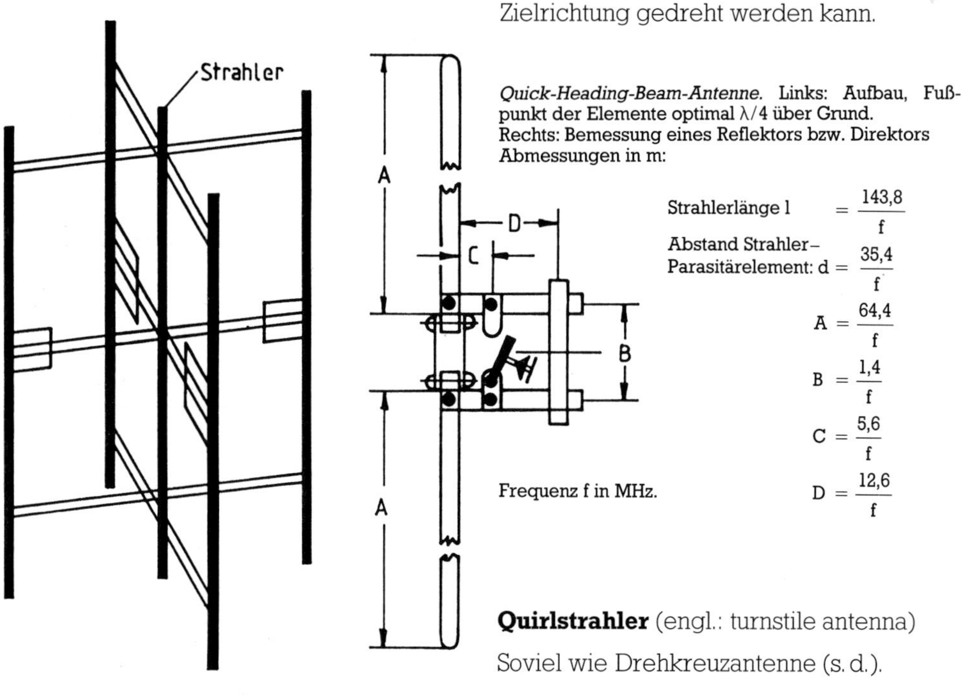

Quick-Heading-Beam-Antenne. Links: Aufbau, Fußpunkt der Elemente optimal λ/4 über Grund.
Rechts: Bemessung eines Reflektors bzw. Direktors Abmessungen in m:

Strahlerlänge l $= \frac{143{,}8}{f}$

Abstand Strahler–Parasitärelement: $d = \frac{35{,}4}{f}$

$A = \frac{64{,}4}{f}$

$B = \frac{1{,}4}{f}$

$C = \frac{5{,}6}{f}$

$D = \frac{12{,}6}{f}$

Frequenz f in MHz.

Quirlstrahler (engl.: turnstile antenna)

Soviel wie Drehkreuzantenne (s. d.).

R

Raa, Rahe (engl.: spreader)

Eine horizontale (und manchmal auch vertikale Stange zwischen Seilen oder Drähten) zum Einhalten eines bestimmten Abstandes von Antennenleitern. Je nach den Umständen aus isolierendem Material (Holz, Bambus, Glasfaser) oder Metall.

Radarantenne (engl.: radar antenna)

Eine Antenne für die Funkortung durch Radar (= radio detecting and ranging) mit der meist gesendet *und* empfangen wird. Radarantennen sind fast immer mechanisch oder elektrisch schwenkbare Reflektorantennen. Sie sind verhältnismäßig schmalbandig. Der hohe Gewinn bedingt eine schmale Halbwertsbreite, die das Auffinden der Ziele erschwert.
Man bildet daher die Richtcharakteristik einer Radarantenne so aus, daß in einer Ebene (z. B. Horizontalebene) die Halbwertsbreite sehr klein ist. In der anderen Ebene hat die Strahlungscharakteristik eine besondere Form „Cosecans-Charakteristik". Das erreicht man z. B. bei Parabolspiegeln durch Verschiebung des Erregers aus dem Brennpunkt auf einem Kreisbogen mit der Brennweite des Radius. Damit ist ein Gewinnverlust und eine entsprechende Verbreiterung der Hauptkeule verbunden.
Zur Vermeidung von Fehlern müssen Radarantennen eine große Nebenzipfeldämpfung haben.

Radargleichung (engl.: Radar equation)

Diese gestattet es, aus den Werten:

P_t	= Sendeleistung	[W]
G_t	= Sendeantennengewinn, numerisch	
G_r	= Empfangsantennengewinn, numerisch	
σ	= Zielfläche	[m²]
λ	= Wellenlänge	[m]
r	= Abstand Sender–Ziel	[m]

die Empfangsleistung P_r zu berechnen:

$$P_r = \frac{P_t \cdot G_t \cdot G_r \cdot \sigma \cdot \lambda^2}{4^3 \cdot \pi^3 \cdot r^4}$$

Die Radardämpfung beschreibt das logarithmische Verhältnis von Sende- zu Empfangsleistung:

$$L = 10 \lg \frac{P_t}{P_r} \text{ [dB]}$$

Radartechnik (engl.: Radar technique)

Radar ist das engl. Kurzwort für **R**adio **Detecting A**nd **R**anging und bedeutet Funkerfassung und Entfernungsmessung. Radar wurde während des 2. Weltkrieges in den USA, England und Deutschland entwickelt. Ausgehend von VHF kam man bald zu immer kürzeren Wellenlängen und höheren Frequenzen, die in Impulstechnik erzeugt, abgestrahlt, vom Ziel reflektiert und in den Impulspausen empfangen wurden. Die Radartechnik hat sich auf die Antennentechnik ausgewirkt. Der deutsche Ausdruck für Radar ist Funkmeßtechnik.

Radial (engl.: radial, radial wire)

Der einzelne Leiter des Gegengewichts einer Groundplane (s. d.) oder der Leiter eines Erdsystems einer Vertikalantenne. Die Mindestlänge sollte $\lambda/4$ nicht unterschreiten. Um den Verlustwiderstand der Erde auf einige Ohm herabzubringen, müssen mehr als 100 solche Radials eingegraben werden. Für Rundfunkstationen sind 120 Radials üblich, die sternförmig vom Fußpunkt des Mastes ausgehen. Im Amateurfunk sind selbst bei gutleitendem Boden 30 Radials erforderlich. Eine Verlegungstiefe von 1 bis 3 cm ist optimal. Dazu kann man den Draht mit dem Spaten in den frühlingsweichen Boden drücken. Als Material genügt ein Draht, der den mechanischen Beanspruchungen gewachsen ist, u. U. mit nur 1 mm Durchmesser. Kupfer, feuerverzinkter Stahl oder Aluminium sind geeignet. Es muß aber gewährleistet sein, daß keinerlei elektrolytische Korrosion erfolgt, was bei Wechsel der Metalle immer gegeben ist, z. B. Aluminium + Kupfer.

Radial, abgestimmtes
(engl.: tuned radial wire)

1. Während im Boden vergrabene Radiale (s. d.) durch die Erdberührung keine Resonanz aufweisen, schwingen die Radiale einer Groundplaneantenne (s. d.) in Viertelwellenresonanz. Jedes einzelne Radial strahlt daher.
2. Kann das Radial einer Groundplaneantenne (s. d.) nicht in voller Länge ausgespannt werden, z. B. weil der Raum dafür fehlt, so läßt sich das zu kurze Radial durch Einschleifen einer Verlängerungsspule (s. d.) auf Resonanz bringen. Am Speisepunkt des Radials liegt dann die erwünschte niedrige Impedanz.

***Abstimmgerät,* das eine Skylight-Antenne von 7 auf 3,5 MHz umschaltet und abstimmt. Während die Luftspule den Vertikalstrahler als Fußpunktspule in Resonanz bringt, werden die an die Flügelschrauben angeklemmten Radials mit den Toroidspulen auf 3,5 MHz abgestimmt. Die zwei Relais links werden zur Umschaltung ferngesteuert.**
(Foto: Dipl.-Ing. K. Gramowski, DL7NS).

Radialnetz

(Siehe: Erdnetz).

Radiant (engl.: radian)

Eine Maßeinheit für den ebenen Winkel, bei dem der Kreisbogen so lang ist wie der Radius. Für den Vollwinkel von 360° gilt: 360° = 2 π rad, also: 360°/2 π = 1 rad.
Man sagt: Der Bogen (Arcus) 360° = 2 π rad.

$$1 \text{ rad} = 180°/\pi$$
$$1 \text{ rad} = 57{,}295\,780° = 57°\ 17'\ 45''$$

Der Radiant mit Einheiten- oder Kurzzeichen rad ist das Verhältnis von Bogenlänge zu Radius, also eine Verhältniszahl der Längen $\left(\frac{\text{m}}{\text{m}}\right)$. In Gleichungen kann man rad weglassen.

Radom (engl.: radom)

Ein Radar-Dom ist eine schützende, dielektrische Hülle für eine Mikrowellenantenne. Der Radom schützt die Antenne vor Umgebungseinflüssen zu Erde, Luft, See und Weltraum. Er sollte im verwendeten Frequenzbereich von etwa 1 GHz bis 1000 GHz nur vernachlässigbaren Einfluß auf die Wirksamkeit der Antenne haben. Radome werden sowohl bei Unterwasserraketen, als auch bei Raumfahrzeugen verwendet und haben daher sehr verschiedene Konstruktionen und Materialien.

Rahmenantenne (engl.: loop antenna)

Eine Antenne in Rahmenform, auch Schleifenantenne genannt.
1. Ist der elektrische Strom in allen Zweigen, bzw. Windungen des Rahmens gleich stark, und sind die Rahmenabmessungen klein im Verhältnis zur Wellenlänge, dann kommt die Richtcharakteristik der des magnetischen Dipoles (s. d.) sehr nahe. Der kleine Rahmen kann deshalb als Peilantenne verwendet werden; die zweiseitige Hauptkeule liegt in der Rahmenebene. Bei tiefen Frequenzen hat der Rahmen mehrere Windungen um die nötige Induktivität zu erreichen. Er kann durch eine Ferritstabantenne erhöhter Induktivität ersetzt werden.
2. Ist der Rahmenumfang etwa eine Wellenlänge lang, ($l \approx 1{,}03\ \lambda$), so verläuft die zweiseitige Hauptkeule rechtwinklig zur Rahmenebene. Dieses Rahmenelement wird zur Cubical-Quad-Antenne (s. d.).

3. Rahmenumfänge über eine Wellenlänge bis zu mehreren Wellenlängen haben wieder Hauptkeulen in der Rahmenebene, aber auch Nebenkeulen. Sie wurden früher als Empfangsantennen verwendet, finden aber heute wegen der großen Abmessungen nur wenig Gebrauch.
4. Die Kreisform, die den höchsten Gewinn hat, ist mechanisch nicht immer bequem. Je größer die Abweichung von der Kreisform, umso kleiner der Gewinn: Kreis–Sechseck–Quadrat–Dreieck. Der Gewinn einer Kreisrahmenantenne von 1 λ Umfang ist etwa 1 dBd. (Siehe auch: AMA)

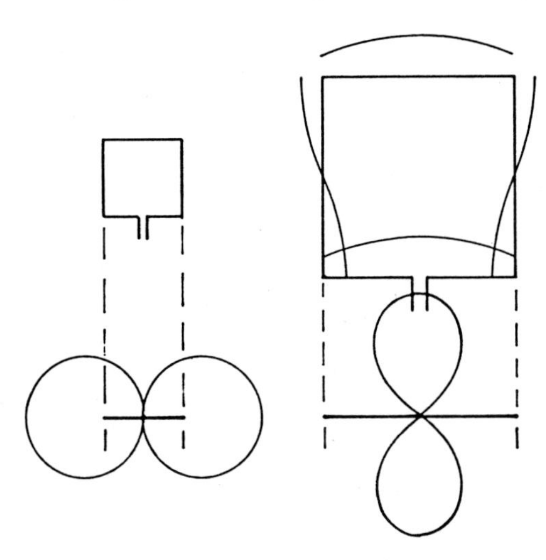

Rahmenantenne. Links: kleine Rahmenantenne u ≪λ. Der Strom fließt in allen Zweigen gleich stark. Darunter ist das Richtdiagramm aus der Vogelschau auf die obere Rahmenkante zu sehen: ein Achterdiagramm mit Maximum in Rahmenebene. Rechts: große Rahmenantenne u = 1 λ (u = Umfang).
Die Stromverteilung ist sinusförmig. Darunter das Richtdiagramm. Die Maxima liegen quer zur Rahmenebene. Dieser Querstrahler wird als Quadschleife in der Cubical-Quad-Antenne angewandt.

Rahmenantenne, abgeschirmte
(engl.: shielded loop antenna)

Eine elektrisch kleine Antenne aus einem Ring oder Rahmen. Ihre Windungen sind gegen das elektrische Feld durch Kupferrohr oder -geflecht abgeschirmt. Um das

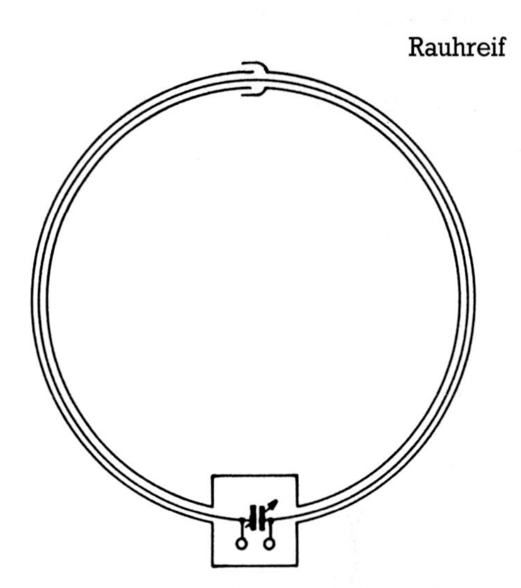

Rahmenantenne, abgeschirmte. Im Kupferrohr liegt die gegen das elektrische Feld geschirmte Drahtschleife. Die Klemmen führen zum Peil- oder Meßempfänger. Oben ist die Schirmung unterbrochen.

magnetische Feld nicht kurzzuschließen, muß die Abschirmung an einer Stelle elektrisch geöffnet sein. Diese Antenne wird als Peilantenne (s. d.), Meßantenne (s. d.) oder Meßsonde (s. d.) verwendet.

Rahmendiagramm (engl.: DF-loop pattern)

Die zeichnerische Darstellung der Empfangsspannung eines Rahmens in Polarkoordinaten (s. d.) nach dem Gesetz: U = sin Φ. (Siehe auch: cosβ-Dipol).

Rahmenpeiler (engl.: DF-loop)

Ein Peilgerät mit Drehrahmen (s. d.), Festrahmen (s. d.) oder Kreuzrahmen (s. d.).

Rauhreif (engl.: hoar-frost, white-frost)

Ein pulveriger Überzug aus Eiskristallen bei Temperaturen unter 0° C, besonders stark bei Nebel. Rauhreif kann Antennen mechanisch bis zum Bruch belasten. Außerdem werden die Isolationsverhältnisse sowie die Resonanz stark verändert und die Verluste steigen an. Abhilfe: Heizung (s. d.).

Raumwelle (engl.: ionospheric wave)

Eine elektromagnetische Welle außerhalb des Einflußgebietes der Erdoberfläche. Raumwellen treten bei LW, MW und KW auf, wobei die Raumwelle an der Ionosphäre reflektiert wird, so daß sie häufig in großer Entfernung vom Sender wieder auf die Erdoberfläche zurückkehrt. Da die Reflektion an den E-, F1- und F2-Schichten kein starrer Vorgang ist, sondern stetigem Wechsel unterworfen ist, unterliegt die Raumwelle Schwunderscheinungen. Abhilfe: Diversity-Empfang (s. d.).

Raumwinkel

Der ebene Winkel wird durch das Verhältnis Bogenlänge : Radius bestimmt und in Radiant (s. d.) ausgedrückt. 1 rad = 57,296°. Der Raumwinkel ist das Verhältnis der von ihm ausgeschnittenen Kugelfläche zum Quadrat des Kugelradius. Auf der Einheitskugel vom Radius r = 1 m begrenzt sein Rand die Fläche von 1 m^2, wobei die Form beliebig ist, meist aber quadratisch oder kreisförmig angenommen wird. Die Einheit des Raumwinkels ist der Steradiant sr (s. d.).

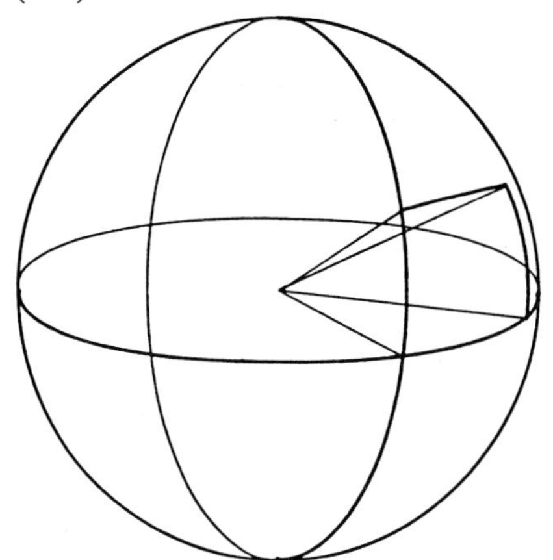

Raumwinkel. Ein Steradiant ist der Raumwinkel, der aus der Einheitskugel (r = 1 m) eine Fläche von 1 m^2 ausschneidet. Wird die Fläche durch Großkreise begrenzt, so betragen der horizontale und der vertikale Mittelpunktswinkel je 57,296°. Da die gesamte Oberfläche der Einheitskugel 12,566 m^2 umfaßt, ist die Fläche eines Steradiant rund 1/12 der Kugelfläche.

Rauschbrücke (engl.: noise bridge)

Eine HF-Meßbrücke, die als HF-Sender einen breitbandigen Rauschgenerator verwendet. Als Nullindikator dient ein KW-Empfänger. Die Rauschbrücke ermöglicht die Messung der Impedanz (s. d.) oder Admittanz (s. d.) einer Antenne getrennt nach Real- und Imaginärteil.
(R. T. Hart – 1968 – US Patent)

Reaktanz (engl.: reactance)

Der Blindwiderstand X im Wechselstromkreis ist frequenzabhängig. Dimension: Ohm = Ω
Induktiver Blindwiderstand:

$$X = X_L + X_C = \omega L - \frac{1}{\omega C}$$

$X_L = 2\,\pi\,f\,L$ [Ω] (f in Hz, L in H)
praktischere Formel:
$X_L = 6{,}28 \cdot f \cdot L$ [Ω] (f in MHz, L in µH)
Kapazitiver Blindwiderstand: (negativ)

$$X_C = -\frac{1}{2\,\pi\,f\,C}\ [\Omega]\ (\text{f in Hz, C in F})$$

praktischere Formel:

$$X_C = -\frac{159200}{f \cdot C}\ [\Omega]\ (\text{f in MHz, C in pF})$$

Reaktanz-Feld (engl.: reactive field)

(Siehe auch: Nahfeld-Bereich). Die strahlende Antenne ist von elektrischen und magnetischen Feldern umgeben. Der strahlende Anteil des Feldes ist in der Fernfeld-Strahlung wirksam. Man kann ihn so als Wirk-Feld bezeichnen. Das Reaktanz-Feld dagegen flutet von der Antenne in das Nahfeld und im nächsten Zeitabschnitt der Schwingungsperiode wieder in die Antenne zurück. Es übt eine Speicherfunktion aus.

Realteil (engl.: real part)

Der ohmsche Anteil eines komplexen Widerstandes Z (s. d.), in der Gaußschen Zahlenebene in Richtung der X-Achse dargestellt. Der Realteil einer Impedanz (s. d.) ist der Wirkwiderstand R (s. d.).

Reflektometer

(Siehe: Richtkoppler).

Reflektor (engl.: reflector)

Ein elektrischer Leiter, mehrere Leiter, oder eine leitende Oberfläche besonderer Gestalt, welche die von einem aktiven Strahler ausgehende Welle in gewünschter Weise reflektieren. (Siehe: Cassegrain-Reflektor-Antenne, Corner-Reflektor-Antenne, Gregorianische Antenne, Hauptreflektor, Horn-Reflektor-Antenne, Kugelschalen-Reflektor, Nebenreflektor, Offset-Parabol-Antenne, Parabolspiegel, Reflektor-Antenne, Reflektor-Element, Torus-Reflektor, Zylinderreflektor).

Reflektor-Antenne
(engl.: reflector-antenna)

Eine Antenne aus einer oder mehreren reflektierenden Oberflächen und einem strahlenden, bzw. empfangenden Speisesystem, dem Primärstrahler (s. d.). Reflektor-Antennen werden gewöhnlich mit dem Namen des benutzten Reflektors bezeichnet, z. B. Zylinder-Reflektor-Antenne.

Reflektor-Element
(engl.: reflector element)

Ein parasitär erregtes Element (Siehe: Parasitärstrahler) hinter dem gespeisten Element einer Richtantenne mit dem Zweck, den Richtfaktor (s. d.) der Antenne und das Vor/Rück-Verhältnis (s. d.) zu verbessern. Das Reflektor-Element ist etwa um 5% länger als das gespeiste Element. Am bekanntesten sind das Reflektor-Element am Ende einer Yagi-Uda-Antenne (s. d.) in Form eines Halbwellendipols und die quadratische Reflektor-Schleife einer Cubical-

Reflektor-Element R einer 3-Element-Yagi-Uda-Antenne in 0,1 λ Abstand vom strahlenden Element S. Vorn der Direktor D.

Quad-Antenne (s. d.). Der Abstand vom gespeisten Element zum Reflektor-Element wird mit 0,1 λ bis 0,25 λ bemessen. Mehrere Reflektor-Elemente hintereinander bringen gegenüber einem Reflektor-Element keinen nennenswerten Gewinn mehr.

Reflektorfläche

Die Fläche eines Reflektors kann aus vollem Blech, perforiertem Blech, Streckmetall, Maschendraht, aus parallelen oder radialen Stäben bestehen. Größere Reflektoren benötigen ein Gitterfachwerk, um die Form auch gegen Schwerkraft und Wind zu halten. Besondere Vorkehrungen müssen gegen Formänderungen durch wechselnde Temperaturen getroffen werden.

Reflektorwand

Die rückwärtige Wand einer aus Dipolgruppen aufgebauten Richtantenne, die passiv aus parasitär gekoppelten Reflektor-Elementen (s. d.) aufgebaut sein kann, oder nur aus einer Fläche von Maschendraht o. ä. besteht. Wirkungsvoller ist es, eine Reflektorwand durch einen oder mehrere Kurzschlußschieber abzustimmen. Am Schieber erkennt man auch die Reflektorwand im Gegensatz zur gespeisten Strahlerwand. Beim Vertauschen der Speiseleitungen kann bei dieser Bauart das Richtdiagramm um 180° geschwenkt werden. Die Reflektorwand kann auch vom Sender her um 90° phasenverschoben aktiv eingespeist werden, um bei geeignetem Abstand einseitige Richtwirkung zu erzielen.
(Siehe auch: Tannenbaumantenne).

Reflexion (engl.: reflection)

Wenn eine ebene elektromagnetische Welle auf die Erde trifft, so wird ein Teil in die Erde gebrochen und schließlich absorbiert. Der andere Teil wird in die Luft reflektiert. Der Ausfallswinkel ist gleich dem Einfallswinkel Θ, beide liegen in der selben Ebene, der Einfallsebene. Bei der Reflexion ändern sich Amplitude und Phase der reflektierten Welle. Das Feldstärkeverhältnis der reflektierten Welle zur einfallenden Welle wird Fresnelscher Reflexionskoeffizient genannt und ist komplex.
Dieser richtet sich nach der Polarisation (s. d.) der Welle. Maßgebend sind die komplexe Dielektrizitätskonstante (s. d.), die Dielektrizitätskonstante der Erde, die Dielektrizitätskonstante der Luft und der spezifische Erdwiderstand.
Ist die Erde ideal, d. h. wie eine Metallfläche, so wird die vertikal polarisierte Welle vollständig ohne Phasensprung, die horizontal polarisierte Welle vollständig mit 180° Phasensprung reflektiert.
Für die vertikal polarisierte Welle gibt es einen Winkel, bei dem die reflektierte Welle verschwindet, den Brewsterschen Winkel (s. d.). Hat die Erde ein endliches Leitvermögen, so verschwindet die reflektierte Welle nicht vollständig, hat aber beim Brewsterschen Winkel ein Minimum.
Die von einer Antenne kommende Welle ist meist elliptisch polarisiert. Bei der Berechnung der Reflexion ist die Welle in eine hor. pol. und eine vert. pol. Komponente aufzuspalten, getrennt zu rechnen und nach der Reflexion sind beide Komponenten vektoriell zu addieren.

Reflexion, diffuse
Eine zufallsartig gestreute Reflexion an rauhen, bzw. gebrochenen Flächen, wie z. B. einer Felslandschaft bei KW. Die diffuse Reflexion ist nicht eindeutig gerichtet, sondern folgt den Gesetzen der stochastischen Verteilung. Gegensatz: gerichtete Reflexion (s. d.).

Reflexion, gerichtete
Die Reflexion an einer glatten Fläche, z. B. dem Meeresspiegel bei KW ist gerichtet, da sie streng den geometrisch-optischen Gesetzen gehorcht. Gegensatz: diffuse Reflexion (s. d.).

Reflexionsfaktor
(engl.: reflection coefficient)

Der Reflexionsfaktor kennzeichnet den Betriebszustand einer HF-Leitung oder einer Linearantenne durch das Verhältnis der komplexen Spannungen oder Ströme der rücklaufenden zur vorlaufenden Welle.
Allgemein ist der Reflexionsfaktor $\underline{r}$ eine komplexe Zahl und beschreibt den Reflexionsvorgang nach Amplitude und Phase.

$$\underline{r} = |\underline{r}| \cdot \angle\psi = \frac{\underline{Z}_a - \underline{Z}_n}{\underline{Z}_a + \underline{Z}_n}$$

$\underline{r}$ = komplexer Reflexionsfaktor
$|\underline{r}|$ = Betrag des Reflexionsfaktors = r
$\angle\psi$ = Phasenwinkel des Reflexionsfaktors
$\underline{Z}_a$ = komplexe Impedanz an den Antennenklemmen
$\underline{Z}_n$ = Nennwiderstand der Speiseleitung = Z_n

Für die drei wichtigsten Übertragungsfälle sind die Reflexionsfaktoren (reell):
Kurzschluß: $r = -1$
Anpassung: $r = 0$ (reflexionsfrei)
Leerlauf: $r = +1$
Auf verlustfreien Leitungen behält der Reflexionsfaktor seinen Betrag bei und ändert nur seinen Phasenwinkel. Man bezeichnet deshalb den Betrag r als Reflexionsfaktor. Dabei kann man r als Spannungsverhältnis definieren:
$r = U_R/U_V$ oder $r = \sqrt{P_R/P_V}$
(R = Rücklauf, V = Vorlauf).
Zusammenhang mit der Welligkeit s:

$$r = \frac{s-1}{s+1}$$

Reflexionsfaktor, aktiver eines Elements in der Gruppe
(engl.: active reflection coefficient)

Der Reflexionsfaktor an der Speisestelle eines einzelnen Elements in der Antennengruppe, wenn alle Elemente einer Gruppe an Ort und Stelle sind und erregt werden. (Siehe auch: Reflexionsfaktor, Stehwellenverhältnis).

Reflexionsfläche
(engl.: scattering cross section)

1. Bistatische Reflexionsfläche:
(engl.: bistatic, cross section)
Der durch Radar (s. d.) angestrahlte Teil der Reflexionsfläche des Zieles, der in einer bestimmten Richtung, aber nicht in Richtung zur Antenne zurückstrahlt.
2. Monostatische Reflexionsfläche:
(engl.: monostatic cross section):
Der durch Radar angestrahlte Teil der Reflexionsfläche des Zieles, der in Richtung zur Antenne zurückstrahlt.

Reflexionsumweg

Der Umweg, den der längere Ausbreitungsweg bei einer Mehrwegeausbreitung elektromagnetischer Wellen nimmt im Gegensatz zum direkten Weg. Bei Boden- und Raumwelle führt der Reflexionsumweg zum Fading, bei VHF-, UHF-Ausbreitung zu Verstärkungen und Auslöschungen des Signales, bei ortsveränderlichem Mobilbetrieb zum sogenannten Lattenzauneffekt (s. d.). (Siehe auch: Fresnel-Zone).

Reflexionswinkel
(engl.: angle of incidence)

Der Winkel zwischen dem Lot auf der Reflexionsfläche und der Einfalls- oder der Austrittsrichtung. Wirkt die horizontale Erde als Reflexionsfläche, so ist der Reflexionswinkel gleich dem Neigungswinkel Θ.

Reinartz-Radantenne
(engl.: Reinartz loop)

Zwei einseitig offene, ringförmige Leiter von $\lambda/2$ Umfang und $\lambda/30$ Abstand und $\lambda/50$ Öffnung werden mit einer 75 Ω-Zweidrahtspeiseleitung gegenphasig erregt. Die Richtwirkung der horizontal polarisierten Strahlung geht vom offenen Ende zur Speisestelle. Diese Antenne ist ein Vorläufer der DDRR-Antenne (s. d.).
(J. L. Reinartz – 1936 – US Patent)

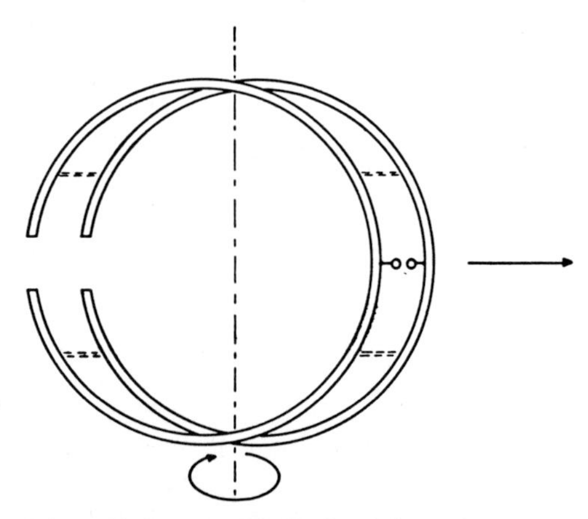

Reinartz-Radantenne. **Die Kupferrohre werden durch Isolierspreizer auf $\lambda/30$ Abstand gehalten. Anbringung meist auf einem Holzkreuz.**

Resistanz (engl.: resistance)

Der Wirkwiderstand oder ohmsche Widerstand R im Wechselstromkreis.

Resonanz (engl.: resonance)

Betrachtet man die Antenne als Schwingkreis, so hat sie eine dynamische Kapazität C, eine dynamische Induktivität L und einen Wirkwiderstand, der sich aus Strahlungswiderstand und Verlustwiderstand zusammensetzt. Die Resonanz ist der Schwingungszustand der Antenne, bei dem die Frequenz des erregenden Wechselstromes gleich der Eigenfrequenz (s. d.) der Antenne ist. Nach der Thomsonschen Gleichung ist:

$$f_{res} = \frac{1}{2\pi} \cdot \sqrt{\frac{1}{L \cdot C}} \quad [Hz, H, F]$$

Bei Resonanz ist der Energiegehalt der Energiespeicher L und C gleich groß, wodurch sich die elektrische Energie vollständig in magnetische Energie wandelt und in der nächsten Halbperiode der umgekehrte Vorgang erfolgt. Daher ist vom Generator nur die Wirkleistung aufzubringen.
Man unterscheidet Stromresonanz (s. d.) und Spannungsresonanz (s. d.).

Resonanzantenne
(engl.: resonant antenna)

Eine Antenne, die in Resonanz schwingt, also für die Speisung einen reinen Wirkwiderstand darstellt. (Siehe: Resonanz).

Resonanzfrequenz einer Antenne
(engl.: resonant frequency of an antenna)

Bei der Resonanzfrequenz einer Antenne verschwinden an deren Speiseklemmen die Blindwiderstände und es verbleibt dort nur mehr der (ohmsche) Wirkwiderstand. Es gibt grundsätzlich zwei Arten von Resonanz: Stromresonanz und Spannungsresonanz, die auf einfache Weise mit dem Dipmeter (s. d.) gemessen werden können.

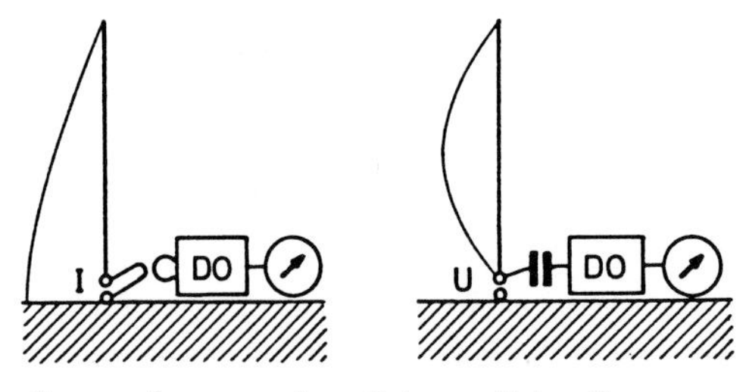

Resonanzfrequenz einer Antenne. Links: Stromresonanz. Wird mit einem Dip-Oszillator festgestellt. Rechts: Spannungsresonanz.

1. **Stromresonanz:** Zur Messung wird ein kleiner Drahtring eingeschleift, mit der Dipmeterspule magnetisch gekoppelt und die *tiefste* Resonanzfrequenz gemessen. Oft genügt schon die Kopplung der Dipmeterspule an den gestreckten Draht.
2. **Spannungsresonanz:** Zur Messung wird die offene Antenne mit einem kleinen Kondensator (etwa 2 . . . 20 pF) an das Dipmeter elektrisch gekoppelt und die tiefste Resonanzfrequenz gemessen.
3. **Resonanzstellen:** Da sich die sinusförmige Stromverteilung mit höheren Frequenzen immer mehr zusammenschiebt, werden die Resonanzstellen mit steigender Frequenz immer häufiger.

Resonanzunterbrecher
(engl.: resonant breaker loop)

Er dient zur elektrischen Unterbrechung eines Leiters, ohne diesen auftrennen zu müssen. So kann z. B. eine private Freileitung als Antenne benutzt werden, ohne die ursprüngliche Funktion zu beeinträchtigen. Der Resonanzunterbrecher ist eine

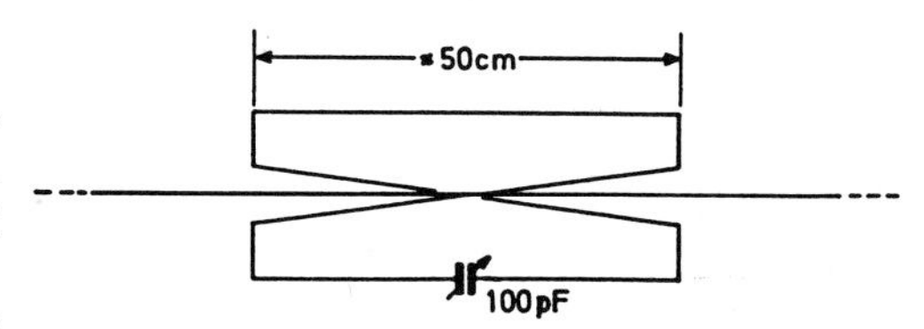

Resonanzunterbrecher. Koppelt die hohe Parallelkreisimpedanz in den Leiter und unterbricht ihn bei der Resonanzfrequenz.

magnetisch eng an den Leiter gekoppelte Kreuzschleife aus isoliertem Draht oder eine Spule und wird durch einen Drehkondensator zu einem Parallelkreis ergänzt.

Resonanzverkürzung

(Siehe: Verkürzungsfaktor eines Strahlers).

Reuse

Ein durch parallele Drähte simulierter dikker Leiter mit Ringen oder Kreuzen als Abstandshalter an den Enden und u. U. in der Mitte. Der Reusenquerschnitt kann beliebig sein, z. B. quadratisch, kreisförmig oder elliptisch.

Reusendipol

(engl.: cage dipole, sausage dipole)

Halb- oder Ganzwellendipol (s. d.) im KW-Bereich, der aus Reusen (s. d.) aufgebaut ist. Wie bei einem vollwandigen Rohr wird der Wellenwiderstand herabgesetzt; aber an Gewicht gespart. Gegenüber dem einfachen Drahtdipol wird die Spannung an den Enden vermindert und die Bandbreite der Antenne heraufgesetzt, außerdem der Verlustwiderstand der Antennenleiter vermindert.

Reusenspeiseleitung

Eine HF-Leitung nach dem Prinzip des Koaxialkabels, das aber nicht vollwandig, sondern als Reuse aufgebaut ist. Es sind auch abgeschirmte Doppelleitungen in Reusenform bekannt.

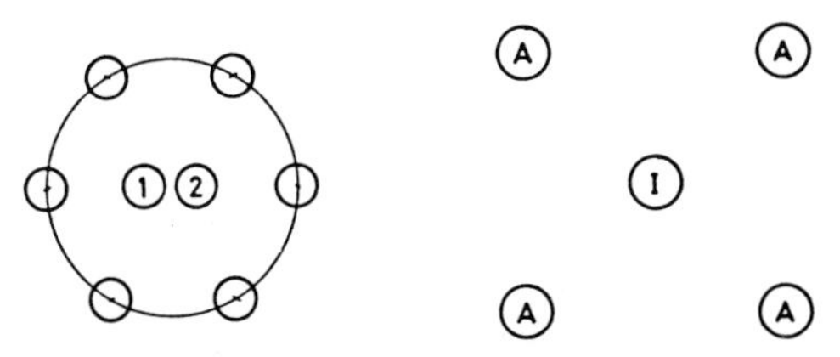

Querschnitt durch zwei Reusenspeiseleitungen. **Links: Sechs Reusendrähte, die auf Erdpotential liegen, schirmen eine symmetrische Doppelleitung ab. 1: Hinleitung; 2: Rückleitung**
Rechts: Vier Reusendrähte auf Erdpotential (A) schirmen den Innenleiter (I) ab. Wirkung wie ein Koaxialkabel.

Reziprozitätsgesetz

Das von A. Sommerfeld formulierte Gesetz wird auch Reziprozitätstheorem genannt. Eine Antenne A wird mit dem Fußpunktstrom I_A gespeist. In einer beliebigen Entfernung steht die Antenne B. Die von der Antenne A kommende Feldstärke ruft in der Antenne B am Fußpunkt die Leerlaufspannung U_B hervor.

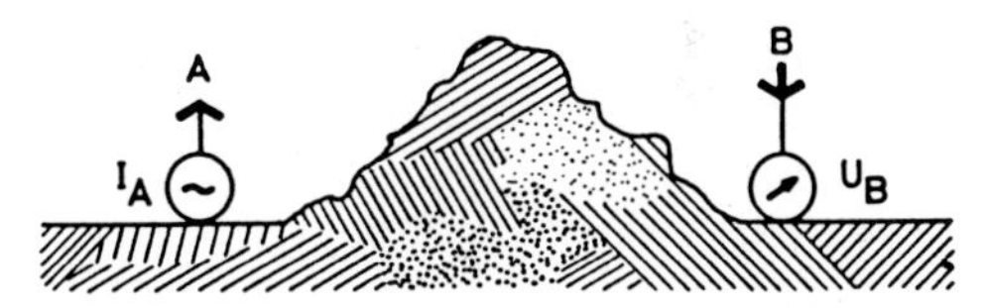

Reziprozitätsgesetz. **Auch bei geologisch wechselndem Boden und indirekter Ausbreitung sind die Antennen A und B in ihrer Wirkung aufeinander gleichwertig.**

Das Reziprozitätstheorem sagt nun aus:
Wenn die Antenne B mit dem Fußpunktstrom I_A gespeist wird, so herrscht am Fußpunkt der Antenne A die Leerlaufspannung U_B.
Das Gesetz gilt genau so für erdsymmetrische Antennen. Aus dem Gesetz läßt sich ableiten:
1. Die Impedanz einer Antenne an ihren Klemmen bleibt gleich, egal ob die Antenne als Sende- oder Empfangsantenne benützt wird. Beim Empfang ist die Impedanz der Antenne der Innenwiderstand des Generators.
2. Die Richtcharakteristik einer Antenne bleibt gleich, egal ob sie als Empfangsantenne oder Sendeantenne verwendet wird. Dabei ist die dargestellte Größe bei der Sendeantenne die Feldstärke, bei der Empfangsantenne die Leerlaufspannung an den Klemmen.
3. Diese Gleichheit der el. Eigenschaften ergibt sich noch für die wirksame Länge, den Gewinn und die Wirkfläche, nicht aber für die Stromverteilung.

Rhombiquad

Eine von K. H. Hille, DL1VU, entwickelte Allbandantenne für den Amateurfunkdienst, die aus einem horizontal liegenden Drahtquadrat von 20,8 m Seitenlänge in >10 m Höhe besteht. Die Antenne wird an einer Ecke mit einer 450 Ω-Zweidrahtleitung gespeist. Ist die gegenüberliegende Ecke offen, so wirkt die Antenne als Rhombusantenne; ist sie geschlossen, so wirkt sie als Schleife mit Steilstrahlung auf 3,5 MHz und flacher Rundstrahlung auf $\geqq 7$ MHz. Für 1,8 MHz und 3,5 MHz zur Flachstrahlung werden die zwei Pole der Speiseleitung zusammengeschaltet und gegen Erde erregt, so daß die Antenne als Dachkapazität und die Speiseleitung als Vertikalstrahler wirkt.

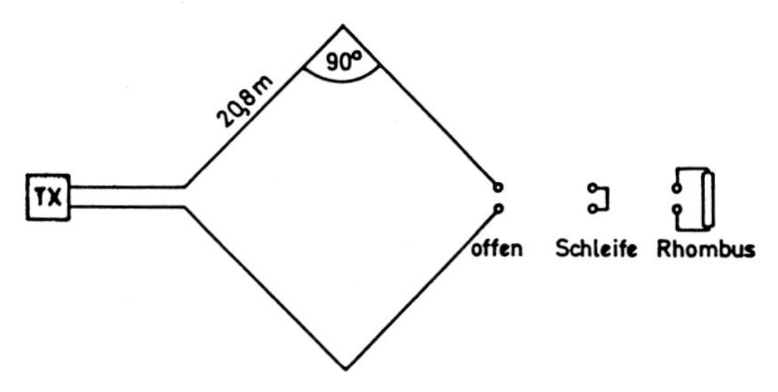

Rhombiquad. Je nach Schaltung des Endes wirkt die Antenne offen als resonante Rhombusantenne, geschlossen als Schleife und mit einem Abschlußwiderstand (≈ 600 Ω) als Breitbandrhombus.

Rhomboid-Antenne

(engl.: rhomboid antenna)

Eine Rhombusantenne in Form eines Parallelprogramms (= Rhomboid), deren Seiten nur paarweise gleich lang sind. Ihre Bandbreite ist geringer als die einer Rhombusantenne, der Gewinn etwas höher; doch stellten sich anfängliche Gewinnschätzungen als weit überhöht heraus. Zwei solche symmetrisch ineinander verschachtelte Antennen bilden eine Doppel-Rhomboid-Antenne (engl.: double rhomboid antenna).

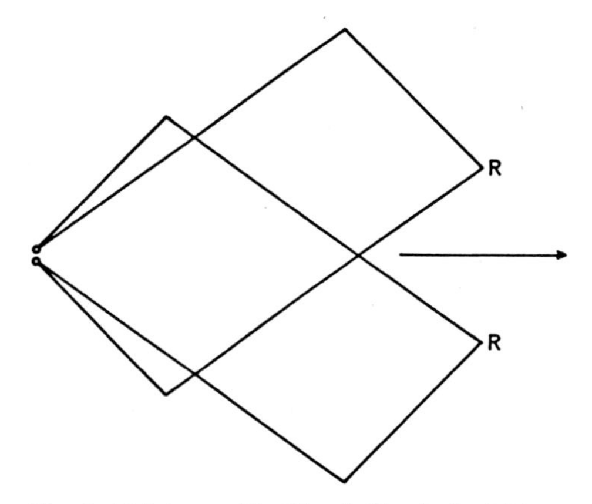

Rhomboid-Antenne. Ein Rhomboid z.B. besteht aus zwei Leitern zu 1 λ und zwei zu 2 λ Länge. Zwei Rhomboide sind symmetrisch zu einem Doppelrhomboid zusammengefaßt. Die Enden sind mit Schluckwiderständen von etwa 400 bis 600 Ω abgeschlossen. Die Kreuzungen der Leiter sind voneinander gut isoliert.

Rhombusantenne

(engl.: rhombic antenna, diamond antenna)

Eine zur Gruppe kombinierte symmetrische Langdrahtantenne (s. d.), die aus vier Langdrähten besteht und die Form eines Rhombus hat. Die Rhombusantenne wird so ausgelegt, daß die Hauptkeulen (s. d.) der einzelnen Langdrähte sich in Zielrichtung addieren. Die Höhe über Boden bestimmt sich aus dem gewünschten Erhebungswinkel und richtet sich nach den Hauptkeulen, damit eine phasengleiche Addition aus direkter und bodenreflektierter Welle erreicht wird. Die wichtigsten Abmessungen sind: der halbe stumpfe Winkel Φ, die Seitenlänge l und die Höhe über Erde h. Damit lassen sich drei verschiedene Modelle entwerfen:

1. Maximale Feldstärke für gegebenen Erhebungswinkel
2. Ausrichtung der Hauptkeule nach dem Erhebungswinkel
3. Kompromißentwürfe für verringerte Höhe h, für verringerte Länge l, oder für verringerte Höhe *und* Länge.

Läßt man das Ende der Rhombusantenne offen, so bilden sich auf den Drähten vorwiegend stehende Wellen und man spricht von einer resonanten Rhombusan-

tenne. Schließt man das Ende mit einem ohmschen Widerstand oder einer Schluckleitung (s. d.) von 600...800 Ω ab, so wandeln diese die ankommende Energie in Wärme um, der Reflektionsfaktor wird zu Null und die Gruppe arbeitet als Wanderwellen-Rhombus. Damit wird die Richtstrahlung einseitig mit gutem Vor/Rück-Verhältnis (s. d.).
Die Rhombusantenne wird weltweit in großer Zahl eingesetzt, da sie lediglich vier Masten, Draht und ein großes Grundstück benötigt. Eine Rhombusantenne hat bei 1 λ Schenkellänge bereits 6 dBd Gewinn und eine Frequenzbandbreite von 1:2. Werden die Schenkel aus drei parallelen Drähten ausgeführt, steigt die Bandbreite auf 1:3. Bei nicht zu strengen Anforderungen an den Gewinn kann man eine Bandbreite von 1:4 erreichen.
Die im Schluckwiderstand (s. d.) vernichtete HF-Energie kann über eine Zweidrahtleitung dem Eingang der Antenne zugeführt werden; doch ist diese Rückspeisung kompliziert und nur auf einer Frequenz möglich.
Der Gewinn einer abgeschlossenen Rhombusantenne ist etwa:

$$g = \frac{n + 12}{2} = \quad [dBd]$$

n = Anzahl der Halbwellen auf *einem* Leiter.
Beispiel: n = 8 Halbwellen (4 Wellenlängen)

$$g = \frac{8 + 12}{2} = \quad 10 \text{ dBd}$$

(E. Bruce – 1931 – USA)

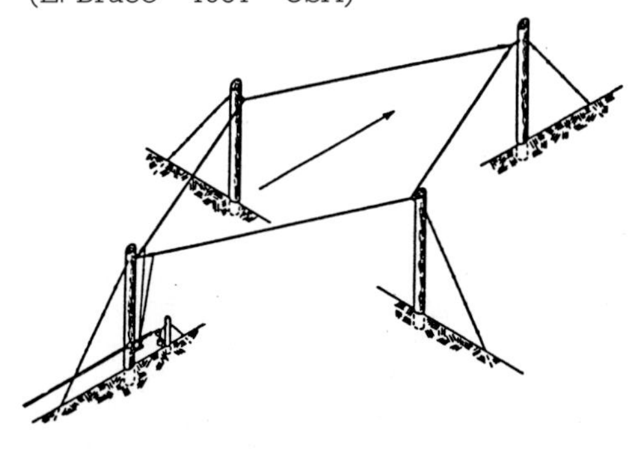

Rhombusantenne. Aufbau mit Holzmasten. Der Pfeil zeigt die Richtung der Hauptkeule.

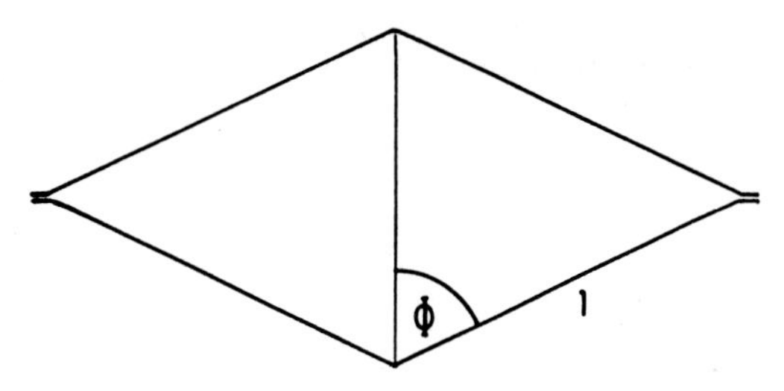

Geometrie der Rhombusantenne: Seitenlänge l und Winkel Φ.

Tabelle: Rhombusantenne
Abmessungen von praktisch verwendeten Rhombusantennen 4 bis 22 MHz; h = 20 m

Entfernung zum Ziel	Seitenlänge l	Winkel Φ
>4800 km	115 m	70°
3200–4800 km	105 m	70°
2400–3200 km	95 m	70°
1600–2400 km	90 m	67,5°
1000–1600 km	80 m	65°
600–1000 km	75 m	62,5°
300– 600 km	70 m	60°

Rhombusantenne, geknickte

(engl.: buckled rhombic antenna)

Wählt man die Seitenmasten einer Rhombusantenne 1,25 mal so hoch wie die einer gewöhnlichen Rhombusantenne und nimmt man die Seitenlängen 1,5 mal so lang, dann kann man den Anfangs- und den Endmast 0,5 mal so hoch nehmen. Die elektrischen Eigenschaften bleiben dabei gegenüber einer gewöhnlichen Rhombusantenne etwa gleich; aber es werden zwei hohe Masten eingespart. Auch die Verwendung hoher Anfangs- und Endmasten ist möglich, doch geringfügig ungünstiger.

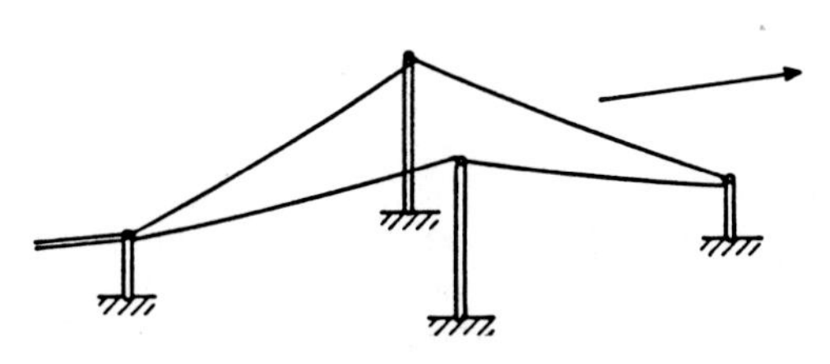

Rhombusantenne, geknickte.

Rhombusantenne, halbe
(engl.: vertical half rhombic antenna)

Eine stumpfwinklige V-Antenne (s. d.), die vertikal aufgestellt ist und auch vertikal polarisiert in der Hauptrichtung nach vorn abstrahlt. Sie kann als die obere Hälfte einer vertikalen Rhombusantenne aufgefaßt werden, wobei der gutleitende Erdboden durch Spiegelung die untere Hälfte ersetzt. Die halbe Rhombusantenne verwendet die gleichen Winkelgrößen wie die Rhombusantenne (s. d.) und ist genauso breitbandig. Sie braucht einen guten Erdboden oder ein Erdnetz, einen bei längeren Kurzwellen ($\lambda \geqq 15$ m) verhältnismäßig hohen Mast und einen Schluckwiderstand von etwa 300 Ω.

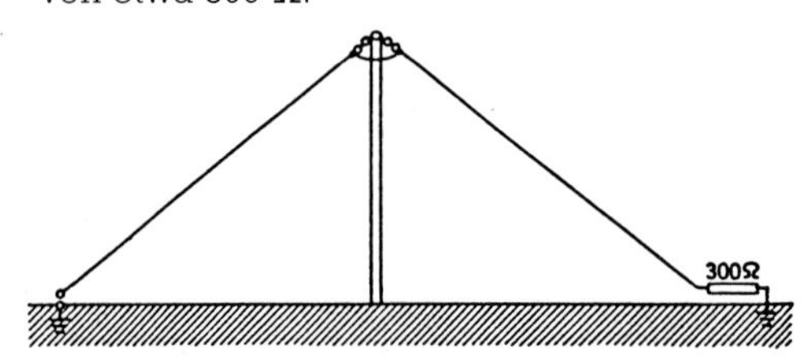

Rhombusantenne, halbe. Ein Erdnetz oder wenigstens eine Erdverbindung von der Speisestelle zum Schluckwiderstand ist notwendig.

Rhombusantenne, unidirektionale
(engl.: unidirectional rhombic antenna)

Eine durch Wanderwellenerregung einseitig gerichtete Rhombusantenne (s. d.).

Rhombus-Gruppenantennen
(engl.: multiple rhombic antenna)

Durch Zusammenfassung zu Gruppen lassen sich die günstigen Eigenschaften der Rhombusantenne noch verbessern: Gewinnsteigerung und Nebenkeulenunterdrückung.

1. **Gestockte Rhomben:** Zwei Rhomben gleicher Abmessungen übereinander: Hohe Masten notwendig bei gleichem Platzbedarf, Verbesserung der Flachstrahlung, Erhöhung des Gewinns.
2. **Rhombus-Linien:** Zwei oder mehr Rhomben nebeneinander: Doppelter Platzbedarf, Verbesserung der azimutalen Richtschärfe und des Gewinns.
3. **Rhombus-Reihen:** MUSA-Antenne (= multiple steerable antenna (s. d.). Mehrere Rhomben hintereinander, bis zu 16 Rhomben: Riesiger Platzbedarf, enorme Richtschärfe im Azimut, Bleistiftkeule, hoher Gewinn. Der Elevationswinkel Δ ist durch Phasenschieber auf und ab steuerbar.

Richtantenne
(engl.: directional antenna, beam antenna)

Eine Richtantenne hat die Eigenschaft, im Sendefall die elektromagnetischen Wellen in eine oder mehrere Richtungen bevorzugt abzustrahlen, dafür aber die restlichen Richtungen entsprechend zu benachteiligen. Im Empfangsfall gibt es genau so bevorzugte und unterdrückte Empfangsrichtungen.

Einseitige Richtantenne:
(engl.: unidirectional antenna)
Nur *eine* Hauptstrahlrichtung wird durch die Hauptkeule (s. d.) bevorzugt, alle anderen Richtungen werden unterdrückt, haben aber trotzdem Nebenkeulen (s. d.). Beispiele: Yagi-Uda-Antenne, Parabolreflektorantennen.

Zweiseitige Richtantenne:
(engl.: bidirectional antenna)
Zwei Hauptstrahlrichtungen werden durch ihre Hauptkeulen bevorzugt. Der Richtungsunterschied der Hauptkeulen ist fast immer 180°, so daß eine Vorwärts- und eine Rückwärtskeule die gewünschten Richtungen abdecken. Einfachstes Beispiel: Halbwellendipol (s. d.), sonst: Dipolwand (s. d.) ohne Reflektorwand.

Mehrseitige Richtantenne: Mehrere Hauptkeulen strahlen in die gewünschten Richtungen. Beispiel: Zwei Monopolantennen (s. d.) in vier Wellenlängen Abstand bei gleichphasiger Erregung ergeben ein Richtdiagramm mit 16 Keulen und 16 Nullstellen. Solche sternförmigen Richtdia-

gramme finden Anwendung beim Navigationsverfahren des Consol-Funkfeuers.
Die Richtwirkung wird erreicht durch gespeiste oder parasitäre Reflektoren (s. d.), Direktoren (s. d.), Reflektorwände, Parabolspiegel (s. d.) oder besondere Form des Antennenleiters: Rahmenantenne (s. d.), Rhombusantenne (s. d.).

Richtantennensystem

Eine Anordnung von Antennengruppen in bestimmter räumlicher Lage, die so erregt werden, daß eine Richtstrahlung erzielt wird.

Richtcharakteristik

(engl.: radiation pattern)

1. Sendefall:
Die Richtcharakteristik ist die räumliche Darstellung der Richtungsabhängigkeit der von einer Antenne erzeugten Feldstärke $\vec{E}$ nach Amplitude, Phase und Polarisation. Die Messung oder Betrachtung dieser Größen erfolgt in konstantem Abstand von der Antenne, z. B. auf der Oberfläche einer Strahlungskugel (s. d.).
2. Empfangsfall:
Die Richtcharakteristik ist die räumliche Darstellung der Richtungsabhängigkeit der aufgenommenen Empfangsspannung U nach Amplitude und Phase, wobei die Polarisation vorgegeben ist und eine ebene Wellenfront angenommen wird.
3. Sonstiges:
Zur Darstellung werden in der Regel die Kugelkoordinaten (s. d.) r, Θ, Φ verwendet. Falls die Richtcharakteristik nicht für das Fernfeld oder ein ebenes Wellenfeld gilt, muß sie besonders gekennzeichnet werden.
Die Richtcharakteristik wird auch als Strahlungscharakteristik bezeichnet. Sie wird in der Praxis häufig durch die Amplitude E (Θ, Φ) der elektrischen oder H (Θ, Φ) der magnetischen Feldstärke in einer bestimmten Polarisation beschrieben, wobei meist die maximale Feldstärke der Hauptkeule mit 100% festgelegt wird. In gleicher Weise wird die Amplitude U im Empfangsfall dargestellt.
Da allgemein im Fernfeld elliptische Polarisation vorliegt, wird die Gesamtamplitude C_{tot} (Θ, Φ) aus den beiden Richtcharakteristiken der rechtwinklig aufeinanderstehenden Polarisationskomponenten C_1 (Θ, Φ) und C_2 (Θ, Φ) zusammengesetzt. Als maximale Bezugsgröße dient dann meist der Maximalwert der größeren Komponente, z. B. $E_{1\,max}$.

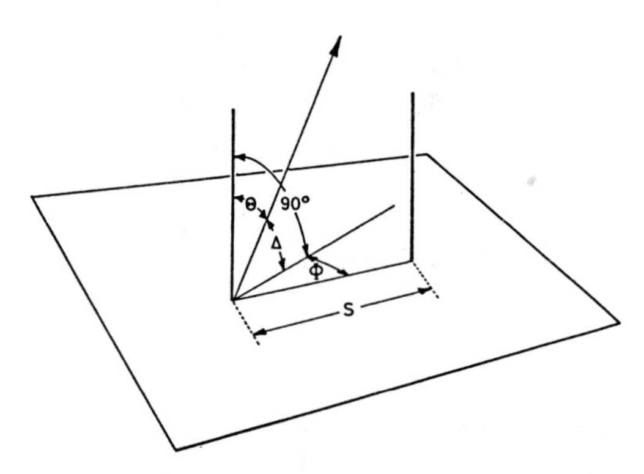

Richtcharakteristik. Beispiel einer Richtcharakteristik für eine Vertikalantenne aus zwei gespeisten Monopolen auf einem Erdsystem.
1: Anordnung der Antenne mit dem Koordinatensystem.

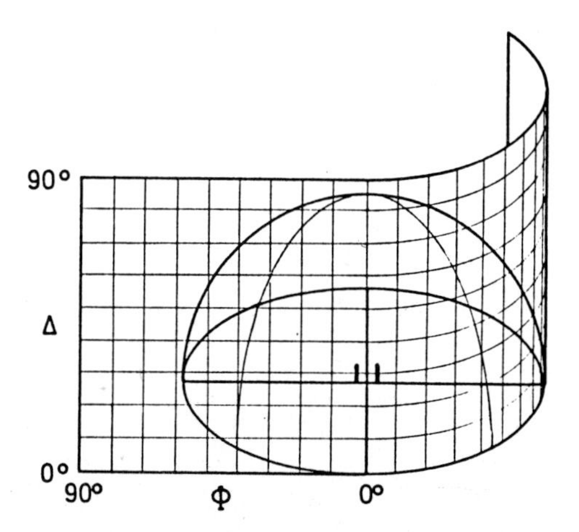

2: So werden die Koordinaten der Strahlungshalbkugel in zweidimensionale Koordinaten umgewandelt (äquatorständige Zylinderprojektion).

Richtcharakteristik

Als Maßstab einer Richtcharakteristik kann die Feldstärke linear gewählt werden; oder aber die Feldstärke logarithmisch in dB angeführt werden. Die dreidimensionale Richtcharakteristik auf zweidimensionalem Papier darzustellen ist schwierig und erfolgt meist in einzelnen Schnitten durch die räumliche Darstellung.

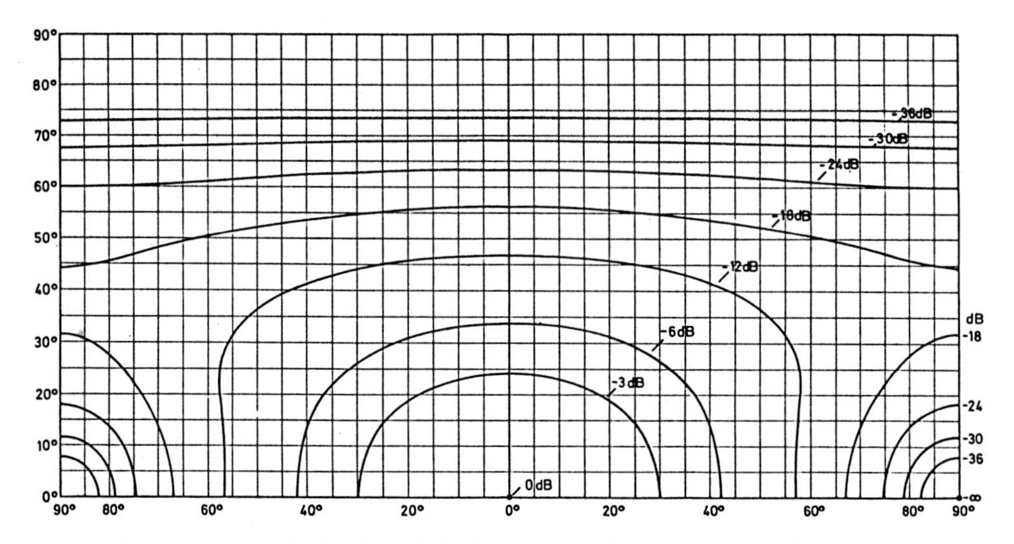

3: In dB umgerechnete Feldstärkecharakteristik der Antenne, wenn diese aus zwei Halbwellenmonopolen besteht. Das Maximum der Hauptkeule liegt bei 0 dB. Da die Antenne nach vorn wie hinten gleich strahlt, ist nur die vordere Hälfte der Strahlungshalbkugel dargestellt.

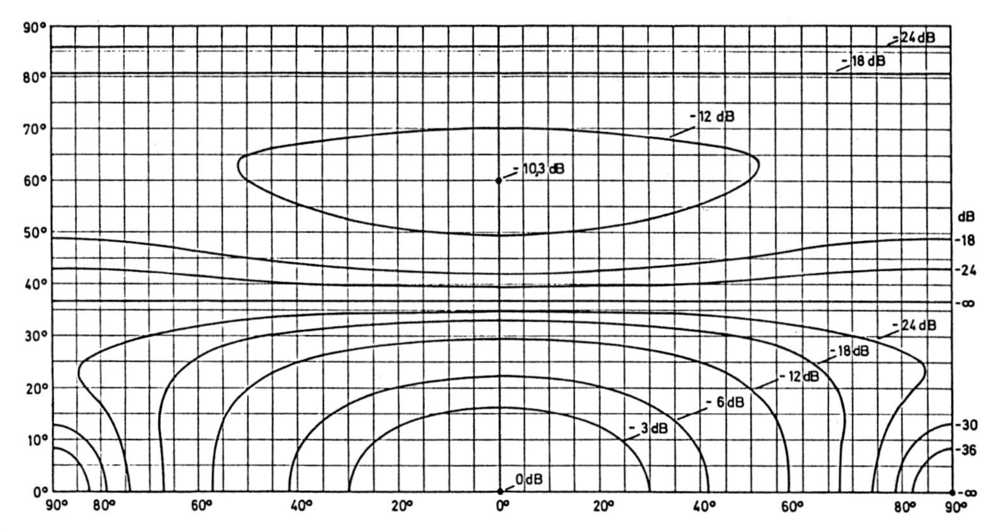

4: Richtcharakteristik der Feldstärke für den Fall, daß die Antenne aus zwei Monopolen von 5/8 λ Höhe besteht. Die Antenne strahlt wesentlich flacher, hat bei $\Delta = 37°$ eine Nullstelle, aber bei $\Delta = 60°$ eine Nebenkeule.

Richtdiagramm

Während die Richtcharakteristik (s. d.) die Darstellung der Feldstärke im Raum ist, stellt das Richtdiagramm die Verteilung der Feldstärke in einer definierten Ebene dar, welche die Antenne als Mittelpunkt enthalten muß. Das Richtdiagramm ist also stets ein Schnitt durch die Richtcharakteristik, z. B. von Φ für Θ = konstant oder von Θ für Φ = konstant.
Die Darstellung des Richtdiagramms in Polarkoordinaten (s. d.) ist anschaulich, macht aber den Überblick auf Einzelheiten und Feinheiten recht schwierig. Die Darstellung in kartesischen Koordinaten ist weit weniger anschaulich; aber sie bringt auch Feinheiten genügend genau. Ein recht natürliches Diagramm ergibt sich, wenn die Feldstärke linear dargestellt wird und das Hauptmaximum mit 100% normiert wird. Eine Wahl des Maßstabs in Dezibel der Feldstärke macht die Diagramme etwas dick. Stellt man dagegen die abgestrahlte *Leistung* linear dar, so werden die Diagramme sehr schlank und täuschen scharfe Hauptkeulen vor, da ja die Leistung sich zur Feldstärke quadratisch verhält. Mit diesem Trick können selbst Richtdiagramme minderwertiger Antennen geschönt werden.

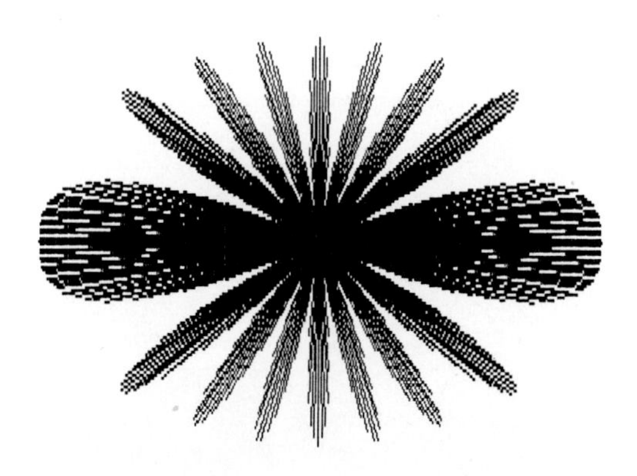

Richtdiagramm einer mehrseitigen Richtantenne, die aus zwei Monopolen in 4 λ Abstand besteht. Beide Monopole werden in gleicher Phase mit gleicher Stromstärke gespeist. (Siehe auch: Richtantenne, mehrseitige).

Richtfaktor
(engl.: directivity, directive gain)

Im Sendefall: Das Verhältnis der Strahlstärke (s. d.) in der gegebenen Richtung zu der Strahlstärke, die bei isotroper Verteilung in alle Richtungen des Raumes abgestrahlt würde.
Die isotrope Strahlstärke ist die Strahlungsenergie, die von der Antenne abgestrahlt wird, wenn sie auf den gesamten Raumwinkel der Strahlungskugel von 4 π gleichmäßig verteilt wird.

$$\Phi_i = \frac{P_t}{4\pi} \text{ [Watt pro Steradiant]}$$

Wenn eine Richtung nicht besonders angegeben ist, geht man bei der Bestimmung des Richtfaktors immer von der Hauptstrahlrichtung aus.

Richtfaktor: $D_t = \frac{\Phi_{max}}{\Phi_i}$ [Verhältniszahl der Strahlstärken]

Im Empfangsfall: Der Richtfaktor ist das Verhältnis der maximalen theoretischen Empfangsleistung P_{r0max} zur Empfangsleistung P_i des verlustlosen isotropen Strahlers im gleichen Wellenfeld

Richtfaktor: $D_r = \frac{P_{r0max}}{P_i}$ [Verhältniszahl der Empfangsleistungen]

Wenn das Reziprozitätstheorem anwendbar ist, sind der Richtfaktor des Sendefalles D_t und der Richtfaktor des Empfangsfalles D_r einander gleich.

$$D = D_t = D_r$$

Der Richtfaktor ist umgekehrt proportional den entsprechenden Raumflächen, durch welche die Strahlung tritt.

Richtfaktor bei Richtkopplern
(engl.: directivity)

Auch Richtdämpfung oder Richtverhältnis genannt. Der Richtfaktor beschreibt das Unterscheidungsvermögen eines Richtkopplers (s. d.) zwischen vorlaufender Welle und rücklaufender Welle, das durch die selbst bei Rücklauf = 0 angezeigte Fehlspannung U_F beeinträchtigt wird.

$$a_d = \frac{U_F}{U_I} \text{ [Verhältniszahl der Spannungen]}$$

U_I = Spannung am Innenleiter bei Vorlauf und Anpassung. Der Richtfaktor wird auch in dB angegeben, wobei $D = 20 \lg \frac{1}{a_d}$

a_d	D
$0{,}1 = 10^{-1}$	20 dB gebastelter Richtkoppler
$0{,}03 = 3 \cdot 10^{-2}$	30 dB Betriebs-Richtkoppler
$0{,}01 = 10^{-2}$	40 dB Meß-Richtkoppler

Beispiel: Die Fehlspannung bei Rücklauf = 0 ist 1 V. Die Spannung am Innenleiter bei Anpassung ist 100 V. Der Richtfaktor ist:

$a_d = \frac{1\ \text{V}}{100\ \text{V}} = 0{,}01 = 40$ dB. Es handelt sich hier um einen sehr guten Richtkoppler. (Siehe auch: Koppelfaktor).

Richtfunkantenne
(engl.: radio link antenna, directional radio antenna)

Eine Sende- und Empfangsantenne für den Richtfunk. Richtfunk ist eine Punkt-zu-Punkt-Verbindung für Fernmeldezwecke. Richtfunkantennen haben daher eine hohe Bündelung und damit beträchtlichen Gewinn. Meist werden Parabolantennen und Muschelantennen im UHF- und Mikrowellenbereich verwendet.
Zur Mehrfachausnutzung soll die Antenne breitbandig sein. Besondere Anforderungen an die Richtcharakteristik wie z. B. die Form der Hauptkeule, bestehen nicht. Richtfunkantennen sind meist symmetrisch ausgeleuchtete Parabol- oder Parabolausschnittantennen.
(Siehe: Parabolantenne).

Richtkoppler (engl.: directional coupler)

Eine Anordnung zur Messung der hin- und rücklaufenden Welle auf einer HF-Leitung. Dazu werden Spannungen ausgekoppelt, die dem Strom oder der Spannung auf der Leitung entsprechen. Die aus der induktiven Kopplung gewonnene Spannung ist stromrichtungsabhängig, die aus der kapazitiven Kopplung gewonnene Spannung ist stromunabhängig. Durch Summierung der beiden Spannungen kann man die hin- und rücklaufende Welle trennen. Man unterscheidet bei der induktiven Kopplung einerseits leerlaufende und damit frequenzabhängige Kopplungssysteme (Leitungskoppler, Schlitzkoppler, Lochkoppler) und andererseits belastete und damit frequenzunabhängige Kopplungssysteme (Stromwandler, Leistungsmesser).
Beim Leitungskoppler z. B. werden gekoppelte HF-Leitungen verwendet, wobei die Nebenleitung einseitig reflexionsfrei abgeschlossen ist.
Beim Leistungsmesser wird ein kapazitiver Spannungsteiler und ein Stromwandler in Form von z. B. einer Toroidspule verwendet.
Zwei Richtkoppler entweder passend zusammengeschaltet, oder ein gemeinsamer doppelter Richtkoppler ergeben ein Reflektometer.
Beim Leitungskoppler ist die Nebenleitung beidseitig reflexionsfrei abgeschlossen. Damit kann man Reflexion und Welligkeit messen.
Die wichtigsten technischen Daten eines Richtkopplers sind
- Koppelfaktor (s. d.); Koppeldämpfung oder Kopplung in dB.

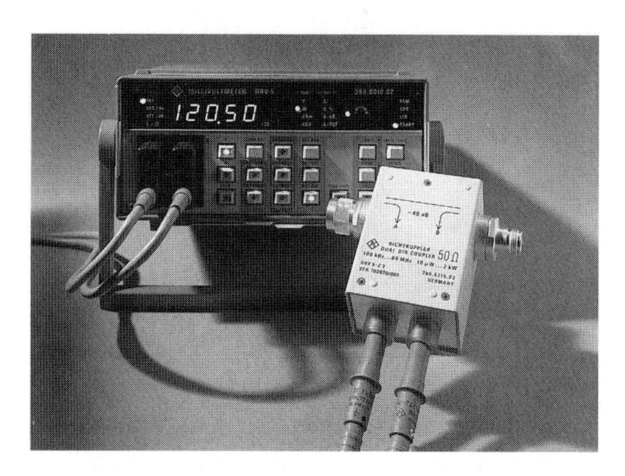

Richtkoppler. Für 50 Ω-Koaxialkabel. Zur Anzeige dient das Millivoltmeter URV 5.
(Werkbild Rohde & Schwarz)

– Richtfaktor (s. d.); Richtdämpfung oder Richtverhältnis in dB.
(Leitungskoppler: A. A. Pistolkors – 1937 – Russ. Patent)
(Leistungsmesser: W. Buschbeck – 1939 – Dt. Patent)

–Richtungsnull
(engl.: directional null, null steering)

1. Ein scharfes Minimum im Strahlungsdiagramm, das zum Zweck der Richtungsfindung mittels Nullpeilung erzeugt wird. (Siehe: Differenzdiagramm.)
2. Ein Minimum im Strahlungsdiagramm, zur Unterdrückung unerwünschter Strahlung in einer gegebenen Richtung, besonders zur Störbefreiung des Empfangs von Rundfunksendern z. B. durch eine Rahmenantenne (s. d.) oder Ferritstab-Antenne (s. d.); aber auch im Sendefall bei Rundfunksendern, die zwar auf der gleichen Frequenz aber in verschiedenen Ländern arbeiten und sich nicht stören dürfen. (Siehe: Ausblendemast).

Richtwirkung

Die Eigenschaft einer Richtantenne, in verschiedene Richtungen des Raumes mit verschiedener Amplitude zu strahlen. (Siehe: Richtantenne).

Ringantenne (engl.: ring radiator)

Neben den einfachen Ringdipolen (s. d.) gibt es zweifach gespeiste Ringantennen mit horizontal polarisierter Rundstrahlcharakteristik, die sich je nach Aufbau und Abmessung unterscheiden. Bei UKW kann man die Ringantennen kreisförmig, wie z. B. die Halo-Antenne (s. d.) oder quadratisch, wie z. B. die Alford-Ringantenne (s. d.) ausführen. Bei KW wird die Ringantenne quadratisch gestaltet, z. B. als Quadratantenne (s. d.).

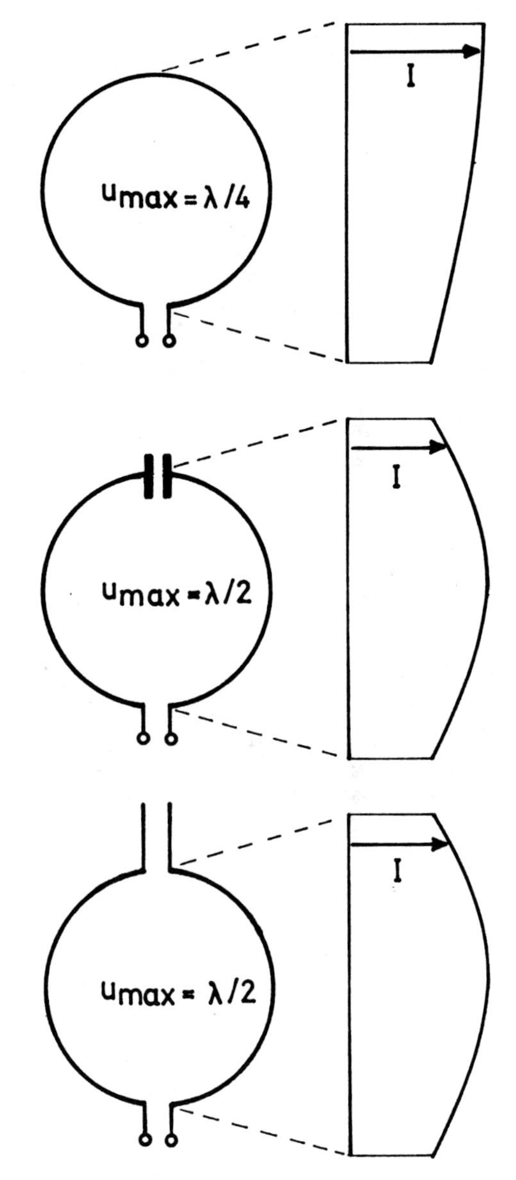

Ringantennen. Mit ihren Stromverteilungen
Oben: Kleiner Ring. Die Richtcharakteristik ist im wesentlichen die einer kleinen Rahmenantenne.
Mitte: Durch Endkapazität verkürzter Halbwellenring; Richtcharakteristik ähnlich dem Halbwellenring.
Unten: Die Endkapazität ist durch ein Leitungsstück ersetzt.
Rechts jeweils die auf eine Gerade projizierte Stromverteilung. Die Strahlungswiderstände betragen R_r = 0,8 bis 12 Ω.

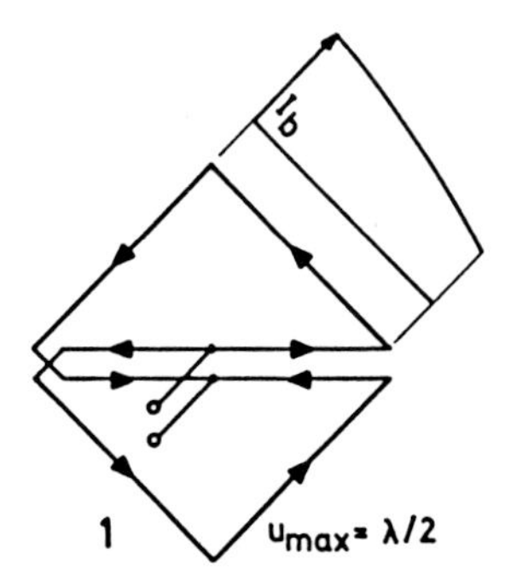

Ringantennen, zweifach gespeiste.
1: geschlossene Form 2: offene Form
3: kapazitiv belastete Form 4: Breitbandantenne
Durch die Doppelspeisung wird der mögliche Umfang zweimal so groß wie bei den einfach gespeisten Ringantennen, die Strahlungswiderstände erhöhen sich dadurch auf etwa das Vierfache. Die Speiseleitung kann beliebig lang sein, wenn exakt in der Mitte gespeist wird.
Die offene Form (2) hat den besten Wirkungsgrad aller Ringantennen, besonders wenn $u = 2\,\lambda$ ist. Die Lastkapazitäten können bei (3) durch Leitungsstücke ersetzt werden, diese Form wird Alfordantenne genannt. Ringantennen können quadratisch, vieleckig oder kreisrund ausgeführt werden.

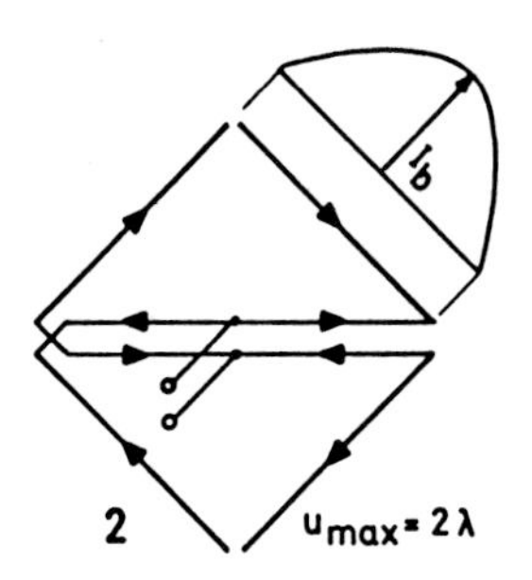

Ringbeam (engl.: loop Yagi antenna)

Eine Yagi-Uda-Antenne (s. d.) aus ringförmigen, entsprechend resonanten Elementen, die auch Loop-Yagi-Antenne genannt wird (s. d.).

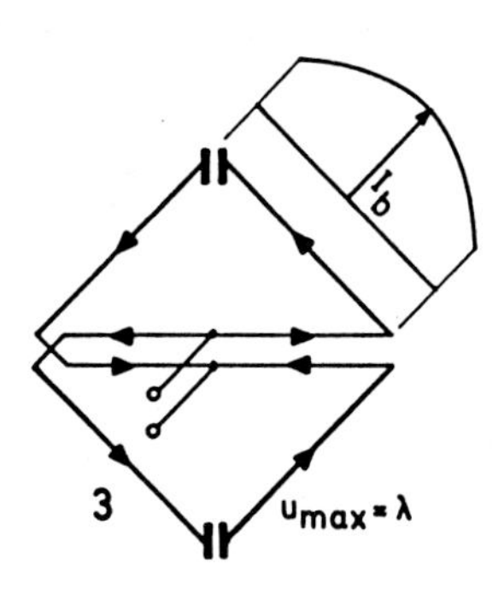

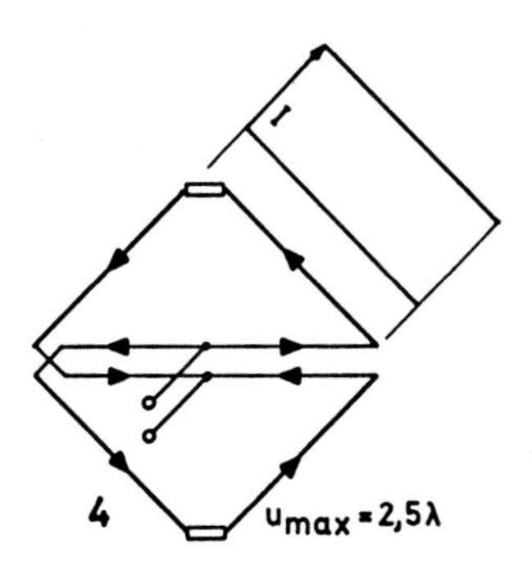

Ringdipol (engl.: circular bent dipole)

1. Ein ringförmiger, *geschlossener Halbwellendipol.* Dieser Dipol ist an seinen Enden wegen der hohen Impedanz im Kiloohmbereich nur schwierig zu speisen. Man schneidet ihn zweckmäßig am gegenüberliegenden Ende auf und erhält so:
2. Ein ringförmiger, *offener Halbwellendipol.* Seine Richtcharakteristik stellt im wesentlichen ein rundstrahlendes, dickes, kugelartiges Gebilde dar.
3. Ein ringförmiger, *geschlossener Ganzwellendipol.* Dieser ist nichts anderes als das Strahlerelement einer kreisförmigen Cubical-Quad-Antenne (s. d.), die auch als Ringbeam oder Loop-Yagi-Antenne bekannt ist (Siehe jeweils dort).
4. Ein ringförmiger, *offener Ganzwellendipol.* Sein Richtdiagramm ist ein rundstrahlender Kreiswulst (Torus).
5. Ein ringförmiger, *geschlossener,* im Verhältnis zur Wellenlänge *sehr kleiner* Ringstrahler. Dies ist ein magnetischer Dipol (s. d.) in der Art der kleinen Rahmenantenne (s. d.).

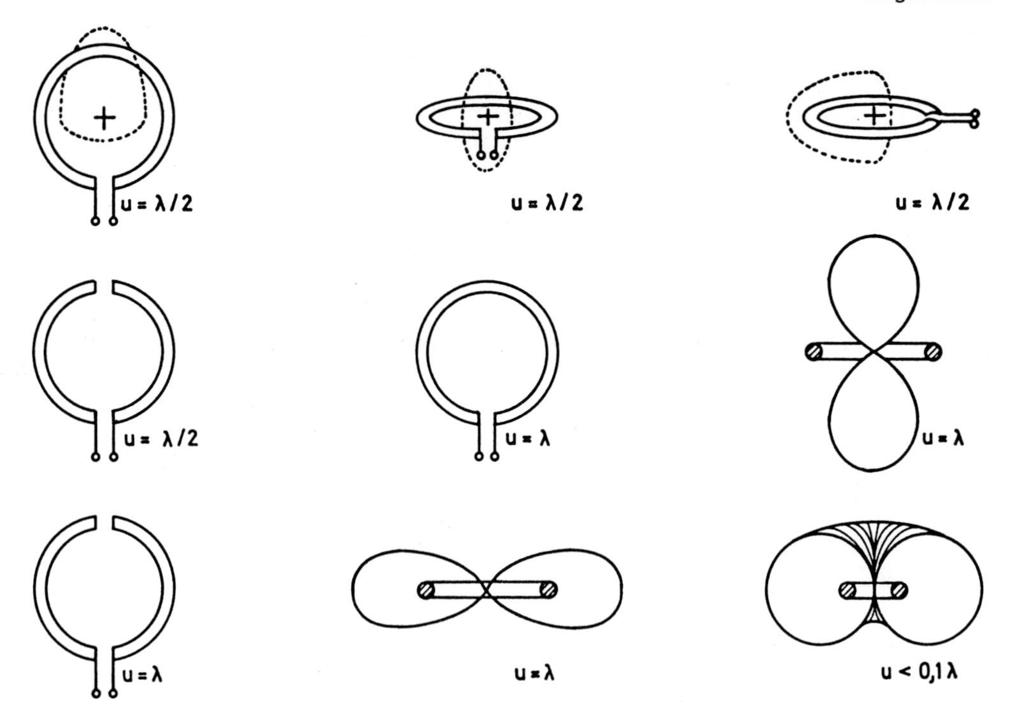

Ringdipol. Obere Reihe: ringförmiger, geschlossener Halbwellendipol mit Richtdiagrammen in den drei Ebenen Mittlere Reihe: Links: offener Halbwellendipol. Die Richtcharakteristik ist im wesentlichen kugelförmig um die Dipolmitte. Mitte und rechts: geschlossener Ganzwellendipol mit Richtcharakteristik, einer doppelten Birne quer zur Ringebene.
Untere Reihe: Links und Mitte: offener Ganzwellendipol mit Richtdiagramm, einem flachen Ringwulst in Ringebene. Rechts: sehr kleiner geschlossener Ring, im wesentlichen ein magnetischer Dipol, wie er als Peilrahmen verwendet wird. Die Achtercharakteristik bildet einen Ringwulst in Rahmenebene. Die scharfen Einzüge in der Ringachse dienen zur Nullpeilung.

Ringkern-Balun
(engl.: toroidal balun transformer)

Ein Symmetriertransformator, der aus einer HF-Leitung besteht, die um einen Ringkern aus Carbonyleisenpulver oder Ferrit gewunden ist. (Siehe: Balun).

Ringspaltantenne (engl.: annular slot)

Auch Kreisschlitzantenne genannt. Eine Schlitzantenne, deren strahlender Schlitz die Form eines Kreisringes hat. Die Ringspaltantenne wird über eine trichterförmig erweiterte Koaxialleitung erregt, stellt einen Rundstrahler mit vertikaler Polarisation, doch ohne vertikale Abmessungen dar. Bei kleinem Durchmesser entspricht sie einem Monopol auf einer großen leitenden Fläche. Die Größe dieser Fläche (Schirmgröße) und der Ringdurchmesser haben auf das Vertikaldiagramm einen Einfluß.

Ringstrahler (engl.: ring radiator antenna)

Eine Antenne aus einzelnen Elementen, in deren Gesamtheit der Strom ringartig verläuft. Die Ringstrahler sind horizontal polarisiert und erzeugen eine mehr oder minder vollkommene Rundstrahlung.
Beispiele: Alford-Ringantenne, Kleeblattantenne, Kruckenkreuzantenne, Quadratantenne (Siehe jeweils dort).

Ringwulst (engl.: toroidal/pattern)

Die Richtcharakteristik eines Halbwellen- oder Hertzschen Dipols hat die räumliche Gestalt eines Ringwulstes, den man sich durch Drehung des Achterdiagramms (s. d.) um die Dipolachse vorstellen kann.

Ringwulst eines Vertikaldipols

Rohrerder (engl.: ground rod)

(Siehe: Erdstab).

Rohrgittermast (engl.: tubing lattice pylon)

Ein Gittermast (s. d.) aus Rohrprofilen, meist an den Verbindungsstellen verschweißt.

Rohrleitung (engl.: rigid coaxial cable)

Eine zur Übertragung hoher Energien geeignete Koaxialleitung, deren Leiter aus starren Rohrprofilen größeren Durchmessers bestehen.

Rohrmast

Eine früher nur für kleine Antennen angewandte Mastform, die heute bis zu 300 m Höhe ausgeführt wird. Der Aufbau geschieht aus zylindermantelförmig gebogenen Stahlblechen, die an Ort und Stelle vernietet oder verschweißt werden. Fast immer sind Rohrmaste innen besteig- oder befahrbar.

Rohrschlitzantenne
(engl.: slotted-cylinder antenna)

Die Antenne besteht aus einem senkrecht stehenden Metallrohr, das einen nicht ganz bis zum oberen Rohrende reichenden Längsschlitz aufweist. Der Schlitz wird in der Mitte über eine Koaxialleitung gespeist. Für Rohrdurchmesser $D < \lambda/8$ ist das Horizontaldiagramm nahezu kreisförmig. Die Polarisation ist horizontal. Die Resonanzlänge L ist größer als $\lambda/2$. Durch Stokkung wird vertikale Bündelung erreicht.

Typische Dimensionen:

1. **Einschlitzantenne:**
   Durchmesser: $D = 0{,}125\ \lambda$
   Länge: $L = 0{,}75\ \lambda$
   Breite: $B = 0{,}02\ \lambda$
   Umfang: $u \approx \lambda/2$
2. **Doppelschlitzantenne:**
   Durchmesser: $D = 0{,}3\ \lambda$
   Länge: $L = 0{,}8\ \lambda$
   Breite: $B = 0{,}03\ \lambda$
   Umfang: $u \approx \lambda$
3. **Vierschlitzantenne:**
   Durchmesser: $D = 0{,}75\ \lambda$
   Länge: $L = 2\ \lambda$
   Breite: $B = 0{,}1\ \lambda$
   Umfang: $u \approx 2\ \lambda$

Anwendung als Fernsehsendeantenne, UKW-Sendeantenne.

Rohrstrahler, dielektrischer

Eine dielektrische Antenne im UHF- und Mikrowellenbereich, die aus einem rohrförmigen Dielektrikum besteht.
(Siehe auch: Stielstrahler, dielektrischer).

Rotary-Beam-Antenne
(engl.: rotary beam antenna)

(Siehe: Drehrichtstrahler)

Rotationsparaboloid (engl.: paraboloid)

Durch die Rotation einer Parabel entstandener Drehkörper, der als Reflektor von Reflektorantennen dient.

Rückdämpfung (engl.: front to back ratio)

Soviel wie Vor/Rück-Verhältnis (s. d.).

Rückflußdämpfung (engl.: return loss)

Die Rückflußdämpfung a_r beschreibt den Kehrwert des Reflexionsfaktors r (s. d.) und drückt diesen in dB aus. Da es sich beim Reflexionsfaktor um ein Spannungsverhältnis handelt, ist der Multiplikationsfaktor 20.

$$a_r = 20 \cdot \lg \frac{1}{r} \qquad [\mathrm{dB}]$$

Beispiel: Der Reflexionsfaktor ist r = 0,05. $a_r = 20 \cdot \lg (1/0{,}05)$; $a_r = 26$ dB.

Rückstrahler (engl.: reflector scatterer)

Als Rückstrahler wirken alle Inhomogenitäten der Leitfähigkeit und/oder der Dielektrizitätskonstante im Ausbreitungsmedium, die Ausmaße > $\lambda/4$ haben.

Rückwärtskeule (engl.: back lobe)

Eine Keule im Richtdiagramm, die von der Hauptkeule (s. d.) um 180 ° abweicht. Die Rückwärtskeule ist eine Nebenkeule (s. d.).

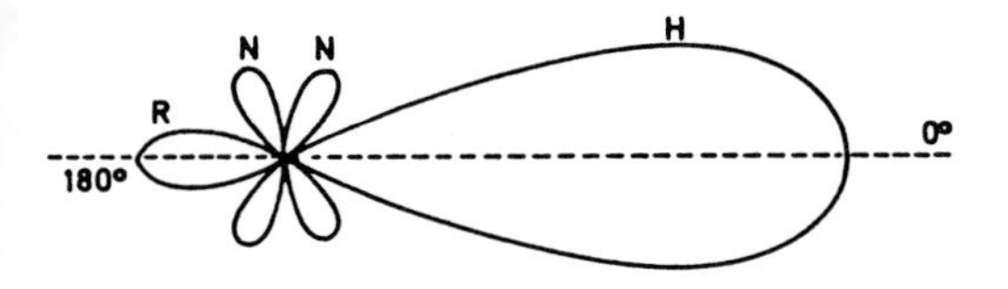

Rückwärtskeule R im Richtdiagramm einer Antenne. H: Hauptkeule, N: Nebenkeule. Das Feldstärkeverhältnis der Haupt- zur Rückwärtskeule beschreibt das Vorwärts/Rückwärtsverhältnis (s. d.) einer Antenne.

Rückwärtswellenerregung

Bei logarithmisch-periodischen Dipolantennen (LPDA) (s. d.) erfolgt die Speisung beim kleinsten Dipol an der Antennenspitze. Dennoch ist die Hauptstrahlrichtung vom größten Dipol zum kleinsten gerichtet, was durch die Kreuzung der Dipolspeiseleitung und die daraus folgende 180°-Phasendrehung zu erklären ist. Die Antenne wirkt als Längsstrahler mit einer der Richtung des Speisestroms entgegengesetzten Strahlungsrichtung (Rückwärtsstrahlung).

Rüdenbergsche Gleichung
(engl.: Rüdenberg equation)

Zur Berechnung des Strahlungswiderstandes einer kurzen Vertikalantenne über ideal leitender Erde von R. Rüdenberg aufgestellte Gleichung:

$$R_r = 1579 \cdot (h_{eff}/\lambda)^2$$

R_r = Strahlungswiederstand h_{eff} = effektive Höhe in m (s. d.) λ = Wellenlänge in m. Die Gleichung stellt bei kurzen Vertikalantennen die quadratische Abhängigkeit des Strahlungswiderstandes von der Antennenlänge dar. Vereinfacht ausgedrückt: Bei doppelter Länge steigt der Strahlungswiderstand auf den vierfachen Wert.
Die Rüdenbergsche Gleichung ist bis zu Antennenhöhen von 0,17 λ (60°) für die Praxis hinreichend genau. Der Fehler beträgt dort + 3 %.

Rundfunkantenne
(engl.: broadcast antenna)

Sende- oder Empfangsantenne für den Rundfunk. Sendeantennen im LW- und MW-Bereich sind fast immer rundstrahlend, können aber durch Ausblendemasten (s. d.) einseitig gerichtet werden. Im KW-Bereich werden für den Überseerundfunk Richtantennen verwendet. Empfangsantennen für UKW-Rundfunk und Fernsehen sind meist gerichtet, um Reflexionsstörungen (Geisterbilder) zu vermeiden.

Rundstrahlantenne
(engl.: omnidirectional antenna)

Eine Antenne mit Rundstrahldiagramm in einer gegebenen Ebene und Richtdiagramm in der dazu senkrechten Ebene.

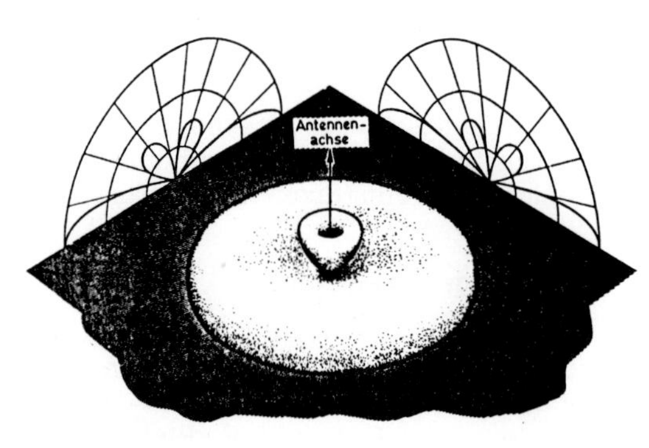

Rundstrahlantenne. Räumliche Richtstrahlcharakteristik eines vertikalen Halbwellendipols, dessen Fußpunkt sich λ/4 über idealer Erde befindet. Wie die zwei Vertikaldiagramme zeigen, besteht in der Elevation erhebliche Richtwirkung. Das Horizontaldiagramm ist jedoch vom Azimut unabhängig und in allen Himmelsrichtungen Φ von gleicher Feldstärke.

Liegt die Rundstrahlebene horizontal, so fällt sie mit der x-y-Ebene zusammen. Die Richtwirkung liegt dann in der x-z-Ebene und gleicherweise in der y-z-Ebene. Einfachste Rundstrahlantennen sind z. B.: die Marconi-Antenne, der vertikale Halbwellendipol, und die 5/8 λ-Antenne (Siehe jeweils dort).
Horizontal polarisierte Rundstrahler sind schwieriger zu realisieren: z. B. die Alford-Ringantenne, die Quadrantantenne, die Quadratantenne, alle Ringstrahler, der Kreuzdipol und die Kleeblattantenne (Siehe jeweils dort).
Die Isotropantenne (s. d.) ist keine Rundstrahlantenne, weil sie überhaupt keine Richtwirkung hat.

Rundstrahler, gestockter
(engl.: stacked vertically polarized omnidirectional antenna)

(Siehe: Franklin-Antenne).

S

Schäkel (engl.: shackle)

Lösbares, mechanisches Verbindungselement zum Antennenbau.

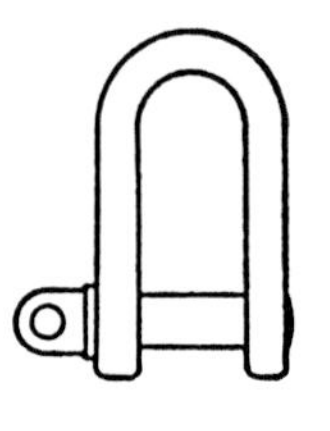

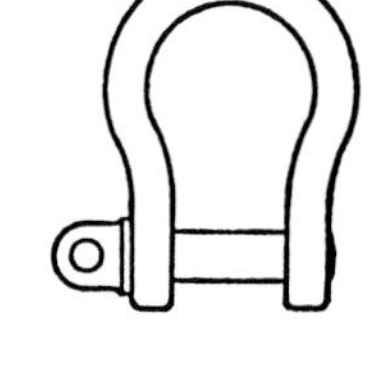

Schäkel.
1: D-Schäkel 2: Bogen-Schäkel

Schalenkabel

Ein Koaxialkabel, dessen Außenleiter aus gegeneinander mäßig beweglichen Halbschalen besteht.

Schalter-Matrix-Speisung

Die Abnahme der Empfangsspannung einer Wullenweverantenne (s. d.) erfolgt durch eine Schalter-Matrix, die 9 Einzelstrahler erfaßt, was für die Grobpeilung ausreicht. Die Feinpeilung erfolgt dann durch Phasenschieber in den 9 Zuleitungen wie bei der Keulenschwenkung (s. d.).

Scheibenantenne

Eine Antenne aus einer Scheibe, in der die Ströme radial vom Mittelpunkt nach außen verlaufen. Obschon in der Theorie weitgehend geklärt, fand sie bisher kaum praktische Verwendung.

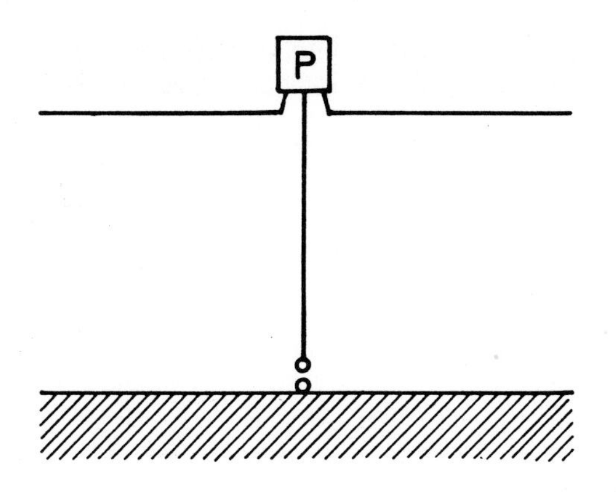

Scheibenantenne (Schnittbild). Über einem Monopol liegt eine metallische Scheibe, die durch ein Rad aus Drahtspeichen ersetzt werden kann. Die Scheibe wird vom Monopol über einen Phasenschieber P gespeist. Die Phase wird so eingestellt, daß sich im unerwünschten Steilstrahlungsbereich Monopol- und Scheibenstrahlung weitgehend aufheben.

Scheibenkegelantenne

(engl.: discone antenna)

(Siehe: Diskone-Antenne).

Scheitelplatte (engl.: vertex plate)

Ein kleiner Hilfsreflektor vor dem Scheitel des parabolischen Hauptreflektors, um Stehwellen in der Speisung des Primärstrahlers (s. d.) zu unterdrücken, die sich infolge der Reflexion Primärstrahler – Hauptreflektor bilden können. Die Scheitelplatte beeinflußt aber auch Richtdiagramm und Gewinn der Parabolantenne.

Scheitelwinkel (engl.: apex angle)

Der Spreizwinkel einer V-Antenne (s. d.) oder einer Rhombusantenne (s. d.) am Speisepunkt. Bei der Rhombusantenne kehrt der Scheitelwinkel am Schluckwiderstand wieder.

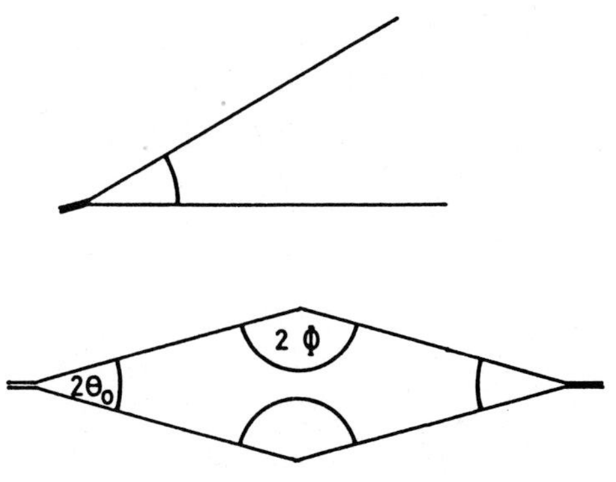

Scheitelwinkel. Oben: V-Antenne mit Scheitelwinkel.
Unten: Rhombusantenne mit Scheitelwinkel $2\,\Theta_o$
und dem Supplementwinkel $2\,\Phi$,
dem Seitenwinkel $2\,\Theta_o + 2\,\Phi = 180°$

Schielantenne

Eine Breitseitenantenne mit abgestimmtem Reflektor, deren Hauptkeule um etwa ±20° geschwenkt werden kann. Die Schwenkung wird durch phasenverschobene Speisung erreicht, indem der Speisepunkt auf der Verbindungsleitung verschoben wird. (Siehe auch: Keulenschwenkung, Elektrotator-Antenne).

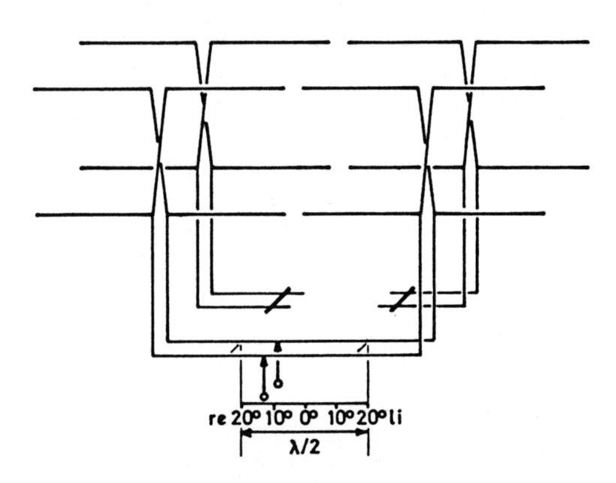

Schielantenne. Aus 16 Halbwellendipolen
Die Abstimmung der passiven Reflektoren erfolgt durch Kurzschlußschieber. Durch Umschaltung der Speisepunkte und schnelle Keulenschwenkung läßt sich die Antenne für die Vergleichspeilung einsetzen.

Schielen (engl.: squint)

Liegt die Hauptstrahlkeule (s. d.) nicht exakt in Richtung der Seelenachse (s. d.), so spricht man von Schielen. Die Abweichung wird Schielwinkel genannt. Auch eine gewünschte Nullstelle (s. d.) kann durch Schielen verschoben sein. Häufig weist Schielen auf einen Defekt in der Antenne hin.

Schiffsantenne

Eine Antenne für den Funkdienst auf Schiffen. Für den LW- und MW-Bereich meist L- und T-Antennen (s. d.), für KW vertikale Stabantennen (s. d.) und Reusenantennen (s. d.), für UKW-Hafenfunk Koaxialantennen (s. d.) und Groundplaneantennen (s. d.).

Schirmantenne
(engl.: umbrella antenna)

Eine vertikale Antenne mit einer Endkapazität in der Form von Regenschirmspeichen. Diese Bauform besteht seit den Anfängen der Funktechnik und wird heute noch ausgiebig bei LW- und MW-Antennen verwendet; hat aber auch auf KW und Grenzwellen ihre Vorteile. Die Ausführung mit einem umlaufenden Außenring, der alle Speichen verbindet, ist besonders günstig.
Durch die Endkapazität tritt eine elektrische Verlängerung der Antenne ein, verbunden mit einer Verbesserung des Wirkungsgrades durch Erhöhung des Strahlungswiderstandes. Um die Erdverluste zu verringern ist ein Erdnetz (s. d.) notwendig, das aus 30 bis 120 und mehr Radials besteht. Zur Anpassung wird zweckmäßig ein L-Netzwerk aus Serien-L und Parallel-C verwendet. Dadurch liegt die Antenne auf Erdpotential.

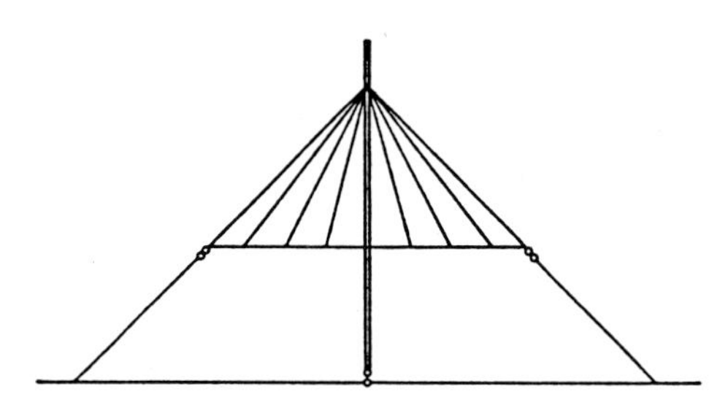

Schirmantenne in Seitensicht. Gesamthöhe 0,0975 λ
Höhe des Schirmmittelpunkts: 0,0845 λ
Länge einer Schirmspeiche: 0,0654 λ
Abstand Fußpunktisolator–Abspannpunkt: 0,0854 λ
16 Schirmdrähte, außen mit Drahtring verbunden.
Das radiale Erdnetz sollte $>$ 30 Leiter $\geqq 0{,}1\,\lambda$ haben. Die Pardunen sind oft durch Isolatoren unterbrochen. Beim Einhalten der Abmessungen ist die Antenne auf 3,5 MHz resonant. Die Originalantenne wird in den USA auf 80 kHz (!) betrieben.

Schlankheitsgrad
(engl.: ratio of length to diameter)

Der Schlankheitsgrad S ist das Verhältnis der Länge l des Antennenleiters zum Durchmesser d des Leiters.

$$S = l/d \quad \text{[Verhältniszahl der Längen]}$$

Nicht selten werden auch l/r, 2l/d, λ/d u. ä. als Schlankheitsgrad bezeichnet. Je kleiner S, umso niedriger wird der mittlere Wellenwiderstand einer Antenne. Eine dicke Antenne hat mit niedrigem S auch ein kleines L/C-Verhältnis, damit einen kleinen Q-Faktor (s. d.) und eine große Bandbreite (s. d.).
Der Wellenwiderstand einer Vertikalantenne der Höhe h über idealer Erde ist:

$$Z_V = 60 \cdot [\ln (2\,h/d) - 0{,}55] \quad [\Omega]$$

Der Wellenwiderstand eines horizontalen Halbwellendipols der Länge l im Freiraum ist zweimal so groß:

$$Z_D = 120 \cdot [\ln (l/d) - 0{,}55] \quad [\Omega]$$

Dabei dürfen Wellenwiderstand Z und Speisewiderstand Z_{in} an den Antennenklemmen nicht verwechselt werden, obwohl ein niedriges Z die Speiseimpedanz gleichsinnig herabsetzt. Vom Schlankheitsgrad S hängt der Verkürzungsfaktor v der Antenne ab (s. d.).
Antennen niedrigen Schlankheitsgrades sind: Konusantenne, Doppelkonus-Antenne, Reusendipol und Conifan-Antenne (Siehe jeweils dort).

Schlauchleitung

Die flachen Zweidraht-Bandleitungen werden durch Regen und atmosphärische Schmutzanlagerungen in ihrer Impedanz und Verlustarmut beeinträchtigt. Bei Schlauchleitungen liegen die Drähte oder Litzen in Schaumpolyäthylen gebettet im Inneren eines Schlauches, der äußere Einflüsse stark verringert.

Schleifenantenne

Eine Antenne aus einem Leiter in Gestalt einer Schleife, die vom erregenden Strom durchflossen wird. Diese Antennenart reicht vom kleinen Rahmen über die Quadschleife bis zur großen Loopantenne (Siehe jeweils dort). Eine Schleifenantenne kann beheizt werden.

Schleifendipol (engl.: folded dipole)

Soviel wie Faltdipol (s. d.).

Schleppantenne

Eine Flugzeugantenne, die aus dem Heck ausgekurbelt und nachgeschleppt wurde. Da sie schräg nach unten hing, war ihre Strahlung vorwiegend horizontal polarisiert, was bei der Peilung des Flugzeuges große Peilfehler hervorrief. Diese Antennen waren für LW und MW notwendig. Mit dem Funkbetrieb auf KW wurden auch die Antennen kürzer. KW-Antennen waren z. B. zwischen Bugkanzel und hinterem Leitwerk verspannt. Mit den höheren Geschwindigkeiten verschwanden die außenliegenden Antennen. Heute wird der Funkverkehr mit Konform- und Notchantennen (s. d.) abgewickelt.

Schlitzantenne (engl.: slot antenna)

Ein λ/2 langer Schlitz in einer größeren Metallplatte ist die Grundform der Schlitzantenne. Wird der Schlitz in seiner Mitte gespeist, so ist die Impedanz an den Klemmen etwa 500 Ω. Um ihn mit 50 Ω-Koaxialkabel speisen zu können, muß der Speise-

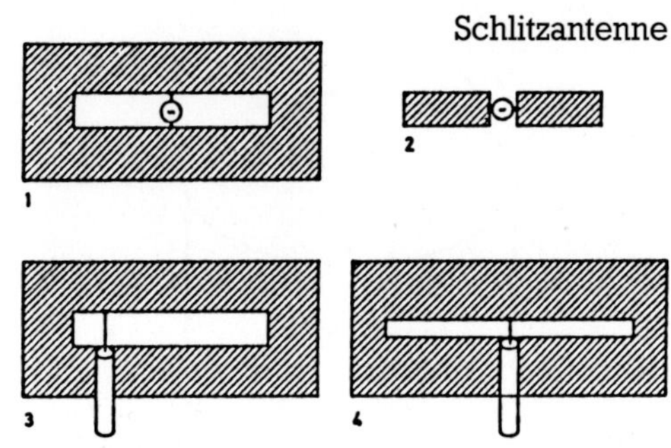

Schlitzantenne.

1: Schlitzantenne mit Generator, Länge λ/2, vertikal polarisiert.
2: Nach dem Theorem von Babinet (s. d.) der Schlitzantenne 1 entsprechender Halbwellendipol, horizontal polarisiert.
3: Praktisch ausgeführter resonanter Halbwellen-Schlitzdipol, Länge 0,475 λ, Breite 0,01 λ, Speisepunkt etwa λ/20 vom linken Ende entfernt, Impedanz dort 50 Ω ± j0 Ω.
4: Praktisch ausgeführter Ganzwellen-Schlitzdipol, Länge 0,925 λ, Breite 0,066 λ, Impedanz am Speisepunkt 50 Ω ± j0 Ω. Die Metallflächen sind theoretisch unendlich groß.

punkt λ/20 vom Ende entfernt angebracht werden.
Die Schlitzantenne ist die entsprechende magnetische Antenne zur elektrischen Halbwellendipolantenne. Die Polarisationen sind entsprechend vertauscht. Es gibt auch einen Vollwellenschlitz mit 0,925 λ Länge und 0,066 λ Breite, der in seiner Mitte mit 50 Ω-Kabel gespeist werden kann.
Schlitzantennen können an ihrer Rückseite mit einem λ/4 tiefen Metallkasten abgedeckt werden und auch als Apertur eines Hohlleiters verwendet werden.
Schlitzt man ein vertikales Rohr parallel zur Achse auf, so bekommt man den Rohrschlitzstrahler, einen Einschlitzstrahler (Pylonantenne). Bei mehreren Schlitzen in derselben Höhe entstehen Zweischlitzstrahler, Doppelschlitzstrahler und Vierschlitzstrahler. Die Mehrschlitzstrahler sind horizontal polarisierte Rundstrahler (s. d.) und finden als Antennen für UKW-Rundfunk und -Fernsehen Anwendung.
Wird ein Hohlleiter (s. d.) schräg geschlitzt, so entsteht eine Schlitzantenne. Durch mehrere Schlitze im Hohlleiter lassen sich so leicht ganze Strahlergruppen für Mikrowellen herstellen (Siehe Leckwellen-Antenne).

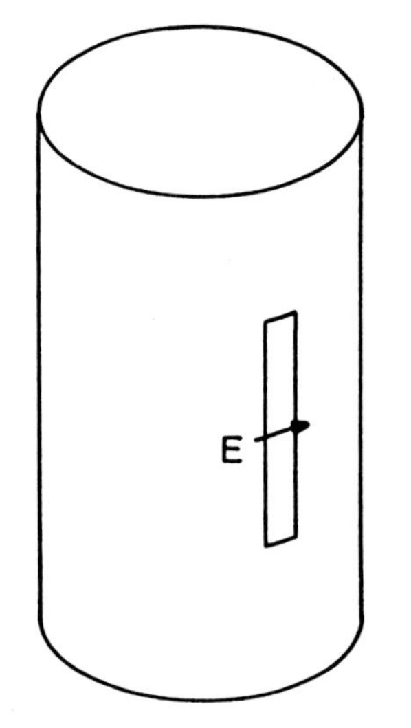

Schlitzantenne. Rohrschlitzstrahler, horizontal polarisiert. Der Pfeil zeigt die Lage des E-Vektors.

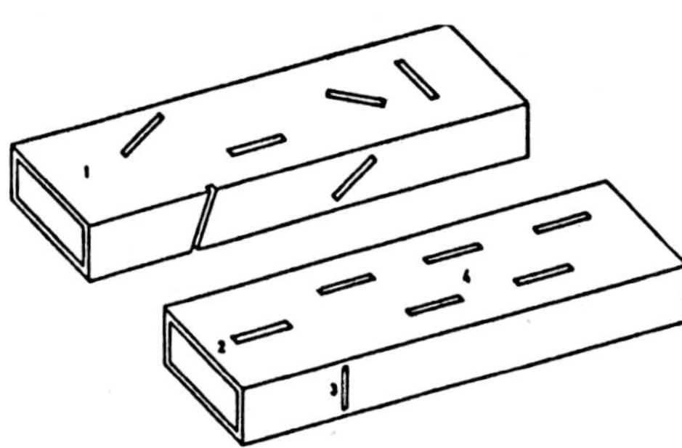

Schlitzantenne.
1: verschieden strahlende Schlitze in einem Hohlleiter
2: und 3: zwei nichtstrahlende Schlitze
4: Gruppenantenne aus 5 Schlitzen

Schlitzbalun
(engl.: split tube balun, split sheath coaxial balun)

Ein Balun (s. d.) für eine Frequenz oder ein schmales Frequenzband. Eine koaxiale Rohrleitung ist vom Ende her mit zwei diametral gegenüberliegenden Schlitzen von λ/4 Länge versehen. Der Innenleiter ist mit der einen Hälfte des Außenleiters verbunden; die symmetrische Antenne, z. B. ein Halbwellendipol ist an die beiden Halbschalen angeschlossen. Durch Verändern der Schlitzlänge ist eine Frequenzabstimmung, durch Verändern des Innenleiterdurchmessers eine Impedanzwandlung möglich. Die Impedanztransformation ist 1 : 4 unsymmetrisch/symmetrisch. Dieser Balun wird z. B. in der Standardantenne (s. d.) der EIA verwendet.

Schluckende (engl.: dissipative ending)

Ein niederohmiger Leiter, der hinter dem Schluckwiderstand (s. d.) angebracht ist. Da das Schluckende λ/4 lang ist, so ist seine Eingangsimpedanz sehr niederohmig, so daß der Schluckwiderstand gut belastet werden kann. Bei Breitbandantennen werden mehrere Schluckenden, die in der Frequenz gestaffelt sind, angeschlossen, wobei zwischen Parallel- und Reihenschaltung gewählt werden kann. Mit der Serienschaltung aus Schluckwiderstand und Schluckende wird eine offene Antenne (Langdraht, V-Antenne) unidirektional, d. h. die Abstrahlung erfolgt nur nach einer Seite. Die Antenne ist nicht mehr resonant, sondern verhältnismäßig breitbandig. (Siehe auch: V-Antenne).
(P. S. Carter – 1933 – USA)

Schluckleitung (engl.: dissipation line)

Bei hohen Sendeleistungen können Massewiderstände nicht mehr die gesamte Leistung am Ende einer Rhombusantenne (s. d.) absorbieren. Man schließt deshalb den Rhombus mit einer Zweidrahtleitung aus Widerstandsdraht von der Impedanz des Rhombus ab (etwa 600 bis 800 Ω). Die Zweidrahtleitung wird so lang bemessen, daß die gesamte zu schluckende Energie (maximal 50 % der Speiseenergie) ohne Stehwellenbildung verbraucht wird. Das Ende wird kurzgeschlossen und zum Blitzschutz (s. d.) geerdet. Als Material werden Widerstandsdrähte aus Chromnickelstahl, Kanthal u. dgl. verwendet. Bei täglichem Gebrauch der Schluckleitung mit hoher Energie kann auch weicher Eisendraht verwendet werden, der sich mit rotem Eisenoxid bedeckt und nicht weiter rostet.
(E. J. Sterba – 1931 – USA)

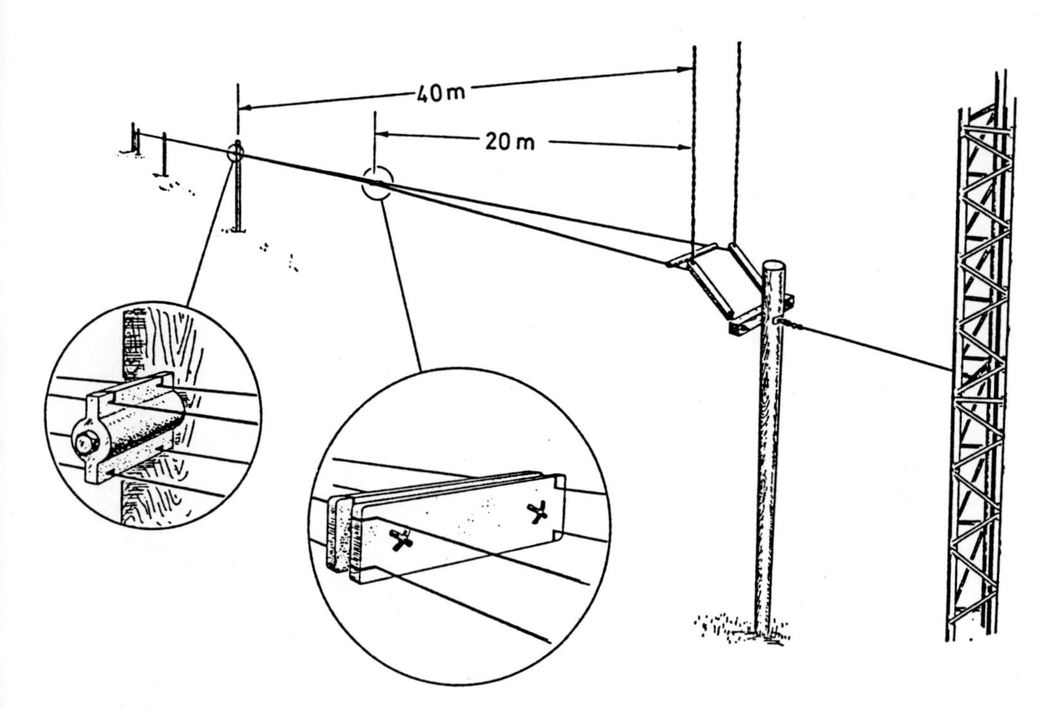

Schluckleitung. Einer Rhombusantenne. Die vom Ende der Rhombusantenne senkrecht herabkommende Doppelleitung aus verdrilltem Widerstandsdraht geht in eine Vierdrahtleitung aus dem gleichen Material über, die am fernen Ende (≈ 160 m Gesamtlänge) symmetrisch geerdet ist.

Schluckwiderstand

(engl.: dissipation resistor)

Ein in die Antenne oder die Antennenableitung eingebauter ohmscher Widerstand, der die vom Ende reflektierten Wellen schluckt, in Wärme umwandelt und so die Ausbildung von Wanderwellen auf der Antenne bewirkt. Bei Empfangsantennen genügt ein kleiner Massewiderstand, bei Sendeantennen je nach Leistung ein geometrisch großer Massewiderstand oder eine Schluckleitung (s. d.). Die Belastungsfähigkeit des Schluckwiderstandes richtet sich nach Betriebsart und Leistung.

Beispiel: Antennenleistung 1 kW, Leistung am Antennenende 500 W, 50 % der Zeit Empfang, 50 % der Zeit Sendung, Morsetelegrafie: 50 % Sender ein, 50 % Tastpausen.

Durchschnittliche Leistung am Schluckwiderstand:

$$P_S = 500\ W \cdot 0{,}5 \cdot 0.5 = 125\ W.$$

Dabei ist eine hohe Wärmeträgheit des Schluckwiderstandes vorausgesetzt.

Schmalbandantenne

Eine Antenne von hoher elektrischer Güte (Siehe: Q-Faktor), die nur in einem schmalen Frequenzband an ihre Speiseleitung angepaßt ist und dort auch ihren höchsten Gewinn hat.

Schmalbandspeisung

(engl.: narrowband feeding)

Die Speisungsmethode einer Antennengruppe (s. d.), welche nur in einem engen Frequenzbereich die Breitbandigkeit der Einzelelemente auf die Gruppe überträgt. (Siehe auch: Breitbandspeisung).

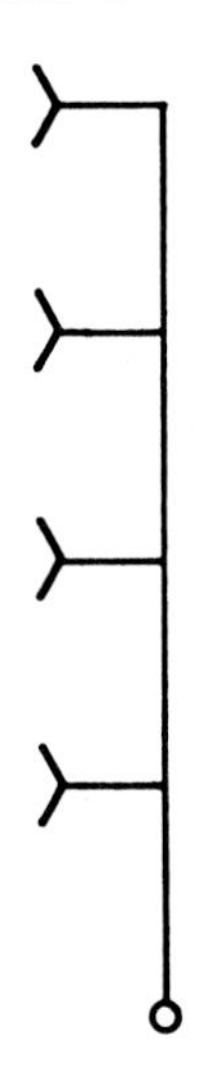

Schmalbandspeisung einer Antennengruppe.

Schmetterlingsantenne
(engl.: batwing antenna)

Eine sehr breitbandige Antenne, bei der horizontale Dipole in Form von Schmetterlingsflügeln parallelgeschaltet sind. Meist wird sie bei Fernsehsendern in Drehfeldspeisung (s. d.) betrieben, wobei mehrere Etagen übereinander gestockt sind. Die Antenne wird auch Fledermausantenne genannt.

Schmetterlingsdipol
(engl.: butterfly dipole)

Ein Ganzwellendipol (s. d.) in Form eines fliegenden Schmetterlings, also ein Spreizdipol (s. d.).

Schnellabstimmgerät

Ein Gerät zum raschen, automatischen Abstimmen von Anpaßgeräten (s. d.) für die Antennenspeisung. Meist wird ein L-Glied zur Auf- und Abwärtstransformation geschaltet. Die Induktivitäten und Kapazitäten sind in digitalen Schritten durch Relais schaltbar nach der Zahlenreihe 1 2 4 8 16 ... Dies gestattet jeden beliebigen Wert über eine Matrix zu schalten, die von einem Mikroprozessor gesteuert wird, der seine Information aus einem Richtkoppler (s. d.) erhält. Manchmal wird auch die Betriebsfrequenz mit den Einstellwerten des L-Gliedes eingespeichert, so daß der Abstimmvorgang in einigen ms erledigt ist.

Schnellabstimmgerät. **In der Mitte eines Spreizdipols für 2 bis 30 MHz. (Werkbild Rohde & Schwarz)**

Schuhbandlinse (engl.: bootlace lens)

Eine Linse (s. d.), die aus zahlreichen Empfangsantennen auf der Seite zum Primärstrahler (s. d.) und ebensovielen Sendeantennen auf der Seite zum Ziel besteht. Jede Empfangsantenne empfängt einen Teil der elektromagnetischen Wellenfront und leitet sie über Koaxialkabel oder Hohlleiter ihrer zugehörigen Sendeantenne zu, die sie zum Ziel abstrahlt. Durch die Geometrie der Empfangsfläche, die Geomtrie der Sendefläche und die Kabel- bzw. Hohlleiterlängen lassen sich die Eigenschaften der Schuhbandlinse beliebig gestalten. Ihr Hauptnachteil sind die beträchtlichen Verluste.

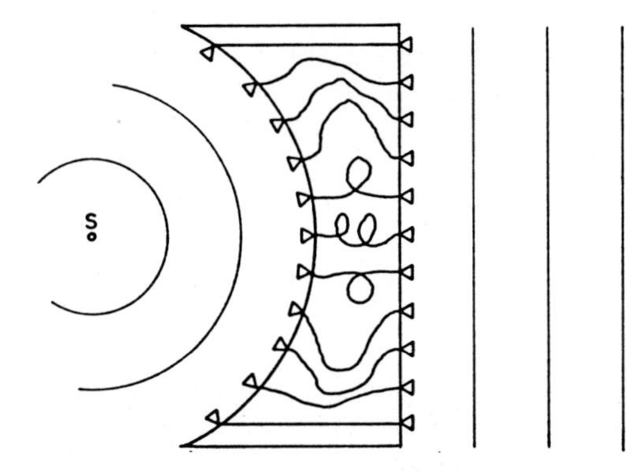

Schuhbandlinse. Aus 11 Empfangsantennen und 11 Sendeantennen. Die von der Strahlungsquelle S ausgehende Kugelwelle wird von den Empfangsantennen aufgenommen, über gleichlange Koaxialkabel zu den Sendeantennen geleitet und als ebene Welle wieder abgestrahlt.

Schwenkkeulenantennen
(engl.: steerable beam antenna system)

Eine geometrisch feststehende Antenne, bei der die Hauptkeule elektrisch geschwenkt wird (Siehe: Keulenschwenkung).
Bei einer Reflektorantenne kann z. B. der Primärstrahler (s. d.) mechanisch bewegt werden.

Schwerlinienhöhe

Bei einer Vertikalantenne gilt als Strahlungszentrum der Schwerpunkt der flächenhaft dargestellten Stromverteilung. Man kann dies auch als Schwerlinie der Strom-Momente auffassen.
Bei vertikal polarisierten Antennen ist eine Schwerlinienhöhe von 0,27 bis 0,32 λ zur Erzielung von Flachstrahlung besonders vorteilhaft.

Schwerpunkt der Stromverteilung

Die Richtwirkung einer Antenne hängt von der Stromverteilung auf den strahlenden Leitern ab. Man kann gedanklich die Strahlung eines Elementes (s. d.) in seinem Schwerpunkt konzentrieren. Dadurch wird die Berechnung der Richtcharakteristik (s. d.) stark vereinfacht, ohne daß dabei erhebliche Fehler auftreten. Häufig liegt der Schwerpunkt in der Symmetrieebene der Antenne. Besonders erfolgreich war die Schwerpunktbetrachtung bei der Gestaltung der vertikal polarisierten Antifading-Antennen (s. d.) und der Höhendipolantennen (s. d.).

Schwundminderung

Für den Sendefall:
(Siehe: Antifading-Antenne).
Für den Empfangsfall:
(Siehe: Diversity-Empfang).

Scimitar-Antenne
(engl.: scimitar antenna, cornucopia-type antenna)

Ein Scimitar ist ein krummer Türkensäbel, englisch: cornu copia = Füllhorn. Die Antenne wird auch Sichelantenne genannt. Ihre Begrenzungskurven sind logarithmische Spiralen. Die Antenne ist mit dem breiten Ende auf einer leitenden Fläche befestigt und wird am schmalen Ende nahezu punktförmig gespeist. Durch mechanische Stabilität und geringen Luftwiderstand eignet sich die Antenne sehr gut für bewegliche Objekte mit leitender Oberfläche und hoher Geschwindigkeit. Die Eingangsimpedanz ist sehr breitbandig, so daß ein Bereich von 0,7 bis 18 GHz zu nutzen ist. Das Strahlungsdiagramm ist stark frequenzabhängig mit vielen Maxima und Minima, jedoch kaum Nullstellen. Es er-

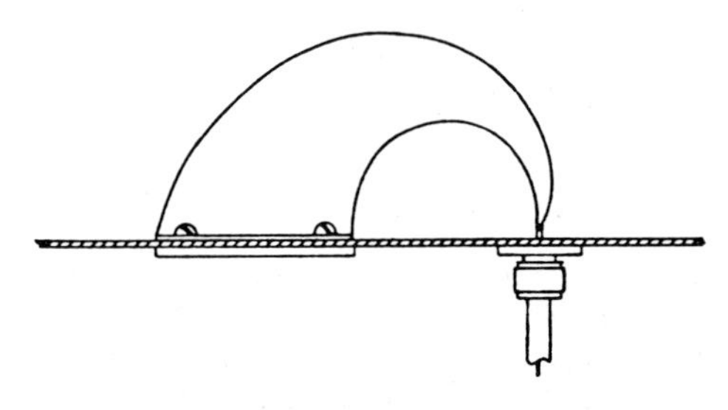

Scimitar-Antenne. Die aus gutleitendem Metallblech hergestellte Antenne ist links mit der Außenhaut des Fahrzeugs, rechts mit dem Innenleiter des Koaxialanschlusses verbunden und liegt auf Massepotential.

möglicht daher gesicherten Empfang aus allen Raumrichtungen für alle Polarisationen.
(E. M. Turner, W. P. Turner – 1958 – US Patent).
(Lit.: H. Meinke, NTZ 12/1967).

Sechsband-Flächengroundplane-Antenne

Eine breitbandige, am Fußpunkt erregte vertikale Dreiecksreuse für das Frequenzband von 10 MHz bis 30 MHz mit längenabgestimmten Radialdrähten, von denen mindestens ein Satz zu 6 Stück, besser jedoch zwei bis vier Sätze als Groundplane verwendet werden sollten. Mantelwellen können durch Ferritringe, die man auf das 50 Ω-Koaxialkabel aufschiebt, gesperrt werden. Das Stehwellenverhältnis ist auf allen sechs Bändern s ≦ 2.

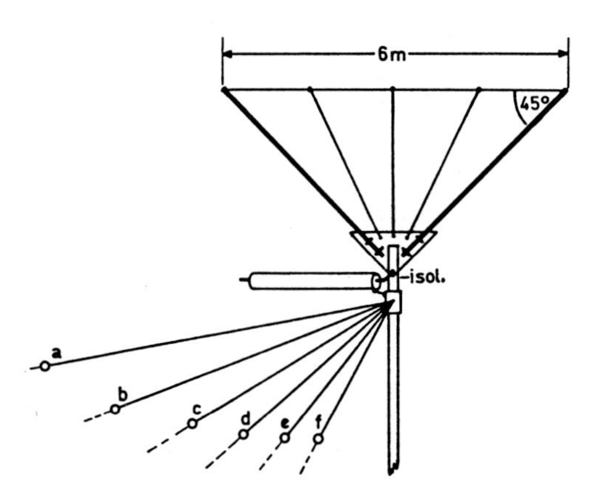

Sechsband-Flächengroundplane-Antenne. Die Dreiecksreuse wird isoliert gehaltert und am Fußpunkt mit 50 Ω-Koaxialkabel gespeist. Die Radialdrähte haben folgende Längen:

a = 7,30 m	b = 5,20 m	c = 4,05 m
d = 3,45 m	e = 2,95 m	f = 2,60 m

Sechsdrahtleitung

Eine erdsymmetrische Speiseleitung aus sechs Drähten in rechteckiger Anordnung. Je nach Schaltung lassen sich verschiedene Wellenwiderstände erreichen, ohne die Abmessungen verändern zu müssen: 1-2-3 gegen 4-5-6, 1-3-5 gegen 2-4-6, usw.

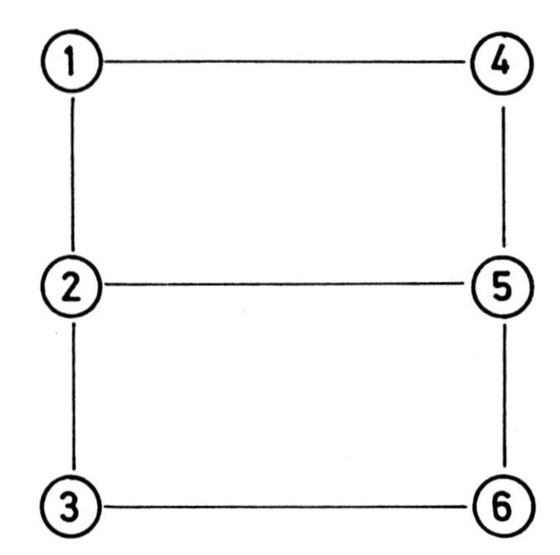

Sechsdrahtleitung (Querschnitt).

Sechsmast-Adcock-Antenne

Ein Antennensystem aus drei Adcocksystemen, die aus je zwei Unipolen (s. d.) bestehen. Gegenüber dem Viermast-Adcock (s. d.) vermindert sich der Peilfehler bei gleicher Basislänge beträchtlich.

Seelenachse (engl.: reference boresight)

Aus der Artillerie übernommener Begriff, der die Ausrichtung einer Antenne auf das Ziel beschreibt. Die Seelenachse ist bei scharf bündelnden Richtantennen im Maximum der Hauptkeule (s. d.), bei trichterförmig abtastenden Antennen dagegen die Achse des Trichters. Die Ausrichtung erfolgt optisch, elektrisch, mechanisch oder bei hochgenauen Antennen durch Laser-Vermessung.

Segment-Antenne

Eine Zylinder-Parabol-Antenne, die senkrecht zur Zylinderachse durch ebene reflektierende Platten begrenzt ist. Die flache Ausführung ist eine Pillbox-Antenne (s. d.), die lange Ausführung eine Cheese-Antenne (s. d.).

Seilklemme (engl.: grip)

Eine Klemme zur Verbindung zweier Seile. Die Einzeldrähte des Seiles dürfen nicht breitgequetscht werden.

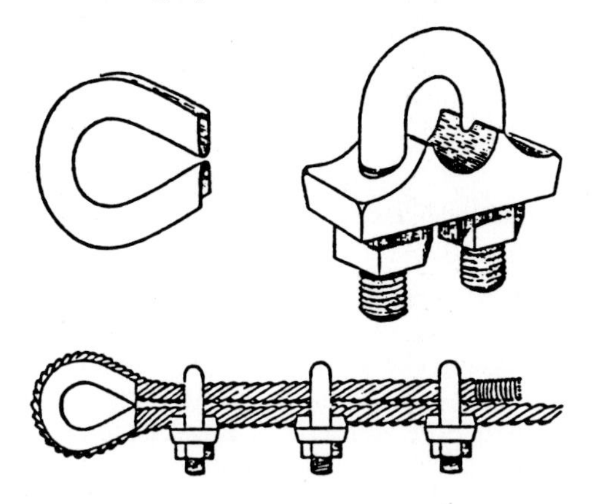

Seilklemme. Oben links: Kausche, rechts: Seilklemme Unten: Seilauge mit Kausche und drei Seilklemmen. Die Bügel pressen auf das weniger belastete Seilstück und sind mindestens 6 Seildurchmesser voneinander entfernt. Zur Verbindung zweier Seilenden sind zwei Augen zu formen und mit einem Wirbel (s. d.) zu verbinden.

Seilrolle (engl.: pulley block)

Als feste und bewegliche Rolle zum Antennenbau unentbehrliche mechanische Vorrichtung. Es ist darauf zu achten, daß die

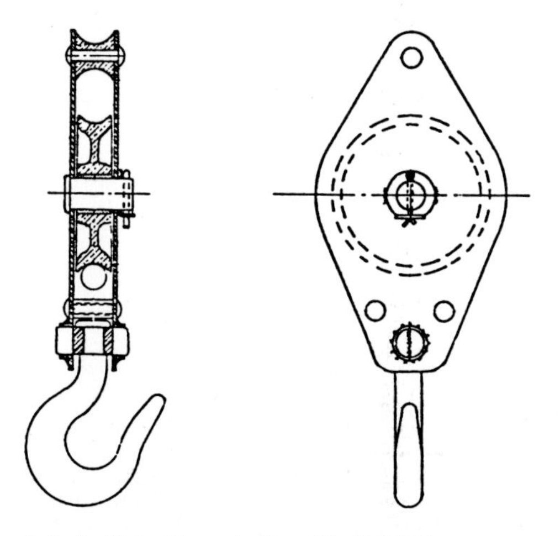

Seilrolle. Links: Querschnitt, rechts: Aufsicht.

beiden Zwischenräume zwischen Rolle und Block erheblich kleiner als der Seildurchmesser sind, um ein Klemmen des Seiles sicher zu vermeiden.

Seitenkeulenleistung, durchschnittliche (engl.: mean side lobe level).

Die durchschnittliche, seitlich abgestrahlte Leistung im Vergleich zur Hauptkeule, wobei der Winkelbereich festgelegt und die Hauptkeule davon ausgenommen sein muß. Meist genügt es, die Leistung der einzelnen Nebenkeule mit der Leistung des Maximums der Hauptkeule zu vergleichen.

Sektorabtastung (engl.: sector scanning)

(Siehe auch: Abtastung). Eine Abwandlung der Abtastverfahren, so daß nicht der gesamte Umkreis o. dgl., sondern nur ein gegebener Ausschnitt abgetastet wird.

Sektorhorn (engl.: sectoral horn)

Eine Hornantenne (s. d.), die entweder in Richtung der E-Ebene oder aber in Richtung der H-Ebene geometrisch erweitert ist.

Sekundärstrahler
(engl.: secondary radiator)

1. Ein Strahler, der nur dann strahlt, wenn er von der Welle eines anderen Strahlers getroffen wird. Als passiver Sekundärstrahler (= Parasitärstrahler, s. d.) wird er durch Strahlungskopplung erregt und wirkt als Direktor (s. d.) oder Reflektor (s. d.). Außerdem ist jede Reflektorwand ein Sekundärstrahler.
Darüber hinaus wirken jeder Gegenstand genügender Größe und sogar jede Inhomogenität als Sekundärstrahler, was in der Radartechnik ausgenützt wird.
Ein aktiver Sekundärstrahler ist mit Transistoren oder Röhren bestückt und sendet die empfangene Welle nach Verstärkung wieder aus. Er wird auch Transponder genannt.

2. Bei einer Reflektor-Antenne (s. d.) gilt als Sekundärstrahler der Teil mit der größten strahlenden Apertur: der Reflektor oder die Linse.

Serien-Sektion-Anpassung

(engl.: series section transformer)

Eine Impedanztransformation, die durch Einschleifen eines Leitungsstückes < λ/4 in die ursprüngliche Speiseleitung erfolgt. Das transformierende Leitungsstück weicht von der Impedanz der Speiseleitung ab und ist weniger als λ/4 vom Verbraucher (= Antenne) entfernt.

Short-Backfire-Antenne

(engl.: short backfire antenna)

Eine kurze Backfire-Antenne (s. d.), die aus einem Halbwellendipol als Primärstrahler (s. d.), einem kreisförmigen, ebenen Nebenreflektor (s. d.) und einem kreisförmigen Hauptreflektor (s. d.) besteht, der einen zylindrischen Rand gegen Überstrahlung (s. d.) trägt. Diese Antenne hat einen Gewinn von etwa 13 dBd, ein Vor/Rück-Verhältnis von 30 dB und Nebenkeulen unter –20 dB. Sie kann mit einem Kreuzdipol (s. d.) zirkular polarisiert erregt werden.
Die Antenne wurde erstmals 1965 von H. Ehrenspeck beschrieben.

Short-Backfire-Antenne.
1: Ansicht: In der Mitte der Kreuzdipol mit dem kreisförmigen Nebenreflektor. Der Hauptreflektor mit seinem Kragen besteht aus Maschendraht.
2: Geometrie: Der Kreuzdipol ist etwa 0,475 λ lang und wird auf Resonanz abgestimmt.

Signalprozessor-Antenne

(engl.: signal processing antenna system)

Eine Antenne, die durch das empfangene Signal gesteuert wird und vorher programmierte Funktionen durchführt: Auswahl der Elemente, Addition oder Subtraktion der Keulen, Speicherung der Ergebnisse usw. (Siehe auch: Empfangsantenne, adaptive).

Six-Shooter-Querstrahler

(engl.: six-shooter broadside array)

Ein Querstrahler mit zweiseitiger Richtstrahlung aus 6 Halbwellendipolen mit etwa 7,5 dBd Gewinn. Die Speisung erfolgt über eine 450 Ω-Zweidrahtleitung. Hinter dieser Gruppenantenne kann ein aktiver oder ein passiver Reflektor (s. d.) angebracht werden.

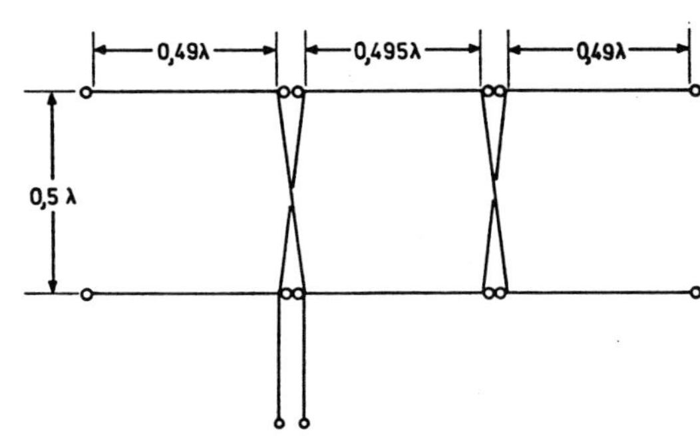

Six-Shooter-Querstrahler. Die unteren Elemente sollen 0,5 λ oder mehr über dem Erdboden angebracht werden, um die Flachstrahlung zu begünstigen. Werden die Elemente und der Abstand auf 0,64 λ vergrößert, so läßt sich der Gewinn auf etwa 10 dBd steigern. Dann treten aber Nebenkeulen auf.

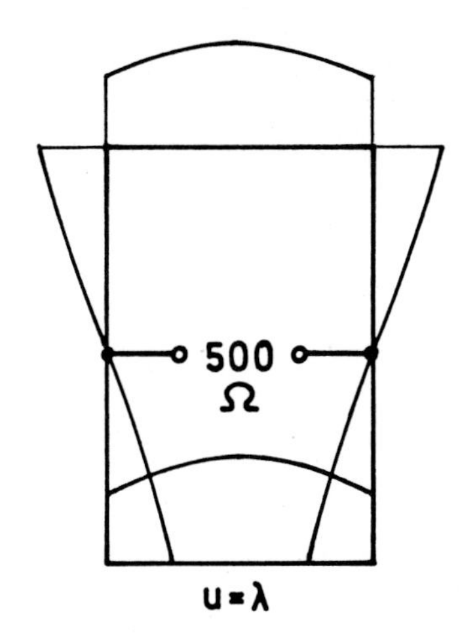

Skelettschlitzantenne. mit Stromverteilung

Skelettschlitz-Antenne
(engl.: skeleton slot antenna)

Eine Schlitzantenne (s. d.), deren umgebende Metallfläche auf ein Skelett zurückgeführt worden ist. Die Impedanz an den Speisungspunkten ist rund 500 Ω. Man kann den Skelettschlitzstrahler als Ganzwellenschleife (u = 1 λ) einer Cubical-Quad-Antenne (s. d.) betrachten, die in den zwei Spannungsbäuchen gespeist wird, was einen Gewinn von etwa 0,9 dBd erklärt. Heute wird dieses Element noch zur Speisung zweier gestockter Yagi-Uda-Antennen eingesetzt. (Siehe auch: Parabeam).
(J. F. Ramsey – 1949 – Brit. Patentanmeldung)

Skineffekt (engl.: skin effect)

Soviel wie Hauteffekt. Bei hohen Frequenzen werden durch die innere Selbstinduktion in einem Leiter die Strombahnen an die Oberfläche gedrängt. Dem Strom steht also nur ein verringerter Querschnitt zur Verfügung, was sich in der Erhöhung des Wirkwiderstandes bemerkbar macht. Abhilfe schafft man durch Verwendung von Rohr anstatt des Drahtes und durch Parallelschaltung mehrerer Leiter: Reusen, HF-Litzen mit isolierten Einzeldrähten.
Zur Berechnung der Widerstandserhöhung bei technischen Metallen durch den Skineffekt dient folgende Tabelle:
(Dabei ist $\mu_r \approx 1$, außer bei Eisen und Stahl $\mu_r \approx 100$ bis 4000) κ ist der Materialleitwert, bezogen auf Leiterlänge 1 m, Leiterquerschnitt 1 mm², κ = spezifischer Leitwert in $\frac{S \cdot m}{mm^2}$; $\kappa = \frac{1}{\varsigma}$

Stoff	κ	Stoff	κ
Silber	61	Aluminium	35
Kupfer, weich	58	Zink	17
halbhart	57	Messing	13
hart	56	Platin	10
Blei	45	Zinn	8
Bronze	40		

Eindringtiefe: $\delta = 0{,}503 / \sqrt{f \cdot \kappa \cdot \mu_r}$ [mm]
Hochfrequenzwiderstand aufgrund des Skineffekts:

$$R_{HF} = 0{,}64 \cdot \frac{l}{d} \cdot \sqrt{\frac{f \cdot \mu_r}{\kappa}} \quad [\Omega]$$

δ in mm; f in MHz; κ in $\frac{S \cdot m}{mm^2}$; l in m; d in mm.

Sleeve-Antenne (engl.: sleeve antenna)

Eine Antenne mit einem leitenden Hohlzylinder, der Teile der Linearantenne überdeckt, ohne sie zu berühren. (Siehe: Koaxial-Antenne).

Slim-Jim-Antenne
(engl.: slim = dünn, schlau; Jim = **J**-type **i**ntegrated **m**atching stub)

Eine besondere J-Antenne (s. d.). Es handelt sich dabei um einen am Ende mit einer symmetrischen Viertelwellen-Anpaßleitung gespeisten Faltdipol. Eine Variation ist die MSJ-Antenne (Abkürzung für **M**odified **S**lim **J**im).
(Lit.: F. C. Judd, G2BCX, Practical Wireless, April 1978.)

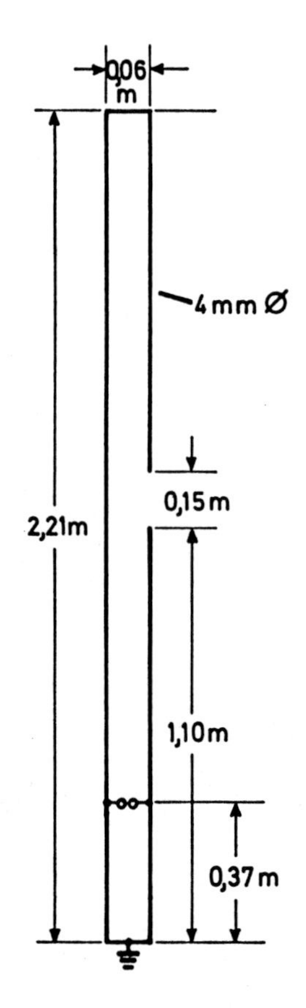

Slim-Jim-Antenne. Hier eine MSJ-Antenne (Modified Slim Jim) für 101,8 MHz vom griechischen Rundfunk als Sendeantenne eingesetzt und für 50 Ω-Koaxialkabel dimensioniert.

Slinky-Dipol (engl.: slinky dipole)

Die englische Bezeichnung slinky toy bedeutet ein Kinderspielzeug in Form einer Springfeder. Die Antenne ist ein durch Ausziehen mechanisch abstimmbarer Dipol aus zwei Schraubenfedern, deren Durchmesser klein gegen die Wellenlänge ist. Dadurch strahlt die Antenne senkrecht zur Spulenachse als eine in Normal-Mode erregte Helixantenne (s. d.). Die Antenne ist wesentlich kürzer als ein geradliniger Dipol.
(S. Arnow – 1973 – US Patent).

Sloper (engl.: sloper dipole)

Ein schräggestellter Halbwellendipol, der zwischen Mast und Erdboden im Winkel von 30° bis 60° gespannt ist. Da der Mast aus Metall ist oder ein Holzmast mit einem Blitzableiterdraht versehen ist, wirkt der Mast als Reflektor. Der Gewinn in der Hauptstrahlrichtung ist etwa 3 bis 4 dBd. Die Speisung erfolgt mit 50 Ω-Koaxialkabel. (Siehe auch: Halb-Sloper).

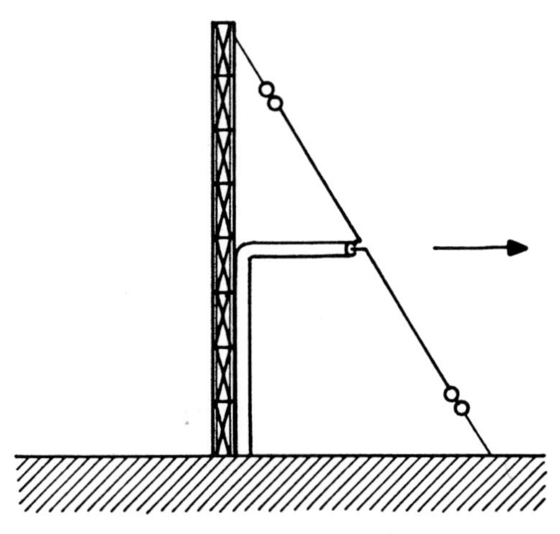

Sloper. Für 7 MHz sollte das obere Ende des Dipols 1,5 m vom Mast entfernt sein.

Smith-Diagramm (engl.: Smith chart)

Ein Leitungsdiagramm (s. d.) oder Kreisdiagramm zur grafischen Bestimmung von Widerstandstransformationen auf Leitungen. Durch konforme Abbildung wird die unendlich lange reelle und die unendlich lange imaginäre Achse in die endliche Darstellung eines Kreises übergeführt.
Die Reflexionsdarstellung erfolgt in Polarkoordinaten in der Reflexionsfaktorebene. Dabei ergeben sich für konstante Welligkeiten konzentrische Kreise und als Phasen gleiche Winkel für konstante Leitungslängen, die außen am Kreis ersichtlich sind.
Die Impedanz ist dabei dargestellt durch

Kreise für konstante Real- und Imaginärteile.

Das Smith-Diagramm ist eine viel verwendete, moderne Darstellung, sein Nachteil liegt in den nur ungenau darstellbaren, großen Impedanzwerten.

(Lit.: P. H. Smith, Electronics 12/1939 No. 1 und 17/1944 No. 1)

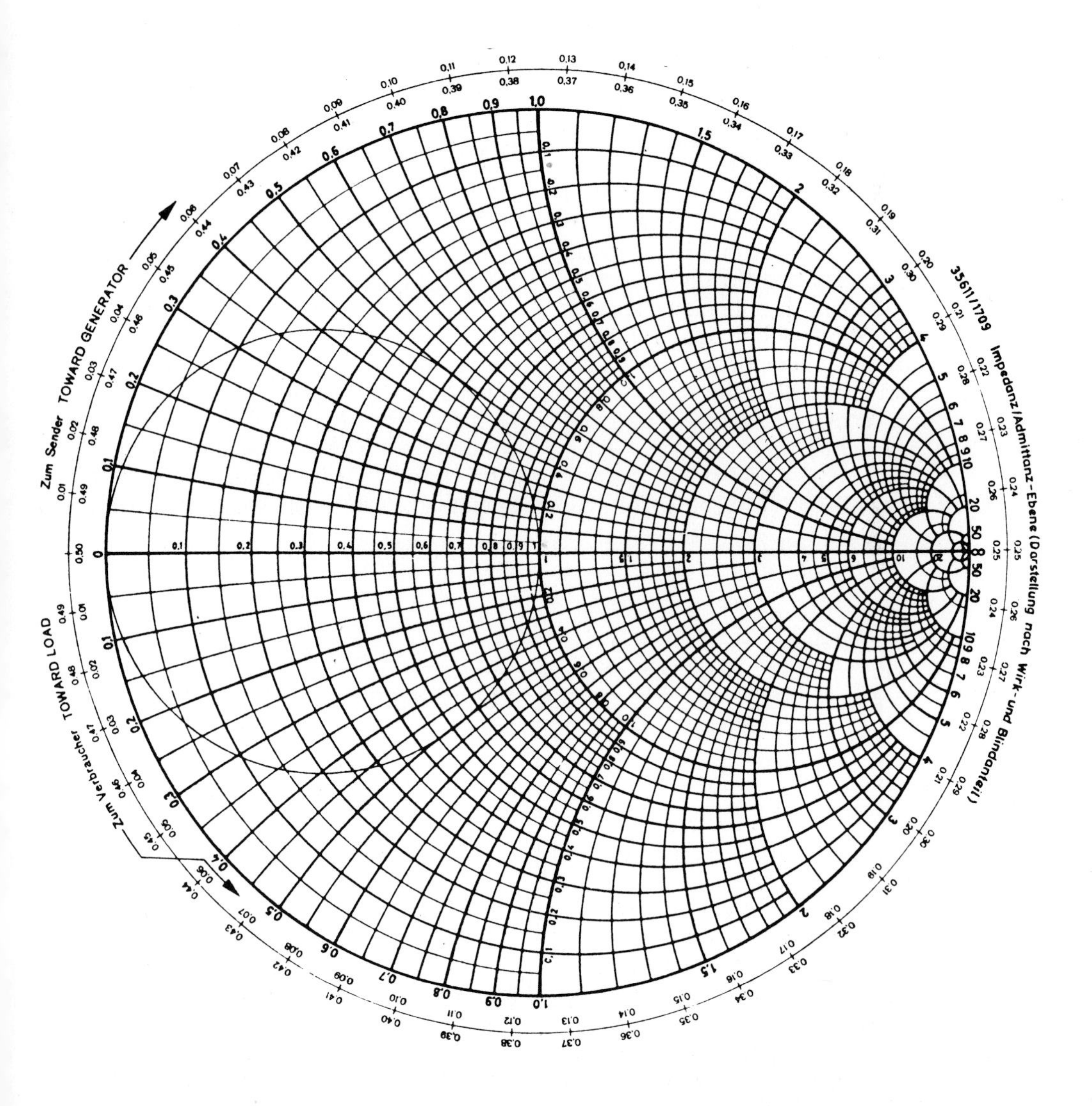

Smith-Diagramm.

Snyder-Dipol (engl.: Snyder dipole)

Eine Dipolantenne aus koaxialen Stubs (Viertelwellen-Stichleitungen), wobei diese als Strahler und Anpaßelemente wirken. Die beiden λ/4-Stubs aus 25 Ω-Koaxialkabel liegen parallel zum Antennenspeisepunkt und sind am Ende kurzgeschlossen. Der Dipol wird über einen 2 : 1-Balun gespeist. Die Bandbreite des Snyder-Dipols ist doppelt so groß wie die eines Drahtdipols.
Durch die Parallel-Stub-Kompensation wirken die Stubs in Bandmitte als Sperrkreise und haben keinen Einfluß. Unterhalb der Resonanzfrequenz wirkt der Dipol kapazitiv, die Stubs aber induktiv. Oberhalb der Resonanzfrequenz wirkt der Dipol induktiv, die parallelen Stubs jedoch kapazitiv. Den gleichen Effekt könnte man mit einem L/C-Anpaßglied erreichen oder mit einem 12,5 Ω-Stub parallel zum Antennenspeisepunkt. Beide Alternativen sind jedoch recht unpraktisch. (Siehe auch: Halbwellendipol, koaxialer).
(R. D. Snyder – 1982 – US-Patent).
(Lit.: W. Conwell, QEX 4/1985).

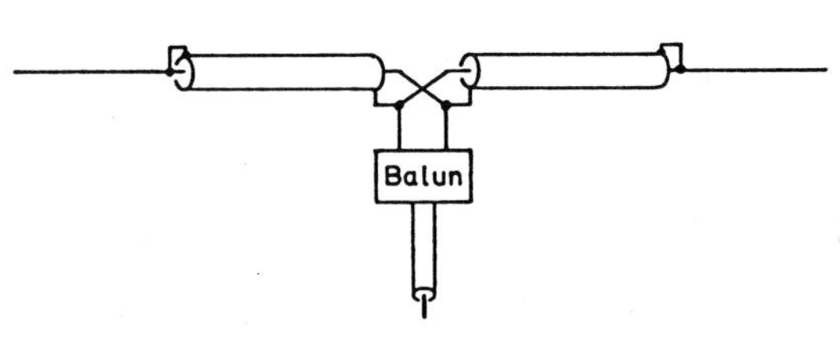

Snyder-Dipol. Die Länge der λ/4-Stubs berechnet sich aus $l = v \cdot \lambda/4$. Die Außendrähte ergänzen auf insgesamt λ/2 unter Berücksichtigung des Endeffekts (s. d.).

Spanndraht (engl.: catanary wire)

Draht oder Seil, gespannt in Form einer Kettenlinie zur mechanischen Halterung von geradlinig verspannten Drahtantennen. (Siehe auch: Durchhang)

Spannschloß

Zwei Schrauben mit gegenläufigem Gewinde laufen durch ein Mittelstück mit entsprechenden Muttergewinden. Durch Drehen des Mittelstücks können die Schrauben einander genähert oder entfernt werden. Damit kann die mechanische Spannung in Antennen- und Pardunensei-

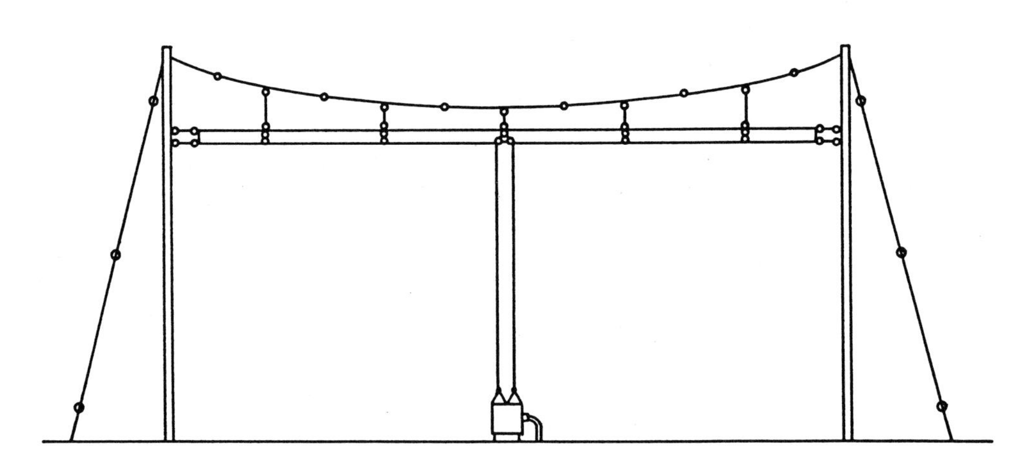

Spanndraht (Dachseil) zur Halterung einer Faltdipolantenne für Nahverkehr. Der Spanndraht und die beiden Drähte des Faltdipols werden einzeln über Rollen und Winden gespannt. Der Spanndraht ist zur Verhütung unerwünschter Resonanzerscheinungen in Abständen < 0,2 λ durch Isolatoren elektrisch unterbrochen. Ebenso sind die senkrechten Hängeseile sorgfältig isoliert, auch die Halteseile der Holzmasten. Die Speiseleitung führt zu einem auf dem Boden stehenden Balun (6 : 1), der mit dem 50-Ohm-Erdkabel gespeist wird.

len feinfühlig eingestellt werden. Das Spannschloß ist nach der Einstellung mit Drahtbünden gegen unbeabsichtigtes Verdrehen zu sichern.

Spannungsabtastung

Die HF-Spannung auf einer Speiseleitung oder einer Antenne kann auf einfache Weise mit einer Glimmlampe abgetastet werden. Die Spannungsabtastung mit Diodengleichrichtung ermöglicht z. B. in einer geschlitzten Meßleitung quantitative Vergleiche, z. B. die Bestimmung der Welligkeit.

Spannungsabtastung. Spannungsmesser nach Roosenstein. Das Gerät ist metallisch geschirmt. In den Parallelkreis ist ein HF-Strommeßgerät (Thermomilliamperemeter, Gleichrichterinstrument) eingeschleift. Die Koppelkapazität ist geschirmt und hat 0,1 ... 5 pF. Der Schwingkreis wirkt als Stromwandler. Der angezeigte Strom ist proportional zur Spannungsdifferenz zwischen Tasthaken und Metallgehäuse. Das Gerät wird mit dem Isoliergriff gehandhabt.

Spannungsbauch
(engl.: voltage antinode, voltage maximum)

Das Maximum der Spannungsverteilung entlang einer Antenne oder einer Speiseleitung. Dabei gilt der Grundsatz: Am offenen Ende einer Linearantenne hat der Strom ein Minimum. Dort steht also ein Spannungsbauch. Theoretisch wäre der Strom am Ende des Leiters Null, praktisch ist aber durch die Endkapazität ein Reststrom vorhanden.

Spannungsindikator
(engl.: voltage indicator)

Zur Bestimmung der Spannung in einem Antennenleiter verwendetes Anzeigegerät. Dies ist im einfachsten Falle ein Neonglimmlämpchen.

Spannungsknoten
(engl.: voltage node, voltage minimum)

Das Minimum der Spannungsverteilung entlang einer Antenne oder einer Speiseleitung. An dieser Stelle hat der Strom gewöhnlich sein Maximum, und dort kann eine Antenne mit minimalen Verlusten abgestützt, bzw. isoliert werden.

Spannungskopplung
(engl.: voltage excitation)

Speist man eine Antenne im Spannungsbauch (s. d.) z. B. am Ende mit einer Speiseleitung, so spricht man von Spannungskopplung. Durch die hohen Spannungen und die damit verbundenen Isolationsschwierigkeiten ist sie nicht so leicht zu beherrschen, wie die Stromkopplung (s. d.). Klassische Beispiele für die Spannungskopplung sind die Fuchsantenne (s. d.) und die Zeppelinantenne (s. d.). Eine Spannungskopplung über Koaxialkabel ist nur möglich, wenn zwischen Kabel und Antenne Anpaßglieder geschaltet werden.

Die Spannungskopplung besonders von asymmetrischen Antennen birgt in sich die Gefahr von Fernsehstörungen.
Ist der Feeder (s. d.) einer Antenne mit seinem Spannungsmaximum an das Anpaßgerät im Stationsgebäude geführt, so handelt es sich auch um Spannungskopplung mit den selben Nachteilen.

Spannungsresonanz
(engl.: parallel resonance)

Erregt man eine Antenne an ihrem hochohmigen Ende, also im Spannungsbauch (s. d.), z. B. einen Halbwellendipol gegen Erde, so verhält sich die Antenne wie ein Parallelschwingkreis. Bei Spannungsresonanz sind Erregerfrequenz und Eigenfrequenz gleich, und an den Speiseklemmen steht eine maximale Spannung, die der Generator aufzubringen hat. Gleichzeitig fließt im Strombauch der Antenne, räumlich λ/4 von den Klemmen entfernt, ein maximaler Strom. Die Spannungsresonanz kann mit einem Dipmeter (s. d.) festgestellt werden, wenn dieses über eine kleine Kapazität (≈ 4 pF) gekoppelt wird. (Siehe: Resonanz).

Speiseleitung (engl.: feed line)
(Siehe auch: Leitung).

Allgemein die Leitung zwischen Antenne und Sender bzw. Empfänger. Man unterscheidet Speiseleitungen in Stehwellenerregung mit fast beliebig hohem, dort nicht nachteiligem Stehwellenverhältnis und Speiseleitungen in Wanderwellenerregung mit niedrigem Stehwellenverhältnis, von denen das Koaxialkabel am bekanntesten ist. Speiseleitungen in Stehwellenerregung sind ausschließlich Zweidrahtleitungen, die erdsymmetrisch gespeist werden. Früher waren dies Leitungen mit 600Ω Wellenwiderstand, die groß und wenig handlich waren und schon mit einigem Strahlungsverlust arbeiteten. Heute verwendet man Zweidrahtleitungen mit 250 bis 450 Ω Wellenwiderstand. Die Verluste einer Zweidrahtspeiseleitung sind sehr gering, bei Wanderwellenerregung haben sie ein Minimum.

Speiseleitung, abgestimmte
(engl.: tuned feeder)

Ein in Stehwellen schwingendes Zweidrahtsystem, das meist eine definierte Länge von einem Vielfachen von λ/4 oder λ/2 hat und zur Speisung von Antennen dient. (Siehe auch: Speiseleitung, unabgestimmte).
Eine abgestimmte Speiseleitung der elektrischen Länge von λ/4 oder eines ungeradzahligen Vielfachen davon (3/4 λ, 5/4 λ, 7/4 λ usw.) hat am Ende die umgekehrte Strom-/Spannungsverteilung wie am Anfang. Die Impedanz wird transformiert. (Siehe: Viertelwellen-Anpaßleitung, Viertelwellen-Transformator).
Eine abgestimmte Speiseleitung der elektrischen Länge λ/2 oder eines ganzzahligen Vielfachen davon (2 a · e λ/2, 3· λ/2, 4 · λ/2 usw.) hat am Ende die gleiche Strom-/Spannungsverteilung wie am Anfang, jedoch mit 180 ° Phasendrehung. Der Eingangswiderstand wird daher im Verhältnis 1 : 1 an den Ausgang übertragen. Die Impedanz wird nicht transformiert.

Speiseleitung, angepaßte
(engl.: matched feed line, flat line)

Eine mit Wanderwellen betriebene Speiseleitung. Bei Anpassung ist keine Welligkeit vorhanden. Strom und Spannung sind an allen Punkten der Leitung gleich groß. (Siehe: Speiseleitung, unabgestimmte).

Speiseleitung, angezapfte
(engl.: feedline with matching stub)

Bei der Speisung von Einbandantennen müssen der Eingangs-Klemmenwiderstand der Antenne und der Wellenwiderstand der Speiseleitung gleich groß sein, um die Speiseleitung in Wanderwellen zu betreiben. Da dies in den wenigsten Fällen zutrifft, ist die Fehlanpassung zu kompensieren, um die Speiseleitung mit Wanderwellen und minimalem Stehwellenverhältnis zu betreiben. Dies könnte man mit einem Anpaßgerät erreichen, doch sind oft Kosten und Verluste dieses Geräts nicht zu vernachlässigen. So verwendet man Viertelwellen- und manchmal Halbwellenleitungen als Anpaßglied. (Siehe auch: Carter-Schleife).

Unter der Annahme, daß die Antenne einen reinen Wirkwiderstand darstellt und die Anzapfleitung (= Stichleitung) den gleichen Wellenwiderstand wie die Speiseleitung hat, berechnen sich die Maße der Anzapfung (siehe Bild) wie folgt für die *geschlossene* Stichleitung:

$$A = \arctan \sqrt{s}$$

$$B = \operatorname{arccot} \sqrt{\frac{s-1}{s}}$$

s ist das Stehwellenverhältnis.

Eine *geschlossene* Stichleitung ist zu verwenden, wenn der Antenneneingangswiderstand *größer* ist, als die Impedanz der Speiseleitung. Dabei ist A + B etwas größer als λ/4 (0,25 λ bis 0,35 λ).

Ist dagegen der Antenneneingangswiderstand *kleiner* als die Impedanz der Speiseleitung, so kompensiert man mit der *offenen* Stichleitung. Deren Abmessungen sind:

$$A = \operatorname{arccot} \quad s$$

$$B = \arctan \frac{s-1}{\sqrt{s}}$$

Dabei ist A + B etwas kleiner als λ/4 (0,15 λ bis 0,25 λ). Die Längen A und B ergeben sich als Winkel in Grad. Sie werden in Wellenlängen umgerechnet:

$$l_\lambda = \text{Länge in Grad}/360° \quad [\lambda]$$

Die endgültige Länge der Stichleitung berechnet sich unter Berücksichtigung der Ausbreitungsgeschwindigkeit für offene Speiseleitungen von 97,5 % der Lichtgeschwindigkeit wie folgt:

$$l = l_\lambda \cdot 0{,}975 \quad [m]$$

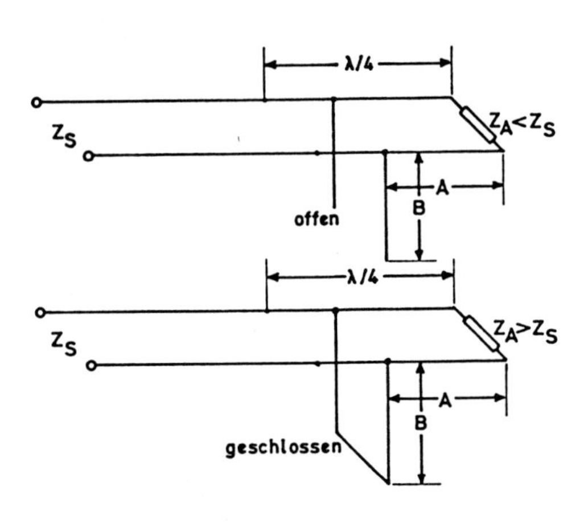

Speiseleitung, angezapfte
Z_S = Wellenwiderstand der Speiseleitung
Z_A = rein ohmsche Antennenimpedanz
Oben: Z_A < Z_S, offene Stichleitung
Unten: Z_A > **Z_S, geschlossene Stichleitung**

Beispiel: Antennenwiderstand Z_A = 75 Ω. Speiseleitungswiderstand Z_S = 450 Ω
λ = 29,7 m f = 10,1 MHz.
Das Stehwellenverhältnis ist: s = 450 Ω/75 Ω = 6.
Z_A <Z_S, also *offene* Stichleitung.

$$A = \operatorname{arccot} \sqrt{6} = \arctan (1/\sqrt{6}) = 22{,}2°$$

$$B = \arctan\left(\frac{6-1}{6}\right) = \arctan (5/\sqrt{6}) = 63{,}9°$$

Zur Probe addieren wir 22,2° + 63,9° = 86,1°. Die Summe muß immer nahe 90° sein (Viertelwellenleitung!).

$l_{\lambda A}$ = 22,2°/360° = 0,0617 λ
$l_{\lambda B}$ = 63,9°/360° = 0,1775 λ
Unter Berücksichtigung der Ausbreitungsgeschwindigkeit erhält man:
l_A = 0,0617 λ · 0,975 = 0,060 λ
l_B = 0,1775 λ · 0,975 = 0,173 λ
Dies sind:
l_A = 0,060 · 29,7 m = 1,782 m
l_B = 0,173 · 29,7 m = 5,138 m

Speiseleitung, angezapfte, koaxiale
(engl.: coaxial stub line)
(Siehe: Speiseleitung, angezapfte).

Eine zur Anpassung des Antenneneingangswiderstandes mit einer Stichleitung

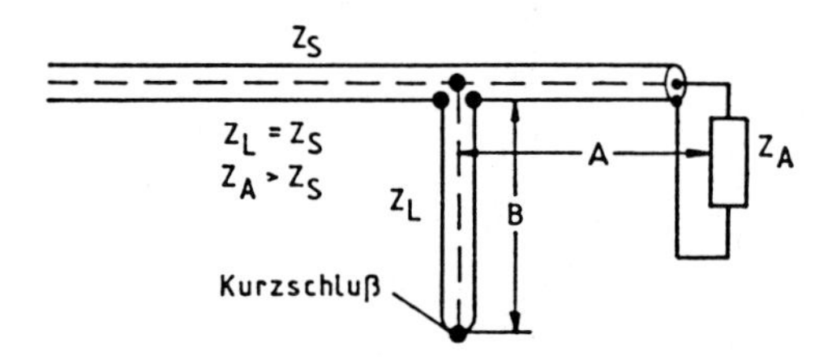

Speiseleitung, angezapfte, koaxiale. Der ohmsche Lastwiderstand Z_A ist größer als die Nennimpedanz der Speiseleitung Z_S.

versehene Koaxialleitung. Die Abmessungen berechnen sich ebenso wie die der angezapften Zweidrahtspeiseleitung.

Speiseleitungsverluste
(engl.: feed line losses)

Diese gliedern sich in Stromwärmeverluste in den Leitern, dielektrische Verluste in der Isolation und Strahlungsverluste. Eine offene Zweidrahtleitung (s. d.) hat allgemein die geringsten Verluste und wird deshalb in kommerziellen Anlagen fast ausschließlich verwendet, ist aber schwierig zu verlegen. Koaxialkabel hat höhere Verluste, besonders durch Stromwärme im Innenleiter. Abhilfe: dickeres Kabel. Bei Stehwellen auf der Speiseleitung steigen die Verluste an, jedoch nicht dramatisch, so daß eine Welligkeit (VSWR) bis 3 : 1 durchaus toleriert werden kann, wenn die Leitung nicht allzu lang ist. Bei UKW ist eine Leitung fast immer viele Wellenlängen lang, so daß die Verluste durch niedriges SWR klein gehalten werden müssen. Interessanterweise steigen die Verluste, wenn eine offene Zweidrahtleitung mit eisernen Halteteilen montiert ist, gegenüber einer Leitung, die mit Halterungen aus Cu oder Messing montiert ist. Eine Koaxialleitung hat die geringsten Strahlungsverluste.

Speiseleitung, unabgestimmte
(engl.: untuned feeder)

Eine mit Wanderwellen betriebene Speiseleitung, meist ein Koaxialkabel, auf dem eine minimale Welligkeit (VSWR = 1) angestrebt wird. Der Wellenwiderstand der Speiseleitung stimmt mit dem Eingangswiderstand der Antenne überein. Dazu steht im Gegensatz die abgestimmte Speiseleitung (s. d.).

Speiseleitung, unsymmetrische
(engl.: asymmetrical feedline)

Jede HF-Leitung, deren zwei Leiter nicht die gleiche Form und den gleichen Abstand zur Erde haben, ist erdunsymmetrisch. Am bekanntesten ist die Koaxialleitung, bzw. das Koaxialkabel (s. d.). Gegensatz: offene Zweidrahtleitung, Bandkabel, Schlauchleitung (s. d.).

Speisepunktwiderstand
(engl.: input impedance of an antenna)

Soviel wie Eingangsimpedanz einer Antenne (s. d.).

Speisung, gemischte

Die Speisung einer Antenne mit einer Kombination aus abgestimmten, in Stehwellen erregten Speiseleitungen und angepaßten, Wanderwellen führenden Leitungen. Eine angezapfte Speiseleitung (s. d.) bedient sich der gemischten Speisung. Dort sind von der Antenne bis zur Stichleitung (bis zum Stub) Stehwellen, von der Stichleitung (Stub) bis zum Sender Wanderwellen.

Sperre (engl.: trap)

Eine Sperre sperrt den HF-Strom durch ihre hohe Impedanz. Als Sperre dienen Sperrkreise, die als Parallelkreise bei der zu sperrenden Frequenz in Resonanz sind, bei kleineren Frequenzen als f_{res} wie eine Induktivität und bei größeren Frequenzen als f_{res} wie eine Kapazität wirken. Als Sperre können auch lineare Schwingkreise wie z. B. λ/4-Leitungen eingesetzt werden. (Siehe auch: Trap, W3DZZ-Antenne).

Sperrkreis
(engl.: parallel resonant circuit)

(Siehe: Trap).

Sperrtopf (engl.: bazooka)

Von Lindenblad angegebener Koaxialkreis zur Symmetrierung Koaxialkabel-symmetrische Antenne und zur Unterdrükkung von Mantelwellen in Form eines Metallrohres oder Metallgeflechts. Der Sperrtopf hat an seinem offenen Ende eine sehr hohe Impedanz, welche die Antenne vom Kabelmantel „isoliert".
Bei kritischen Fällen von Mantelwellen muß unter dem Sperrtopf ein weiterer angebracht werden: Doppelsperrtopf (s. d.).
(N. E. Lindenblad – 1936 – US-Patent).

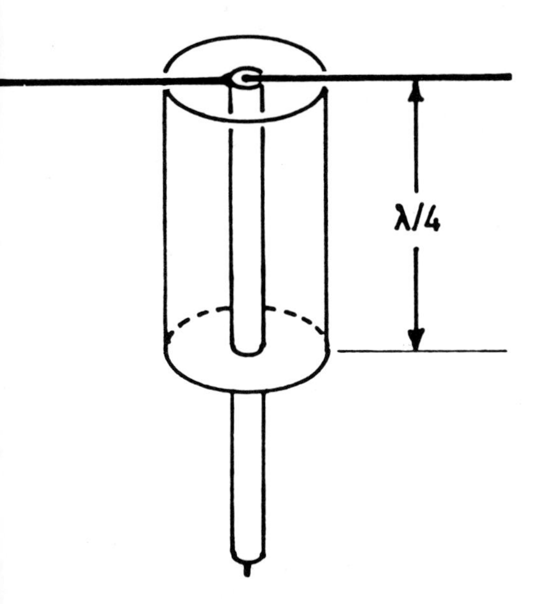

Sperrtopf. Der Sperrtopf ist zur Deutlichkeit sehr breit gezeichnet. Die λ/4-Schenkel des Dipols haben mit dem Sperrtopf keine Verbindung.

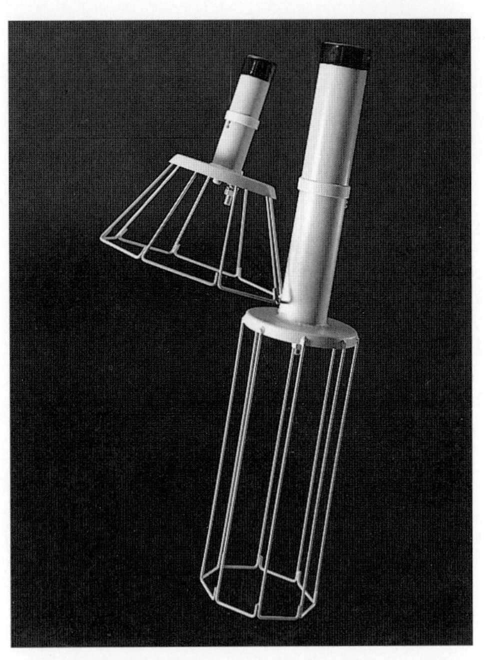

Sperrtopfantenne. Zwei koaxiale Dipole, deren erdseitiger Käfig als Sperrtopf arbeitet und das Koaxialkabel von Mantelwellen entkoppelt, rechts 100 – 160 MHz, links 225 – 400 MHz. (Werkbild Rohde & Schwarz)

Sperrtopfantenne (engl.: sleeve dipole)

Ein vertikaler Koaxialdipol (s. d.) für stationären und mobilen Einsatz. Im einfachsten Fall bestehend aus einem oberen Strahlerteil (λ/4), der am Koaxialkabel-Innenleiter liegt. Der Mantel des Koaxialkabels ist mit dem unteren Strahlerteil (λ/4-Sperrtopf) verbunden. Dies ist ein nach unten offenes Rohr, das als Gegengewicht *und* Mantelwellensperre wirkt. Der obere Strahlerteil kann für große Bandbreite als koaxialer Rohrkreis ausgebildet sein. Dies dient zur Kompensation der Blindanteile des Eingangswiderstands.
Gleichzeitig liegt damit der obere Strahlerteil auf Erdpotential.
Durch größeren Durchmesser des Sperrtopfs (höherer Wellenwiderstand) wird die Sperrwirkung und Entkopplung größer. Damit ergibt sich eine verbesserte Unabhängigkeit der elektrischen Eigenschaften vom Aufstellungsort.

Spiegelantenne (engl.: reflector antenna)

Soviel wie Reflektor-Antenne (s. d.).

Spiegelbild einer Antenne
(engl.: image antenna)

Betrachtet man eine elektromagnetische Antenne vom Standpunkt der geometrischen Optik, so kann man die vom Erdboden reflektierten Strahlen einem unter der Erde liegenden Spiegelbild zuschreiben, ohne die mathematische Aussage zu verändern. Der vertikale Spiegelstrahler ist phasengleich, der horizontale phasenverkehrt von der Erde reflektiert (Siehe: Influenzbetrachtung).
Geneigte Leiter strahlen gemischt (elliptisch) polarisiert ab, die vertikale Komponente wird dabei phasengleich, die horizontale phasenverkehrt von der Erde reflektiert. (Siehe auch: Reflexion).

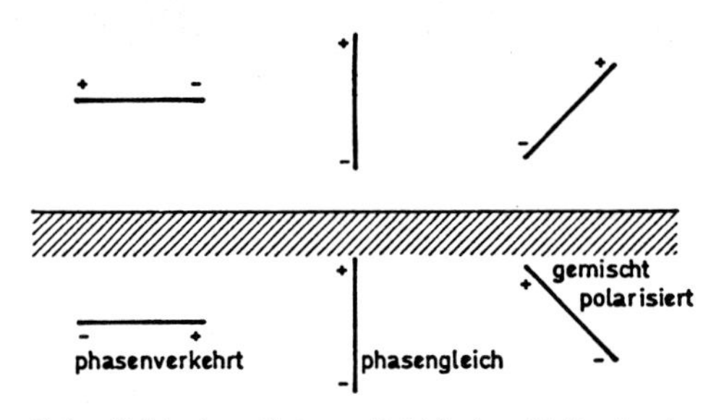

Spiegelbild einer Antenne. Bei idealem Erdboden ist die vom Spiegelbild ausgehende Welle des Horizontstrahlers phasenverkehrt, des Vertikalstrahlers phasengleich und des Schrägstrahlers gemischt polarisiert.

Spiegel, rhombischer

Zur Dämpfung der Nebenzipfel als Umlenkspiegel verwendeter Spiegel in Rhombusform. (Siehe auch: Periskopantenne).

Spiralantenne (engl.: spiral antenna)

Eine ganze Familie von Antennen mit spiralförmig angeordneten Leitern aus Draht oder Blech. Spiralantennen sind in ihrem Betriebsband zirkular polarisiert und frequenzunabhängig.
Spiralantennen können ein-, zwei- oder vierarmig ausgeführt sein (engl.: multiarm spiral antenna). Bei Vierarm-Spiralantennen, die sehr breitbandig sind, kann auf Summen-/Differenzdiagramm, bzw. Steil-/Flachstrahlung geschaltet werden.

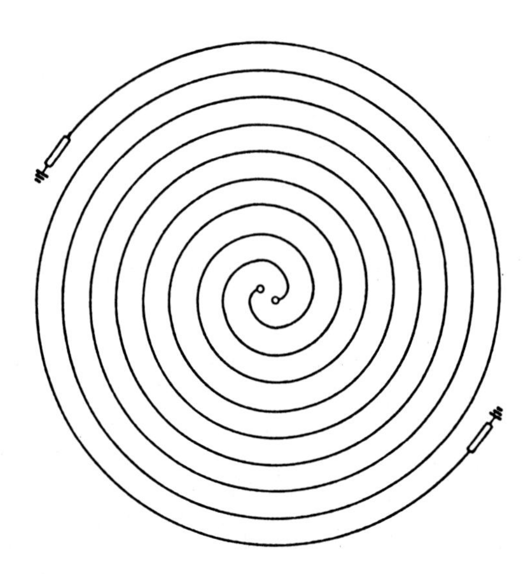

Spiralantenne. Ebene, zweiarmige archimedische Spiralantenne mit 4 1/2 Umgängen, etwa 40 m Durchmesser, Höhe 10 m über Erdboden. Frequenzbereich 3 bis 22 MHz, steilstrahlend.
In der Mitte gespeist, außen mit 600 Ω-Widerständen abgeschlossen und ans Erdnetz gelegt. Am Speisepunkt sind die Wanderwellen auf den zwei Spiralen gegenphasig, kommen aber nach außen je nach Wellenlänge mehr und mehr in Phase und strahlen dann ab. Gewinn etwa 3 dBd.

1. Ebene Spiralantenne (engl.: planar spiral antenna)
Diese sind in einer Ebene angeordnet und werden vom Kurzwellen- bis zum Millimeterwellenbereich eingesetzt. Horizontale Spiralantennen für KW sind über dem Boden aufgehängt; Spiralantennen für Mikrowellen sind hinten mit einem Reflektor versehen (cavity backed).

1.1. Archimedische Spiralantenne
(engl.: archimedian spiral antenna)

Die Spiralarme haben voneinander gleichen Abstand. Die Konstruktion kann kreisförmig (circular) oder rechteckig (rectangular) sein.

1.2 Logarithmische (gleichwinklige) Spiralantenne
(engl.: logspiral antenna, equiangular spiral antenna)

Diese sind logperiodische Antennen in Spiralform.

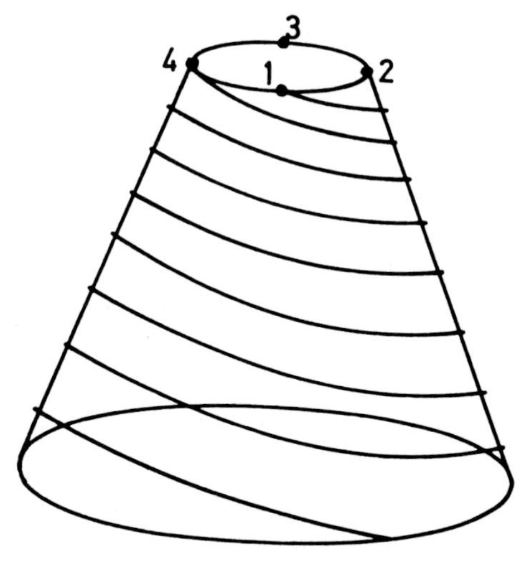

Spiralantenne. Logarithmische Multiarm-Spiralantenne mit 4 Armen. Die Strahlung erfolgt längs der Konusachse in Form eines Achterdiagramms, spaltet sich aber bei höheren Frequenzen in Seitenkegel auf.

Split-Tube-Balun (engl.: split tube balun)

Soviel wie Schlitzbalun (s. d.).

Spreizdipol (engl.: spread wire dipole)

Zur Erhöhung der Bandbreite geometrisch dick gestalteter Halbwellendipol, der durch Aufspreizen zweier oder mehrerer Drähte die Form eines ebenen X oder eines räumlichen Bündels bekommt (Kegelreuse).

Spreizdipol. Gespeist mit einer offenen Zweidrahtleitung.

Sprühentladung

Eine elektrische Entladung unter Leuchterscheinungen an Stellen, wo eine hohe elektrische Feldstärke herrscht, besonders an Antennenspitzen beim Betrieb mit hohen Leistungen, aber auch bei Gewittern als sogenanntes Elmsfeuer. (Siehe auch: Verlustwiderstand).

Spulenantenne (engl.: helix antenna)

(Siehe: Helix-Antenne).

Spulen-Balun
(engl.: coiled wire balun, bifilar coiled balun)

Eine heute nur mehr selten verwendeter Breitbandbalun, der aus zwei aufgewickelten Zweidraht- oder Bandleitungen be-

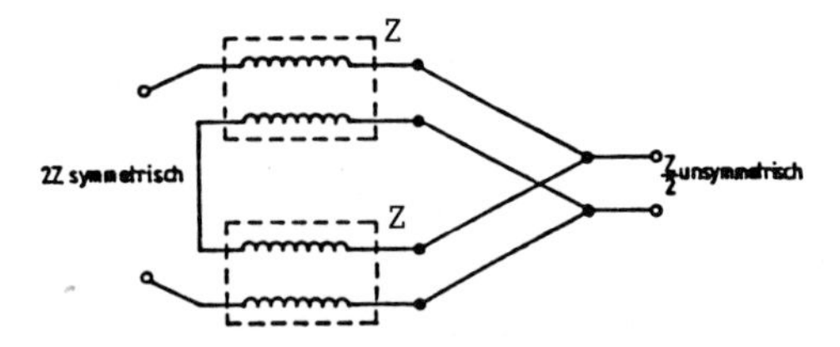

Spulen-Balun. Z berechnet sich aus Drahtdicke und -abstand der aufgewickelten Leitung. Die beiden Spulen sollen nicht aufeinander koppeln.

steht, die für die niedrigste Betriebsfrequenz bis zu λ/4 lang sein sollten. (Siehe: Guanella-Übertrager).

Square-Loop-Antenne
(engl.: square loop antenna)

(Siehe: Quadratantenne, Viereckschleife).

Stabantenne (engl.: rod antenna)

Eine Vertikalantenne in Stabform, häufig eine λ/4- oder eine λ/2-Antenne. (Siehe auch: Peitschenantenne).

Stabkern-Balun (engl.: rod core balun)

Ein Balun, dessen Leitungswindungen auf einen Ferritstab oder einen Stab aus Carbonyleisen-Pulver aufgebracht sind.
(Siehe auch: Balun).

Stahlkupferdraht, Staku-Draht
(engl.: copper clad wire)

Ein Stahldraht, dessen Oberfläche mit Kupfer meist galvanisch plattiert ist. Es gibt Stahlkupferdrähte mit 10 Gewichtsprozent, 20 % und 30 % Kupferauflage. Da die Mantelfrequenz, bei welcher der Staku-Draht elektrisch dem reinen Kupferdraht gleichwertig wird, bei 50 kHz liegt, sind diese Drähte wegen ihres kupfergleichen Leitwertes und ihrer erhöhten Festigkeit für Antennen und HF-Leitungen hervorragend geeignet.
(Siehe auch: Skineffekt).

Standardantenne der EIA
(engl.: standard antenna)

Um Gewinnmessungen zu ermöglichen, hat die EIA (Electronic Industries Association, Washington, D. C. USA) eine Richtantenne mit standardisiertem Gewinn konstruiert. Die Standardantenne ist ein Querstrahler aus zwei Halbwellendipolen, die λ/2 voneinander entfernt und über eine Zweidrahtleitung erregt werden. Der quadratische Reflektor aus Blech hat 1 λ Seitenlänge und liegt λ/4 hinter den Dipolen. Speisung und Symmetrierung erfolgen über 50 Ω-Koaxialkabel und einen Schlitzbalun (s. d.). Das NBS (National Bureau of Standards, USA), hat 4 Modelle (148-174/406-450/450-512/800-960 MHz) davon vermessen und Gewinne je nach Frequenz von 7,5 bis 8,0 dBd festgestellt. In der Industrie wird diese Antenne als Gewinn-Normal verwendet.
(Siehe: Normalstrahler).

Standortdiversity (engl.: site diversity)

Soviel wie Raumdiversity-Empfang).

Standrohr

Ein vertikal montiertes Rohr zur Anbringung von Antennen. Dieses darf nur aus nahtlosem Stahlrohr bestehen. Wasserleitungsrohre und deren Verbindungsstücke (Fittings) sind den Lasten aus Schwerkraft und Wind nicht gewachsen und daher gefahrbringend und ungeeignet.

Statische Aufladung (engl.: static charge)

Besonders bei Vertikalantennen vor und bei Regen, bei Schneefall oder bei Gewittern erfolgt eine Aufladung der Antennenleiter mit statischer Elektrizität. Der Ladevorgang bewirkt starkes Rauschen und Prasseln beim Empfang, der Entladevorgang durch Fünkchen, lautes Krachen und Knacken. Durch eine Entladedrossel am Fußpunkt der Antenne kann wenigstens teilweise abgeholfen werden. Die Drossel am Stationsende des Kabels wirkt nur wenig. Bei schwierig zu beseitigenden Krachgeräuschen ist auch auf Halteseile, Dachseile, Pardunen, Metallmasten u. dgl. zu achten, da die Störungen auch von dort ausgehen können.

Stehwelle (engl.: standing wave

Eine HF-Leitung oder eine lineare Antenne, die an ihrem Ende offen (oder kurzgeschlossen) ist, reflektiert die vom Anfang eingespeiste Welle zum Anfang zurück, wobei sich stehende Wellen durch die Überlagerung der hin- und der rücklaufenden Welle ausbilden. Innerhalb einer halben Wellenlänge ist die Phase gleich, um in der nächsten halben Wellenlänge um 180° umzuspringen. Die Amplitude der stehenden Welle ändert sich nach dem Gesetz:

$$I_x = I_a \cdot \cos(\beta x)$$

I_a = Strom am Anfang
I_x = Strom an der Stelle x
$\beta = 2\,\pi/\lambda$ (Phasenkonstante)
x = Strecke vom Anfang bis zur Stelle x
Das Stehwellenverhältnis auf einem stehwellenerregten Leiter ist theoretisch unendlich groß $s = \infty$. In der Praxis sind aber der Stehwelle Wanderwellen überlagert. Außerdem geht dadurch der Phasensprung in eine rasche Phasenänderung über.

Stehwellenantenne
(engl.: standing wave antenna)

Eine Antenne, in Stehwellen erregt. Vertikalantennen sind wegen ihrer in Wellenlängen gemessenen geringen Höhe stets in Stehwellen erregt. Sind sie höher als 0,64 λ, so entstehen steile Nebenkeulen, die das Vertikaldiagramm versteilern und somit verschlechtern.
Durch die Abstrahlung der Stehwellenantenne bildet sich auf ihr eine Wanderwelle, so daß auch eine Stehwellenantenne immer durch die Stehwellen- und die Wanderwellenkomponente erregt wird. Die Wanderwellenkomponente verursacht bei Vertikalantennen eine Versteilerung des Vertikaldiagramms, dem man durch Obenspeisung (s. d.) begegnen kann.

Stehwellenmeßbrücke
(engl.: VSWR resistance bridge)

Ein Meßgerät nach dem Prinzip einer Meßbrücke zur Messung des Stehwellenverhältnisses (s. d.) auf einer HF-Leitung. Auch in vereinfachter Form zur Anpassungsmessung ohne Bestimmung des Stehwellenverhältnisses. Es gibt noch eine Kapazitäts/Widerstands-Meßbrücke (Mikromatch) zur VSWR-Messung. Mit Meßbrükken kann man das VSWR recht genau messen, muß aber die Leistung auf rund 1 Watt begrenzen, so daß die Meßbrücke nicht während des Betriebes in der HF-Leitung verbleiben kann, was bei Richtkopplern (s. d.) problemlos geschehen kann.

Stehwellenverhältnis
(engl.: VSWR = voltage standing wave ratio, SWR = standing wave ratio)

Das Spannungsverhältnis U_{max}/U_{min} auf einer homogenen HF-Leitung, besonders bei der Speisung einer Antenne. Je weiter die Impedanz an den Antennenklemmen und der Wellenwiderstand der Speiseleitung voneinander abweichen, also je schlechter die Anpassung ist, umso mehr unterscheiden sich auf der Leitung U_{max} und U_{min}, umso größer wird das Stehwellenverhältnis. Bei schlechter Anpassung wird ein großer Teil der HF-Energie von den Antennenklemmen zum Generator reflektiert, was zur Bildung stehender Wellen auf der Leitung führt. Da die Verluste in der Leitung mit dem Stehwellenverhältnis ansteigen, wird ein geringes Stehwellenverhältnis angestrebt.
Bei Großsendern kann das Antennenkabel die hohen Spannungsbäuche bei schlechter Anpassung nicht aushalten, was zum Betrieb mit sehr kleinen Stehwellenverhältnissen zwingt. Das Stehwellenverhält-

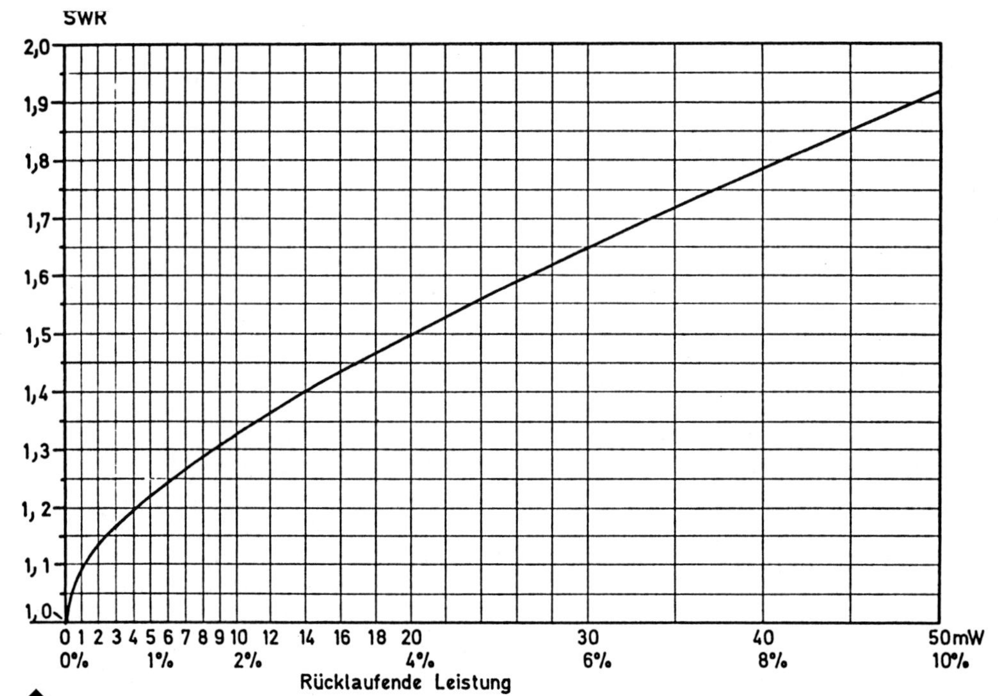

▲ *Stehwellenverhältnis.* Für den Bereich des SWR von 1 bis 2. Bereits 4 % Rücklauf bewirken ein SWR (= Welligkeit) von 1,5.

Stehwellenverhältnis. Senkrecht ist das SWR von 1 bis 6 abgetragen, waagerecht die rücklaufende Leistung von 0 bis 250 mW (auf 500 mW vorlaufende Leistung bezogen, bzw. von 0 % bis 50 %). ▼

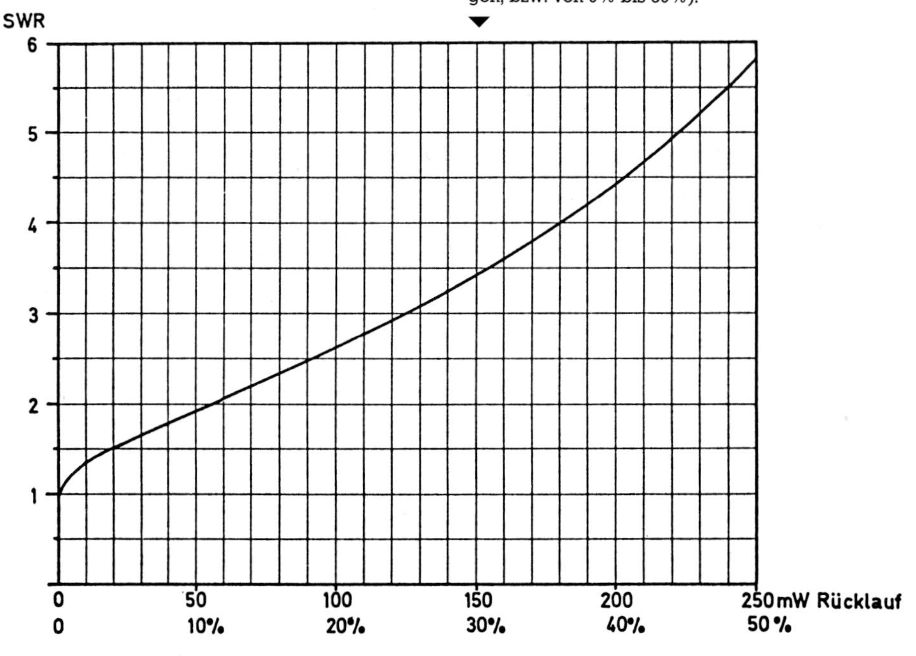

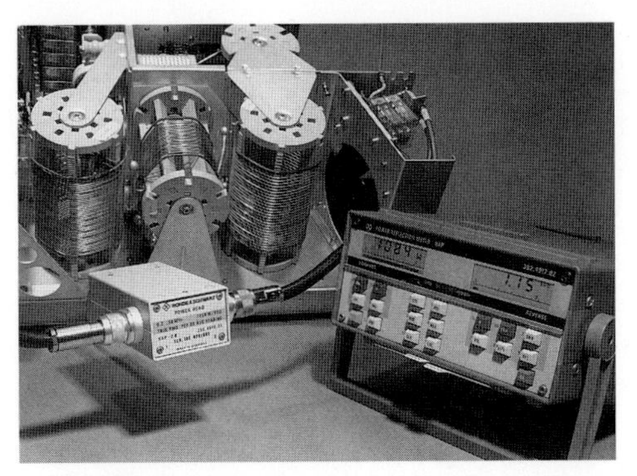

Stehwellenverhältnis. Messung mit einem Leistungsmesser NAP. Links wird die vorwärts laufende Leistung P_v, rechts das SWR angezeigt. (Werkbild Rohde & Schwarz)

nis ist kein Beurteilungsmaßstab für die Wirksamkeit einer Antenne, sonst müßte eine Kunstantenne (s. d.) die beste Antenne sein. Das Stehwellenverhältnis kann ebensogut durch das Stromverhältnis I_{max}/I_{min} ausgedrückt werden. Man nennt das Stehwellenverhältnis auch Welligkeit oder den Welligkeitsfaktor s.

$s = U_{max}/U_{min} = I_{max}/I_{min}$ · [Verhältniszahl]

Der Welligkeitsfaktor s kann nur Werte von 1 bis ∞ annehmen. Man sagt z. B.: Die Welligkeit ist 2 oder 2 : 1.

Der Kehrwert des Welligkeitsfaktors wird bezeichnet als Anpassungsfaktor m.

$$1/s = m = U_{min}/U_{max} = I_{min}/I_{max}$$

Der Anpassungsfaktor m kann nur Werte von 0 bis 1 annehmen und ist somit in der mathematischen Behandlung bequemer als der Welligkeitsfaktor s.

Mißt man die vom Generator zur Antenne vorwärts laufende Leistung P_v und die von der Antenne reflektierte Leistung P_r, so kann man auch daraus das Stehwellenverhältnis = den Welligkeitsfaktor berechnen:

$$s = \frac{\sqrt{P_v} + \sqrt{P_r}}{\sqrt{P_v} - \sqrt{P_r}}$$

Beispiel:

$P_v = 100$ W; $P_r = 4$ W; s = ?

$$s = \frac{\sqrt{100} + \sqrt{4}}{\sqrt{100} - \sqrt{4}} = \frac{10 + 2}{10 - 2} = \frac{12}{8} = 1{,}5$$

Das Stehwellenverhältnis läßt sich auch aus dem Betrag des Reflexionsfaktors r berechnen:

$$s = \frac{1 + r}{1 - r}$$

Beispiel:

r = 0,5

$$s = \frac{1 + 0{,}5}{1 - 0{,}5} = \frac{1{,}5}{0{,}5} = 3$$

Steilstrahler

(engl.: high angle skywave radiator)

Zur Nachrichtenübermittlung im Umkreis von 300 bis 500 km um die Sendestelle im Frequenzbereich von 3 bis 7 MHz sind horizontale Halbwellendipole besonders geeignet. Werden diese zwischen Häusern und Bäumen errichtet, so sind in λ/8 Höhe brauchbare, in λ/4 Höhe gute Ergebnisse zu erreichen. Über freiem Gelände sind die Ergebnisse sehr gut, wenn der Halbwellendipol λ/8 bis λ/4 hoch hängt. Sind darunter 10 bis 20 parallele Halbwellenreflektoren auf oder knapp (< 10 cm) unter der Erde angebracht, so verbessern sich die Ergebnisse; doch hat die Antenne dann einen hohen Q-Faktor (s. d.).

Die Höhe von λ/8 über realem Boden hat sich aus praktischen Gründen für tiefe Frequenzen als optimal erwiesen. Der Gewinn steigt zwar mit der Höhe über Grund monoton an, das Strahlungsdiagramm zipfelt aber dann auf und damit wird die Steilstrahlung geringer.

Steilstrahlungsreflektor

Unter einem Halbwellendipol (s. d.) wird ein Reflektor in λ/8 bis λ/4 Abstand gespannt. Die Reflektorlänge ist etwa λ/2 + 5 %. Der oder die Reflektoren können auch die Erde berühren oder eingegraben werden. (Siehe: Steilstrahler).

Steradiant (engl.: steradian)

Maßeinheit für den Raumwinkel. Ein Steradiant ist der Raumwinkel, der aus einer Kugeloberfläche eine Fläche herausschneidet, deren Inhalt gleich dem Inhalt eines Quadrats mit dem Radius der Kugel als Seitenlänge ist.
Der Steradiant kann mit dem Raumwinkelmaß des Quadratgrads verglichen werden:

1 Quadrat-Grad $= 1\,\square^\circ = 1\,(^\circ)^2 = (\pi/180)^2$sr
1 sr $= 3{,}282806 \cdot 10^3\,(^\circ)^2$
$1\,(^\circ)^2 = 3{,}046174 \cdot 10^{-4}$ sr

Der Raumwinkel einer Einheitskugel (einer Kugel mit dem Radius 1) = 4πsr.
Der Steradiant mit dem Einheiten- oder Kurzzeichen sr ist eine Verhältniszahl der Flächen, in Basiseinheiten ausgedrückt: m^2/m^2. In Gleichungen kann man sr weglassen.

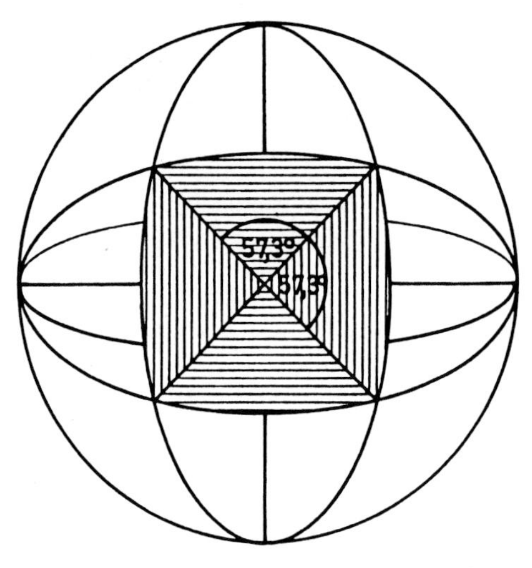

Steradiant. Frontansicht eines Steradiant, der sich von der Kugelmitte nach außen öffnet.

Sterba-Antenne
(engl.: Sterba array, Sterba curtain)

Ein bidirektionaler Querstrahler (s. d.) bestehend aus kollinearen und parallelen Strahlern. Er sieht aus wie eine mehrfach gedrehte Schleife. Die Polarisation ist horizontal. Die vertikalen, überkreuzten Elemente führen geringe, gegenphasige Ströme. Die Speisung kann in einem Strombauch erfolgen, z. B. in der Mitte eines Halbwellenstrahlers, oder am Ende eines Viertelwellenstrahlers. Die untere Strahlerreihe soll etwa eine Höhe von λ/2 über der Erde haben. Der Gewinn ist die Summe des Gewinnes der kollinearen und des Gewinnes der parallelen Elemente. Dabei werden die zwei Viertelwellenelemente als ein Halbwellenelement gerechnet. Bei 4 kollinearen Elementen, die 2 mal parallel angeordnet sind: 4,3 dBd + 4 dBd = 8,3 dBd.
(E. J. Sterba – 1929 – US Patent)

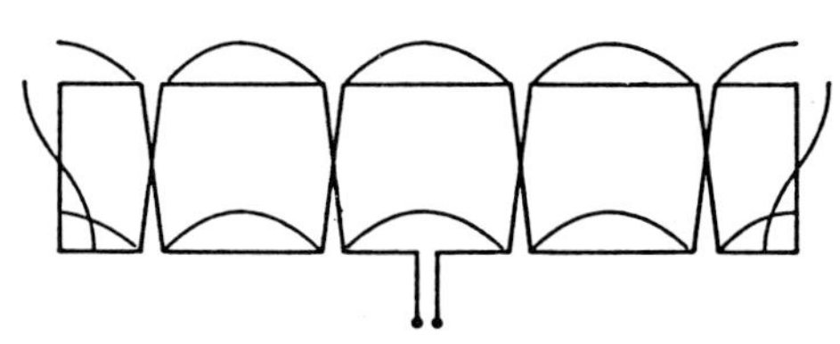

Sterba-Antenne. Eingezeichnet ist die Stromverteilung auf den strahlenden Elementen; die der nichtstrahlenden Verbindungsleitungen wurden weggelassen. Gewinn: 8,3 dBd.

Stichleitung (engl.: stub)

(Siehe: Speiseleitung, angezapfte).

Stichleitung, doppelte (engl.: double stub)

Störende Beeinflussungen des Fernsehempfangs, die durch zu viel HF-Energie eines benachbarten Senders entstehen, können durch eine offene λ/4-Leitung, die als Kurzschluß für die Störfrequenz wirkt, unterdrückt werden. Falls die Dämpfung *einer* Stichleitung (≈ 35 dB) nicht ausreicht, kann in λ/4 Abstand eine zweite Stichleitung angeschlossen werden. Die Dämpfung ist dann 70 dB.

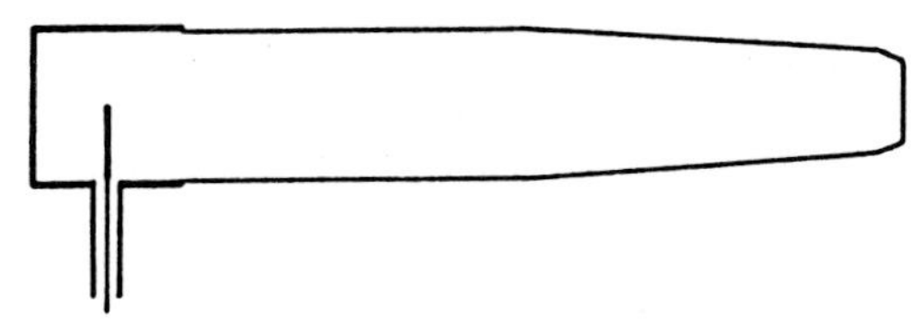

Stielstrahler, dielektrischer (Polyrod-Type). Der Polystyrolstab füllt auch die Metallkammer völlig aus. Der von der Koaxialleitung gespeiste Viertelwellenstab erregt die Oberflächenwellen, die vom Stab nach rechts abgestrahlt werden.

Stielstrahler, dielektrischer (engl.: dielectric rod antenna)

Eine Antenne des Oberflächenwellentyps, die einen zylindrisch oder kegelförmig oder elliptisch ausgebildeten Stab aus einem Dielektrikum als elektromagnetisch bestimmenden Teil und Richtelement des Strahlers verwendet.
Polyrod-Type: Dielektrische Stabantenne, Stab aus Polystyrol.
Ferrod-Type: Dielektrische Stabantenne, Stab aus Ferrit.

ST-Leitung

Eine Symmetrier- und Transformationsleitung, die gleichzeitig symmetriert und transformiert. Für VHF und UHF die Halbwellenumwegleitung (s. d.) und der Potentialtransformator (s. d.). Für HF die Stufenleitung (s. d.) und die Exponentialleitung (s. d.) (mit Balun). Die Transformationsverhältnisse sind z. B. 1 : 4, 1 : 9 bzw. 1 : 16.

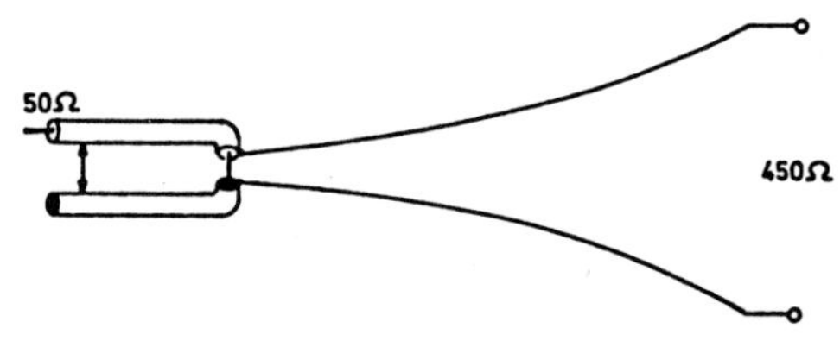

ST-Leitung. Zusammengesetzt aus einer Symmetrierschleife von etwa λ/20 Länge und einer Exponentialleitung von λ/3 Länge. Kürzere Wellenlängen als λ lassen sich im Bereich einer Oktave mit niedrigem VSWR symmetrieren und transformieren. Das VSWR kann durch reihengeschaltete Kompensationskondensatoren bei 450 Ω noch mehr herabgedrückt werden.

Stockung
(engl.: stacking)

Die Anordnung zweier oder mehrerer gleicher Antennen in Ebenen (Stockwerken) übereinander. Theoretisch gibt jede Verdopplung gegenüber der Einzelantenne einen Gewinn von 3 dB. Praktisch erhöht sich der Gewinn nur um 2,5 dB. In Richtung der Stockung verringert sich der Öffnungswinkel, vertikale Stockung verkleinert also den vertikalen Öffnungswinkel. Bei der Stockung entstehen Nebenzipfel, so daß man zwischen Gewinn und Nebenzipfeldämpfung (s. d.) einen Kompromiß finden muß. Die Speisung der gestockten Antennen ist gleichphasig, wobei auf die Impedanzen und die phasenrichtige Zusammenschaltung zu achten ist.
Der Stockungsabstand ist λ/2 und mehr. Ein Zweielement-Halbwellen-Querstrahler hat bei einem Stockungsabstand von 0,64 λ einen Gewinn von 4,8 dBd, eine Lazy-H-Antenne (s. d.) bei 0,623 λ Stockungsabstand 6,7 dBd. Je größer der Gewinn der Einzelantenne ist, umso größer muß auch der Stockungsabstand werden. Er ist z. B. bei einer Lang-Yagi-Antenne 0,75 der Antennenlänge. Es gibt sogar gestockte Rhombusantennen für den Weitverkehr.
Obwohl der Begriff der Stockung aus vertikal geschichteten Stockwerken entstanden ist, können Antennen auch horizontal gestockt werden, was vergleichbare Gewinne erbringt, aber nicht den Elevationswinkel absenkt.

Störpegel (engl.: noise floor)

Der Störpegel begrenzt die Nachrichtenübermittlung, wenn ihn schwache Signale nicht mehr überwinden können. Der äußere Störpegel setzt sich aus atmosphärischen, industriellen und Haushalt-Störungen zusammen und besteht auf UHF und Mikrowellen wesentlich aus dem kosmischen Rauschen. Der innere Störpegel ist durch das Antennenrauschen (s. d.) und das Rauschen der Empfängereingangsstufe gegeben. Ein Signal muß den Störpegel um wenigstens 10 bis 20 dB überragen, damit brauchbarer Empfang (stark von der Betriebsweise abhängig) zustandekommt.

Stoßstelle (engl.: impedance jump)

Hat die Verbindung zweier Schaltelemente (z. B. Kabel und Kabelstecker) nicht exakt den gleichen Wellenwiderstand, so wird die Energie wegen der Fehlanpassung reflektiert, und es entstehen stehende Wellen, wodurch das Stehwellenverhältnis $s > 1$ wird. Diese unvollkommene Verbindung heißt Stoßstelle. Beim Aufbau von UHF- und Mikrowellenanlagen, aber auch schon bei VHF und KW-Anlagen müssen Stoßstellen sorgfältig vermieden werden.

Strahlbreite

Soviel wie: Halbwertsbreite (s. d.).

Strahl, direkter (engl.: direct ray)

Die ausgestrahlte hochfrequente Energie, die unmittelbar an der Empfangsantenne eintrifft, ohne von der Ionosphäre, der Erde oder sonst einem Gegenstand gebeugt, gebrochen oder reflektiert worden zu sein.

Strahlenerder
(engl.: radial ground system)

Ein Erdungssystem, meist für Vertikalantennen (s. d.) aus radial im Boden verlaufenden Erdern in geringer Tiefe. Das Material dieser linearen Leiter kann Kupfer, verzinkter Stahl oder Aluminium in Drähten oder Bändern sein. Um die Korrosion zu verhindern, ist durchweg gleiches Material zu verwenden. Die Länge sollte mindestens der Antennenhöhe gleichen oder $\geqq \lambda/4$ sein. Für MW-Rundfunksender bis 100 kW sind 120 Drähte üblich. Andere Stromwege durch Querverbindungen sind zu vermeiden. Ein guter Strahlenerder hat $\leqq 1\ \Omega$ Erdwiderstand. Besonders die kurzen Vertikalantennen $h \angle \lambda/8$, die Strahlungswiderstände $< 6\ \Omega$ haben, sind auf gute Strahlenerder angewiesen. Das empfohlene Minimum im Amateurfunk liegt bei 30 Erdleitern.

Strahler (engl.: radiator)

Soviel wie Antenne (s. d.). Darüber hinaus: Jedes strahlende Element.

Strahler, aktiver (engl.: primary radiator)

(Siehe: Element, gespeistes).

Strahlerelement (engl.: radiating element)

Der strahlende Teil einer Antenne, der imstande ist, Strahlung abzugeben oder zu empfangen. Die am häufigsten verwendeten Strahlerelemente sind der Halbwellendipol, der Ganzwellendipol und die Quadschleife mit 1 λ Umfang. Bei der Yagi-Uda-Antenne (s. d.) strahlen zwar alle Elemente, doch wird das gespeiste Element meist (nicht ganz richtig) als Strahlerelement bezeichnet. Andere Strahlerelemente sind die Primärstrahler (s. d.), z. B. die Hornantenne (s. d.) und die Schlitzantenne (s. d.).

Strahlergruppe

(Siehe: Gruppenantenne).

Strahlergüte (engl.: Q of an antenna)

Soviel wie der Q-Faktor (s. d.).

Strahler, passiver
(engl.: parasitic element)

(Siehe: Parasitärstrahler).

Strahlstärke (engl.: radiation intensity)

Soviel wie Strahlungsintensität (s. d.).

Strahlung, elektromagnetische
(engl.: electromagnetic radiation)

Die Aussendung elektromagnetischer Energie von einer bestimmten Stelle aus in

Form ungeführter Wellen. Bei der Führung der Wellen, z. B. in einem Hohlleiter, kann man nicht von Strahlung sprechen.

Strahlungscharakteristik
(engl.: radiation pattern)

Die *räumliche* Verteilung einer Größe, die das elektromagnetische Feld, das von einer Antenne ausgestrahlt wird, beschreibt.
1. Die Verteilung im Raum kann durch eine mathematische Funktion oder eine graphische Darstellung beschrieben werden.
2. Meist wird die Feldstärke dargestellt.
3. Die Projektion der räumlichen Verteilung auf irgendeine Fläche oder Strecke wird als Strahlungsdiagramm (s. d.) bezeichnet.
4. Es ist klar zu unterscheiden, welche Größen graphisch dargestellt sind. Bei der Feldstärke gibt es drei verschiedene
Darstellungsformen:
a) nach der Feldstärke (elektrisches Feld, Empfangsspannung), absolut oder relativ (normiert).
b) nach der Leistung, die dem Quadrat der Spannung entspricht.
c) nach dem Logarithmus der Feldstärke mit der Maßbezeichnung dB oder in S-Stufen nach der S-Skala.

Wenn auch alle drei Darstellungen ihre Berechtigung haben, so ist doch die Feldstärkedarstellung am anschaulichsten. Fehlt eine klare Maßangabe, so sind solche Darstellungen mit großer Vorsicht zu betrachten. (Siehe: Richtcharakteristik).

Strahlungsdiagramm
(engl.: radiation pattern)

Die Darstellung der Strahlungsgrößen in einer Schnittebene durch die Strahlungscharakteristik (s. d.), meist in der E-Ebene und der H-Ebene, aber auch in anderen Schnittflächen, z. B. an der Fläche der Strahlungskugel (s. d.).
(Siehe: Richtdiagramm).

Strahlungsdichte (engl.: power density)

Die Strahlungsdichte oder Leistungsdichte S ist die Flächendichte des elektromagnetischen Leistungsflusses in Fortpflanzungsrichtung und gibt an, welche Strahlungsleistung P_t durch die Fläche A senkrecht hindurchtritt. Also ist

$$S = P_t/A \quad [W/m^2]$$

(Siehe auch: Poyntingscher Vektor, Strahlungsintensität).

Strahlungsintensität
(engl.: radiation intensity)

Die Strahlungsintensität ist die von einer Antenne ausgestrahlte Leistung P_t in Ausbreitungsrichtung, die sich auf die Einheit des Raumwinkels verteilt. Sie wird gemessen in Watt pro Steradiant:

$$\Phi = P_t/sr \text{ [Watt pro Steradiant]}$$

Die Strahlungsintensität ist mit der Strahlungsdichte wie folgt verknüpft:

$$\Phi = r^2 \cdot S \quad [W/sr]$$

r = Abstand von der Antenne in m.
Die Strahlungsintensität wird auch als Strahlstärke bezeichnet. Sie ist die in die Einheit des räuml. Winkels abgestrahlte Leistung.
(Siehe auch: Poyntingscher Vektor, Richtfaktor, Steradiant, Strahlungsdichte).

Strahlungskeule (engl.: radiation lobe)

Der Teil der Richtcharakteristik bzw. des Richtdiagramms, der durch Winkel mit minimaler Feldstärke begrenzt wird. (Siehe auch: Hauptkeule, Nebenkeule, Nebenzipfel).

Strahlungskugel (engl.: radiation sphere)

Eine große Kugel, deren Oberfläche im Fernfeld und deren Mittelpunkt im Phasenzentrum (s. d.) der Antenne liegt. Auf ihrer Oberfläche werden die Strahlungseigenschaften der Antenne bestimmt. Die Lage der einzelnen Punkte auf der Strahlungskugel werden durch das Standard-Koordinatensystem der sphärischen Trigonometrie bestimmt.

Der Horizontalwinkel = Azimut wird mit Φ, der vom Pol herabgemessene Neigungswinkel mit Θ und sein Komplementwinkel, der vom Äquator gemessene Erhebungswinkel = Elevation mit Δ bezeichnet.

Strahlungsleistung
(engl.: radiated power)

Die gesamte von der Antenne in den Raum abgestrahlte Wirkleistung.

$P_t = \int \vec{S} \cdot d\vec{A}$

$\vec{S}$ = Poynting-Vektor (s. d.) bzw. Strahlungsdichte (s. d.)

$d\vec{A}$ = Flächenelement

Man erhält die von der Antenne ausgehende Strahlungsleistung durch Integration der Strahlungsdichte bzw. des Poyntingschen Vektors $\vec{S}$ über eine die Antenne einhüllende, geschlossene Fläche A. Wählt man als Integrationsfläche die unendlich ferne Kugel (Siehe: Strahlungskugel), so werden die beiden Komponenten $\vec{E}$ und $\vec{H}$ des Poyntingschen Vektors phasengleich und damit dieser reell. Die Strahlungsleistung ist dann eine Wirkleistung.

Strahlungsleistung, äquivalente isotrope; EIRP
(engl.: equivalent isotropically radiated power, EIRP)

Man betreibt eine Sendeantenne und mißt im Fernfeld ihre elektromagnetische Leistungsdichte (Siehe: Richtfaktor). Ersetzt man nun diese Antenne gedanklich durch einen Isotropstrahler und speist in diesen eine Leistung P_t ein, welche die gleiche Leistungsdichte D wie zuvor an der selben Stelle liefert, so ist diese Leistung die äquivalente isotrope Strahlungsleistung EIRP.

$$EIRP = P_{ei} = P_t \cdot D \quad [W]$$

Anders betrachtet ist die EIRP die der Sendeantenne zugeführte Wirkleistung P_{t0}, multipliziert mit dem numerischen Gewinn über Isotropstrahler:

$$EIRP = P_{ei} = P_{t0} \cdot G_i \quad [W]$$

Beispiel:
Sendeleistung P_{t0} = 100 W
Antennengewinn g_i = 9 dBi
$G_i = 10^{9/10} = 10^{0,9} = 7,94 \approx 8$
$EIRP = 100\ W \cdot 8 = 800\ W$

Beispiel:
Sendeleistung P_{t0} = 41,8 dBm
Antennengewinn g_i = 14 dBi
$EIRP = P_{ei} = 41,8\ dBm + 14\ dBi$
$= 55,8\ dBm = 380\ W.$
Dasselbe Beispiel in anderer Rechnung:
$P_{t0} = 41,8\ dBm;$
$P_{t0} = 10^{41,8/10}\ mW = 10^{4,18}\ mW = 15136\ mW$
$\approx 15\ W.$
$g_i = 14\ dBi;\ G_i = 10^{14/10} = 10^{1,4} = 25,118$
$EIRP = P_{ei} \approx 15\ W \cdot 25 = 375\ W.$
Oder auch: $10^{4,18}\ mW \cdot 10^{1.4} = 10^{5,58}\ mW$
$= 380\ W.$

Strahlungsleistung, äquivalente; ERP
(engl.: effective radiated power, ERP)

Manchmal auch effektive Strahlungsleistung genannt. Die hochfrequente Strahlungsleistung einer Sendeantenne in der Hauptrichtung, die sich aus der Wirkleistung, welche die Antenne abstrahlt, und dem Gewinn der Antenne (über Halbwellendipol) ergibt.

$ERP = P_{ed} = P_{t0} \cdot G_d \quad$ [Watt]

P_{ed} = äquivalente Strahlungsleistung, bezogen auf den Dipol

P_{t0} = Eingangsleistung; G_d = numerischer Gewinn über Dipol

Beispiel:
Sendeleistung P_{t0} = 200 W
Antennengewinn g_d = 6 dBd
Aus dem relativen Gewinn über Dipol ergibt sich der numerische Gewinn
$G_d = 10^{6/10};\ G_d = 3,98 \approx$ 4fach.
Die effektive Strahlungsleistung ist also:
$ERP = P_{t0} \cdot G_d$
$ERP = 200\ W \cdot 4 = 800\ W.$
(Siehe auch: Strahlungsleistung, äquivalente isotrope; EIRP).

Strahlungsmaß (engl.: pattern factor)

Der Faktor F (Θ , Φ) der die Winkelabhängigkeit der Strahlung in der Strahlungscharakteristik (s. d.) angibt, wird als Strahlungsmaß bezeichnet.

Beispiel: Ein vertikaler Halbwellendipol im Freiraum.
Das Strahlungsmaß ist das Verhältnis der Feldstärke E (Θ,Φ) zur maximalen Feldstärke E_{max}. Da der Vertikaldipol ein Rundstrahler (s. d.) ist, besteht nur Abhängigkeit vom Neigungswinkel Θ und die Feldstärke ist von Φ unabhängig:

$$F_\Theta = \frac{\cos\left(\frac{\pi}{2} \cdot \cos\Theta\right)}{\sin\Theta}$$ [Verhältniszahl der Feldstärken]

Strahlungswiderstand
(engl.: radiation resistance)

Ein gedachter Wirkwiderstand, der so groß ist, daß er die von der Antenne abgestrahlte Leistung verbraucht. Auf der Seite des Generators ist kein Unterschied festzustellen, ob die Antenne oder der Strahlungswiderstand die Leistung aufnimmt. Er bezieht sich auf einen bestimmten Punkt der Antenne (meist auf den Strombauch) und ist gleich der Strahlungsleistung, dividiert durch das Quadrat des effektiven Antennenstroms:

$$R_r = P_t/I^2 \quad [\Omega]$$

Bei Antennen mit mehreren Strombäuchen (Dipolgruppen) ist der Gesamtstrahlungswiderstand die Summe der Einzel- und Kopplungswiderstände.
Der Strahlungswiderstand ist wichtig zur Ermittlung des Antennengewinnes. Er ist vom Speisewiderstand (= Klemmenwiderstand) und dem Fußpunktwiderstand zu unterscheiden.

Strahlungswirkungsgrad
(engl.: radiation efficiency)

(Siehe: Wirkungsgrad).

Stripline-Dipol (engl.: stripline dipole)

Ein Halbwellendipol in Stripline-Technik auf einer Platine. Dieser Mikrowellenstrahler wird meist durch ein Radom (s. d.) geschützt.

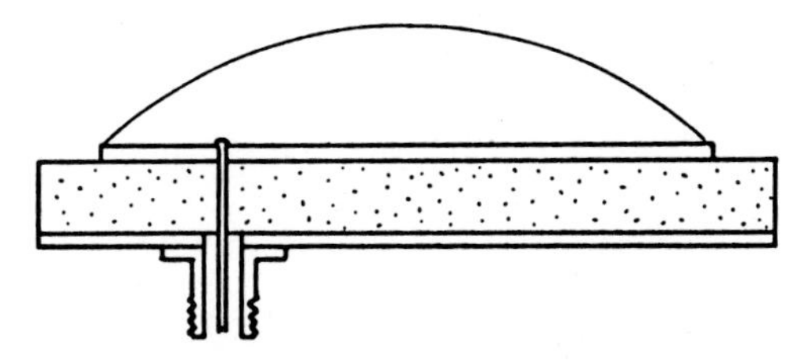

Seitenansicht eines Stripline-Dipols. Auf der Platine aus Glasfaser-Teflon liegt die rechteckige Leiterschicht des Dipols. Sie wird in der Art einer Windom-Antenne (s. d.) gespeist. Unten Bodenschicht aus Kupfer mit dem Koaxialkabelanschluß. Stromverteilung ist dünn eingezeichnet.

Strombauch
(engl.: current antinode, current maximum)

Das Maximum der Stromverteilung auf einer Energieleitung oder entlang einer Linearantenne.
(Siehe auch: Spannungsbauch).

Stromindikator (engl.: current indicator)

Zur Bestimmung der Stromstärke in einem Antennenleiter verwendetes Anzeigegerät. Im einfachsten Falle ist dies ein parallel dazu geschaltetes Glühlämpchen. Strommessungen werden mit einem Hitzdrahtinstrument (s. d.) oder einem Thermokreuzinstrument (s. d.) durchgeführt.
Ein an Haken entlang einer Zweidrahtspeiseleitung verschiebbares Glühlämpchen läßt bei einiger Übung noch Stehwellenverhältnisse von s = 1,25 an der Helligkeitsänderung feststellen.

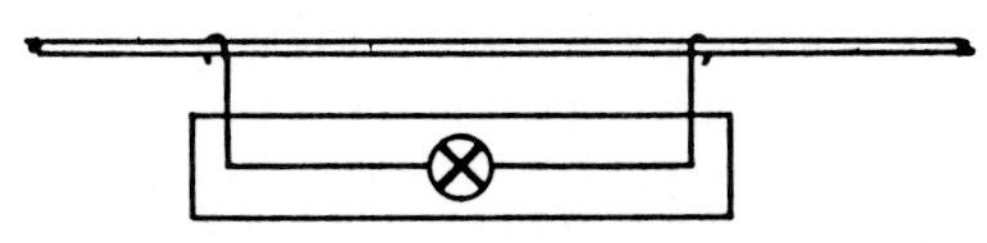

Stromindikator.

Stromknoten
(engl.: current node, current minimum)

Das Minimum der Stromverteilung auf einer Energieleitung oder entlang einer Linearantenne. Wird über den Stromknoten hinweg Energie transportiert, so geht dort der Strom nicht auf Null zurück (Nullstelle), sondern hat dort nur ein Minimum.
(Siehe auch: Spannungsknoten).

Stromkopplung (engl.: current excitation)

Speist man eine Antenne im Strombauch (s. d.) mit einer Speiseleitung, so nennt man dies Stromkopplung. Beispiele für die Stromkopplung sind der mittengespeiste Halbwellendipol (s. d.) und der Schleifendipol (s. d.). Da die Impedanz an den Antennenklemmen niedrig ist, kann oftmals ein Koaxialkabel angeschlossen werden, bei symmetrischen Antennen unter Zwischenschaltung eines Baluns (s. d.).

Stromresonanz (engl.: series resonance)

Erregt man eine Antenne im Strombauch, (s. d.), z. B. einen Halbwellendipol in seiner geöffneten Mitte, oder einen Monopol (s. d.) zwischen Fußpunkt (s. d.) und Erde, so verhält sich die Antenne wie ein Reihenschwingkreis; sie ist an der Speisestelle niederohmig. Bei Stromresonanz sind Erregerfrequenz und Eigenfrequenz (s. d.) gleich, und vom Generator fließt ein maximaler Strom in die Antennenklemmen. Mit einem Dipmeter (s. d.) kann man die Stromresonanz an einer Koppelschleife zwischen den Antennenklemmen feststellen.
(Siehe: Resonanz).

Stromsonde (engl.: current probe)

Ein Schwingkreis aus einer Induktivität, die auf einen Ferritstab gewickelt ist, einem Drehkondensator zur Abstimmung des Parallelkreises, einem Schalter zur Wahl der Frequenzbereiche, einem Diodengleichrichter und einem Meßinstrument zur Anzeige. Die Sonde ist metallisch geschirmt und nimmt über einen Schlitz im Gehäuse nur die magnetische Komponente auf. Die Stromsonde kann auch das H-Feld in Antennennähe aufnehmen und dient so als Feldstärkeindikator.
(Siehe auch: Meßsonden).

Stromsummen-Antenne
(engl.: current sum antenna)

Eine von Karl H. Hille, DL1VU, entwickelte gestreckte Drahtantenne, die für Mehrbandbetrieb ausgelegt ist. Diese hat auf der Grundfrequenz eine Länge von $\lambda/2$ oder einem Vielfachen davon. Addiert man die Beträge der Stromverteilungen (s. d.) bei der Erregung auf allen Betriebsbändern, so erhält man eine Stromsummenkurve mit mehreren Maxima und Minima. Die Speisung erfolgt in einem Maximum der Stromsummenkurve mit einer symmetrischen Zweidrahtleitung. Dadurch wird jedes Frequenzband nahezu in der optimalen Stromspeisung (s. d.) erregt. Eine 41,5 m lange Antenne wird z. B. in 8,15 m Entfernung von ihrem Ende mit dem Feeder gespeist.

Stromverteilung
distribution)

Bei einer in Stehwellen erregten Antenne liegt am äußeren Ende der Leiter stets ein Stromminimum. Von dort aus verteilt sich die Stromstärke nach dem Sinusgesetz:

$$i = I_b \cdot \sin(kl) \quad [A]$$

i = Stromstärke an der Stelle l; I_b = Stromstärke im Strombauch; l = Länge vom Ende in m; $k = 2\pi/\lambda$
Die Stromverteilung auf praktisch ausgeführten Antennen entspricht im wesentlichen diesem Gesetz, die Abweichungen davon werden größer mit dem Abnehmen des Schlankheitsgrades (s. d.).
Bei einer in Wanderwellen erregten Antenne fällt die Stromstärke durch die kontinuierliche Abstrahlung vom Speisepunkt zum Schluckwiderstand (s. d.) und durch

den Verlustwiderstand des Strahlers nach einem Exponentialgesetz:

$$i = I_a \cdot \exp(-\alpha l) \quad [A]$$

i = Stromstärke an der Stelle l; I_a = Stromstärke am Speisepunkt

$-\alpha l = -\ln\sqrt{P_a/P_l}$ = Strahlungsdämpfung
P_a = Eingangsleistung in W; P_l = Leistung an der Stelle l; ln = nat. Logarithmus.

Stromwandler

Eine den Antennenleiter oder den Innenleiter eines Koaxialkabels umschließende Toroidspule meist mit Ferrit- oder Pulvereisen-Kern. Der Stromwandler ist dem Prinzip nach ein HF-Transformator, dient der Strommessung und findet auch in Stehwellenmeßgeräten, Leistungsmessern und der Stromzange Verwendung.

Stromzange

Ein in zwei Hälften zerlegter Ringkern mit Meßwicklung, Gleichrichterdiode und Meßinstrument, der in Art einer Zange um den zu messenden Leiter gelegt wird, um darin die Stromstärke zu messen.

Stub (engl.: stub)

Eine Stichleitung.
(Siehe: Speiseleitung, angezapfte).

Stub-Antenne (engl.: stub antenna)

Eine Antenne, die durch Viertelwellen-Entkopplungsstubs auf mehreren Bändern betrieben werden kann. Ein Beispiel ist der „Hy-Tower" der Firma Hy-Gain, ein selbsttragender Vertikalstrahler, der von 3,5 bis 29,7 MHz arbeitet.
(W. J. Lattin – 1948 – US Patent).

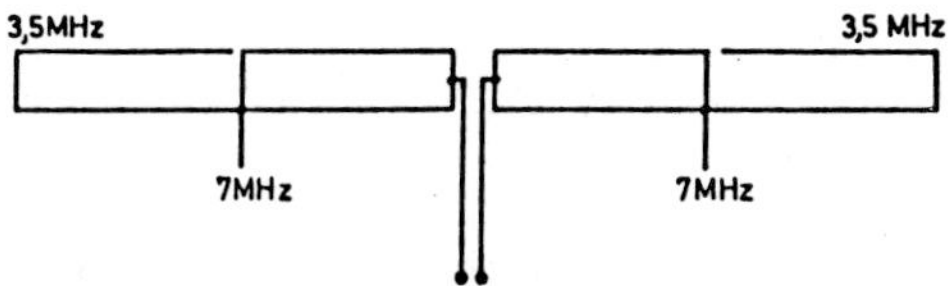

Stub-Antenne. Ein 3,5 MHz-Dipol trägt außen zwei λ/4-Stubs, die als Sperrkreise den Dipol für 7 MHz verkürzen. Die herabhängenden Drahtstücke bringen den inneren Dipol auf genaue 7 MHz Resonanz.

Stufenhornstrahler
(engl.: compound horn antenna)

Eine Hornantenne (s. d.) mit zwei oder mehr wesentlichen Änderungen des Durchmessers oder des Öffnungswinkels. Es gibt Stufenhornstrahler mit rechtwinkligem, quadratischem, kreisförmigem und elliptischem Querschnitt.

Styroflexkabel
(engl.: coaxial cable with styroflex insulation)

Ein Koaxialkabel mit einer verlustarmen Isolation aus Polystyrolwendeln, -bändern oder -fäden.

Summendiagramm (engl.: sum pattern)

Richtdiagramm mit einer Hauptkeule, die meist elliptischen Querschnitt aufweist. Bei Radargeräten zur Zielsuche und Zielverfolgung verwendet. Fast immer läßt sich das Summendiagramm auf ein Differenzdiagramm (s. d.) umschalten, um die Lage des festgestellten Zieles genauer zu bestimmen.

Supergainantenne
(engl.: supergain antenna)

1. Nach der Theorie der Multipole und der Theorie der Gruppenantennen kann man mit einer endlichen Zahl von Elementen eine beliebig scharfe Richtcharakteristik mit einer beliebig kleinen Antenne erzeugen. Praktisch lassen sich solche Antennen nur mit starken Einschränkungen verwirklichen. Ein Hindernis sind z. B. die hohen Blindströme in den Antennenelementen, die Verluste bedingen und Wirkungsgrad wie Gewinn wieder in den Bereich gewohnter Richtantennen zurückführen. Andererseits sind hohe Ströme nur mit hohem Q zu erreichen, was zu enorm schmalen Frequenzbandbreiten führt.
2. Eine UKW-Rundfunk- und Fernsehantenne mit sehr hohem Gewinn, die aus Reflektorflächen und davor angebrachten Halbwellendipolen besteht. Die Dipole bil-

den eine Ringantenne (s. d.), können aber auch in Drehfeldspeisung (s. d.) betrieben werden. Mehrere solche Ringantennen sind in etwa 5/8 λ Abstand vertikal gestockt und bilden insgesamt die Supergainantenne.

Superrichtfaktor (engl.: super directivity)

Eine Supergainantenne (s. d.) zeichnet sich durch einen Superrichtfaktor aus. (Siehe: Richtfaktor). Bei praktisch ausgeführten Antennen kann man trotz zurückgehenden Gewinnes einen hohen Richtfaktor erhalten, der aber meist nur im Empfang zu nutzen ist. Einfachstes Beispiel ist die Beverage-Antenne (s. d.).

Superturnstile-Antenne
(engl.: superturnstile antenna)

Eine in mehreren Etagen vertikal gestockte Schmetterlingsantenne in Breitbandspeisung mit hohem Gewinn und guter Bandbreite.

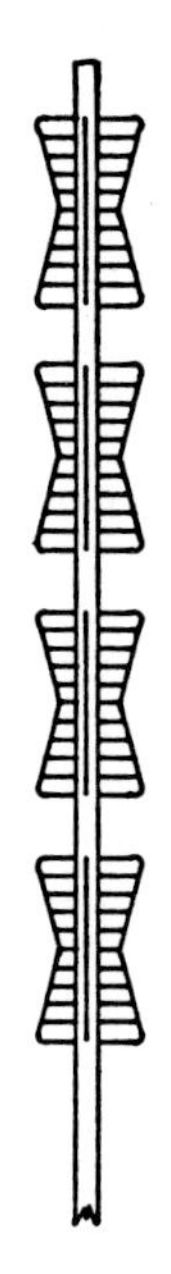

Superturnstile-Antenne. Eine Drehkreuzantenne aus breitbandigen Schmetterlingsdipolen.

Swastika (engl.: swastika)

(Swastika, sanskrit = rechtsgeflügelt, Hakenkreuz). Eine Rundstrahlantenne, linear polarisiert, breitbandig über eine Oktave (2:1). Anwendung auf 0,5 bis 12 GHz als rundstrahlende Leiterplattenantenne (printed-circuit-braid antenna).

Swiss-Quad-Antenne
(engl.: Swiss quad antenna)

Eine Monobandantenne in Art einer Cubical-Quad-Antenne (s. d.), die aus zwei gespeisten Ganzwellenschleifen besteht. Die Antenne wird von Metallkreuzen getragen, die galvanisch mit dem Metallmast verbunden sind. Die Speisung erfolgt für Koaxialkabel über eine Gamma-Anpassung (s. d.) und für Bandkabel über eine T-Anpassung (s. d.), so daß beide Schleifen erregt werden. Da diese etwa um 5% sich in der Länge unterscheiden, arbeitet das kleinere Quadrat als Direktor (s. d.), das größere als Reflektor (s. d.). Der Gewinn beträgt etwa 6 dBd, das Vor/Rück-Verhältnis 15 dB.
(R. Baumgartner – 1960 – Schweiz. Patent).

SWR (engl.: SWR = standing wave ratio)

heißt eigentlich: VSWR = voltage standing wave ratio = Spannungsstehwellenverhältnis, kurz Stehwellenverhältnis (s. d.). Nicht nur über die Spannungsmessung, sondern genau so gut kann das Stehwellenverhältnis aus dem Strom bestimmt werden.

Symmetrierglied (engl.: balun)

Eine Einrichtung zum Umsymmetrieren von Leitungen bzw. Verbrauchern (Antennen) unsymmetrisch-symmetrisch oder umgekehrt. Im LW-, MW- und KW-Bereich werden L/C-Glieder verwendet, im VHF- und UHF-Bereich Leitungsstücke. Zur Kategorie der Symmetrierglieder zählen auch die sogenannten Mantelwellensperren wie Sperrtopf, Manteldrossel usw.

Symmetrierschleife

Ein Symmetrierglied, in Form einer EMI-Schleife, das gern zur Speisung von Halbwellendipolen (s. d.) im VHF- und UHF-Bereich gebraucht wird. Der Innenleiter des speisenden Koaxialkabels wird durch eine oft innen leere Nachbildung zu einer λ/4-Leitung ergänzt, die am unteren Ende mit dem Außenmantel des Speisekabels verbunden ist.
(Siehe auch: EMI-Schleife, Pawsey-Glied).

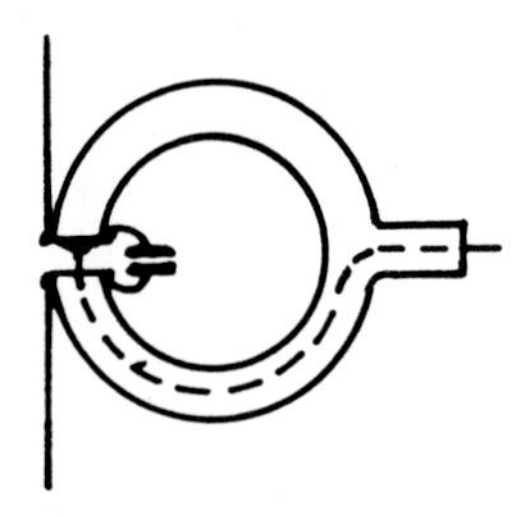

Symmetrierschleife. Die Schleife wird mit einem Parallelkondensator zu einem Sperrkreis abgestimmt. Aus Symmetriegründen hat die Ringmitte Erdpotential. Bei Verwendung einer Viertelwellen-Parallelrohrleitung entfällt die Kapazität und die bekannte EMI-Schleife ist dann erkennbar.

Symmetriertopf (engl.: bazooka)

Ein Symmetrierglied in Form zweier aneinandergesetzter Sperrtöpfe. Meist im VHF- und UHF-Bereich verwendet.
(N. E. Lindenblad – 1940 – USA).
(Siehe: Sperrtopf).

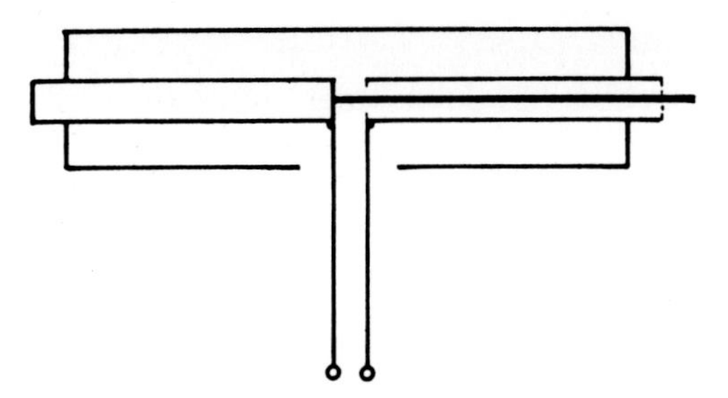

Symmetriertopf. (Schnittbild) Die zwei mit ihrer hochohmigen Seite zusammenliegenden Viertelwellentöpfe symmetrieren die Koaxialleitung und entkoppeln sie weitgehend vom symmetrischen Ausgang.

Symmetriertransformator (engl.: balun)

Ein Balun (s. d.).

Symmetrierung

Die Speisung symmetrischer Antennen (oder Schaltungen) durch unsymmetrische Leitungen *oder* die Speisung unsymmetrischer Antennen durch symmetrische Leitungen. Die Symmetrierglieder werden als Baluns (s. d.) bezeichnet.

Symmetriewandler (engl.: balun)

Soviel wie Symmetrierglied (s. d.).

T

TAHA

(engl.: Tapered Aperture Horn Antenna)

Eine horizontal polarisierte Hornantenne für gerichteten Kurzwellenempfang von 5 bis 25 MHz mit einem Gewinn von 11 bis 27 dBi. Der Wirksamkeit entsprechen die Abmessungen des aus Maschendraht gefertigten Horns: l = 257 m, h = 77 m, b = 154 m. (R. E. Ankers, B. G. Hagaman – 1956 – USA).

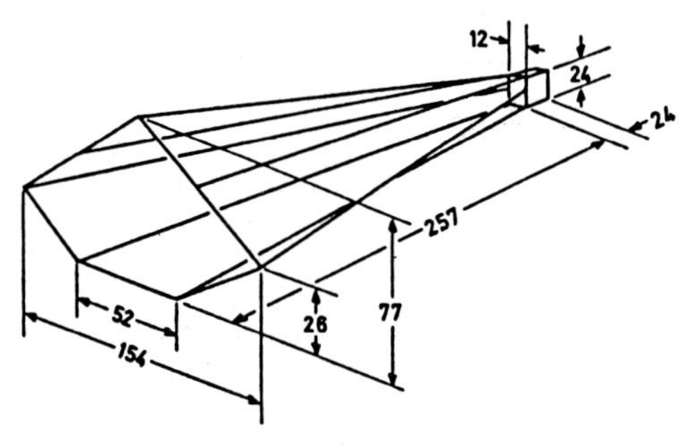

TAHA. Alle Maße in m. Das Horn ist mit Maschendraht verkleidet und liegt mit seiner Mündung (52 m) und der Erregerbox (12 m) auf dem Boden auf. In der Box ist ein Hornstrahler, der mit einem Breitband-Monopol erregt wird. Die TAHA wurde vorwiegend zum Empfang von Fernverkehrssignalen verwendet.

Tannenbaumantenne

Eine Gruppenantenne aus Ganzwellendipolen (s. d.) vom Typ des Querstrahlers, die aus Dipollinien und Dipolreihen (s. d.) besteht. Der Reflektor in λ/4 Abstand kann wahlweise mit dem Strahler vertauscht werden, wodurch die Hauptkeule um 180° geschwenkt wird. Der Name dieser Antenne bezieht sich auf die Dipole, die wie Äste eines Tannenbaums von der Speiseleitung ausgehen. Die Tannenbaumantenne wurde beim KW-Rundfunk eingesetzt.
(O. Böhm, W. Moser – 1928 – Dt. Patent).

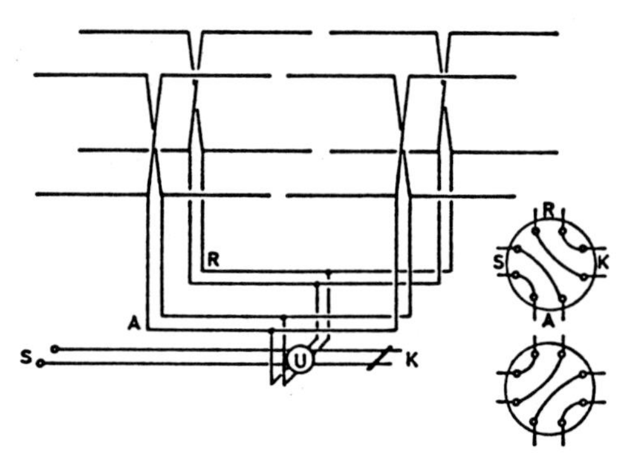

Tannenbaumantenne. Aus 16 Halbwellendipolen. Rechts der Drehumschalter, mit dem die Hauptkeule um 180° geschwenkt werden kann.
R: Reflektor; A: Antenne; S: Speiseleitung; K: Kurzschlußleitung zur Reflektorabstimmung; U: Umschaltung.
Obere Schaltstellung, die Antenne strahlt auf den Betrachter zu.
Untere Schaltstellung, die Antenne strahlt vom Betrachter weg.

T-Anpassung (engl.: T-match)

Eine aus der Delta-Anpassung (s. d.) hervorgegangene lineare Leiteranordnung zur Anpassung von Halbwellendipolen an eine erdsymmetrische Zweidrahtleitung. Durch geeignete Wahl der Länge l der Anpaßleitung und des Abstandes D vom Strahler und der Dicke der Leiter lassen sich Übersetzungsverhältnisse von 1:3 bis 1:12 erreichen. Da die T-Leitung induktiv wirkt, kann man durch Kürzen des Strahlers auf Resonanz kompensieren, besonders bei hohen Übersetzungsverhältnissen.
Die Eingangsimpedanz steigt bis zu einem gewissen Punkt auf der Antenne, wenn l

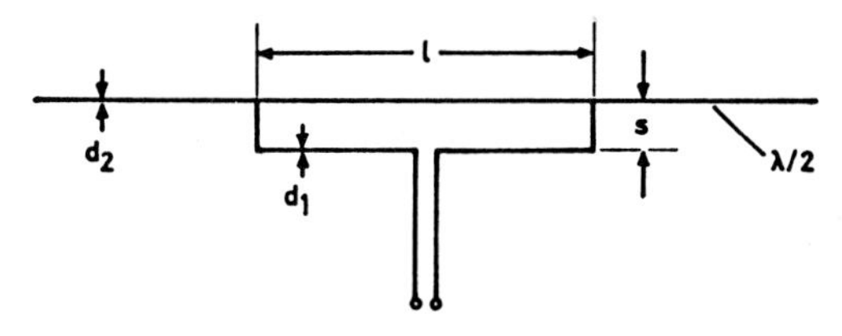

T-Anpassung eines Halbwellendipols.

größer wird. Der Anstieg von Z_{in} wird steiler, wenn das Durchmesserverhältnis $d_2 : d_1$ größer wird; aber auch wenn der Abstand s kleiner wird. Die größte Eingangsimpedanz ist erreicht, wenn $l \approx 0{,}2\ \lambda \ldots 0{,}3\ \lambda$ lang ist.

T-Anpassung mit C-Kompensation
(engl.: T-match, series capacitor compensated)

Die in der T-Anpassung verbleibende induktive Reaktanz kann durch Serienkondensatoren ausgestimmt werden. Dadurch wird das ganze T-System kompensiert, die Anpaßprobleme sind so flexibler zu lösen.

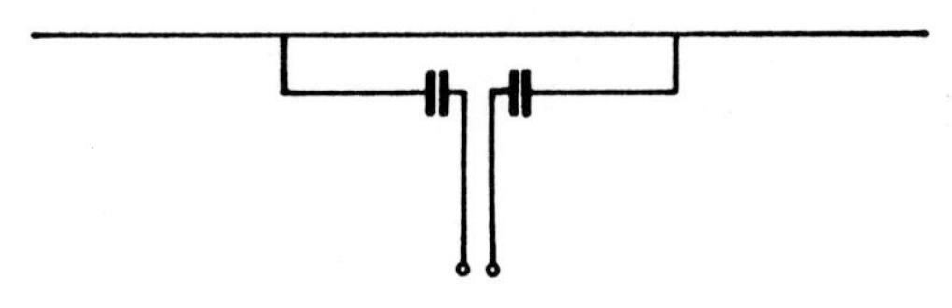

T-Anpassung mit C-Kompensation.

T-Anpassung, umgekehrte
(engl.: inverted T-match)

Diese ist elektrisch gleichwertig mit der T-Anpassung (s. d.), aber mechanisch anders gestaltet und für Experimente gut geeignet.

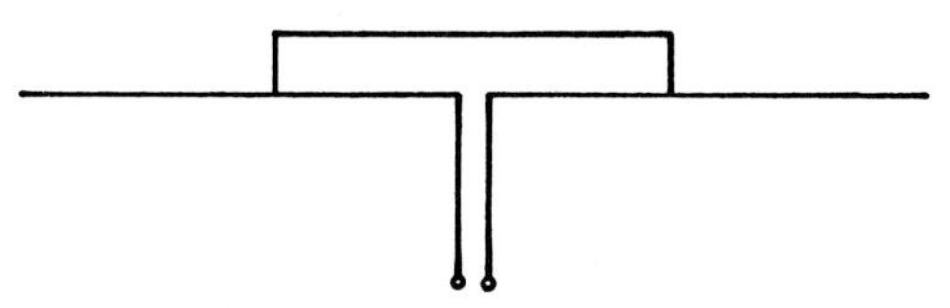

T-Anpassung, umgekehrte. Die Transformationsleitung liegt über dem Strahler.

T-Antenne (engl.: T-antenna)

Eine Vertikalantenne mit einer horizontalen Dachkapazität (s. d.), die im einfachsten Fall ein gestreckter Draht ist. Die Antenne hat die Form eines T. Durch Ausbildung

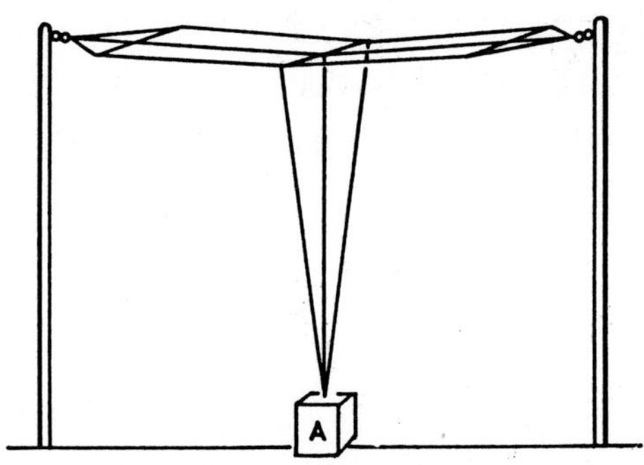

T-Antenne. Ausführung für LW und MW mit Flachreuse als Endkapazität. Die Haltemasten sollen aus Holz bestehen oder Metallmasten sollen wenigstens am Fußpunkt isoliert sein, andernfalls geht der Wirkungsgrad stark zurück (A: Anpaßglied).

des Horizontalteils zu einer Flachreuse kann die Dachkapazität stark erhöht werden.
Die Polarisation ist vertikal, der Horizontalteil strahlt nur wenig. Durch die Dachkapazität wird aber der Strom im Vertikalteil erhöht, dadurch steigt der Wirkungsgrad. Gleichzeitig tritt eine Resonanzverschiebung nach unten auf, d. h. für eine gegebene Frequenz kommt man mit einer kürzeren Strahlerlänge aus.
Die T-Antenne wird im LW-, MW- und KW-Bereich verwendet und braucht zur Erzielung eines guten Wirkungsgrades ein ausgedehntes Erdnetz (s. d.).

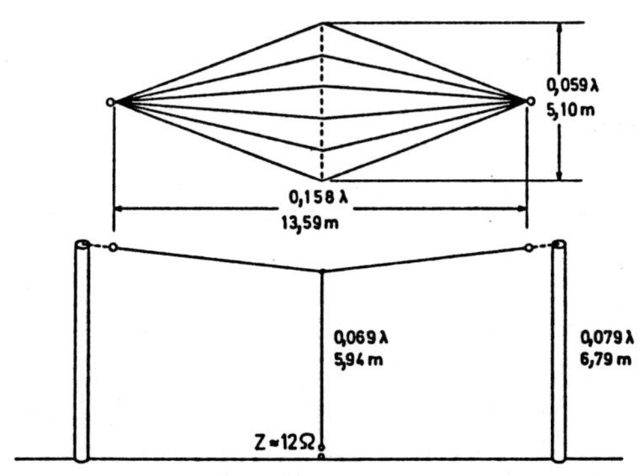

T-Antenne mit rautenförmigem Dach, das als Endkapazität wirkt. Ein Erdnetz ist notwendig. Abmessungen allgemein in λ, für 3,5 MHz in m. Resonant bei 3,5 MHz.

T-Antenne, gefaltete
(engl.: folded T-antenna)

Eine T-Antenne, die aus einem gefalteten, λ/4 langen Monopol entstanden ist. Vertikalteil plus Horizontalteil müssen in ihrer Gesamtlänge λ/4 ergeben. Diese T-Antenne kann in den einen Zweig gespeist und im anderen geerdet werden, wodurch sich die Impedanz an den Klemmen etwa vervierfacht und zur Speisung 60 Ω-Koaxialkabel verwendet werden kann. Durch die Schleife kann man technischen Wechselstrom leiten und damit Eis oder Rauhreif abschmelzen.
(Siehe: Heizung von Antennen, Multee-Zweiband-Antenne).

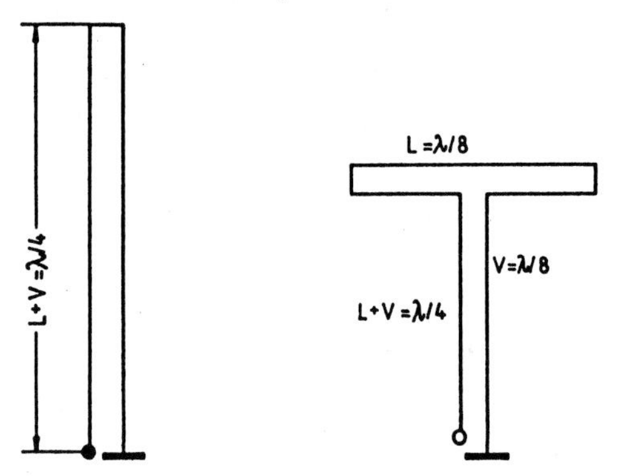

T-Antenne, gefaltete. Links: gefalteter Monopol als Urform. Rechts: der Kopf des Monopols ist als T geformt.

T-Antenne, optimierte
(engl.: improved T-antenna)

Eine von Karl H. Hille, DL1VU, entwickelte T-Antenne mit nur gering strahlendem Horizontalteil, der aus einem dreifach gefalteten λ/2-Draht besteht. Der Vertikalteil ist λ/4 hoch und hat am Fußpunkt eine Impedanz von etwa 2800 Ω, wodurch die Speiseverluste gegenüber dem Erdwiderstand stark vermindert sind. Die Speisung erfolgt über ein L-Glied zur Anpassung an die 50 Ω-Kabelimpedanz. Durch die Lage des Strombauchs im oberen Teil des Vertikalstrahlers ergibt sich starke Flachstrahlung für den Weitverkehr.
(K. H. Hille – 1974 – Brit. Patent).

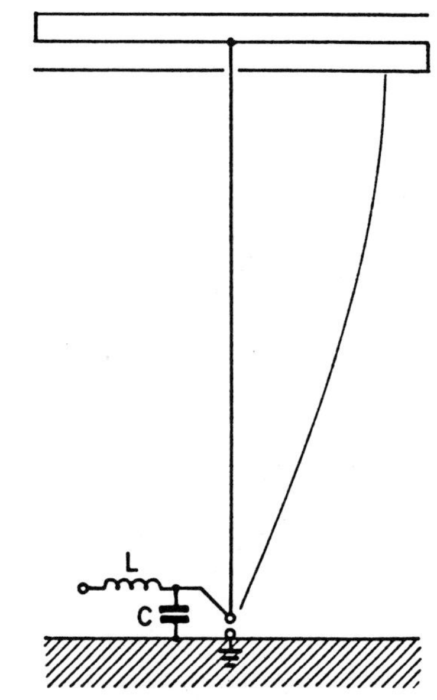

T-Antenne, optimierte. Der Horizontalteil ist 0,1667 λ lang, der Vertikalteil 0,25 λ hoch. Bei der 7 MHz-Ausführung ist C = 54 pF, L = 11 μH, um für 50 Ω Anpassung zu erzielen. Ein Strahlenerder ist wünschenswert.

T-Antenne, optimierte. Versuchsaufbau für 7 MHz, Höhe 10,2 m.

Tapered Balun (engl.: tapered balun)

(engl.: tapered = konisch, verjüngt, zugespitzt). Ein Balun (s. d.), der einen verjüngten Übergang hat von einer unsymmetrischen Koaxialleitung auf eine symmetrische Doppelleitung oder eine symmetrische Mikrostripleitung. Dabei öffnet sich der Koaxialaußenmantel, wird allmählich schmäler, bis er zum zweiten Leiter der symmetrischen Leitung wird (coaxial tapered balun). Ein Tapered Balun kann aber auch einen verjüngten Übergang haben von einer unsymmetrischen Mikrostripleitung auf eine symmetrische Doppelleitung. Dabei verjüngen sich die zwei Streifen und reduzieren sich zu den Leitern der Doppelleitung. (stripline tapered balun). Bei diesem allmählichen Übergang erhöht sich der Wellenwiderstand (z. B. von unsymm. 50 Ω auf 150 bis 200 Ω). Der Balun ist sehr breitbandig, bis zu 50:1 (z. B. von 40 bis 2000 MHz).

Taylor-Stimmgabelantenne
(engl.: Taylor tuning fork antenna)

Zwei vertikale Halbwellendipole in λ/10 bis λ/8 Abstand werden über Zweidrahtleitungen gegenphasig spannungserregt. Die Eigenschaften entsprechen denen einer W8JK-Antenne (s. d.).

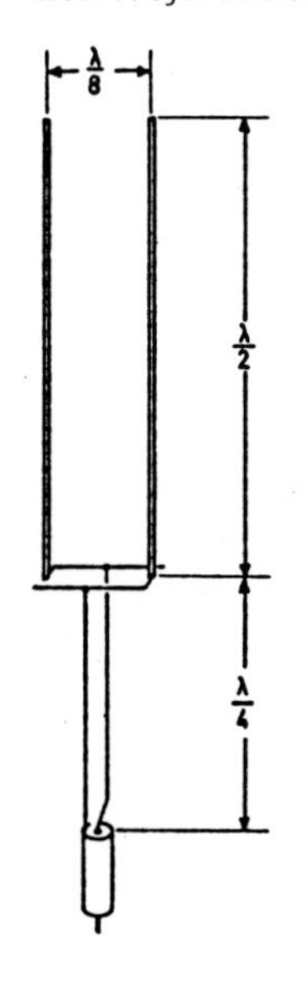

Taylor-Stimmgabel-Antenne.
Die λ/4-Leitung paßt den mit etwa 1500 Ω sehr hohen Fußpunktwiderstand an das 50 Ω-Koaxialkabel an.

Taylor-Verteilung
(engl.: Taylor' distribution)

(Siehe auch: Dolph-Tschebyscheff-Verteilung). Eine symmetrische Stromverteilung auf die Elemente einer Linienquelle oder linearen Gruppenantenne mit dem Zweck, eine Hauptkeule guten Gewinns mit großer Nebenkeulendämpfung zu erzeugen. Die Nebenkeulen in der Nähe der Hauptkeule nehmen erst langsam, dann immer stärker ab. Eine Taylor-Verteilung ist ebensogut möglich bei flächenhaften Gruppen- und Aperturantennen.

Teflon (engl.: Teflon, PTFE)

Handelsname für Polytetrafluoräthylen (= PTFE) oder Fluor-Äthylen-Propylen (= FEP), ein kostspieliger, hochwertiger, verlustarmer, spanabhebend bearbeitbarer und temperaturbeständiger Kunststoff mit der Dielektrizitätskonstante ε = 2,1. Verwendbar bis in den GHz-Bereich.

Telefunken-Kompaß

Eine sternförmige Anordnung von Langdrähten, die zum Richtempfang und zur orientierenden Peilung verwendet wurde, später auch als Funkfeuer mit umspringendem Achterdiagramm. Heute veraltet.

Telerana-Antenne
(engl.: spiderweb antenna)

Deutsch: Spinnennetz-Antenne. Eine logperiodische Antenne mit 14 nach vorn abgewinkelten Drahtelementen, die etwa 0,6 λ lange Dipole bilden. Diese Antenne arbeitet im Bereich von 13 bis 30 MHz.
(Lit.: A. Eckols QST 7/1981).

Teleskopantenne

Eine Antenne in der mechanischen Ausführungsform eines Teleskops, dessen Rohre ausgezogen und zusammengeschoben werden können. Teleskopantennen gibt es in den verschiedensten Größen vom 50 cm langen Teleskop eines Handfunksprechgerätes bis zum Kurbelmast.

Teleskopmast

(Siehe: Kurbelantenne).

TE-Welle (engl.: TE wave)

TE = transversalelektrisch, auch H-Welle genannt. Die elektrischen und magnetischen Transversalkomponenten stehen aufeinander senkrecht und sind im dämpfungsfreien Fall (verlustlose Leitung) in Phase.
(Siehe: Hohlleiter).

TFD-Antenne
(engl.: terminated folded dipole)

Ein abgeschlossener Faltdipol, auch TTFD- oder T2FD-Antenne genannt. Eine Antenne in Form einer breiten Zweidrahtleitung, die an den Enden kurzgeschlossen, in der Mitte mit einem Feeder gespeist und in der gegenüberliegenden Mitte durch einen Schluckwiderstand (s. d.) abgeschlossen ist.
Die TFD-Antenne wird für die niedrigste Betriebsfrequenz auf eine Länge von λ/3 und eine Breite von λ/100 bemessen, der Schluckwiderstand hat die gleiche Impedanz wie die Speiseleitung (300 bis 600 Ω). Die Frequenzbandbreite ist 5: 1, so daß mit zwei entsprechend dimensionierten TFD-Antennen das ganze KW-Band von 1,5 MHz bis 7,5 MHz und von 6 MHz bis 30 MHz bestrichen wird. Die TFD-Antenne ist um 3 dB schlechter als ein einfacher Drahtdipol gleicher Länge, der über einen Feeder und Anpaßgerät (s. d.) gespeist wird. Der ursprünglich geneigte Aufbau bringt keine wesentlichen Vorteile.
Die Vorteile der TFD-Antenne sind:
1. Bei Frequenzwechsel muß nicht nachgestimmt werden. Deswegen ist sie in kommerziellen Anlagen recht verbreitet.
2. Die Abmessungen sind klein gegenüber einem resonanten Halbwellendipol.

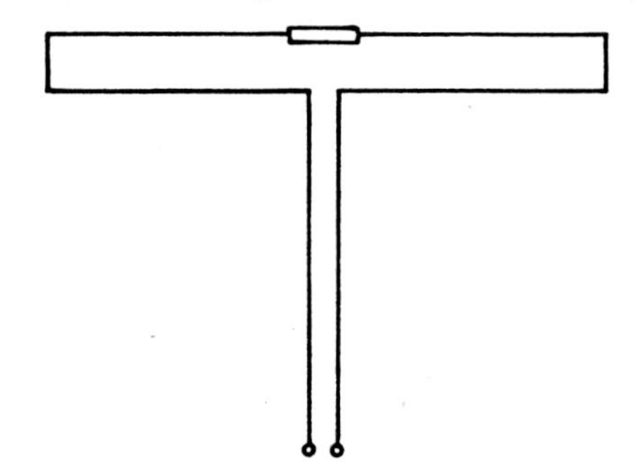

TFD-Antenne. Der Abschlußwiderstand hat die gleiche Impedanz wie die Speiseleitung, oder 10 bis 30% mehr. Die Antenne kann horizontal, vertikal oder schräg (Tilted Terminated Folded Dipole = TTFD) aufgebaut werden.

T-Glied

Ein Vierpol aus zwei Längsgliedern und einem Querglied, die in T-Form angeordnet sind. T-Glieder aus L und C dienen als Phasenschieber (s. d.), T-Glieder aus R zur Dämpfung z. B. der Antennenspannung am Empfängereingang.

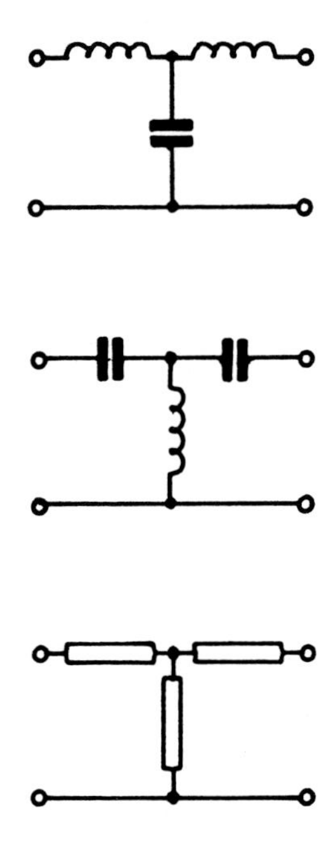

T-Glieder. Oben: Tiefpaß
Mitte: Hochpaß
Unten: Dämpfungsglied

Thermokreuzinstrument

Ein Meßgerät für HF-Ströme aus einem Thermoelement und einem Millivoltmeter. Das Thermoelement besteht aus der Schweißstelle zweier dünner Metalldrähte, z. B. Konstantan/Chromnickel, die sich kreuzen (veraltet). Heute wird das Thermoelement über eine Glasperle oder ein Glasröhrchen vom HF-Heizer indirekt geheizt oder ist direkt auf den Heizer aufgeschweißt. Die Skala ist quadratisch. Das Thermoelement kann höchstens bis zu 100% überlastet werden.

Tiefenerder

Ein tief in die Erde eingegrabener Leiter, meist eine senkrecht stehende Metallplatte. Als Blitzerder gut, als HF-Erder nur sehr mäßig geeignet. (Siehe: Erder).

T-Mast (engl.: T-mast)

Ein Mast aus Holzbohlen, die aus einzelnen Schüssen wechselseitig T-förmig zusammengesetzt und verbolzt werden. Ein 20 m-Mast kann aus 6 cm × 12 cm-Bohlen, ein 15 m-Mast aus 5 cm × 10 cm-Bohlen aufgebaut werden. Dreifachabspannung (120°) in 2/3 und voller Höhe durch Pardunen (s. d.) ist notwendig.

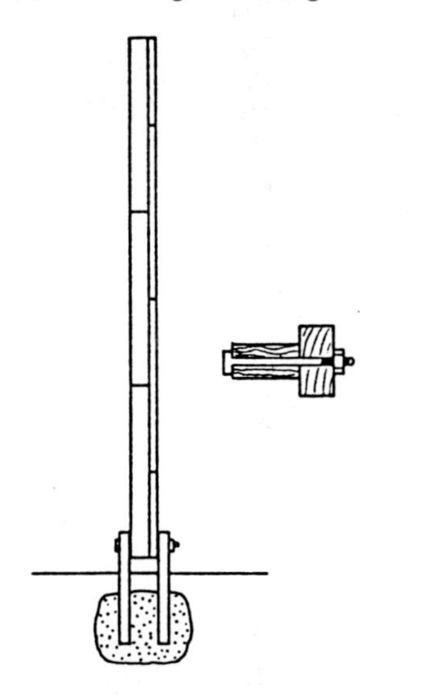

T-Mast. Links: 15 m-Mast aus fünf Schüssen zu je 5 m und 2 Schüssen zu je 2,5 m.
Rechts: Querschnitt mit Bolzen, die etwa 10 cm von jedem Ende eines Schusses gesetzt werden, so daß für diesen T-Mast 11 Bolzen gesetzt werden. Die Basis besteht aus zwei Eisenschienen, die einbetoniert werden.

TM-Welle (engl.: TM wave)

TE = transversalmagnetisch, auch E-Welle genannt. Die elektrischen und magnetischen Transversalkomponenten stehen aufeinander senkrecht und sind im dämpfungsfreien Fall (verlustlose Leitung) in Phase.
(Siehe: Hohlleiter).

Tonna-Einspeisung
(engl.: Tonna bazooka)

Von der Firma Tonna angewandtes Speisesystem für eine Yagi-Uda-Antenne. Ein Halbwellendipol mit offener Mitte wird dort von einem U-förmigen λ/4-Stück des 50 Ω-Koaxialkabels gespeist. Dieses dient als λ/4-Sperrtopf und drosselt Mantelwellen (s. d.) ab, weil sein Ende am geerdeten Boom liegt.

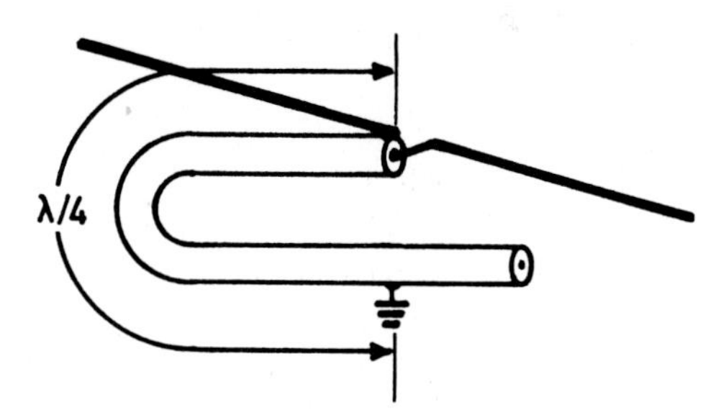

Tonna-Einspeisung. (Prinzip), die λ/4-Leitung hat für Mantelwellen eine sehr hohe Impedanz.

Torusreflektor (engl.: torus reflector)

Ausschnitt aus einem Drehparaboloid (genannt: Torus nach Kelleher/Hibbs) oder aus einem Drehellipsoid (genannt: Torus nach Peeler/Archer) als Reflektor für Radarantennen, oft für Mehrkeulenantennen (s. d.) eingesetzt.

Transformationsleitung
(engl.: impedance line transformer)

Ein Leitungsgebilde zur Transformation von einem Wellenwiderstand auf einen anderen. Die einfachste Anordnung ist die Viertelwellenleitung. Sollen zwei unterschiedliche Wellenwiderstände Z_1 und Z_2 auf der Betriebswelle λ stoßfrei angepaßt werden, so wird eine λ/4-Leitung mit dem Wellenwiderstand $Z_n \sqrt{= Z_1 \cdot Z_2}$ dazwischengeschaltet. Z_n ist das geometrische Mittel beider Wellenwiderstände. Bei der Längenbemessung der Transformationsleitung ist die Ausbreitungsgeschwindigkeit auf der Leitung als Verkürzungsfaktor v zu berücksichtigen. Bei luftisolierter Paralleldrahtleitung ist v = 0,975.
Beispiel: $Z_1 = 450\ \Omega$, $Z_2 = 300\ \Omega$, $\lambda = 16$ m.

$Z = \sqrt{450\ \Omega \cdot 300\ \Omega}$, $Z = 367\ \Omega$,

$$l = \frac{\lambda}{4} \cdot 0{,}975 = 3{,}90 \text{ m}.$$

Die λ/4-Transformationsleitung arbeitet mit niedrigem Stehwellenverhältnis nur in einem engen Frequenzbereich. Sollen größere Impedanzunterschiede überbrückt werden, so schaltet man zwei oder mehrere λ/4-Leitungen hintereinander.

Beispiel: $Z_1 = 600\ \Omega$, $Z_2 = 25\ \Omega$, $\lambda = 50{,}4$ m.
Man sucht zunächst das geometrische Mittel beider Impedanzen, transformiert mit der ersten Viertelwellenleitung von der ersten Impedanz auf dieses geometrische Mittel und mit der zweiten Viertelwellenleitung vom geometrischen Mittel auf die zweite Impedanz.

1. Geometrisches Mittel:
   $Z = \sqrt{Z_1 \cdot Z_2}$; $Z = \sqrt{600\ \Omega \cdot 25\ \Omega}$;
   $Z = 122{,}5\ \Omega$
2. Erste λ/4-Leitung:
   $Z' = \sqrt{Z_1 \cdot Z}$; $Z' = \sqrt{600\ \Omega \cdot 122{,}5\ \Omega}$;
   $Z' = 271{,}1\ \Omega$
3. Zweite λ/4-Leitung:
   $Z'' = \sqrt{Z \cdot Z_2}$; $Z'' = \sqrt{122{,}5\ \Omega \cdot 25\ \Omega}$;
   $Z'' = 55{,}3\ \Omega$
4. Länge der λ/4-Leitungen:
   $$l = \frac{\lambda \cdot 0.975}{4} = \frac{50{,}4 \text{ m} \cdot 0.975}{4}$$
   $l = 12{,}29$ m

Mehrere hintereinandergeschaltete λ/4-Leitungen bilden eine Stufenleitung. Zahlreiche Stufenleitungen ersetzt man durch eine Exponentialleitung (s. d.).

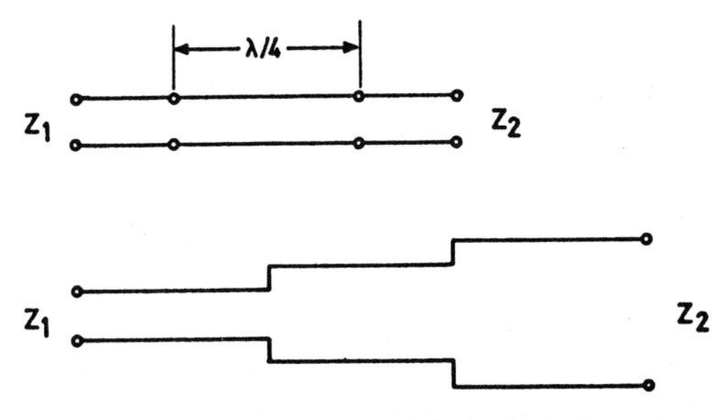

Transformationsleitung. **Oben: λ/4-Stück der Impedanz $Z = \sqrt{Z_1 \cdot Z_2}$.**
Unten: Stufenleitung aus drei λ/4-Stücken.

Transformationsschleife

Eine Anordnung zur Transformation von Impedanzen im Verhältnis 1:4, umgekehrt auch 4:1. Zwei koaxiale λ/4-Leitungen sind auf der einen Seite parallel, auf der anderen in Reihe geschaltet. Dadurch liegt am ersten Ende der halbe, am anderen Ende der doppelte Wert der Impedanz der λ/4-Leitungen. Die Abstimmung auf Resonanz erfolgt durch einen Kurzschlußschieber. Durch Änderung der Impedanz der λ/4-Leitungen läßt sich ein von 1:4 abweichendes Transformationsverhältnis in gewissen Grenzen beliebig wählen.

Trap (engl.: trap, trap circuit)

(trap, engl. = Falle). Ein Parallelkreis in Mehrbandantennen, der bei Resonanz eine sehr hohe Impedanz annimmt (Sperrkreis) und dadurch den Strahler unterbricht. Es gibt Traps aus L/C-Kreisen, sowie Traps aus resonanten Koaxialkabelabschnitten. Unterhalb der Sperrfrequenz wirkt ein Trap als Induktivität, oberhalb der Sperrfrequenz als Kapazität. Traps werden angewendet in Trap-Dipolen, Trap-Monopolen, Trap-Groundplanes und Trap-Yagi-Uda-Antennen. Am bekanntesten davon ist die W3DZZ-Antenne (s. d.). (Siehe: Koaxialtrap).

Trap. **Traps an Vertikalstrahlern, innen aus L und C bestehend.**

Trichterstrahler

Soviel wie Hornantenne (s. d.).

Triple-Leg-Antenne

Eine Groundplane-Antenne (s. d.) mit drei Radials, um 120° versetzt und schräg nach unten geneigt.
(Lit.: Vogel, DL-QTC 1/1968).

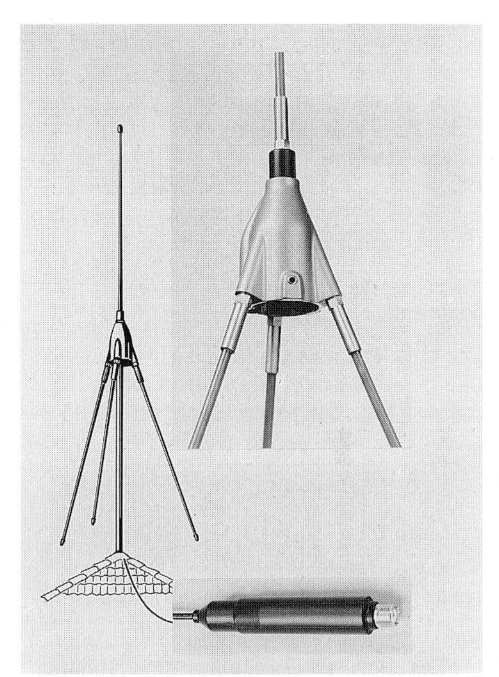

Triple-Leg-Antenne. **Unten: Abstimmgerät, ins Kabel eingeschleift zur Verringerung der Stehwellen auf dem Kabel.**

Triplexer

Eine Frequenzweiche (s. d.), die drei Sender auf eine gemeinsame Antenne schaltet und dabei Rückwirkungen der Sender aufeinander unterdrückt. Solche Dreifachweichen werden in der UKW-Rundfunk- und Fernsehtechnik eingesetzt.

TR-Switch (engl.: TR switch)

Eigentlich: Transmit/Receive-Switch, ein elektronischer Sende/Empfangsumschalter, der die Antenne wechselseitig auf Sender oder Empfänger schaltet. Der TR-Switch ist besonders bei Morsetelegrafie im BK-Verkehr, bei dem die Gegenstelle zwischen den eigenen Zeichen durchgehört werden muß, notwendig; denn Relais sind zu langsam und stören akustisch durch ihr Geklapper. Die Elektronik des TR-Switch muß den Empfänger vollkommen vor der Sendeenergie schützen, darf den Sender nicht mit Verlusten belasten, darf kein zusätzliches Rauschen verursachen, das SWR nicht erhöhen, und darf nicht die Großsignalfestigkeit des Empfängers verschlechtern. TR-Switche werden auch heute noch häufig mit Röhren aufgebaut. (Siehe auch: Nullode).

Trübung

Bei der Nullpeilung (s. d.) die Restspannung, welche die Nullstelle zu einem Minimum auffüllt. Die Trübung hat ihre Ursache in Reflektionen durch nahe Gegenstände, in Unsymmetrien u. dgl. Sie wird durch Enttrübung (s. d.) beseitigt.

TTFD-Antenne
(engl.: tilted terminated folded dipole)

Eine geneigt aufgehängte TFD-Antenne (s. d.), auch als T2FD-Antenne bekannt. (TT steht für T2).

T-Transformationsglied
(engl.: T section low-pass)

Ein Tiefpaß, der zwei Impedanzen aneinander anpaßt. Der Tiefpaß besteht aus zwei L-Gliedern mit Längsinduktivität L und Querkapazität C gegeneinandergeschaltet. Ist die Eingangsimpedanz Z_{ein} und die Ausgangsimpedanz Z_{aus}, so sind die Reaktanzen der Bauelemente X_L bzw. X_C:

$$|X| = +\sqrt{Z_{ein} \cdot Z_{aus}} \quad [\Omega]$$

Beispiel: $Z_{ein} = 50\ \Omega$, $Z_{aus} = 36\ \Omega$ (Marconiantenne, s. d.).

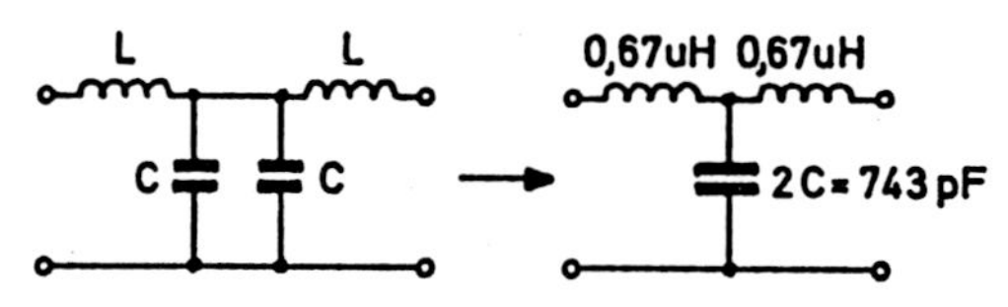

T-Transformationsglied. Die parallelgeschalteten Kapazitäten werden zu einer zusammengefaßt.

$|X| = \sqrt{50\ \Omega \cdot 36\ \Omega}$, $X_L = 42{,}4\ \Omega$, $X_C = -42{,}4\ \Omega$
Ist die Betriebsfrequenz f = 10,1 MHz, so ergibt sich:

$L = X_L/2\pi f = 42{,}4\ \Omega/2\pi \cdot 10{,}1 \cdot 10^6 = 0{,}67\ \mu H$

$C = 1/2\pi f|X_C| = 1/2\pi \times 10{,}1 \cdot 10^6 \cdot 42{,}4\ \Omega = 372\ pF$

Da im T-Glied zwei L-Glieder Rücken an Rücken geschaltet sind, kann man die zwei Cs zu einem C der doppelten Kapazität zusammenfassen.

Turm (engl.: tower)

Im Gegensatz zum abgespannten Mast steht der Turm ohne Abspannungen und ist selbsttragend. Aus statischen Gründen nimmt der Querschnitt nach oben hin ab. Bei einem selbststrahlenden Turm bilden sich wegen der Querschnittabnahme kräftige Wanderwellen auf ihm aus, was unerwünschte Steilstrahlung bewirkt.

Turnstile-Antenne
(engl.: turnstile antenna)

Auch Kreuzdipol oder Drehkreuzantenne genannt (s. d.).

TVI

TVI = **T**ele**v**ision **I**nterference, englische Abkürzung für störende Beeinflussung des Fernsehempfangs. Entsteht in Nähe einer Sendeantenne durch hochfrequente Einwirkung auf Fernsehempfänger (TV-Empfänger), Gemeinschaftsantennenanlagen (GA) oder Breitband-Empfangsantennenverstärker. Man unterscheidet bei der Störfestigkeit (passives Störverhalten) zwischen:

- Eingangsstörfestigkeit (Einwirkung über Antenneneingang)
- Einströmungsfestigkeit (Einwirkung über Anschlüsse, z. B. Netzanschluß)
- Einstrahlungsfestigkeit (Einwirkung über Schirmung, Bauteile, Kabel usw.)

Behebung des TVI durch zusätzliche Selektions- oder Schirmmittel (Siehe: Fernsehstörungen).

Twin-Lamp (engl.: twin lamp indicator)

Ein Zweilampen-Indikator (s. d.) für Stehwellen.

Twin-Lead-Kabel (engl.: twin lead)

Eine HF-Bandleitung, deren Draht- oder Litzenleiter in Polyäthylen eingebettet sind und so die Form eines Bandes bilden. Als Fernsehempfangskabel mit Wellenwiderständen von 240 Ω und 300 Ω, als kommerzielles Bandkabel mit 450 Ω. Obwohl sehr verlustarm heute schlecht erhältlich. Möglicher Ersatz: offene Zweidrahtleitung (s. d.).
(Siehe auch: Schlauchleitung).

U-Adcock-Antenne
(engl.: U-Adcock antenna)

Im Gegensatz zum H-Adcock (s. d.) ein Paar Monopole über der Erde bzw. dem Erdnetz (s. d.) in der Form eines U. Die U-Adcock-Antenne kann nicht gedreht werden. Sie gibt über Koaxialkabel die Empfangsspannung an ein Goniometer (s. d.), mit dem die Richtung im Adcock-Peiler ermittelt wird.

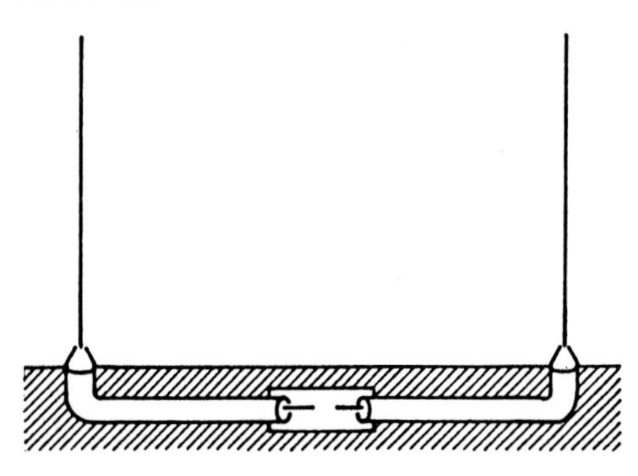

U-Adcock-Antenne. Die Koaxialkabel führen zum Goniometer.

U-Antenne (engl.: U-shaped antenna)

Während der V-Dipol (s. d.) an seiner Speisestelle einmal geknickt ist, hat die U-Antenne zwei rechtwinklige Knickstellen.

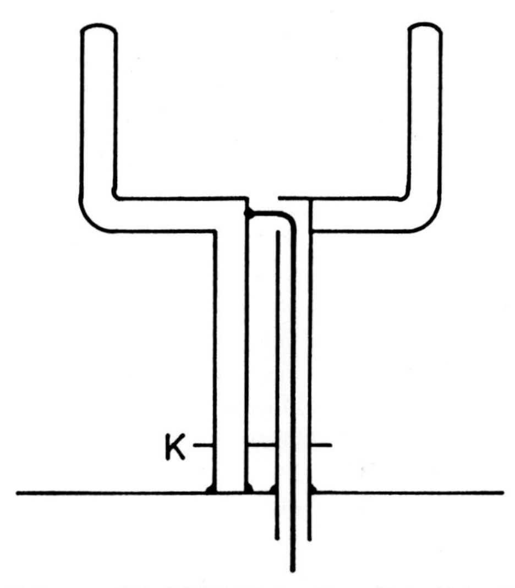

U-Antenne. (Schnittbild) Mit dem Kurzschlußschieber K wird die λ/4-Leitung der EMI-Schleife abgestimmt. Die U-Antenne wird waagerecht montiert, um horizontal polarisierte Rundstrahlung zu erzielen. Meist werden Gruppen aus gestockten U-Antennen aufbebaut.

Damit sind die Nullstellen des Dipols im Richtdiagramm aufgefüllt, das so nahezu kreisförmig ist. Die U-Antenne ist eine der einfachsten, horizontal polarisierten VHF-Antennen und wird meist mit einer EMI-Schleife über Koaxialkabel gespeist.

Übergangswiderstand

Die Qualität von Bauelementen der Antennentechnik wie Schalter, Drehkondensatoren, Rollspulen und Variometer ist stark abhängig vom Übergangswiderstand der Kontakte. In sauberer Atmosphäre ist eine Ausführung der Kontakte und Stromabnehmer aus Hartsilber beständig und von geringem Übergangswiderstand, wenn eine Spitze auf eine ebene Kontaktbahn drückt. Bei hohen Strömen sind parallelgeschaltete Spitzen empfehlenswert. Die Strombahnen müssen elektrisch die gleiche Länge haben, da sonst die Kontakte schnell verbrennen.
Anlaufbeständig sind Gold, Platin, Palladium, Rhodium und ihre Legierungen.

Überseeausbreitung

Die Kurzwellenausbreitung erfolgt bei großen Entfernungen durch zickzackförmige Sprünge zwischen Erde und Ionosphäre, die als Reflektoren wirken. Die Überseeausbreitung erfolgt stets in mehreren Sprüngen (hops). Ziel der Antennentechnik ist es, die verlustbringende Anzahl der Sprünge möglichst klein zu halten. Dies geschieht durch möglichst niedrige Erhebungswinkel (s. d.).

Überspannungsableiter
(engl.: surge voltage protector, impulse suppressor)

Eine Metall-Keramik-Patrone, mit Edelgas (Neon, Argon, Krypton) gefüllt, die nach dem Gasentladungsprinzip arbeitet. Wirkt als gasphysikalischer Schalter. Nach Überschreiten der Zündspannung wird in nur Nanosekunden im hermetisch dichten Entladungsraum ein kontrollierter Lichtbogen gezündet. Dadurch springt der Widerstand von etwa 1 Gigaohm auf einen Wert unter 0,1 Ω und schließt so die Überspannung kurz. Nach Abklingen der Entladung löscht der Überspannungsableiter und ist sofort wieder einsatzbereit.
In koaxialer Ausführung auf 50 oder 75 Ω angepaßt und kompensiert. Bis Frequenzen von 1 GHz einzusetzen mit Welligkeiten $\leq$ 1,1 und Einfügungsdämpfungen $\leq$ 0,1 dB.

Überspannungsschutzgerät
(engl.: lightning arrester)

Ein Gerät zur Ableitung der durch Witterungseinflüsse in Antennen entstehenden Überspannungen, das oft eine Grobfunkenstrecke (s. d.), eine Feinfunkenstrecke (s. d.), Ableitdrosseln, Ableitwiderstände, Glimmröhren, Varistoren und gegenparallel geschaltete Dioden enthält. Letztere können durch Oberwellenbildung aus stärkeren Signalen ungewollte Empfangsstörungen hervorrufen. Gegen direkten Blitzschlag kann das Überspannungsschutzgerät nicht helfen.
(Siehe auch: Überspannungsableiter).

Überstrahlung (engl.: spillover)

Wenn ein Reflektor (s. d.) oder eine Linse (s. d.) vom Primärstrahler (s. d.) angestrahlt werden, geht ein gewisser Teil der Strahlungsleistung über den Rand des Reflektors oder der Linse hinaus. Dadurch wird der Wirkungsgrad der Antenne gemindert.

Übertragungswirkungsgrad

Der Übertragungswirkungsgrad ist das Verhältnis der von der Sendeantenne ausgestrahlten Leistung zu der von der Empfangsantenne empfangenen Leistung. Da die Empfangsantenne nur einen winzigen Bruchteil der Sendeleistung aufnimmt, ist der Übertragungswirkungsgrad entsprechend klein.

$\eta = P_E/P_S$ [Verhältniszahl der Leistungen]

Man kann η auch in dB ausdrücken:

$\eta = 10 \cdot \lg (P_E/P_S)$ [dB]

Beispiel: Der Rundfunksender RIAS in Berlin sendet mit 100 kW. Der Empfänger in München nimmt 20 nW auf.
$\eta = 100000 \text{ W}/0{,}000000020 \text{ W} = 2 \times 10^{-13}$
$\eta = -127$ dB

UG-Antenne (engl.: UG antenna)

Eine breitbandige Faltmonopolantenne mit Endkapazität (s. d.) aus einem Draht, wahlweise als T- oder L-Antenne.

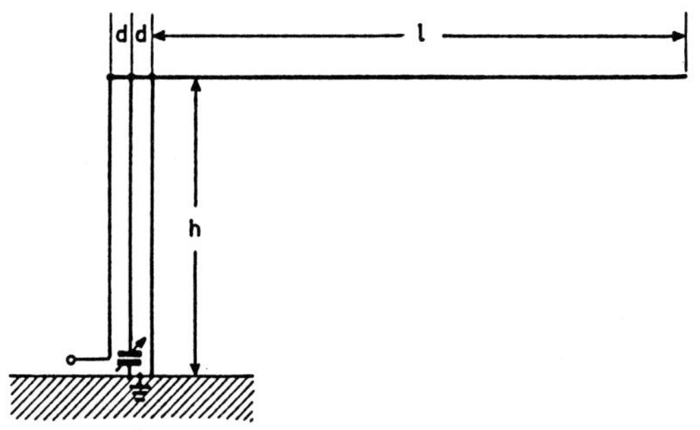

UG-Antenne (L-Form). l = 0,102 λ; h = 0,051 λ; d = 0,002 λ; $C \approx 6125/f^2_{MHz}$.
Z = 50 Ω bei geeigneter Abstimmung.
Erdsystem notwendig. Durchgehender Vertikalleiter kann ein Metallmast sein.

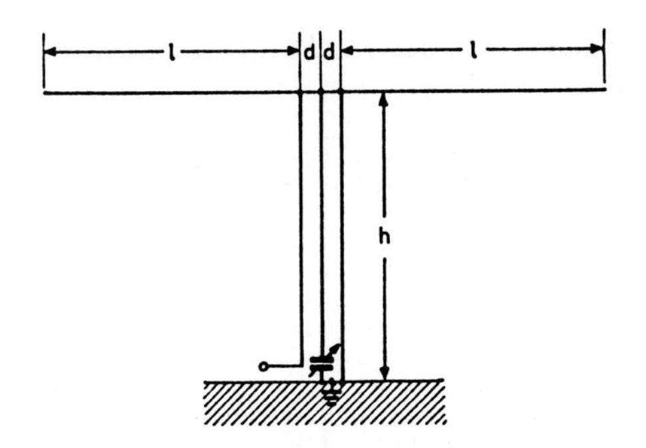

UG-Antenne (T-Form). l = 0,051 λ; h = 0,051 λ; d = 0,002 λ; C ≈ $6125/f^2_{MHz}$.
Die Abstimmkapazität C ist für hohe Spannungen auszulegen, ein Strahlenerder ist notwendig. Durch geeignete Abstimmung läßt sich die Eingangsimpedanz auf Z = 50 Ω bringen. Der durchgehende, vertikale Leiter kann durch einen Metallmast dargestellt werden.

UHF (engl.: Ultra High Frequency)

Englische Abkürzung für sehr kurze Wellen mit dem Frequenzbereich f = 300 MHz bis 3000 MHz und damit dem Wellenbereich λ = 100 cm bis 10 cm. Da dies 10 dm bis 1 dm sind, wurden diese Wellen in Deutschland mit Dezimeterwellen bezeichnet und die dazugehörige Technik mit Dezitechnik oder Dezimetertechnik.

Ultrakurzwelle, UKW (engl.: VHF)

Der heute schon etwas antiquierte Ausdruck bezeichnet die besonders kurzen Wellen mit dem Frequenzbereich von f = 30 MHz bis f = 300 MHz und damit den Wellenbereich λ = 10 bis 1 m.
(Siehe auch: VHF).

Umbrella (engl.: umbrella)

Der Schirm einer Schirmantenne (s. d.).

Umbrella. Aus 9 Schirmdrähten mit 37° Neigung für MW. Höhe 0,1 λ, Speisung als Faltunipol, Eingangswiderstand 50 Ω. Erdsystem aus 72 Radials.

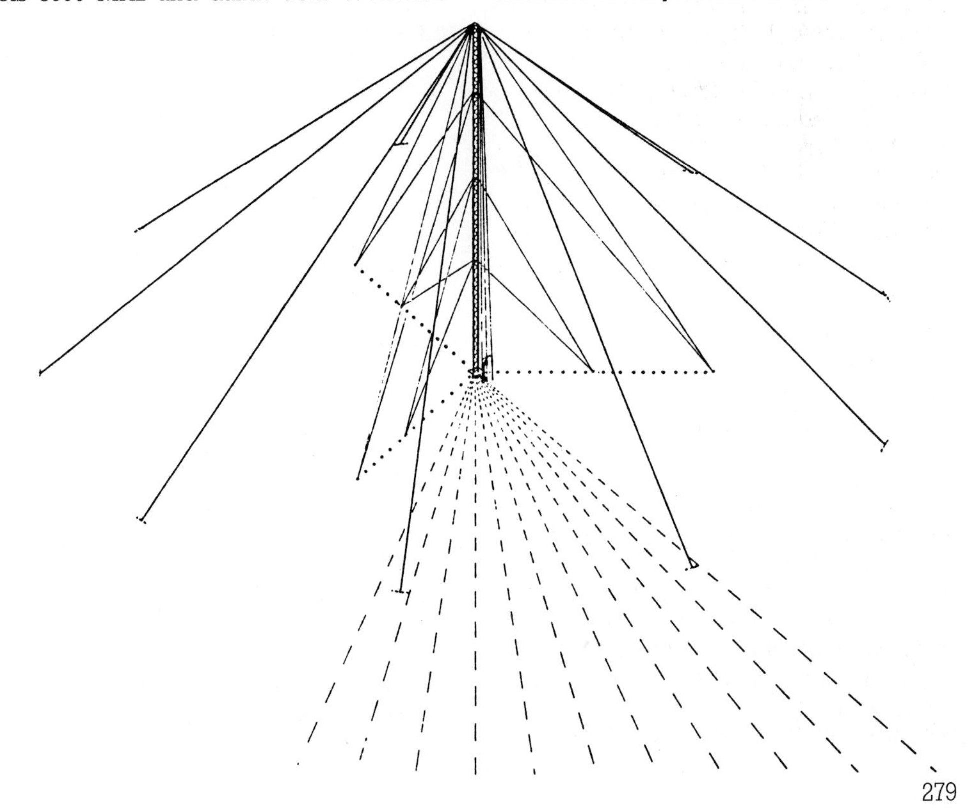

Umsymmetrierung

Der Übergang von unsymmetrischer zu symmetrischer Speisung auf einer HF-Leitung. Bei LW, MW und KW durch L/C-Kreise oder Baluns (s. d.). Bei VHF und UHF durch koaxiale Leitungen, z. B. durch eine EMI-Schleife (s. d.).

Umwegleitung

Die Umwegleitung ist ein Symmetrierglied mit gleichzeitiger Transformation 1:4, bei der durch den λ/2 langen Umweg die Umsymmetrierung erfolgt, z. B. von 50 Ω-Koaxialkabel auf 200 Ω-Twin-Lead-Kabel.
Die Halbwellenumwegleitung, eine der ältesten Symmetrierglieder, besteht aus einer Koaxialschleife mit der elektrischen Länge von λ/2. Der Wellenwiderstand dieser Schleife ist wegen Abstimmung auf λ/2 von nachrangiger Bedeutung.
(A. Gothe, H. O. Roosenstein, L. Walter – 1931 – Dt. Patent).

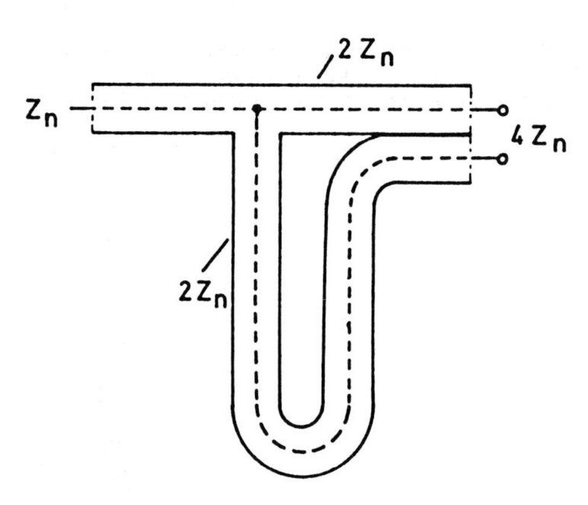

Umwegleitung. Die Zusatzlänge der Schleife ist λ/2. Der Mantel der Koaxialleitung kann bei Z_n und bei 4 Z_n geerdet werden.

Unipolantenne, Unipol

(engl.: monopole antenna)

Soviel wie ein Monopol (s. d.).

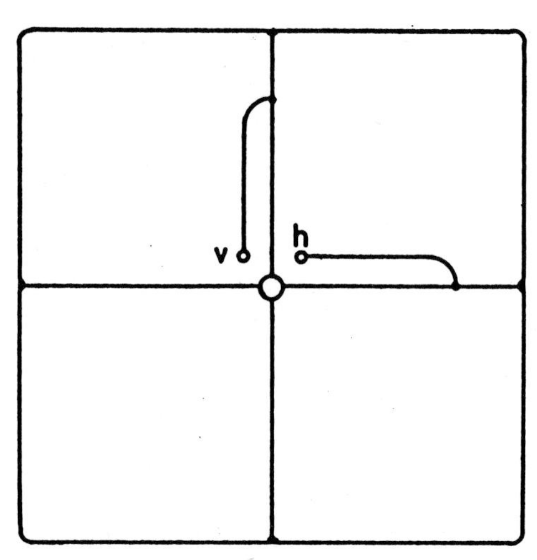

Uniquad. Das 50 Ω-Koaxialkabel wird mit dem Mantel an den geerdeten Mittelpunkt gelegt, der Innenleiter wird über Relais mit v = vertikal oder h = horizontal verbunden, um derart polarisierte Wellen abzustrahlen. Für 145 MHz ist die Kantenlänge 70 cm, wenn 6 mm Rundaluminium verwendet werden.

Uniquad

Die universale Speisung eines Quadelements durch ein innenliegendes Leiterkreuz und parallele Anpaßleitungen. Der Mittelpunkt dieses Elements kann direkt geerdet werden. Durch Umschalten des Speisekabels mit Relais kann die Polarisation in die zugehörige Kreuzpolarisation geändert werden.

Universalabstimmgerät

(engl.: all purpose matchbox)

Ein Anpaßgerät (s. d.) für KW, mit dem sich sowohl erdsymmetrische als erdunsymmetrische Speiseleitungen beliebiger Impedanz an 50 Ω-Koaxialkabel anpassen lassen. Am einfachsten durch ein L-Glied und einen Baluntransformator zu realisieren.

V

Valentine-Antenne
(engl.: Valentine antenna)

Eine besondere Form der Scimitar-Antenne (s. d.), nämlich eine symmetrische Doppelantenne in Herzform wie eine Scimitarantenne mit Spiegelbild. Die Antenne ist sehr breitbandig z. B. 250 bis 4500 MHz bei einer Welligkeit < 3.
(E. M. Turner – 1957 – USA).

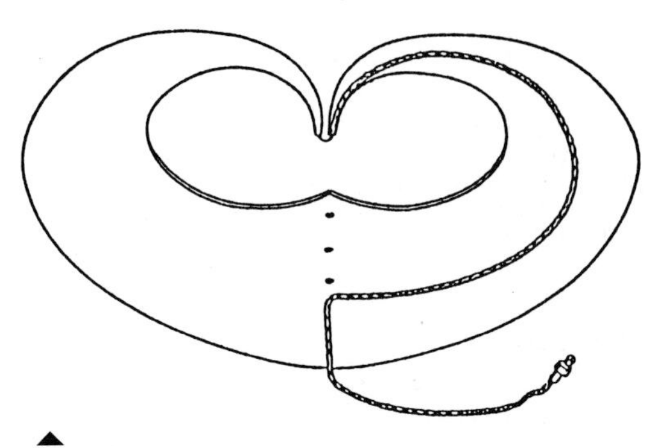

▲
Valentine-Antenne. Aus gut leitendem Blech mit aufgelöteter Koaxialleitung. Zur Verbesserung der Symmetrie wird oft auch die leere Seite mit einer „blinden" Koaxialleitung versehen.

V-Antenne (engl.: V-antenna, Vee-beam)

Eine V-förmige Gruppe aus zwei horizontalen Langdrahtantennen (s. d.) mit symmetrischer Speisung am Scheitel der Antenne. Spreizwinkel, Drahtlänge und Höhe über Boden werden so gewählt, daß die gewünschten Strahleigenschaften erreicht werden. Die von beiden Ästen abgestrahlten Wellen haben keine Phasenverschiebung, wodurch sich die Felder in der Winkelhalbierenden summieren. Es gibt V-Antennen in Stehwellenerregung ohne Abschlußwiderstände mit fast gleichstarker Vor- und Rückwärtsstrahlung und V-Antennen in Wanderwellenerregung mit Abschlußwiderständen an den Drahtenden, die eine Hauptkeule nach vorn strahlen und ein günstiges Vor/Rück-Verhältnis haben.
(P. S. Carter – 1930 – US-Patent, offene V-Antenne).
(P. S. Carter – 1933 – US-Patent, abgeschlossene V-Antenne).

V-Antenne. Links: V-Antenne in Stehwellenerregung
Mitte: V-Antenne für Wanderwellenerregung mit Abschlußwiderständen und niederohmigen λ/4-Enden für ein Frequenzband
Rechts: V-Antenne mit geerdeten Abschlußwiderständen als Breitbandantenne.
▼

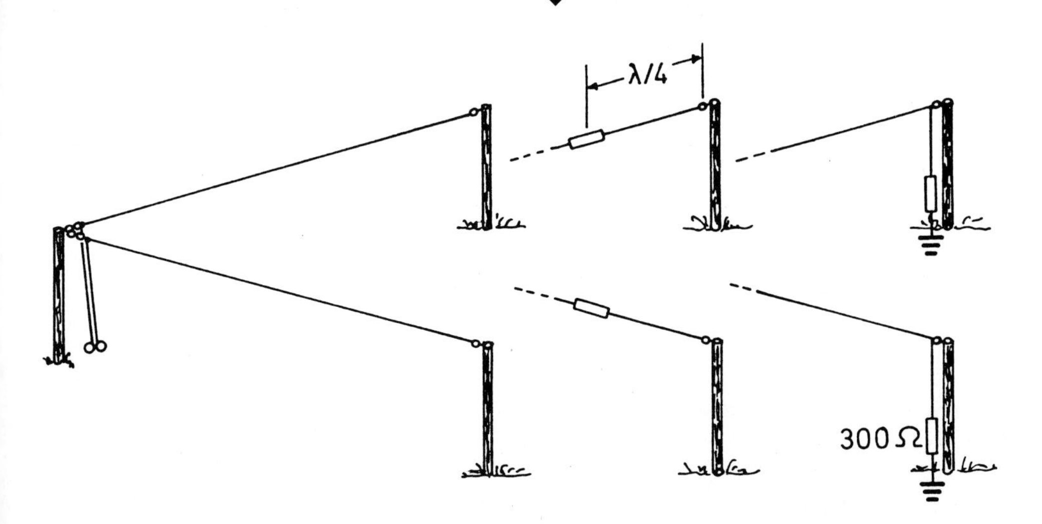

V-Antenne, geneigte
(engl.: tilted Vee-antenna)

Eine V-Antenne (s. d.) meist mit zwei Schluckwiderständen (s. d.) an den Enden der Leiter in Wanderwellenerregung, deren Scheitelpunkt mit der Einspeisung höher liegt als die Endpunkte. Über gutem Erdboden oder einem Erdnetz (s. d.) eine wirkungsvolle Antenne für den Weitverkehr.

V-Antenne, geneigte. Rechts: Geometrie einer Antenne
L = Schenkellänge h = Masthöhe
γ = Neigungswinkel des Schenkels
η = halber Spreizwinkel auf der horizontalen Ebene
τ = halber Spreizwinkel zwischen den Schenkeln
Θ = Neigungswinkel des Funkstrahls zum Aufpunkt P
$\Theta_{max.}$ = Neigungswinkel des Maximums der Hauptkeule
Links: Die Winkel von optimierten geneigten V-Antennen in Abhängigkeit von der Schenkellänge, beginnend bei l = 0,75 λ

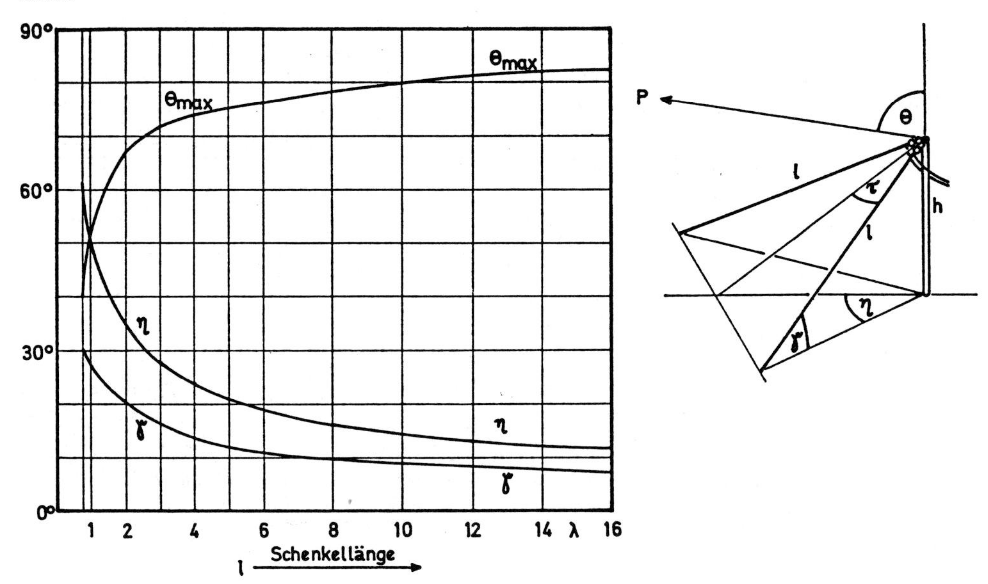

V-Antenne, gestockte
(engl.: stacked Vee-beam antenna)

Eine Gruppenantenne aus zwei gleichartigen V-Antennen, die in mindestens λ/2-Abstand vertikal gestockt sind. Werden diese V-Antennen in Zielrichtung geneigt und in Wanderwellen erregt, so wird der Erhebungswinkel Δ sehr flach, was für den Weitverkehr günstig ist.
(Siehe: V-Antenne, V-Antenne, geneigte).

V-Antenne, stumpfwinklige
(engl.: obtuse angle Vee-antenna)

Eine stumpfwinklige V-Antenne, die endgespeist wird. Der Scheitelwinkel entspricht dem einer Rhombusantenne (s. d.). Der Gewinn ist stets etwas geringer als der einer gewöhnlichen V-Antenne. Wird die Ebene der stumpfwinkligen V-Antenne senkrecht gestellt, so entsteht eine halbe Rhombusantenne (s. d.).

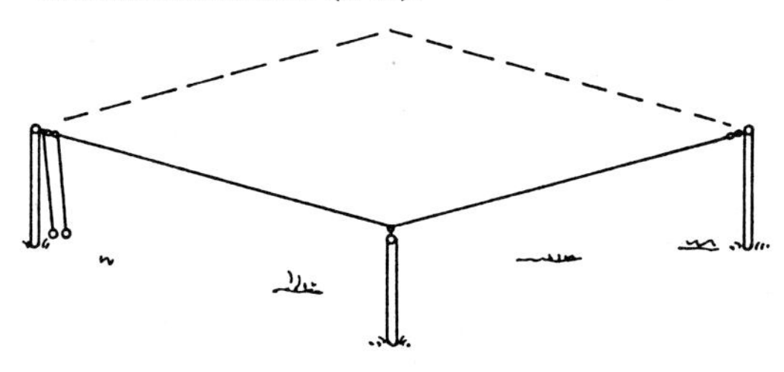

V-Antenne, stumpfwinklige. Am Ende erregt wie eine Zeppelin-Antenne. Die zu einem Rhombus ergänzende Linie ist gestrichelt.

Van-Atta-Reflektor
(engl.: Van Atta reflector array)

Ein neuer Typ eines elektromagnetischen Reflektors aus einer Anordnung von Halbwellendipolen vor einer leitenden Platte. Jeweils symmetrisch zur Mitte werden zwei Dipole miteinander durch HF-Kabel verbunden.
Eine einfallende ebene Welle wird wieder zurückgestrahlt. Im Gegensatz zum Plattenreflektor oder Cornerreflektor ist hier die Rückstrahlung auch bei Schrägeinfall der Welle um ± 30° noch gewährleistet.
Man unterscheidet zwischen linearen und quadratischen Reflektoren:
- linear: Anordnung in einer Dipollinie
- quadratisch: Anordnung in Dipollinien und Dipolreihen, z. B. 4 mal 4 = 16 Dipole, oder 6 mal 6 = 36 Dipole.

Außerdem unterscheidet man noch zwischen passiven und aktiven Van-Atta-Reflektoren. Bei den aktiven Reflektoren sind in die HF-Leitungen Verstärker eingeschleift.
(L. C. Van Atta – 1955 – US Patent).

VCI

VCI = **V**ideore**c**order **I**nterference. Englische Abkürzung für störende Beeinflussung bei Videorekorderbetrieb. Entsteht in Nähe der Sendeantenne durch hochfrequente Einwirkung auf den Videorekorder. Behebung durch zusätzliche Selektions- oder Schirmmittel.
(Siehe auch: TVI).

V-Dipol (engl.: V dipole)

Ein Halbwellendipol, der wie eine Quadrantantenne (s. d.) in seiner Mitte abgewinkelt ist. Dadurch wird sein Richtdiagramm nahezu kreisförmig. Deswegen ist der V-Dipol ein oft verwendetes Element von rundstrahlenden Gruppenantennen.
Der V-Dipol wird auch Winkeldipol genannt.
(P. S. Carter – 1938 – US Patent).

Vektor (engl.: vector)

Eine mathematisch erfaßte Größe, die einen Betrag und eine räumliche Richtung hat. Es stellt die Länge eines Vektorpfeiles seinen Betrag, die Lage des Pfeiles im Raum seine Richtung dar. Vektoren sind z. B. die elektrische und die magnetische Feldstärke, die elektrische Verschiebung, die magnetische Induktion, die Strahlungsdichte (Poyntingscher Vektor).
Im Gegensatz zum Vektor steht der *Skalar,* eine Größe, die räumlich unabhängig ist, z. B. elektrischer Widerstand, Leistung, Arbeit, elektrische Ladung, Dielektrizitätskonstante, Permeabilität.
Die elementaren Vektoroperationen gehören zur Vektoralgebra, die höheren Operationen zur Vektoranalysis. Operationen mit Skalaren fallen in das Gebiet von Arithmetik und Algebra.

Vereisungsschutz

Durch einen Überzug der Antennenleiter aus Polyäthylen oder Teflon kann der Eisansatz bei Frost und Nebel weitgehend verhindert werden, weil Eis und Schnee an diesen Stoffen nicht haften.
(Siehe auch: Heizung, Radom).

Vergleichsantenne

(Siehe: Bezugsantenne, Antennengewinn).

Vergleichspeilung
(engl.: differential direction finding)

Eine Maximumpeilung ergibt große Reichweite, aber geringe Genauigkeit. Die Minimum- bzw. Nullpeilung hat wegen des kleineren Signals geringe Reichweite, aber gute Genauigkeit. Durch Vergleichspeilung erreicht man große Reichweite bei guter Genauigkeit. Dazu wird die Hauptkeule periodisch geschwenkt. Durch Spannungsvergleich am Instrument oder am Bildschirm wird die Richtung des Peilobjekts festgestellt.

Verkürzungseffekt

Soviel wie Endeffekt (s. d.).

Verkürzungsfaktor einer HF-Leitung

Das Verhältnis der geometrischen Länge der Leitung zu ihrer elektrischen Länge

$v = l_g/l_e$ [Verhältnis der Längen]

Während bei der elektromagnetischen Welle im Freiraum v = 1 ist, nimmt v mit dem Wellenwiderstand der Leitung gleichsinnig ab und ist bei verschiedenen HF-Leitungen:

Z	v	
600 Ω	0,97	offene Zweidrahtleitung
300 Ω	0,82	Bandkabel
240 Ω	0,80	Bandkabel
150 Ω	0,76	Bandkabel
50/ 75 Ω	0,80	Koaxialkabel (PE-Schaum)
50/ 75 Ω	0,70	Koaxialkabel (PTFE/FEP)
50/ 75 Ω	0,68	Koaxialkabel (PE)

Diese Verkürzungsfaktoren sind Näherungswerte für Kabel mit festem Dielektrikum. Bei Schaumstoff-Dielektrikum sind sie um rund 10% größer.

PE = Polyäthylen

PTFE/FEP = Teflon

Verkürzungsfaktor eines Strahlers

Der Verkürzungsfaktor einer Antenne ist das Verhältnis der geometrischen Länge zur elektrischen Länge:

$v = l_g/l_e$ [Verhältniszahl der Längen]

Er hängt ab vom Schlankheitsgrad S = l/d und ist kleiner als 1. Für die Berechnung der geometrischen Länge gilt:

$l_g = v \cdot l_e$ [m] (Wellenlänge auf dem Leiter)

Verkürzungsfaktor eines Strahlers. Das Diagramm zeigt die Abhängigkeit des Verkürzungsfaktors v vom Schlankheitsgrad S. Die linke Skala von v gilt für die vertikale Halbwellenantenne, gestrichelte Kurve.
Die rechte Skala von v gilt für die vertikale Viertelwellenantenne, ausgezogene Kurve.
Die Verkürzungsfaktoren wurden durch Messungen an Vertikalstrahlern über einer vollständig reflektierenden Groundplane ermittelt, wobei der Fußpunkt λ/360 über Grund war.
Die Diagramme lassen sich auch für horizontale Dipole mit einem Abstand der inneren Leiterenden von λ/180 anwenden. h_g = geometr. Höhe; h_e = elektrische Höhe; d = Durchmesser
$v = h_g/h_e$; $S = h_g/d$

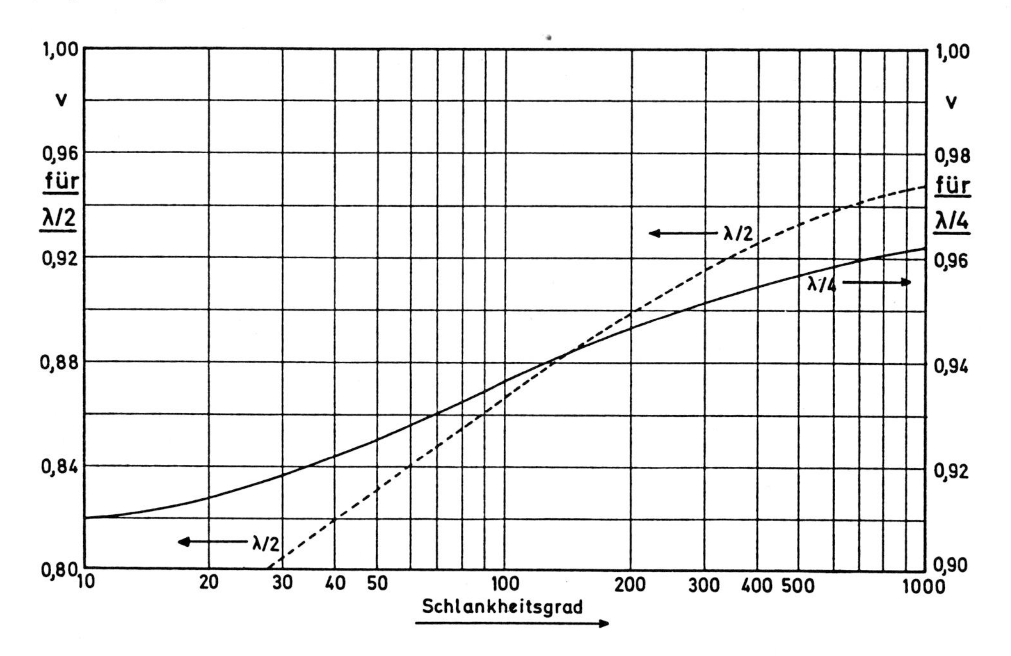

Für die Berechnung der elektrischen Länge gilt:

$$l_e = \frac{300}{f_{MHz}} \quad [m] \quad \text{(Freiraumwellenlänge)}$$

$l_e = l_g/v \quad [m]$

Für Drahtantennen im KW-Bereich kann man bei Halbwellendipolen mit 5% Verkürzung (v = 0,95) und bei Ganzwellendipolen mit 10% Verkürzung (v = 0,9) rechnen.

Beispiel: Ein Halbwellendipol hat $l_e = 0{,}5\,\lambda$. Sein Verkürzungsfaktor ist v = 0,95.
$l_g = 0{,}5\,\lambda \cdot v = 0{,}5\,\lambda \cdot 0{,}95 = 0{,}475\,\lambda$.

Verlängerung einer Antenne

Eine geometrisch kurze Antenne wird durch induktive Belastung (s. d.) oder kapazitive Belastung (Siehe: Endkapazität) elektrisch verlängert. Jede Verlängerung verändert die Stromverteilung (s. d.) auf der Antenne und damit den Blindwiderstand, den Strahlungswiderstand und die Speiseimpedanz.

Verlängerung durch Linearglieder
(engl.: linear loading)

Wie bei der Beta-Anpassung (s. d.) werden zu kurze Elemente einer Yagi-Uda-Antenne durch die Induktivität von Haarnadelschleifen verlängert und resonant gemacht.

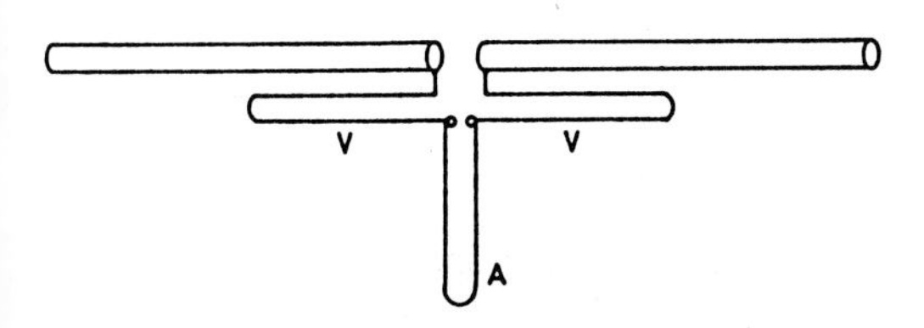

Verlängerung durch Linearglieder. **Die Rohrelemente des gespeisten Halbwellendipols aus einer Yagi-Uda-Antenne werden durch die Haarnadelschleifen V-V verlängert und durch A angepaßt. Das 50 Ω-Koaxialkabel geht über einen Balun 1:1 an die Klemmen.**

Verlängerungsspule

Wenn eine Linearantenne für die Betriebswellenlänge zu kurz ist, so ist sie wegen ihres kapazitiven Blindwiderstandes schlecht anzupassen. Dieser wird durch eine Verlängerungsspule mit gleichgroßem, entgegengesetztem Blindwiderstand kompensiert. In der Verlängerungsspule ist gleichsam das fehlende Drahtstück aufgewickelt. Durch Verlängerungsspulen selbst hoher Güte wird der Wirkungsgrad der Antenne wegen der Spulenverluste stets verringert.
(Siehe auch: Antenne, mobile).

Verlustleistung (engl.: dissipated power)

Die in der Antenne im Verlustwiderstand (s. d.) in Wärme umgesetzte Leistung.

$$P_l \quad [W]$$

Verlust, ohmscher (engl.: ohmic loss)

Die in einem Wirkwiderstand (Verlustwiderstand R_l, s. d.) in Wärme umgesetzte elektrische Leistung $P_l = I^2 \cdot R_l$ oder $P_l = U^2/R_l$. Diese Verlustleistung trägt nichts zur Abstrahlung einer Antenne bei, während die im Strahlungswiderstand R_r verbrauchte Wirkleistung restlos in Strahlung umgesetzt wird.
(Siehe auch: Wirkungsgrad).

Verlustwiderstand (engl.: loss resistance)

Der auf einen bestimmten Punkt der Antenne (z. B. Strombauch, Antennenklemmen) bezogene Verlustwiderstand R_l. Er ist gleich der Verlustleistung P_l geteilt durch das Quadrat des Effektivwerts des Antennenstromes I im Bezugspunkt.

$$R_l = \frac{P_l}{I^2} \quad [\Omega]$$

Alle Verluste einer Antenne kann man gedanklich in einem einzigen Verlustwiderstand R_l zusammenfassen, durch den der

Antennenstrom fließt. Zusammen mit dem Strahlungswiderstand R_r ergibt sich der Gesamtwiderstand:

$$R = R_r + R_l \quad [\Omega]$$

Die einzelnen Anteile des Verlustwiderstands sind vielfältiger Natur:

1. Leiterverluste im Strahler durch dessen ohmschen Widerstand und den Skineffekt (s. d.).
2. Isolationsverluste in den Antennenisolatoren durch ihren endlichen Widerstand und Verluste im Dielektrikum. Steigerung dieser Verluste durch Korona-Entladung (s. d.), Sprühentladungen (s. d.) und Glimmen.
3. Verluste in der Speiseleitung.
4. Verluste in den Belastungsmitteln der Antenne wie Spulen, Kondensatoren, Umwegleitungen, Stubs, Traps.
5. Verluste in den Abstimm-Mitteln und Anpaßgeräten.
6. Verluste in der Erde durch Konvektionsströme (s. d.) und Verschiebeströme (s. d.). Die Erdverluste wirken sehr stark bei Vertikalantennen und sind nur durch aufwendige Erdnetze (s. d.) klein zu halten.
7. Verluste in umgebenden Sekundärstrahlern wie Metallmasten, Bäumen, Gebäuden u. dgl.
(Siehe auch: Wirkungsgrad).

Verschiebestrom
(engl.: displacement current)

Nach der Maxwellschen Theorie der durch Isolatoren (z. B. Luft) fließende HF-Strom. Auch der von einer Antenne zur Erde sich durch die Luft ausbreitende Strom ist ein Verschiebestrom. Gegensatz: Konvektionsstrom (s. d.).

Verschiebung, elektrische
(engl.: displacement flux density)

Ein polarer Vektor (s. d.), der in isotropen Isolatoren (z. B. Freiraum, Luft) die gleiche Richtung wie die elektrische Feldstärke (s. d.) hat und dieser proportional ist.

$$\vec{D} = \varepsilon \cdot \vec{E} \quad [\text{Coulomb/m}^2]$$

$\vec{D}$ = Verschiebungsvektor; $\vec{E}$ = Feldstärkevektor; ε = Dielektrizitätskonstante
Die Verschiebung ist die el. Ladung pro Fläche (m^2) und wird in Ampere · Sekunden/m^2 gemessen. Der Verschiebestrom (s. d.) ist die zeitliche Änderung der elektrischen Verschiebung.

Versorgungsradius

Der Radius um eine Rundfunksendeantenne. Innerhalb des vom Versorgungsradius bestimmten Umkreises ist die Versorgung mit ausreichender Empfangsfeldstärke sichergestellt.

Vertikalantenne (engl.: vertical antenna)

Ein vertikaler Monopol (s. d.) oder Dipol (s. d.), der vertikal polarisierte Wellen ausstrahlt. Die Vertikalantenne ist ein Rundstrahler (s. d.) mit flachem Abstrahlwinkel. Sie wird als Rundfunk-, Amateur- und Mobilantenne verwendet. Die größtmögliche Höhe ist $h_{max} = 0{,}64\ \lambda$, weil darüber hinaus die Steilstrahlung stark anwächst. Bei Höhen unter $\lambda/4$ muß man über Verlängerungsspulen (s. d.) einspeisen, dadurch geht der Wirkungsgrad zurück.
Die wirksame Höhe der Vertikalantenne kann durch die elektrische Verlängerung mit einer Endkapazität (s. d.) gesteigert werden. Zu den Vertikalantennen zählen: Diskone-Antenne, Groundplane-Antenne, Marconi-Antenne, Reusenmonopol und T-Antenne (Siehe jeweils dort).

Vertikalantenne, nebenschlußgespeiste
(engl.: shunt-fed vertical antenna)

Eine Vertikalantenne, die direkt am Fußpunkt geerdet ist, hat dort ihren Strombauch. Sie kann zwischen Erde und einer geeigneten Stelle über dem Fußpunkt durch Nebenschlußspeisung erregt werden. Es gibt dabei drei wesentliche Möglichkeiten: Delta-Anpassung, Gamma-An-

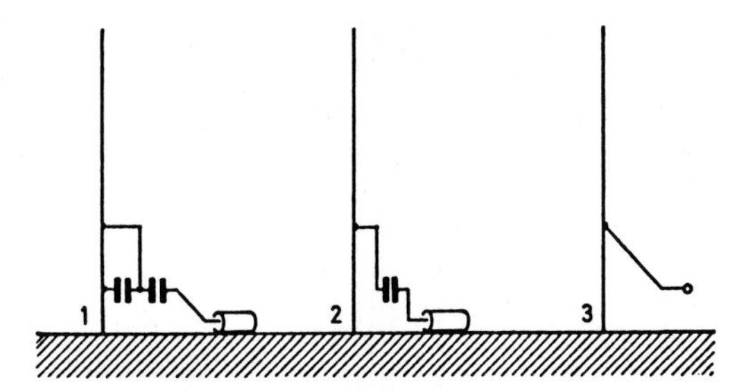

Vertikalantenne, nebenschlußgespeiste.
1: Omega-Anpassung
2: Gamma-Anpassung
3: Delta-Anpassung
Die Erdung des Mastes gestattet, andere Antennen und Flugwarnleuchten an der Mastspitze problemlos zu speisen.

passung und Omega-Anpassung. Die direkte Erdung des Mastes ist für den Blitzschutz und gestattet, andere Antennen (UKW) und Flugwarnleuchten problemlos zu speisen.

Vertikalantenne, Serienspeisung einer
(engl.: series-fed vertical antenna)

Wenn eine Vertikalantenne von Erde isoliert aufgebaut ist, läßt sie sich durch Serienspeisung erregen. Die Speisung erfolgt dabei zwischen Erde und Antennenklemme, wobei fast immer ein Abstimmglied notwendig ist, um die oft weit verschiedenen Impedanzen von Antennenklemme und Kabel aneinander anzupassen. Im Gegensatz zur geerdeten, nebenschlußgespeisten Vertikalantenne (s. d.) kann die seriengespeiste auf beliebigen Frequenzen erregt werden.

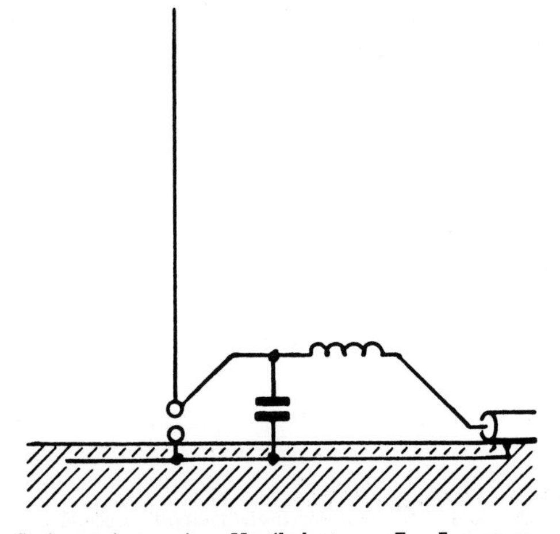

Serienspeisung einer Vertikalantenne. Zur Anpassung wird zwischen Fußpunkt des Strahlers und Koaxialkabel ein L-Glied geschaltet, da z.B. ein λ/2-Strahler hohen Eingangswiderstand hat.

Vertikaldiagramm
(engl.: vertical pattern, elevation pattern)

Der vertikale Schnitt durch die Feldstärke-Richtcharakteristik (s. d.) einer Antenne mit deren Phasenzentrum als Mittelpunkt. Der Schnitt erfolgt in der x-z-Ebene oder einer anderen Ebene, welche die z-Achse enthält. Das Vertikaldiagramm enthält den Erhebungswinkel Δ des Funkstrahls. Da dieser für Weitverkehr und Rundfunkversorgung entscheidend ist, sind Vertikaldiagramme für die Antennenbeurteilung bedeutsam.
Bei einer Rundstrahlantenne ist es gleich, auf welchem Azimut die Schnittebene steht. Bei Richtantennen läuft die Schnittebene durch die Hauptkeule (s. d.).

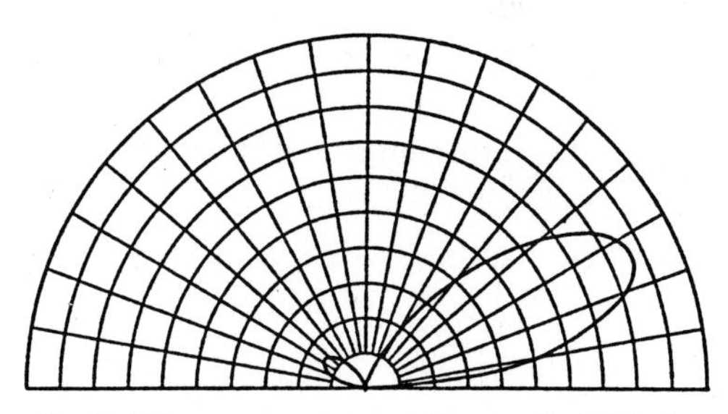

Vertikal-Diagramm einer 3-Element-Yagi-Uda-Antenne, die λ/2 über Erde montiert ist.
Die vertikale Schnittebene läuft durch das nach rechts gerichtete Hauptmaximum.

Vertikalreuse

Eine Vertikalantenne, die entweder zur Erhöhung der Leitfähigkeit oder der Bandbreite als Reuse (s. d.) ausgeführt ist.
(Siehe auch: Niederführung).

Vertikalstrahler (engl.: vertical antenna)

Soviel wie Vertikalantenne (s. d.).

Vertikalstrahler, verkürzter
(engl.: short monopole)

(Siehe: Antenne, mobile).

Vertikal-Zepp
(engl.: vertical Zepp antenna)

Eine vertikale Halbwellenantenne, die an ihrem Fußpunkt spannungserregt wird (Siehe: Zeppelin-Antenne). Die Erregung kann auch über ein L-Glied oder einen Parallelkreis mit Koaxialkabel erfolgen. Auch die J-Antenne (s. d.) ist ein Vertikal-Zepp.

VHF (engl.: Very High Frequency)

Englische Abkürzung für sehr kurze Wellen mit dem Frequenzbereich f = 30 MHz bis 300 MHz und damit dem Wellenbereich λ = 10 m bis 1 m. Die Bezeichnung entspricht der deutschen Bezeichnung Ultrakurzwelle = UKW (s. d.).

Vielfachabstimmung
(engl.: multiple tuning)

Schlanke, vertikale Monopole (s. d.), die kurz im Verhältnis zur Wellenlänge sind, haben am Fußpunkt hohe Impedanzen mit großem Blindwiderstandsanteil. Um ihre Anpassung an die Speiseleitung zu erleichtern, wird ihre Impedanz durch Vielfachabstimmung herabgesetzt. Durch Umkleidung des Mastes mit einer Reuse und Einspeisung der Reusendrähte in der Art des Faltmonopols (s. d.) kann man die Impedanz herabsetzen. Die Abstimmungsmittel werden dann auf Antenne und Speiseleitung aufgeteilt, also wird vielfach abgestimmt.
(Siehe auch: Alexanderson-Antenne).

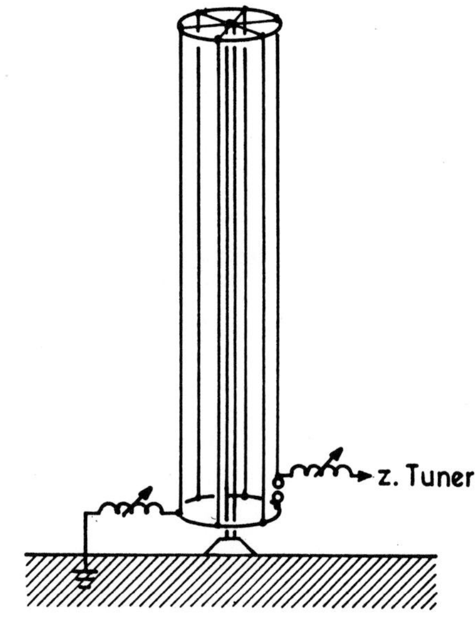

Vielfachabstimmung. Die Reusenantenne steht auf einem Isolator, nur ein Reusendraht wird eingespeist. Die Vielfachabstimmung erfolgt hier über ein Variometer. Unter der Antenne liegt ein Erdsystem.

Vierband-T-Antenne
(engl.: four-band T-antenna)

Eine von H. Brückner, DL2EO, entwickelte T-Antenne mit verdicktem, aus zwei parallelen Drähten bestehendem Vertikalteil, der über ein L-Glied am Fußpunkt durch Koaxialkabel gespeist wird.

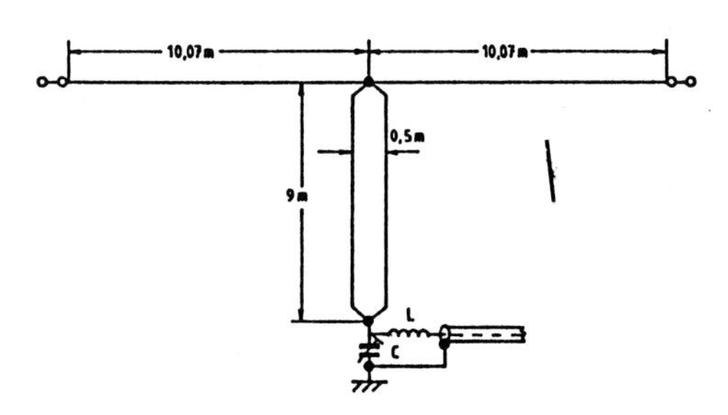

Vierband-T-Antenne. Für das L-Glied gelten die Werte:
7 MHz L = 6,0 µH C = 80 pF
14 MHz L = 2,3 µH C = 50 pF
21 MHz L = 1,4 µH C = 40 pF
28 MHz L = 1,0 µH C = 30 pF

Vierband-Windom-Antenne
(engl.: four-band Windom antenna)

Eine asymmetrische Dipolantenne, die mit einer Zweidrahtspeiseleitung oder Bandleitung gespeist wird.

Vierband-Windom-Antenne.
1: Länge 41,45 m für 3,5/7/14/28 MHz
2: Länge 20,70 m für 7/14/28/ MHz
Werden höhere Stehwellen auf der Zweidrahtleitung bzw. Bandleitung toleriert, so können diese Antennen auch auf anderen Frequenzen (10,1/18/21/24 MHz) erregt werden.

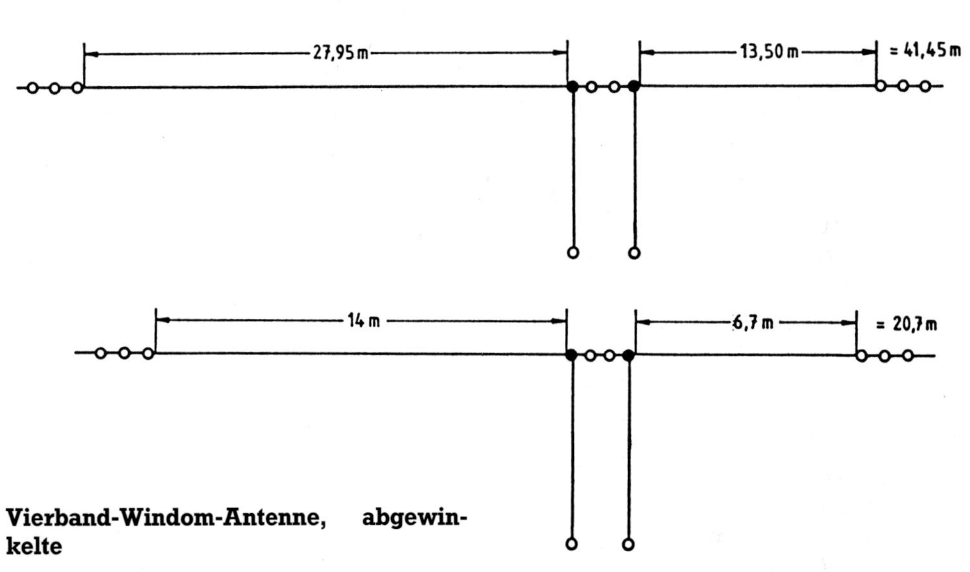

Vierband-Windom-Antenne, abgewinkelte

Eine asymmetrische Dipolantenne in Gestalt einer Inverted-Vee-Antenne (s. d.). Sie wird entweder über eine Zweidrahtspeiseleitung oder einen 6: 1-Balun und Koaxialkabel gespeist.

Vierband-Windom-Antenne, abgewinkelte. Der Strahler ist über dem Standisolator des Mastes durchverbunden.

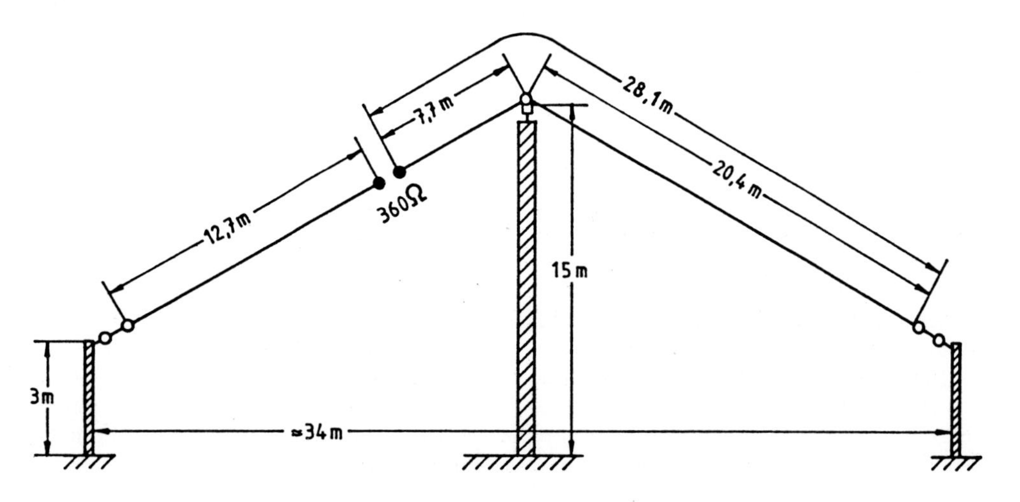

Vierdraht-Speiseleitung
(engl.: four wire feeder)

(Siehe: Leitung).

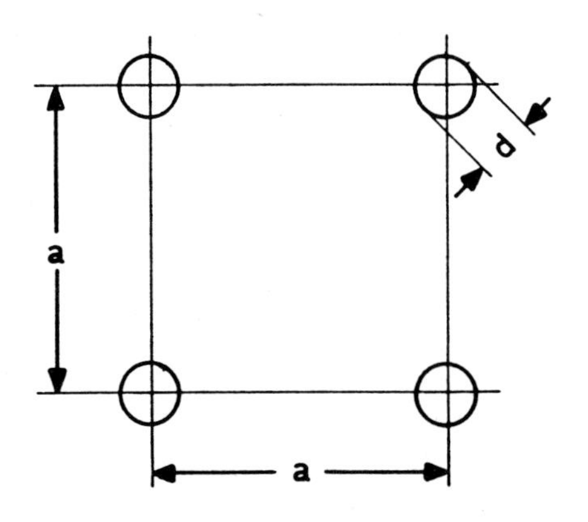

Querschnitt durch eine Vierdraht-Speiseleitung. Je zwei diagonale Drähte liegen auf gleichem Potential. Der Wellenwiderstand ist:

$$Z_L = 60 \ln \left(\frac{a \cdot \sqrt{2}a}{d} \right) \quad [\Omega]$$

Vier-Element-Gruppenantenne
(engl.: four-element array)

Eine Breitseitengruppe aus zwei Ganzwellendipolen, die vertikal gestockt sind. Diese Antenne ist identisch mit der Lazy-H-Antenne (s. d.).

Viererfeldantenne

Eine Gruppenantenne aus vier dicken Halbwellendipolen mit eingebauter Symmetrierschleife die λ/4 hinter sich eine quadratische Reflektorwand trägt. Die Viererfeldantenne hat nahezu gleiches Horizontal- und Vertikaldiagramm, kann beliebig polarisiert montiert werden und eignet sich als Element größerer Gruppenantennen im UKW-Rundfunk- und Fernsehbereich.

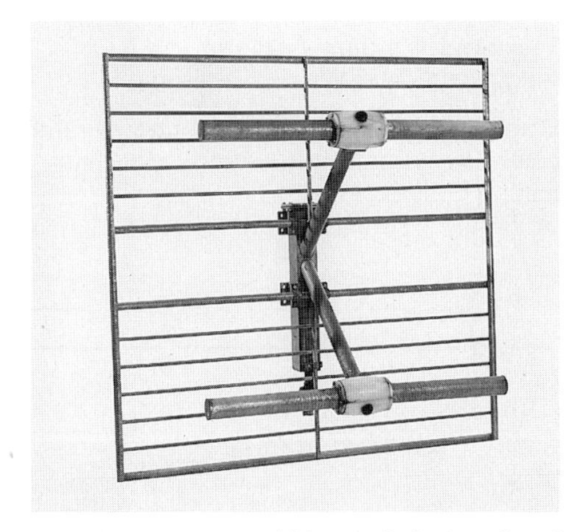

Viererfeldantenne. Je nach Montage für horizontale und vertikale Polarisation, 174 bis 230 MHz. (Werkbild Rohde & Schwarz)

Viererfeldgruppe

Eine Antennengruppe, die aus Viererfeldantennen (s. d.) aufgebaut ist.

Viermast-Adcock-Antenne

Eine Adcock-Peilantenne, die aus zwei senkrecht zueinander liegenden U-Adcock-Antennen (s. d.) mit gemeinsamem Mittelpunkt aufgebaut ist. Die Richtungsbestimmung erfolgt mit einem Goniometer (s. d.). Die Viermast-Adcock-Antenne wird in der Peilgenauigkeit noch von der Sechsmast-Adcock-Antenne übertroffen (s. d.).

Vier-Quad-Serien-Antenne
(engl.: four-quad series array)

Von M. Ragaller, DL6 DW, entwickelte, horizontal polarisierte Antenne für 145 ± 1 MHz aus vier Ganzwellenquads als Strahler und 4 Ganzwellenquads als Reflektor. Die Eingangsimpedanz ist 200 . . . 250 Ω, kann also mit 4:1-Balun und 50 Ω-Koaxialkabel gespeist werden.

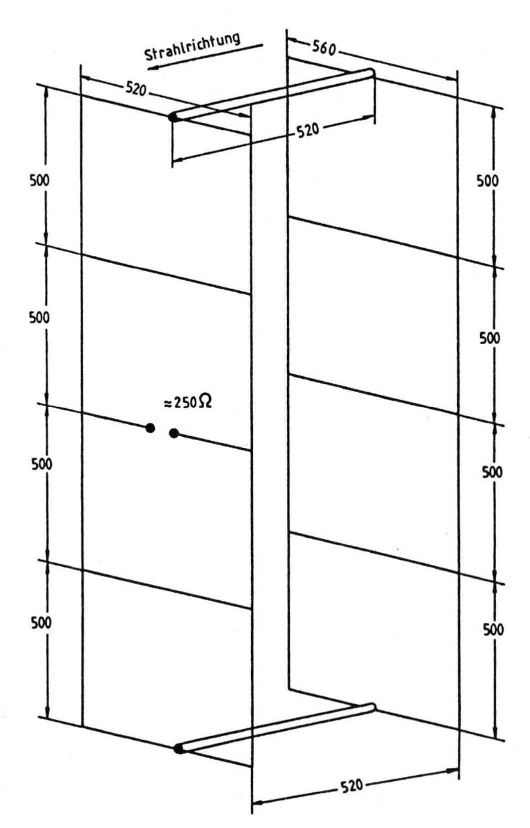

Vier-Quad-Serien-Antenne. Links: Strahler, rechts: Reflektor.

Vierschlitzstrahler
(engl.: quadruple slot antenna)

Ein Schlitzrohrstrahler mit vier Schlitzen, die gleichmäßig um den Umfang verteilt sind, meist in mehreren Etagen gestockt, um die Flachstrahlung zu steigern. Im UKW-Rundfunk und im Fernsehrundfunk als Sendeantenne angewandt. Da dann der Rohrdurchmesser ein bis zwei Meter beträgt, können alle Kabelinstallationen im Inneren der besteigbaren Antenne angebracht werden.
(Siehe auch: Rohrschlitzantenne).

Viertelwellen-Anpaßleitung
(engl.: quarter wave matching stub)

Eine zweidrähtige oder koaxiale λ/4-Leitung, die an einem Ende kurzgeschlossen und am anderen Ende offen ist. Da sich die Impedanz der λ/4-Leitung je nach dem Abgriffspunkt von theoretisch 0 bis ∞ erstreckt, lassen sich durch Anzapfungen beliebige Impedanzen abgreifen und zur Anpassung verwenden. Das zugrundeliegende Prinzip ist das des Autotransformators. Die Viertelwellen-Anpaßleitung wird z. B. bei der J-Antenne angewandt.
(Siehe auch: Speiseleitung angezapfte)

Viertelwellenantenne
(engl.: quarter wave vertical antenna)

Soviel wie eine Marconi-Antenne (s. d.).

Viertelwellen-Gegengewicht
(engl.: quarter wave counterpoise radial system)

Ein Gegengewicht (s. d.) mit der Länge λ/4, das an seinem Speisepunkt eine niedrige Impedanz hat. Dadurch ist es als Gegengewicht für *eine* Frequenz oder ein Frequenzband gut geeignet und wird als Radial (s. d.) bei Groundplaneantennen (s. d.) oder als Gegengewicht am Ende von V-Antennen (s. d.) hinter dem Schluckwiderstand verwendet. Das λ/4-Gegengewicht strahlt ebenso wie die Antenne, an seinem Ende steht ein Spannungsbauch, es muß daher frei und isoliert aufgehängt werden.

Viertelwellen-Sperrtopf
(engl.: bazooka, detuning stub, sleeve)

Ein λ/4-Koaxialkreis zur Symmetrierung bzw. zur Unterdrückung von Mantelwellen in Form eines Metallrohres oder Metallgeflechts. Der Sperrtopf hat an seinem offenen Ende eine sehr hohe Impedanz, welche die Antenne im Resonanzfall vom Kabelmantel „isoliert".

Bei Verstimmung aus der Resonanz des Sperrtopfs macht sich die Reaktanz bemerkbar und erzeugt eine Unsymmetrie. Zur echten Symmetrierung ergänzt man den Sperrtopf symmetrisch zu einem Halbwellen-Symmetriertopf (s. d.).
(N. E. Lindenblad – 1936 – US Patent).

Viertelwellen-Transformator

(engl.: quarter wave transforming section, Q-match)

Eine zweidrähtige oder koaxiale λ/4-Leitung mit der Impedanz Z_L, die an beiden Seiten offen ist und zwischen Antenne und Speiseleitung geschaltet wird. Eine abgestimmte Viertelwellenleitung läßt sich daher als Impedanztransformator einsetzen. Der Wellenwiderstand der Leitung berechnet sich aus:

$$Z_L = \sqrt{Z_E \cdot Z_A} \quad [\Omega]$$

Z_L = Leitungsimpedanz; Z_E = Eingangsimpedanz; Z_A = Ausgangsimpedanz. Der Viertelwellen-Transformator wird auch als Q-Transformator bezeichnet.
(Siehe: Speiseleitung, abgestimmte; Q-Anpassung)
(H. O. Roosenstein – 1928 – Dt. Patent)

VK2ABQ-Dreiband-Beam

(engl.: VK2ABQ beam antenna)

Eine von VK2ABQ/G3ONC entwickelte Zwei-Element-Yagi-Uda-Antenne für 14/21/28 MHz aus U-förmigen Drahtelementen (Strahler und Reflektor), die an einem isolierenden, horizontalen Kreuz aus Holz, Bambus oder GFK angebracht sind. Die Isolatoren zwischen den Drahtenden sind der empfindlichste Bauteil dieser Antenne und sollten als keramische Stabisolatoren ausgeführt sein. Eine etwas abgeänderte Form wird als VK2ABQ-Minibeam oder X-Beam bezeichnet. Der Gewinn ist etwa 3 dBd, das VRV 12 bis 15 dB.
(F. J. Caton – 1973 – Australien).

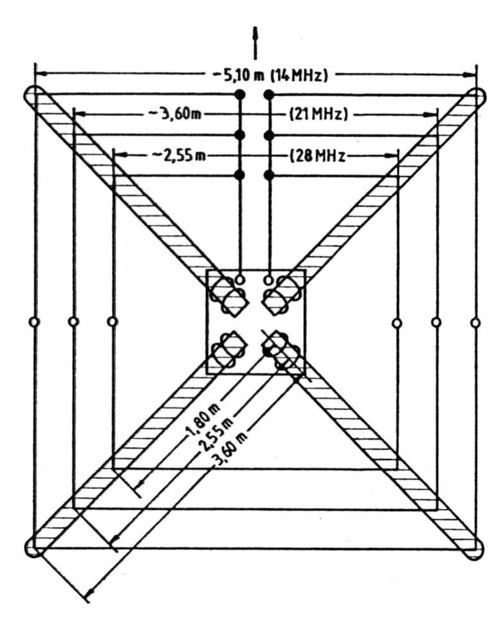

VK2ABQ-Beam-Antenne. Die Speisung erfolgt über 50 Ω-Koaxialkabel und 1:1-Balun. Umfangreiche Abgleicharbeiten sind nicht zu umgehen.

VK2AOU-Dreiband-Beam

(engl.: VK2AOU beam antenna)

Eine von VK2AOU ex DL1EZ, entwickelte Drei-Element-Yagi-Uda-Antenne aus ver-

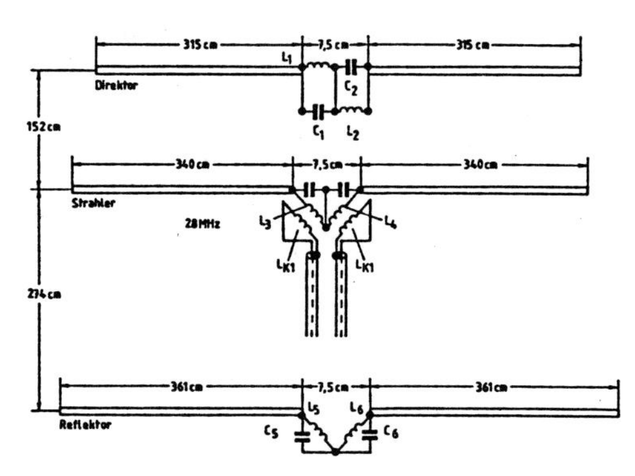

VK2AOU-Dreiband-Beam-Antenne. Für 14/21/28 MHz ergeben sich folgende Größen:

L_1 = 0,38 μH — L_2 = 0,65 μH
C_1 ≈ 65 pF — C_2 ≈ 100 pF
L_3 = 0,58 μH — L_4 = 1,2 μH
L_{K1} = 2 Wdg. über L_3 — L_{K2} = 3 Wdg. über L_4
bei 60 Ω-Koaxialkabel
C_3 ≈ 62 pF — C_4 ≈ 84 pF
L_5 = 0,84 μH — L_6 = 1,26 μH
C_s ≈ 60 pF — C_6 ≈ 70 pF

kürzten Elementen, die mit Parallelkreisen auf 14/21/28 MHz resonant gemacht werden. Die Speisung erfolgt mit zwei 50 Ω-Koaxialkabeln für 14/21 MHz und 28 MHz getrennt.
(H. F. Rückert – 1958 – Australien).

VK2AOU-Minibeam
(engl.: VK2AOU-minibeam)

Eine von VK2AOU, ex DL1EZ, entwickelte Drei-Element-Miniaturantenne für 14 MHz, die aus linearen Rohrelementen besteht, die in ihrer Mitte durch Induktivitäten resonant gemacht werden. Die Antenne wird über eine Koppelspule mit Koaxialkabel (50/60/75 Ω) oder Bandleitung gespeist.
(H. F. Rückert – 1956 – Australien).

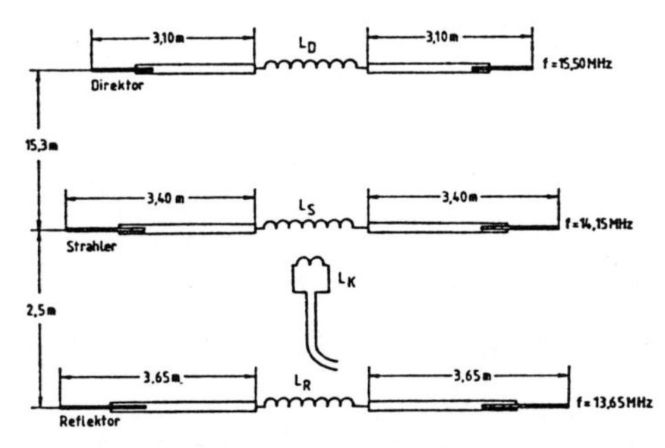

VK2AOU-Minibeam-Antenne. Für 14 MHz ergeben sich folgende Größen:
$L_D = 3{,}3\ \mu H$ $L_S = 4{,}1\ \mu H$ $L_R = 3{,}6\ \mu H$
$L_K \approx 0{,}9\ \mu H$ 3 Wdg. freitragend über L_S
Die Resonanzfrequenzen sind rechts angegeben.

Vogelkäfig-Antenne
(engl.: bird cage antenna)

(Siehe: Bird-Cage-Antenne).

Vogelschwingen-Antenne
(engl.: optimum shaped antenna)

Eine Dipolantenne mit $3/2\ \lambda = 1{,}5\ \lambda$ Länge in symmetrisch geschwungener Form mit Gewinn und einer leichten Richtwirkung. Die am Computer errechnete Kurvenform ergibt bei 0° Erhebungswinkel eine Ge-

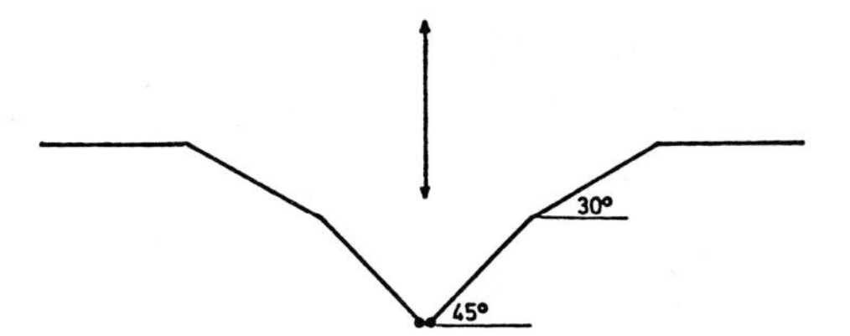

Vogelschwingen-Antenne. Vereinfachte Form. Gesamtlänge des Dipols: 1,5 λ. Richtwirkung bidirektional in Pfeilrichtung.

winnoptimierung. Gegenüber einem gestreckten 1,5 λ-Dipol mit einem Gewinn von 1,5 dBd hat dieser geschwungene Dipol einen Gewinn von 5,5 dBd bei etwa 100 Ω Eingangsimpedanz.
Eine 3-Element-Yagi-Uda-Antenne mit solchen Elementen bringt einen Gewinn von etwa 9,5 dBd und ein Vor/Rück-Verhältnis von rund 25 dB. Dies sind die Werte einer üblichen Yagi-Uda-Antenne mit 10 bis 12 Halbwellenelementen.
(H. H. Meinke, G. Flachenecker, F. Landstorfer, H. Lindenmeier – 1975 – Dt. Patentanmeldung).

Vollkabel
(engl.: cable with solid dielectric))

Ein Koaxialkabel, bei dem der Raum zwischen Innen- und Außenleiter vollständig und lückenlos mit einem elastischen Isolierstoff (z. B. Polyäthylen, Teflon) ausgefüllt ist (Volldielektrikum). Das Kabel ist daher längs- und querwasserdicht.
(Siehe auch: Koaxialkabel).

Vollmantelkabel (engl.: rigid cable)

Ein Koaxialkabel, dessen Außenleiter (Mantel) aus Vollmaterial (Kupfer, Aluminium) besteht. Dadurch werden höhere Stabilität und Schirmwirkung erreicht. Meist in Verbindung mit luftraumreichem Dielektrikum = geschäumtes Polyäthylen (Foam).

Vollseil

Ein Vollseil besteht im Inneren aus Drähten, auch der Kern ist durch Draht ersetzt. Das einfachste Vollseil hat 6 + 1 = 7 verseilte Drähte gleichen Durchmessers. Gegensatz: Hohlseil (s. d.).

Vorhangantenne (engl.: curtain antenna)

Eine Gruppenantenne aus Halb- und Ganzwellendipolen vom Typ Querstrahler, die aus Dipolkombinationen (Dipollinien und Dipolreihen, s. d.) besteht. Verwendung beim Kurzwellenrundfunk.
(Siehe auch: Tannenbaumantenne).

Vor/Rück-Verhältnis, Vorwärts/Rückwärts-Verhältnis
(engl.: front-to-back-ratio)

Die minimale Dämpfung der Nebenzipfel (s. d.) in einem rückwärtigen Winkelbereich, etwa 180° entgegengesetzt zur Hauptkeule (s. d.). Das numerische Vor/Rück-Verhältnis berechnet sich aus den Feldstärken:

$$Q_{BL} = \frac{E_v}{E_r} \quad \text{[Verhältniszahl der Feldstärken]}$$

In dB ausgedrückt:
$a_{BL} = 20 \cdot \lg (E_v/E_r)$ [dB]

Beispiel: Vorwärtsfeldstärke der Hauptkeule 6 V/m, Rückwärtsfeldstärke 2 V/m.
$Q_{BL} = E_v/E_r = 3$; $a_{BL} = 20 \cdot \lg 3 = 9{,}5$ dB.
Das beste Vor/Rück-Verhältnis und der höchste Gewinn einer gegebenen Richtantenne (Yagi-Uda) fallen nicht auf der selben Frequenz zusammen. Die Maxima von G und Q_{BL} liegen auf benachbarten, aber verschiedenen Frequenzen.
Das Vor/Rück-Verhältnis wird auch als Abblendung, Ausblendung und Rückdämpfung bezeichnet, vorwiegend in der Empfangstechnik. Das Vor/Rück-Verhältnis ist bei KW- und UKW-Antennen 15 bis 25 dB, bei Mikrowellenantennen 40 bis 60 dB.

Vor/Seit-Verhältnis, Vorwärts-Seitwärts-Verhältnis
(engl.: front-to-side-ratio)

(Siehe Vor/Rück-Verhältnis). Das Verhältnis der Feldstärke der Hauptkeule zur 90° (oder anders festgelegten) abgelegenen Seitwärtsstrahlung. Es ist fast immer besser als das Vor-Rück-Verhältnis. Berechnung wie beim Vor-Rück-Verhältnis.

VRV (engl.: F/B-ratio)

Abkürzung für Vor/Rück-Verhältnis (s. d.).

V-Stern-Antenne
(engl.: Vee-beam star antenna)

Eine um einen Mittelmast sternförmig angeordnete Vielzahl von V-Antennen (s. d.), die durch Umschalten einen raschen Richtungswechsel der Hauptkeule gestatten. Durch einen hohen Mittelmast und niedrige Außenmaste läßt sich mittels geneigter V-Antennen (s. d.) die im Weitverkehr günstige Flachstrahlung erzielen.
Durch Einschalten nicht benachbarter V-Drähte kann man auch die Richtcharakteristik verändern.

VS1AA-Antenne
(engl.: VS1AA multiband antenna)

Eine Mehrband-Windom-Antenne (s. d.).

W

Wahlschalter

(engl.: switch, antenna selection switch)

Ein Schalter, der mehrere Sender wahlweise auf mehrere Antennen schalten kann. Seine Anordnung ist meist in Form einer Matrix, durch die jeder Sender mit jeder Antenne verbunden werden kann. Um die Welligkeit s niedrig zu halten, sind aufwendige Konstruktionen notwendig.

Wahlschalter. Hier eingesetzt als Schielschalter, mit dem die Hauptkeule einer Vorhangantenne geschwenkt werden kann. Die Leiter der Speiseleitungen sind als Sechsfach- und Achtfach-Reusen ausgeführt ($P \leq 500$ kW). Die Haarnadelschleifen dienen zur Phasenverschiebung.
(Werkbild BBC Mannheim)

Wanddurchführung

Die isolierte, stoßfreie Einführung einer Antennenspeiseleitung in das Sende- bzw. Empfangsgebäude.

Wanderwelle, fortschreitende Welle

(engl.: traveling wave)

Eine HF-Leitung oder eine lineare Antenne, die am Ende mit einem Wirkwiderstand abgeschlossen ist, der ihrem Wellenwiderstand gleich ist, ist in Wanderwellen erregt. Ströme und Spannungen haben längs des Leiters stets die gleiche Amplitude, wenn man von den Verlusten absieht. Die Phase dagegen ändert sich mit der Ausbreitungsgeschwindigkeit längs des Leiters nach dem Gesetz:

$$I_x = I_a \cdot \exp(-j\beta x)$$

I_x = Stromstärke an der Stelle x
I_a = Stromstärke am Anfang
β = Phasenfaktor $= \frac{2\pi}{\lambda}$
$j = \sqrt{-1}$
exp = Potenz der Basis e
x = Strecke vom Anfang bis zur Stelle x
e = 2,71828 . . .

Bei Wanderwellenerregung wird das Stehwellenverhältnis $s = 1$, weil Strom und Spannung an allen Stellen gleich groß sind. Durch die Dämpfung, die von der Abstrahlung und von den Stromwärmeverlusten des Leiters herrührt, nimmt der Strom in der Praxis zum Ende hin etwas ab.

Wanderwellenantenne

(engl.: traveling wave antenna)

Die Erregung einer Wanderwellenantenne erfolgt am Ende der Antenne in Richtung zum Ziel. Dabei schreitet die Phase in Zielrichtung fort. Bei wanderwellenerregten Langdrahtantennen ist der Strom an allen Stellen des Leiters gleich groß. Eine Reflektion des Stromes am Ende der Antenne wird durch einen Abschlußwiderstand (s. d.) oder eine Schluckleitung (s. d.) verhindert, da sich sonst Stehwellen bilden würden.
Das Prinzip der Wanderwellenantenne bewirkt von vornherein ein günstiges Vor/Rück-Verhältnis (s. d.). Vertreter dieser Antennenklasse sind: Beverage-Antenne,

Langdrahtantenne, abgeschlossene; V-Antenne, Rhombusantenne, Fischgrätantenne, Yagi-Uda-Antenne, LP-Antenne und Helixantenne (Siehe jeweils dort).

Watson-Watt-Peiler
(engl.: Watson-Watt DF system)

Ein Peilempfänger, bei dem die Ausgangsspannungen eines Kreuzrahmens (s. d.) oder einer Adcockantenne getrennt aufbereitet und an die Ablenkplatten eines Oszilloskops geführt werden. Die Sichtanzeige informiert dabei auch über Peilgüte, Trübung und irreguläre Wellenausbreitungen.

Weiche

Eine Anordnung von Filtern, Hoch- und Tiefpässen sowie Brücken um einzelne Frequenzen oder Frequenzbänder voneinander zu trennen, z. B. zur Speisung einer Antenne durch mehrere Sender u. ä.
(Siehe: Brückenweiche).

Weiche. **Die Frequenzweiche FT 224 dient zum Anschluß einer Breitbandantenne an Funkgeräte für VHF und für UHF.
(Werkbild Rohde & Schwarz)**

Welle, ebene (engl.: plane wave)

Eine elektromagnetische Welle, bei der im Freiraum der elektrische Feldvektor, der magnetische Feldvektor und die Ausbreitungsrichtung senkrecht aufeinanderstehen und ein physikalisches Rechtsschraubensystem bilden.
(Siehe: Fernfeldbereich).

Welle, fortschreitende
(engl.: travelling wave)

(Siehe: Wanderwelle).

Wellenantenne (engl.: wave antenna)

Soviel wie Beverage-Antenne (s. d.).

Wellenbereich

Die in der Funktechnik verwendeten Wellen haben Frequenzen von etwa $3 \cdot 10^3$ bis $3 \cdot 10^{13}$ Hz, was Freiraumwellenlängen von 100 km bis 1 mm entspricht.

Name	Abkürzung	Frequenz	Wellenlänge
Längstwellen	VLF	3 bis 30 kHz	100 km bis 10 km
Langwellen	LF	30 bis 300 kHz	10 km bis 1 km
Mittelwellen	MF	300 bis 3000 kHz	1000 m bis 100 m
Kurzwellen	HF	3 bis 30 MHz	100 m bis 10 m
Meterwellen	VHF	30 bis 300 MHz	10 m bis 1 m
Dezimeterwellen	UHF	0,3 bis 3 GHz	1 m bis 10 cm
Zentimeterwellen	SHF	3 bis 30 GHz	10 cm bis 1 cm
Millimeterwellen	EHF	30 bis 300 GHz	1 cm bis 1 mm

Wellenebene

Bei einer ebenen elektromagnetischen Welle des Fernfeldes eine Ebene gleicher Phase.

Wellenfaktor

Ältere Bezeichnung für den Faktor F_W, mit dem man die Grundwelle λ_o einer Vertikalantenne in $\lambda/4$-Resonanz ermitteln kann. Daraus lassen sich Grundfrequenz f_o und Stromweg l berechnen. Bei einer Vertikalantenne ohne Dachkapazität ist l = Höhe, bei einer L-Antenne ist l = Höhe + Länge, bei einer T-Antenne ist l = Höhe + halbe Länge des T, bei einer Schirman-

tenne ist l = Höhe + halbe Länge einer Speiche.
Je umfangreicher die Antenne ist, umso größer wird der Wellenfaktor.
$F_w = \lambda_o/l$ [Verhältniszahl der Längen]
$\lambda_o = l \cdot F_w$ [m]
$l = \lambda_o/F_w$ [m]

Werte des Wellenfaktors

Einzelner Vertikalstrahler (Marconiantenne)	4 bis 4,1
Horizontalstrahler, 1 m über Erde	5
L-Antenne, Horizontalteil kürzer als doppelte Höhe	4,5 bis 5
L-Antenne, Horizontalteil lang gegen Höhe	5 bis 7
T-Antenne mit kleinem Horizontalteil	4,3 bis 5
T-Antenne mit sehr langem Horizontalteil	5 bis 10
Schirmantenne	6 bis 8
Schirmantenne, niedrig mit großer Speichenzahl	8 bis 10

Wellenfalle, lineare (engl.: linear trap)

Ein Sperrkreis (Trap) bei dem die Induktivität aus linearen Elementen wie Rohren oder Drähten besteht, z. B. in einer DL1FK-Dreiband-Yagi-Antenne (s. d.).

Wellenfront

Die Trennfläche zwischen dem feldfreien Raum und der sich ausbreitenden Welle. Der Begriff gilt eigentlich nur für eine Stoßwelle, wird aber dennoch für eine Fläche, die durch die augenblicklichen Nullstellen geht, angewendet.

Wellenrichter (engl.: director)

Soviel wie ein Direktor (s. d.).

Wellenwiderstand
(engl.: line impedance, characteristic impedance)

Eine HF-Leitung oder eine Antenne hat je Längeneinheit eine bestimmte Induktivität, den Induktivitätsbelag L', und je Längeneinheit eine Kapazität, den Kapazitätsbelag C'. Der Wellenwiderstand berechnet sich dann als:

$$Z_n = \sqrt{\frac{L'}{C'}}$$

Z_n = Wellenwiderstand in Ω; L' = Induktivitätsbelag in H/m; C' = Kapazitätsbelag in F/m

Der Wellenwiderstand gibt den charakteristischen Wechselstromwiderstand (mittlerer reeller Widerstand) an. Er bestimmt nach dem Ohmschen Gesetz die Stromstärke bei gegebener Eingangsleistung oder -spannung. Ist eine Leitung oder Antenne mit ihrem Wellenwiderstand abgeschlossen, so bilden sich darauf Wanderwellen und das Stehwellenverhältnis wird s = 1.

Werte des Wellenwiderstandes

Koaxialkabel	50/60/75/95 Ω
Twinleadkabel	75/120/150/208/240/300/450 Ω
Freiraum	377 (= 120 π) Ω

Wellenwiderstand, mittlerer
(engl.: characteristic impedance)

Der mittlere Wellenwiderstand einer zylindrischen Dipolantenne ergibt sich durch die Anwendung der Leitungstheorie aus einer mittleren Induktivität und mittleren Kapazität. Er hängt vom Schlankheitsgrad des Dipols ab und ist:

$$Z_m = 120 \cdot (\ln \frac{l}{d} - 0{,}55) \quad [\Omega]$$

$$= 120 \cdot \ln (0{,}58 \cdot \frac{l}{d}) \quad [\Omega]$$

l = Gesamtlänge des Dipols; d = Durchmesser des Dipols

Der mittlere Wellenwiderstand des Monopols mit l = 2 h ist halb so groß:

$$Z_m = 60 \cdot (\ln \frac{2h}{d} - 0{,}55) \quad [\Omega]$$

$$= 60 \cdot \ln (1{,}15 \frac{h}{d}) \quad [\Omega]$$

h = Höhe des Monopols

Bei konischen Dipolen kann anstelle des mittleren Wellenwiderstandes ein konstanter Wellenwiderstand angesetzt werden, dessen Größe nur vom Öffnungswinkel des Konus abhängt.
Beispiel: Ein Halbwellen-Reusendipol hat 2 m äquivalenten Durchmesser und ist 21 m lang.
$Z_M = 120 \cdot (\ln 6{,}09) = 216{,}8\ \Omega \approx 217\ \Omega$

Welligkeitsfaktor, Welligkeit
(engl.: voltage standing wave ratio, standing wave ratio)

Soviel wie Stehwellenverhältnis (s. d.).

Wendelantenne (engl.: helical antenna)

(Siehe: Helix-Antenne)

Widerstand, induktiver
(engl.: inductive reactance)

Der Blindwiderstand (Reaktanz) einer Induktivität (Spule).

$$X_L = \omega L \quad [\Omega]$$

$\omega = 2\,\pi f$, f in Hertz; L = Induktivität in H.

Widerstand, kapazitiver
(engl.: capacitive reactance)

Der Blindwiderstand (Reaktanz) einer Kapazität (Kondensator) ist negativ.

$$X_C = -\frac{1}{\omega C} \quad [\Omega]$$

$\omega = 2\,\pi f$, f in Hertz; C = Kapazität in F.
(Siehe auch Reaktanz)

Widerstand, komplexer
(engl.: impedance)

(Siehe: Impedanz).

Widerstand, ohmscher (engl.: resistor)

Ein reeller, frequenzunabhängiger Wirkwiderstand R.

Widerstandsbelag

Das Verhältnis des ohmschen Widerstandes zur Länge einer Leitung.

$$R' = R/l \quad [\Omega/m]$$

Widerstandsdämpfung (engl.: attenuation)

(Siehe: Dämpfung).

Winde (engl.: winch)

Eine drehbare Trommel, mit der Seile auf- und abgewickelt werden können. Zur Verlangsamung dient eine Bremse, zum Halten eine Sperre. Häufig werden Winden von Elektromotoren angetrieben.

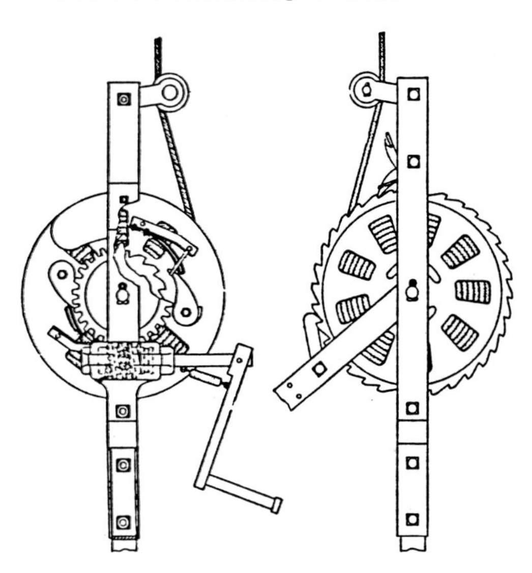

Winde. Handgetriebene Winde mit Schneckentrieb. Zugspannung bis zu 400 kp ≙ 4000 N.

Windlast (engl.: wind loading, wind load)

Die wesentlichen Kräfte, denen eine Antenne ausgesetzt ist, sind Wind, Eis, Schwerkraft und mechanische Schwingungen. Die Windlast ist eine horizontal angreifende Kraft, der Antenne, Rotor und Mast widerstehen müssen. Sie wird aus der Fläche berechnet, die dem Wind ausgesetzt ist.
Bei drehbaren Antennen wird für Festigkeitsberechnungen der Windlastwert meist in Newton (früher in Kilopond) vom Hersteller für bestimmte Windgeschwindigkeiten (135 bzw 160 km/h, auch 80 bzw 100 MPH) angegeben.

1 Kilopond = 9,81 Newton; 1 kp = 9,81 N;
1 MPH = 1,609 km/h.

$$1 \text{ Newton} = 1 \frac{m \cdot kg}{m^2} \quad [N]$$

1 Pascal = 1 Newton/m^2 [Pa]

Die Windlast leitet sich nach folgender Formel her:

$$W = c \cdot p \cdot A \quad [N]$$

c = Flächenkorrekturfaktor; p = Winddruck in Pa; A = Angriffsfläche in m^2.

Der Flächenkorrekturfaktor ist für zylindrische und konvexe Körper c = 1,02, für rechteckige und quadratische Körper c = 1,55.

Der Winddruck genügt der Näherungsformel:

$$p = 0{,}65\, v^2 \quad [Pa]$$

v = Windgeschwindigkeit in m/s. Zur Umrechnung von km/h in m/s teilt man durch 3,6, z. B. 72 km/h = 72/3,6 = 20 m/s.

Beispiel:

Eine 145 MHz-Yagi-Uda-Antenne hat A = 0,7 m^2. Welche Windlast entsteht bei einer Windgeschwindigkeit von 160 km/h?

v = 160 km/h : 3,6 = 44,4 m/s. p = 0,65 · $44{,}4^2$ = 1284 Pa. c = 1,02. W = 1,02 · 1284 · 0,7 = 917 N.

Dies entspricht 917/9,81 = 93 kp.

Windom-Antenne

(engl.: Windom antenna, off-center fed antenna)

Eine nach Loren G. Windom W8GZ/W8ZG benannte Antenne, die aus einem horizontalen Halbwellendipol besteht, der bei etwa 1/3 (rd. 36%) seiner Länge durch einen einzelnen Draht, also eine Eindrahtspeiseleitung gespeist wird. Die Rückleitung erfolgt über die Antennenkapazität und die Erde zum Sender, was die Gefahr von Fernsehstörungen (s. d.) bedingt.

Der Speisepunkt liegt 14% außerhalb der Mitte der Antenne (engl.: off-center fed antenna). Die Antennenlängen beidseits des Speisepunktes verhalten sich etwa wie 1:2, daher die (alte) Bezeichnung 1/3-Antenne. Die anfängliche Annahme, daß die Eindrahtspeiseleitung nicht strahle, stellte sich als falsch heraus. Die Windom-Antenne wirkt als eine Art von L-Antenne (s. d.) oder als Vertikalstrahler mit resonanter Dachkapazität.

Die Windom-Antenne ist eine der ältesten Amateurfunkantennen mit komplizierter Geschichte. Sie wurde zuerst von H. M. Williams (9BXQ) veröffentlicht. Windom beschrieb 1926 eine (später berichtigte) Meßmethode an der Speiseleitung. Windom half 1927 Prof. W. L. Everitt, J. F. Byrne und E. F. Brooke an der Ohio State University bei Messungen an dieser Antenne. Windom publizierte die Ergebnisse 1929 in der QST. Erst einen Monat später erschien der Bericht von Everitt und Byrne in den Proceedings of IRE. Die in Amateurkreisen bekanntere Beschreibung in der QST bewirkte damit die Namensgebung.

(Siehe auch: Mehrband-Windom-Antenne).

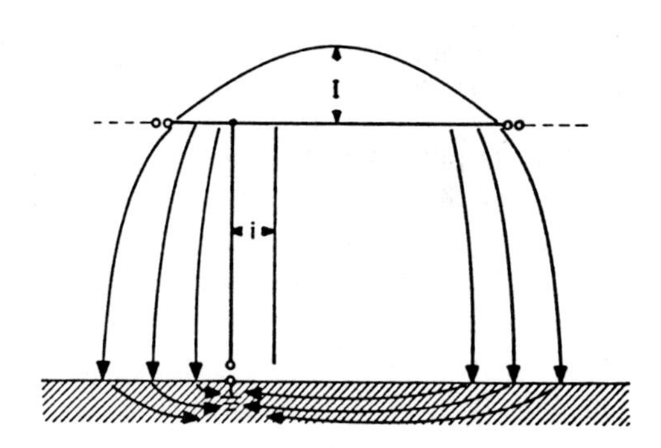

Windom-Antenne. I = Antennenstrom im Halbwellendipol. i = Strom in der Eindrahtspeiseleitung. Von den Antennenenden sind einige Strombahnen des Rückstroms eingezeichnet, der durch die Erde zur Erdklemme zurückkehrt.

Windom-Antenne, symmetrische

(engl.: balanced Windom antenna)

Der Hauptnachteil der Windomantenne (s. d.), die Strahlung der Eindrahtspeiseleitung wird durch symmetrische Anordnung zweier Speiseleitungen, die in eine Zweidrahtleitung übergehen, vermieden. Eine für 3,5 bis 29,7 MHz geeignete Allbandan-

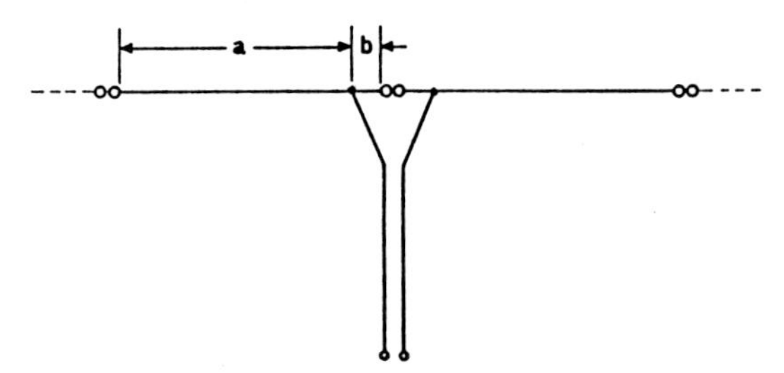

Windom-Antenne, symmetrische Maße der großen Ausführung:
Gesamtlänge l = 40,8 m; a = 13,6 m; b = 6,8 m
Maße der kleinen Ausführung:
Gesamtlänge l = 20,4 m; a = 6,8 m; b = 3,4 m

tenne hat eine Gesamtlänge von 40,80 m. Die Anzapfpunkte sind je 6,80 m vom mittleren Isolator entfernt. In 13,6 m Abstand führen die Speisedrähte in Form einer Delta-Anpassung (s. d.) in die Zweidrahtleitung von etwa Z_n = 450 bis 600 Ω. Der Vorteil gegenüber einem 40,80 m langen Allbanddipol besteht in geringerem Stehwellenverhältnis auf der Speiseleitung. Zwei solche Antennen werden von Radio Vanuatu seit Jahren im KW-Rundfunkdienst betrieben.
Zu Unrecht als symmetrische Windomantenne wird auch folgende Anordnung bezeichnet: Die Antenne selbst wird nach wie vor unsymmetrisch gegen die Antennenmitte gespeist, das Speisekabel ist aber ein symmetrisches Kabel (Zweidrahtleitung). Auch der Einsatz eines Baluns als Symmetrierglied macht daraus keine symmetrische Windom-Antenne.
(Siehe: FD4-Antenne).

Windom-Antenne mit symmetrischer Speisung. Anstatt der Bandleitung kann auch eine offene Zweidrahtleitung von etwa Z_n = 450 Ω verwendet werden.

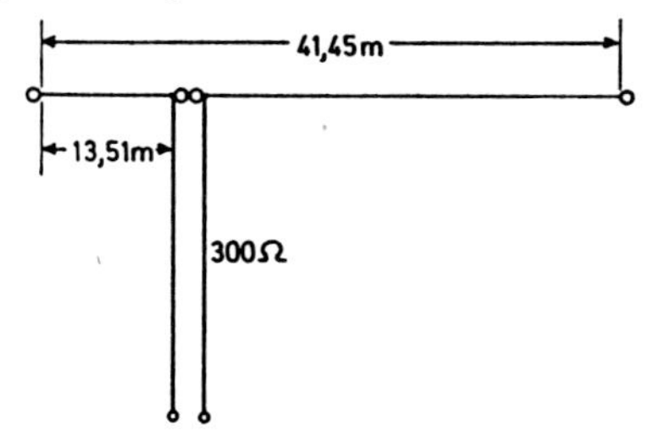

Winkeldämpfung

Das in dB ausgedrückte Verhältnis der unter einem bestimmten Winkel zur Hauptstrahlrichtung erzeugten elektrischen Feldstärke $E_{(\Theta, \Phi)}$ zur el. Feldstärke E_{max} in Hauptstrahlrichtung:

$$a_\Phi = 20 \cdot \lg \frac{E_\Phi}{E_{max}} \quad [\text{dB}]$$

$$a_\Theta = 20 \cdot \lg \frac{E_\Theta}{E_{max}} \quad [\text{dB}]$$

Beispiel: Eine Vertikalantenne hat bei Θ = 60° eine Feldstärke von E_Θ = 7,5 mV/m, in der Hauptstrahlrichtung bei Θ = 90° eine Feldstärke von E_{max} = 10 mV/m.
Die Winkeldämpfung für Θ = 60° ist:

$$a_\Theta = 20 \cdot \lg \frac{7{,}5}{10{,}0} = -2{,}5 \text{ dB}$$

Winkeldipol

Ein Dipol, der in der Mitte einen anderen Winkel als 180° bildet, da es sonst ein gestreckter Dipol ist. Spreizwinkel von 30° bis 135° sind möglich. Je nach Spreizwinkel und Schenkellänge bilden sich die Richtdiagramme verschieden aus. Bei 90°

Winkeldipol. Zwei Halbwellenreusen mit 90° Spreizwinkel, in der Mitte mit einer Zweidrahtspeiseleitung erregt, die sich zum Balun hin im Querschnitt vergrößert. Ausführung für > 100 kW.
(Werkbild BBC Mannheim)

Spreizwinkel und Schenkellänge 0,5 λ ergibt sich nahezu Rundstrahlung.
(Siehe: Quadrantantenne).
(N. E. Lindenblad – 1936 – US Patent, Ganzwellenwinkeldipol)
(P. S. Carter –1938 – US Patent, Halbwellenwinkeldipol)

Winkeldipol, gestockter
(engl.: stacked quadrant antenna)

Eine Quadrantantenne (s. d.) mit λ/2 Elementlänge, die in λ/2-Abstand vertikal gestockt ist.

Winkelreflektor (engl.: corner reflector)

Soviel wie Corner-Reflektor (s. d.).

Wirbel (engl.: swivel)

Drehbares, mechanisches Verbindungselement zum Antennenbau. Damit verbundene Seile können sich dadurch torsionsfrei einstellen.

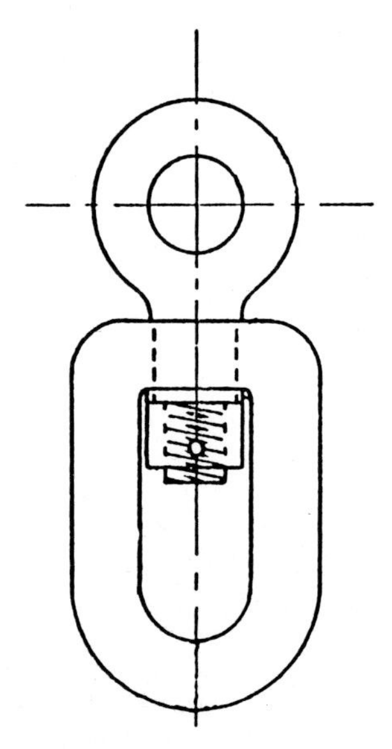

Wirbel. **Die Schraubenmutter ist durch einen Splint gegen Aufdrehen gesichert.**

Wirkfläche
(engl.: effective aperture, effective area, capture area)

Auch Absorptionsfläche genannt. Eine zur Ausbreitungsrichtung senkrecht stehende Fläche durch die eine ebene elektromagnetische Welle der Leistungsdichte S (s. d.) und der Wellenlänge λ hindurchtritt. Dabei ruft die Welle in der Empfangsantenne die maximale Empfangsleistung $P_{r\,max}$ hervor. Die Wirkfläche A_e ist:

$$A_e = \frac{P_{r\,max}}{S} \qquad [m^2]$$

Sie läßt sich auch aus dem Gewinn bestimmen:

$$A_e = \frac{\lambda^2}{4\,\pi} \cdot G \quad [m^2]$$

Daraus folgt, daß sich die Wirkflächen zweier Antennen wie ihre Gewinne verhalten. Der Begriff Wirkfläche wurde bereits 1908 von R. Rüdenberg in die Antennentechnik eingeführt. Die Wirkfläche ist mit der theoretischen Wirkfläche (s. d.) durch den Wirkungsgrad verknüpft.

$$A_e = \eta \cdot A_o \qquad [m^2]$$

Wirkfläche, theoretische
(engl.: maximum effective aperture/area)

Eine zur Ausbreitungsrichtung senkrecht stehende Fläche, durch die eine ebene elektromagnetische Welle der Strahlungsdichte S (s. d.) und der Wellenlänge λ hindurchtritt. Dabei ruft die Welle in der Empfangsantenne die maximale theoretische Empfangsleistung $P_{r0\,max}$ hervor.
Die theoretische Wirkfläche ist:

$$A_o = \frac{P_{r0\,max}}{S} \quad [m^2]$$

Sie läßt sich auch aus dem Richtfaktor D (s. d.) bestimmen:

$$A_o = \frac{\lambda^2}{4\,\pi} \cdot D \quad [m^2]$$

Die theoretische Wirkfläche ist stets größer als die effektive Wirkfläche:

$$A_o = A_e/\eta \quad [m^2]$$

Wirkungsgrad einer Antenne
(engl.: antenna efficiency, radiation efficiency)

Der Wirkungsgrad einer Antenne ist das Verhältnis der von der Antenne abgestrahlten Leistung P_t (Strahlungsleistung) zur aufgenommenen Leistung P_{t0} (Eingangsleistung) und wird als Verhältniszahl oder in Prozent ausgedrückt:

$$\eta = \frac{P_t}{P_t + P_l} \quad \text{[Verhältniszahl der Leistungen]}$$

mit $P_t + P_l = P_{t0}$ [Watt] wird daraus

$$\eta = P_t/P_{t0} \quad \text{[Verhältniszahl der Leistungen]}$$

$$\eta = \frac{P_t}{P_{t0}} \cdot 100 \quad [\%]$$

η = Wirkungsgrad (eta); P_l = in Wärme umgesetzte Leistung (Verlustleistung); P_t = gesamte, abgestrahlte Wirkleistung (Strahlungsleistung); P_{t0} = von der Antenne aufgenommene Wirkleistung (Eingangsleistung)

η ist stets kleiner als 1 (oder kleiner als 100%), weil Verluste nie zu vermeiden sind.

Wirkwiderstand (engl.: resistance)

Der ohmsche Anteil R einer komplexen Impedanz Z. In der Antennentechnik aufgegliedert in Strahlungswiderstand R_r und Verlustwiderstand R_l.
(Siehe: Widerstand, ohmscher; Realteil).

Wullenweverantenne
(engl.: wullenwever antenna)

Manchmal auch als Wullenweberantenne bezeichnet. Deutscher Codename. Während des letzten Krieges in Deutschland entwickelte Großbasis-Peilanlage für KW (1 bis 25 MHz). Die Antenne ist eine Kreisgruppenantenne (s. d.) vor einem zylindrischen Reflektor und besteht aus 40 vertikalen Breitbandmonopolen, die auf einem Kreis von 120 m Durchmesser um den Reflektor herum aufgestellt sind. Bei der niedrigsten Betriebsfrequenz sind sie voneinander $\lambda/2$ entfernt und stehen $\lambda/4$ vor dem Gitterreflektor. Von jedem Reusenmonopol führt ein Koaxialkabel zum Empfangsgoniometer, das kapazitiv je 9 Einzelantennen abgreift und zum Empfänger führt. Die Peilung erfolgt erst als Maximalpeilung mit dem Summendiagramm (s. d.) und darauf als Nullpeilung (s. d.) mit dem Differenzdiagramm (s. d.) aus zwei entgegengeschalteten Teilhälften der Einzelantennen.
(Siehe auch: Schalter-Matrix-Speisung).
(H. Rindfleisch NTZ 3/1956).

W2AU-Balun (engl.: W2AU-balun)

Ein von W2AU entwickelter Stabkernbalun (1:1 oder 1:4). Frequenzbereich 3 bis 50 MHz, Leistung für Antennen mit einer Welligkeit unter 3: 2000 W PEP, 95% Wirkungsgrad, So-239-UHF-Buchse, wetterdicht, Überspannungsschutz, Mittelhaken und rostfreie Anschlüsse.

W2DU-Balun (engl.: W2DU balun)

Ein von W2DU entwickelter Balun in Form einer breitbandigen Sperrtopfanordnung (sleeve bend choke). Der Balun besteht aus einem 30 cm langen 50 Ω-Koaxialkabelstück RG-303/U mit Teflonisolation, auf das außen 50 Ferritperlen (beads) aufgeschoben sind. Die Anordnung wirkt als breitbandige Mantelwellensperre. Da das Ferritmaterial nicht in der Koaxialleitung angeordnet ist, tritt bei hohen Welligkeitswerten keine Sättigung auf; somit werden keine Harmonischen erzeugt. Daher ist der Balun für große Leistungen geeignet (Maxi-Balun) und ermöglicht fehlerfreie Impedanzmessungen der Antenne. Die max. Leistung hängt ab von Frequenz und Welligkeit.

	bis 10 MHz	bis 30 MHz
s = 1	9 kW	3 kW
s = 2	5 kW	2,5 kW

(W. Maxwell, QST 3/83).

W3DZZ-Antenne (engl.: W3DZZ antenna)

Von W3DZZ erfundene Mehrbandantenne, die mit zwei Sperrkreisen (Traps) (s. d.) auf fünf Bändern resonant gemacht wird. Der innere, auf 7 MHz resonante Dipol ist zwei mal 10,07 m lang und wird von zwei 7 MHz-Sperrkreisen (8,3 μH und 60 pF) begrenzt. Daran wird die äußere Verlängerung für die 3,5 MHz-Resonanz mit zwei mal 6,71 m angebracht. Die Gesamtlänge ist etwa 33 m. Diese Antenne wirkt auf 3,5 und 7 MHz als Halbwellendipol, auf 14 MHz als 1,5 λ-Dipol, auf 21 MHz als 2,5 λ-Dipol und auf 28 MHz als 3,5 λ-Dipol. Auf 3,5 und 7 MHz finden sich gut ausgeprägte Grundresonanzen mit Welligkeiten ≤ 2. Auf 14/21/28 MHz ergeben sich etwas schwach ausgebildete Oberwellenresonanzen der 3., 5. und 7. Oberwelle mit Welligkeiten von 3 bis 5. Auf diesen Bändern ist der Wirkungsgrad daher etwas gering. Je nach Lage und Höhe der Antenne kann die eine oder andere Oberwellenresonanz günstiger bei den Amateurfrequenzen liegen. Durch die Dämpfung des Koaxialkabels wird aber eine bessere Welligkeit vorgetäuscht. Genau genommen ist die Antenne nur eine Zweibandantenne.

W3DZZ-Antenne. (noch nicht montiert) In der Mitte Balun 1:1 zum Anschluß des 50 Ω-Koaxialkabels, der innere und der äußere Dipol sind noch aufgerollt. Dazwischen die Traps. Vorn die Kapazität eines Sperrkreises, die mit der außenliegenden Spule den Parallelkreis für 7 MHz bildet.
(Werkbild Fritzel)
▼

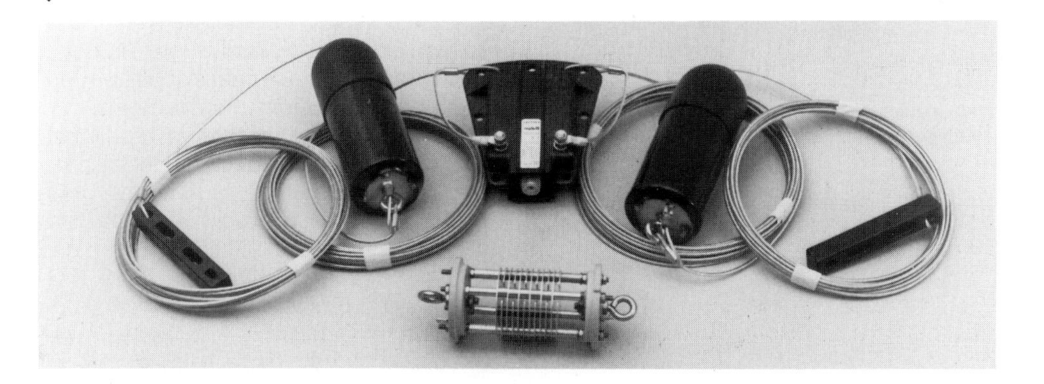

Eine Hälfte der Antenne kann auch gegen ein Gegengewicht oder gegen Erde erregt werden. Dann ist ein Anpaßgerät am Speisepunkt der Antenne empfehlenswert. (C. L. Buchanan, QST 3/1955).

W3DZZ-Dreiband-Beam-Antenne
(engl.: W3DZZ beam antenna)

Eine Drei-Element-Dreiband-Yagi-Uda-Antenne, deren Elemente durch Parallelkreise (Traps, s. d.) in ihrer Länge zur Frequenz abgestimmt werden.

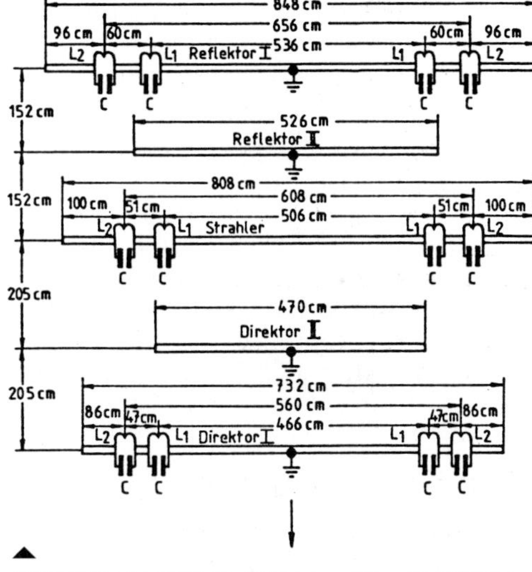

▲
W3DZZ-Dreiband-Beam-Antenne. Die Sperrkreise (Traps) L_1/C werden auf 28 MHz abgeglichen, L_2/C auf 20,2 MHz, wobei die Kapazität C ≈ 27 pF ist.

W8JK-Antenne (engl.: flat-top beam)

Eine von W8JK erfundene horizontale Gruppenantenne aus vier Halbwellendipolen, die kollinear und parallel liegen und bei λ/8 Abstand als Längsstrahler gegenphasig erregt werden. Die W8JK-Antenne strahlt in der Strahlerebene zweiseitig, hat also ein Vor/Rück-Verhältnis von Ø dB. Die Impedanz der symmetrischen Antenne an ihren Klemmen ist recht hoch. Deswegen ist eine abgestimmte Zweidrahtleitung mit stationsseitigem Anpaßgerät zweckmäßig.

Mehrbandversion 14/21/28 MHz:
Gesamtstrahlerlänge 7,3 m, Abstand 2,6 m
Gewinne: 14 MHz 3,5 dBd
21 MHz 4,5 dBd
28 MHz 5,5 dBd
(J. D. Kraus, QST 1/1938).

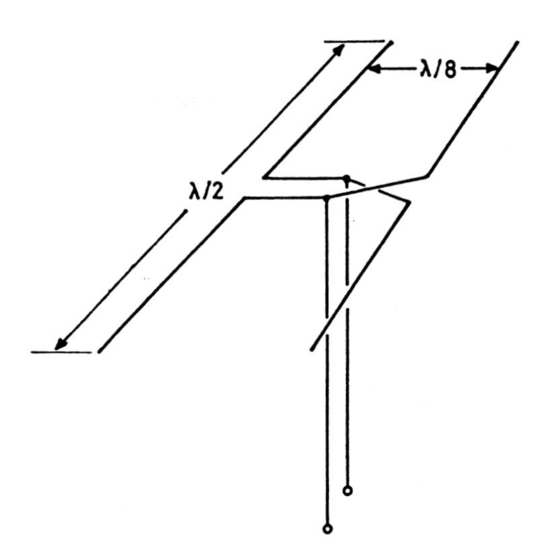

W8JK-Antenne. Einfachste Ausführung aus zwei gegenphasig gespeisten Halbwellendipolen.

X

X-Antenne (engl.: X-antenna)

1. Eine X-förmige, aus zwei Langdrahtantennen zusammengesetzte Antenne mit etwa den Eigenschaften einer stehwellenerregten V-Antenne.
2. Ein Spreizdipol (s. d.).

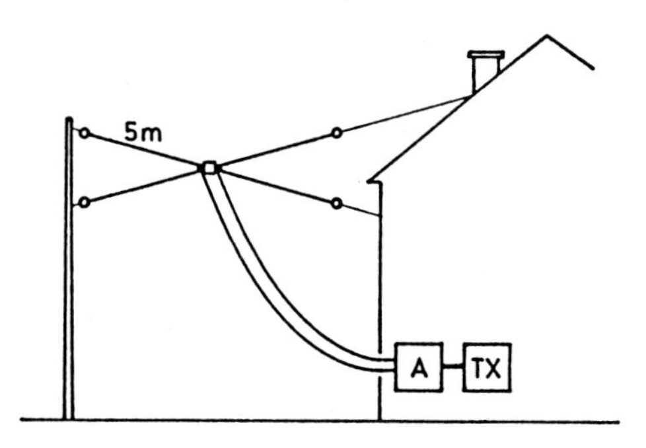

X-Dipol-Antenne, die sich durch Breitbandigkeit auszeichnet, gespeist mit offener Zweidrahtspeiseleitung.

X-Beam (engl.: "X" beam)

Eine andere Bezeichnung für den VK2ABQ-Beam (s. d.). Das X wird dabei durch die isolierenden Haltestäbe gebildet.

X/2-Schaltung

Ein Symmetrierglied ähnlich der Halbwellenumwegleitung, aber mit stationären Mitteln (L- und C- Gliedern) aufgebaut.
Die eine Seite der symmetrischen Schaltung wird direkt mit dem unsymmetrischen Belastungswiderstand verbunden, während die andere Seite über ein X/2-Glied bzw. zwei gleiche 90°-Glieder geführt und dann parallel geschaltet wird. Die X/2-Schaltung besteht aus einer Sternschaltung von drei Reaktanzen, von denen zwei gleich sind und die dritte halb so groß mit

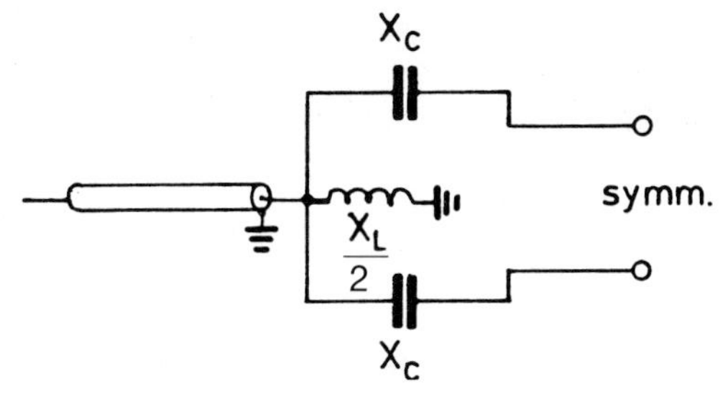

X/2-Schaltung. Vom unsymmetrischen Koaxialkabel auf eine symmetrische Leitung (oder umgekehrt), entwickelt aus Hochpaßgliedern (C im Längszweig, L im Querzweig).

umgekehrtem Vorzeichen. Wenn die Schaltung aus zwei Tiefpaß PI-Gliedern entwickelt worden ist, dann besteht die Schaltung aus X_L, X_L und $X_C/2$. Bei Entwicklung aus Hochpaß-PI-Gliedern aus X_C, X_C und $X_L/2$. Für die Gleichtaktwelle wirken beide X-Elemente als Schaltung parallel und bilden mit dem X/2-Element einen abgestimmten Serienresonanzkreis, der die Gleichtaktwelle kurzschließt und Symmetrie erzwingt. Die Funktion der Schaltung ist von der Energierichtung unabhängig.
(F. Gutzmann – 1938 – Dt. Patent).

Y

Yagi-Uda-Antenne
(engl.: Yagi-Uda-antenna)

Von H. Yagi und S. Uda gemeinsam erfundene Richtantenne, die aus einer Reihe von mehreren Halbwellendipolen besteht. Der gespeiste Halbwellendipol hat vor sich Direktoren (s. d.) und hinter sich einen oder mehrere Reflektoren (s. d.). Direktoren und Reflektoren sind Parasitärstrahler (s. d.), sie werden nicht gespeist, sondern parasitär durch Strahlungskopplung erregt. Die Yagi-Uda-Antenne arbeitet nach dem Prinzip des offenen Wellenleiters, ist ein Längsstrahler und eine Wanderwellenantenne mit günstigem Vor/Rück-Verhältnis (s. d.).
Nach dem Yagi-Uda-Prinzip der Strahlungskopplung arbeiten auch die Cubical-Quad-Antenne und die Loop-Yagi-Antenne (Siehe jeweils dort). Die Gewinne sind bei zwei Elementen 5 dBd, bei drei Elementen 8 dBd und bei vier Elementen 10 dBd.
Die Geschichte der Yagi-Uda-Antenne ist kompliziert. H. Yagi und S. Uda waren an der selben Universität Sendai mit der Erforschung der Wellenausbreitung beschäftigt. 1925 meldete Yagi allein ein Patent an über ein Parasitär-Antennensystem. Der erste Artikel in Japanisch erschien von Uda 1926. Im selben Jahr wurde ein gemeinsames Papier von Yagi und Uda auf einem Kongreß in Tokyo veröffentlicht. 1928 schrieb Yagi den ersten Artikel in Englisch über „Beam Transmission of Ultra Short Waves" in Proceedings of IRE. Ein Reprint ist zu finden in Proc. IEEE Mai 1984. Uda veröffentlichte 1930 seinen ersten Artikel in Englisch. Auf Wunsch von Yagi wurde die neue Antenne, die zuerst Yagi-Antenne hieß, in Yagi-Uda-Antenne umbenannt, um auch den Beitrag seines Kollegen zu würdigen.
(H. Yagi – 1925 – Japan. Patent).

Yagi-Uda-Antenne, gestockte
(engl.: stacked Yagi-Uda-antenna)

Da bei geforderten Gewinnen über 12 dBd die Yagi-Uda-Antennen unhandlich lang werden, geht man dazu über, zwei gleichartige oder sogar vier gleichartige Antennen zu stocken und zu Gruppen zusammenzufassen.
Durch die Stockung zweier Antennen erreicht man etwa 2,5 dB zusätzlichen Gewinn. Man kann weitere 2,5 dB erzielen mit vier Yagi-Uda-Antennen als Gruppe entweder im Rechteck oder in einer auf der Spitze stehenden Raute anordnen. Die letztere Gruppe hat dann etwas tiefer unterdrückte Nebenzipfel.

Yagi-Uda-Antenne, homogene

Eine Yagi-Uda-Antenne (s. d.) mit zahlreichen Direktoren (s. d.), die geometrisch die gleiche Größe und den gleichen Abstand voneinander haben.

Yagi-Uda-Antenne, inhomogene

Eine Yagi-Uda-Antenne mit zahlreichen Direktoren, die geometrisch in ihren Längen in Zielrichtung kürzer werden. Der einzige Zweck dieser Inhomogenität ist es, die Phasengeschwindigkeit der Wanderwelle über die Antenne kleiner als die Lichtgeschwindigkeit zu machen und an den Freiraum anzupassen. Durch geeignete Größenwahl der Direktoren läßt sich der Gewinn gegenüber einer homogenen Yagi-Uda-Antenne (s. d.) um bis zu 2 dB steigern.

Z

Zenneck-Welle (engl.: Zenneck wave)

Eine ebene, vertikal polarisierte Welle, die sich entlang der Erdoberfläche exponentiell gedämpft fortpflanzt und eine von den Bodenkonstanten abhängige Phasengeschwindigkeit hat. Eine solche Welle ist rein theoretisch möglich, physikalisch aber nicht. Für die Praxis ist sie ein sehr brauchbares Modell, besonders für die Analyse von Beverage-Antennen (s. d.).
(J. Zenneck – 1907).

Zentralspule (engl.: center loading coil)

In der Mitte einer verkürzten Antenne angebrachte Spule, durch die der Strahler resonant wird.

1. angewandt bei der VK2AOU-Minibeam-Antenne (s. d.).
2. angewandt bei kurzen Vertikal-Monopolen z. B. bei Mobilantennen.

Zentralwelle

Eine elektromagnetische Welle, die sich von einem Mittelpunkt ausbreitet, wie z. B. die Welle eines Hertzschen Dipols (s. d.).

Zepp (engl.: Zepp antenna)

Soviel wie Zeppelin-Antenne (s. d.).

Zeppelin-Antenne
(engl.: Zepp antenna, end-fed-antenna)

Auch nach ihrem Erfinder Beggerow-Antenne genannt. Erstmals in Luftballonen und Zeppelinen angewandt. Eine im Spannungsbauch am Ende gespeiste, stehwellenerregte Drahtantenne, die von einer stehwellenerregten Zweidrahtspeiseleitung gespeist wird. Dabei wird der Spannungsbauch der Antenne mit dem Spannungsbauch der Zweidrahtleitung galvanisch verbunden. Ein Leiter der Speiseleitung endet somit frei in der Luft. Diese einseitige Belastung der Speiseleitung führt dazu, daß die Speiseleitung nicht nur strahlungsfrei Gegentaktwellen (s. d.), sondern auch strahlende Gleichtaktwellen (s. d.) führt. Die Zeppelinantenne strahlt also nicht nur mit ihrem Antennenleiter, sondern auch mit ihrer Speiseleitung, so daß

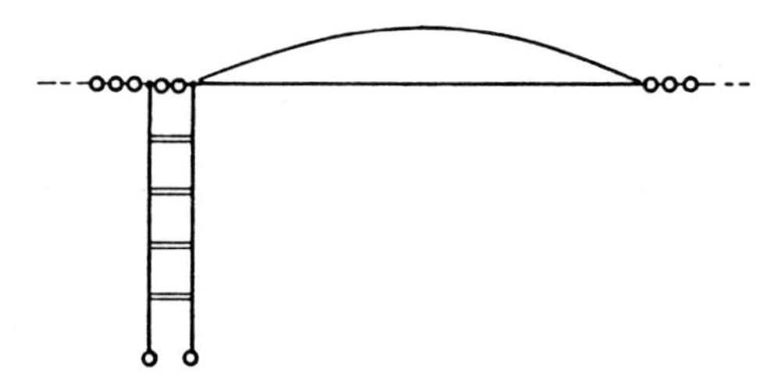

Zeppelin-Antenne. Der Halbwellenstrahler wird von einer offenen Zweidrahtleitung im Spannungsbauch erregt.

sie ähnlich einer L-Antenne (s. d.) wirkt, was Richtcharakteristik und Wirkungsgrad ungünstig beeinflußt. Abhilfe: Symmetrierung der Zeppelin-Antenne durch Aufbau als Doppelzepp (s. d.).
(H. Beggerow – 1909 – Dt. Patent).

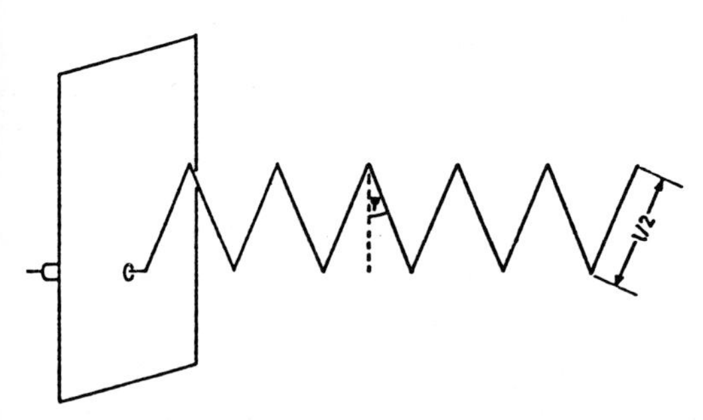

Zick-Zack-Antenne. Mit 5 ½ Elementen. Der Reflektor soll etwa 2 λ Höhe und 1 λ Breite haben.
ψ = halber Spreizwinkel l/2 = halbe Elementlänge

Zick-Zack-Antenne
(engl.: zig-zag antenna)

Diese ist linear polarisiert. Die Eingangsimpedanz ist rund 150 Ω. Bei n Zickzackelementen liegt die optimale Bündelung bei:

$$l/2 = \frac{\lambda_0 (1 + 1/(2\,n))}{2\,(1 - \sin\psi)}$$

Eine von Sengupta ausgeführte Antenne von 1,37 λ Länge hatte 6 V-Elemente und ψ = 10°. Die Hauptkeule war in der E-Ebene 22°, in der H-Ebene 28° breit, was einem theoretischen Gewinn von 13,5 dBi entspricht. Die Zickzack-Antenne ist als Erreger einer Backfire-Antenne gut geeignet.
(O. M. Woodward – 1953 – US Patent).

Zick-Zack-Dipol (engl.: zig-zag dipole)

Eine symmetrische Anordnung aus zwei mehrfach zickzackförmig geknickten Drähten der Gesamtlänge von 0,45 λ. Bei einer geometrischen Verkürzung von 10% hat die Antenne einen Eingangswiderstand von etwa 65 Ω. Der Gewinn ist etwa 2 dBi.
(Siehe auch: Mäanderantenne 3).

Zigarrenantenne (engl.: cigar antenna)

Eine Leitscheibenantenne (s. d.), deren Leitscheiben nach vorn kleiner werden, so daß sie einer Zigarre ähnelt.

ZL-Spezial-Beam-Antenne
(engl.: ZL-Special antenna)

Eine von G. C. Murphy, ZL3MH, entwikkelte Richtantenne aus Schleifendipolen, wobei der längere als Reflektor, der kürzere als Strahler wirkt. Die Faltdipole sollen 0,123 λ Abstand, die gekreuzte Verbindungsleitung 0,160 λ Länge haben. Der Gewinn ist etwa 4 dBd, das Vor/Rück-Verhältnis etwa 18 dB. Die Antenne kann auch aus Bandkabel oder Duralrohren aufge-

ZL-Spezial-Beam-Antenne. Durch den Phasenunterschied von 135° strahlt die Antenne einseitig in Richtung Reflektor-Strahler.
▼

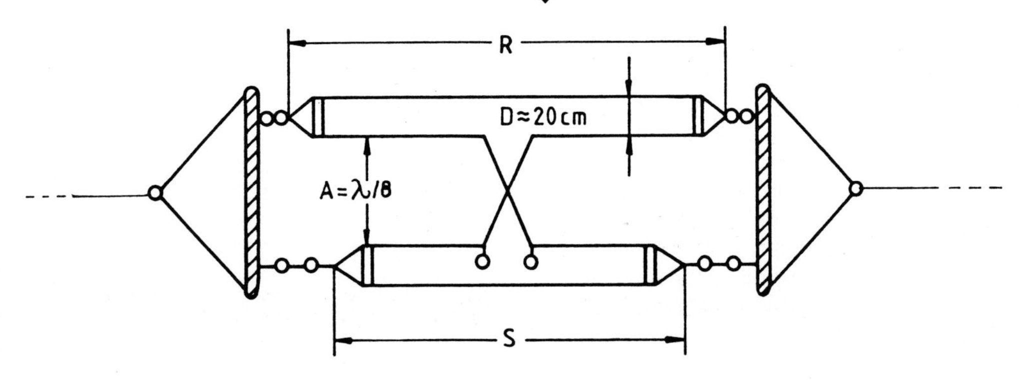

baut werden. Die Antenne ist breitbandig und hat rund 70 Ω Eingangswiderstand. Sie ist mit der HB9CV-Antenne (s. d.) verwandt.

Zoll (engl.: Einz. inch, Mz. inches)

Bei amerikanischen Antennenabmessungen heute noch verwendete Längeneinheit:

1" = 2,54 cm
12" = 1' (Fuß, s. d.)
1 cm = 0,3937 "

Zufallsdraht (engl.: random wire)

Ein Draht beliebiger Länge, der auf gut Glück gespannt und am Ende gespeist wird. Da der Bereich der Impedanz in weiten Grenzen schwankt und frequenzabhängig ist, werden an das Anpaßgerät (s. d.) einige Anforderungen gestellt.

Zweibandantenne (engl.: duo bander)

1. Eine Antenne, die durch Anpaßglieder zur stehwellenarmen Verwendung auf zwei Bändern vorgesehen ist.
2. Eine Antenne, die auf zwei im ganzzahligen Wellenlängenverhältnis stehenden Frequenzen verwendet werden kann, z. B. ein Halbwellendipol, der auf doppelter Frequenz als Ganzwellendipol verwendet werden kann.

Zweiband-Delta-Loop-Yagi-Antenne
(engl.: duoband Delta loop antenna)
1. Eine verkleinerte Delta-Loop-Yagi-Antenne aus zwei Elementen für 14/21 MHz, die durch gewinkelte Drahtführung klein ist und mit einem Parallelkreis auf 14 MHz resonant gemacht wird.
2. Eine aus zwei Einzelantennen verschachtelte Delta-Loop-Yagi-Antenne.
(Siehe auch: Delta-Loop-Yagi-Antenne).

Zweiband-Groundplane
(engl.: duoband groundplane antenna)

Z. B. eine von I. L. Pogson, VK2AZN, entwickelte Groundplane-Antenne für 3,5 und 7 MHz, die aus einem Vertikalstrahler mit Mittelspule und einem der Anpassung an das 50 Ω-Koaxialkabel dienenden Parallelkreis besteht. Die Groundplane hat nur zwei Radials, weitere Zusatzradials werden empfohlen.

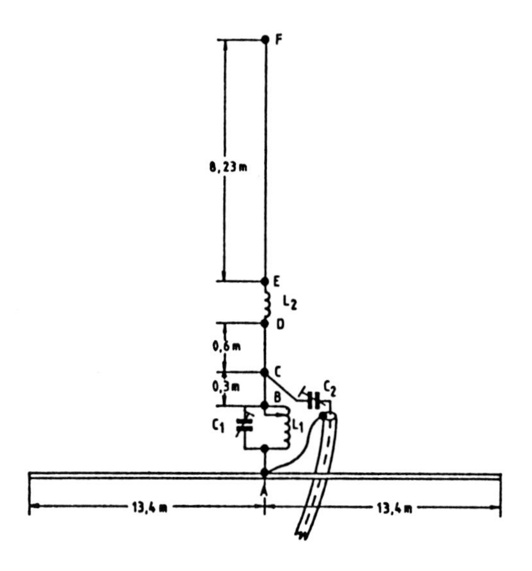

Zweiband-Groundplane für 3,5 und 7 MHz.
L_2 = 3,8 μH L_1 = 11,5 μH
C_1 ≈ 100 pF C_2 ≈ 150 pF

Zweiband-Kurzdipol
(engl.: duoband short dipole)

Ein Dipol für 3,5 und 7 MHz. Der Mittelteil aus 2 × 10,20 m wird für 7 MHz durch Induktivitäten von 120 μH abgetrennt (Drosselwirkung als 7 MHz-Sperrkreis), die zusammen mit den 1,15 m langen Endleitern den Kurzdipol auf 3,7 MHz zur Resonanz bringen. Die sehr schmalbandige Antenne wird auf 3,8 MHz resonant, wenn die Endleiter auf 0,9 m gekürzt werden.

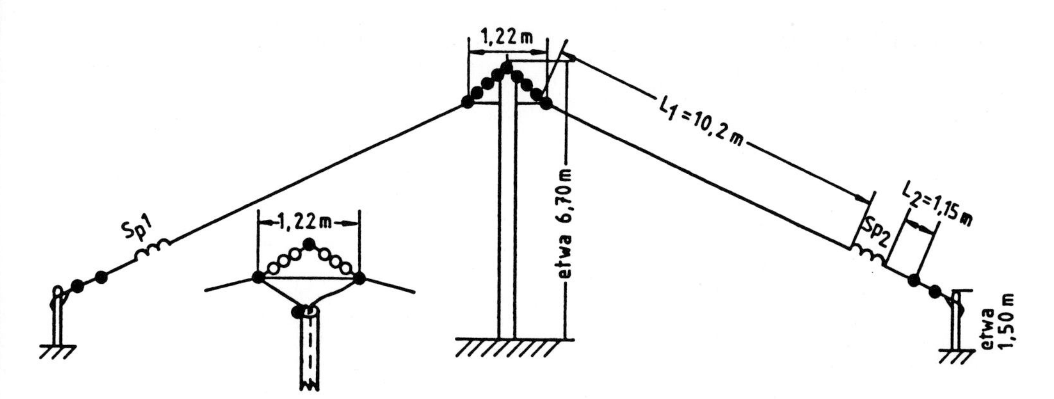

Zweiband-Kurzdipol. Der Dipol ist in der Mitte nicht aufgetrennt. Durch die geringe Höhe ist der Wirkungsgrad gering.

Zweiband-Marconi-Antenne

Eine Antenne, vorwiegend vertikal angebracht, zur Abstrahlung zweier Bänder bzw. Frequenzen, die etwa im Verhältnis 1:2 stehen. Auf der niederen Frequenz ist sie rund λ/3 lang, auf der höheren rund 2/3 λ lang.

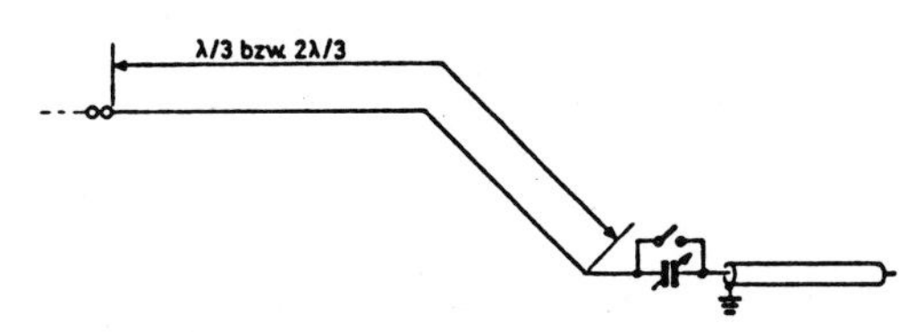

Zweiband-Marconi-Antenne. Die Länge für das niederfrequente Band ist $l = 100/f_{MHz}$. Auf dem höheren Band wird der Schalter geöffnet, um mit dem Drehkondensator (ca. 500 pF) die induktive Komponente zu kompensieren.

Zweiband-Monopolantenne, verkürzte

Eine für das hochfrequente Band geradlinige, für das niederfrequente Band geknickte Drahtantenne nach H. Würtz, DL2FA. Die Speisung erfolgt über 50 Ω-Koaxialkabel und geht über zwei Kapazitäten an die voneinander isolierten Strahler. Ein Erdsystem ist notwendig. Das Prinzip ist auch als Dipol anwendbar.

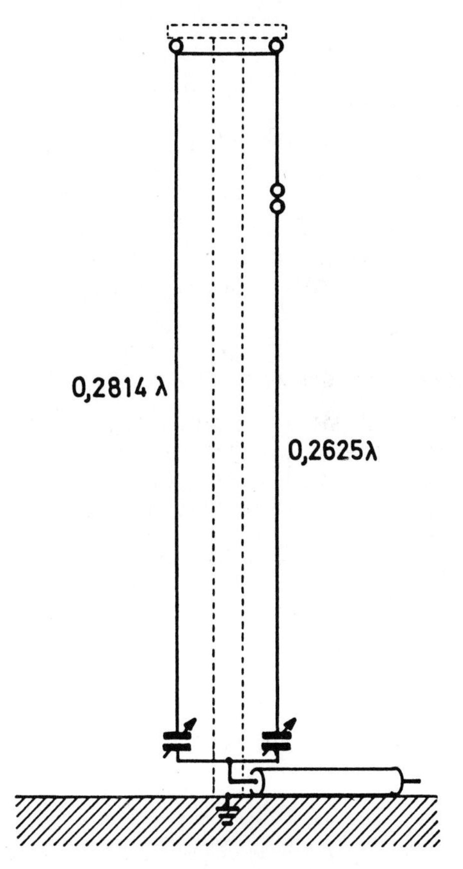

Zweiband-Monopol-Antenne, verkürzte. Die Längen der zwei Monopole sind größer als λ/ 4, um eine Impedanz von 50 Ω + jX Ω zu erreichen. Die induktive Komponente wird durch die Kapazitäten kompensiert. Werte für C sind 3,5 MHz ≈ 500 pF; 7 MHz ≈ 250 pF; 14 MHz ≈ 150 pF. Ein Erdnetz ist notwendig.

Zweiband-T-Antenne

(Siehe: Multee-Zweiband-Antenne).

Zweidrahtleitung

(engl.: two-wire feeder, twin lead)

Aus zwei gleichen Drähten, Litzen oder Seilen bestehende HF-Leitung.
(Siehe: Leitung).

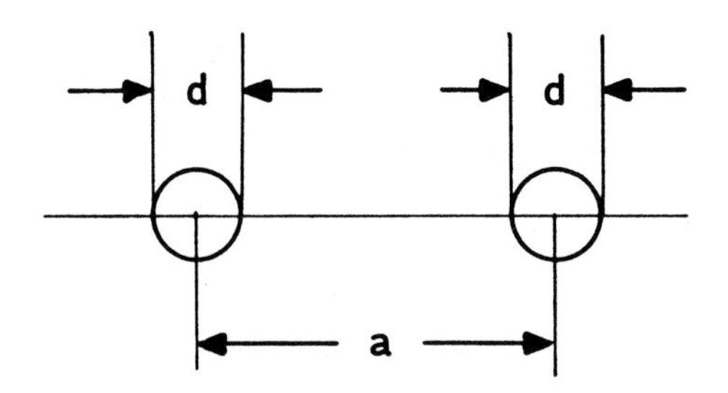

Querschnitt durch eine Zweidraht-Speiseleitung.
d = Drahtdurchmesser in mm
a = Abstand der Drahtmitten in mm
ε_r = Dielektrizitätskonstante, bei Luft $\varepsilon_r = 1$
Der Wellenwiderstand ergibt sich mit:

$$Z_L = \frac{120}{\sqrt{\varepsilon_r}} \cdot \operatorname{ar\,cosh} \frac{a}{d} \quad [\Omega]$$

angenähert, wenn $a \gg d$

$$Z_L = 120 \ln \left(\frac{2a}{d} \right)$$

Zweidrahtleitung in Reusenform für Leistungen bis 500 kW. Die Kapazität der Halterung ist durch die Querschnittverkleinerung kompensiert.
(Werkbild BBC Mannheim)

Zwei-Element-Delta-Loop-Antenne

(engl.: two element Delta loop antenna)

An einem 24 m-Mast sind zwei dreieckige Ganzwellenschleifen aufgehängt. Sie sind oben 0,1 m, unten 12 m voneinander entfernt. Die gesamte Schleife hat für 3,7 MHz 83,9 m Umfang, die als Direktor wirkende Schleife hat 78 m Umfang. Mit einem Schalter kann ein 11 m langer Draht in den Direktor eingeschleift werden, so daß dieser mit 89 m Umfang als Reflektor wirkt und die Strahlrichtung umgekehrt wird. Auf gleiche Weise kann das gespeiste Element um 3 m verlängert werden. Die Antenne ist dann auf 3,5 MHz resonant. Die Speisung erfolgt am Scheitel mit 60 Ω-Kabel. Der Gewinn beträgt etwa 5 dBd.

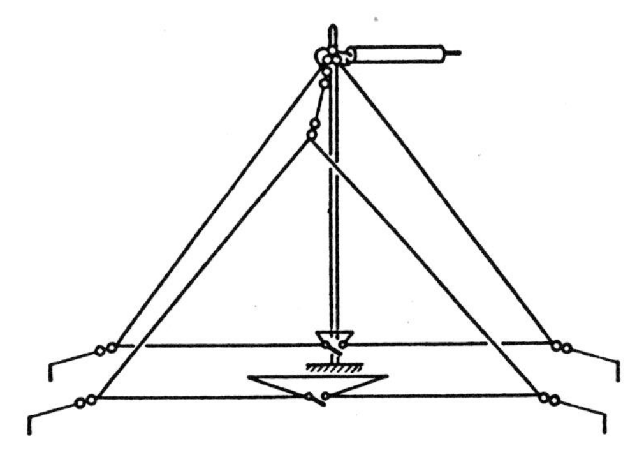

Zweielement-Delta-Loop-Antenne. Die Speisung erfolgt an der Spitze des Strahlers mit 60 Ω-Koaxialkabel. Vorn der Direktor, aus dem bei offenem Schalter ein Reflektor wird, da die Schleife um 11 m länger ist.

Zwei-Element-Quad-Antenne
(engl.: two element cubical quad antenna)

Eine Cubical-Quad-Antenne aus zwei Elementen. Der Strahler wird gespeist und hat etwa 1,02 λ Umfang. Der Reflektor wird parasitär erregt und hat etwa 1,1 λ Umfang. (Siehe auch: Cubical-Quad-Antenne).

Zwei-Element-Yagi-Uda-Antenne
(engl.: two-element Yagi-Uda-beam antenna)

1. Eine Richtantenne aus einem Faltdipol (s. d.) als Strahler und einem gestreckten Dipol als parasitärer Reflektor (s. d.). Der Aufbau ist so gestaltet, daß die Eingangsimpedanz 240 Ω beträgt, also mit einem 4:1-Balun an 60 Ω-Koaxialkabel angepaßt ist.

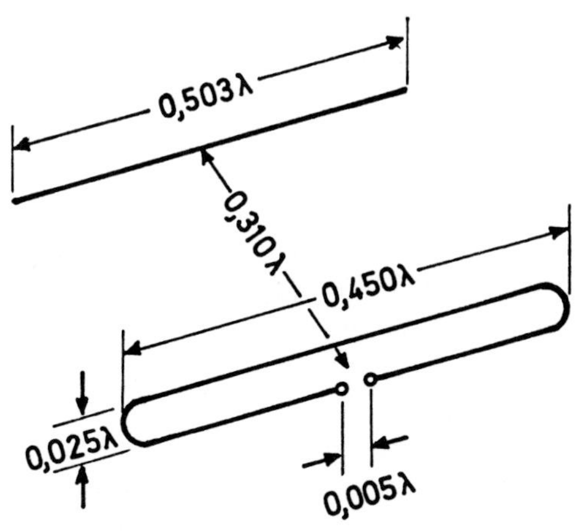

Zwei-Element-Yagi-Uda-Antenne. Um die reelle Eingangsimpedanz von 240 Ω zu erreichen, muß die Leiterdicke 0,0025 λ bis 0,005 λ betragen.

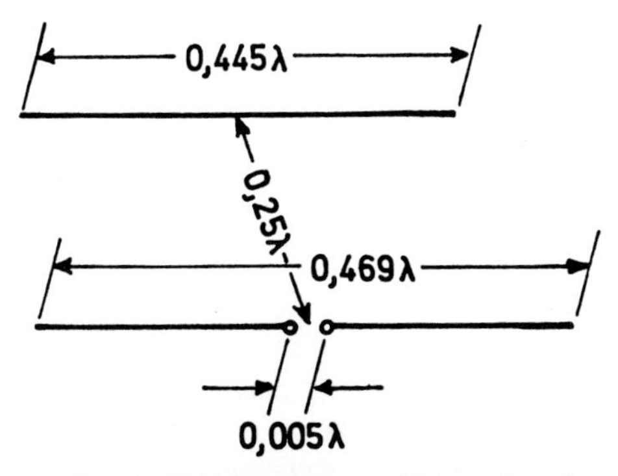

Zwei-Element-Yagi-Uda-Antenne. Eingangsimpedanz 50 Ω, wenn die Leiterdicke 0,0025 λ bis 0,005 λ beträgt.

2. Eine Richtantenne aus Halbwellendipol (s. d.) als Strahler und einem Halbwellendipol als Direktor. Die Abmessungen sind so gestaltet, daß der Strahler eine Eingangsimpedanz von 50 Ω hat, also über einen 1:1-Balun an 50 Ω-Koaxialkabel angepaßt ist.

Zweifachantennenweiche

Eine Antennenweiche zum Anschluß zweier Sender oder Empfänger an eine Antenne zum gleichzeitigen Betrieb, wobei sich die angeschlossenen Geräte gegenseitig nicht beeinflussen dürfen.
(Siehe: Brückenweiche).

Zweifachkoaxialkabel
(engl.: twin-wire coaxial cable)

Eine erdsymmetrische, geschirmte Zweifachleitung, in der die beiden gleichgestalteten Innenleiter Energie führen.

Zweilampen-Indikator
(engl.: twin lamp indicator)

Ein Stehwellenindikator für Bandleitungen aus zwei Glühlämpchen, die an eine doppelte Koppelschleife (kürzer als λ/10) in Form eines Reflektometers (s. d.) geschaltet sind. Bei Anpassung (Welligkeit = 1) brennt das senderseitige Lämpchen, das antennenseitige, den Rücklauf anzeigende Lämpchen ist dunkel.
(Lit.: C. Wright, QST 10/1947 Paralleldraht; O. S. Keay, QST 11/1948 Koaxialkabel).

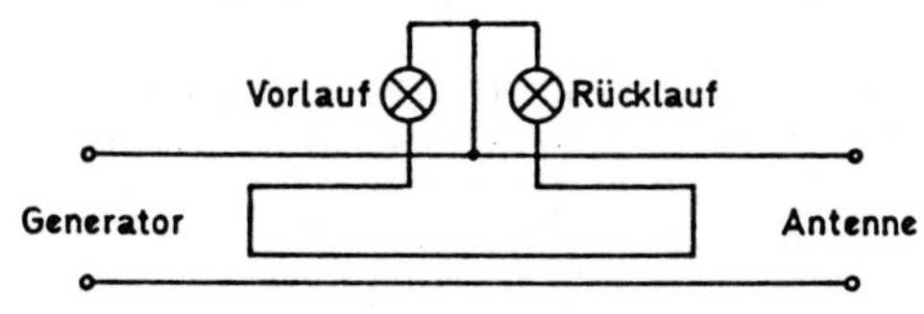

Zweilampen-Indikator. Nach der Leuchtstärke der Lämpchen kann man das Stehwellenverhältnis recht gut abschätzen.

Zweischlitzstrahler
(engl.: double slot antenna)

Eine Schlitzantenne (s. d.) mit zwei Schlitzen, die in gleicher Höhe in ein Rohr eingeschnitten sind, eine Rundstrahlantenne.

Zwillingsmast

Ein Mast aus zwei starr verbundenen, parallelen Stahlrohren zwischen denen das Drehrohr mit dem Rotor für eine größere Drehrichtantenne gelagert ist.

Zylinderdipol (engl.: cylindrical dipole)

Ein Dipol, dessen kreisförmige Querschnitte an allen Stellen der Antenne gleich groß sind. Meist als Zylinder-Reuse ausgeführt, bei VHF und UHF aus Rohr konstruiert. Der Zylinderdipol hat nur einen geringen Schlankheitsgrad (s. d.) und ist als Halbwellendipol kürzer als ein Drahtdipol. Er wird als Breitbandantenne (s. d.) eingesetzt. Der Antennenstrom fließt radial auf den Deck- und Bodenflächen.

Zylinderparabol-Antenne

Eine Parabolantenne, deren Reflektor ein parabolischer Zylinder ist.
(Siehe: Zylinderreflektor).

Zylinderreflektor
(engl.: cylindrical reflector)

Ein Reflektor, der aus dem Teil einer Zylinderfläche besteht. Obschon kreiszylindrische Reflektoren möglich sind, werden meist parabolzylindrische Reflektoren angewandt.
(Siehe auch: Cheese-Antenne, Pillbox-Antenne, Parabolspiegel).

1,8 MHz-Antenne mit Eindrahtfeeder

Eine zweifach rechtwinklig geknickte, endgespeiste Halbwellenantenne, die gegen einen Strahlenerder erregt wird. Der erste λ/8-Abschnitt liegt nahe dem Erdboden (z. B. 0,3 bis 2,0 m) und dient als wenig strahlende Eindrahtspeiseleitung. Der zweite λ/8-Abschnitt wirkt als Vertikalstrahler für Weitverkehr, und der λ/4-Abschnitt dient als Endkapazität und Horizontalstrahler für Nahverkehr. Nach den ortsbedingten räumlichen Verhältnissen können die Abschnittslängen in weiten Grenzen verändert werden, sofern die Gesamtlänge λ/2 bleibt. Die Eingangsimpedanz liegt bei etwa 1000 Ω, so daß über ein Anpaßglied (z. B. Parallelkreis, L-Glied) gespeist werden muß. Eine gute HF-Erdung ist notwendig.

53 m-Langdrahtantenne
(engl.: 53 m longwire antenna)

Eine Langdrahtantenne in gemischter Strom-Spannungs-Speisung, gegen Erde oder ein Gegengewicht (s. d.) erregt. Diese war bis 1945 die Standard-Allbandantenne in Europa.

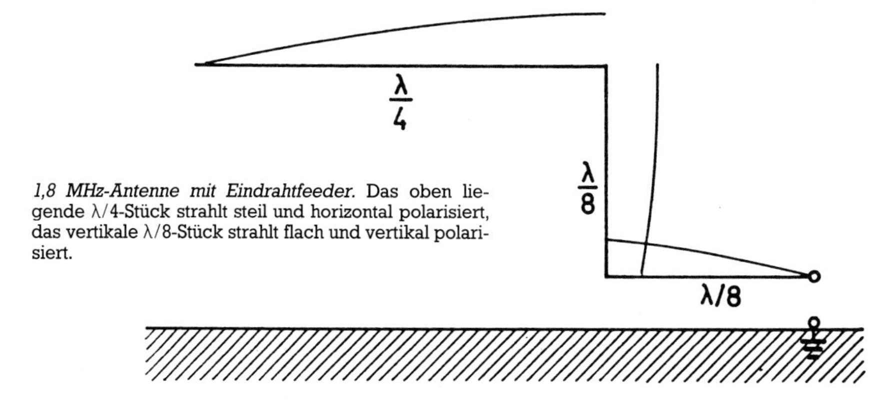

1,8 MHz-Antenne mit Eindrahtfeeder. Das oben liegende λ/4-Stück strahlt steil und horizontal polarisiert, das vertikale λ/8-Stück strahlt flach und vertikal polarisiert.

9M2CP-Z-Beam (engl.: 9M2CP-Z-Beam)

Ein aus drei vertikal gestockten horizontalen Halbwellendipolen bestehender Querstrahler. Der obere und der untere Dipol sind an den Enden geknickt, der mittlere verbindet beide diagonal. Die Speisung erfolgt in der Mitte mit einer T-Anpassung (s. d.) für symmetrische Speiseleitungen, oder mit einer Gamma-Anpassung (s. d.) für Koaxialkabel. Die gesamte Drahtlänge des gespeisten Strahlers ist etwa 5% kürzer als 1,5 λ; der Reflektor hat 1,5 λ der Freiraumwellenlänge. Der Boom ist 0,1 λ bis 0,2 λ lang.
(Siehe auch: Doppel-Delta-Loop).

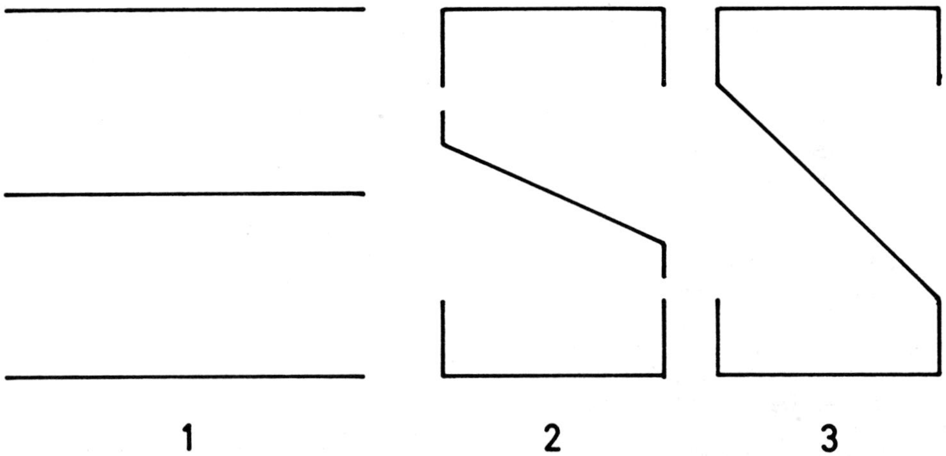

1 2 3

9M2CP-Z-Beam. Von links nach rechts: 1: Drei Halbwellendipole übereinander gestockt. 2: der obere und der untere Dipol werden an den Enden geknickt, der mittlere wird schräg gestellt. 3: Die drei Dipole werden miteinander verbunden. Mehrere Z-Elemente werden zu einer Richtantenne nach dem Yagi-Uda-Prinzip zusammengefaßt.

Anhang 1

Blitzschutz

(engl.: lightning protection)

Beim Aufbau der Antenne sind zu beachten:
Allgemeine Blitzschutzbestimmungen vom Ausschuß für Blitzableiterbau (ABB), VDE-Verlag, Berlin.
Die Verdingungsordnung für Bauleistungen VOB, Teil C: Allgemeine technische Vorschriften für Bauleistungen DIN 18384/8.74 Blitzschutzanlagen.
Das Standardleistungsbuch, Leistungsbereich 50, Blitzschutzanlagen DIN 18384/8.71.
Die Verordnungen der Länder und die Satzungen der Gemeinden.

Die DIN-Normen über Blitzschutzbauteile:

DIN 48801/ 1.77	Leitungen und Schrauben für Blitzableiter, Maße, Werkstoff, Ausführung
DIN 48802/ 2.74	Auffangstangen und Erdeinführungen für Blitzableiter
DIN 48803/ 8.71	Montagemaße für den Blitzableiterbau
DIN 48804/10.73	Deckel für Blitzableiterbauteile
DIN 48805/ 5.73	Stangenhalter für Blitzableiter
DIN 48807/ 2.74	Dachdurchführungen für Blitzableiter
DIN 48809/12.76	Klemmen für Blitzschutzanlagen
DIN 48811/ 1.67	Spannkappe für Blitzableiter
DIN 48812/ 4.57	Blitzableiter, Holzpfahl für gespannte Leitungen auf weichgedeckten Dächern
DIN 48814/ 9.71	Schornsteinrahmen für Blitzableiter
DIN 48818/ 1.67	Schellen für Blitzableiter
DIN 48819/ 1.67	Klemmschuhe für Blitzableiter
DIN 48820/ 1.67	Sinnbilder für Blitzschutzbauteile in Zeichnungen
DIN 48821/ 7.64	Nummernschilder für Blitzableiterdung
DIN 48826/ 6.74	Dachleitungsstützen für Blitzableiter
DIN 48826/ T.11	Dachleitungsstützen für Blitzschutzanlagen
DIN 48827/ 4.57	Blitzableiter, Traufenstützen und Spannkloben für gespannte Leitungen auf weichgedeckten Dächern
DIN 48828/ 5.74	Leitungsstützen für Blitzableiter
DIN 48829/12.76	Befestigungsteile auf Flachdächern für Blitzschutzanlagen
DIN 48830	Beschreibung einer Blitzschutzanlage
DIN 48831	Bericht über die Prüfung einer Blitzschutzanlage
DIN 48832	Auffangpilze für Blitzschutzanlagen
DIN 48835	Trenn- und Verbindungsstücke für Blitzschutzanlagen
DIN 48837/ 1.67	Verbinder für Blitzableiter
DIN 48838/ 8.71	Schraubenlose Leiterstützen für Blitzableiter
DIN 48839/12.76	Trennstellenkasten und -rahmen für Blitzableiter
DIN 48840	Anschlußklemmen an Blechen für Blitzschutzanlagen
DIN 48841	Anschluß- und Überbrückungsbauteile für Blitzschutzanlagen
DIN 48842	Dehnungsstück für Blitzschutzanlagen
DIN 48843/ 1.67	Kreuzstücke oberirdischer Leiter für Blitzableiter
DIN 48845/1.67	Kreuzstücke für Blitzableiter, schwere Ausführung
DIN 48852, Teil 1/ 8.71	Staberder für Blitzableiter, einteilig
DIN 48852, Teil 2	Staberder für Blitzschutzanlagen, mehrteilig
DIN 48852, Teil 3	Staberder für Blitzschutzanlagen, Anschlußschelle

Anhang 2

Antennenlängen

Antennen haben zur Wellenlänge ein bestimmtes Verhältnis. Die kürzeste Antennenlänge im Freiraum ist die halbe Wellenlänge des Halbwellendipols (s. d.). Für vertikale Antennen über leitender Ebene ist diese Länge die Viertelwellenlänge des Monopols (s. d.).
Zur richtigen Dimensionierung einer Antenne ist die Resonanzlänge wichtig (Siehe: Resonanz). Sie ist in der Praxis kleiner als eine halbe Wellenlänge im Freiraum.
Eine Vergrößerung des Antennendurchmessers verringert die Antennenlänge für Resonanz. Die Verkürzung ist umso größer, je kleiner der Schlankheitsgrad (s. d.) der Antenne ist, d. h. je dicker die Antenne ist.
Man unterscheidet zwischen elektrischer und geometrischer Antennenlänge:
elektrische Antennenlänge l_e =
theoretische Länge, = Freiraumlänge l_o
geometrische Antennenlänge l_m =
mechanische Länge, physikalische Länge, Resonanzlänge, aktuelle Länge, korrigierte Länge
Der Unterschied zwischen beiden Längen ist die Verkürzung. Das Verhältnis l_g/l_e ist der Verkürzungsfaktor v. v ist immer < 1.
In Tabelle 1 sind die Antennenlängen (Resonanzlängen) für die gebräuchlichsten KW-Antennen sowie für freihängende Radials zusammengefaßt. Die entsprechenden Formeln finden sich dahinter.
In der Praxis wird man von den Längen der Tabelle 1 ausgehen und eine Antennenabstimmung vornehmen. Aus Tabelle 2 sind dazu die mittleren Längenänderungen für je 100 kHz Frequenzänderung zu entnehmen.

Zuerst wird man die Antennenresonanz suchen, etwa mit einem Dipmeter oder einer Antennenrauschbrücke:
Resonanzfrequenz zu niedrig: Antenne zu lang.
Resonanzfrequenz zu hoch: Antenne zu kurz.
Verkürzen des Leiters durch Abzwicken, Verlängern durch Doppelklemmen oder Quetschhülsen. Man kann die Abstimmung auch mit einem Stehwellenanzeigegerät durchführen. Dabei wird der Wert der Welligkeit (VSWR) überprüft:
VSWR niedrig bei tiefen Frequenzen: Antenne zu lang.
VSWR niedrig bei hohen Frequenzen: Antenne zu kurz.
Bei Mehrbandantennen aus parallelen Dipolen ist die gegenseitige Beeinflussung beachtlich. In der Amateurfunkliteratur finden sich darüber verschiedene, nicht ganz einheitliche Beiträge. Zweckmäßig ist es, mit dem längsten Dipol (tiefste Frequenz) zu beginnen. Die Rückwirkungen durch die nachfolgenden Längenänderungen bei den höheren Frequenzen scheinen geringer.
Bei Mehrbandantennen aus Sperrkreisdipolen ist die Vorgangsweise etwas einfacher. Man beginnt hier mit dem kürzesten Dipol (höchste Frequenz). Die Rückwirkungen durch die nachfolgenden Längenänderungen bei den tieferen Frequenzen sind durch die Sperrkreisentkopplung geringer.
Wenn trotz mehrfacher Abstimmversuche ein bestimmter VSWR-Wert nicht unterschritten werden kann, gibt es zwei Möglichkeiten:

– Die Antenne hängt zu niedrig. Trotz Abstimmung (Längenveränderung) bleibt ein Anpaßfehler bestehen.

– Beide Dipolhälften haben nicht gleiche mechanische Längen. Das tritt ein, wenn eine Dipolseite sich z. B. in der Nähe eines Objektes (Dach, Mast usw.) befindet. Diese Zusatzkapazität verlängert den Dipolast und dieser muß mehr gekürzt werden.

Tabelle 1: Antennenlängen (Angaben in m)

Band m	Frequenz MHz	λ/4	5 λ/8	λ/2	λ D	λ LD	Inv. V.	Loop	Radial
	1,8	39,58	102,08	79,17	150,00	162,50	78,83	170,17	40,67
160	1,85	38,51	99,32	77,03	145,95	158,11	76,70	165,57	39,57
	1,9	37,50	96,71	75,00	142,11	153,95	74,68	161,21	38,53
	3,5	20,36	52,50	40,71	77,14	83,57	40,54	87,51	20,91
80	3,6	19,79	51,04	39,58	75,00	81,25	39,42	85,08	20,33
	3.7	19,26	49,66	38,51	72,97	79,05	38,35	82,78	19,78
	3,8	18,75	48,36	37,50	71,05	76,97	37,34	80,61	19,26
40	7,0	10,18	26,25	20,36	38,57	41,79	20,27	43,76	10,46
	7,1	10,04	25,88	20,07	38,03	41,20	19,99	43,14	10,31
30	10,125	7,04	18,15	14,07	26,67	28,89	14,02	30,25	7,23
	14,0	5,09	13,13	10,18	19,29	20,89	10,14	21,88	5,23
20	14,2	5,02	12,94	10,04	19,01	20,60	9,99	21,57	5,16
	14,35	4,97	12,80	9,93	18,82	20,38	9,89	21,35	5,10
17	18,12	3,93	10,14	7,86	14,90	16,14	7,83	16,90	4,04
	21,0	3,39	8,75	6,79	12,86	13,93	6,76	14,59	3,49
15	21,3	3,35	8,63	6,69	12,68	13,73	6,66	14,38	3,44
	21,45	3,32	8,57	6,64	12,59	13,64	6,62	14,28	3,41
12	24,94	2,86	7,37	5,71	10,83	11,73	5,69	12,28	2,94
	28,0	2,55	6,56	5,09	9,64	10,45	5,07	10,94	2,61
10	29,0	2,46	6,34	4,91	9,31	10,09	4,89	10,56	2,52
	29,7	2,40	6,19	4,80	9,09	9,85	4,78	10,31	2,46

$$\text{Verkürzungsfaktor } v = \frac{\text{mechanische Länge}}{\text{elektrische Länge}}$$

$v = l_g/l_e$ (kleiner als 1)

Freiraumwellenlänge $\lambda_o = C_o/f$

l_o (m) = 300/f (MHz)

Resonanzlänge $l_m = l_e \cdot v$

Längenberechnung für verschiedene Antennenformen:

Ganzwellendipol: λ_D

beide Stabhälften sind gleichphasig erregt
$l(m) = 300/f(MHz)$
mit $v = 0{,}9$ gilt:
$l(m) = 300 \times 0{,}9/f(MHz)$
$= 270/f(MHz)$

Halbwellendipol: $\lambda/2$

$l(m) = 150/f(MHz)$
mit $v = 0{,}95$ gilt:
$l(m) = 150 \times 0{,}95/f(MHz)$
$= 142{,}5/f(MHz)$

0,64 λ Vert. Ant.: $\approx 5\,\lambda/8$:

$l(m) = 183{,}75/f(MHz)$

Viertelwellen-Monopol:

halber Wert des Halbwellendipols

Langdrahtantennen:

Allgemeine Formel:
$l(m) = 150\,(n - 0{,}05)/f(MHz)$
n = Anzahl der Halbwellen auf der Antenne

Ganzwellenstrahler: λ_{LD}

beide Strahlerhälften sind gegenphasig erregt (z. B. endgespeist)

Es gilt die Langdrahtformel mit $n = 2$:
$l(m) = 150 \times 1{,}95/f(MHz)$
$= 292{,}5/f(MHz)$

Ganzwellenschleifen (Loop) für Quad und Deltaloop:

Loop:

$l(m) = 306{,}3/f(MHz)$

Inverted-V:

mit 120 Grad Öffnungswinkel nach /4/
$l(m) = 141{,}9/f(MHz)$

Radiallängen:

$l(m) = 73{,}2/f(MHz)$

Yagiantennen:

Die Reflektorlängen sind 5% größer, die Direktorlängen 4% kürzer als das gespeiste Element. Bei Quads entsprechend 2,5% länger und 3% kürzer.

Wichtige Faustformel für Längenänderungen:

Mittlere Antennenlängenänderung (in cm) je 100 kHz Frequenzänderung = 10 · Antennenlängendifferenz (in m) zwischen Bandanfang und Bandende/Frequenzdifferenz zwischen Bandanfang und Bandende.

Formelzusammenstellung

$\lambda/4$:	$l(m) = 71{,}25/f(MHz)$	$l(ft) = 234/f(MHz)$
$5\,\lambda/8$:	$l(m) = 183{,}75/f(MHz)$	$l(ft) = 603/f(MHz)$
$\lambda/2$:	$l(m) = 142{,}5/f(MHz)$	$l(ft) = 468/f(MHz)$
λ_D:	$l(m) = 270/f(MHz)$	$l(ft) = 886/f(MHz)$
λ_{LD}:	$l(m) = 292{,}5/f(MHz)$	$l(ft) = 960/f(MHz)$
Inv. V:	$l(m) = 141{,}9/f(MHz)$	$l(ft) = 465{,}6/f(MHz)$
Loop:	$l(m) = 306{,}3/f(MHz)$	$l(ft) = 1005/f(MHz)$
Radial:	$l(m) = 73{,}2/f(MHz)$	$l(ft) = 240/f(MHz)$

Umrechnung:
1 m = 3,281 ft; 1 ft = 0,3048 m

Anhang 3
Antennenpatente

Übersicht über die Patentgruppen der Unterklasse H 01 Q Antennen (Quelle: Deutsches Patentamt, München)

H01Q ANTENNEN (Mikrowellenstrahler für die therapeutische Nahfeldbehandlung A 61 N 5/06; Geräte zum Prüfen von Antennen oder zum Messen von Antenneneigenschaften G 01 R; Wellenleiter H 01 P; Strahler oder Antennen für das Heizen mit Mikrowellen H 05 B 6/72)

Anmerkung:

(1) Diese Unterklasse schließt außer aktiven Strahlungselementen ein:
(a) Passive Einrichtungen zum Absorbieren oder zum Ändern der Richtung oder der Polarisation der von Antennen ausgestrahlten Wellen und
(b) Kombinationen mit Hilfsvorrichtungen, z. B. Erdungsschaltern, Einführungs- oder Blitzschutzvorrichtungen.

(2) Nicht als aktive Strahlungselemente bestimmte Einrichtungen des Wellenleitertyps z. B. Resonatoren oder Leitungen sind in H 01 P eingeordnet.

(3) Diese Unterklasse umfaßt sowohl Sende- als auch Empfangsantennen, wobei ein Begriff wie „aktives strahlendes Element" so verstanden werden soll, daß entsprechende Teile einer Empfangsantenne mit umfaßt werden.

Sachverzeichnis der Unterklasse

Antennentypen
- Rahmenantennen 7/00
- Wellenleiterantennen 13/00
- Andere Formen: kurz; lang 9/00; 11/00

Vorrichtungen zur Beeinflussung von abgestrahlten Wellen
- quasi-optisch; Absorbieren 15/00; 17/00

Kombinationen von primären aktiven Elementen mit sekundären Einrichtungen 19/00

Kombinationen von Antennen mit aktiven Schaltungen oder Schaltungselementen 23/00

Anordnungen mit mindestens zwei Strahlungsdiagrammen 25/00

Strahlergruppen oder Antennensysteme 21/00

Besondere Einrichtungen
- Einzelheiten; Richtungseinstellung; Betrieb in mehreren Wellenbereichen 1/00; 3/00; 5/00

1/00 Einzelheiten von Antennen oder Maßnahmen in Verbindung mit Antennen (Anordnungen zum Verändern der Richtung des Richtdiagramms 3/00)

Anmerkung:

Diese Gruppe schließt nur ein:
(a) solche bauliche Einzelheiten oder Merkmale von Antennen, die nicht vom elektrischen Betrieb abhängig sind, und
(b) solche bauliche Einzelheiten oder Merkmale, die bei mehr als einem Antennentyp oder Antennenelement anwendbar sind.

Bauliche Einzelheiten oder Merkmale, die an Antennen oder -elementen eines bestimmten Typs beschrieben oder eindeutig nur bei solchen anwendbar sind, werden in der Gruppe eingeordnet, die für diesen Typ passend ist.

1/02 . Anordnungen zum Enteisen; Anordnungen zum Austrocknen

1/04 . Ausbildung für unterirdische oder Unterwasserverwendung

1/06 . Einrichtungen zum Anleuchten oder Beleuchten von Antennen, z. B. für Warnzwecke

1/08 . Vorrichtungen zum Zusammenlegen von Antennen oder Teilen davon (zusammenlegbare Rahmenantennen 7/02; zusammenlegbare H-Antennen oder Yagi-Antennen 19/04)

1/10 . . Zusammenschiebbare Elemente

1/12 . Träger; Befestigungsvorrichtungen (tragende Leiter allgemein H 02 G 7/00)

1/14 . . für Draht- oder andere nicht starre Strahlungselemente

1/16 . . . Spanner, Spreizer oder Abstandhalter

1/18 . . Einrichtungen zum Stabilisieren von Antennen auf einer unstabilen Plattform

1/20 . . Elastische Befestigungen

1/22 . . durch bauliche Vereinigung mit einem anderen Gerät oder Gegenstand

1/24 . . . mit einem Empfangsgerät

1/26 . . . mit einer elektrischen Entladungsröhre

1/27 . Ausbildung für die Verwendung in oder auf beweglichen Körpern (1/08, 1/12, 1/18 haben Vorrang)

1/28 . . Ausbildung für die Verwendung in oder an Flugzeugen, Raketen oder Geschossen, Satelliten oder Ballons

1/30 . . . Vorrichtungen für Schleppantennen

1/32 . . Ausbildung für die Verwendung in oder an Straßen- oder Schienenfahrzeugen (Teleskopelemente 1/10; elastische Befestigungen für Antennen 1/20)

1/34 . . Ausbildung für die Verwendung in oder auf Schiffen, Unterseebooten, Bojen oder Torpedos (für Unterwasserverwendung 1/04; einziehbare Rahmenantennen 7/02)

1/36 . Aufbau und Form von Strahlungselementen, z. B. Konus, Spirale, Schirm (1/08, 1/14 haben Vorrang)

1/38 . . durch eine leitende Schicht auf einem isolierenden Träger gebildet (Leiter im allgemeinen H 01 B 5/14)

1/40 . Strahlungselemente, überzogen mit oder eingebettet in Schutzmaterial

1/42 . Gehäuse, die nicht unmittelbar mit den Strahlungselementen mechanisch vereinigt sind, z. B. Antennenkuppeln (Radome)

1/44 . unter Verwendung eines Gerätes mit einer anderen Hauptfunktion, zusätzlich als Antenne dienend (1/28 bis 1/34 haben Vorrang)

1/46 . . Elektrische Speiseleitungen oder Nachrichtenleitungen

1/48 . Vorrichtungen zur Erdung; geerdete Abschirmung; Gegengewichte (Erdungsstufe H 01 R 4/66)

1/50 . Bauliche Vereinigung von Antennen mit Erdungsschaltern, Einführungen oder Blitzableitern (Einführungen H 01 B; Blitzschutz, Schalter H 01 H)

1/52 . Vorrichtungen zum Vermindern der Kopplung zwischen Antennen: Vorrichtungen zum Vermindern der Kopplung zwischen einer Antenne und einer anderen Konstruktion (Vorrichtungen zum Absorbieren 17/00)

3/00 Anordnungen zum Wechseln oder Verändern der Richtung oder der Form des Richtdiagramms einer Antenne oder eines Antennensystems

3/01 . Verändern der Form der Antenne oder des Antennensystems

3/02 . unter Anwendung einer mechanischen Bewegung der Antenne oder des Antennensystems als Ganzes

3/04 . . zum Verändern einer Koordinate der Ausrichtung

3/06 . . . über einen begrenzten Winkel

3/08 . . zum Verändern von zwei Koordinaten der Ausrichtung

3/10 . . . zum Erzeugen einer konischen oder spiralförmigen Abtastung

3/12 . unter Anwendung einer mechanischen Relativbewegung zwischen aktiven Strahlungselementen und passiven Einrichtungen von Antennen oder Antennensystemen

3/14 . . zum Verändern der relativen Lage eines primären aktiven Strahlungselementes zu einer brechenden oder beugenden Vorrichtung

3/16 . . zum Verändern der relativen Lage eines primären aktiven Strahlungselementes zu einer reflektierenden Vorrichtung

3/18 . . . wobei das aktive Element beweglich und die reflektierende Vorrichtung fest ist

3/20 . . . wobei das aktive Element fest und die reflektierende Vorrichtung beweglich ist

3/22 . Verändern der Richtung in Übereinstimmung mit einer Frequenzänderung der ausgestrahlten Welle

3/24 . Verändern der Richtung durch Umschalten von Energie von einem aktiven Strahlungselement auf ein anderes, z B. für Leitstrahldrehung

3/26 . Verändern der relativen Phase oder der relativen Amplitude der Speisung zwischen zwei oder mehr aktiven Strahlungselementen; Verändern der Energieverteilung über eine Strahlungsöffnung (3/22, 3/24 haben Vorrang)

3/28 . . Verändern der Amplitude

3/30 . . Verändern der Phase

3/32 . . . durch mechanische Vorrichtungen

3/34 . . . durch elektrische Einrichtungen (aktive Linsen oder reflektierende Strahlergruppen 3/46)

3/36 . . . . mit veränderbaren Phasenschiebern

3/38 . . . . . bei denen die Phasenschieber digital sind

3/40 . . . . mit phasenschiebender Matrix

3/42 . . . . unter Verwendung von Frequenzmischung

3/44 . Verändern der elektrischen oder magnetischen Eigenschaften von reflektierenden, brechenden oder beugenden, einem strahlenden Element zugeordneten Elementen

3/46 . . Aktive Linsen oder reflektierende Strahlergruppen

***5/00 Anordnungen für den gleichzeitigen Betrieb von Antennen in zwei oder mehr verschiedenen Wellenbereichen** (mit einstellbarer Länge der Elemente 9/14; Kombinationen von getrennten aktiven Antenneneinheiten, die in verschiedenen Wellenbereichen betrieben werden und an ein gemeinsames Speisesystem angeschlossen sind 21/30)*

5/01 . Resonanzantennen

5/02 . . für den Betrieb mittengespeister Antennen, die ein, zwei oder mehr kollineare, im wesentlichen gerade, längliche aktive Elemente aufweisen

7/00 Rahmenantennen mit einer im wesentlichen gleichmäßigen Stromverteilung entlang des Rahmens und mit einem Richtdiagramm in einer senkrecht zur Ebene des Rahmens liegenden Ebene

7/02 . Zusammenlegbare Antennen; einziehbare Antennen

7/04 . Abgeschirmte Antennen (7/02, 7/06 haben Vorrang)

7/06 . mit einem Kern aus ferromagnetischem Material (7/02 hat Vorrang)

7/08 . . Ferritstab oder ähnlicher länglicher Kern

9/00 Elektrisch kurze Antennen, deren Abmessungen nicht größer sind als zweimal die Betriebswellenlänge und die aus leitenden aktiven Strahlungselementen bestehen (Rahmenantennen 7/00; Hornstrahler oder Hohlleiterstrahler 13/00; Schlitzantennen 13/00; Kombinationen von primären Elementen mit sekundären Einrichtungen zur Erzielung einer gewünschten Richtcharakteristik 19/00; Kombinationen von zwei oder mehr Elementen 21/00)

9/02 . Aperiodische Antennen

9/04 . Resonanzfähige Antennen

9/06 . . Einzelheiten

9/08 . . . Verteilerdosen, die in besonderer Weise zum Aufnehmen benachbarter Enden von kollinearen starren Elementen ausgebildet sind

9/10 . . . Verteilerdosen, die in besonderer Weise zum Aufnehmen benachbarter Enden von divergierenden Elementen ausgebildet sind

9/12 . . . . in besonderer Weise zum Einstellen des Winkels zwischen den Elementen ausgebildet

9/14 . . . Element oder Elemente mit einstellbarer Länge (zusammenschiebbare Elemente 1/10)

9/16 . . mit Speisung zwischen den äußeren Enden der Antenne, z. B. mittengespeister Dipol (9/44 hat Vorrang)

9/18 . . . Vertikale Anordnungen der Antenne

9/20 . . . Zwei kollineare, im wesentlichen gerade aktive Elemente; im wesentlichen gerades, einstückiges aktives Element (9/28 hat Vorrang)

9/22 . . . . Starrer Stab oder gleichwertiges rohrförmiges Element oder Elemente

9/24 . . . . Parallelspeisungs-Anordnungen für aktive einstückige Elemente, z. B. Deltaanpassung

9/26 . . . mit Faltelement(en), deren gefaltete Teile einen kleinen Bruchteil der Betriebswellenlänge voneinander entfernt sind (Resonanzrahmenantennen 7/00)

9/27 . . . . Spiralantennen

9/28 . . . Konische, zylindrische, käfig-, streifen-, gitterförmige oder ähnliche Elemente mit ausgedehnter Strahlungsfläche: Elemente aus zwei gleichachsigen konischen Flächen mit benachbarten Scheiteln, die durch Zweidrahtleitungen gespeist werden (Doppelkonushornantennen 13/04)

9/30 . . mit Speisung am Ende eines länglichen aktiven Elements, z. B. Unipolantenne (9/44 hat Vorrang)

9/32 . . . Senkrechte Anordnung des Elements (9/40 hat Vorrang)

9/34 . . . . Mast-, Turm- oder ähnliche freitragende oder abgespannte Antenne

9/36 . . . . mit Endkapazität

9/38 . . . . mit Gegengewicht (mit Gegengewicht, das längliche, in der Ebene des aktiven Elements angeordnete Elemente aufweist, 9/44)

9/40 . . . Elemente mit ausgedehnter, strahlender Oberfläche

9/42 . . . mit Faltelement, dessen gefaltete Teile einen kleinen Bruchteil der Betriebswellenlänge voneinander entfernt sind

9/43 . . . . Scimitarantennen (Türkensäbelantennen)

9/44 . . mit einer Mehrzahl von divergierenden, geraden Elementen, z. B. V-Dipol, X-Antenne; mit einer Mehrzahl von Elementen, die wechselseitig einander zugeneigte, im wesentlichen gerade Teile aufweisen (Drehkreuzantennen 21/26)

9/46 . . . mit starren, von einem einzigen Punkt aus divergierenden Elementen

11/00 Elektrisch lange Antennen, deren Abmessungen größer als zweimal die kürzeste Betriebswellenlänge sind, und die aus leitenden aktiven Strahlungselementen bestehen (Leckwellenleiter-Antennen, Schlitzantennen 13/00; Kombinationen von aktiven Elementen mit sekundären Einrichtungen zur Erzielung einer gewünschten Richtcharakteristik 19/00; Strahlergruppenanordnungen oder Antennensysteme 21/00)

11/02 . Aperiodische Antennen, z. B. Wanderwellenantenne

11/04 . . mit gebogenen, gefaltete, geformten, abgeschirmten oder elektrisch belasteten Teilen, um von ausgewählten Abschnitten der Antenne eine gewünschte Phasenbeziehung der Strahlung zu erhalten (Rhombusantennen, V-Antennen 11/06)

11/06 . . Rhombusantennen; V-Antennen

11/08 . . Wendelantennen

11/10 . . Logarithmisch periodische Antennen (11/08 hat Vorrang)

11/12 . Resonanzantennen

11/14 . . mit gebogenen, gefalteten, geformten oder abgeschirmten Teilen bzw. mit phasenschiebenden Impedanzen, um von ausgewählten Abschnitten der Antenne eine gewünschte Phasenbeziehung der Strahlung oder gewünschte Polarisationswirkungen zu erhalten

11/16 . . . bei denen die ausgewählten Abschnitte auf einer Achse liegen

11/18 . . . bei denen die ausgewählten Abschnitte parallel in Abstand voneinander angeordnet sind

11/20 . . V-Antennen

13/00 Hornstrahler oder Hohlleiterstrahler; Schlitzantennen, geschlitzte Hohlleiter- oder Leckwellenleiter-Antennen; gleichwertige Gebilde, die eine Strahlung entlang des Übertragungsweges einer leitungsgebundenen Welle verursachen (Mehrmoden- oder Mehrfachwellen-Antennen 25/04)

13/02 . Hornstrahler

13/04 . . Doppelkonushornstrahler (Doppelkonusdipole aus zwei konischen Flächen mit kollinearen Achsen und benachbarten Scheiteln, die durch eine Zweidrahtleitung gespeist werden, 9/28)

13/06 . Hohlleiterstrahler (Hornstrahler 13/02)

13/08 . Strahlende Enden von Zweidraht-Mikrowellenleitungen, z. B. von Koaxialleitungen, von Mikrobandleitungen

13/10 . Resonanzschlitzantennen

13/12 . . Längsgeschlitzte Zylinderantennen; gleichwertige Gebilde

13/14 . . . Umriß-Zylinderantennen

13/16 . . Faltschlitzantennen

13/18 . . der Schlitz befindet sich vor einem Hohlraumresonator oder in einer Begrenzungswand eines Hohlraumresonators (längsgeschlitzte Zylinder 13/12)

13/20 . Aperiodische Leckwellenleiter- oder Übertragungsleitungsantennen; gleichwertige Gebilde, die eine Strahlung entlang des Ausbreitungsweges einer geführten Welle verursachen

13/22 . . Längsschlitz in einer Begrenzungswand eines Wellenleiters oder einer Übertragungsleitung

13/24 . . gebildet durch einen dielektrischen oder ferromagnetischen Stab oder ein solches Rohr (13/28 hat Vorrang)

13/26 . . Oberflächenwellenleiter, dessen Oberfläche durch einen Einzelleiter gebildet ist, z. B. Bandleiter

13/28 . . mit Elementen, die elektrische Unstetigkeiten bilden und in Richtung der Wellenfortpflanzung in Abständen angeordnet sind, z. B. dielektrische Elemente, leitende Elemente, die ein künstliches Dielektrikum bilden (Yagi-Antennen 19/30)

15/00 Vorrichtungen zum Reflektieren, Brechen, Beugen oder Polarisieren der von einer Antenne ausgestrahlten Wellen, z. B. quasi-optische Vorrichtungen (zum Verändern der Richtwirkung veränderlich 3/00; Anordnungen solcher Vorrichtungen um Führen von Wellen H 01 P 3/20; veränderlich für Modulationszwecke H 03 C 7/20)

15/02 . Brechende oder beugende Vorrichtungen, z. B. Linse, Prisma

15/04 . . mit Wellenleiterkanal oder -kanälen, die von galvanisch leitenden, im wesentlichen senkrecht zum elektrischen Vektor der Welle liegenden Flächen begrenzt werden, z. B. Parallelplatten-Hohlleiterlinse

15/06 . . mit einer Mehrzahl von Wellenleiterkanälen verschiedener Länge

15/08 . . aus festem dielektrischen Material gebildet

15/10 . . mit einer dreidimensionalen Anordnung von Impedanzunstetigkeiten, z. B. Löchern in leitenden Oberflächen oder leitenden, ein künstliches Dielektrikum bildenden Scheiben (Leckwellenleiterantennen 13/28)

15/12 . . auch als Polarisationsfilter wirkend

15/14 . Reflektierende Oberflächen: gleichwertige Gebilde

15/16 . . in zwei Dimensionen gekrümmt, z. B. Paraboloid

15/18 . . mit einer Mehrzahl von einander zugeneigten ebenen Flächen, z. B. Winkelreflektor

15/20 . . . Zusammenlegbare Reflektoren

15/22 . . auch als Polarisationsfilter wirkend

15/23 . Kombinationen von reflektierenden Oberflächen mit brechenden oder beugenden Vorrichtungen

15/24 . Polarisierende Vorrichtungen: Polarisationsfilter (Vorrichtungen, die gleichzeitig sowohl als Polarisationsfilter wie auch als brechende oder beugende oder reflektierende Vorrichtungen wirken 15/12, 15/22)

17/00 Vorrichtungen zum Absorbieren der von einer Antenne ausgestrahlten Wellen: Kombinationen solcher Vorrichtungen mit aktiven Antennenelementen oder Antennensystemen

19/00 Kombinationen von aktiven Antennenelementen und -einheiten mit passiven Einrichtungen, z. B. mit quasi-optischen Einrichtungen, um der Antenne eine gewünschte Richtcharakteristik zu geben

19/02 . Einzelheiten

19/04 . . Vorrichtungen zum Zusammenlegen von H- oder Yagi-Antennen

19/06 . unter Verwendung von brechenden oder beugenden Vorrichtungen, z. B. Linse

19/08 . . zum Verändern des Strahlungsdiagramms eines Hornstrahlers, in dem die Vorrichtung angeordnet ist

19/09 . . bei denen das primäre aktive Element mit einem dielektrischen oder magnetischen Stoff überzogen oder darin eingebettet ist (Schutzmaterial 1/40; mit veränderbaren Eigenschaften 3/44)

19/10 . unter Verw. von reflektierenden Oberflächen

19/12 . . wobei die Oberflächen konkav sind (19/18 hat Vorrang)

19/13 . . . mit einem einzigen Strahlungselement als primärer Strahlungsquelle, z. B. einem Dipol, einem Schlitz, einem Wellenleiterende (19/15 hat Vorrang)

19/14 überführt nach 19/13, 19/15, 19/17

19/15 . . . mit einer linienförmigen Quelle als primärer Strahlungsquelle, z. B. Leckwellenleiter-Antennen

19/16 überführt nach 19/13, 19/15, 19/17

19/17 . . . mit zwei oder mehr Strahlungselementen als primäre Strahlungsquelle (19/15, 25/00 haben Vorrang)

19/18 . . mit zwei oder mehr in Abständen voneinander angeordneten reflektierenden Oberflächen (Erzeugen eines bleistiftförmigen Diagramms durch zwei zylindrische Reflektoren, deren Brennlinien rechtwinklig angeordnet sind 19/20)

19/185 . . . wobei die Oberflächen eben sind

19/19 . . . mit einer konkaven Hauptreflektoroberfläche, der eine Hilfsreflektoroberfläche zugeordnet ist

19/195 . . . . wobei eine reflektierende Oberfläche auch als Polarisationsfilter oder als Polarisiervorrichtung wirkt

19/20 . Erzeugen eines bleistiftförmigen Diagramms durch zwei zylindrische fokussierende Vorrichtungen, deren Brennlinien rechtwinklig angeordnet sind

19/22 . unter Verwendung einer passiven Einrichtung in Form eines einzelnen, im wesentlichen geraden, leitenden Elements

19/24 . . wobei das aktive Element mittengespeist und im wesentlichen gerade ist, z. B. H-Antenne

19/26 . . wobei das aktive Element endgespeist ist und länglich ist

19/28 . unter Verwendung einer sekundären Einrichtung in Form von zwei oder mehr im wesentlichen geraden, leitenden Elementen (logarithmisch periodische Antennen 11/10; eine reflektierende Oberfläche bildend 19/10)

19/30 . . wobei das aktive Element mittengespeist und im wesentlichen gerade ist, z. B. Yagi-Antenne

19/32 . . wobei das aktive Element endgespeist und länglich ist

21/00 Strahlergruppen oder Antennensysteme (zum Wechseln oder Verändern der Richtung oder Form des Richtdiagramms 3/00; elektrisch lange Antennen 11/00)

21/06 . Gruppen von einzeln gespeisten Antenneneinheiten, die in gleicher Weise polarisiert und voneinander getrennt sind

21/08 . . wobei die Einheiten entlang einer Geraden oder dieser benachbart in Abständen angeordnet sind

21/10 . . . Kollineare Anordnungen (Linien) von im wesentlichen geraden, länglichen, leitenden Einheiten

21/12 . . . Parallele Anordnungen (Zeilen) von im wesentlichen geraden, länglichen, leitenden Einheiten (Wanderwellenantennen mit einer Übertragungsleitung, die mit Querelementen belastet ist, z. B. „Fischgräten"-Antenne, 11/04)

21/14 . . . . Adcock-Antennen

21/16 . . . . . vom U-Typ

21/18 . . . . . vom H-Typ

21/20 . . wobei die Einheiten entlang einer gekrümmten Linie oder dieser benachbart in Abständen angeordnet sind

21/22 . . Strahlergruppen, die ungleichmäßig in Amplitude oder Phase gespeist sind, z. B. konisch, binomial

21/24 . . Kombinationen von in verschiedenen Richtungen polarisierten Antenneneinheiten zum Senden oder Empfangen von zirkular oder elliptisch polarisierten Wellen oder von in beliebiger Richtung linear polarisierten Wellen

21/26 . . Drehkreuz- oder ähnliche Antennen mit drei oder mehr länglichen, in einer horizontalen Ebene um einen gemeinsamen Mittelpunkt radial und symmetrisch angeordneten Elementen

21/28 . Kombinationen von im wesentlichen unabhängigen, nicht in Wechselwirkung miteinander stehenden Antenneneinheiten oder -systemen

21/29 . Kombinationen von sich gegenseitig beeinflussenden Antenneneinheiten, um eine gewünschte Richtcharakteristik zu erzielen (25/00 hat Vorrang)

21/30 . Kombinationen von getrennten Antenneneinheiten, die in verschiedenen Wellenbereichen betrieben werden und an ein gemeinsames Speisesystem angeschlossen sind

23/00 Antennen mit in ihnen integrierten oder an ihnen angebrachten aktiven Schaltungen oder Schaltungselementen

Anmerkung:

Gruppe 23/00 schließt nur solche Kombinationen ein, bei denen der Typ der Antenne oder des Antennenelementes unwesentlich ist. Kombinationen mit einem besonderen Antennentyp werden in der diesem Typ entsprechenden Gruppe klassifiziert.

***25/00 Antennen oder Antennensysteme mit mindestens zwei Strahlungsdiagrammen** (Anordnungen zum Wechseln oder Verändern der Richtung oder Form des Richtdiagramms 3/00)*

25/02 . mit Summen- und Differenzdiagrammen (Mehrmoden- oder Mehrfachwellen-Antennen 25/04)

25/04 . Mehrmoden- oder Mehrfachwellen-Antennen

Anhang 4

Dissertationen

Wie man eine Dissertation bestellt:

Bei den deutschen Doktorarbeiten sind jeweils der Ort, die Fakultät, oft auch der Fachbereich und immer das Jahr der Dissertation angegeben. Die Anschrift der betreffenden Universitätsbibliothek findet man in den Fernsprechbüchern der örtlichen Postämter. Man schreibt dann diese Bibliothek an mit der Bitte, die genau bezeichnete Doktorarbeit in Kopie an die gewünschte Anschrift zu senden. Gewöhnlich vergehen 14 Tage, bis man die Kopie mit einer Rechnung erhält. Meist werden 0,10 DM pro Seite berechnet. Sollte die Arbeit nicht mehr vorhanden sein, was auch vorkommen kann, wird man von der Bibliothek benachrichtigt.

Bei der Bestellung amerikanischer Dissertationen ist ein exaktes Vorgehen notwendig:

Bestellung: Dissertationen, die auf Mikrofilm und Mikrofiches erhältlich sind, tragen am Ende des Titels eine Mikrofilmnummer (z. B. 81-036468). Man bestellt die Dissertation mit allen Angaben und der Mikrofilmnummer, verlangt die gewünschte Art der Bindung, nennt Rechnungsadresse und Empfängeradresse. Wenn keine Mikrofilmnummer angegeben ist, gibt es meist auch keinen Mikrofilm bzw. Mikrofiche. Man wendet sich dann an die Institution, die den akademischen Titel verliehen hat, und bittet um weitere Information.

Preise: Alle Preise schließen den Abdruck ein. Versandgebühren Westeuropa: kartoniert 4,20 $, gebunden 4,80 $, Mikrofilm 2,10 $, Mikrofiche 1,40 $ jeweils pro Stück.

Photokopien: Dissertationen werden im Xerox-Verfahren in 2/3 der Originalgröße kopiert. Sie kosten 39,50 $ pro Kopie, gleichgültig, wie lang die Doktorarbeit ist. Sie sind ordentlich kartoniert. Wünscht man Leinwandbindung, so kostet dies 45,50 $ pro Band. Autor und Titel sind goldgeprägt. Bestellt man nicht „cloth binding", so bekommt man kartonierte Bindung. Die Blätter sind einseitig bedruckt und mit Seitennummern versehen. Tabellen, Zeichnungen u. ä. werden tadellos kopiert. Wenn man sehr gute Halbtonabzüge von Fotografien braucht, kann man solche eigens anfordern.

Mikrofilme, Mikrofiches: Dissertationen können auf 35 mm-schwarz-weiß-Film bzw. im Mikrofiche-Format bestellt werden. Der Verkleinerungsmaßstab ist 15-20 X. Eine Mikrofilm-Kopie kostet 20,50 $, eine Mikrofiche-Kopie ebenfalls 20,50 $, gleich wie lang diese sind. Bitte „microfilm" bzw. „microfiche" in der Bestellung angeben.

Bezahlung: Personen müssen ihrer Bestellung einen Scheck zur Vorauskasse beilegen. Privatschecks werden nicht immer anerkannt, Bankschecks immer. Institutionen erhalten die bestellten Dissertationen zusammen mit einer Rechnung.

Auslieferung: Bestellungen werden innerhalb 6–8 Wochen erledigt.

Anschrift: University Microfilms Inc.
International Dept.
Ann Arbor, Michigan 48106 USA
Telex: 0235569 Microfilms Arb
oder: 211607 UMI UR

Dissertationen Deutschland, Österreich, Schweiz

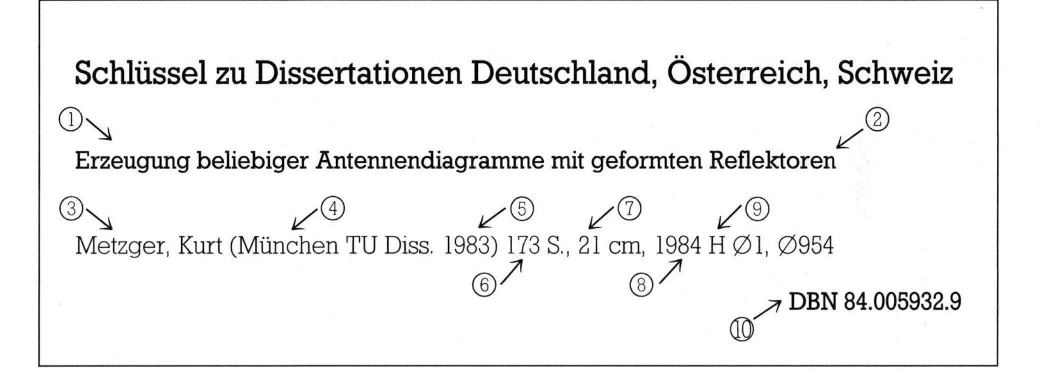

① Titel
② Schlußstrich am Ende des Titels
③ Verfasser, Familienname, Vorname(n)
④ Ort und Hochschule
⑤ Jahr der Dissertation
⑥ Seitenzahl der Arbeit
⑦ Höhe des Papierformats
⑧ Jahrzahl der Quelle
⑨ Heft, Nummer der Quelle
⑩ DBN = Deutsche-Bibliographie-Nummer (= Identifikation für Datensätze)

Quelle: Deutsche Bibliographie, Hochschulschriftenverzeichnis Jahresregister (z. B. 1984) ISSN 0301–4665 Buchhändler-Vereinigung GmbH, Frankfurt a. M.

Dissertationen Deutschland, Österreich, Schweiz

Erzwungene elektrische Schwingungen an rotationssymmetrischen Leitern bei zonaler Anregung –
Metzler, Ernst (Zürich ETH, Nr. 1280 Diss. Techn. Wiss.) 100 S., Zürich: Leemann 1943

Breitband-Richtstrahlantennen mit Anpaßvierpolen für Ultrakurzwellen –
Peter, Rudolf (Zürich ETH, Nr. 1672 Diss. Techn. Wiss.) 88 S., Zürich: Leemann 1949

Studien an Raumelektroden –
Rüegg, Werner (Zürich ETH, Nr. 1762 Diss. Techn. Wiss.) 81 S., Zürich: Leemann 1949

Beitrag zur Frage der Anpassung von Energieleitungen an den freien Raum (Doppelkonusantennen) –
Ess, Alfred (Zürich ETH, Nr. 2016 Diss. Techn. Wiss.) 47 S., Zürich: Leemann 1951

Studien über den Aufbau von Antennengebilden bei vorgegebenem Strahlungsdiagramm (Antennensynthese) –
Giger, Adolf (Zürich ETH, Nr. 2615 Diss. Techn. Wiss.) 145 S., Zürich: Speich 1956

Das Strahlungsfeld eines schief abgeschnittenen Hohlrohres mit Abschlußschirm –
Vonbun, Friedrich (Graz TH, Diss, Univ. Fak. Elmasch 1957) 86 Blatt

Stromverteilung auf einer durch äußeres Feld angeregten Wendelantenne –
Wach, Paul (Graz TH, Diss. Univ. Fak. Elmasch 1967) 138 Blatt

Zur Anregung von Oberflächenwellen auf einer Eindrahtleitung –
Jank, Gerhard (Graz TH, Fak. Natwiss. Diss. 1969) 98 Blatt

Der magnetische Dipol im homogenen dissipativen Vollraum über geschichtetem Medium –
Schmid, Roland (Universität Innsbruck, Fak. Natwiss. Diss. 1980) 262 Blatt

Geführte Wellen in einem dielektrischen Koaxialleiter bei Hohlrohranregung –
Muschik, Michael (Graz TH, Fak. Natwiss. Diss. 1981) 144 Blatt

Eine automatisch abstimmbare Rahmenantenne für den Empfangsteil einer Ionosonde –
Schwarzlmüller, Anton (Graz TH, Fak. Natwiss. Diss. 1982) 70 Blatt

Empfangsantennen

Über Messungen der Störanfälligkeiten von Antennen und Rundfunkempfängern und Messungen der hochfrequenten Störschwingungen –
Diettrich, Harald (Berlin, Phil. Diss. v. 5. 2. 1936)

Empfangsantennen mit nichtlinearer Phasenwinkelvervielfachung –
Hechenleitner, Erich (München TH, Masch. Eltech. Diss. v. 24. 7. 1963)

Einschwingverhalten von Empfangsantennen –
Landstorfer, Friedrich (München TH, Masch. Eltech. Diss. v. 29. 2. 1967)

Kurze, aktive Empfangsantennen –
Lindenmeier, Heinz (München TH, Masch. Eltech. Diss. v. 24. 4. 1967)

Vergleich von Stromberechnungsverfahren bei linearer zylindrischen Empfangsantennen und Erörterungen zur Erfüllung der Grenzbedingungen auf der Antennenoberfläche –
Bornemann, Volker (München TU, Fak. Masch. Eltech. Diss. v. 1973)

Optimierung des Empfangs stark gestörter Wellenfelder durch eine neue Antenne –
Hoff, Dieter (München TU, Fak. Masch. Eltech. Diss. v. 1974)

Flugzeug- und Raumfahrzeugantennen

Bestimmung des räumlichen Strahlungsdiagramms von Antennen auf Flugzeugen mittels der geometrischen Beugungstheorie –
Jank, Thomas (Kaiserslautern Univ. Fb. Eltech. Diss. v. 1979) 177 S., 23 cm **U 80.9316**

Der Einfluß der Polarisation auf die Nachführung von Satellitenfolgeantennen –
Rieskamp, Klaus (München TU, Fak. Eltech. Diss. v. 1979)

Gruppenantennen

Untersuchungen an einer zweidimensionalen Gruppenantenne, bestehend aus elektrischen Stielstrahlern –
Al Rashid, Rashid (Leipzig Univ. Math. nat. Diss. v. 8. 7. 1966)

Phasengesteuerte Antennengruppen aus V-Dipolen und V-Unipolen –
Baak, Clemens (Berlin TU, Fb. 19, Eltech. Diss. v. 1974)

Endliche Gruppen von Aperturantennen auf dielektrisch bedeckten, leitenden Zylindern: ein Beitrag zur Theorie endlicher Antennengruppen unter Berücksichtigung der Strahlungskopplung –
Vogt, Jürgen (Aachen TH. Fak. Eltech. Diss. v. 1975)

Ein Beitrag zu Entkopplungs- und Anpassungsnetzwerken für Antennengruppen
Riech, Volker (Aachen TH, Fak. Eltech. Diss. v. 1976)

Mathematische Analyse und Synthese kennzeichnender Eigenschaften verkoppelter Antennengruppen –
von Winterfeld, Christoph (Aachen TH, Habilitationsschrift v. 1976)

Phasengesteuerte Dipolgruppen –
Schulze-Allen, Wolfgang (München TU, Fb. Eltech. Diss. 1977) 149 S., 21 cm **U 78.12198**

Ein rechnergesteuertes Nahfeldvermessungsverfahren für elektronisch steuerbare Gruppenantennen –
Hüschelrath, Gerhard (Aachen TH, Fak. Eltech. Diss. 1978) 1978-IV, 115 S., 21 cm **U 79.3318**

Injektionssynchronisierte Oszillatoren als Speisequellen in aktiven, phasengesteuerten Antennengruppen, Drift- und Verkopplungsprobleme –
Ulbricht, Joachim (Aachen TH, Fak. Eltech. Diss. v. 1978)

Nebenkeulenformung der Richtcharakteristik von Gruppenantennen –
Gröger, Irmin (Berlin-West TU, Fb. Eltech. Diss. 1979) 1979-III, 86 S., 29 cm **U 79.15242**

Untersuchung von Antennengruppen mit Strahlungskopplung und negativen Lastwiderständen –
Schroer, Gerd (Karlsruhe Univ. Fak. Eltech. Diss. v. 1979)

Numerische und experimentelle Analyse verkoppelter sphärischer Antennengruppen –
Seehausen, Gerhard (Aachen TH, Fak. Eltech. Diss. v. 1981)

Optimierung von linearen, mit Blindwiderständen belasteten Antennengruppen –
Schwab, Anton (München, Hochschule der Bundesw. Diss. 1982) 148 S., 21 cm, 1983 H 02,1234
DBN 83-011577.3

Numerische und experimentelle Analyse gedruckter Mikrostripantennen und verkoppelter Antennengruppen –
Malkomes, Martin (Aachen TH Diss. 1982) 133 S., 21 cm, 1983 H 10.1445 **DBN 83.092906.1**

Käfigantennen

Wirkungsweise und Widerstandsortskurve von Käfigantennen für Drehfunkfeuer –
Brunswig, Heinrich (Darmstadt TH, Fak. Eltech. Diss. v. 23. 11. 1960)

Experimentelle Untersuchung des Polarisationskäfigs einer Antenne eines UKW-Drehfunkfeuers –
Berner, Hellmut (Darmstadt TH, Fb. 18, El. Nachr. Tech. Diss. v. 1978)

Linearantennen, Drahtantennen

Messungen im Strahlungsfeld einer in Grund- und Oberschwingungen erregten stabförmigen Antenne –
Bergmann, Ludwig Dr. (Marburg Phil. Habil.-Schr. v. 1926)

Experimentelle Untersuchung der Strahlung eines Systems linearer Antennen –
Schneider, Erich (Göttingen, Math. nat. Diss. v. 12. 7. 1929)

Messungen über die Strahlungsinduzierung symmetrischer Antennen –
Schmidt, Ommo H. (Dresden TH, Diss. v. 13. 12. 1932)

Messungen im Strahlungsfeld einer im Innern eines metallischen Hohlzylinders erregten Linearantenne –
Krügel, Lothar (Breslau, Phil. Diss. v. 19. 12. 1934)

Grundlagen der Strom- und Spannungsverteilung auf Antennen –
Zinke, Otto Dr.-Ing. (Berlin TH, Habil.-Schr. v. 3. 7. 1940)

Numerische Berechnung räumlicher Antennennahfelder am Beispiel verschiedener Linearantennen –
Greving, Gerhard (Aachen TH, Fak. Eltech. Diss. v. 1979)

Logarithmisch-periodische Antennen

Impedanzverhalten logarithmisch-periodischer Antennen mit linearer Polarisation –
Schildheuer, Friedrich (Braunschweig TH, Maschinwes. Diss. v. 26. 5. 1967)

Theoretische und experimentelle Untersuchungen an logarithmisch-periodischen Antennen –
Wolter, Joachim (Marburg, Natwiss. Fak. Diss. v. 14. 5. 1969)

Peil- und Rahmenantennen

Über den Einfluß benachbarter Metallteile auf Rahmenantennen –
Ottenberger, Erhard (München TH, Diss. v. 28. 3. 1933)

Untersuchung der Breitband- und Rundstrahleigenschaften von Rahmenantennen aus flächenförmigen Leitern –
Jaques, Helmut (Kiel, Phil. Fak. Diss. v. 19. 12. 1956)

Peilantenne für hohe Peilgenauigkeit und große Frequenzbereiche –
Lensch, Karl-Peter (Marburg, Phil. Fak. Diss. v. 1. 6. 1960)

Die Kopplung von Antennen und ihre Elimination bei Adcock- und Mehrwellenpeilanlagen –
Thierer, Günter (Stuttgart Univ. Fb. El. Nachr. Tech. Diss. v. 1975)

Reflektorantennen

Die Messung kleiner Rauschtemperaturen und die Messung der Eigenschaften einer 25 m-Antenne bei 1,4 und 2,7 GHz mit radioastronomischen Mitteln –
Mezger, Peter G. (Darmstadt TH, Fak. Eltech. Diss. v. 15. 5. 1963)

Spiegelantennen elliptischer Polarisation –
Jähn, Rudolf (Ilmenau TH, Schwachstromtech. Diss. v. 29. 6. 1964)

Analyse und Synthese von elektromagnetischen Wellenfeldern in Reflektorantennen mit Hilfe von Mehrtyp-Wellenleitern –
Mörz, Günter (Aachen TH, Fak. Eltech. Diss. v. 1978)
U 78.3396

Methoden zur Erhöhung des Übergangsgewinnes bei kleinen Zweistrahl-Parabolantennen –
Liesenkötter, Bernhard (Aachen TH, Fak. Eltech. Diss. 1978) 1978-IV, 108 S., 21 cm **U 78.3370**

Erzeugung beliebiger Antennendiagramme mit geformten Reflektoren –
Metzger, Kurt (München TU Diss. 1983) 173 S., 21 cm, 1984 H 01,0954 **DBN 84.005932.9**

Richtantennen, Yagi-Uda-Antennen

Richtantenne mit vergrößerter Drahtwellenlänge –
Finkbein, Ulrich (Berlin TH, Diss. v. 15. 7. 1941)

Breitband-Richtantenne mit maximaler Wirkfläche –
Burkhardt, Gisbert (München TH, Masch. Eltech. Diss. v. 12. 2. 1954)

Nahfeld und Energieströmung bei vielstäbigen Yagi-Antennen –
Mönich, Gerhard (München TU, Fak. Masch. Eltech. Diss. v. 1973)

Sonstige Antennen

Versuche mit direkt neben der Funkenstrecke angelegten Antennen –
Eger, Friedrich (Greifswald Phil. Fak. Diss. v. 14. 3. 1908)

Über das Verhalten der radiotelegraphischen Wellen in der Umgebung des Gegenpunktes der Antenne und über die Analogie mit den Poissonschen Beugungserscheinungen –
Gratsiatos, Johann (München, Phil. Diss. v. 27. 6. 1928)

Theoretische und experimentelle Untersuchung der Rohrschlitzantenne –
Bosse, Heinrich (Braunschweig TH, Diss. v. 20. 9. 1951)

Untersuchungen über abstimmbare Frequenzweichen zum gleichzeitigen Betrieb mehrerer UKW-Sender an einer Antenne –
Schaffer, Georg (München TH, Masch. Eltech. Diss. v. 22. 12. 1953)

Impedanzvierpole zur Kompensation der Frequenzabhängigkeit des Fußpunktwiderstandes von Antennen und deren Realisierung bei Frequenzen über 1000 MHz –
Herz, Rudolf (München TH, Masch. Eltech. Diss. v. 14. 9. 1955)

Trichterantenne mit rechteckiger Apertur und gutem Flächenwirkungsgrad –
Knopf, Alois (München TH, Masch. Eltech. Diss. v. 14. 9. 1955)

Experimentelle und theoretische Untersuchungen an ebenen Flächenantennen –
Blume, Siegfried (Marburg, Phil. Fak. Diss. v. 9. 12. 1959)

Ein Beitrag zur Verringerung der Störabstrahlung von Schiffsradarantennen –
Kaune, Helmut (Hannover TH, Masch. Diss. v. 31. 10. 1962)

Kugelantennen mit hohem Gewinn –
Irmer, Rudolf Jörg (Berlin-West TU, Eltech. Diss. v. 15. 4. 1964)

Die Kreisbogenantenne als Sektorstrahler –
Bottenberg, Hans Hermann (Darmstadt TH, Fak. Eltech. Diss. v. 27. 7. 1966)

Untersuchungen an Zentimeterwellenantennen, die mit vergleichsweise kurzen Impulsen betrieben werden –
Vetter, Heinz (Leipzig Univ. Math. nat. Fak. Diss. v. 27. 12. 1966)

Nahfelduntersuchungen an Kegelantennen mit elliptischem Querschnitt –
Keydel, Wolfgang (Marburg, Nat. wiss. Fak. Diss. v. 20. 12. 1967)

Analyse und Entwurf von digitalen Mikrowellenphasenschiebern für phasengesteuerte Antennen –
Möller, Erhard (Aachen TH, Fb. Eltech. Diss. v. 5. 4. 1971)

Die näherungsweise Berechnung rotationssymmetrischer Breitbandeinzelstrahler (Antennen) –
Kübart, Rudolf (Dresden TU, Fak. f. Datenverarb. Diss. 1971)

Bandleitungen mit ebenem angesetztem Schirm, Streumatrix und Anwendung als phasengesteuerte Antenne –
Früchting, Henning (Darmstadt TH, Fb. 18, El. Nachr. Tech. Diss. v. 1972)

Ein quasi-isotropes Antennensystem aus orthogonal polarisierten Antennen für große Strukturen –
Koob, Karl (München TU, Fak. Masch. Eltech. Diss. v. 1973)

Theoretische und experimentelle Untersuchung von Kegelhornantennen als E_{mn}- und H_{mn}-Modesensoren zur Lagemessung an geostationären Satelliten –
Fasold, Dietmar (Darmstadt TH, Fb. 18 El. Nachr. Tech. Diss. v. 1975)

Berechnung von Drahtantennen und Optimierung von phasengesteuerten Antennengruppen unter Berücksichtigung der Strahlungskopplung –
Meck, Ulrich (Bremen Univ. Promotionsausschuß, Dr.-Ing. Diss. v. 1976)

Die Berechnung von geschlitzten Koaxialkabeln für den UKW-Funk –
Petri, Ulrich (Aachen, TH, Fak. Eltech. Diss. v. 1977)

Betriebsverhalten injektionssynchronisierter Oszillatoren in einem aktiven, phasengesteuerten Antennensystem –
Sieprath, Werner (Aachen TH, Fak. Eltech. Diss. v. 1977)

Die Theorie der ebenen Ringspaltantenne mit aufgesetztem Dielektrikum in Form eines abgeplatteten Rotationshalbellipsoids –
Coen, Günter (Saarbrücken, Univ. Mat. nat. Fak. Diss. v. 1978)

Theorie der Kreisscheibenantennen –
Klöpfer Walter (Aachen TH, Diss. v. 14. 7. 1950)

Die Vierpolgleichungen von Inhomogenitäten im Zuge homogener Leitungen mit besonderer Anwendung auf die Fußpunktinhomogenität zylindrischer Strahler –
Gschwind, Werner (München TH, Diss. v. 23. 12. 1952)

Potentialfelder von Linienladungen als krummliniges Koordinatensystem für Strahlungsfelder von Breitbandantennen –
Fuchs, Franz-Josef (München TH, Masch. Eltech. Diss. v. 8. 2. 1960)

Über Verfahren der Diagrammsynthese mittels linearer Strahler und Strahlergruppen –
Müller, K. F. (Dresden TU, 1971 Habilitationsschrift)

Über den Näherungscharakter Kirchhoffscher Randwerte für Nahfeldberechnungen mit einer Anwendung auf die Berechnung nichtzylindrischer dielektrischer Antennen –
Dombeck, Karl-Peter (Darmstadt TH, Fak. Eltech. Diss. v. 1973)

Eine geschlossene Theorie der Analyse und Synthese linearer Antennen, daraus resultierende Vorschläge zur Dimensionierung längs Fahrbahnen verlegter, strahlender Mikrowellenleiter und einige aus der Theorie folgende methodische Hinweise zur Verbesserung der Lehre –
Winkler, Kurt Gert (Dresden Hochschule f. Verkehrswesen, Fak. Tech. Natwiss. Diss. B [Habilitation]) v. 1976)

Berechnung des Nahfeldes von Sendeantennen aus dem gemessenen bzw. vorgegebenen Fernfeld –
Albert, Gerhard (Darmstadt TH, Fb. El. Nachr. Tech. Diss. 1978) 1978-III, 82 S., 21 cm **U 78-4788**

Theory of slotted circular disc antenna and its realization –
Alemu, Ketema (Aachen TH, Fak. Eltech. Diss. v. 1978)

Der Einfluß der Beugung an den Kanten der Reflektorplatten von Antennen, berechnet nach der geometrischen Beugungstheorie von Koukoumjian und Pathak –
Farghaly, Samir Saad (Berlin TU, Fb. 19 Eltech. Diss. v. 1978)

Breitbandanpassung mit Leitungstransformatoren –
Pesch, Günter (Aachen TH, Fak. Eltech. Diss. 1978) 132 S.

Einzelstrahler und Multielementantennen auf Kreiskegeln –
Schmidt, Helmut (Berlin-West TU, Fb. Eltech. Diss. v. 1978) 1978, 93 S., 21 cm **U 79.15338**

Der kurze dielektrische Stabstrahler, ein Strahlerelement für begrenzte, ebene Gruppenantennen: eine theoretische und meßtechnische Untersuchung der charakteristischen Strahlungseigenschaften –
Tippe, Wolfram (Berlin-West TU, Fb. Eltech. Diss. 1978) 1978-II, 128 S., 21 cm **U 79.15369**

Erzeugung von Richtstrahlung mit strahlungsgekoppelten Antennenstrukturen –
Mönich, Gerhard (München TU, Fb. Eltech. Habilitationsschrift 1978)

Berechnung und Messung transienter, elektromagnetischer Impulswellen bei zylindrischen Elektroden –
Wacker, Uwe (Stuttgart Univ. Fak. Eltech. Diss. v. 1981)

Anwendung der Antennenmeßtechnik in der Mikrowellenholographie –
Kalberlah, Klaus (Darmstadt TH Diss. 1982) 125 S., 21 cm, 1984 H 04,1037 **DBN 84.036423.7**

Gepulste injektionssynchronisierte Oszillatoren als Sendemoduln in phasengesteuerten Antennen –
Marx, Bernd (Aachen TH Diss. 1983) 108 S., 21 cm, 1985 H 03,1452 **DBN 85.017098.2**

Theorie der Antennen

Untersuchung über die Verteilung der Intensität auf einer Antenne –
Kabisch, Siegfried (Halle Univ. Phil. Diss. v. 16. 8. 1912)

Amplituden-, Abstands- und Phasenbedingungen bei Antennenkombinationen –
Berndt, Walter (Jena, Math. nat. Diss. v. 1. 10. 1934)

Über die optimale Dimensionierung zweiteiliger strahlungsgekoppelter Antennen –
Fausten, Hans Josef (Münster, Phil. u. natwiss. Diss. v. 4. 12. 1940)

Beispiele dreidimensionaler Wellenfelder mit komplizierten Berandungen –
Sacher, Roland R. (München TU, Fak. Eltech. Diss. v. 1979)

Eine systematische Untersuchung zum Problem des richtungsunabhängigen Phasenzentrums von Antennen-
Becker, Klaus (Darmstadt TH Diss. 1982) 114 S., 21 cm, 1984 H 04,1020 **DBN 84.036903.4**

Vertikalantennen (Siehe auch: Zylindrische Antennen)

Über Vertikalcharakteristiken von geknickten Antennen im Zusammenhang mit der Fadingfrage –
Donat, Ernst (Göttingen, Math. nat. Diss. v. 1934)

Kurze, unsymmetrische Antennen mit hohem Wirkungsgrad und die Messung des Antennenwirkungsgrades –
Lohr, Max (München TH, Masch. Eltech. Diss. v. 29. 8. 1956)

Zylindrische Antennen (Siehe auch: Vertikalantennen)

Eine strenge Theorie kreiszylindrischer Dipolantennen beliebiger Dicke und Länge mit exakter Berücksichtigung der Endflächen –
Winkler, Gert (Dresden Hochsch. f. Verkehrswesen u. Verkehrstechnik, Diss. v. 26. 11. 1964)

Ermittlung der Stromverteilung und Feldstärken von dicken Antennen insbesondere von rotationssymmetrischen Sendeantennen –
Bruger, Peter (München TU, Fak. Masch. Eltech. Diss. v. 1972)

Dissertationen USA und Canada

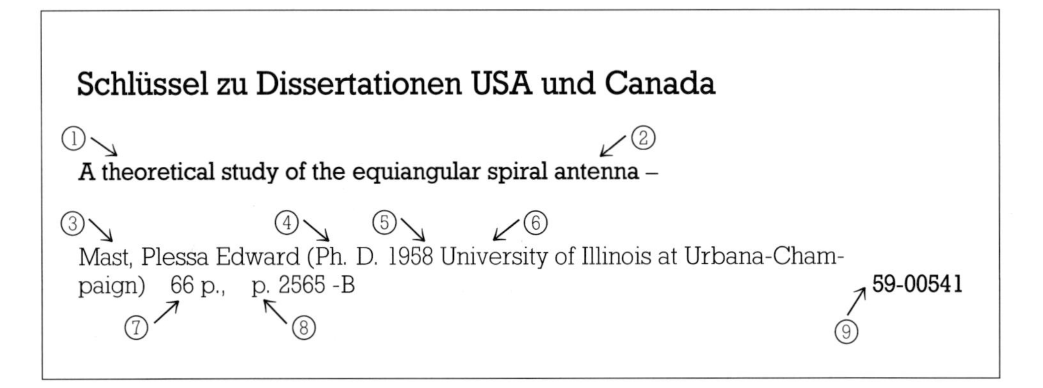

① Titel
② Schlußstrich am Ende des Titels
③ Verfasser: Familienname, Vorname(n); Jr. = Junior, II = der zweite gleichen Namens, III = der dritte gl. Nam.
④ Akademischer Titel: Ph. D. = Doktor der Philosophie, D. Eng. Sc. = Dr.-Ing., Sc. D. = Doktor der Wissenschaften
⑤ Jahr der Dissertation
⑥ Universität, bzw. Hochschule
⑦ Seitenzahl der Arbeit (66 p. = 66 Seiten, p. steht *hinter* der Seitenzahl)
⑧ Seite, wo die Zusammenfassung der Arbeit zu finden ist (p. steht *vor* der Seitenzahl) (B = Sciences and Engineering)
⑨ Mikrofilm-Anforderungsnummer (fehlt diese Nummer, so ist die Dissertation nur als Photokopie erhältlich); 59 = Jahrzahl; -00541 = individuelle Zahl

Quelle: Dissertation Abstracts International
University Microfilms International, Ann Arbor, MI 48106 USA
(A = The Humanities [Geisteswissensch.])
(B = The Sciences and Engineering)

Canada: Canadische Dissertationen haben keine Mikrofilm-Anforderungsnummer. Eine Mikrofilmkopie kann direkt von der National Library of Canada, OTTAWA, bestellt werden.

Dissertationen USA und Kanada

Antennen im Plasma

The impedance of a short dipole antenna in a magnetoplasma –
Balmain, Keith George (Ph. D. 1963 University of Illinois at Urbana-Champaign) 168 p. 24/09, p. 3660 **64-02859**

A Study of the inhomogeneously sheathed spherical dipole antenna in a compressible plasma –
Larson Ronald Worthington (Ph. D. 1966 The University of Michigan) 216 p. 27/07-B, p. 2359 **66-14546**

The distribution of current on an infinite antenna in an anisotropic incompressible plasma –
Johnson, Gary Lee (Ph. D. 1966 Oklahoma State University) 124 p. 27/12-B, p. 4395 **67-07240**

Admittance of a wedge excited coaxial antenna with a plasma sheath –
Den, Chi Fu (Ph. D. 1966 The University of Michigan) 146 p. 28/01-B, p. 177 **67-08240**

Antenna impedance in a warm plasma –
Carlin, James Walter (Ph. D. 1967 University of Illinois at Urbana-Champaign) 100 p. 28/04-B, p. 1500 **67-11830**

Dielectric-coated cylindrical antenna and plasma-coated cylindrical antenna –
Ting, Chung-Yu (Ph. D. 1967 Harvard University) X 1967 p. 202

Aspects of the dipole antenna immersed in a plasma –
Wunsch, Abraham David (PH. D. 1969 Harvard University) X 1967 p. 236

Linear antennas in plasma media –
Lytle, Robert Jeffrey (Ph. D. 1968 Purdue University) 254 p. 29/11-B, p. 4175 **69-07475**

Radiation of spherical and cylindrical antennas in incompressible and compressible plasmas –
Lin, Cheng-Chi (Ph. D. 1969 Michigan State University) 163 p. 31/03-B, p. 1278 **70-15072**

Antenna in a waveguide partially-filled with plasma –
Liang, Charles Shih-Tung (Ph. D. 1969 University of Illinois at Urbana-Champaign) 230 p. 30/03-B, p. 1133 **69-15344**

Theory of mesh type antennas immersed in a warm isotropic plasma –
Schiff, Maurice Leon (Ph. D. 1969 University of California, San Diego) 100 p. 30/11-B, p. 5191 **70-07935**

Moment solution of cylindrical antenna current and impedance in warm isotropic plasmas –
Preis, Douglas Henry (Ph. D. 1970 Utah State University) 124 p. 30/12-B, p. 5501 **70-10924**

VLF input impedance characteristics of an electric antenna in a magnetoplasma –
Wang, Thomas Nie-Chin (Ph. D. 1970 Stanford University) 136 p. 31/08-B, p. 4932 **71-02843**

Antenna diagnostics of reentry plasmas –
Davidson, Robert Paul (Ph. D. 1970 Colorado State University) 234 p. 31/09-B, p. 5362 **71-05331**

A travelling wave antenna for exciting waves in a cylindrical anisotropic plasma –
Hipp, Jackie Ervin (Ph. D. 1970 Texas Tech. University) 79 p. 32/01-B, p. 494 **71-17898**

Radiation from a short electric dipole antenna in a hot uniaxial plasma –
Singh, Nagendra (Ph. D. 1971 California Institute of Technology) 93 p. 31/12-B, p. 7299 **71-16226**

An analysis of the heating and confinement of plasmas by radio frequency antenna systems –
Arendt, Paul Nelson (Ph. D. 1971 The Ohio State University) 126 p. 32/05-B, p. 2938 **71-27417**

Cylindrical antennas in magneto-plasmas –
Bhat, Bharati Mangalore (Ph. D. 1971 Harvard University) X 1971, p. 284

Antennas in a nonlinear isotropic plasma –
Bantin, Colin Charles (Ph. D. 1971 University of Toronto [Canada]) p. 4272-B

Input resistance of a small dipole antenna in a warm uniaxial plasma –
Baenziger, Gilles (Ph. D. 1972 University of Southern California) 172 p. 32/10-B, p. 5785 **72-11902**

The effect of sheath on the radiation of a dipole antenna in a magnetized plasma –
Hung Chia-Chuen (Ph. D. 1972 University of California, Berkeley) X 1972

Input impedance of a short, cylindrical dipole antenna immersed in a warm anisotropic plasma –
Nakatani, David Takeshi (Ph. D. 1972 University of Southern California) 287 p., 3079-B **73-755**

ICRF antenna coupling and wave propagation in a tokamak plasma –
Greene, Glen Joel (Ph. D. 1984 California Institute of Technology) 464 p., p. 3852-B **85-03905**

Aperturantennen

The input impedance of a rectangular aperture antenna –
Nash, Cleve Crumby, Jr. (Ph. D. 1949 University of Illinois at Urbana-Champaign) 55 p. 10/01, p. 71 **00-01556**

Synthesis of aperture antennas –
Johnk, Carl Theodore Adolf (Ph. D. 1954 University of Illinois at Urbana-Champaign) 130 p. 15/01, p. 101 **00-10495**

The fresnel region of large aperture antennas –
Polk, Charles (Ph. D. 1956 University of Pennsylvania) 117 p. 16/09, p. 1653 **00-17265**

Aperture field characteristics for microwave antennas with distorted reflectors –
Gildersleeve, Richard Elbert (Ph. D. 1958 Syracuse University) 124 p. 19/08, p. 2045 **58-07218**

Antenna aperture illumination, resolution and image quality –
Myers, John James (Ph. D. 1959 University of Illinois at Urbana-Champaign) 170 p. 20/01, p. 248 **59-02045**

Maximum power transfer between large aperture antennas in the fresnel region –
Jacobs, Ernest (Ph. D. 1961 University of Pennsylvania) 126 p. 21/12, p. 3730 **61-02042**

The penumbra region of aperture antennas –
Kritikos, Haralambos N. (Ph. D. 1961 University of Pennsylvania) 62 p. 21/12, p. 3731 **61-02046**

The admittance of aperture antennas radiating into lossy media –
Compton, Ralph Theodore (Ph. D. 1964 The Ohio State University) 98 p. 25/02, p. 1097 **64-09554**

Prolate spheroidal wavefunctions and their application to planar aperture antenna pattern synthesis –
Harthill, William Paul (Ph. D. 1966 University of Washington) 113 p. 27/12-B, p. 4393 **67-07644**

Analysis of an aperture antenna system loaded with an inhomogeneous dielectric –
Bitler, Jesse Samuel (Ph. D. 1967 The University of Michigan) 129 p. 28/07-B, p. 2840 **67-17728**

Aperture sharing for multiple utilization of microwave array antenna apertures –
Rudin, Stuart (Ph. D. 1969 University of California, Los Angeles) 197 p. 30/11-B, p. 5053 **70-08194**

Analysis of aperture antennas in inhomogeneous media –
Damlamayan, Dikran (Ph. D. 1970 California Institute of Technology) 90 p. 31/01-B, p. 194 **70-12437**

Theory of concentric coupled annular aperture antennas driven by TEM excited coaxial lines –
Irzinski, Edward Paul (Ph. D. 1971 University of Pennsylvania) 210 p. 32/08-B, p. 4592 **72-06171**

Applications of variational methods and hankel transforms in aperture antennas –
Singaraju, Bharadwaja Keshava (Sc. D. 1973 New Mexico State University) 72 p., p. 1524-B **73-23319**

Analysis and design of high-beam efficiency aperture antennas –
Mentzer, Carl Allan (Ph. D. 1974 The Ohio State University) 219 p., p. 2194-B **74-24370**

A study of meteor trail structure using a wide aperture antenna array at high radio frequencies –
Herring, Robert William (Ph. D. 1977 The University of Western Ontario [Canada]) p. 4296-B

Design techniques for circular aperture antennas –
Graham, Odell (Ph. D. 1976 University of California, Los Angeles) 147 p., p. 4087-B **77-1632**

Multiple antenna beam formation techniques for synthetic aperture radar –
Jean, Buford Randall (Ph. D. 1978 Texas A & M University) 180 p., p. 5482-B **79-09209**

Dielektrische Antennen

Dielectric antennas –
Mueller, George E. (Ph. D. 1952 The Ohio State University) W 1952 p. 70

Dielectric coated antenna –
Koozekanani, Said Khalil (Ph. D. 1961 Brown University) 55 p. 28/07-B, p. 2848 **63-01441**

An all dielectric coaxial waveguide and antenna –
Barnett, Roy Irving, Jr. (Ph. D. 1963 The Ohio State University) 111 p. 24/07, p. 2834 **64-01238**

The experimental and theoretical investigation of the effect of square rectangular, circular and elliptical dielectric cylinder near a dipole antenna –
Wheeler, Warren Ray (Ph. D. 1963 University of Colorado) 89 p. 25/01, p. 369 **64-04393**

A scattering approach for determining the characteristics of a dielectric antenna of arbitrary shape –
Kim, John G. Ryun (Ph. D. 1968 North Carolina State University at Raleigh) 167 p. 29/04-B, p. 1360 **68-14662**

Part I: An experimental study of dielectric coated antennas
Part II: The antenna-coaxial line junction –
Lamensdorf, David (Ph. D. 1968 Harvard University) X 1968, p. 211

Hybrid modes and the dielectric rod antenna –
Yaghjian, Arthur David (Ph. D. 1970 Brown University) 112 p. 31/12-B, p. 7304 **71-13961**

Radiation by dielectric loaded antennas with airgaps –
Towaij, Sabah Jawad (Ph. D. 1974 The University of Manitoba [Canada]) p. 2201-B

The resonant dielectric antenna: experiment and theory –
McAllister, Marc William (Ph. D. 1983 University of Houston) 376 p., p. 632-B **84-08981**

Techniques for measuring the dielectric properties of samples using coaxial-line and insulated antenna –
Huang, Shi-Chang Frank (Ph. D. 1984 University of Houston) 198 p., p. 3020-B **84-28114**

Dielectric spectroscopy using shielded open-circuited coaxial lines and monopole antennas of general length –
Scott, Waymond R., Jr. (Ph. D. 1985 Georgia Institute of Technology) 248 p., p. 4351-B **86-04016**

Drahtantennen (Siehe auch: Linearantennen)

Electromagnetic oscillations from a bent antenna –
Colwell, Robert Cameron (Ph. D. 1918 Princeton University) 18 p. L 1920, p. 28

Problems of measurement on two-wire lines with application to antenna impedances –
Tomiyasu, Kiyo (Ph. D. 1948 Harvard University) W 1948, p. 27

Solution of thin wire antenna problems by variational methods –
Storer, James E. (Ph. D. 1951 Harvard University) W 1951, p.45

Folded antennas –
Harrison, Charles W. Jr. (Ph. D. 1954 Harvard University) W 1954, p. 66

The study of possibilities for improving space utilization and performance of rhombic antennas –
Martin-Caloto, Angel M. (Ph. D. 1960 Stanford University) 124 p. 20/11, p. 4358 **60-01368**

Input impedances of some curved wire antennas –
Tang, Chien Hui (Ph. D. 1962 University of Illinois at Urbana-Champaign) 99 p. 23/08, p. 2845 **62-06241**

Theory of zigzag antennas –
Lee, Sing Hoi (Ph. D. 1968 University of California, Berkeley) 116 p. 29/09-B, p. 3317 **69-03645**

An analysis of a multi-element folded antenna –
Davis, Donald Arundel (Ph. D. 1970 Southern Methodist University) 142 p. 31/08-B, p. 4680 **71-01569**

On the numerical analysis of thin-wire antennas mounted on a conducting sphere –
Tesche, Frederick Mark (Ph. D. 1971 University of California, Berkeley) X 1971, p. 168

Transient electromagnetic fields of pulse-excited wire and aperture antennas –
Abozena, Anas Mohamed (Ph. D. 1972 Northwestern University) 155 p. 33/06-B, p. 2604 **72-32364**

Projective solution of antenna structures assembled from arbitrarily located straight wires –
Chan, Kwok Kee (Ph. D. 1973 McGill University [Canada]) p. 230-B

Analysis of arbitrarily shaped wire antennas radiating over a lossy half space –
Parhami, Parviz (Ph. D. 1979 University of Illinois at Urbana-Champaign) 136 p., p. 3867-B **80-04249**

Theoretical and experimental study of the proximity effects of thin wire antenna in presence of biological bodies –
Karimullah, Khalid (Ph. D. 1979 Michigan State University) 159 p., p. 4419-B **80-06140**

Meander antennas –
Rashed Mohassel, Jalil-Agha (Ph. D. 1982 The University of Michigan) 145 p., p. 1929-B **82-25024**

Transient analysis of loaded thin-wire antennas and transmission lines –
Hoorfar, Ahmad (Ph. D. 1984 University of Colorado at Boulder) 348 p., p. 3019-B **84-28657**

Empfangsantennen

The measurement of antenna impedance using a receiving antenna –
Wilson, Donald G. (Ph. D. 1948 Harvard University) W. 1948, p. 27

The cylindrical dipole as a receiving antenna –
Dike, Sheldon H. (Ph. D. 1951 The Johns Hopkins University) W 1951 p. 47

The coupled receiving antenna –
Moritz, Clement (Ph. D. 1952 Harvard University) 33 p. W 1952, p. 45

Analysis of the receiving antenna problem for a telemeter system –
Sisco, William B. (Ph. D. 1952 The University of Texas at Austin) W 1952, p. 51

The effect of conductor impedance on the backscattering cross section of the cylindrical dipole receiving antenna –
Barrack, Carroll Marlin (Ph. D. 1956 The Johns Hopkins University) X 1956, p. 24

The effect of the antenna pattern on the statistics of the received signal in radio-frequency propagation systems –
McNelis, David Donald (Ph. D. 1961 University of Washington) 143 p. 22/05, p. 1555 **61-03999**

A signal-processed antenna system and the simulation of effects of balanced-mixer frequency conversion –
Spencer, Kenneth Edward (Ph. D. 1968 Oregon State University) 162 p. 29/07-B, p. 2445 **69-00462**

Impedance-loaded receiving antennas with minimum backscattering and maximum received power –
Deck, Howard Joseph (Ph. D. 1968 Michigan State University) 128 p. 29/10-B, p. 3741 **69-05855**

Adaptive antenna arrays for coded communication systems –
Reinhard, Kenneth Lynn (Ph. D. 1973 The Ohio State University) 231 p., p. 5471-B **74-11036**

Noise performance of broadband amplifiers for use with electrically small antennas –
Sainati, Robert Arthur (Ph. D. 1978 The University of Connecticut) 383 p., p. 5486-B **79-11406**

Monolithic integration of a dielectric millimeterwave antenna and mixer diode –
Yao, Chingchi (Ph. D. 1981 University of California, Berkeley) 135 p., p. 4891-B **82-12161**

The adaptive antenna processing in pseudo-noise communication system –
Juang, Shang-Min (Ph. D. 1982 The University of Michigan) 164 p., p. 484-B **82-15024**

Signal cancellation in adaptive antennas: The phenomenon and a remedy –
Duvall, Kenneth Maurice (Ph. D. 1983 Stanford University) 150 p., p. 2848-B **83-29707**

Analysis of an adaptive antenna array with intermediate frequency weighting partially implemented by digital processing –
Bouktache, Essaid (Ph. D. 1985 The Ohio State University) 232 p., p. 2009-B **85-18921**

Fahrzeug-, Flugzeug- und Raumfahrzeugantennen

Directional radiation measurements of aircraft antennas –
Haller, George Louis (Ph. D. 1942 The Pennsylvania State University) 27 p. PSU 05, p. 109 **00-00524**

Use of models for investigating the patterns of aircraft antennas –
Sinclair, George (Ph. D. 1946 The Ohio State University) W 1946 p.15

Low frequency aircraft antennas –
Granger, John V. (Ph. D. 1948 Harvard University) W 1948, p. 36

A study of precipitation static noise generation in aircraft canopy antennas –
Nanevicz, Joseph Eugene (Ph. D. 1958 Stanford University) 131 p. 19/03, p. 502 **58-02512**

An airport glide-path system using flush-mounted traveling-wave runway antennas –
McFarland, Richard Herbert (Ph. D. 1961 The Ohio State University) 173 p. 22/10, p. 3584 **62-00794**

A study of corona discharge noise in aircraft antennas –
Vassiliadis, Arthur (Ph. D. 1961 Stanford University) 113 p. 21/11, p. 3401 **61-01258**

Gravity gradient effects on some of the basic stability requirements for an orbiting satellite having long flexible antennas –
Kennedy, James Clarence, Jr. (Ph. D. 1967 The Ohio State University) 113 p. 28/06-B, p. 2460 **67-16294**

Side-lobe control in antennas for an efficient use of the geostationary orbit –
Albernaz, Joao Carlos Fagundes (Ph. D. 1973 Stanford University) 155 p., p. 5815-B **73-14857**

Radiation characteristics of vehicle-mounted antennas and their application to comprehensive system design –
Kubina, Stanley James (Ph. D. 1973 McGill University [Canada]) p. 4377-B

Analysis of on-aircraft antenna patterns –
Burnside, Walter Dennis (Ph. D. 1972 The Ohio State University) 217 p., p. 3644-B **73-1957**

Optimized earth terminal antenna systems for broadcast satellite –
Han, Ching Chun (Ph. D. 1972 Stanford University) 196 p., p. 3647-B **73-4507**

Volumetric pattern analysis of fuselage-mounted airborne antennas –
Yu, Chong Long (Ph. D. 1976 The Ohio State University) 201 p., p. 915-B **76-18063**

Evaluation of selected space shuttle orbiter antenna systems –
Lindsey, Jefferson Franklin III (D. Eng. 1976 Lamar University) 208 p., p. 1823-B **76-22316**

Analysis of aircraft wing-mounted antenna patterns –
Marhefka, Ronald Joseph (Ph. D. 1976 The Ohio State University) 216 p., p. 2425-B **76-24644**

Average field matching wire antenna moment method and aircraft HF-antenna application –
Trueman, Cristopher William (Ph. D. 1979 McGill University [Canada]) p. 4424-B

Optimum design of satellite antenna structures subjected to random excitations –
Jha, Virendra Kumar (Ph. D. 1982 Concordia University [Canada]) p. 1581-B

Analysis of airborne antenna pattern and mutual coupling and their effects on adaptive array performance –
Chung, Hsin-Hsien (Ph. D. 1983 The Ohio State University) 285 p., p. 1195-B **83-18334**

Simulation and analysis of airborne antenna radiation patterns –
Kim, Jacob Jeong-Geun (Ph. D. 1984 The Ohio State University) 348 p., p. 261-B **85-04038**

Beam steerable microwave antenna for automotive radar application –
McGinn, Vincent Paul (Ph. D. 1985 The Pennsylvania State University) 215 p., p. 2014-B **85-16066**

Gruppenantennen

The collinear antenna array –
Andrews, Howard W. (Ph. D. 1953 Harvard University) 97 p. W 1953 p. 71

Antenna arrays with arbitrarily distributed elements –
Unz, Hillel (Ph. D. 1957 University of California, Berkeley) X 1957 p. 93

The suppression of systematic errors caused by the scanning of two dimensional antenna arrays –
Spradley, Joseph Leonard (Ph. D. 1958 University of California, Los Angeles) X 1958, p. 71

Linear antenna array synthesis –
Wolff, Edward A. (Ph. D. 1961 University of Maryland) 95 p. 22/09, p. 3141 **62-00225**

Correlation processes in antenna arrays –
Linder, Isham Wiseman (Ph. D. 1961 University of California, Berkeley) X 1961 p. 94

Synthesis of nonuniformly spaced antenna arrays using mechanical quadratures –
Bruce, John Daniel (Ph. D. 1962 University of Kansas) 134 p. 23/08, p. 2838 **63-00797**

Finite anharmonic trigonometric series with applications to linear antenna arrays –
Dollard, Peter Morley (Ph. D. 1963 Polytechnic Institute of Brooklyn) 192 p. 24/07, p. 2835 **64-00332**

Application of cross-correlation techniques to linear antenna arrays –
Macphie, Robert Henry (Ph. D. 1963 University of Illinois at Urbana-Champaign) 169 p. 24/10, p. 4122 **64-02922**

New approaches to antenna array synthesis –
Marinos, Pete Nick (Ph. D. 1964 North Carolina State University at Raleigh) 114 p. 25/04, p. 2413 **64-11121**

The synthesis of linear and circular antenna arrays by gaussian quadratures –
Simanyi, Attila Imre (Ph. D. 1965 The University of Michigan) 148 p. 27/02-B, p. 482 **66-06703**

Large nonuniformly spaced antenna arrays –
Chow, Yung Leonard (Ph. D. 1965 University of Toronto [Canada]) 27/03-B, p. 817

Electro-optical signal processors for array antennas –
Lambert, Louis Bernard (Ph. D. 1965 Columbia University) X 1965 p. 229

Performance optimization of antenna arrays in random environments –
Tseng, Fung-I (Ph. D. 1966 Syracuse University) 118 p. 26/05-B, p. 1480 **66-09869**

Current distributions, impedances and patterns of circular antenna arrays using axial dipoles –
Hickman, Charles Edward (Ph. D. 1966 The University of Tennessee) 285 p. 27/09-B, p. 3104 **67-01366**

Non uniformly spaced antenna arrays –
Shih, Samuel Lung (Ph. D. 1967 Polytechnic Institute of Brooklyn) 176 p. 28/03-B, p. 905 **67-10956**

A study of an interdigital array antenna –
Wu, Pei-Rin (Ph. D. 1967 The University of Michigan) 206 p. 28/08-B, p. 3291 **67-15727**

Synthesis of wideband linear array antennas with taylor distributed element positions –
Meeks, Robert Dosher (Ph. D. 1967 Texas A & M University) 182 p. 28/06-B, p. 2429 **67-16467**

Arrays of unequal- and unequally-spaced dipoles with application to the log-periodic antenna –
Cheong, Weng-Meng (Ph. D. 1967 Harvard University) X 1967 p. 112

Wideband amorphous-solid debye-sears light modulators for array antenna processors –
Minkoff, John (Ph. D. 1967 Columbia University) X 1967, p. 124

A network theory for antenna arrays –
Gataly, Adrian C. Jr. (Ph. D. 1967 New York University) X 1967 p. 126

Curvilinear antenna-arrays –
Chiang, Bing A. (Ph. D. 1967 University of Missouri-Colombia) 124 p. 28/07-B, p. 2841 **68-00288**

Synthesis of nonuniformly spaced antenna arrays –
Basart, John Philip (Ph. D. 1967 Iowa State University) 66 p. 28/09-B, p. 3703 **68-02800**

The three-dimensional phased array: physical realizability and directive properties –
Mottl, Thomas Otto (Ph. D. 1968 The University of Michigan) 236 p., p. 1008-B **68-13367**

Circular antenna arrays having tangential dipoles as elements –
Tillman, James David, Jr. (Ph. D. 1968 Auburn University) 133 p. 29/06-B, p. 2046 **68-16880**

The properties of a linear antenna in a large arrays –
Van Koughnett, Allan Leroy (Ph. D. 1968 University of Toronto [Canada]) p. 4182-B

Antenna mode arrays –
Wang, Johnson Jenn-Hwa (Ph. D. 1968 The Ohio State University) 80 p. 29/09-B, p. 3325 **69-04993**

The design of an array antenna radar for detection of regions of disturbed index of refraction in clear atmosphere –
Griffin, Carroll Riggs, Jr. (Ph. D. 1968 The University of Texas at Austin) 244 p. 29/10-B, p. 3743 **69-06149**

Analysis of a circular array of antennas by matrix methods –
Cummins, Jules Aime (Ph. D. 1969 Syracuse University) 140 p. 30/12-B, p. 5494 **70-10333**

Cylindrical, conical and spherical antenna arrays –
Gobert, Jean Francois (Ph. D. 1969 Illinois Institute of Technology) 165 p. 30/01-B, p. 199 **69-11964**

Optimum scattering from an antenna array –
Coe, Richard Joseph (Ph. D. 1969 University of Washington) 175 p. 31/02-B, p. 681 **70-14745**

Phased array applications of antennas with integrated electronic circuits –
Svoboda, Dean Edward (Ph. D. 1969 The Ohio State University) 208 p. 30/04-B, p. 1695 **69-15970**

Antenna elements that enable a phased array to be scanned over a hemispherical sector –
Johnson, Pierce, Jr. (Ph. D. 1969 Auburn University) 161 p. 31/03-B, p. 1275 **70-17430**

Spherical antenna array –
Yoothanom, Narong (Ph. D. 1969 University of Missouri-Rolla) 165 p. 30/05-B, p. 2190 **69-19436**

Element pattern nulls in phased array antennas and their relation go guided waves –
Knittel, George H. (Ph. D. 1969 Polytechnic Institute of Brooklyn) 172 p. 30/06-B, p. 2844 **69-20345**

Spatial frequency analysis of random antenna arrays –
Utukuri, R. R. Narendra (Ph. D. 1969 University of Waterloo [Canada]) 31/04-B, p. 1983

Analysis of a generalized model of curtain linear antenna array with travelling-wave excitation –
Sun, David Fang-Dak (Ph. D. 1970 State University of New York at Stony Brook) 196 p. 31/08-B, p. 4699 **71-03970**

A transverse electromagnetic line circular antenna array –
Coleman, Robert Joseph (Ph. D. 1970 Auburn University) 123 p. 31/08-B, p. 4679 **71-04004**

Mutual coupling in phased arrays of randomly spaced antennas –
Agrawal, Wishwani Deo (Ph. D. 1971 University of Illinois at Urbana-Champaign) 133 p. 32/02-B, p. 927 **71-21069**

A probalistic estimator of the peak sidelobe of an antenna array with randomly located elements –
Steinberg, Bernard D. (Ph. D. 1971 University of Pennsylvania) 145 p. 32/04-B, p. 2170 **71-26091**

Phased array antennas with protruding-dielectric elements –
Lewis, Lawrence Ronald (Ph. D. 1971 Polytechnic Institute of Brooklyn) 190 p. 32/05-B, p. 2711 **71-29070**

Phase quantization in monopulse array antennas –
Smelko, John Thomas (Ph. D. 1971 Mississippi State University) 205 p. 32/07-B, p. 3950 **72-04379**

Adaptive spatial processing for antenna arrays –
Walker, Niles Allen (Ph. D. 1971 The Ohio State University) 192 p. 32/07-B, p. 3951 **72-04682**

Constrained optimization of array antenna performance indices –
Sanzgiri, Shashikant Mangesh (Ph. D. 1971 Southern Methodist University) 116 p. 32/11-B, p. 6407 **72-16309**

Realized gain pattern of aperture elements in cylindrical antenna arrays –
Sureau, Jean-Claude (Ph. D. 1971 Polytechnic Institute of Brooklyn) 174 p. 32/05-B, p. 2721 **71-29115**

Linear wideband antenna arrays –
Goddard, William Richard (Ph. D. 1971 University of Waterloo [Canada]) p. 6398-B

Analysis and design of circular antenna arrays by matrix methods –
Sinnot, Donald Hugh (Ph. D. 1972 Syracuse University) 161 p. 33/01-B, p. 204 **72-20368**

Antenna array analysis of arbitrarily located, parallel, center-fed dipoles with terminals in a common plane –
Williams, Oliver Charles (Ph. D. 1972 Auburn University) 237 p. 33/03-B, p. 1123 **72-23635**

Phase optimization and synthesis of antenna arrays –
Voges, Robert Clifton (Ph. D. 1972 Southern Methodist University) 140 p. 33/04-B, p. 1558 **72-27305**

Characteristics of antenna arrays of superconducting point-contact Josephson junctions –
Repici, Dominic J. (Ph. D. 1972 Georgetown University) 135 p., p. 3258-B **72-34188**

A study of mutual coupling reduction in phased array antennas by the use of a time sharing technique –
Girardi, Philip Gerlad (Ph. D. 1972 The University of Michigan) 200 p., p. 2188-B **74-25374**

A simple and accurate theory for the analysis and synthesis of arrays of cylindrical dipole antennas –
Wolfe, Hugh Kyle, Jr. (Ph. D. 1973 The University of Tennessee) 142 p., p. 5474-B **74-11304**

Time domain response of wire-antenna arrays –
Solman, Fred John III (Ph. D. 1973 Purdue University) 124 p., p. 243-B **74-15241**

Wide-angle and wide-band scanning in phased array antennas –
Bellee, Ernest Charles (Ph. D. 1973 Arizona State University) 80 p., p. 1101-B **73-19622**

Optimization of the element excitation of a phased array antenna –
Horvath, Alexander Louis (Ph. D. 1973 Polytechnic Institute of Brooklyn) 149 p., p. 1562-B **73-24770**

Analysis of the blindness phenomenon in phased array-antennas subject to element-positioning errors –
Zaghloul, Amir Ibrahim (Ph. D. 1973 University of Waterloo [Canada]) p. 836-B

The blockage effects of a scanning array of closely spaced paraboloidal antennas –
Donn, Cheng (Ph. D. 1973 The University of Kansas) 213 p., p. 5421-B **75-10524**

The stochastic properties of the weights in an adaptive antenna array –
Koleszar, George Edmund (Ph. D. 1975 The Ohio State University) 108 p., p. 4099-B **76-3474**

Small aperture adaptive antenna arrays –
Van de Walle, Mark Joseph (Ph. D. 1976 The Ohio State University) 179 p., p. 5779-B **77-10617**

An adaptive gradient based technique for accelerating the convergence time of adaptive array antennas –
Jones, Dwight Maxwell (Ph. D. 1978 Auburn University) 79 p., p. 2428-B **78-21540**

Moment method calculation of reflection coefficient for waveguide elements in a finite planar phased antenna array –
Fenn, Alan Jeffrey (Ph. D. 1978 The Ohio State University) 223 p., p. 3959-B **79-02123**

A study of a reactively loaded finite planar rectangular waveguide antenna array –
Luzwick, John L. (Ph. D. 1979 Syracuse University) 124 p., p. 2304-B **79-25581**

Design and fabrication of microstrip disk antenna arrays –
Parks, Frank Gary (D. Engr. 1979 University of Kansas) 185 p., p. 2306-B **79-25874**

Resonance phenomena on parallel dipole antenna arrays –
Tranquilla, James Marcus (Ph. D. 1979 University of Toronto [Canada]) p. 5765-B

Edge effects in low sidelobe array antennas –
Yorinks, Leonard Howard (Ph. D. 1980 University of Pennsylvania) 159 p., p. 1058-B **80-18630**

Phase synchronizing distributed, adaptive airborne antenna arrays –
Yadin-Yadlovker, Eli (Ph. D. 1981 University of Pennsylvania) 155 p., p. 4551-B **82-08057**

Relationship between the adaptive performance of antenna arrays and their underlying electromagnetic characteristics –
Gupta, Inder Jeet (Ph. D. 1982 The Ohio State University) 162 p., p. 1571-B **82-22091**

High resolution spectral analysis of antenna array data from a line of sight path at thirty-five GHz –
Moussaly, George Joseph (Ph. D. 1982 Stanford University) 213 p., p. 205-B **82-14598**

Impedance properties of an infinite array of non-planar rectangular loop antennas embedded in a general stratified medium–
Kent, Brian Michael (Ph. D. 1984 The Ohio State University) 265 p., p. 1869-B **84-18958**

The design of transverse slot arrays fed by the meandering strip of a boxed stripline –
Robertson, Ralston Stewart, Jr. (Ph. D. 1984 University of California, Los Angeles) 117 p., p. 1873-B **84-20233**

Element pattern approach to design of dielectric windows for conformal phased arrays –
Fathy, Ali Eid (Ph. D. 1984 Polytechnic Institute of New York) 244 p., p. 1867-B **84-20447**

Phase synchronizing large antenna arrays using the spatial correlation properties of radar clutter –
Attia, Elsayed Hesham (Ph. D. 1984 University of Pennsylvania) 113 p., p. 256-B **85-05031**

Adaptive beamforming with imperfect arrays –
Jablon, Neil K. (Ph. D. 1985 Stanford University) 148 p., p. 4346-B **86-02487**

Millimeter-wave integrated-circuit antenna arrays –
Tong, Peter Ping Tak (Ph. D. 1985 California Institute of Technology) 116 p., p. 606-B **85-08477**

Numerical modeling of infinite phased arrays of wire and slot elements –
Singh, Surendra (Ph. D. 1985 The University of Mississippi) 169 p., p. 3167-B **85-24061**

Helixantennen

The small-diameter helical antenna and its input-impedance characteristics –
Li, Tingye (Ph. D. 1958 Northwestern University) 114 p. 19/06, p. 1324 **58-05767**

A side-fire helical antenna –
Perini, Jose (Ph. D. 1961 Syracuse University) 113 p. 23/01, p. 185 **62-01119**

The backfire bifilar helical antenna –
Patton, Willard Thomas (Ph. D. 1963 University of Illinois at Urbana-Champaign) 212 p. 24/02, p. 671 **63-05131**

Part I: On the helical sheath structure
Part II: Theory of balanced helical wire antenna –
Chen, Chin-Lin (Ph. D. 1965 Harvard University) X 1965 p. 175

Helical and log conical helical antennas loaded with an isotropic material –
Rassweiler, George Gerald (Ph. D. 1967 The University of Michigan) 144 p. 28/06-B, p. 2431 **67-15678**

A bifilar helical antenna with an outer layer of ferrite –
Cha, Alan Geetran (Ph. D. 1970 The University of Michigan) 111 p. 31/05-B, p. 2673 **70-21628**

Numerical analysis of normal mode helical dipole antennas –
Swift, Wayne Dennis (Ph. D. 1971 Iowa State University) 88 p. 32/10-B, p. 5806 **72-12600**

Hornantennen

The electromagnetic fields of dielectric horn antennas –
Hebert, James Oliver, Jr. (Ph. D. 1962 Texas A & M University) X 1962 p. 106

Near-field transmission between horn antennas –
Hamid, Mahmud Abdel Kadir (Ph. D. 1966 University of Toronto [Canada]) 28/04-B, p. 1505

Near field mutual coupling of horn antennas in the presence of a thick lossless dielectric slab –
Kim, Chang-Sik (Ph. D. 1983 The University of Mississippi) 130 p., p. 1866-B **83-23343**

Radiation patterns of a pyramidal horn antenna –
Noonan, Michael Stewart (Ph. D. 1984 University of Missouri-Columbia) 124 p., p. 2639-B **84-25644**

Kugelantennen

A theoretical investigation of spherically capped conical antennas –
Papas, Charles H. (Ph. D. 1948 Harvard University) W 1948, p.36

Radiation properties of spherical antennas as a function of the location of the driving force –
Karr, Phillip R. (Ph. D. 1951 The Catholic University of America) W 1951, p. 62

The asymmetrically excited spherical antenna –
Hansen, Robert Clinton (Ph. D. 1955 University of Illinois at Urbana-Champaign) 158 p. 15/11, p. 2146 **00-13488**

Radiation from dielectrically coated spherical antennas –
Golden, August, Jr. (Ph. D. 1969 Michigan State University) 162 p. 31/03-B, p. 1272 **70-15036**

Transient radiation from antennas: early time response of the spherical antenna and the late time response of the prolate spheroidal impedance antenna –
Kotulski, Joseph Daniel (Ph. D. 1983 University of Illinois at Chicago) 138 p., p. 3482-B **84-03363**

Linearantennen (Siehe auch: Drahtantennen)

The traveling wave linear antenna –
Altshuler, Edward Elihu (Ph. D. 1960 Harvard University) X 1960 p. 139

The dipole antenna immersed in a conducting medium –
Iizuka, Keigo (Ph. D. 1961 Harvard University) X 1961, p. 145

The evaluation of mutual impedance between two thin linear antennas –
Baker, HW. Charles (Ph. D. 1962 The University of Texas at Austin) 183 p. 23/06, p. 2055 **62-04812**

Mutual impedance of two thin, linear, coplanar, perpendicular dipole antennas –
Selot, Manohar (Ph. D. 1962 Texas A & M University) X 1962 p. 106

Theory of coated linear antenna –
Islam, Mohammed A. (Ph. D. 1964 Northeastern University) X 1964 p. 100

Study of directivity optimization for linear antennas –
Ecker, Harry Allen (Ph. D. 1965 The Ohio State University) 204 p. 27/01-B, p. 174 **66-06247**

Part I: A dissipative coaxial line.
Part II: A traveling-wave dipole antenna –
Ruquist, Richard David (Ph. D. 1966 Harvard University) X 1966 p. 165

An approximate current distribution for the dipole antenna leading to input and mutual impedances –
Wade, John Sperry, Jr. (Ph. D. 1968 The University of Tennessee) 82 p. 30/03-B, p. 1141 **69-14648**

Transient response of wire antennas and scatterers –
Sayre, Edward Paul (Ph. D. 1969 Syracuse University) 144 p. 30/12-B, p. 5502 **70-10391**

An analysis of the radiation characteristics of assymmetrically driven thin linear antennas –
Pierluissi, Joseph Henry (Ph. D. 1969 Texas A & M University) 114 p. 31/01-B, p. 204 **70-11571**

Linear antennas in gyrotropic media –
Lu, Ho Shou (Ph. D. 1968 University of California, Berkeley) 108 p. 31/04-B, p. 1968 **70-17609**

Analysis and measurement of a dipole antenna mounted symmetrically on a conducting sphere or cylinder –
Tsai, Leonard Lo-Ho (Ph. D. 1970 The Ohio State University) 233 p. 31/04-B, p. 1983 **70-19374**

The input impedance of a gamma-matched dipole-antenna –
Barr, Frederick James Jr. (Ph. D. 1970 Texas A & M University) 99 p. 31/05-B, p. 2671 **70-22905**

The radiation efficiency of a dipole antenna above an imperfectly conducting ground –
Hansen, Peder Meyer (Ph. D. 1970 The University of Michigan) 163 p. 31/08-B, p. 4686 **71-04624**

The electromagnetic fields of dipoles, antennas and arrays in a dissipative halfspace –
Siegel, Marvin (Ph. D. 1970 Harvard University) X 1970, p. 258

Impedance and far-zone field characteristics of a linear antenna of arbitrary length and orientation near a conducting cylinder of finite length –
Cherin, Allen Henry (Ph. D. 1971 University of Pennsylvania) 234 p. 32/04-B, p. 2159 **71-25989**

VHF communications repeaters using crossed dipole antennas –
Schwab, Leonard Martin (Ph. D. 1971 The Ohio State University) 147 p. 32/05-B, p. 2719 **71-27555**

An investigation of the dipole antenna over stationary and time-varying irregular surfaces –
Fessenden, Dennis Eisnor (Ph. D. 1971 University of Rhode Island) 122 p. 32/09-B, p. 5180 **72-09792**

Numerical solution of wire antennas in a cavity –
Agrawal, Pradeep Kumar (Ph. D. 1972 The Ohio State University) 105 p. 33/02-B, p. 709 **72-20935**

Multi-impedance loading of linear antennas for improved transmitting and receiving characteristics –
Fanson, Philip Lyle (Ph. D. 1972 Michigan State University) 194 p., p. 4275-B **73-5368**

Time domain analysis of linear antennas and scatterers –
Liu, Yiu-Kwok (Ph. D. 1972 University of California, Berkeley) X 1972

Analysis of arbitrarily oriented thin wire antenna arrays over imperfect ground planes –
Sarkar, Tapan Kumar (Ph. D. 1975 Syracuse University) 105 p., p. 1829-B **76-18561**

Analysis and design of highly decoupled colinear antennas –
Campbell, Donn van Dyke (Ph. D. 1979 Rutgers University The State University of New Jersey [New Brunswick]) 173 p., p. 4940-B **80-08862**

The electric field of an insulated, linear antenna embedded in an electrically dense medium –
Trembly, Bruce Stuart (Ph. D. 1983 Dartmouth College) 252 p., p. 878-B **83-16923**

Linsenantennen

Surface-wave Luneberg lens antenna –
Walter, Carlton Harry (Ph. D. 1957 The Ohio State University) 74 p. 20/07, p. 2736 **59-05952**

Non-planar and geodesic lens antennas –
Rudduck, Roger Carroll (Ph. D. 1962 The Ohio State University) 104 p. 23/08, p. 2841 **63-00080**

Radially symmetric lenses for millimeter wave antennas –
Ap Rhys, Tomos Llewelyn (D. Eng. 1966 The Johns Hopkins University) 162 p. 27/10-B, p. 3511 **66-12527**

An investigation of radially symmetric lens antenna –
Gunderson, Leslie Charles (Ph. D. 1971 North Carolina State University at Raleigh) 86 p. 32/07-B, p. 3943 **72-03548**

A class of multibeam lens antennas utilizing orthogonal polarization for satellite communicating application –
Kreutel, Randall William, Jr. (SC. D. 1978 The George Washington University) 236 p., p. 1891-B **78-16552**

Diffraction by parallel-plates with application to lens antennas –
Grun, Leon (Ph. D. 1980 University of Illinois at Urbana-Champaign) p. 314-B **81-08526**

Logarithmisch-periodische Antennen

Analysis and design of the log-periodic dipole antenna –
Carrell, Robert Louis (Ph. D. 1961 University of Illinois at Urbana-Champaign) 209 p. 22/10, p. 3577 **62-00572**

Analysis of a log-periodic cavity-slot antenna using three-port networks –
Mikenas, Vitas Anthony (Ph. D. 1964 University of Illinois at Urbana-Champaign) 155 p. 28/08-B, p. 3287 **68-01808**

High gain log-periodic antennas –
Chen, Yung Sen (Ph. D. 1967 University of Washington) 108 p. 28/02-B, p. 676 **67-09904**

Relationships between continuously scaled periodic and log-periodic structures with applications to log-periodic antennas –
Jones, Kenneth Earl (Ph. D. 1967 University of Illinois at Urbana-Champaign) 170 p. 28/04-B, p. 1509 **67-11871**

Analysis of some closed log-periodic structures with applications to log-periodic antennas –
Ingerson, Paul Gates (Ph. D. 1968 University of Illinois at Urbana-Champaign) 212 p. 29/02-B, p. 611 **68-12134**

Mutual coupling between log-periodic dipole antennas –
Kyle, Robert H. (Ph. D. 1969 Syracuse University) 108 p. 30/08-B, p. 3646 **70-01961**

Investigation of microwave printed-circuit log-periodic dipole (PCLPD) antennas –
Mulyanto, Agus (Ph. D. 1982 The University of Wisconsin-Madison) 293 p., p. 3686-B **83-04279**

Loop-, Schleifen- und Quadantennen

The impedance characteristics of antennas involving loop and linear elements –
Chang, Tung (Ph. D. 1947 Harvard University) W 1947 p. 19

Thin wire loop and thin biconical antennas in finite spherical media –
Herman, Julius (Ph. D. 1957 University of Maryland) 103 p. 18/02, p. 545 **00-25331**

The corner-driven square loop antenna –
Prasad, Sheila (Ph. D. 1959 Radcliffe College) X 1959, p. 130

Far-zone, near-zone and antenna-region fields of the circular loop antenna –
Martin, Edwin J., Jr. (Ph. D. 1964 University of Kansas) 122 p. 25/10, p. 5833 **65-01558**

Analysis of a probe ring antenna –
Andre, Stephen Nicholas (Ph. D. 1966 Syracuse University) 111 p. 27/12-B, p. 4389 **67-07056**

The loop antenna loaded with active elements –
Bostian, Charles William (Ph. D. 1967 North Carolina State University at Raleigh) 217 p. 28/04-B, p. 1499 **67-11974**

The mutual impedance between two small circular loop antennas –
Langston, Larry Joe (Ph. D. 1967 Texas A & M University) 138 p. 28/02-B, p. 683 **67-09795**

Reaction formulation and numerical results for multiturn loop antennas and arrays –
Richards, George Arthur (Ph. D. 1970 The Ohio State University) 109 p. 31/07-B, p. 4057 **70-26352**

The mutual admittance of two arbitrary size coaxial circular loop antennas –
Adler, Richard William (Ph. D. 1970 The Pennsylvania State University) 81 p. 32/02-B, p. 926 **71-21713**

Electrically small and insulated loop antennas –
Smith, Glenn Stanley (Ph. D. 1972 Harvard University) X 1972, p. 280

The mutual impedance between two circular loop antennas –
Graham, Oscar David (Ph. D. 1972 Texas A & M University) 163 p., p. 3647-B **73-3532**

Analysis and synthesis of an impedance-loaded loop antenna using the singularity expansion method –
Blackburn, Ronald Fred (Ph. D. 1976 The University of Mississippi) 162 p., p. 1364-B **76-20518**

Theoretical and experimental study of the characteristics of a thin circular loop antenna above a homogeneous, dissipative half-space –
Abulkassem, Ahmed Saad (Ph. D. 1980 University of Colorado at Boulder) 204 p., p. 287-B **80-11261**

The eccentrically insulated circular-loop antenna and the horizontal circular-loop antenna near a planar interface –
An, Lam Nhat (Ph. D. 1981 Georgia Institute of Technology) 205 p., p. 1979-B **81-24280**

Reflektorantennen

A re-radiating zone plate antennae system –
Klein Martin L. (Ph. D. 1951 Boston University) W 1951, p. 60

A multireflector meridian-transit radio-telescope antenna for the observation of waves of extraterrestrial origin –
Nash, Robert Thornton (Ph. D. 1961 The Ohio State University) 93 p. 22/07, p. 2340 **61-05111**

Synthesis of dual reflector antennas –
Galindo Victor (Ph. D. 1964 University of California, Berkeley) 280 p. 25/11, p. 6480 **65-02989**

The influence of random errors on focused antennas –
Sherman, Ronald (Ph. D. 1965 University of Pennsylvania) 100 p. 26/06, p. 3210 **65-13387**

A study of cross polarization effects in paraboloidal antennas –
Kerdemelidis, Vassilios (Ph. D. 1966 California Institute of Technology) 95 p. 27/08-B, p. 2711 **67-00193**

A study of an asymmetric cassegrainian antenna feed system and its application to millimeterwave radioastronomical observations –
Slobin, Stephen David (Ph. D. 1969 University of Southern California) 190 p. 30/02-B, p. 655 **69-13082**

The evaluation of reflector antennas –
Davis, John Haven (Ph. D. 1970 The University of Texas at Austin) 203 p. 31/07-B, p. 4036 **71-00115**

A reflector antenna corrected for spherical coma and chromatic aberrations –
Panicali, Antonio Roberto (Ph. D. 1971 University of Illinois at Urbana-Champaign) 162 p. 32/02-B, p. 944 **71-21200**

A synthesis of dual-subreflector feed systems for parabolic reflector antennas –
Potts, Bing Michael (Sc. D. 1974 New Mexico State University) 180 p., p. 3330-B **75-55**

Electric field in the focal region of an offset parabolic receiving antenna –
Valentino, Anthony Rocco (Ph. D. 1976 Illinois Institute of Technology) 113 p., p. 1832-B **76-23504**

A corrugated feed for spherical reflector antennas –
Vu, Quoc Hung (Ph. D. 1976 University of New South Wales [Australia]) p. 304-B

Dielectric cone feed reflector antennas –
Chug, Rajinder Kumar (Ph. D. 1977 The University of Manitoba [Canada]) p. 320-B

Dual reflector antennas: a study of focal field and efficiency –
Doan, Dinh Le (Ph. D. 1977 University of New South Wales [Australia]) p. 4930-B

Gregorian-corrected toroidal scanning antenna –
Young, Frederick Aliakbar (Ph. D. 1978 University of Southern California) p. 3452-B

Synthesis of offset dual reflector antennas transforming a given feed illumination pattern into a specified aperture distribution –
Hyjazie, Fayez Mohamed (Ph. D. 1980 University of Illinois at Urbana-Champaign) 84 p., p. 2271-B **80-26529**

GTD analysis of reflector antennas with general RIM shapes: near and far field solutions.
(GTD = Geometrical Theory of Diffraction) –
Lee, Shu Hong (Ph. D. 1980 The Ohio State University) 70 p., p. 2706-B **81-00188**

Asymptotic analysis of parabolic reflector antennas –
Hasselmann, Flavio Jose Vieira (Ph. D. 1981 Polytechnic Institute of New York) 151 p., p. 1115-B **81-18872**

Dual-reflector offset-fed antenna with axisymmetric main reflector –
Chang, Dau-Chyrh (Ph. D. 1981 University of Southern California) p. 1114-B

Dual-mode coaxial feed for parabolic antennas –
Schilling, Herbert William (Ph. D. 1982 Case Western Reserve University) 213 p., p. 2990-B **83-04308**

The nonlinear dynamics of spinning paraboloidal antennas –
Shoemaker, William Lee (Ph. D. 1983 Duke University) 188 p., p. 290-B **84-05294**

Analysis of reflector antennas with array feeds using multi-point GTD and extended aperture integration –
Chang, Yueh-Chi (Ph. D. 1984 The Ohio State University) 165 p., p. 294-B **84-10368**

Schlitzantennen

Input impedance of a slotted cylinder antenna –
Holt, Charles A. (Ph. D. 1949 University of Illinois at Urbana-Champaign) 706 p. W 1949 p. 38

Theory of artificial slot antennas –
Ataman, Adnan (Ph. D. 1950 University of Missouri-Colombia) 64 p. 10/04, p. 160 **00-02056**

Mutual impedance of slot antennas –
Chen, Han-Kuei (Ph. D. 1950 University of Illinois at Urbana-Champaign) 56 p. W 1950 p. 44

Coupled slot antennas –
Wheeler, George W. (Ph. D. 1950 Harvard University) 56 p. W 1950 p. 44

The slot transmission-line and the slot antenna –
Owyang, Gilbert Hsiaopin (Ph. D. 1959 Harvard University) X 1959 p. 126

The rectangular cavity slot antenna with homogeneous isotropic loading –
Adams, Arlon Taylor (Ph. D. 1964 The University of Michigan) 208 p. 25/06, p. 3476 **64-12542**

A study of the slot transmission-line and slot antenna –
Burton, Robert Ward (Ph. D. 1964 Harvard University) X 1964 p. 156

An energy relaxation principle applied to the analysis of a dielectrically coated slot antenna –
Bodnar, Donald George (Ph. D. 1968 Georgia Institute of Technology) 238 p. 30/01-B, p. 194 **69-11047**

Numerical solution of integral equations of dipole and slot antennas including active and passive loading –
Poggio, Andrew John (Ph. D. 1969 University of Illinois at Urbana-Champaign) 158 p. 30/07-B, p. 3184 **70-00949**

Investigation of impedance loaded slot antennas and a short backfire antenna –
Hsieh, Tsing-Zone (Ph. D. 1971 Michigan State University) 241 p. 32/09-B, p. 5183 **72-08701**

Analysis of a parallel-array of waveguide or cavity-bakked rectangular slot antennas –
Mathur, Satnam Prasad (Ph. D. 1974 Michigan State University) 196 p., p. 2754-B **74-27447**

The input admittance, quality factor and relative bandwidth of the rectangular cavity-backed slot antenna –
Cockrell, Capers Rembert (Ph. D. 1974 North Carolina State University at Raleigh) 176 p., p. 373-B **75-15919**

A microwave resonator and cavity-backed slot antenna based upon the gaussian beam modes of rectangular symmetry –
De Santis, Charles Michael (Ph. D. 1979 Rutgers University The State University of New Jersey [New Brunswick]) 234 p., p. 4941-B **80-08872**

A multiplying slot array –
Camilleri, Natalino (Ph. D. 1985 The University of Texas at Austin) 149 p., p. 3546-B **85-27534**

Design and theory of slot antennas fed by single-ridge rectangular waveguide –
Kim, David Younghoon (Ph. D. 1985 University of California, Los Angeles) 94 p., p. 4348-B **86-03961**

Sonstige Antennen

Microwave antenna impedance –
King Donald D. (Ph. D. 1946 Harvard University) W 1946, p. 18

The effect of input configuration on antenna impedance –
Whinnery, John R. (Ph. D. 1949 University of California, Berkeley) 29 p. W 1949, p. 37

Antennas near conducting sheets of finite size –
Bolljahn, John T. (Ph. D. 1950 University of California, Berkeley) 56 p. W 1950 p. 42

Current and charge distributions on antennas and open-wire lines –
Angelako, Diogenes J. (Ph. D. 1950 Harvard University) 56 p. W 1950 p. 43

Theory of coupled antennas and its applications –
Tai, Chen-To (Ph. D. 1950 Harvard University) 56 p. W 1950 p. 44

An antenna impedance measuring instrument for balanced, unbalanced or irregular terminals –
Cline, Jack Fribley (Ph. D. 1950 The University of Michigan) 95 p. 10/04, p. 162 **00-01954**

The sleeve antenna –
Taylor, John (Ph. D. 1951 Harvard University) W 1951 p. 45

Physical limitations on antennas –
Ruze, John (Ph. D. 1952 Massachusetts Institute of Technology) 33 p. W 1952 p. 47

The normal modes of cavity antennas –
Cohen, Marshall Harris (Ph. D. 1952 The Ohio State University) 129 p. 18/01, p. 258 **00-24095**

Antenna performance as affected by an inhomogeneous imperfectly conducting ground –
Surtees, Walter J. (Ph. D. 1953 University of Toronto [Canada]) W 1953 p. 56

Parasitic sleeve antenna and antennas of discontinuous radius –
Faflick, Carl E. (Ph. D. 1954 Harvard University) W 1954 p. 66

A synthesis method for broad-band antenna impedance matching networks –
Yaru, Nicholas (Ph. D. 1955 University of Illinois at Urbana-Champaign) 116 p. 15/11 p. 2150 **00-13580**

Axially excited surface wave antennas –
Royal, Douglas Edward (Ph. D. 1956 University of Illinois at Urbana-Champaign) 104 p. 16/05, p. 931 **00-16423**

Traveling wave antennas with application in television transmitting –
Masters, Robert Wayne (Ph. D. 1957 University of Pennsylvania) 163 p. 17/11, p. 2550 **00-23616**

Analysis of leaky wave antennas –
Goldstone, Leonard O. (D. E. E. 1957 Polytechnic Institute of Brooklyn) 96 p. 17/10, p. 2236 **00-23916**

Study of a surface wave antenna –
Shenoy, Ramadas Panemangalore (Ph. D. 1957 The University of Wisconsin) 127 p. 17/11 p. 2552 **00-24322**

Synthesis of antenna radiation patterns from discrete sources –
Ksienski, Aharon (Ph. D. 1958 University of Southern California) X1958, p.77

Travelling wave analysis of certain end-fire antennas –
Sengupta, Dipak Lal (Ph. D. 1959 University of Toronto [Canada]) X 1959 p. 78

A new transmitting antenna system for very low radio frequencies –
Rusch, Williard van Tuyl (Ph. D. 1959 California Institute of Technology) X 1959 p. 83

Signal amplitude limiting and phase quantization in antenna systems –
Bitzer, Donald Lester (Ph. D. 1960 University of Illinois at Urbana-Champaign) 106 p. 20/12, p. 4619 **60-01615**

Surface wave diffraction and its relationship to surface wave antennas –
Chu, Ta-Shing (Ph. D. 1960 The Ohio State University) 74 p. 21/08, p. 2225 **60-06353**

Antennas coupled to open wire lines –
Chen, Kun-Mu (Ph. D. 1960 Harvard University) X 1960 p. 139

Linear side-loaded transmission-line antennas –
Kulterman, Robert Wayne (Sc. D. 1962 The University of New Mexico) 203 p. 23/08, p. 2840 **63-01914**

Multiple plate antenna –
Schell, Allan Carter (Ph. D. 1962 Massachusetts Institute of Technology) X 1962, p. 108

The effects of curvature on traveling-wave antennas –
Baechle, John Robert (Ph. D. 1963 The Ohio State University) 127 p. 24/11, p. 4604 **64-06986**

Antennas in a parallel plate region –
Rao, Basrur Rama (Ph. D. 1963 Harvard University) X 1963, p. 146

Coupled waveguide antennas –
Kopp, Eugene Howard (Ph. D. 1965 University of California, Los Angeles) 166 p. 26/01, p. 271 **65-06962**

Antennas in or at the surface of a conducting medium at VLF –
Swain, George Robert (Sc. D. 1965 The University of New Mexico) 214 p. 26/02, p. 956 **65-07691**

An investigation of a millimetric wave variable beamwidth antenna –
Kott, Michael Alexander (D. Eng. 1965 The Johns Hopkins University) 115 p. 26/04, p. 2107 **65-10275**

Antenna impedance in the ionosphere –
Despain, Alvin Marden (Ph. D. 1966 University of Utah) 161 p. 27/04-B, p. 1241 **66-10691**

Traveling wave antennas with impedance loading –
Nyquist, Dennis P. (Ph. D. 1966 Michigan State University) 220 p. 27/12-B, p. 4399 **67-07587**

On resistive antennas –
Shen, Liang-Chi (Ph. D. 1967 Harvard University) X 1967 p. 202

The input impedance of a concentric curved dipole antenna above a spherical conducting surface –
Dickerson, Edward Thomson (Ph. D. 1968 Texas A & M University) 92 p. 29/02-B, p. 606 **68-11453**

An analysis of the behavior of the HE (11) mode ferrite tube antenna –
Chen, Chao-Chun (Ph. D. 1968 The University of Michigan) 99 p. 30/02-B, p. 642 **69-12070**

On the feasibility of a polarization-controllable antenna –
McQuiddy, David Newton, Jr. (Ph. D. 1968 The University of Alabama) 124 p. 29/05-B, p. 1675 **68-15497**

The mutual impedance between concentric curved dipole antennas above a spherical conducting surface –
Collins, James Robert (Ph. D. 1969 Texas A & M University) 167 p. 30/04-B, p. 1679 **69-14132**

Short antenna with enhanced radiation or improved directivity –
Lin, Chun-Ju (Ph. D. 1969 Michigan State University) 155 p. 30/04-B, p. 1688 **69-16158**

A rectangular beam waveguide resonator and antenna –
Brauer, John Robert (Ph. D. 1969 The University of Wisconsin) 181 p. 30/12-B, p. 5492 **69-22353**

Coupled antennas –
Padhi, Trilochan (Ph. D. 1969 Harvard University) X1969 p. 236

Increased directivity antennas –
Jennetti, Gabriel (Ph. D. 1970 The Ohio State University) 174 p. 32/12-B, p. 7037 **70-19324**

Antenna impedance in the lower ionosphere –
Bishop, Richard Hugh (Ph. D. 1970 University of Utah) 162 p. 31/05-B, p. 2672 **70-22299**

Antenna induced resonances in a low density –
Cohen, Allen Jay (Ph. D. 1970 Massachusetts Institute of Technology) X 1970, p. 259

An experimental investigation of coupled antennas in an inhomogeneous medium –
Sugimoto Thomas Tameo (Ph. D. 1970 Northeastern University) 233 p. 32/06-B, p. 3368 **72-00597**

Electromagnetic analysis of three-dimensional antenna-radomes using the plane wave spectrum surface integration technique –
Wu, David Chi-Fong (Ph. D. 1971 The Ohio State University) 81 p. 32/03-B, p. 1588 **71-22551**

Minimum weight design of selfcompensating antenna backup trusses –
Varga, Istvan Steven (Ph. D. 1971 University of Massachusetts) 133 p. 32/07-B, p. 3983 **72-03348**

An electronic scanning antenna for use at 35000 Megahertz –
Bailey, James Stephen (Ph. D. 1971 The University of Texas at Arlington) 123 p. 33/01-B, p. 192 **72-08947**

Effects of pseudosonic and electroacoustic waves on antenna radiation –
Maxam, Garth Lee (Ph. D. 1971 Michigan State University) 227 p. 32/12-B, p. 7040 **72-16476**

Experimental study of coupled thick antennas –
Duff, Bob Milton (Ph. D. 1971 Harvard University) X 1971, p. 270

A simulation of antenna pointing errors due to ground reflection multipath propagation –
Sanderlin, James Cantwell (Ph. D. 1972 Auburn University) 374 p., p. 4282-B **73-5226**

A look at the antenna radiation problem in the time-domain –
McWane, Pearson Dudley (Ph. D. 1972 The Ohio State University) 230 p., p. 5289-B **73-11536**

Loaded antennas for short pulse applications –
Rose, Gerald C. (Ph. D. 1973 Colorado State University) 194 p., p. 2626-B **73-29059**

Transient radiation from resistively loaded transmission lines and thin biconical antennas –
Foster, Harold Edwin (Ph. D. 1973 The University of Michigan) 149 p., p. 3785-B **74-3627**

Surface wave end-fire antenna –
Kim, Ok Kyun (Ph. D. 1973 Michigan State University) 214 p., p. 4376-B **74-6071**

Investigation of periodically-modulated slow-wave frequency scanning antennas –
Gelernter, Boaz (Ph. D. 1974 Polytechnic Institute of Brooklyn) 170 p., p. 1863-B **74-22471**

Ray analysis of conformal antenna arrays –
Shapira, Joseph (Ph. D. 1974 Polytechnic Institute of New York) 157 p., p. 3501-B **74-22497**

The measurement of position, baseline and time using four antenna interferometry –
Hemenway, Paul Derek (Ph. D. 1974 University of Virginia) 101 p., p. 1495-B **74-23252**

Control of electromagnetic scattering by antenna impedance loading –
Lee, Shi-Chuan (Ph. D. 1974 The Ohio State University) 85 p., p. 3915-B **75-3119**

Analysis of strip antennas in the presence of a dielectric inhomogeneity –
Newman, Edward Howard (Ph. D. 1974 The Ohio State University) 68 p., p. 5427-B **75-11404**

A study of the radiation patterns of a shielded quasi-tapered aperture antenna for acoustic echo-sounding –
Adekola, Sulaiman Adeniyi (Ph. D. 1975 The Ohio State University) 301 p., p. 2949-B **75-26541**

The theoretical and experimental analysis of antennas in bounded media with application to electromagnetic probing –
Grove, Carl Edward (Ph. D. 1975 Michigan State University) 385 p., p. 2952-B **75-27267**

Optimal alignment of beyond-the-horizon microwave antennas –
Sill, Anthony Erich (Ph. D. 1976 The University of Wisconsin-Madison) 133 p., p. 3011-B **76-20136**

Noise measurements of an aluminum gravitational radiation antenna at 5 to 9 Kelvin –
Davis, William Scott (Ph. D. 1977 University of Maryland) p. 799-B **78-11936**

Optimum probes for near-field antenna measurements on a plane –
Huddleston, Gene Keith (Ph. D. 1978 Georgia Institute of Technology) 251 p., p. 2919-B **78-23710**

Theory and design of printed antennas –
Rana, Inam Elahi (Ph. D. 1979 University of California, Los Angeles) 167 p., p. 4948-B **80-08515**

Adaptive interference cancelling in multiple beam antennas with application to multipath –
Kesler, Jelisaveta (Ph. D. 1981 McMaster University [Canada]) p. 3777-B

On the radiation patterns of interfacial antennas –
Engheta, Nader (Ph. D. 1982 California Institute of Technology) 128 p., p. 816-B **82-18956**

A leaky wave antenna for millimeter waves using nonradiative dielectric waveguide –
Sanchez, Alberto (Ph. D. 1983 Polytechnic Institute of New York) p. 1920-B **83-16779**

Broadband base isolated asymmetrically fed VHF antenna –
Cunningham, Peter Edward (D. Eng. Sc. 1983 New Jersey Institute of Technology) 128 p., p. 1540-B **83-17605**

Microwave antenna metrology by holographic means –
Mayer, Charles Edward (Ph. D. 1983 The University of Texas at Austin) 210 p., p. 961-B **84-14413**

Investigation of a class of tunable circular patch antennas –
Lan, Guey-Liou (Ph. D. 1984 The University of Michigan) 140 p., p. 2262-B **84-22273**

Time-reduced processing techniques for two-dimensional high-resolution microwave radar imaging of far-field and near-field targets –
Juang, Shan-Teh (Ph. D. 1984 University of Pennsylvania) 213 p., p. 2261-B **84-22916**

A generalized solution to a class of printed circuit antennas –
Katchi-Tseregounis, Pisti B. (Ph. D. 1984 University of California, Los Angeles) 132 p., p. 3020-B **84-28527**

Submillimeter integrated circuit antennas and detectors –
Rutledge, David Boyden (Ph. D. 1980 University of California, Berkeley) 138 p., p. 2707-B **80-29571**

Mutual coupling analysis for conformal microstrip antennas –
Kwan, Bing Woon (Ph. D. 1984 The Ohio State University) 279 p., p. 262-B **85-04042**

Design of an antenna feed system to produce a uniform field –
Saputra, Surya (Ph. D. 1984 University of Missouri-Columbia) 209 p., p. 1285-B **85-12241**

A planar antenna-coupled superconductor-insulator superconductor-detector –
Irwin, Karen Ellen (Ph. D. 1984 University of California, Berkeley) 111 p., p. 1282-B **85-12866**

Phase sensitive detection and the backaction evasion of amplifier force noise –
Spetz, Gary W. (Ph. D. 1985 The Louisiana State University) 191 p., p. 1955-B **85-17758**

Fundamental superstiate effects on printed circuit antenna –
Jackson, David R. (Ph. D. 1985 University of California, Los Angeles) 330 p., p. 4286-B **86-03957**

Spiralantennen

The equiangular spiral antenna –
Dyson, John Douglas (Ph. D. 1957 University of Illinois at Urbana-Champaign) 155 p. 18/02, p. 627 **00-25214**

A theoretical study of the equiangular spiral antenna –
Mast, Plessa Edward (Ph. D. 1958 University of Illinois at Urbana-Champaign) 66 p. 19/10, p. 2565 **59-00541**

Experimental and digital computer approaches to the design of a unidirectional high-frequency spiral antenna –
Guinn, John Robert, Jr. (Ph. D. 1960 The University of Texas at Austin) 257 p. 21/06, p. 1503 **60-04542**

A solution to the equi-angular spiral antenna problem –
Cheo, Bernard Ru-Shao (Ph. D. 1961 University of California, Berkeley) X 1961 p. 94

A study of the logarithmic spiral antenna wound on a cone of elliptical cross-section –
Cathey, Wade Thomas, Jr. (Ph. D. 1963 Yale University) 135 p. 26/03, p. 1549 **65-09086**

A class of equiangular spiral antennas excited by a vertical dipole –
Bernard, Gary Dale (Ph. D. 1964 University of Washington) 163 p. 25/12, p. 7150 **65-05406**

On the application of the Lebedev transform to the conical spiral antenna problem –
Bickel, Samuel Herman (Ph. D. 1964 University of California, Berkeley) 52 p. 25/03, p. 1813 **64-08986**

Characteristics of spiral top-loaded antennas –
Bordogna, Joseph (Ph. D. 1964 University of Pennsylvania) 92 p. 25/06, p. 3476 **64-10352**

A study of the equiangular spiral antenna –
Laxpati, Sharadbabu Ranjitlal (Ph. D. 1965 University of Illinois at Urbana-Champaign) 68 p. 26/12, p. 7219 **66-04221**

Theory of spiral antennas –
Yeh, Yu-Shuan (Ph. D. 1966 University of California, Berkeley) 115 p. 28/01-B, p. 190 **67-08677**

Transmission-line model of the planar equiangular spiral antenna –
Kajfez, Darko (Ph. D. 1967 University of California, Berkeley) 157 p. 28/04-B, p. 1510 **67-11636**

Optimization of the directivity of a planar, equiangular, spiral antenna –
Lawrie, Richard Edward (Ph. D. 1968 The Ohio State University) 118 p. 29/05-B, p. 1672 **68-15346**

Multiple-arm conical log-spiral antennas –
Atia, Ale Ezz El-Din (Ph. D. 1969 University of California, Berkeley) 167 p. 30/05-B, p. 2163 **69-18877**

Integrated spiral antennas for aerospace applications –
Cubley, H. Dean (Ph. D. 1970 University of Houston) 211 p. 32/03-B, p. 1561 **71-22702**

Spiral top loaded antenna, characteristics and design –
Bhojwani, Hiro Ramchand (Ph. D. 1972 The University of Oklahoma) 94 p. 33/03-B, p. 1114 **72-23088**

The near-field analysis of aperture and spiral antennas by the plane-wave spectrum method –
Chen, Chin-Long James (Ph. D. 1974 The Ohio State University) 97 p., p. 3907-B **75-3025**

Theorie der Antennen

A theoretical treatment of the radiation resistance of antennae excited by damped and undamped waves at all ranges of wavelengths –
Wen, Yu Ching (Ph. D. 1920 Harvard University) S0084, p. 180

Equations which satisfy the boundary conditions for hypothetical generating devices in radio antennas –
Goldberg, Harold (Ph. D. 1937 The University of Wisconsin) W 1937, p. 30

Acoustic models of radio antennas –
Jordan, Edward Conrad (Ph. D. 1941 The Ohio State University) 95 p. W 1941, p. 31

Antenna Synthesis theory and practice –
Shaw, Herbert J. (Ph. D. 1948 Stanford University) W 1948, p. 29

Antenna pattern synthesis –
Duhamel, Raymond Horace (Ph. D. 1951 University of Illinois at Urbana-Champaign) 154 p. 12/01, p. 36 **00-03133**

An analysis of transmission between elliptically polarized antennas –
Tice, Thomas Earl (Ph. D. 1951 The Ohio State University) 108 p. 18/03, p. 995 **00-24543**

Extensions of the magneto-ionic theory for radio-wave propagation in the ionosphere including antenna radiation and plane-wave scattering –
Abraham, Leonhard G., Jr. (Ph. D. 1953 Cornell University) 97 p. W 1953, p. 70

Contributions to the theory of antennas –
Tilston, William V. (Ph. D. 1953 University of Toronto [Canada]) 97 p. W 1953 p. 79

Variational calculations of the impedance parameters of coupled antennas –
Levis, Curt Albert (Ph. D. 1956 The Ohio State University) 161 p. 17/05, p. 1050 **00-20701**

The determination of antenna phase centers –
Shnurer, Florian (Ph. D. 1959 Northwestern University) 164 p. 20/06, p. 2203 **59-04841**

Critical analysis of space-frequency equivalence in antenna design –
Mayo, Bruce Roland (Ph. D. 1960 Syracuse University) 137 p. 21/12, p. 3732 **61-01496**

The diffraction by a uniform grating of cylinders and its effect on the pointing accuracy of a monopulse antenna –
Chen, Sinclair Nai-Chun (Ph. D. 1960 The Ohio State University) 82 p. 21/01, p. 148 **60-02114**

Gaussian antenna patterns –
Lechtreck, Lawrence W. (Sc. D. 1961 Washington University) 81 p. 22/03, p. 833 **61-01906**

A study of the biconical antenna –
Plonus, Martin Algirdas (Ph. D. 1961 The University of Michigan) 166 p. 22/07, p. 2340 **61-06410**

An analysis of antennas confronted by obstacles –
Charlton, Thomas Edward (Ph. D. 1961 The Ohio State University) 93 p. 22/11, p. 3967 **62-02126**

The general theory of antenna scattering –
Green, Robert Blair (Ph. D. 1963 The Ohio State University) 159 p. 24/11, p. 4605 **64-07014**

On a class of integral equations and its applications to the theory of linear antennas –
Castellanos, Dario (Ph. D. 1964 The University of Michigan) 108 p. 25/12, p. 7151 **65-05281**

The radiation zone fields of the stepped dielectric rod antenna excited in the HE (11) mode –
York, Paul Kennedy (Ph. D. 1967 Texas A & M University) 160 p. 28/10-B, p. 4140 **68-05029**

Space-time analysis of antenna response from a communication theory viewpoint –
Vural, Ayhan Mehmet (Ph. D. 1965 Syracuse University) 155 p. 27/01-B, p. 183 **66-06196**

Various aspects of antenna theory –
O'Donnell, Edward Earl (Ph. D. 1965 New Mexico State University) 110 p. 26/08, p. 4741 **65-14729**

Antenna theory and wave theory of long Yagi-Uda-arrays –
Mailloux, Robert Joseph (Ph. D. 1965 Harvard University) X 1965 p. 176

Extensions of circular and cylindrical synthesis techniques and their application to the location of pattern-distorting structures in the vicinity of an antenna –
Dudgeon, James Edward (Ph. D. 1968 The University of Alabama) 121 p. 29/02-B, p. 606 **68-11246**

On the application of the point matching technique to antenna and scattering problems –
Thiele, Gary Allen (Ph. D. 1968 The Ohio State University) 104 p. 29/03-B, p. 1012 **68-12878**

A network theory of coupling radiation and scattering by antennas –
Wasylkiwskyj, Wasyl (Ph. D. 1968 Polytechnic Institute of Brooklyn) 286 p. 29/05-B, p. 1681 **68-16290**

Radiation from an antenna entering the martian atmosphere –
Norgard, John Dennis (Ph. D. 1969 California Institute of Technology) 166 p. 30/09-B, p. 4137 **70-01418**

Topics in antenna probabilistics –
Howard, James Edward (Ph. D. 1969 University of California, Los Angeles) 150 p. 30/08-B, p. 3643 **70-02218**

Analysis of the TEM-line antenna –
Copeland, John Raymond (Ph. D. 1969 The Ohio State University) 177 p. 30/04-B, p. 1679 **69-15906**

Huygens' principle applied to the cylindrical antenna boundary value problem –
Nyhus, Orville Kenneth (Ph. D. 1969 Montana State University) 169 p. 30/06-B, p. 2700 **69-20126**

Space-time directivity of finite antennas –
Susman, Leon (Ph. D. 1969 Polytechnic Institute of Brooklyn) 115 p. 30/06-B, p. 2706 **69-20375**

The development of a trigonometric theory to approximate the current distribution on isolated and coupled thin cylindrical center-driven dipole antennas immer-

sed in vacuum and homogeneous isotropic dissipative media –
Siller, Curtis Albert, Jr. (Ph. D. 1969 The University of Tennessee) 224 p. 31/04-B, p. 1977 **70-17846**

Antennas in homogeneous isotropic media –
Scott, Larry Donald (Ph. D. 1970 Harvard University) X 1970 p. 258

Feasibility study and design of an antenna pointing system with an in-loop, time-shared digital computer –
Enemark, Donald Clifford (Ph. D. 1970 The University of Iowa) 292 p. 31/03-B, p. 1271 **70-15595**

Electromagnetic analysis of three-dimensional antenna-radomes using the plane-wave spectrum-surface integration technique –
Wu, David Chi-Fong (Ph. D. 1971 The Ohio State University) 81 p., p. 1588-B **71-22551**

Techniques for computation and realization of stable solutions for synthesis of antenna patterns –
Cabayan, Hrair Sarkis (Ph. D. 1971 University of Illinois at Urbana-Champaign) 139 p. 32/03-B, p. 1560 **71-21087**

The reaction concept and its use in calculating antenna currents –
Taylor, Russell William (Ph. D. 1971 Arizona State University) 130 p. 31/10-B, p. 5990 **71-09696**

Wire-grid analysis of antennas near conducting surfaces –
Wolde-Ghiorgis, Woldemariam (Ph. D. 1972 McGill University [Canada]) p. 3084-B

Analysis and optimization of the Yagi-Uda antenna using a two-term trigonometric current approximation –
Davis, Billy Dean (Ph. D. 1972 The University of Tennessee) 208 p., p. 3645-B **73-2438**

An investigation of transmission through linear multipost networks with application to the theory of array antennas –
Bergfried, Dietrich Eberhard (Sc. D. 1973 The George Washington University) 197 p., p. 1102-B **73-21090**

A general purpose conversational software system for the analysis of distorted multi-surface antennas –
Cook, William Landy (Sc. D. 1973 The George Washington University) 147 p., p. 1973-B **73-23722**

Optimum sampling of the near field for the prediction of antenna patterns –
Ojeba, Bello Emanuel (Ph. D. 1974 The Ohio State University) 140 p., p. 5428-B **75-11409**

Graphics aided projective method for plate-wire antennas –
Hassan, Mohamed Abdel Aziz I (Ph. D. 1976 McGill University [Canada]) p. 2420-B

A hybrid technique for combining the moment method treatment of wire antennas with the GTD for curved surfaces –
Ekelman, Ernest Paul (Ph. D. 1978 The Ohio State University) 137 p., p. 3959-B **79-02115**

Electromagnetic fields of underground antennas –
Vaziri, Faramarz (Ph. D. 1979 University of Houston) 174 p., p. 1837-B **79-22437**

Electromagnetic fields of underground antennas –
Vaziri, Faramarz (Ph. D. 1979 University of Houston) 174 p., p. 1837-B **79-22437**

A computational model for subsurface propagation and scattering for antennas in the presence of a conducting half space –
Davis, Curtis Woodward III (Ph. D. 1979 The Ohio State University) 280 p., p. 3300-B **80-01716**

Analytical compensation for near-field probe positioning errors in calculated far-field antenna patterns –
Corey, Larry Edward (Ph. D. 1980 Georgia Institute of Technology) 245 p., p. 1451-B **80-23761**

Reconstruction of antenna fields in presence of a dielectric scatterer –
El Arini, Mohamed El-Bakri (Ph. D. 1980 The University of Manitoba [Canada]) p. 4209-B

Mathematical modeling of multielement antennas –
Stavrides, Antonios (Ph. D. 1982 Rutgers University The State University of New Jersey [New Brunswick]) 190 p., p. 3321-B **83-05785**

Optimal tensioning of nonlinear antenna structures –
Hooper, Steven James (Ph. D. 1983 Iowa State University) 71 p., p. 3862-B **84-407077**

The discrete convolution method for solving some large moment matrix equations –
Nyo, Htay Lwin (Ph. D. 1984 Syracuse University) 101 p., p. 3582-B **85-00765**

Theoretical and numerical investigation of dipole radiation over a flat earth –
Karawas, Georg Konstantin (Ph. D. 1985 Case Western Reserve University) 204 p., p. 920-B **85-10121**

Vertikalantennen (Siehe auch: Zylindrische Antennen)

The radiation characteristics of grounded vertical "L" and "T" antennas –
Hochgraf, Lester Bertram (D. E. 1929 Rensselaer Polytechnic Institute) S0 185

A theoretical and experimental investigation of the resistance of radio transmitting antennas –
Brown, George H. (Ph. D. 1934 The University of Wisconsin) W 1934 p. 23

Optimum current distributions on vertical antennas –
Miller, Geoffrey Allan (Ph. D. 1941 The Ohio State University) 95 p. W 1941 p. 31

Pattern and impedance of a thin antenna over a step in the ground plane –
Moore, Ernest J. (Ph. D. 1950 University of California, Berkeley) 56 p. W 1950 p. 42

Radiation of a vertical antenna over a coated conductor –
Brick, Donald B. (Ph. D. 1954 Harvard University) W 1954 p. 66

The impedance of a vertical monopole antenna over a thin circular disc on an imperfect ground –
Maley, Samuel Wayne (Ph. D. 1959 University of Colorado) 127 p. 20/10, p. 4062 **60-01070**

Induced current distribution on a conducting circular disc placed beneath a vertical antenna –
Lindsay, James Edward (Ph. D. 1960 University of Colorado) 77 p. 21/11, p. 3398 **61-00835**

The monopole antenna with a small number of radials –
Durrani, Sajjad Haidar (Sc. D. 1963 The University of New Mexico) 137 p. 24/08, p. 3257 **64-01442**

Monopole antenna with a finite ground plane in the presence of an infinite ground –
Rhee, Sang Bin (Ph. D. 1967 The University of Michigan) 238 p. 28/07-B, p. 2856 **67-17835**

A vertical ionosonde antenna system for selecting ionospheric modes over the frequency range 2–20 MHz by means of polarization control –
Dietrich, Frederick Joseph (Ph. D. 1968 The Ohio State University) 110 p. 30/01-B, p. 197 **69-11628**

Antenna sidelobe and coupling reduction by means of reactive loading of the ground plane –
Digenis, Constantine John (Ph. D. 1969 The University of Michigan) 163 p. 30/05-B, p. 2169 **69-17991**

Experimental study of electrically thick monopole antennas –
Holly, Sandor (Ph. D. 1969 Harvard University) X 1969 p. 236

An analysis of a disc-mounted monopole antenna above a flat conducting plane –
Thomas, Calvin W. (Ph. D. 1970 University of Houston) 244 p. 31/09-B, p. 5373 **71-06525**

Top-loaded antennas, a theoretical and experimental study –
Simpson, Ted Leroy (Ph. D. 1970 Harvard University) X 1970 p. 258

A comparative numerical study of several methods for analyzing a vertical thin-wire antenna over a lossy half-space –
McCannon, Jerry Dall (Ph. D. 1974 University of Illinois at Urbana-Champaign) 131 p., p. 3329-B **75-367**

Yagi-Uda-Antennen

Analysis and design of yagi antennas by surface wave phenomena –
Oshima, Masakazu (Ph. D. 1962 Rensselaer Polytechnic Institute) 131 p. 23/10, p. 3840 **62-06445**

The infinitely long yagi array of concentric circular loops –
Raffoul, George Wadih (Ph. D. 1976 University of Houston) 214 p., p. 1828-B **76-21865**

Loop yagi array antennas –
Raphael, Fuad Antoine (Ph. D. 1979 Texas A & M University) 77 p., p. 5764-B **80-11984**

Characteristics of loop yagi arrays with loaded elements and their application to short backfire antennas –
Shoamanesh, Alireza (Ph. D. 1979 The University of Manitoba [Canada]) p. 3969-B

Zylindrische Antennen (Siehe auch: Vertikalantennen)

A cylindrical antenna center-driven by a two-wire open transmission line –
Winternitz, Thomas W. (Ph. D. 1948 Harvard University) W 1948 p. 27

The measurement of current and charge distributions on cylindrical antennas –
Morita, T. (Ph. D. 1949 Harvard University) 29 p. W 1949, p. 37

The driving point impedance of an electrically short cylindrical antenna in the ionosphere –
Blair, William Emanuel (Sc. D. 1965 The University of New Mexico) 153 p. 25/11, p. 6474 **65-04042**

On the electrically thick, cylindrical dipole antenna –
Chang, David Chung-Ching (Ph. D. 1967 Harvard University) X 1967 p. 201

Transient pulse transmission using impedance loaded cylindrical antennas –
Merewether, David Evan (Ph. D. 1968 The University of New Mexico) 130 p., p. 1008-B **68-13077**

Transient fields of thin cylindrical antennas –
Palciauskas, Raymond Joseph (Ph. D. 1968 Northwestern University) 132 p. 29/07-B, p. 2442 **69-01906**

The trap-loaded cylindrical antenna –
Smith, Dean Lance (Ph. D. 1972 The University of Michigan) 169 p., p. 4283-B **73-6915**

Computer solutions of cylindrical antennas in anisotropic media –
Cheng, (Karl) Chiu Hsiung (Ph. D. 1972 The Ohio State University) 200 p., p. 5282-B **73-12624**

Transient-radiation from coaxial-waveguide and cylindrical monopole antennas –
Broome, Norval L. (Ph. D. 1974 California Institute of Technology) 189 p., p. 819-B **74-17940**

An intrusive slotted cylinder antenna array for subsurface moisture profiling –
Herrick, David Leo (Ph. D. 1979 Montana State University) 186 p., p. 2303-B **79-25067**

A filamentary multipole model for cylindrical antennas –
Chou, Tzeyang Jason (Ph. D. 1979 Syracuse University) 197 p., p. 2301-B **79-25559**

An analytical theory for cylindrical antennas based upon the Wiener-Hopf-technique –
Rispin, Lawrence William (Ph. D. 1982 University of Colorado at Boulder) 335 p., p. 4094-B **83-09864**

An analytical study of cylindrical- and spherical-rectangular microstrip antennas –
Wu, Kuan-Yuh (Ph. D. 1983 North Carolina State University at Raleigh) 125 p., p. 2211-B **83-18989**

Properties of dual parabolic cylindrical antennas –
Sanad, Mohamed Said A. (Ph. D. 1986 The University of Manitoba [Canada]) p. 324-B